普通高等教育"十四五"规划教材
兰州理工大学红柳校级规划教材

环境工程原理

张　婷◎主　编
谢　刚　高　靖　李亚斌◎副主编

中国石化出版社
·北京·

内 容 提 要

本书系统阐述了环境工程中涉及的质量守恒、能量守恒等基本原理，深入讲解了流体流动、传热、传质等单元操作在环境污染控制与治理中的应用，对沉降、过滤、吸收、吸附、膜分离和化学反应分离等常见工艺的原理及操作要点也进行了详细剖析。通过丰富的案例和翔实的数据，帮助读者深入理解环境工程的理论基础，掌握运用工程原理解决实际环境问题的方法。

本书是一本聚焦环境工程领域基础原理的教材，可作为高等院校环境工程及相关专业的教学用书，也可为从事环境工程领域工作的专业人员提供参考。

图书在版编目(CIP)数据

环境工程原理 / 张婷主编；谢刚，高靖，李亚斌副主编. -- 北京 ：中国石化出版社，2025. 5. -- ISBN 978-7-5114-7952-5

Ⅰ. X5

中国国家版本馆 CIP 数据核字第 2025DF0609 号

中国石化出版社出版发行

地址：北京市东城区安定门外大街 58 号

邮编：100011　电话：(010)57512500

发行部电话：(010)57512575

http://www.sinopec-press.com

E-mail：press@sinopec.com

北京艾普海德印刷有限公司印刷

全国各地新华书店经销

*

787 毫米×1092 毫米 16 开本 22 印张 500 千字

2025 年 5 月第 1 版　2025 年 5 月第 1 次印刷

定价：68.00 元

前　言

在人类社会不断发展进步的历程中，环境问题如影随形，逐渐成为全球关注的焦点。从工业革命带来的生态剧变，到如今城市化、工业化进程中各类环境挑战的集中爆发，环境问题正深刻影响着人类的生存与发展。从空气污染导致的呼吸道疾病频发，到水污染引发的水生态系统崩溃，再到土壤污染造成的粮食安全隐患，这些问题不仅威胁着当代人的健康，更关乎子孙后代的福祉。在当今全球化进程不断加速的时代背景下，世界所面临的环境问题正呈现出越发复杂且严峻的态势。一方面，污染物不仅浓度居高不下，其成分组合更是错综复杂，多种污染物相互交织，形成了极为棘手的污染局面；另一方面，不同污染地区的社会与经济条件千差万别，这些差异深刻地影响着污染的程度与特征。

环境污染所展现出的这种多样性和复杂性，既是对环境领域专业技术人才提出的严峻挑战，同时也决定了环境污染控制技术必然走向多样化与复杂化的发展路径。在这样的大环境下，对于环境领域的专业技术人才而言，拥有系统且扎实的专业理论基础、良好的综合素质以及卓越的综合能力，已然成为应对复杂环境问题的必备条件。唯有如此，他们才能在面对纷繁复杂的环境挑战时，凭借深厚的专业知识和全面的能力素养，制定出科学有效的污染控制策略，为守护地球家园的生态环境贡献力量。

“环境工程原理”是环境工程专业的一门专业基础课，起到由公共课向专业课的衔接过渡作用，其任务就是系统、深入地阐述环境污染控制工程以及污染控制装置的基本原理，为相关专业课程打下良好的理论基础。“环境工程原理”以其课程的特殊性体现了解决环境类复杂工程问题的本质，也就是复杂工程问题的第一个特征：必须运用深入的工程原理经过分析才可能解决。要解决环境类的复杂工程问题，掌握“环境工程原理”是关键。

本书是在“环境工程原理”讲义的基础上精心编写的，旨在为环境工程领域的学习者、从业者以及对环境问题感兴趣的人士提供一本系统、全面且深入浅出的原理教材。教材内容紧扣工程实际，不仅涵盖了环境工程中经典的三传理论(动量传递、热量传递、质量传递)和经典的单元操作原理，如沉淀、过滤、吸收、吸附等物理过程，以及酸碱中和、化学沉淀、氧化还原等化学过程，还详细介绍了近年来发展迅速的新型环境工程技术原理，如膜分离技术、高级氧化技术、催化等新技术，充分体现了内容的全面性与新颖性。

本书力求做到理论与实践相结合，书中不仅对各种环境工程原理进行了深入的理论阐述，还通过大量的案例分析，帮助读者理解如何将这些原理应用于实际的环境工程项目中。同时，为了突出实用性和可操作性，书中提供了丰富的工程设计参数、计算公式和图表，并对环境工程中常用的设备和仪器进行了详细介绍。每一章的结尾都配备了一定数量的复习思考题和案例分析题，旨在帮助读者巩固所学知识，提高解决实际问题的能力。

本书的编写团队由多位经验丰富的专家组成，包括张婷(负责第一章、第四章、第五章、第六章、第七章、第九章、第十章及内容修订和统稿)、谢刚(第三章)、高靖(第八章)和李亚斌(第二章、第十一章、附录)。在编写过程中，我们参考了大量国内外的相关教材、学术论文和研究报告，在此向这些文献的作者表示衷心的感谢。同时，我们也要感谢所有参与本书编写和出版工作的同仁们，以及兰州理工大学红柳校级规划教材项目对本书出版的大力支持。

环境工程领域是一个充满挑战和机遇的领域，随着科学技术的不断进步和社会经济的快速发展，新的环境问题和挑战不断涌现，环境工程原理也在不断发展和完善。由于我们的水平有限，书中难免存在一些不足之处，恳请广大读者批评指正。

我们希望本书能够成为读者了解环境工程原理、掌握环境工程技术的有力工具，也希望它能够激发更多的人关注环境问题，积极投身于环境保护事业，共同创造一个更加美好的地球家园。

目　录

第一章 绪 论

第一节 环境污染与环境保护

一、环境的基本概念

1. 环境的定义和分类

环境是指影响人类生存和发展的各种天然的和经过人工改造的自然因素的总体，包括大气、水、海洋、土地、矿藏、森林、草原、野生生物、自然遗迹、人文遗迹、自然保护区、风景名胜区、城市和乡村等。

环境可以按照不同的分类方法进行分类。按时间尺度划分为古代环境、近代环境、现代环境、未来环境；按空间尺度划分为聚落环境、地理环境、地质环境、星际环境；按组成要素或学科划分为大气环境、水环境、土壤环境、生物环境；从生态学角度可划分为陆生环境、水生环境；按环境的形成可分为自然环境和人工环境；从环境与人类的关系密切程度可划分为生活环境和生态环境。其中最重要的就是与人类生存和发展关系极为密切的生活环境和生态环境了。生活环境是指与人类生活密切相关的衣、食、住、行、欣赏、娱乐等各种天然的和经人工改造的自然因素，如周围的空气、河流、水塘、花草树木、风景名胜、城镇、乡村等。而生态环境是指影响生态系统发展的各种生态因素，即环境条件，包括气候条件、土壤条件、水文条件、生物条件、地理条件和人为条件的综合体。

2. 环境的基本特征

环境具有三个最基本的特性：整体性、区域性、变动性。环境的整体性指环境的各个组成部分和要素之间构成了一个有机的整体。环境的区域性在于各个不同层次或不同空间的地域，其结构方式、组成程序、能量物质流动规模和途径、稳定程度等都具有相对的特殊性，从而显示出区域性特征。环境的变动性是指在自然和人类社会行为的共同作用下，环境的内部结构和外在状态始终处于不断变化的过程中。当人类行为引起环境结构与状态的改变不超过一定的限度时，环境系统的自动调节功能可以使这些改变逐渐消失，其结构和状态恢复原有面貌。否则，会使环境系统发生不可逆转的变化，这种变化称为环境恶化。

二、环境问题

广义上的环境问题，是指由于自然演变、自然灾害或人类活动作用与周围环境所引起的环境质量变化，以及这种变化对人类的生产、生活和健康造成的影响。

1. 环境问题的分类

环境问题可以分为原生环境问题(第一类环境问题)和次生环境问题(第二类环境问题)。

原生环境问题是由于自然因素造成的，如洪水、旱灾、虫灾、台风、地震、火山爆发等，属于人类不可抗力的环境问题。虽然这些因素对生态系统的破坏是极其严重的，且具有突发性的特点，但这类因素通常只是局部的，出现的频率不高，对人类生存影响并不是很大。例如火山爆发会产生大量的二氧化碳、二氧化硫、火山灰等有害物质(美国华盛顿州的圣·海伦斯火山在1982年的6个月内就喷出9.1×10^5t二氧化碳)，从而破坏了该地区原有的碳、硫循环，污染了环境。

次生环境问题是指由于人类活动引起的环境质量恶化或生态系统失调，以及这些变化对人类的生产、生活以至健康造成有害影响的现象。人类在利用自然资源进行生产活动、改善人类生活条件的同时，也向周围环境排出了大量的废弃物，其数量远远超过了生态系统的自身调节能力，正常的生态关系被打乱，造成了生态平衡的失调，产生了环境污染。例如，自工业革命以来由于矿物燃料的大量使用，致使每年向大气中排放的二氧化碳量平均高达200亿t以上，破坏了原有环境中的碳循环，加之地球上大片原始森林被采伐、草原被开垦，绿色植物吸收二氧化碳量减少，造成大气中二氧化碳含量显著增加，在环境中产生所谓的“温室效应”，促使地球变暖。这是人类有史以来面临的最大危机，这场危机是全球性的，直接威胁到人类文明。又如，现代工业的发展，特别是化学工业的发展，大量种类繁多的人工合成新物质的产生，带来了新的环境污染问题。其中较为突出的例子就是化学农药的使用。近年来广泛使用的杀虫剂、杀菌剂、除草剂、植物生长素等虽然对农业生产的发展起了很大作用，但也对人类和其他生物产生了不同程度的危害。由以上两例可见，由于人为因素对生态环境的破坏而导致对生态系统平衡的破坏是最常见、最主要的，这种影响往往是缓慢的、长效的，而且这种破坏作用也常常是难以扭转的。因此，次生环境问题是人类更为关注的环境问题，我们所说的环境污染，主要是指次生环境问题。

次生环境问题按性质一般可分为生态破坏和环境污染两大类。生态破坏类环境问题是指不合理地开发、利用自然资源所造成的环境破坏和资源浪费。由于盲目开耕荒地、滥伐森林、过度放牧、掠夺性捕捞、乱挖滥采、过量抽取地下液体资源等引起水土流失、草原退化、地面沉降，土壤沙漠化、盐碱化、沼泽化，森林面积急剧缩小，矿藏资源遭破坏，水源枯竭，野生动植物资源和水生生物资源日益减少，旱涝灾害频繁，以致流行性、地方性疾病蔓延等问题。污染类环境问题指城市化和工农业高速发展而引起的“三废”污染(大气污染、水污染、固体废物污染)、噪声、放射性和农药污染等环境问题，也包括上述污染所衍生的环境效应，如温室效应、臭氧层破坏、酸雨等。

2. 环境问题的产生

(1) 原始捕猎阶段

在人类社会发展的原始捕猎阶段，由于生产力水平极为低下，人们对自然资源的认知和利用能力有限。当时，人类主要依靠采集野果、狩猎野生动物以及捕捞鱼类等方式获取生存所需的物质。然而，受生存本能和认知局限的影响，人们往往进行盲目乱采滥捕。人们毫无节制地砍伐树木，或是为了获取木材以搭建简陋的住所，或是为了驱赶藏匿其中的猎物。同时，人类对各种野生动物也进行了过度捕杀。这种不加节制的行为，使得森林生态系统遭到严重破坏。森林面积不断缩小，许多野生动物失去了赖以生存的栖息地，猎物数量急剧减少。随着猎物的日益减少，人类的食物来源变得极为匮乏，最终引发了饥荒。这一时期的环境问题虽然规模相对较小，但标志着人类活动对自然环境产生负面影响的开端。

（2）农牧阶段

当人类进入农牧阶段，社会生产力有了一定的发展，开始通过开垦土地、种植农作物以及放牧牲畜获取食物和生活资料。然而，在这一过程中，由于缺乏科学的规划和可持续发展的理念，人们盲目地进行大规模开垦。在山地和丘陵地区，大量的森林被砍伐，原本茂密的森林植被被破坏，导致植被的水土保持功能丧失。每当降雨来临，雨水直接冲刷地表，土壤中大量的泥沙被带走，引发了严重的水土流失问题。在一些干旱和半干旱地区，人们过度开垦草原，将其转变为耕地。这种行为破坏了草原的生态平衡，使得原本脆弱的草原植被难以恢复。再加上过度放牧，牲畜数量超过了草原的承载能力，进一步加剧了草原的退化，土地逐渐沙漠化。此外，在一些灌溉农业区，由于不合理的灌溉方式，如大水漫灌且排水不畅，导致地下水位上升，土壤中的盐分随着水分蒸发逐渐在地表积累，引发了土壤盐渍化问题。这些环境问题不仅影响了当时的农业生产，也对当地的生态环境造成了长期的损害。

（3）现代工业阶段

随着工业革命的兴起，人类进入了现代工业阶段。这一时期，科学技术飞速发展，生产力水平大幅提高，人类对自然资源的需求也急剧增长。为了满足工业生产的需要，人们开始大规模、过度地开采各种自然资源，包括煤炭、石油、金属矿产等。这些开采行为，不仅对地表植被和土壤造成了破坏，引发了诸如山体滑坡、地表塌陷等地质灾害，还对生态系统造成了严重的破坏，许多动植物的栖息地被侵占，生物多样性受到威胁。同时，工业生产过程中会排放大量的“三废”，即废气、废水和废渣。废气中含有二氧化硫、氮氧化物、颗粒物等污染物，这些污染物排放到大气中，不仅会导致酸雨、雾霾等大气污染问题，还会对人类的呼吸系统和心血管系统造成危害。废水中含有大量的重金属、有机物和病原体等有害物质，未经处理直接排放到水体中，会污染河流、湖泊和海洋，影响水生生物的生存，也使得水资源变得短缺和不可用。废渣的随意堆放不仅占用大量土地资源，还会通过雨水淋溶等方式污染土壤和地下水。这一阶段的环境问题无论是在规模、范围还是危害程度上，都远远超过了以往的阶段，成为全球性的严峻挑战，对人类的生存和发展构成了严重威胁。

3. 当前人类面临的主要环境问题

（1）人口和资源问题

人口的急剧增加是当今环境的首要问题。1999 年世界人口突破了 60 亿，比 20 世纪初增长了 4 倍。截至 2025 年 1 月 1 日，全球 233 个国家和地区的人口总数为 80.92 亿，其中印度已超过中国以 14.28 亿人位居第一，成为世界上人口最多的国家。随着世界人口的增长和生活水平的提高，资源消耗并未等比例增加，而是加速增长。1950 年到 2024 年间，全球对水资源的需求量提高了 3 倍，对燃料的需求提高了 4 倍，肉类需求增长 550%，二氧化碳排放量增加 600%。1950 年全球共有汽车 5300 万辆，而到了 2024 年增加到 15 亿辆；纸张消费在 1961 年到 2024 年间增加了 453%，在此期间，地球的森林覆盖面积减少了 20%，河流和湖泊里的生物种类减少了 25%。占全球人口 20%的发达国家，每年却消耗了世界 75%以上的资源。

（2）大气污染问题

大气污染问题主要有：温室气体过量排放造成的气候变化，广泛的大气污染和酸沉降，臭氧层破坏以及有毒有害化学物质的污染危害及其越境转移等。其中温室效应、酸雨和臭氧层破坏已经成为全球大气环境的三大问题。

温室效应是指大气层中某些微量组分能使太阳的短波辐射透过，加热地面，而地面增温后所放出的热辐射，却被这些组分所吸收从而使大气增温。主要的温室气体有 CO_2、CH_4、N_2O、CFC(氟氯烷烃类物质)等，其中 CO_2 的作用占55%，CFC 占24%。温室效应会引起全球气候变暖，海平面上升，改变降雨和蒸发体系，影响农业和粮食资源，改变大气环流进而影响海洋水流、导致富营养化地区的迁移、海洋生物的再生分布和一些商业捕鱼区的消失。

酸雨是指 pH 值小于5.6的降水。酸雨的形成原因是大量 SO_2 和 NO_x 的排放，包括自然排放和人为排放，以人为排放为主。酸雨的危害广泛而严重，主要体现在以下几个方面：破坏森林生态系统，破坏土壤的性质和结构，破坏水生生态系统，腐蚀建筑物和损害人体的呼吸系统与皮肤。

臭氧层位于距地面25公里的平流层中，吸收来自太阳99%的高强度紫外线，保护地球生命。由于人类在生产和生活中排放氟里昂和其他臭氧层消耗物质(ODS)，这些物质虽是较重的气体，但可以在2~5年的时间扩散到平流层。每年从9月到11月，南极上空出现臭氧减少的现象，即臭氧空洞；目前，北极和青藏高原也出现了臭氧减少现象。臭氧的减少将导致地面接收紫外线辐射量增加，对人体健康和植物产生影响。对人体健康来说，臭氧减少1%，紫外线辐射所引起的白内障将致10万人失明，并增加3%的非黑瘤皮肤癌。而对于农作物，臭氧减少25%，大豆产量将减少20%~25%。

(3) 水环境污染问题

淡水资源在地球上分布的不均匀，导致许多地区缺水，又由于城市化和工业发展需消耗大量的水，同时大量污染物的排放破坏了水体，更加加剧了水的供求矛盾。

水体是河流、湖泊、沼泽、水库、地下水、冰川和海洋等“贮水体”的总称。与水不同，它不仅包括水，还包括水中悬浮物、溶解物质、底泥及水生生物等。水体污染是指排入水中的物质在数量上超过了该物质在水体中的本底含量和环境容量，使水体和水体底泥的物理、化学性质或生物群落组成发生变化，从而降低了水体的使用价值。水体具有在其环境容量的范围内，通过物理、化学和生物作用，使进入水体的污染物得以降解，从而消除其污染物的毒性的能力，称为水体自净。若污染超出环境容量的范围，则水质会恶化，变得黑臭。

(4) 固体废物污染问题

随着经济的发展、城市化进程的加快和人民生活水平的提高，垃圾的排放量迅速增加，现状不容乐观。由于人们的生活节奏加快，饮食方面常以快捷的速食品作为首选食物，一日三餐丢弃的塑料包装盒、包装袋、快餐盒、易拉罐、罐头盒等越来越多；废旧家用电器、生活日用品的丢弃量也日益增长。除了生活垃圾，建筑垃圾和一些化工厂、电镀厂、塑料厂等企业产生的大量有害垃圾数量也很庞大。

我国是世界上垃圾问题非常严重的国家之一。全国工业固体废物年产生量达8.2亿 t，综合利用率约为46%。全国城市生活垃圾年产生量为1.4亿 t，达到无害化处理要求的不到10%。塑料包装物和农膜导致的白色污染已蔓延至全国各地。

(5) 生态破坏问题

全球目前有70%的土地面积存在不同程度的土地退化。由于世界人口的不断增加，致使人均占有土地面积逐渐减少。全球50亿公顷可耕地中，已有84%的草场、59%的旱地和

31%的水浇地明显贫瘠，饥饿和营养不良地区逐渐扩大，土地的水土流失和荒漠化已威胁到全人类的生存。随着森林资源的逐渐削减，水土流失现象必然加剧，毁林灭草是加剧水土流失的根本原因。目前，全球水土流失面积达30%，每年流失的有生产力的表层土250亿t，每年损失500万~700万公顷耕地。如果土壤以这样的毁坏速度计算，每20年丧失掉的耕地就等于今天印度的全部耕地面积（1.4亿公顷）。我国是水土流失比较严重的国家，2004年时全国水土流失面积为356万km^2，占国土总面积的37.1%，每年约有50亿t泥沙流入江河湖海，其中约62%来自耕地表层。但据水利部最新监测成果，全国水土流失面积在2023年已下降到262.76万km^2。

与此同时，人类正面临着继650万年前恐龙灭绝后最大的一场生物多样性危机，目前世界上每小时就有一个物种消失。据国外的科学家估计，物种消失的速度比人类干预以前的自然灭绝速度要快1000倍。在1990—2020年因砍伐森林而损失的物种，可能占世界物种总数的5%~15%，即每天损失50~150个物种。据联合国环境计划署预计，在未来的20~30年，地球总生物种类的25%将处于濒临灭绝的危险之中。中国曾经是生物多样性破坏较严重的国家，高等植物中濒危或接近濒危的物种达4000~5000种，占中国拥有的物种总数的15%~20%，高于世界10%~15%的平均水平。在联合国《国际濒危物种贸易公约》列出的640种世界濒危物种中，中国有120种，约占总数的1/5。

三、环境科学与环境保护

1. 环境科学及其研究的对象和任务

环境科学是一门由多学科到跨学科的庞大学科体系组成的新兴学科，也是一个介于自然科学、社会科学和技术科学之间的边际学科。环境科学可定义为是一门研究人类社会发展活动与环境演化规律之间相互作用关系，寻求人类社会与环境协同演化、持续发展途径与方法的学科。

环境科学是研究“人类-环境”系统的发生和发展、调节和控制以及改造和利用的科学。环境科学的研究对象是“人类与环境”的对应统一关系，其目的是要通过调整人类的社会行为，保护、发展和建设环境，从而使环境永远为人类社会持续、协调、稳定的发展提供良好的支持和保证。环境科学的研究对象和研究目的决定了它不可能被传统的自然科学、社会科学和技术科学中的任一门类所包容，它既与三大门类中的许多学科有着密切的联系，又具有统一的学科思想、综合的研究方法和学科概念体系等整体化特征。

环境科学的具体研究内容包括：①人类社会经济行为引起的环境污染和生态破坏，环境系统在人类活动影响下的变化规律；②确定环境质量恶化的程度及其与人类社会活动的关系；③寻求人类社会与环境协调持续发展的途径和方法，以争取人类社会与自然界的和谐。

环境科学的主要任务有：①探索全球范围内环境演化的规律；②揭示人类活动同自然生态之间的关系；③探索环境变化对人类生存的影响；④研究区域环境污染综合防治的技术措施和管理措施。

2. 环境科学的分支学科

人类生存环境的复杂性和其中自然过程的多样性决定了环境科学是一门综合性学科，与其他许多学科都有交叉。环境科学涵盖基础环境学与应用环境学两大领域。基础环境学聚焦于理论层面，包含环境数学、环境物理学、环境化学、环境生态学、环境地质学，为理解环境现象提供基础支撑。应用环境学则更侧重实际应用，如环境工程学，可细分为大气污染控

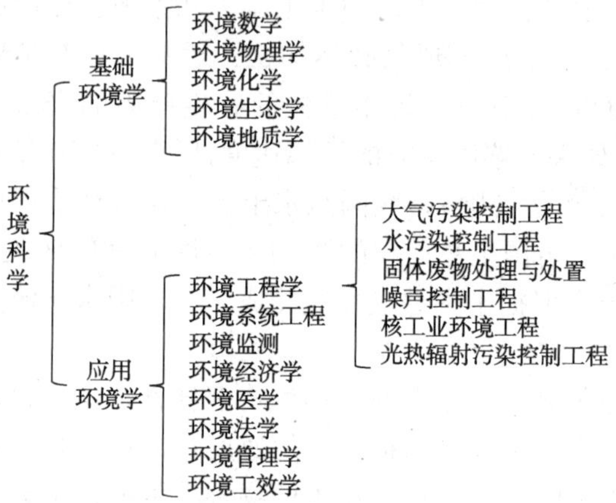

图 1.1.1　环境科学的分支学科

制工程、水污染控制工程、固体废物处理与处置、噪声控制工程、核工业环境工程、光热辐射污染控制工程等；还有环境系统工程、环境监测、环境经济学、环境医学、环境法学、环境管理学、环境工效学等学科，这些学科从不同角度助力环境问题的解决与环境的保护、管理等。环境科学的分支学科如图 1.1.1 所示。

3. 环境保护的概念和任务

环境保护指人类为解决现实的潜在环境问题，维持自身的生存和发展而进行的各种具体实践活动的总称。保护环境和自然资源的中心任务（图 1.1.2），一是保护、增殖可更新资源使其恢复并不断更新扩大，为人类所永续利用；保护和合理利用不可更新资源使其避免被破坏和浪费并为人类所充分利用，以保护和改善生活环境和生态环境。二是防治环境污染和其他公害，即积极防治人类生产、生活活动过程中产生的废气、废水、废渣、粉尘、垃圾、放射性物质，以及农药等有害物质和噪声、振动、恶臭等对环境的污染和危害，保障人体健康，促进社会现代化事业的发展。

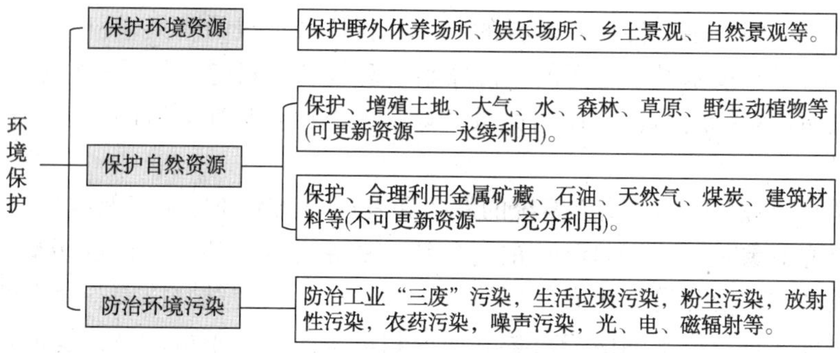

图 1.1.2　环境保护的内容

4. 我国的环境保护成果

我国在环境保护方面取得了举世瞩目的成就，涵盖生态修复、污染治理、绿色发展等多个关键领域。

（1）生态修复和生物多样性保护

我国的生态修复和生物多样性保护成效显著。通过大规模植树造林，我国森林覆盖率持续上升，2023 年已达 24.02%，森林面积达 2.31 亿公顷，有效减少水土流失，改善生态环境，例如三北防护林工程，被称为“绿色长城”，防风固沙，庇护农田。草原生态保护也在推进，实施退牧还草、草原禁牧、休牧轮牧等政策，草原植被覆盖度稳定在 56%左右，促进草原生态恢复。我国还建立众多自然保护区、国家公园等保护地，大熊猫、朱鹮、藏羚羊等珍稀物种种群数量稳定增长，朱鹮从最初的 7 只发展到如今超 9000 只，藏羚羊种群数量也从曾经的不足 7 万只恢复到 30 万只左右。

(2) 污染治理

我国的污染治理成果斐然。在大气污染控制方面，20 世纪末我国曾是世界上空气污染最为严重的国家之一，1998 年全球 322 个大气污染严重城市的前 10 名中，中国占了 7 席。20 多年来，全国积极推进大气污染防治行动，通过产业结构调整、能源结构优化、机动车污染治理等措施，空气质量明显好转。2023 年，全国 339 个地级及以上城市空气质量优良天数比例达到 87.6%，$PM_{2.5}$平均浓度比 2013 年下降了 50%以上。此外，我国大力发展清洁能源，降低煤炭消费比重。截至 2023 年，我国可再生能源发电装机容量达到 14.5 亿 kW，占全国发电总装机容量的 47.5%，其中太阳能、风能发电装机容量均居世界首位。

在水污染控制方面，我国大力建设污水处理设施，截至 2023 年底，全国城市污水处理厂已达 2500 多座，污水处理能力不断增强，城市生活污水集中处理率超 97%，县城生活污水集中处理率达到 95%左右。我国对长江、黄河、淮河等重点流域开展综合治理，严格控制工业废水和生活污水排放，加强生态修复。长江流域水质总体良好，Ⅰ~Ⅲ类水质断面比例达到 98%以上，水生态系统逐渐恢复。

在固体废物治理方面，我国在全国 46 个重点城市率先开展生活垃圾分类工作，目前已覆盖全国地级及以上城市。通过宣传教育、设施建设、政策引导等措施，居民垃圾分类意识不断提高，垃圾分类准确率逐步提升。同时加强工业固体废物综合利用，提高资源利用率。2023 年，全国一般工业固体废物综合利用率超过 55%，粉煤灰、煤矸石等工业固废得到有效利用。

(3) 绿色发展

我国的绿色发展稳步推进。我国可再生能源发展迅猛，是全球最大的可再生能源生产和消费国，太阳能、风能、水能发电装机容量均居世界首位，减少了对传统化石能源的依赖，降低碳排放。此外，绿色建筑蓬勃发展，新建建筑严格执行节能标准，绿色建筑标识项目数量持续增加，推动建筑行业节能减排。

第二节　环境污染控制技术及原理概述

一、水污染控制技术

水中污染物可按性质分为：有机污染物、无机污染物、致病微生物和放射性污染物。水处理的基本目的是利用各种技术，将污水中的污染物分离去除或将其转化为无害物质，使污水得到净化。水处理的方法种类繁多，归纳起来可以分为物理法、化学法和生物法三大类。物理法是利用物理作用分离水中污染物的一类方法，在处理过程中不改变污染物的化学性质。化学法是利用化学反应处理水中污染物的一类方法，通常改变污染物在水中的存在形式，使之从水中去除，或者使污染物彻底氧化分解、转化为无害物质，从而达到水质净化和污水处理的目的。生物法是利用生物特别是微生物的作用，使水中的污染物分解、转化成无害物质的一类方法。各种水处理方法的原理与主要去除对象分别见表 1.2.1、表 1.2.2和表 1.2.3。

表 1.2.1　水的物理处理法

处理方法	主要原理	主要去除对象
沉淀 离心分离	重力沉降作用 离心沉降作用	相对密度大于 1 的颗粒
气浮	浮力作用	相对密度小于 1 的颗粒
过滤(砂滤等) 过滤(筛网过滤)	物理阻截作用	悬浮物 粗大颗粒、悬浮物
反渗透	渗透压	无机盐等
膜分离	物理截留等	较大分子污染物
蒸发浓缩	水域污染物的蒸发性差异	非挥发性污染物

表 1.2.2　水的化学处理法

处理方法	主要原理	主要去除对象
中和法	酸碱反应	酸性、碱性污染物
化学沉淀法	沉淀反应、固液反应	无机污染物
氧化法	氧化反应	还原性污染物、有害微生物(消毒)
还原法	还原反应	氧化性污染物
电解法	电解反应	氧化、还原性污染物
超临界分解法	热分解、氧化还原反应、游离基反应等	几乎所有的有机污染物
气提法 吹脱法 萃取法	污染物在不同相间的分配	有机污染物
吸附法	界面吸附	可吸附性污染物
离子交换法	离子交换	离子性污染物
电渗析法	离子迁移	无机盐
混凝法	电中和、吸附架桥作用	胶体性污染物、大分子污染物

表 1.2.3　水的生物处理法

处理方法		主要原理	主要去除对象
好氧处理法	活性污泥法 生物膜法 流化床法	生物吸附、生物降解	可生物降解性有机污染物、 还原性无机污染物(NH_4^+ 等)
生态技术	氧化塘 土地渗滤 湿地系统	生物吸附、生物降解、 土壤吸附、植物吸附与吸收	有机污染物、氮、磷、重金属
厌氧处理法	厌氧消化池 厌氧接触法 厌氧生物滤池 高效厌氧反应器(UASB① 等)	生物吸附、生物降解	可生物降解性有机污染物、 氧化态无机污染物(NO_3，SO_4^{2-})
厌氧-好氧联合工艺		生物吸附、生物降解、 硝化-反硝化、生物摄取与排出	有机污染物、 氮(硝化-反硝化)、磷

注：①UASB：Upflow Anaerobic Sludge Blanker(升流式厌氧污泥床反应器)。

二、空气污染控制技术

空气中的污染物种类繁多，根据其存在的状态可分为颗粒/气溶胶态污染物和气态污染物。空气净化和大气污染控制技术可分为分离法和转化法两大类。分离法是利用污染物与空气的物理性质的差异使污染物从空气或废气中分离的一类方法。转化法是利用化学反应或生物反应，使污染物转化成无害物质或易于分离的物质，从而使空气或废气得到净化与处理的一类方法。常见的空气净化和大气污染控制技术列于表 1.2.4。

表 1.2.4　空气净化与废气处理技术

处理技术	主要原理	主要去除对象
机械除尘 过滤除尘 静电除尘 湿式除尘	重力沉降作用、离心沉降作用 物理阻截作用 静电沉降作用 惯性碰撞作用、洗涤作用	颗粒/气溶胶状态污染物
物理吸收法 化学吸收法 吸附法 催化氧化法	物理吸收 化学吸收 界面吸附作用 氧化还原反应	气态污染物
生物法	生物降解作用	可降解性有机污染物、还原态无机污染物
燃烧法	燃烧反应	有机污染物
稀释法	扩散	所有污染物

三、土壤污染控制技术

由于土壤的物理结构和化学成分比较复杂，污染土壤的净化比废水与废气处理困难得多。污染土壤的净化技术可分为物理法、化学法和生物法。表 1.2.5 列出了几种代表性的土壤净化方法。

表 1.2.5　土壤净化与污染控制技术

处理技术	主要原理	主要去除对象
客土法 隔离法	稀释作用 物理隔离(防止扩散)	所有污染物
清洗法(萃取法) 吹脱法(通气法)	溶解作用 挥发作用	溶解性污染物 挥发性污染物
热处理法 电化学法 焚烧法	热分解作用、挥发作用 电场作用(移动) 燃烧反应	有机污染物 离子或极性污染物 有机污染物
微生物净化法 植物净化法	生物降解作用 植物转化、植物挥发、植物吸收(固定)	可降解性有机污染物 重金属、有机污染物

四、固体废物处理处置技术

固体废物按其来源可分为工业固体废物和城市垃圾两大类。固体废物的处理处置往往与其中所含可利用物质的回收、综合利用联系在一起。表 1.2.6 列出了常见的固体废物处理及资源化技术。

表 1.2.6　固体废物处理及资源化技术

处理技术	主要原理	主要去除对象
压实 破碎 分选 脱水/干燥	压强(挤压)作用 冲击、剪碎、挤压破碎 重力作用、磁力作用 过滤作用、干燥	高孔隙率固体废物 大型固体废物 所有固体废物 含水量高的固体废物
中和法 氧化还原法 固化法 填埋处理	中和反应 氧化还原反应 固化与隔离作用 隔离作用	酸性、碱性废渣 氧化还原性废渣(如铬渣) 有毒有害固体废物 无机等稳定性固体废弃物
堆肥 焚烧 沼气发酵	生物降解作用 燃烧反应 生物降解作用	有机固体废物(还田和能源化)
离子交换 萃取 电解 沉淀	离子交换 萃取 电化学反应 沉淀	工业固废、废液中的金属回收

五、环境污染控制技术原理

环境污染物的种类越来越多，再加上污染物的物理和化学性质千差万别，化学物质产生源以及在环境中的迁移转化规律异常复杂，由化学物质引起的环境污染问题也将越来越复杂。另外，不同的地区以及同一地区在不同时期的环境条件、社会条件和经济条件也各不相同，人与环境间的具体矛盾也随时间、空间的变化而变化，因此环境污染问题具有强烈的综合性和时间及地域特征。环境污染控制不能生搬硬套现有的技术和经验，应根据不同的目的、对象以及社会经济条件，选择最优的方案，采取适宜的管理与技术措施。

根据环境污染问题的以上特点和环境质量改善的不同需求，经过长期的探索和实践，已经开发出种类繁多的环境净化与污染控制技术，而这些技术在不同的地区和历史时期又有不同的表现形式，形成了庞大的环境净化与污染控制技术体系。但是，从技术原理上看，污染控制技术可以分为隔离技术、分离技术和转化技术三大类。隔离技术是将污染物与被污染介质隔离，从而切断污染物向周围环境扩散的途径，防止污染进一步扩大；分离技术是利用污染物与被污染介质或其他污染物在物理性质或化学性质上的差异使其与介质分离，从而达到污染物去除或回收利用的目的；转化技术是利用化学反应或生物反应，使污染物转化成无害物质或易于分离的物质，从而使被污染介质得到净化与处理。

第三节　“环境工程原理”的主要研究内容和方法

一、“环境工程原理”的研究对象和内容

“环境工程原理”的研究对象是环境净化与污染控制的基本理论和技术原理(主要包括

污染物分离与转化的宏观机理和微观过程）以及污染物净化装置的设计计算理论。环境净化与污染控制的基本理论主要包括流体流动、热量传递和质量传递；技术原理的宏观机理主要包含分离过程（如沉降、过滤、吸附、吸收、膜分离等）机理和转化过程（如化学转化和生物转化）机理；而其微观过程主要是宏观现象的产生机制和微观步骤。

“环境工程原理”课程的目的是为污染物净化装置的效率提供理论支持以及提高环境净化与污染控制，也就是说本课程将从理论上指导环境净化与污染控制技术的选择，阐述了提高污染物去除效率的思路、手段和方法。

二、“环境工程原理”的基本研究方法

1. 进行“量”与“变化速率”的数学计算

根据质量守恒与能量守恒原理进行物料与能量衡算，根据物质与能量的迁移过程、转化过程进行微观过程解析，最后提出变化速率的数学表达，为工程设计计算提供依据。

2. 明确分析问题的基本思路

首先从环境净化与污染控制的常见现象入手，对其宏观机理进行初步了解。例如，观察水体自净过程中，水中污染物随时间减少的现象，由此探究其背后诸如物理沉降、化学反应、微生物降解等宏观作用机制。

然后深入进行微观过程分析。剖析组成宏观过程的基本要素，这是一个把简单过程复杂化的过程。以污水处理为例，宏观上是污水变为清水的过程，而微观层面则涉及分子间的反应、微生物的代谢活动等众多基本要素。通常，一个宏观过程是由一系列微观过程串联而成，而宏观过程的速率往往取决于某个关键的微观过程，这个过程被称为“控制步骤”或“控速过程”。微观过程分析具有重要意义，它能帮助我们精准地采取科学、合理的手段，提高污染物的去除效率。

最后进行环境污染控制过程的数学表达。这是将复杂的环境现象和过程简单化的过程，目的在于对环境过程进行定量计算，这是工程设计计算的基础。通过建立数学模型，如污染物扩散模型、反应动力学模型等，将复杂的环境过程用数学公式和方程来描述。科学、合理的简化是为了在不影响计算准确性的前提下，优化计算过程，提高设计计算效率。

三、本课程的主要内容

环境污染控制原理充分吸收和借鉴了流体力学、传递工程原理、化工原理、反应工程原理等课程（学科）中比较成熟的理论，该课程的主要内容包括：

① 环境工程原理基础：重点阐述环境工程学的基本概念和基本理论，主要内容包括质量衡算与能量衡算、流体流动、热量传递和质量传递等过程的基本理论。

② 分离过程原理：主要阐述沉淀、过滤、吸收、吸附、膜分离和化学反应等基本分离过程的机理和基本设计计算理论。

第二章　质量和能量衡算

第一节　常用物理量

一、物理量的单位和量纲

1. 物理量的单位及换算

(1) 物理量的单位

物理量的单位是度量物理量的标准。任何物理量的大小都要由数值和单位两部分表示出来。单位的主要意义在于提供统一的标准，确保物理量的测量和表达具有一致性、可比性和准确性。

物理量的单位是科学和工程中的基础，国际单位制(SI)为全球提供了统一标准，确保测量的一致性和准确性。国际单位制规定了 7 个基本单位。物理量的导出单位是由基本单位通过物理公式推导出来的单位，国际单位制规定了若干具有专门名称的导出单位。物理量的基本单位、辅助单位和导出单位见附录一。

(2) 物理量的单位换算

物理量的单位换算是指物理量的不同单位制之间以及同一单位制中不同量级单位的转换。当要将一个物理量从一种单位转换为另一种单位时，需要知道这两种单位之间的换算关系。这种换算关系通常基于一些基本的定义或常数。同一物理量用不同单位制的单位度量时，其数值比称为换算因数。例如 1m 长的管用英尺度量时为 3.2808ft，因此英尺相对于米的换算因数为 3.2808。

2. 量纲和无量纲准数

(1) 量纲

量纲是指物理量的基本属性，是用基本物理量的幂次乘积表示一个物理量的组成形式。它反映了物理量的物理属性和可测量的性质，是描述物理量性质和类别的一种方式。

量纲也可分为基本量和导出量。基本量是具有独立量纲的物理量，如长度、质量、时间等。它们是构成所有其他物理量的基石。导出量则是可以通过基本量的组合来表示的物理量，如速度、加速度、力等。这些物理量的量纲可以由基本量的量纲通过一定的运算得出。SI 中将质量、长度、时间、温度的量纲作为基本量纲，分别以 M、L、t 和 T 表示，简称为 MLtT 量纲体系。其他物理量的量纲均可以 M、L、t 和 T 的组合形式表示，如速度、压力、密度和黏度的量纲分别为Lt^{-1}、$ML^{-1}t^{-2}$、ML^{-3}和$ML^{-1}t^{-1}$。

量纲和单位是不同的。单位是用于度量物理量的标准量，是具体的度量尺度，具有实际的大小和数值。比如长度的单位可以是 m、cm、ft 等；而量纲是描述物理量的基本属性和类别，是一种抽象的表示，不涉及具体的数值和大小，只关注物理量是由哪些基本物理量组成以及它们之间的幂次关系。但单位和量纲是相互关联的，单位是量纲的具体体现，不同的单位制中，同一量纲的物理量可以有不同的单位，但它们的量纲是相同的。

(2) 无量纲准数

在研究工程问题时，由于实际情况的复杂性，通常无法通过理论推导得到其规律。因此经常通过实验寻找各影响因素之间的关系，通过数学方法建立经验公式。在这一过程中，经常利用无量纲准数，采用量纲分析法得到描述过程的经验关系式。

无量纲准数是由各种物理量通过特定的组合方式构成的无单位的纯数。它将多个相关的物理量组合在一起，消除了单位的影响，使得不同条件下的物理现象或过程可以通过这些无量纲的数值进行比较和分析，揭示出物理现象的内在规律和相似性。无量纲准数实际量纲为 1，其数值大小与所选单位制无关，但组合群数的各个量必须采用同一单位制。

无量纲准数通常具有一定的物理意义。例如，常见的无量纲准数雷诺数 Re(Reynold)，其物理意义为惯性力与黏性力之比，用于判断流体的流动状态。其定义式为

$$Re=\frac{\rho uL}{\mu} \tag{2.1.1}$$

式中 ρ——密度，kg/m^3；

u——流速，m/s；

L——特征尺寸，m；

μ——黏度，kg/(m·s)或 Pa·s。

速度、密度和黏度的量纲分别为 Lt^{-1}、ML^{-3} 和 $ML^{-1}t^{-1}$。将以上各物理量的量纲代入式(2.1.1)中，得

$$[Re]=\frac{ML^{-3}Lt^{-1}L}{ML^{-1}t^{-1}}=M^0L^0t^0=1$$

即 Re 为无量纲准数。

二、常用物理量及其表示方法

在环境工程领域，不管是分离过程，还是反应过程，准确描述物质含量以及过程的速率都是极为关键的。基于此，浓度、流量、流速、通量等物理量作为重要的衡量指标被广泛应用。

1. 浓度

浓度有多种表示方法。针对混合物的不同状态、不同组分含量以及不同的过程，采用适当的浓度表示方法，可以使分析解决问题的过程更为简便。

(1) 质量浓度与物质的量浓度

① 质量浓度

单位体积混合物中组分 A 的质量称为该组分的质量浓度，以符号 ρ_A 表示，常用单位有 mg/L、μg/L、mg/m^3 或 kg/m^3。水中物质的浓度常常用质量浓度表示，如化学需氧量(COD)、生化需氧量(BOD)、氨氮、重金属离子等污染物在水体中的质量浓度，是衡量水体污染程度的重要指标。气态组分的浓度有时也用质量浓度表示，可用于衡量大气中各种污染物的含量。组分 A 的质量浓度定义式为

$$\rho_A=\frac{m_A}{V} \tag{2.1.2}$$

式中　ρ_A——组分 A 的质量浓度，kg/m^3；

m_A——混合物中组分 A 的质量，kg；

V——混合物的体积，m^3。

若混合物由 N 个组分组成，则混合物的总质量浓度为

$$\rho = \sum_{i=1}^{N} \rho_i \tag{2.1.3}$$

质量浓度和密度均可用符号 ρ 表示，但二者有本质的区别。质量浓度是混合物中某物质含量的多少，密度则是物质的质量与体积之比，是物质本身的属性。

② 物质的量浓度

单位体积混合物中组分 A 的物质的量称为该组分的物质的量浓度，以符号 c 表示，常用单位为 $kmol/m^3$、mol/m^3、mol/L、mmol/L 等。组分 A 的物质的量浓度定义式为

$$c_A = \frac{n_A}{V} \tag{2.1.4}$$

式中　c_A——组分 A 的物质的量浓度，mol/m^3；

n_A——混合物中组分 A 的物质的量，mol。

若混合物由 N 个组分组成，则混合物的总浓度 c 为

$$c = \sum_{i=1}^{N} c_i$$

组分 A 的质量浓度与物质的量浓度的关系为

$$c_A = \frac{\rho_A}{M_A} \tag{2.1.5}$$

式中　M_A——组分 A 的摩尔质量，g/mol。

（2）质量分数、体积分数与摩尔分数

① 质量分数

混合物中组分 A 的质量与混合物总质量之比称为该组分的质量分数，以符号 x_m 表示。组分 A 的质量分数定义式为

$$x_{m_A} = \frac{m_A}{m} \tag{2.1.6}$$

式中　x_{m_A}——组分 A 的质量分数；

m——混合物的总质量，kg。

若混合物由 N 个组分组成，则有

$$\sum_{i=1}^{N} x_{m_i} = 1$$

当混合物为气液两相体系时，常以 x_m 表示液相中某组分的质量分数，y_m 表示气相中某组分的质量分数。

液体中的组分浓度除采用质量浓度表示外，也常用质量分数表示。当组分浓度很低、质量分数的值较小时，可以采用 ppm 和 ppb 表示。ppm（parts per million）意为百万分之一（10^{-6}），它表示在一百万份总体中某物质所占的份数，是一个无量纲的量。ppb（parts per billion）意为十亿分之一（10^{-9}），它表示在十亿份总体中某物质所占的份数，同样是无量纲的量。ppm 和 ppb 既可以表示质量分数，也可以表示体积分数。

在稀溶液中，由于1L污水的质量可以近似认为等于1000g，溶液密度近似为1mg/L。在实际应用中，可将质量浓度和质量分数进行近似换算，即

$$1\text{mg/L}=1\times10^{-6}(\text{质量分数})=1\text{ppm} \tag{2.1.7}$$

$$1\mu\text{g/L}=1\times10^{-9}(\text{质量分数})=1\text{ppb} \tag{2.1.8}$$

即在污染物浓度不高的污水中，用1mg/L质量浓度与用1ppm质量分数表示的污染物含量相等。

当污染物的浓度过高时，污水的密度发生变化，可将式(2.1.7)和式(2.1.8)加以修正。则

$$1\text{mg/L}=1\text{mg}/(1\text{L}\times\text{混合物的密度})$$

$$1\mu\text{g/L}=1\mu\text{g}/(1\text{L}\times\text{混合物的密度})$$

② 体积分数

混合物中组分A的体积与混合物总体积之比称为该组分的质量分数，可用V_A/V表示。在大气污染控制工程中，经常用体积分数来表示污染物的浓度。如前所述，ppm和ppb也可以表示体积分数。若1m^3气体混合物中有1mL的体积为污染物质时，即浓度为1mL/m^3，则此气态污染物浓度为10^{-6}(体积分数)或1ppm；同理，浓度为1μL/m^3的气态污染物质浓度也可表示为10^{-9}(体积分数)或1ppb。

1mol任何理想气体在相同的压强和温度下有着同样的体积，因此可以用体积分数表示污染物质的浓度，体积分数也是摩尔分数，在实际应用中非常方便；同时，该单位的最大优点是与温度、压力无关。

在混合气体中，组分A的体积分数与质量浓度ρ_A之间的关系可以进行换算。若混合物可看成理想气体，符合理想气体状态方程$pV_A=n_ART$，则组分A的体积为

$$V_A=\frac{n_ART}{p} \tag{2.1.9}$$

根据质量浓度的定义可推导得到混合气体的体积

$$V=\frac{n_AM_A}{\rho_A}\times10^{-3} \tag{2.1.10}$$

由以上两式得体积分数与质量浓度的关系为

$$\frac{V_A}{V}=\frac{RT\times10^3}{pM_A}\rho_A \tag{2.1.11}$$

以上各式中 V_A——组分A的体积，m^3；
V——混合气体的体积，m^3；
p——混合气体的绝对压力，Pa；
n_A——组分A的物质的量，mol；
R——理想气体常数，8.314J/(mol·K)；
T——混合气体的绝对温度，K；
ρ_A——组分A的密度，kg/m^3；
M_A——组分A的摩尔质量，g/mol。

③ 摩尔分数

混合物中组分A的物质的量与混合物总物质的量之比称为该组分的摩尔分数，以符号x表示。组分A的摩尔分数定义式为

$$x_A=\frac{n_A}{n} \tag{2.1.12}$$

式中　x_A——组分 A 的摩尔分数；

n_A——组分 A 的物质的量，mol；

n——混合物总物质的量，mol。

若混合物由 N 个组分组成，则有

$$\sum_{i=1}^{N} x_i = 1$$

当混合物为气液两相体系时，常以 x 表示液相中某组分的摩尔分数，y 表示气相中某组分的摩尔分数。组分 A 的质量分数与摩尔分数的关系为

$$x_A = \frac{\dfrac{x_{m_A}}{M_A}}{\sum\limits_{i=1}^{N}\dfrac{x_{m_i}}{M_i}} \tag{2.1.13a}$$

$$x_{m_A} = \frac{x_A M_A}{\sum\limits_{i=1}^{N} x_i M_i} \tag{2.1.13b}$$

【例题 2.1.1】 在 1.013×10^5Pa、20℃条件下，某室内空气中 CO 的浓度为 35ppm(体积分数)。试计算空气中 CO 的质量浓度。

解：一氧化碳(CO)分子的摩尔质量为 28g/mol。CO 的浓度为 35ppm(体积分数)，即

$$\frac{V_A}{V}=35\times10^{-6}$$

将已知数据代入式(2.1.11)，得

$$35\times10^{-6}=\frac{8.314\times293\times10^3}{1.013\times10^5\times28}\rho_A$$

解得 CO 的质量浓度为

$$\rho_A=35\times10^{-6}\times\frac{1.013\times10^5\times28}{8.314\times293\times10^3}=40.8\text{mg/m}^3$$

(3) 质量比与摩尔比

① 质量比

混合物中组分 A 的质量与剩余其他组分的质量的比值称为该组分的质量比，以符号 X_m 表示。若混合物中除组分 A 外，其余为惰性组分，则组分 A 的质量比定义式为

$$X_{m_A}=\frac{m_A}{m-m_A} \tag{2.1.14}$$

式中　X_{m_A}——组分 A 的质量比，无量纲；

$m-m_A$——混合物中惰性物质的质量，kg。

质量比与质量分数的关系为

$$X_{m_A}=\frac{x_{m_A}}{1-x_{m_A}} \tag{2.1.15}$$

② 摩尔比

混合物中某组分的物质的量与剩余其他组分物质的量的比值称为该组分的摩尔比，以符号 X 表示。若混合物中除组分 A 外，其余为惰性组分，则组分 A 的摩尔比定义式为

$$X_A = \frac{n_A}{n - n_A} \tag{2.1.16}$$

式中 X_A——组分 A 的摩尔比，无量纲；

$n-n_A$——混合物中惰性组分的物质的量，mol。

摩尔比与摩尔分数的关系为

$$X_A = \frac{x_A}{1 - x_A} \tag{2.1.17}$$

同样，当混合物为气液两相体系时，常以 X 表示液相中某组分的摩尔比，Y 表示气相中某组分的摩尔比。对于气态混合物，常采用分压表示浓度，此时组分 A 的摩尔比可以按下式计算，即

$$Y_A = \frac{p_A}{p - p_A} \tag{2.1.18}$$

式中 p——气体混合物的总压力，Pa；

p_A——组分 A 的分压，Pa；

以上讨论了混合物中组分浓度的表示方法，实际应用中可根据计算方便的原则选用。

2. 流量

环境工程中研究的对象多为流体，如污水、污泥、大气、废气等，流量则是用于描述流体(气体或液体)在单位时间内通过某一截面的量。流量可以分为体积流量和质量流量。

(1) 体积流量

单位时间内流过流动截面的流体体积称为体积流量，以 q_V 表示。若某一流时间 t 内流过截面 A 的体积为 V，则体积流量的定义式为

$$q_V = \frac{V}{t} \tag{2.1.19}$$

体积流量的常用单位有 m^3/s、L/s、m^3/h 等。对于恒定流速的流体，体积流量可以通过截面积 A 和流速 u 计算

$$q_V = Au \tag{2.1.20}$$

(2) 质量流量

单位时间内流过流动截面的流体质量称为质量流量，以 q_m 表示。若某一流时间 t 内流过截面 A 的质量为 m，则质量流量的定义式为

$$q_m = \frac{m}{t} \tag{2.1.21}$$

若流体密度为 ρ，则有

$$q_m = \frac{V \cdot \rho}{t} \tag{2.1.22}$$

质量流量的常用单位有 kg/s、kg/h、g/s 等。对于恒定流速的流体，质量流量可以通过截面积 A 和流速 u 和密度 ρ 计算

$$q_m = Au\rho \tag{2.1.23}$$

（3）体积流量与质量流量的关系和应用

体积流量和质量流量通过流体的密度 ρ 相关联

$$q_m = q_V\rho \tag{2.1.24}$$

对于不可压缩流体（如液体），密度 ρ 通常为常数；对于可压缩流体（如气体），密度 ρ 会随压力和温度而变化，因此需要根据具体条件计算。

对于液体测量和气体测量，体积流量更常用，水流量通常用升每秒（L/s）或立方米每小时（m^3/h）表示，空气流量通常用标准立方米每小时（Nm^3/h）表示。质量流量在热力学计算中更重要，因为能量与质量直接相关。

3. 流速

流速是指流体（液体或气体）在单位时间内通过某一位置的移动距离，是描述流体运动快慢和方向的物理量，用 u 表示。它是一个矢量，既有大小又有方向，流体在直管内的流动可看成是与管轴平行的一维流动。在国际单位制中，流速的单位是米每秒（m/s），其他常用单位还有厘米每秒（cm/s）、千米每小时（km/h）等。

在流动截面上，每一点处流体的流速被称作点流速。当实际流体在管内流动时，由于流体具有黏性，一般来说，同一截面上各点的流速并不相等。这种流速在同一截面上的变化规律，就被定义为速度分布。

在工程实际应用中，为了简化计算，通常会采用截面上各点流速的平均值，即主体平均流速 u_m，简称平均流速。平均流速是依据体积流量相等的原则来定义的，也就是说，在单位时间内，以平均速度流过截面的流体体积，与按照实际具有速度分布时流过同一截面的流体体积是完全相等的。若流体流过的截面积为 A，平均流速的定义式为

$$u_m = \frac{\int_A u\mathrm{d}A}{A} = \frac{q_V}{A} \tag{2.1.25}$$

在污水处理工程、废气处理工程的设计和管理中，流速是重要的参数。通过测量和计算流体速度，能合理设计废水、废气处理设备和构筑物的结构和尺寸，确保污水和废气处理工程的安全和高效运行。

4. 通量

通量表示在单位时间内通过单位面积的某种物理量的量值，是描述物质、能量或其他物理量传输特性的物理量。它体现了物理量在空间中通过某个面的“流量”情况，与流速、面积等因素相关。通量是表示传递速率的重要物理量，其定义式为

$$通量 = \frac{物理量的量}{时间 \times 面积} \tag{2.1.26}$$

根据物理量的不同，通量通常可以分为以下几种。

（1）质量通量。质量通量指的是单位时间内通过单位面积的某组分的质量，单位为 $kg/(m^2 \cdot s)$，常用于描述物质的输运情况。例如在环境工程中的流体输送过程，若管道内流体的质量通量较大，意味着单位时间内通过管道某一截面的流体质量较大，可据此计算流体的输送量，以优化处理流程。

（2）体积通量。体积通量指的是单位时间内通过单位面积的某组分的体积，单位为 $m^3/(m^2 \cdot s)$ 或 m/s，主要用于描述流体在空间中通过某个面的流动情况，体现了流体体积

的传输特性，是分析流体流动问题的重要物理量。

（3）热量通量。也叫热流密度，是指单位时间内通过单位面积的热量，单位为 $J/(m^2 \cdot s)$ 或 W/m^2，表示每秒钟通过每平方米面积的热量为多少瓦特，直观地反映了热量传递的强度。热量通量描述了热量在空间中传递的速率和方向，是表征热传递过程的一个关键物理量。

（4）动量通量。单位时间内通过单位面积的动量，单位为 $kg/(m \cdot s^2)$ 或 N/m^2，与压强的单位相同，这是因为动量通量在一定程度上反映了流体对单位面积的作用力效果，与压强的物理意义有相似之处。在流体力学中，动量通量对于分析流体与物体之间的相互作用非常重要。

第二节 质量衡算

质量衡算，又称质量守恒计算，是环境工程及许多其他工程领域中的重要分析方法。质量衡算基于质量守恒定律，即在一个封闭系统中，无论发生何种物理或化学变化，系统内物质的总质量保持不变。对于任何系统，都可以运用质量衡算方法，从理论上计算物料在这个系统中的输入、输出、积累和转化量，定量表示污染物质在环境中的迁移。

一、质量衡算系统

1. 衡算系统的概念

用衡算方法分析各种与物质传递和转化有关的过程时，首先应确定一个用于分析的特定区域，即衡算的空间范围，称为衡算系统。包围此区域的界面称为边界，边界以外的范围为系统周围的环境。

质量衡算系统是人为划定的、用于进行质量衡算分析的空间范围。在实际应用中，它可以是一个独立的设备，如脱硫塔、沉砂池；也可以是一个包含多个构筑物的处理单元，如整个污水处理厂；还可以是一个更大的区域，比如一座城市，用于分析城市范围内的物质流动，如水资源、能源等的收支情况。

明确质量衡算系统的边界至关重要，边界决定了哪些物质的流入和流出需要被纳入衡算。边界可以是实际的物理边界，如设备的外壳、管道的管壁；也可以是概念上的边界，例如在分析城市大气污染物时，可将城市的行政边界作为衡算系统边界。

2. 总衡算与微分衡算

总衡算又称整体衡算或积分衡算，是对一个系统在一定时间间隔内或在整个过程中的物质总量进行的衡算。它基于质量守恒定律，将系统视为一个整体，不考虑系统内部的细节和局部变化，只关注系统整体的输入、输出和积累情况。总衡算的范围可以是宏观上较大的范围如一个反应池、一个车间，或者一段河流、一个湖泊、一座城市上方的空气，甚至可以是整个地球。

衡算也可以取微元尺度范围，微分衡算即是在总衡算的基础上，将系统划分为无限小的微元体，对每个微元体进行质量衡算，以揭示系统内部物质质量的变化规律和分布情况。它考虑了系统内物质的局部变化和梯度，通过建立微分方程描述质量在空间和时间上的微小变化，常用于研究系统内部的详细过程和机理。如环境设备或管道中一个微元体，在直角坐标中为正六面微元体 dxdydz，见图 2.2.1(a)，当设备或管道横截面上的各种参数没有变化时，也可以取一个微元段 dz 所对应的体积作为衡算范围，见图 2.2.1(b)。衡算系统的大小和几何形状的选取应根据研究问题的方便确定。

二、质量衡算方程

1. 质量衡算的一般方程

如图 2.2.2，对于划定的衡算系统，当以物料的全部组分为衡算对象时，一定时间 t 内输入系统的物料质量与输出系统的物料质量之差加上系统内转化的物料质量等于系统内部物料质量的积累，即

$$m_1-m_2+m_r=\Delta m \tag{2.2.1}$$

式中 m_1——t 时间内输入系统的物料质量，kg；

m_2——t 时间内输出系统的物料质量，kg；

m_r——t 时间内系统内转化的物料质量，kg；

Δm——t 时间内系统中积累的物料质量，kg。

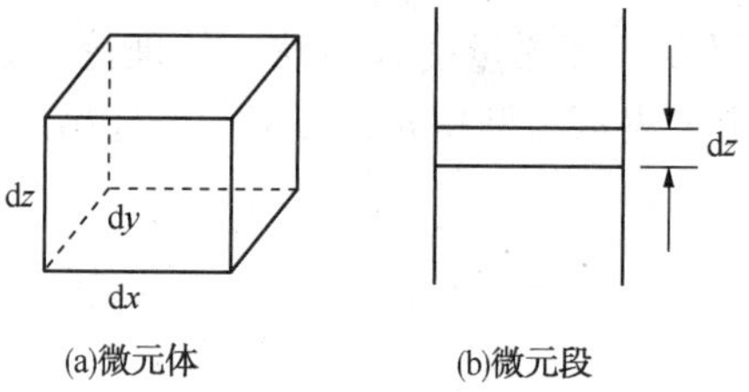

图 2.2.1 衡算微元体

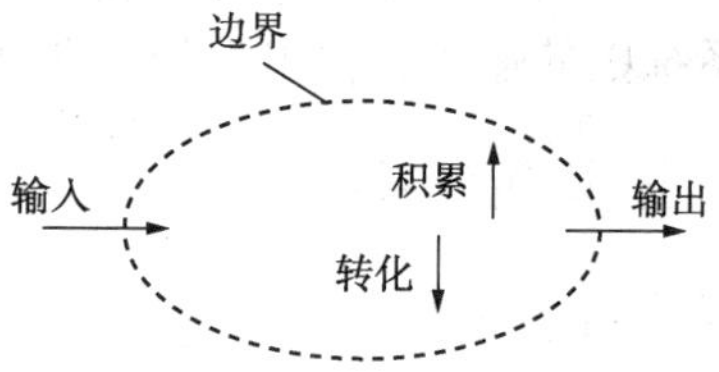

图 2.2.2 质量衡算系统图

以单位时间为基准时，质量衡算关系式可以表示为

$$q_{m_1}-q_{m_2}+q_{m_r}=\frac{dm}{dt} \tag{2.2.2}$$

式中 q_{m_1}——单位时间输入系统的物料质量，即输入系统的质量流量，也称为输入速率，kg/s；

q_{m_2}——单位时间输出系统的物料质量，即输出系统的质量流量，也称为输出速率，kg/s；

$\frac{dm}{dt}$——单位时间系统内积累的物料质量，也称为物料的积累速率，kg/s；

q_{m_r}——单位时间系统内转化的物料质量，即系统内转化的质量流量，也称为转化速率或反应速率，kg/s。

q_{m_r} 指单位时间因生物反应或化学反应而转化的质量。因反应而生成某组分时 q_{m_r} 为正值，质量增加；因反应而减少某组分时 q_{m_r} 为负值，质量减少，如生物降解反应。

污染物的生物降解经常被视为一级反应，即污染物的降解速率与其浓度成正比。假设体积 V 中可降解物质的浓度均匀分布，则

$$q_{m_r}=-k\rho V \tag{2.2.3}$$

式中 k——反应速率常数，s^{-1} 或 d^{-1}；

ρ——物质质量浓度，kg/m^3；

V——流体体积，m^3。

负号表示污染物随时间的增加而减少。

式(2.2.2)称为质量衡算的一般方程。进行质量衡算时，首先需要划定衡算的系统，即衡算的范围；其次要确定衡算的对象与衡算的基准，质量衡算的对象可以是物料的全部组分，也可以是物料中的关键组分，衡算的基准可以是单位时间，某时间段内，或一个周期；再次是绘制质量衡算系统图，确定输入量(速率)、输出量(速率)、转化量(速率)和积累量(速率)；最后就是将已知数据代入质量衡算方程进行计算，计算时需要注意单位的统一。

2. 稳态系统与非稳态系统

对于任何一个系统，根据其任意位置上物理量是否随时间变化，可以将其分为稳态系统和非稳态系统。

当系统中的所有状态变量(温度、压力、流速、浓度等物理量)只是位置的函数，而不随时间变化，称为稳态系统；当上述物理量不仅随位置变化，而且随时间变化时，则称为非稳态系统。

稳态过程的数学特征是$\frac{\partial}{\partial t}=0$，即各物理量只是空间坐标的函数，与时间 t 无关。对于质量衡算的稳态过程，内部无物料积累，即$\frac{\mathrm{d}m}{\mathrm{d}t}=0$。在工程实际中，多数情况下常采用连续稳态操作，只有间歇操作系统或连续操作系统的开始与结束阶段为非稳态过程。

3. 不同系统中的质量衡算方程

根据衡算系统内是否发生反应，系统是否是稳态过程可分为非稳态反应系统、稳态反应系统、非稳态非反应系统和稳态非反应系统。

(1) 稳态非反应系统

在稳态非反应系统中，系统内部无物料积累，不发生化学反应和生物降解反应。此时，式(2.2.2)简化为

$$q_{m_1}=q_{m_2} \tag{2.2.4}$$

即系统的输入量和输出量达到平衡。

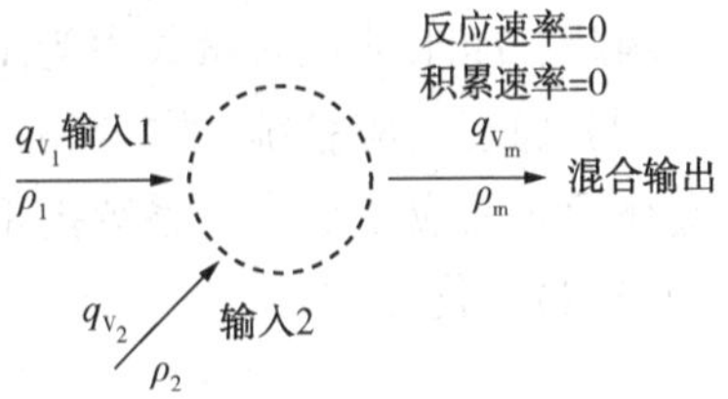

图 2.2.3　稳态非反应系统

在图 2.2.3 所示的稳态非反应系统中，若输入 1 的体积流量为 q_{V_1}，其中污染物的质量浓度为 ρ_1；输入 2 的体积流量为 q_{V_2}，污染物的质量浓度为 ρ_2；输出混合物的体积流量为 q_{V_m}，污染物的质量浓度为 ρ_m。则污染物的输入速率为

$$q_{m_1}=\rho_1 q_{V_1}+\rho_2 q_{V_2}$$

污染物的输出速率为

$$q_{m_2}=\rho_m q_{V_m} \text{且有 } q_{V_m}=q_{V_1}+q_{V_2}$$

将上述关系代入式(2.2.4)，得

$$\rho_1 q_{V_1}+\rho_2 q_{V_2}-\rho_m q_{V_m}=0$$

$$\rho_m=\frac{\rho_1 q_{V_1}+\rho_2 q_{V_2}}{q_{V_1}+q_{V_2}} \tag{2.2.5}$$

【例题 2.2.1】　一条河流的上游流量为 10.0m³/s，氯化物的浓度为 20.0mg/L；有一条

支流汇入，流量为 5.0m³/s，氯化物浓度为 40.0mg/L。视氯化物为不可降解物质，系统处于稳定状态，试计算汇合点下游河水中氯化物浓度。假设在该点两股流体完全混合。

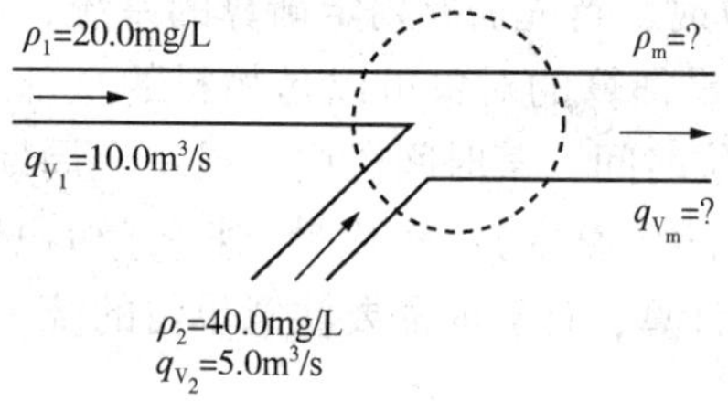

图 2.2.4　例题 2.2.1 附图

解：首先划定衡算系统，如图 2.2.4 所示。

根据式(2.2.5)，有

$$\rho_m=\frac{\rho_1 q_{V_1}+\rho_2 q_{V_2}}{q_{V_1}+q_{V_2}}$$

该题中 ρ 的单位是 mg/L，q_V 的单位是 m/s。因为相同的单位在计算式中可以消去，为计算简便，可以不用对 ρ 和 q_V 的单位进行换算，即

$$\rho_m=\frac{20.0\times10.0+40.0\times5.0}{10.0+5.0}=26.7\text{mg/L}$$

【例题 2.2.2】 一条含盐量为 400g/m³、流量为 25.0m³/s 的河流上游有一个农田污水排放口，其流量为 5.0m³/s，含盐量为 2000g/m³，盐不降解。假设农田污水进入河流后与河流中的水迅速混合。为了使该河流下游的居民在使用该河流中的水时，水中的含盐量不高于 500g/m³，政府在该河流下游建立一座水库，长期向该河流注入不含盐的净水，如图 2.2.5所示，问：净水的注入流量最小为多少才能达到要求？

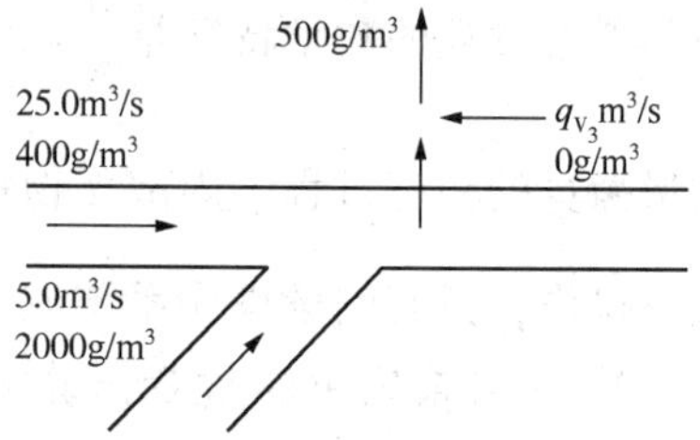

图 2.2.5　例题 2.2.2 附图

解：已知：$q_{V_1}=25.0\text{m}^3/\text{s}$；$\rho_1=400\text{g/m}^3$；$q_{V_2}=5.0\text{m}^3/\text{s}$；$\rho_2=2000\text{g/m}^3$；$\rho_m=500\text{g/m}^3$。根据质量衡算方程，有

$$q_{V_1}\rho_1+q_{V_2}\rho_2=\rho_m(q_{V_1}+q_{V_2}+q_{V_3})$$

代入已知数据，整理得

$$q_{V_3}=\frac{q_{V_1}\rho_1+q_{V_2}\rho_2}{\rho_m}-(q_{V_1}+q_{V_2})=\frac{25.0\times400+5.0\times2000}{500}-(25.0+5.0)=10\text{m}^3/\text{s}$$

因此，净水的注入量最少为 10.0m³/s。

(2) 稳态反应系统

在稳态反应系统中，系统内部无物料积累，但发生了化学反应或生物降解反应。此时，式(2.2.2)简化为

$$q_{m_1}-q_{m_2}+q_{m_r}=0 \tag{2.2.6}$$

在污染控制工程中，对于污染物进入湖泊、大气中的情况，通常可以假定其为完全混合系统，因此稳态反应系统的质量衡算常常用来分析常见的水污染问题和空气质量问题。

【例题 2.2.3】 一个湖泊的容积为 10.0×10⁶m³。上游有一被污染的河流流入该湖泊，可降解污染物浓度为 10.0mg/L，流量为 50m³/s。一工厂以 5m³/s 的流量向湖泊排放污水，其中含有同种可降解污染物，浓度为 100.0mg/L。污染物的降解速率常数为 0.25d⁻¹。假设污染物质在湖泊中完全混合，且湖水不因蒸发等原因增加或者减少，求稳态情况下流出水中污染物的浓度。

解：假设污染物质在湖泊中完全混合说明流出水中的污染物浓度等于湖泊中的污染物浓度，用 ρ_m 表示。为了便于计算，污染物浓度单位均使用 g/m³。

根据已知条件，输入速率为

$$q_{m_1}=\rho_1 q_{V_1}+\rho_2 q_{V_2}=(50\times10.0+5\times100.0)=1000\text{g/s}$$

输出速率为

$$q_{m_2}=\rho_m q_{V_m}=(q_{V_1}+q_{V_2})\rho=(50+5)\rho=55\rho$$

降解速率为

$$-k\rho V=-\frac{0.25\times\rho\times10.0\times10^6}{24\times3600}=-28.9\rho$$

衡算方程为

$$1000-55\rho-28.9\rho=0$$

解得 $\rho=11.92\text{g/m}^3=11.92\text{mg/L}$。

(3) 非稳态非反应系统

在稳态非反应系统中，不发生化学反应或生物降解反应，但物质的质量和浓度随时间变化，系统内部存在物料积累，因此需要采用微分衡算式，此时，式(2.2.2)简化为

$$q_{m_1}-q_{m_2}=\frac{\text{d}m}{\text{d}t} \tag{2.2.7}$$

可通过在初始状态和最终状态之间积分求得未知量。

【例题 2.2.4】 图 2.2.6 所示为一圆筒形储罐，直径为 1m。罐内盛有 2m 深的水。在无水源补充的情况下，打开底部阀门放水。已知水的密度为 1000kg/m³，水流出的质量流量 q(kg/s) 与水深 z(m) 的关系为 $q_{m_2}=0.25\sqrt{z}$，求经过多长时间后，水位下降至 0.01m？

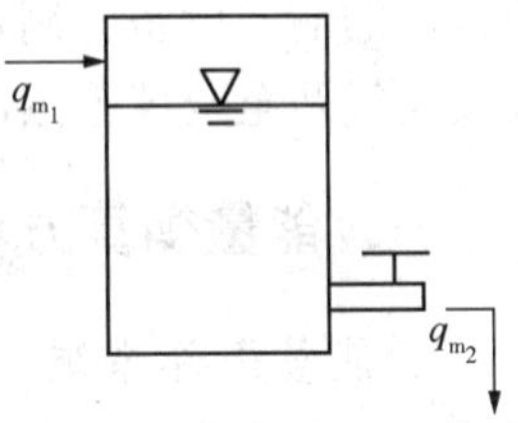

图 2.2.6 例题 2.2.4 附图

解：根据质量衡算方程，有

$$q_{m_1}-q_{m_2}=\frac{\text{d}m}{\text{d}t}$$

因为无水源补充，所以 $q_{m_1}=0$，而

$$q_{m_2}=0.25\sqrt{z}$$

储罐的横截面积为

$$A=\frac{\pi}{4}d^2=\frac{\pi}{4}\times1^2\text{m}^2=0.785\text{m}^2$$

储罐中水的瞬时质量

$$m=Az\rho=0.785\times1000\times z=785z$$

故

$$\frac{\text{d}m}{\text{d}t}=785\frac{\text{d}z}{\text{d}t}$$

将已知数据代入衡算式，得

$$-0.25\sqrt{z}=785\frac{\text{d}z}{\text{d}t}$$

上式分离变量，并在 $t_1=0$，$z_1=2m$ 和 $t_2=t$，$z_2=0.01m$ 间积分，即

$$\int_0^t\frac{0.25}{785}\text{d}t=-\int_2^{0.01}\frac{\text{d}z}{\sqrt{z}}$$

解得 $t=8253\text{s}$。

第三节　能量衡算

能量衡算主要基于能量守恒定律，用于定量分析系统内能量的流入、流出、产生、消耗和积累。能量衡算是分析环境中涉及能量转移与转化问题的非常重要且基本的方法。

在环境工程领域，诸多过程都与系统能量变化紧密相关。例如，污水和污泥的加热处理，旨在提升其温度以满足后续处理需求；设备冷却过程则是为了确保设备在适宜的温度条件下稳定运行；烟气热量回收能够有效利用废弃热量，提高能源利用效率；设备管道保温可减少热量散失，降低能源损耗。此外，在流体输送过程中，存在着动能、势能与内能等能量形式的相互转化；机械对流体做功，为流体的输送提供动力；流体在流动过程中，因克服流动阻力，机械能会转化为热能。

通过能量衡算，能够精准确定加热系统所需的供热量和冷却系统所需的冷却水量，保障供热和冷却效果；确定系统与环境交换的热量和系统内部温度变化之间的关系，为系统优化提供依据；还能计算出流体输送机械的功率，确定管路的直径、流体的流量，从而选择合适的输送设备，满足工程实际需求。不仅如此，能量衡算还可应用于河流或湖泊水体、区域大气乃至全球范围内的能量变化分析，为宏观环境研究提供有力支持。

一、能量衡算方程

1. 能量衡算系统

与质量衡算相同，进行能量衡算时，首先需要确定衡算的范围，即衡算系统。衡算系统可以是任何系统，如水池、设备或管道、流体加热或冷却系统、受到热污染的河流等；当研究全球温度平衡的问题时，系统就是整个地球。

能量输入、输出系统的方式包括两种：物料携带能量进出系统；系统与外界交换能量，包括热和功。当能量和物质都能够穿越系统的边界时，该系统称为开放系统；只有能量可以穿越边界而物质不能穿越边界的系统称为封闭系统。

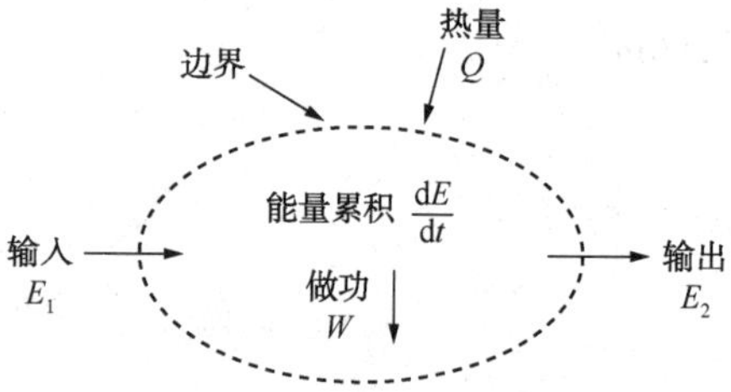

图 2.3.1　能量衡算系统图

2. 能量衡算的一般方程

能量衡算基于能量守恒定律，能量既不会凭空产生，也不会凭空消失，只能从一种形式转化为另一种形式。对于如图 2.3.1 所示的系统，能量衡算可以表示为：

输入系统的能量－输出系统的能量＋系统内能的变化量＝系统内累积的能量

能量衡算方程可以表示为

$$\sum E_1 - \sum E_2 + \Delta E = \frac{dE}{dt} \tag{2.3.1}$$

式中　$\sum E_1$——输入系统的能量总和，kJ；

$\sum E_2$——输出系统的能量总和，kJ；

ΔE——系统内能的变化量，kJ；

$\frac{dE}{dt}$——系统内积累的能量，kJ。

根据热力学第一定律，外界对物体所做的功 W 与物体从外界吸收的热量 Q 之和等于物体内能的变化量 ΔE，即

$$\Delta E = W + Q \tag{2.3.2}$$

式中 ΔE——系统内部总能量(即系统内物料所具有的各种能量之和)的变化量，kJ；

Q——系统内物料从外界吸收的热量，kJ；

W——外界对系统内物料所做的功，kJ。

上式中的 Q 为正时，系统内物料从外界吸收热量；Q 为负时，系统内物料向外界散失热量。W 为正时，外界对系统内物料做功；W 为负时，系统内物料对外界做功。

系统内部的能量 E 包括系统产生的可以观察到的、宏观形式的能量，如动能、位能和内能(涉及系统原子、分子结构的微观形式的能量)。此外，流动着的物料内部任何位置上都具有一定的静压力，物料进入系统需要对抗压力做功，这部分能量作为静压能输入系统。因此，物料的总能量 E 可以描述为它的内能、动能、位能和静压能的总和，即

$$E = E_{内} + E_{动} + E_{位} + E_{静压} \tag{2.3.3}$$

联立式(2.3.1)与式(2.3.2)可知

$$\sum E_1 - \sum E_2 + W + Q = \frac{dE}{dt} \tag{2.3.4}$$

式(2.3.4)为能量衡算的一般方程。该式说明，系统内部能量的积累等于输入系统的物料携带的总能量与输出系统的物料携带的总能量之差加上系统内部能量的变化。

实际应用中，可以对单位质量的物料进行能量衡算，也可以取单位时间进行能量分析。

二、热量衡算方程

在很多工程实际中，没有涉及系统和环境之间的做功过程，而主要涉及物料温度变化与热量交换，系统内部能量的变化仅表现为系统的温度或物态发生变化。在这种情况下，主要考虑能量的转化，以及系统与环境的热量交换对环境的影响等问题，此时可将能量衡算简化为热量衡算。

热量衡算是环境工程设计中极其重要的组成部分，如通过热量衡算可以确定传热设备热负荷，以此设计传热型设备的形式、尺寸、传热面积等，并为反应器等各种设备及控制仪表提供参数，确定单位产品的能耗指标，同时也为提供工艺设计条件做准备。

1. 热量衡算的一般方程

在主要涉及物料温度与热量变化的过程中，能量可以用焓表示。物质的焓定义为

$$H = e + pv \tag{2.3.5}$$

式中 H——单位质量物料的焓，kJ/kg；

e——单位质量物料的内能，kJ/kg；

p——物料所处的压力，Pa；

v——单位质量物料的体积，m^3/kg。

焓值反映物料所含热量，是温度与物态的函数，因此进行衡算时除选取时间基准外，还需要选取物态与温度基准，通常以 273K 物质的液态为基准。

因此，单位时间系统的能量衡算方程可以表示为

$$\sum H_1 - \sum H_2 + \frac{\Delta E}{t} = E_q \qquad (2.3.6)$$

式中 $\sum H_1$——单位时间输入系统的物料的焓值总和，即物料带入的能量和，kJ/s；

$\sum H_2$——单位时间输出系统的物料的焓值总和，即物料带出的能量总和，kJ/s；

$\frac{\Delta E}{t}$——单位时间系统内部总能量的变化，kJ/s；

E_q——单位时间系统内部物料能量的积累，kJ/s。

在此过程中，外界不对系统做功，即 $W=0$，则上式可表示为

$$\sum H_1 - \sum H_2 + q = E_q \qquad (2.3.7)$$

式中 $q=\frac{Q}{t}$——单位时间环境输入系统的热量，即系统单位时间的吸热量，单位为 kJ/s。

式(2.3.7)也称为热量衡算方程。

2. 封闭系统的热量衡算

对于封闭系统，由于与周围环境没有物质交换，所以式(2.3.7)左侧第一项和第二项均为0，此时热量衡算方程简化为

$$q=E_q \qquad (2.3.8)$$

上式反映出系统从外界吸收的热量等于系统内部物料能量的积累，而内部能量的变化表现为物料温度的升高或物态的变化。

对于全部物料，式(2.3.8)可以表示为

$$Q=E_Q \qquad (2.3.9)$$

式中 $E_Q=\frac{\mathrm{d}E}{\mathrm{d}t}$——系统内物料能量的积累，kJ；

Q——系统从外界吸收的热量，kJ。

(1) 无相变条件下的热量衡算

在物料无相变的情况下，物料所具有的热量与温度关系可以用比热容表示。比热容简称比热，是指单位质量的某种物质升高(或降低)单位温度所吸收(或放出)的热量，用符号 c 表示，它反映了物质吸收或放出热量的能力，单位为 J/(kg·K)。

液体与固体的比热容受温度影响极小，通常可将其视作常数。而气体的情况有所不同，当气体吸收热量时，温度会随之升高，同时体积膨胀，这一过程中气体对环境做功。这就表明，在升高相同温度的条件下，体积膨胀的气体相较于体积保持不变的气体，需要吸收更多的热量。基于此，比热容分为为比定容热容(c_V)和比定压热容(c_p)。由于气体膨胀做功的特性，其比定压热容大于比定容热容。在实际应用中，如果气体在加热或冷却后体积维持恒定，此时应采用比定容热容进行相关计算；而对于压力保持不变的系统，则需采用比定压热容。对于不可压缩物质，如处于常温常压环境下的固体和液体，因其在状态变化时体积几乎不变，不存在因体积变化而产生的额外能量变化，所以它们的比定容热容和比定压热容是一致的。

采用焓表示能量可以避免压力和体积变化带来的复杂性。在恒容条件下，系统内物料所积累的能量全部用于增加内能，即

$$E_Q = m\Delta e \qquad (2.3.10)$$

式中　m——系统内物料的质量，kg；

Δe——单位质量物料内能的变化，kJ/kg。

此时物料内能和温度变化的关系可以表示为

$$\Delta e = c_V \Delta T \tag{2.3.11}$$

式中　ΔT——物料温度的变化值，K。

在恒压过程中，系统内物料所积累的能量全部用于焓的增加，即

$$E_Q = m\Delta H \tag{2.3.12}$$

式中　ΔH——单位质量物料焓的变化，kJ/kg。

此时物质焓和温度变化的关系可以表示为

$$\Delta H = c_p \Delta T \tag{2.3.13}$$

对于大多数环境系统，例如固体或液体，其比定容热容和比定压热容相等，即 $c_V = c_p$。此时有

$$\Delta e = \Delta H = c_p \Delta T \tag{2.3.14}$$

当物料无相变时，假设随着温度的变化，比定压热容为恒量，或取平均温度下的比定压热容时，则系统中能量的积累可表示为

$$E_Q = mc_p \Delta T \tag{2.3.15}$$

此时热量衡算方程可表示为

$$Q = mc_p \Delta T \tag{2.3.16}$$

(2) 有相变条件下的热量衡算

当物质发生相变时，吸收或放出热量而不引起温度的变化，此时系统能量的积累体现为吸收或放出潜热，即

$$E_Q = mr \tag{2.3.17}$$

式中　r——物质的潜热，即溶解热或汽化热，kJ/kg。

此时，热量衡算方程可表示为

$$Q = mr \tag{2.3.18}$$

若物质吸收或放出热量既会引起温度的变化，又会吸收或放出潜热，则热量衡算方程为

$$Q = mc_p \Delta T + mr \tag{2.3.19}$$

【例题 2.3.1】 电热水壶的功率是 1.5kW，使用电热水壶将 2L 水从 20℃加热到 100℃，试计算需要多少时间。假设所有电能都转化为水的热能，忽略电热水壶自身温度升高所消耗的能量和向环境的散热量。

解： 以电热水壶中的水所占的体积为衡算系统，且该系统为封闭系统。系统从发热元件吸收热量，发热元件的功率表示能量的输入速率。假设加热过程中水壶没有热量损失，则水吸收的总热量等于能量的输入速率和时间的乘积。设发热元件的工作时间为 Δt，则输入的热量为

$$Q = 1.5 \times \Delta t$$

水从 20℃升到 100℃时，水的能量也产生了积累。若水的密度为 1000kg/m^3，比定压热容为 4.187kJ/(kg·K)，则

$$E_Q = mc_p \Delta T = 2 \times 1 \times 4.187 \times (100-20) = 670\text{kJ}$$

输入的热量等于水中能量的积累，可得

$$1.5\Delta t = 670$$

解得

$$\Delta t = 446.7\text{s} \approx 7.4\text{min}$$

【例题 2.3.2】 在一封闭的电热水壶中装有 2L、20℃的水，电热水壶的功率是 1.5kW，将水加热至 100℃并全部汽化成水蒸气，试计算需要多少时间。假设所有电能都转化为水的热能，忽略电热水壶自身温度升高所消耗的能量和向环境的散热量。

解： 该过程既有温度的升高，也有相变，需按式(2.3.19)进行热量衡算。设发热元件的工作时间为 Δt，则输入的热量为

$$Q = 1.5 \times \Delta t$$

若水的密度为 1000kg/m^3，比定压热容为 4.187kJ/(kg · K)，水的气化潜热为 2.26×10^{3}kJ/kg，则

$$E_{\mathrm{Q}} = mc_{\mathrm{p}}\Delta T + mr = 2\times1\times4.187\times(100-20) + 2\times1\times2.26\times10^3 = 5190\text{kJ}$$

根据热量衡算方程有

$$1.5\Delta t = 5190$$

解得

$$\Delta t = 3230\text{s} = 0.96\text{h}$$

3. 开放系统的热量衡算

在许多环境问题中，能量衡算系统为开放系统，即物质和能量都能穿越系统边界。以换热器为例，在实际运行过程中，常以热水或者蒸汽作为热媒，将热量传递给物料(如污泥、水等)，达到加热的目的；或者以河水作为冷却剂，从需要降温的设备中吸收热量，从而达到冷却目的。

(1) 选取物态温度基准进行热量衡算

对开放系统进行能量衡算时，需要考虑物料因携带能量进入和离开系统而导致的能量变化，即式(2.3.7)的 $\sum H_1$ 和 $\sum H_2$ 项。

对于稳态的换热过程，系统内无热量积累，$E_{\mathrm{q}}=0$，则式(2.3.7)简化为

$$\sum H_1 - \sum H_2 + q = 0 \tag{2.3.20}$$

对于非稳态的换热过程，若系统与外界无热量交换，$q=0$，则式(2.3.7)简化为

$$\sum H_1 - \sum H_2 = E_{\mathrm{q}} \tag{2.3.21}$$

【例题 2.3.3】 在一列管式换热器中用 373K 的饱和水蒸气加热某液体，液体流量为 1000kg/h。液体的温度从 298K 升高到 353K，液体的平均比热容为 3.56kJ/(kg · K)。饱和水蒸气冷凝放热后以 373K 的饱和水排出。换热器向四周的散热速率为 10000kJ/h。试求稳定操作下加热所需的蒸汽量。

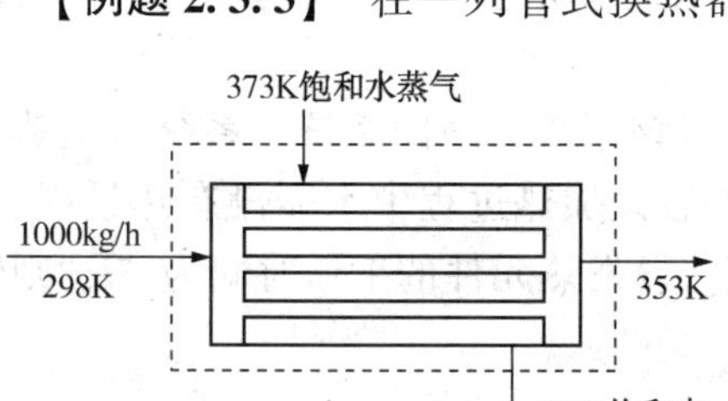

图 2.3.2 例题 2.3.3 附图

解： 根据题意画出过程的示意图(图 2.3.2)。取整个换热器为衡算系统，时间基准为 1h，物态温度基准为 273K 液体。设饱和水蒸气用量为 Gkg/h，查得 373K 的饱和水蒸气的焓为 2677kJ/kg，饱和水的焓为 418.68kJ/kg。

输入系统的物料的焓值包括 373K 饱和水蒸气的焓和 298K 液体的焓，即

$$\sum H_1 = 1000 \times 3.56 \times (298 - 273) + 2677G$$

输出系统的物料的焓值包括 373K 饱和水的焓和 353K 液体的焓，即

$$\sum H_2 = 1000 \times 3.56 \times (353 - 273) + 418.68G$$

热损失为

$$q = -10000\text{kJ/h}$$

将以上各式代入式(2.3.20)中可得

$$1000\times3.56\times(298-273)+2677G-[1000\times3.56\times(353-273)+418.68G]-10000=0$$

解得　$G=91.1\text{kg/h}$。

【例题 2.3.4】 冬天一污水池内有 50m^3 高浓度有机污水，温度为 5℃，为加速厌氧消化反应过程，需将其加热到 35℃。采用外循环法加热(图 2.3.3)，使污水以 $5\text{m}^3/\text{h}$ 的流量通过换热器，换热器用水蒸气加热，其出口温度恒定为 100℃。假设罐内污水混合均匀，污水的密度为 1000kg/m^3，不考虑池的散热，问污水加热到所需温度需要多长时间？

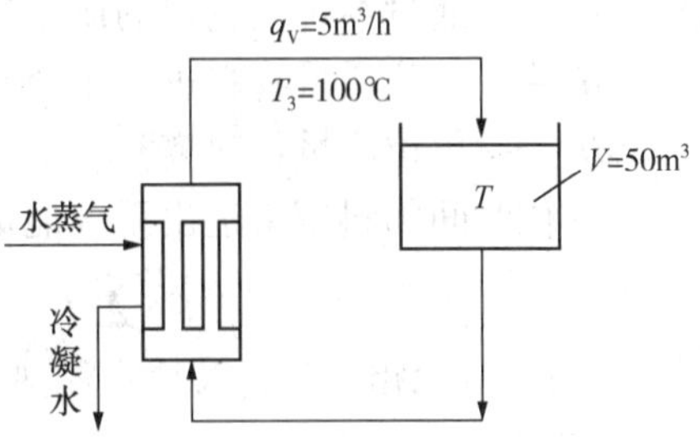

图 2.3.3　例题 2.3.4 附图

解：池中污水温度随时间变化，为非稳态过程。

已知 $V=50\text{m}^3$，$q_V=5\text{m}^3/\text{h}$，$T_1=5℃$，$T_2=35℃$，$T_3=100℃$，$q=0$。由于池中污水混合均匀，因此任意时刻从池中排出的污水温度与池中相同。设其为 T。

以污水池为衡算系统，以 0℃的污水为温度物态基准，衡算的时间基准为 1h。输入系统的焓

$$\sum H_1 = q_V \rho c_p T_3$$

输出系统的焓

$$\sum H_2 = q_V \rho c_p T$$

系统内积累的能量

$$E_q = V\rho c_p \frac{\text{d}T}{\text{d}t}$$

列出热量衡算方程，得

$$q_V \rho c_p T_3 - q_V \rho c_p T = V\rho c_p \frac{\text{d}T}{\text{d}t}$$

化简后分离变量，得

$$\text{d}t = \frac{V\text{d}T}{q_V(T_3 - T)}$$

边界条件为：

$t_1=0$ 时，$T_1=5℃$；$t_2=t$ 时，$T_2=35℃$。

将上式在 t_1、t_2 之间积分，得

$$\int_0^t \text{d}t = \frac{50}{5}\int_5^{35} \frac{\text{d}T}{100 - T}$$

$$t = 10\ln\frac{100-5}{100-35} = 3.79\text{h}$$

（2）采用能量变化率进行热量衡算

对于【例 2. 3. 3】所求解的开放系统换热问题，可以采用温差计算系统内的热量变化率，从而简化计算过程。若只有一种物料在流经系统时输入或输出热量，则单位时间因物料进入系统而输入的热量为

$$\sum H_1 = q_m H_1 \tag{2.3.22}$$

单位时间因物料离开系统所输出的热量为

$$\sum H_2 = q_m H_2 \tag{2.3.23}$$

式中　q_m——通过系统的物料的质量流量，kg/h 或 kg/s；

H_1——单位质量物料进入系统时的焓，kJ/kg；

H_2——单位质量物料离开系统时的焓，kJ/kg。

则单位时间物料携带进出系统能量的变化率为

$$\sum H_1 - \sum H_2 = q_m(H_1 - H_2) \tag{2.3.24}$$

① 当物料无相变时，若比定压热容不随温度变化，或取物料平均温度下的比定压热容时，式(2. 3. 24)可以表示为

$$\sum H_1 - \sum H_2 = q_m(H_1 - H_2) = q_m c_p(T_1 - T_2) = q_m c_p \Delta T \tag{2.3.25}$$

例如，用热水对某冷流体通过换热器进行加热，q_m 表示热水的质量流量，T_1、T_2 分别表示热水进出换热器时的温度，ΔT 表示热水在流经换热器后温度的降低。

② 物料有相变时，如热流体为饱和蒸汽，放出热量后变为冷凝液。当冷凝液以饱和温度离开系统时，式(2. 3. 24)可写成

$$\sum H_1 - \sum H_2 = q_m(H_1 - H_2) = q_m r \tag{2.3.26}$$

式中　r——饱和蒸汽的冷凝潜热，kJ/kg。

当物料离开系统时的温度低于饱和温度时，式(2. 3. 26)应表示为

$$\sum H_1 - \sum H_2 = q_m(H_1 - H_2) = q_m r + q_m c_p \Delta T \tag{2.3.27}$$

【例题 2. 3. 5】　将【例题 2. 3. 3】采用能量变化率的方法进行计算。

解：取整个换热器为衡算系统，时间基准为 1h。设饱和水蒸气用量为 Gkg/h，查得 373K 下水蒸气的冷凝潜热为 $r = 2258.4$kJ/kg。

对于热流体，只放出了潜热，温度没有变化，其能量变化率为

$$\left(\sum H_1 - \sum H_2\right)_h = Gr = 2258.4G$$

对于冷流体，温度升高，其能量变化率为

$$\left(\sum H_1 - \sum H_2\right)_c = q_m c_p(t_1 - t_2) = 1000 \times 3.56 \times (298 - 353) = -195800\text{kJ/h}$$

则总能量变化率为

$$\sum H_1 - \sum H_2 = 2258.4G - 195800$$

热损失为

$$q = -10000\text{kJ/h}$$

代入能量衡算方程中

$$\sum H_1 - \sum H_2 + q = 0$$

$$2258.4G - 195800 - 10000 = 0$$

解得　$G=91.1kg/h$。

思考题与习题

2.1　试将下列物理量换算为SI单位：

质量：$3.5kgf \cdot s^2/m=$________kg

密度：$16.8g/cm^3=$________kg/m^3

压强：$70kgf/cm^2=$________Pa

　　　7.5atm=________Pa

　　　100mmHg=________Pa

功率：22马力=________kW

比热容：5Btu/(Ib·°F)=________J/(kg·K)

　　　　8kcal/(kg·℃)=________J/(kg·K)

流量：9L/s=________m^3/h

表面张力：30dyn/cm=________N/m

　　　　　19kgf/m=________N/m

2.2　某室内空气中CO的浓度是0.8×10^{-6}(体积分数)，求：

(1)在1.013×10^5Pa、25℃下，用$\mu g/m^3$表示该浓度；

(2)在大气压力为1.5×10^5Pa和15℃下，CO的物质的量浓度为多少？

2.3　假设在30℃和1.013×10^5Pa的条件下，SO_2的平均测量浓度为$600\mu g/m^3$，若允许值为0.2×10^{-6}(体积分数)，问是否符合要求？

2.4　某一段河流上游流量为$72000m^3/d$，河水中污染物的浓度为5.0mg/L。有一支流流量为$1m^3/s$，其中污染物浓度为50mg/L。假设完全混合，污染物不降解。求：

(1)下游的污染物浓度；

(2)每天有多少千克污染物质通过下游某一监测点。

2.5　某一湖泊的容积为$6\times10^7m^3$，上游有一被污染的河流流入该湖泊，流量为$50m^3/s$，污染物浓度为25mg/L。一工厂以$5m^3/s$的流量向湖泊排放污水，其中含有可降解污染物，浓度为200mg/L。污染物降解反应速率常数为$0.3d^{-1}$。假设污染物在湖中充分混合，忽略蒸发、渗漏和降雨等因素，求稳态时湖中污染物的浓度。

2.6　某水池内有$1m^3$含总氮40mg/L的污水，现用地表水进行置换，地表水进入水池的流量为$10m^3/min$，总氮含量为2mg/L，同时从水池中排出相同的水量。假设水池内混合良好，生物降解过程可以忽略，求水池中总氮含量变为5mg/L时，需要多少时间？

2.7　有一装满水的储槽，直径2m、高5m。现由槽底部的小孔向外排水。小孔的直径为5cm，测得水流过小孔时的流速u_0与槽内水面高度z的关系为

$$u_0=0.75\sqrt{gz}$$

试求放出$2m^3$水所需的时间。

2.8　给水处理中，需要将固体硫酸铝配成一定浓度的溶液作为混凝剂。在一配料用的搅拌槽中，水和固体硫酸铝分别以$0.2m^3/h$和30kg/h的流量加入搅拌槽中，制成溶液后，以120kg/h的流量流出容器。由于搅拌充分，槽内浓度各处均匀。开始时槽内预先已盛有

0.1m^3 纯水。试计算 1h 后由槽中流出的溶液浓度。

2.9 高原河水流量为 5.0m^3/s，硒浓度为 0.0015mg/L。农民引河水灌溉农田，水流量 1.0m^3/s。在灌溉过程中，土壤中的硒元素(硒盐)溶解在水中，而灌溉水一半被土植物吸收，另一半又回到高原河里，且灌溉水流回到河里时含硒量为 1.00mg/L，硒是一种可积累的惰性物质，即在河里不能被降解(且假定没有其他来源)。

(1) 如果农民继续灌溉，当农田的下游河水稳定时，水中硒的含量为多少？

(2) 河里鱼对硒的敏感度最高为 0.04mg/L，那么为了保持河水中硒的含量在该浓度以下，农民最多能用该河流里的多少水灌溉农田？

2.10 某工厂打算设计一个氧化塘，输入流量为 0.10m^3/s，可降解污染物浓度为 30.0mg/L，反应速率常数为 0.20d^{-1}。如果氧化塘内污染物浓度必须控制在 10.0mg/L 以下，假设化塘内物质完全混合，那么该氧化塘至少要设计多大？

2.11 用盒子模拟城市的空气污染模型，假设盒子内污染物在除风扩散方向外的横向和垂直向上完全混合(如一个镇位于山谷逆温层)。认为这个城市垂直于风向处高 250m，边长为 20km，风速为 2m/s，CO 的排放率为 60kg/s(如习题图 2.11 所示)。假设 CO 不可降解，市内与空气完全混合，试求该城市内 CO 的浓度。

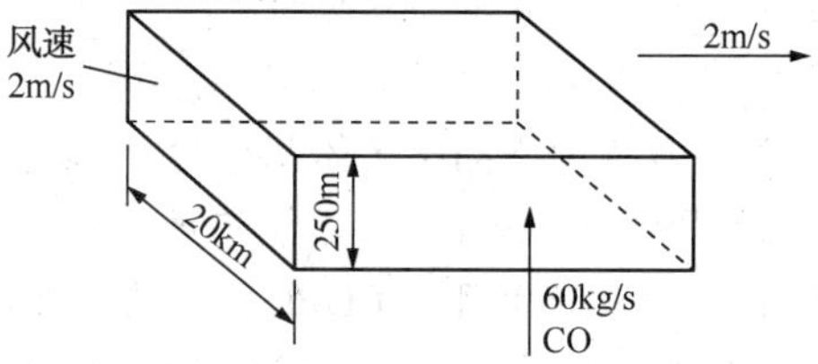

习题 2.11 图

2.12 假设空气覆盖的城市就像一个海拔 1.0km、边长为 100km 的箱子，新鲜的空气沿它一边以 5m/s 的速度吹进箱子，而另一股含污染物的大气以 10.0kg/s 的速度进入该箱子，污染物的降解速率常数为 $k=0.20h^{-1}$。假设箱子内的气体完全混合，求处于稳定态的污染物的浓度。如果风速突然降到 1.0m/s，求 2h 后箱子里污染物的浓度。

2.13 容积为 1200m^3 的氧化塘经过一段时间的使用达到稳定状态，此时污水进入塘内的流量为 100m^3/d，污染物浓度为 10mg/L。假设塘内完全混合，其反应速率常数为 0.8d^{-1}。

(1) 求流出氧化塘的水中污染物的浓度；

(2) 如果注入水中污染物浓度突然升高到 100mg/L，求 7d 后流出氧化塘的水中的污染物浓度。

2.14 有一个 6×8m^2 的太阳能取暖器，太阳光的强度为 3000kJ/(m^2·h)，有 50%的太阳能被吸收用来加热流过取暖器的水流，水的流量为 1.5L/min，求流过取暖器的水升高的温度。

2.15 有一个总功率为 3000MW 的核反应堆，其中 2/3 的能量被冷却水带走，不考虑其他能量损失。冷却水来自当地的一条河流，河水的流量为 100m^3/s，水温为 20℃。

(1) 如果水温只允许上升 10℃，冷却水需要多大的流量？

(2) 如果加热后的水返回河中，河水的水温会上升多少摄氏度？

第三章　流体流动

在环境工程领域，流体在管道内的流动现象广泛存在于各种实际场景中，例如污水处理过程中污水的传输、废气治理系统中废气的输送等。这些流体在不同的工况下，通过常规管道系统进行流动时，其流动特性及相关规律成为研究的重点。准确掌握流体在管道内的流动行为及其计算方法，对于提高环境工程的整体处理效果与运行效率、减少运营成本等方面具有重要意义。这一环节是实现环境工程系统高效、稳定运行的核心要素之一。

本章将依次探讨管道流动系统中的衡算方程、流体流动的内摩擦力、边界层理论、流体流动阻力，以及管路计算方法和流体测量技术。

第一节　管流系统的衡算方程

管流系统的质量衡算和能量衡算在环境工程领域中具有广泛的应用。质量衡算主要用于流量计算、污染物追踪和系统平衡分析，能量衡算主要用于压力损失计算、泵和风机选型及能量效率优化。两者结合，为环境工程系统的设计、运行和优化提供理论支持，提升处理效果和能源利用效率。

一、管流系统的质量衡算方程

在环境工程的管流系统中，质量衡算方程是基于质量守恒定律建立的。从宏观角度来看，在一个稳定的管流系统中，若将某一段管道视为控制体，在没有质量源或汇的情况下，流入控制体的质量必然等于流出控制体的质量，这是质量守恒定律在管流系统中的直观体现。

对于一维稳定流动的管流系统，如图 3.1.1 所示，考虑一段截面积为 A_1 和 A_2 的管道，流体从 A_1 截面流入，从 A_2 截面流出。设流体在 A_1 处的流速为 u_1，密度为 ρ_1；在 A_2 处的流速为 u_2，密度为 ρ_2。根据质量守恒定律，单位时间流入截面 A_1 和流出截面 A_2 的质量之差，应等于单位时间内该系统体积内所含物质的变化量。即

$$\rho_1 u_1 A_1 - \rho_2 u_2 A_2 = \frac{\mathrm{d}m}{\mathrm{d}t} \tag{3.1.1}$$

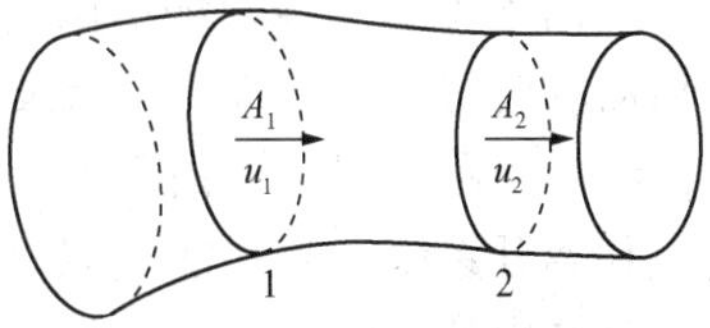

图 3.1.1　管流的质量衡算系统

式(3.1.1)是管流系统质量衡算方程的一般形式。其中，(ρuA) 为质量流量，单位为 kg/s。在稳态流动条件下，控制体内无质量累积，即$\frac{\mathrm{d}m}{\mathrm{d}t}=0$，此时质量衡算方程简化为

$$\rho_1 u_1 A_1 = \rho_1 u_2 A_2 \tag{3.1.2}$$

式(3.1.2)表明在稳态时，进入管道系统的质量流量总和等于离开管道系统的质量流量总和。对于不可压缩流体，其密度在流动过程中保持不变，即 $\rho_1=\rho_2=\rho$，质量衡算方程变为：

$$A_1 u_1 = A_2 u_2 \tag{3.1.3}$$

式(3.1.3)也被称为连续性方程，它表明不可压缩流体在管道内稳定流动时，流速与管道横截面积成反比。对于圆形管道，式(3.1.3)可以写成

$$\frac{\pi}{4} d_1^2 u_1 = \frac{\pi}{4} d_2^2 u_2$$

即

$$\frac{u_2}{u_1} = \left(\frac{d_1}{d_2}\right)^2 \tag{3.1.4}$$

式(3.1.4)表明，在体积流量一定时，圆形管道内流体的流速与管道直径的平方成反比。因此，流体在均匀直管内作稳态流动时，平均流动速度恒定不变。

【例题 3.1.1】 有一不可压缩流体在总管中流动，总管内径为 0.3m，流速为 3m/s，总管分为两根支管，支管 1 内径为 0.2m，支管 2 内径为 0.15m，已知支管 1 中流体的流速为 2m/s，求支管 2 中流体的流速。

解： 根据已知条件有

$$d_0=0.3\text{m},\ d_1=0.2\text{m},\ d_2=0.15\text{m},\ u_0=3\text{m/s},\ u_1=2\text{m/s}$$

根据连续性方程，有

$$A_0 u_0 = A_1 u_1 + A_2 u_2$$

即

$$d_0^2 u_0 = d_1^2 u_1 + d_2^2 u_2$$

代入数据得

$$0.3^2 \times 3 = 0.2^2 \times 2 + 0.15^2 u_2$$

解得

$$u_2 = 8.44\text{m/s}$$

二、管流系统的能量衡算方程

1. 总能量衡算方程

环境工程管流系统的能量衡算方程是描述流体在管道系统中流动时能量转换与守恒的基本方程，它在工程实践中具有重要的应用价值。该方程基于热力学第一定律，即能量守恒定律，考虑了流体在流动过程中携带的各种能量形式以及与外界的能量交换。

在流体流动系统中，存在多种能量形式的转换。图 3.1.2 所示为环境工程中常见的系统，如给水排水工程的热水供应系统、污水处理厂污泥处理中的进料预热系统等，包括泵、换热器和管道。将截面 1-1 至截面 2-2 之间的区域作为衡算系统，流体由截面 1-1 流入系统，经过管路与设备，由截面 2-2 流出。该系统为开放系统。流体在流动过程中携带能量进入和离开系统，这些能量以动能、势能和内能的形式存在。与此同时，泵作为外部动力源对系统内的流体做功，增加了流体的机械能。此外，流体在流经换热器时，会与环境发生热量交换，导致其内能发生变化。这一过程体现了能量在系统中的传递与转化。对于稳

态流动的连续流体，系统内部没有能量积累，则能量衡算方程可以用文字表示为

输出能量-输入能量=热量交换+机械对流体做功

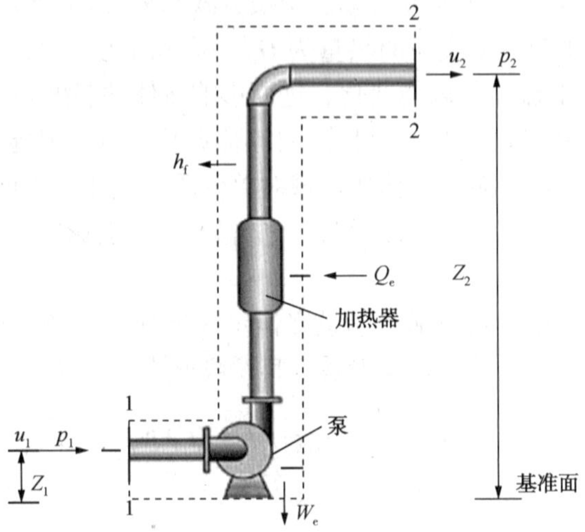

图 3.1.2　流体流动体系的总能量衡算图

下面对流体携带的能量及系统与环境交换的能量进行分析，以便确定流动系统的能量衡算方程表达式。

（1）流体携带的能量

流体在管道中流动时携带多种能量形式，这些能量形式共同构成了流体的总能量，包括内能、动能、位能和静压能。

内能(E_{in})：内能是流体内部的能量，与流体的温度、分子结构等因素有关，来自流体分子与原子的运动以及彼此的相互作用。在管流系统中，单位质量流体的内能通常用 e 表示，单位为 kJ/kg。在涉及流体温度变化的热交换过程中，内能会发生改变。

动能(E_k)：动能是由于流体的运动而具有的能量。对于质量为 m、截面平均流速为 u 的流体，其动能的计算公式为 $E_k=\frac{1}{2}mu^2$。在管流系统中，单位质量流体的动能为$\frac{u^2}{2}$，单位为 kJ/kg。

位能(E_p)：位能是由于流体在重力场中的位置而具有的能量。对于质量为 m、高度为 z(相对于某一基准平面)的流体，其位能的计算公式为 $E_p=mgz$。在管流系统中，单位质量流体的位能为 gz，单位为 kJ/kg。

静压能(E_{st})：静压能是由于流体的压力而具有的能量。对于压力为 p、体积为 V 的流体，其静压能为 pV。在管流系统中，单位质量流体的静压能为 pv，单位为 kJ/kg，其中 $v=\frac{V}{m}$，称作比体积，为密度的倒数。

综合以上各项能量，单位质量流体的总能量为

$$E=e+\frac{1}{2}u^2+gz+pv \tag{3.1.5}$$

式(3.1.5)全面反映了流体在管道系统中流动时所携带的能量形式，为能量衡算方程的建立提供了基础。

(2) 流体与环境交换的能量

在管流系统中，流体与外界环境之间会发生能量交换，主要包括以下两种形式：

① 热量交换。流体通过换热器或其他热交换方式与外界环境发生热量交换。设单位质量流体在通过系统过程中与环境交换的热量为 Q_e，吸热时为正值，放热时为负值，单位为 kJ/kg。热量交换直接影响流体的内能变化，进而影响流体的温度和状态。

② 做功。流体输送机械(如泵、风机等)对流体做功，将外界能量输入系统；或者流体通过水力机械向外做功，输出能量。输送机械对单位质量流体对所做的功用 W_e 表示，其值为正，若流体对外做功其值为负，单位为 kJ/kg。做功过程会影响流体的机械能变化。

(3) 总能量衡算方程

管流系统的总能量衡算方程是基于能量守恒定律推导出来的，用于描述流体在管道系统中流动时能量的输入、输出以及转换关系。其一般形式为

$$\Delta\left(e+\frac{1}{2}u^2+gz+pv\right)=Q_e+W_e \tag{3.1.6}$$

或

$$\left(e_2+\frac{1}{2}u_2^2+gz_2+p_2v_2\right)-\left(e_1+\frac{1}{2}u_1^2+gz_1+p_1v_1\right)=Q_e+W_e \tag{3.1.7}$$

上式中，对于密度、压力、高度等物理量，可以采用截面上的平均值。但对于实际流体，由于流体速度在截面上分布不均匀，$\left(\frac{1}{2}u^2\right)_{av}\neq\frac{1}{2}u_{av}^2$，不能使用平均速度计算的动能项代替平均动能。由于工程上常采用平均速度，为了应用方便，引入动能校正系数 α，使 $\left(\frac{1}{2}u^2\right)_{av}=\frac{1}{2}\alpha u_{av}^2$。$\alpha$ 的值与速度分布有关，可利用速度分布曲线计算得到。经证明，圆管层流时，$\alpha=2$；湍流时，$\alpha=1.05$。工程上的流体流动多数为湍流，因此 α 值通常近似取 1。

引入动能校正系数 α 后，式(3.1.6)可写为

$$\Delta e+\frac{1}{2}\Delta(\alpha u^2)+g\Delta z+\Delta(pv)=Q_e+W_e \tag{3.1.8}$$

式中 Δe——单位质量流体内能的变化；

$\frac{1}{2}\Delta(\alpha u^2)$——单位质量流体动能的变化；

u——截面流速平均值；

$g\Delta z$——单位质量流体位能的变化；

$\Delta(pv)$——单位质量流体静压能的变化；

Q_e——单位质量流体与外界交换的热量；

W_e——外界对流体做功。

2. 机械能衡算方程

机械能是管流系统中流体流动过程中可直接用于输送的能量形式，主要包括动能、位能和静压能。这三种能量形式在流体流动过程中可以相互转换，共同决定了流体的机械能状态。

流体在输送过程中除了有各种机械能相互转换，还有机械能的消耗。流体在管内流动过程中机械能的损失表现为沿程流体压力的降低，损失的这部分机械能不能转换为其他形

式的机械能，而是转换为内能和热，使流体的温度略有升高。因此，从流体输送的角度，这部分机械能损失了。可以通过适当的变换，消去总能量衡算方程中的内能和热，以机械能和机械能损失表示能量衡算方程。

假设流动为稳态过程。根据热力学第一定律，有

$$\Delta e = Q'_{e} - \int_{v_1}^{v_2} p\mathrm{d}v \tag{3.1.9}$$

式中 $\int_{v_1}^{v_2} p\mathrm{d}v$——单位质量流体从截面 1-1 流到截面 2-2 时因体积膨胀而做的机械功；

Q'_{e}——单位质量流体从截面 1-1 流到截面 2-2 所获得的热量，且有

$$Q'_{e} = Q_{e} + \sum h_{f} \tag{3.1.10}$$

式中 Q_{e}——流体通过环境直接获得的热量；

$\sum h_{f}$——流体克服流动阻力做功，因消耗机械能而转化成的热能，即阻力损失。

将式(3.1.10)代入式(3.1.9)中，得

$$\Delta e = Q_{e} + \sum h_{f} - \int_{v_1}^{v_2} p\mathrm{d}v \tag{3.1.11}$$

又因为

$$\Delta(pv) = \int_{v_1}^{v_2} p\mathrm{d}v + \int_{p_1}^{p_2} v\mathrm{d}p \tag{3.1.12}$$

对于不可压缩流体，比体积 v 或密度 ρ 为常数，$\int_{p_1}^{p_2} v\mathrm{d}p = \dfrac{\Delta p}{\rho}$，则上式简化为

$$\Delta(pv) = \int_{v_1}^{v_2} p\mathrm{d}v + \frac{\Delta p}{\rho} \tag{3.1.13}$$

将式(3.1.11)和式(3.1.13)代入式(3.1.8)中，整理得

$$\frac{1}{2}\Delta(\alpha u^2) + g\Delta z + \frac{\Delta p}{\rho} = W_{e} - \sum h_{f} \tag{3.1.14}$$

在流体输送过程中，流体的流态几乎都为湍流，令 $\alpha=1$，有

$$\frac{1}{2}\Delta u^2 + g\Delta z + \frac{\Delta p}{\rho} = W_{e} - \sum h_{f} \tag{3.1.15}$$

或

$$\frac{1}{2}u_1^2 + gz_1 + \frac{p_1}{\rho} + W_{e} = \frac{1}{2}u_2^2 + gz_2 + \frac{p_2}{\rho} + \sum h_{f} \tag{3.1.16}$$

式(3.1.16)即是推导得到的机械能衡算方程，也称作拓展的伯努利方程，其适用条件是连续、均质、不可压缩、处于稳态流动的流体。机械能衡算方程在实际工程中应用广泛。非理想流体由于流动过程中存在能量损失，如果无外功加入，系统的总机械能沿流动方向将逐渐减小，因此可用于判断流体的流动方向；还可以根据公式确定出口断面与进口断面的机械能总量之差（$W_{e} - \sum h_{f}$）；另外公式中的 W_{e} 是泵或其他输送机械对单位质量流体所作的有效功，是选择输送机械的重要依据，也可以计算输送机械的有效功率，其计算公式为 $N_{e} = W_{e}q_{m}$。

当流体为理想流体时，由于不存在因黏性引起的摩擦阻力，则 $\sum h_{f} = 0$；若无外功加入，故 $W_{e}=0$，机械能衡算方程可以进一步简化为

$$\frac{1}{2}u_1^2+gz_1+\frac{p_1}{\rho}=\frac{1}{2}u_2^2+gz_2+\frac{p_2}{\rho} \tag{3.1.17}$$

式(3.1.17)即为著名的柏努利方程。适用条件与式(3.1.16)相同。该方程表明，理想流体在管路中作稳态流动时，任一截面上单位质量流体所具有的总机械能相等，即各种机械能之间可以相互转化，但总量不变。上式也可以表示为

$$\frac{1}{2}u^2+gz+\frac{p}{\rho}=常数 \tag{3.1.18}$$

当系统无外功且处于静止状态时，$u=0$。因此式(3.1.18)变为

$$g\Delta z+\frac{\Delta p}{\rho}=0 \tag{3.1.19}$$

式(3.1.19)即为流体静力学基本方程式。该方程表明，在重力场中静止的均质、连续液体中，水平面必然是等压面，即 $z_1=z_2$ 时，$p_1=p_2$。应用静力学方程可以解决压力、压差的测量，以及液位测量、液封高度计算等问题。

能量衡算也可以采用不同的基准。以 $1m^3$ 流体为基准时，式(3.1.16)可变形为

$$\frac{1}{2}\rho u_1^2+\rho gz_1+p_1+W_e\rho=\frac{1}{2}\rho u_2^2+\rho gz_2+p_2+\rho\sum h_f \tag{3.1.20}$$

式中各项单位为 Pa。

以 1N 流体为基准时，式(3.1.16)可变形为

$$\frac{u_1^2}{2g}+z_1+\frac{p_1}{\rho g}+\frac{W_e}{g}=\frac{u_2^2}{2g}+z_2+\frac{p_2}{\rho g}+\frac{\sum h_f}{g} \tag{3.1.21}$$

式中各项单位为 m。$\frac{u^2}{2g}$称为动压头，z 称为位压头，$\frac{p}{\rho g}$称为静压头。另外还可令$\frac{W_e}{g}=H_e$，$\frac{\sum h_f}{g}=H_f$。

【例题 3.1.2】 用虹吸管从水箱中引水，水箱水面距离虹吸管出口的高度差 $H=3m$，虹吸管内径均匀，忽略水流的能量损失，求水从虹吸管出口流出的速度。

解： 选取水箱水面为截面 1，虹吸管出口为截面 2。由于水箱足够大，水面下降速度 $u_1=0$；水箱水面和虹吸管出口均与大气相通，所以 $p_1=p_2=p_a$。

以虹吸管出口所在水平面为基准面，则 $z_1=H$，$z_2=0$。

根据伯努利方程，有

$$\frac{1}{2}u_1^2+gz_1+\frac{p_1}{\rho}=\frac{1}{2}u_2^2+gz_2+\frac{p_2}{\rho}$$

代入数据并化简得

$$gH=\frac{1}{2}u_2^2$$

解得 $u_2=7.67m/s$。

【例题 3.1.3】 采用水射器(文丘里管)将管道下方水槽中的药剂加入管道中，如图 3.1.3。已知截面 1-1 处内径为 50mm，压力为 0.02MPa(表压)，截面 2-2 内径为 15mm。当管中水的流量为 $7m^3/h$ 时，可否将药剂加入管道中？(忽略流动中的损失)

解： 根据已知条件有

$d_1=50\text{mm}$，$p_1=0.02\text{MPa}$（表压），$d_2=15\text{mm}$，$q_V=7\text{m}^3/\text{h}$，$z_1=z_2=0$

$$u_1=\frac{q_V}{\frac{\pi}{4}d_1^2}=\frac{7/3600}{0.785\times0.05^2}=0.99\text{m/s}$$

$$u_2=u_1\left(\frac{d_1}{d_2}\right)^2=0.99\times\left(\frac{0.05}{0.015}\right)^2=11.0\text{m/s}$$

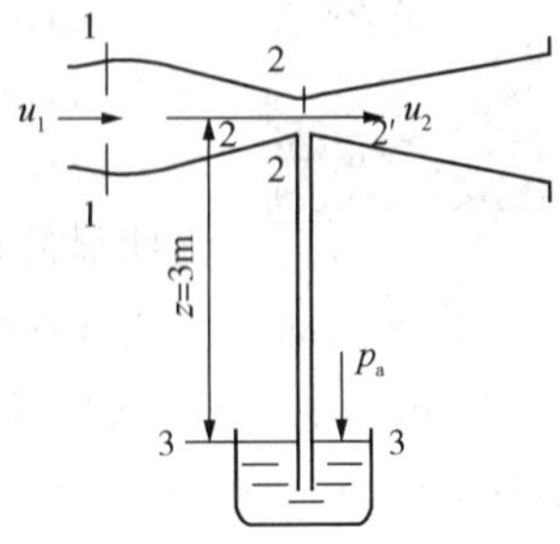

图 3.1.3　例题 3.1.3 附图

先假设没有药剂被吸入管道，此时在截面 1-1 和截面 2-2 之间列伯努利方程

$$\frac{1}{2}u_1^2+gz_1+\frac{p_1}{\rho}=\frac{1}{2}u_2^2+gz_2+\frac{p_2}{\rho}$$

代入已知条件，解得

$$p_2=p_1-\frac{\rho}{2}(u_2^2-u_1^2)=-40010\text{Pa}（表压）$$

取水槽液面 3-3 为位能基准面，$u_3=0$，$z_3=0$，$p_3=0$（表压）。假设支管内流体处于静止状态，取支管上端出口处为截面 2′-2′。则 2′-2′和 3-3 截面的总能量分别为

$$E_2=\frac{p_2}{\rho}+gz_2=\frac{-40010}{1000}+3\times9.81=-40.01+29.43=-10.58\text{J/kg}$$

$$E_3=\frac{p_3}{\rho}=0$$

$E_3>E_2$，所以药剂将自水槽流向管道。

第二节　流体流动的内摩擦力和边界层理论

一、流体流动的内摩擦力

在环境工程领域，流体的流动现象无处不在，从大气环流影响空气质量，到水体流动关乎水资源管理与水污染治理，流体的行为深刻影响着环境的质量与生态平衡。流体流动的内摩擦力作为流体力学的关键特性，对理解这些复杂的环境流体运动起着核心作用。

从理论层面来看，流体流动的内摩擦力是探究流体运动规律的基石。流体的流动并非孤立现象，其内部各部分之间的相互作用，即内摩擦力，决定了流体的流动形态、速度分布以及能量传递方式。通过研究内摩擦力，能够深入剖析流体的微观运动机制，为建立精确的流体力学模型提供依据。例如，在研究大气边界层的流动时，空气分子间的内摩擦力影响着风速的垂直分布和热量的交换，准确把握这一特性有助于更精准地模拟大气污染的扩散过程，为空气质量预测提供坚实的理论支撑。

在实际工程应用中，流体流动的内摩擦力同样具有不可忽视的重要性。在污水处理厂的设计中，污水在管道和处理设备中的流动涉及内摩擦力的作用。了解内摩擦力可以帮助工程师优化管道的布局和尺寸，减少能量损耗，提高污水输送和处理的效率。合理设计管道坡度和管径，使污水在重力作用下能够顺利流动，同时考虑内摩擦力对流速的影响，确保污水在规定时间内完成处理流程，从而降低运行成本，提升污水处理厂的经济效益和环境效益。

1. 流体的流动状态

流体流动存在两种运动状态：层流和湍流。当流体流速较小时，比如缓慢流动的河水和细管中的低速流体，处于管内不同径向位置的流体微团各自以确定的速率沿轴向分层运动，流体分层流动，各层之间平滑滑动，无明显的横向混合，流动稳定，流线清晰，这种流动形态称为层流(滞流)。稳态流动下，流量不随时间变化，管内各点的速率也不随时间变化。当流体流速增大到某个值之后，各层流体相互掺混，流体粒子的速度和方向呈现出持续且无规律的变化，流线相互交错，存在强烈的横向混合和漩涡，还伴随着大量的随机脉动和混合现象，这种混乱的运动使得流体内部形成了各种大小不同的涡旋结构，这种流动形态称为湍流(紊流)。脉动是湍流流动最基本的特征。

流体的流动状况不仅与流体的流速有关，而且与流体的密度、黏度和流道的几何尺寸有关。英国物理学家奥斯本·雷诺(Osborne Reynolds)于1883年在著名的雷诺实验中首次提出雷诺数(Reynolds number，简称 Re)的概念，他将影响流体流动状况的各参数组合成一个无量纲准数 Re，用以判断流体的流动状态。其定义式为

$$Re=\frac{\rho uL}{\mu}=\frac{uL}{\nu} \tag{3.2.1}$$

式中 ρ——流体密度，kg/m^3；

u——特征流速，m/s；

L——特征尺寸(如管道直径)，m；

μ——动力黏度，Pa·s或kg/(m·s)；

ν——运动黏度，m^2/s。

雷诺数的本质是流体内部惯性力与黏性力的比值，通过这个比值，可以清晰地了解在给定流动条件下，惯性力和黏性力哪一个对流体的流动起着主导作用。

对于不同的流场，特征速率及特征几何尺寸有不同的定义，雷诺数的临界值也不同。表3.2.1为雷诺数的特征速率与特征尺度。

表3.2.1 雷诺数的特征速率与特征尺度

流动场景	特征速率 u	特征尺度 L	临界雷诺数 Re	说明
管道流动	平均流速(管道截面平均速度)	管道直径 d	2000	用于判断圆管或非圆管中的流动状态(层流或湍流)
平板边界层流动	自由流速度(远离平板的流速)	沿平板流动方向的长度 x	5×10^5	用于分析平板表面边界层从层流到湍流的转变
绕流物体(如圆柱)	自由流速度(远离物体的流速)	物体特征尺寸(如圆柱直径 D)	3×10^5	用于描述绕流物体的流动特性，如分离和涡旋
明渠流动	平均流速(渠道截面平均速度)	水力半径 R_h(渠道截面积/湿周长)	500	用于描述开放渠道中的流动状态
颗粒沉降	颗粒沉降速度	颗粒直径 d	1	用于分析颗粒在流体中的沉降行为，判断层流或湍流状态

在工程应用中，通常依据雷诺数的大小判断流体的流动状态。对于圆形管道中的流动，当 $Re<2000$ 时，流体的流动状态为层流。在这个范围内，黏性力在流体流动中起主导作用，

它能够有效地抑制流体的紊乱运动，使得流体质点保持有序的平行运动，流线相互平行且不交叉，流速分布呈抛物线状。当 $Re>4000$ 时，流体的流动转变为湍流。此时，惯性力占据主导地位，流体的动能较大，使流体质点的运动变得杂乱无章，流线相互交错，形成大量的涡旋结构，流速分布也变得更加均匀。而当 $2000<Re<4000$ 时，流体处于过渡状态，这种状态下流体的流动不稳定，可能会在层流和湍流之间波动，受到外界微小扰动的影响，就容易发生流动状态的转变。

例如，在某污水处理厂的污水输送管道中，污水的平均流速 $u=1.5\text{m/s}$，管道直径 $d=0.2\text{m}$，污水的密度 $\rho=1000\text{kg/m}^3$，动力黏度 $\mu=0.002\text{Pa}\cdot\text{s}$，将上述已知数据代入雷诺数计算公式，计算出该污水流动的雷诺数为 150000。由于 150000>4000，根据雷诺数的判断准则，可以确定该污水在管道中的流动状态为湍流。在这种湍流状态下，污水的流动较为复杂，内部存在大量的涡旋和混合现象，这对于污水中污染物的扩散和混合具有重要影响。在设计污水处理工艺时，需要充分考虑这种湍流特性，以确保污水能够与处理药剂充分混合，提高处理效果。同时，湍流也会导致管道壁面受到更大的摩擦力，增加能量损耗，因此在管道的选材和维护方面，也需要考虑这一因素，以降低运行成本。

2. 牛顿黏性定律

容器中被搅动的水最终会停止运动。在空气中摆动的物体，如果不持续对其施加外力，则物体最终也会停止摆动。生活中类似的现象还有很多。胶水、蜂蜜给人的感觉就是黏黏的，这就是黏性。实际上，所有流体都有黏性，而黏度就是衡量黏性大小的物理量。流体的黏度是其在给定速率下对变形的抵抗力的量度。两种不同黏度的液体自由落体时，相同的时间内黏度高的液体(比如蜂蜜)变形小，不容易流动，有一种“拉丝”的感觉，而黏度低的流体介质(比如水)连续性较差，很容易产生分离。

上述现象说明实际流体具有黏性，流动的流体内部存在相互作用力。流体内部相邻两流体层间的相互作用力，通常称为剪切力，也称为内摩擦力、黏性力，是流体受到剪应力变形或拉伸应力时所产生的阻力。单位面积上的流体所受到的剪切力称为剪切应力。

流体的黏性主要来源于两个方面：分子间的内聚力和分子的热运动。液体分子间距离较近，分子间作用力较强，因此液体的黏性主要由分子间的内聚力决定；气体分子间距离较远，分子间作用力较弱，但分子的热运动频繁，气体的黏性主要由分子的热运动和动量交换决定。

为了研究黏性力的性质，1687 年，牛顿首先做了最简单的剪切流动实验，如图 3.2.1 所示。假设有两块平行的平板，中间充满了流体，下平板静止不动，上平板以恒定速度 u 在自身平面内做匀速直线运动。由于流体与平板之间存在黏附力，紧贴在上平板的流体层会以速度 u 运动。由于黏性的作用，该层流体将带动与之相邻的下层流体一起运动；但是由于紧贴在下平板的流体层速度为零，运动的流体层还受到其下层相邻流体的曳制作用。在两平板之间，各层流体平行于平板运动，但沿垂直于板面的方向各层流体的速度会从 u 逐渐减小到零，形成一个速度梯度。

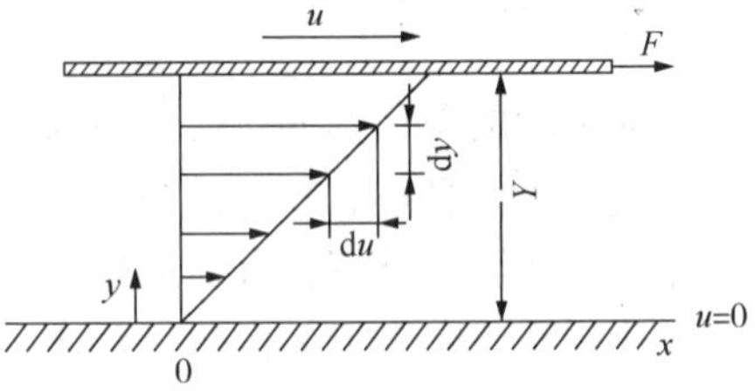

图 3.2.1 牛顿平行板剪切流动实验

实验证明，大多数流体的剪切应力可以用牛顿黏性定律描述。牛顿黏性定律指出，在层流状态下，相邻流体层之间的剪切应力 τ 与该处垂直于流动方向的速度梯度 $\left(\frac{\mathrm{d}u}{\mathrm{d}y}\right)$ 成正比，

与两层流体之间的接触面积 A 也成正比。其数学表达式为

$$\tau=\mu\frac{\mathrm{d}u}{\mathrm{d}y} \tag{3.2.2}$$

式中 τ——剪切应力或内摩擦力，Pa 或 N/m^2；

$\frac{\mathrm{d}u}{\mathrm{d}y}$——垂直于流体流动方向的速度梯度，反映了流体的剪切变形程度，s^{-1}。

若考虑流体层间的内摩擦力 F，则

$$F=\tau A=\mu A\frac{\mathrm{d}u}{\mathrm{d}y} \tag{3.2.3}$$

牛顿黏性定律是流体力学中描述流体流动内摩擦力的基本定律，在层流运动中具有良好的适用性，能够准确地描述流体内部的内摩擦力和剪切应力的关系。在层流状态下，流体分子的运动较为有序，速度分布相对稳定，牛顿黏性定律所基于的假设条件能够得到较好的满足。在一些低流速、小尺度的流动场景中，如毛细管内的液体流动、微通道内的气体流动等，牛顿黏性定律可以为分析流体的流动特性提供可靠的理论依据。

3. 动力黏性系数

根据牛顿黏性定律，流体在剪切应力作用下流动时，剪切应力 τ 与速度梯度 $\left(\frac{\mathrm{d}u}{\mathrm{d}y}\right)$ 成正比，比例系数即为动力黏性系数，简称动力黏度，其计算公式为

$$\mu=\frac{\tau}{\frac{\mathrm{d}u}{\mathrm{d}y}} \tag{3.2.4}$$

动力黏度是表征流体性质的重要物理量之一，它表示单位速度梯度下，流体所受到的剪切应力大小。当速度梯度为 1 时，动力黏度的数值就等于流体所承受的剪切应力。这意味着动力黏度越大，在相同的速度梯度下，流体所产生的内摩擦力就越大，流体抵抗变形的能力也就越强，表现为流体更加黏稠，流动时的阻力更大。

运动黏性系数 ν 是动力黏性系数 μ 与流体密度 ρ 的比值，简称运动黏度，其计算公式为

$$\nu=\frac{\mu}{\rho} \tag{3.2.5}$$

运动黏度的单位是 m^2/s，它主要用于描述流体在重力作用下的流动特性。

黏度与流体种类和物系的温度、压力有关。一般在相同条件下，液体的黏度均大于气体的黏度。相同温度下，气体的黏度随压强的升高而增加，低密度气体和液体的黏度随压强的变化较小；对常见的流体，如水、空气等，黏度随压强的变化不大，一般可忽略不计。温度对黏度的影响较大，具体来说，液体分子间距离较近，分子间作用力较强，因此黏度较大；随着温度升高，分子热运动加剧，分子间距离增大，作用力减弱，黏度减小。气体分子间距离较远，分子间作用力较弱，因此黏度较小；随着温度升高，分子热运动加剧，分子碰撞频率增加，黏性系数增大。例如，水在 0℃时的动力黏度约为 1.79×10^{-3} Pa·s，而在 100℃时约为 0.28×10^{-3} Pa·s；空气在 0℃时的动力黏度约为 1.71×10^{-5} Pa·s，而在 100℃时约为 2.18×10^{-5} Pa·s。

在管道流动中，黏度直接影响着流体的速度分布和能量损失。当流体在管道中流动时，靠近管壁的流体受到管壁的摩擦力作用，速度较低，而管道中心处的流体速度较高，形成

一定的速度梯度。黏度越大，这种速度梯度引起的内摩擦力就越大，使得流体在流动过程中需要克服更大的阻力，从而导致更多的能量损失。这也是为什么在输送高黏性流体时，往往需要消耗更多的能量来维持其流动。

4. 流体类别

根据流体黏性的差别，可将流体分为两大类，即理想流体和实际流体。理想流体是一种假设的、没有黏性的流体，即内摩擦力为零。在理想流体的流动中，流体各部分之间不存在相互阻碍的力，因此可以无能量损失地流动。理想流体是一种理论模型，在实际中并不存在，但在流体力学的研究中具有重要的意义。实际流体可以根据剪切应力与剪切变形速率之间的关系分为牛顿流体和非牛顿流体。牛顿流体是指剪切应力与剪切变形速率(速度梯度)呈线性关系的流体，这类流体的流动行为符合牛顿黏性定律。非牛顿流体的剪切应力与剪切变形速率的关系更为复杂，动力黏性系数随剪切变形速率变化，流动行为不符合牛顿黏性定律，像泥浆、橡胶溶液、乳液、砂浆、矿浆、水煤浆、石灰等都属于非牛顿流体。以泥浆这类黏塑性流体来说，在初始阶段，当作用的剪切应力超过临界值以后，流体才开始运动，这一临界值称为屈服应力 τ_y。没有达到屈服应力时，泥浆会表现得如同固体一样，几乎不会流动；只有当外力足够克服屈服应力后，泥浆才开始流动，且在流动过程中的内摩擦力变化情况与牛顿流体有很大差别，其黏度可能会随着剪切速率等因素改变而改变。

表 3.2.2 为常见类型流体及其参数。常见类型流体剪切应力与剪切变形速率之间的关系曲线见图 3.2.2。

表 3.2.2 常见流体类型及其参数

<table>
<tr><th colspan="2">流体类型</th><th>数学表达式</th><th>$\tau-\frac{du}{dy}$曲线形状</th><th>典型实例</th></tr>
<tr><td colspan="2">牛顿流体</td><td>$\tau=\mu\frac{du}{dy}$</td><td>直线(通过原点)</td><td>水、空气</td></tr>
<tr><td rowspan="3">非牛顿流体</td><td>黏塑性流体</td><td>$\tau=\tau_y+\mu_p\frac{du}{dy}$(宾汉模型)
其中 τ_y 为屈服应力，μ_p 为塑性黏度</td><td>直线(不通过原点)</td><td>泥浆、牙膏、油漆</td></tr>
<tr><td>假塑性流体</td><td rowspan="2">$\tau=K\left(\frac{du}{dy}\right)^n$
其中 K 为稠度系数，n 为流变指数，且 $0<n<1$</td><td>向上凸的曲线</td><td>胶水、血液等</td></tr>
<tr><td>胀塑性流体</td><td>向下凹的曲线</td><td>玉米淀粉悬浮液</td></tr>
</table>

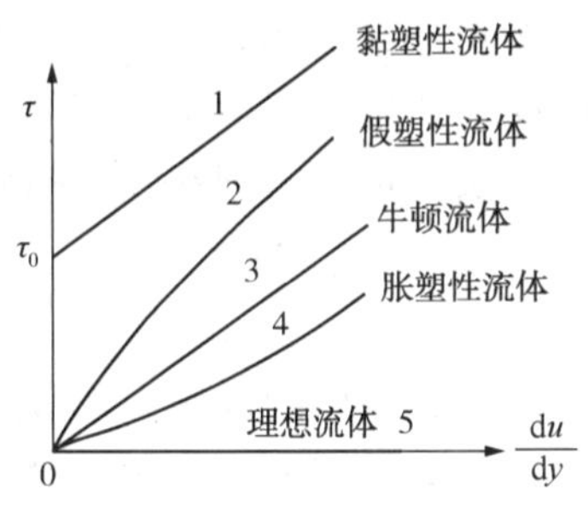

图 3.2.2 常见类型流体的剪切应力与剪切变形速率之间的关系

非牛顿流体由于剪应力与剪切应变率之间不存在简单的线性关系，不能直接使用牛顿黏性定律计算内摩擦力。对于塑性流体，在剪应力小于屈服应力时，内摩擦力表现为一种抵抗流体流动的静摩擦力；当剪应力超过屈服应力后，内摩擦力的计算需要考虑其独特的流变特性，通常使用宾汉模型等本构方程描述。对于假塑性流体和胀塑性流体，由于其黏度随剪切速率的变化而变化，内摩擦力不仅与速度梯度和接触面积有关，还与剪切速率密切相关。在不同的剪切速率下，假塑性流体和胀塑性流体的内摩擦力会发生显著变化，使得其流动特性更加复杂。在研究聚合物溶液(假塑性流体)在管道中的流动时，需要考虑在不同流速下黏度的变化，以准确计算内摩擦力和压力损失。

5. 流动状态对剪切应力的影响

当流体从层流逐渐转变为湍流时，剪切应力会发生显著的变化。在层流阶段，剪切应力主要由分子间的相互作用决定，其大小与速度梯度成正比，遵循牛顿黏性定律。随着流速的增加，雷诺数逐渐增大，当雷诺数超过临界值时，流体开始向湍流转变。在湍流状态下，存在流体质点的随机脉动，此时，除了分子间的内聚力和热运动产生的剪切应力外，还存在由于流体质点的脉动和漩涡运动所引起的附加剪切应力，即雷诺应力。流体质点的运动不再是规则的平行运动，而是在各个方向上进行随机的脉动，形成了大量的漩涡结构。这些漩涡的存在使得流体的动量在不同区域之间快速交换，从而产生了额外的剪切应力。由于质点脉动对流体之间的影响远大于分子运动，因此剪切应力将大大增加。尽管质点脉动与分子运动有很大的区别，早期半经验湍流理论的创立者还是仿照牛顿黏性定律，建立了质点脉动引起的剪切应力的表达式，即

$$\tau_{\varepsilon}=\varepsilon_{\mu}\frac{\mathrm{d}u}{\mathrm{d}y} \tag{3.2.6}$$

式中 τ_{ε}——质点脉动引起的剪切应力，$\mathrm{N/m^2}$；

ε_{μ}——质点脉动引起的动力黏性系数，称为涡流黏度，Pa · s；

$\frac{\mathrm{d}u}{\mathrm{d}y}$——垂直于流动方向的速度梯度，$\mathrm{s^{-1}}$。

因此流体湍流流动的总剪切应力 τ_{t} 为

$$\tau_{\mathrm{t}}=(\mu+\varepsilon_{\mu})\frac{\mathrm{d}u}{\mathrm{d}y}=\mu_{\mathrm{eff}}\frac{\mathrm{d}u}{\mathrm{d}y} \tag{3.2.7}$$

式中 μ_{eff}——有效动力黏度。

二、边界层理论

在环境工程领域，对流体流动以及传热传质过程的深入理解是解决诸多实际问题的关键，而边界层理论在此过程中占据着核心地位。环境工程中最主要的流体是水和空气，这些流体沿固体壁面流动时具有两个基本特征，一是紧贴壁面的流体与固体壁面的相对速度为零，这一特征称为流动的无滑移(黏附)特征；二是当流体流过壁面时，流体与壁面之间存在剪切力，流体之间也存在剪切力(内摩擦力)，从而在壁面附近形成速度分布。

1904 年，德国物理学家普兰德提出了边界层理论，为黏性不可压缩流体动力学的发展创造了条件。这一理论的提出，使得复杂的流体力学问题得以简化。边界层理论是流体流动过程中分析阻力机理、进行阻力计算的基础，也是分析热量、质量传递机理和强化措施的基础。

1. 边界层理论的概念

边界层，又称附面层，指的是当流体与固体壁面接触时，在紧邻壁面的区域内形成的一层具有独特性质的流体薄层。普兰德认为，即使是空气、水这样黏性很低的流体，黏性也不能忽略，但其影响仅限于固体壁面附近的薄层，即边界层，离壁面较远的区域，可视为理想流体。

普兰德边界层理论的要点可以概括为：

（1）当实际流体沿固体壁面流动时，紧贴壁面处存在非常薄的一层区域，在此区域内，流体的流速很小，但速度沿垂直壁面方向的变化非常迅速，即速度梯度很大。根据牛顿黏性定律可知，即使对于黏度很小的流体，其黏性力仍然可以达到很高的数值。因此在此区域内黏性力和惯性力同等重要，这一区域称为边界层。

（2）在边界层外的整个流动区域，流体沿垂直壁面方向的速度梯度很小，黏性力比惯性力小得多，因此可将黏性力全部忽略，近似看成是理想流体的流动，此区域称为外部流动区域。

（3）在高雷诺数的情况下，可将沿固体壁面的流动分为外部理想流体运动区域和边界层内的黏性流体运动区域两部分。

2. 边界层的形成过程

（1）绕平板流动的边界层

① 边界层的形成

图 3.2.3 所示为平板上的边界层。当流体开始接触固体壁面时，边界层便随之形成并逐渐发展。当流体以均匀流速 u_0 与固体壁面接触时，由于流体的黏性，紧贴固体表面的流体分子会黏附在壁面上，与固体壁面的相对速度为零。这一层流体通过内摩擦力对相邻流体层产生作用，导致相邻流体层的速度逐渐减慢。这种速度减慢的影响会由壁面逐层向流体内部传递，并沿流动方向不断发展。远离固体表面的流体速度逐渐增加，直到达到来流速度 u_0。因此，在固体壁面附近形成了一个速度梯度很大的区域，即边界层。在此过程中流体层层影响，边界层沿流体流动方向（也就是平板长度方向）不断增厚，形成如图 3.2.3 所示的边界层区域。

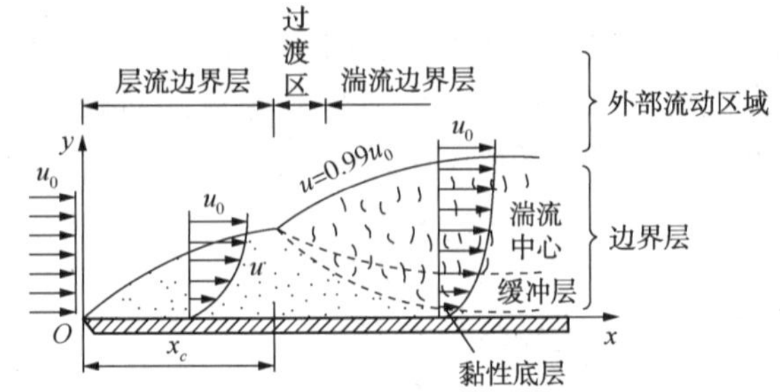

图 3.2.3　平板上的边界层

边界层与外部流动区域之间没有明显的分界面，通常将流体速度达到来流速度 99%时的流体层厚度定义为边界层厚度，以 δ 表示。

绕平板流动边界层内的速度分布通常可以用以下公式描述

$$u=u_0(1-e^{-\frac{y}{\delta}}) \tag{3.2.8}$$

式中　u——距离固体表面 y 处的流体速度；

u_0——来流速度；

δ——边界层厚度。

② 边界层内的流动状态

在平板边界层流动中，边界层的流动状态可以是层流或湍流，具体取决于雷诺数 Re

$$Re=\frac{\rho u_0 x}{\mu}$$

式中　x——沿流动方向的距离。

在层流边界层，平板前缘附近雷诺数较低，边界层内的流体流动是有规则的层流，边界层厚度较小，流线平行且规则。速度梯度大，抑制扰动的黏性力也大。图 3.2.3 所示的距离板前缘 x_c 长度内边界层内流体的流态始终为层流，称为层流边界层。在层流边界层中，流体质点沿着规则的轨迹运动，各层流体之间相互平行，没有明显的掺混现象。流体的动量主要通过分子的随机运动进行交换，这种交换规模相对较小，使得层流边界层的速度分布较为陡峭。

在过渡区，随着流体沿平板向后流动，边界层逐渐增厚，当雷诺数达到一定值时，流动开始不稳定，进入过渡区，边界层内既有层流部分，也有湍流部分。

经过过渡区后，当雷诺数较高时，边界层发展为湍流边界层。在湍流边界层，如图 3.2.3 所示，当流动发展至距离板前缘 x_c 长度后，边界层厚度逐渐增加，导致外部流体加速，惯性效应增强。与此同时，壁面附近的黏性作用相对减弱，使得流动中的扰动迅速放大。此时边界层内的流动是无序的，存在大量的涡旋和混合，流体质点做无规则的杂乱运动，各流层之间相互掺混，流速的大小和方向都随时间不断变化，但在靠近平板表面处，仍存在一层极薄的层流底层。通常认为湍流边界层由黏性底层、缓冲层和湍流中心三个主要区域组成。黏性底层位于最靠近固体表面的区域，在此区域中，流体的黏性力起主导作用，流体速度近似呈线性增长。缓冲层处于黏性底层之上，该区域内流体的速度分布可用对数规律描述，它反映了湍流流动中漩涡与黏性作用的共同影响。湍流中心则是最靠近自由流的区域，在这里流动主要受大尺度涡流结构的影响，流体的速度逐渐趋近于自由流速度，流体的随机涡动和大尺度的动量交换现象尤为显著。

③ 边界层厚度

流体在平板上方流动时，其边界层厚度可以用下面的公式计算。

层流边界层的厚度沿流动方向逐渐增加，其增长速度相对较慢，在平滑平板上，边界层厚度 δ 与当地雷诺数 Re_x（基于平板长度 x）的关系为

$$\delta=\frac{4.641x}{\sqrt{Re_x}} \tag{3.2.9}$$

对于湍流边界层，边界层厚度的经验公式为

$$\delta=\frac{0.376x}{Re_x^{\frac{1}{5}}} \tag{3.2.10}$$

从上式可以看出，边界层厚度 δ 是雷诺数 Re_x 的函数。对于特定流道，若流体的物性参数（如密度 ρ、黏度 μ 等）保持不变，则边界层厚度主要取决于流速，流速越大，边界层厚度越小。通常情况下，边界层厚度 δ 约为10^{-3}m 的量级，这表明边界层内黏性力占主导地位。由于在极薄的 δ 范围内，流速从壁面处的零迅速增长至接近来流速度，形成了极大的速度梯度，因此尽管边界层很薄，却产生了显著的剪切应力，集中了流动中的主要阻力。类似地，在传热和传质过程中，流动边界层（尤其是层流底层）内集中了绝大部分的热量和质量传递阻力。因此，减小边界层厚度可以有效降低传热和传质阻力。在工程实践中，常减小边界层厚度以强化传热和传质，如提高流体流速，使其进入湍流状态；在流道内壁加工矩形槽，或在列管换热器的列管外安装翅片，破坏边界层的形成。这些措施通过干扰边界层的发展，显著减少了传热和传质阻力，从而提升了工程设备的效率。

(2) 圆直管内流动的边界层

圆直管内边界层的形成和发展与平板上的边界层相似，但由于流动全部被固体边界所约束，因此不同于沿平板的流动。

① 边界层的形成

图 3. 2. 4 为圆管进口附近的边界层。如图所示，均匀自由来流以流速 u_0 从一端流入管道，管道入口处圆滑过渡，因此在管道入口处整个断面上流体速率分布是均匀的，边界层厚度为零。但一进入管道，与绕平板流动边界层形成条件相似，由于无滑移条件，紧贴管壁的流体速度为零，而远离管壁的流体速度逐渐增加，直到达到自由流的速度 u_0。因此，在管壁附近形成了一个速度梯度很大的区域，即边界层。流体沿管道前进，沿管长方向边界层厚度不断增大，此时流动由两部分组成，一部分是核心区，是未受流体黏性影响的速度均匀分布区，另一部分是边界层至管壁的环状边界层区域。流动一段长度后，环状边界层在轴心位置交汇，此后速度分布不再变化，边界层充满整个流动截面，建立起“充分发展的流动”。边界层交汇之前称为进口段流动。

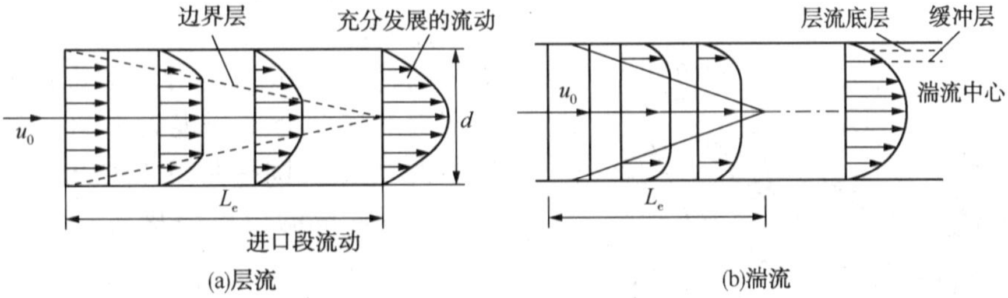

图 3. 2. 4　圆管进口附近的边界层

管内边界层的形成和发展有两种情形：

当 u_0 较小时，若在充分发展开始的轴心点处，边界层还是层流边界层，则后续整个管道内的流动便为层流；速率分布曲线呈抛物线形，如图 3. 2. 4(a)所示。

当 u_0 较大时，若此时边界层已发展成为湍流边界层，则后续全管内的流动呈现湍流状态。如图 3. 2. 4(b)所示，速率分布不是抛物线形状，充分发展段的速率分布曲线要平坦得多。同平板上的湍流边界层类似，圆管内的湍流边界层也可认为由层流底层、缓冲层和湍流中心三个区域组成。

② 边界层厚度

对于圆直管内的层流流动，边界层厚度在充分发展段是整个管道半径 r，即 $\delta=r$。

对于湍流流动，黏性底层的厚度 δ_b 可由经验公式估算

$$\delta_b=\frac{61.5d}{Re^{\frac{7}{8}}} \tag{3.2.11}$$

式中　d——管内径，m。

③ 进口段长度

在圆直管内流动中，边界层的进口段长度是指从流体进入管道到边界层发展成完全湍流或层流状态的距离。进口段长度影响管道内的压力损失和传热效率，对于工程设计和流体流动分析非常重要。

对于圆直管内的层流流动，进口段长度 L_e 可以通过以下经验公式计算

$$L_e=0.0575Red \tag{3.2.12}$$

对于湍流，进口段长度 L_e 通常可以取为

$$L_e = (40 \sim 50) d$$

这个范围是基于经验公式得出的，适用于大多数工程计算。

在实际工程中，测量仪表(如流量计等)通常需要安装在充分发展段之后，一般在管径的50倍以上距离处安装，以避免进口段对测量结果的影响。

3. *边界层分离*

(1) 边界层分离现象

边界层分离是指在流体流过表面曲率较大的物体时，原本紧贴壁面流动的边界层脱离壁面，并在壁面附近出现回流的现象。边界层分离导致流体能量大量损失，是黏性流体流动时产生能量损失的重要原因之一。

当流体流经物体表面时，在边界层内，由于黏性作用，流体的速度会逐渐减小。而在边界层外，流体可近似看作理想流体，其速度不受黏性的影响。在某些特定条件下，物体表面存在逆压梯度，边界层内的流体在黏性作用和逆压梯度的双重作用下，动能不断减小，最终无法继续沿着壁面流动，从而导致边界层脱离壁面，形成分离现象。

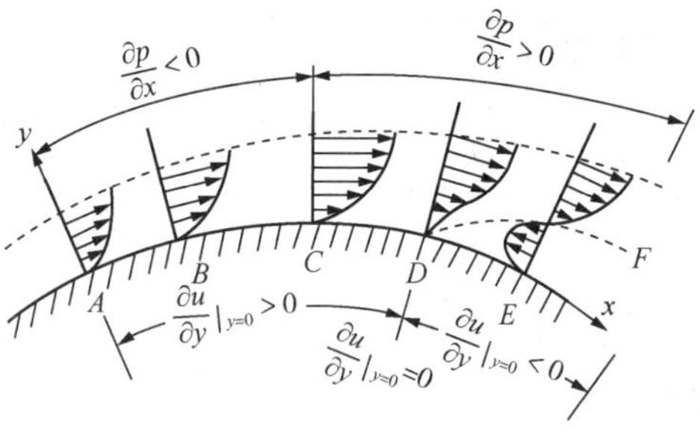

图 3.2.5 沿曲面流动的边界层

流体流过表面曲率较大的曲面时，边界层外流体的速度和压强均沿流动方向发生变化，边界层内的流动会受到很大影响。例如，黏性流体以大 Re 绕过圆柱曲面 $ABCDE$，C 点为曲面的顶点，所形成的边界层及其内部的压力变化如图 3.2.5 所示。

当流体绕过圆柱，由 A 点接近 C 点的过程中时，流体受到圆柱的阻挡，外流区过流断面逐渐减小，使得流速加快，压力降低，形成顺压梯度，该区域称为顺压区。在顺压区内，流体的惯性力与压强差共同克服流体的黏性力，使得流体能够顺利地沿曲面向前流动。到达 C 点时，外流区的流体速率变为最大，而压力减为最小。流体过 C 点后，过水断面逐渐增大，流速逐渐减慢，压力逐渐升高，形成逆压梯度，该区域称为逆压区。在逆压区内，流体的惯性力不仅要克服黏性力，还要克服由逆压梯度产生的逆压强。在逆压梯度和黏性力的共同作用下，边界层内的流体动能不断减小。当流体到达圆柱后部 D 点时，边界层内紧贴壁面的流体速度减小为零，但压力较大。后续的流体因 D 点压力较大而不能靠近壁面，被迫脱离壁面和原来的流向，向外扩散并向下游流去，从而发生了边界层分离。流体质点开始离开壁面的 D 点称为分离点。与临近壁面的流体相比，离壁面稍远的流体质点具有较大的动能，故可以通过较长的途径降至速率为零，如图 3.2.5 中所示的 F 点，则 D 点和 F 点连线与边界层上缘之间就形成脱离了物体壁面的边界层。在圆柱壁面与 D 点和 F 点连线之间出现流体的空白区，在逆压梯度的作用下流体发生倒流，倒流的流体与顺流的流体相遇，形成大量的漩涡，这些漩涡不断脱落，使得尾流区的流动变得非常复杂。在漩涡中，流体质点强烈地碰撞与混合，造成流体机械能消耗并转化为热能。因此，边界层分离导致流体能量损失。

(2) 边界层分离的必要条件

① 逆压梯度的作用。逆压梯度在边界层分离过程中起着关键作用，它是导致边界层分离的重要因素之一。当存在逆压梯度时，压力沿流动方向逐渐增加$\left(\frac{\partial p}{\partial x}>0,\ x\text{ 为流动方向}\right)$，

边界层内的流体需要消耗自身的动能克服逆压做功。这使得边界层内流体的动量逐渐减小，流速逐渐减慢。

② 流体黏性的影响。流体黏性是边界层分离的另一个必要条件。黏性是流体的固有属性，它使得流体在流动过程中产生内摩擦力，阻碍流体的运动。黏性力的方向与流体的相对运动方向相反，它对边界层内的流体起到了阻力的作用，不断消耗流体的动能。

存在黏性作用和逆压梯度是边界层分离的两个必要条件，流体沿平壁面上的流动因为没有逆压梯度，所以不会发生边界层分离；理想流体绕过圆柱体的流动，由于流体没有黏性，也不会发生边界层分离。但是，两种条件都存在时，却不一定发生边界层分离。边界层分离与否取决于流动的特征以及物体表面的曲率等因素，沿曲面流动的边界层分离过程是由流体的黏性、压力梯度以及物体表面形状共同作用的结果。理解和控制边界层分离对于优化工程设计和提高系统性能具有重要意义。

(3) 边界层分离对流动的影响

边界层分离在不同形状物体绕流及管道流动中有着不同的表现。当流体绕过钝体(如球体、圆柱体等)时，边界层分离现象明显。以圆柱体为例，流体流经圆柱体表面时，在圆柱体后半部分容易出现逆压梯度，导致边界层内流体动量快速减小，进而发生边界层分离，在圆柱体后方形成明显的漩涡和尾流区。而对于流线型物体，其形状能使边界层分离延迟，减小阻力。这是因为流线型的物体表面能让流体更顺畅地流过，使得流体的速度变化相对平缓，压力分布也更为均匀，减少了逆压梯度出现的可能性，从而抑制了边界层分离的过早发生。

在实际的管道系统中，管道的弯曲、管径突然变化等情况也容易引发边界层分离。比如在管道突然扩大的部位，流体进入扩大部分后流速突然降低，压力升高，产生逆压梯度，容易造成边界层分离，形成漩涡，导致大量能量损失。同样，管道弯曲处由于流体流动方向改变，外侧压力增大，也可能引发边界层分离。不过，可以通过合理设计管道形状和布局有效改善这一情况，降低能耗。例如，在管道设计时尽量减少管径的突变，采用渐变的过渡段；对于管道弯曲处，采用合适的曲率半径，使流体能够较为平稳地改变流向等，这些措施都有助于减少边界层分离现象的发生，提高管道系统的输送效率，降低因边界层分离带来的能量损耗等不利影响。

第三节　流体流动的阻力损失

在应用能量衡算方程进行流动系统管路计算时，首先需要确定流动过程中的阻力损失。因此，求解流体流动的速度分布和阻力损失是能量衡算方程的重要基础。

在环境工程领域，流体在管道内的流动以及颗粒与流体之间的相互作用(如悬浮物的沉降分离)是常见问题，这两种情况下的流动阻力计算尤为重要。本节主要讨论流体在圆管内流动的阻力计算，而颗粒与流体相互作用的阻力问题将在后续“沉降”章节介绍。

一、阻力损失产生的原因和影响因素

流动阻力是流体运动过程中，边界物质对流体施加的与流动方向相反的作用力。其产生原因主要包括两个方面：一是流体黏性引起的内摩擦，二是物体前后因流动分离产生的

压强差。由于压强差阻力与物体形状密切相关，故也称为形体阻力。因此，黏性流体流经固体表面时，总阻力由摩擦阻力和形体阻力共同组成。

流动阻力的大小受多种因素影响，包括流体的物理性质(如黏度和密度)、流动状态(层流或湍流)以及流道的几何尺寸和形状等。这些因素共同决定了流体在运动过程中的能量损失。

流体具有黏性，这是产生阻力损失的根本原因。摩擦阻力主要由流体与壁面、流体层间的内摩擦力造成。当流体在圆管内流动时，流体内部各层之间存在相对运动，相邻流体层之间会产生内摩擦力，这种内摩擦力会阻碍流体的流动，从而导致能量损失，表现为阻力损失。例如，在输送原油等黏性较大的流体时，黏性产生的阻力损失就比较明显。

在流动状态方面，根据雷诺数的不同，流体在圆管内的流动状态可分为层流和湍流。在层流状态下，流体分层流动，各层之间相对滑动，阻力主要来自黏性力；而在湍流状态下，流体质点除了有沿管轴方向的运动外，还有剧烈的横向运动，会产生大量的涡旋，这些涡旋的产生和相互作用会消耗大量能量，导致阻力损失显著增加。而且，当流体在管道中遇到弯头、阀门等管件时，流动方向和速度会发生突然变化，也会引发涡流等现象，造成额外的阻力损失。

管道粗糙度也是影响摩擦阻力的重要因素。实际的圆管管壁并非绝对光滑，存在一定的粗糙度。当流体流过时，会与管壁的凹凸不平处相互作用，使流体的流动状态发生改变，产生局部的涡流和紊乱，进而消耗能量，增大阻力损失。比如，使用时间较长的钢管，由于生锈等原因会使管壁粗糙度增加，流体在其中流动的阻力损失会增大。

形体阻力与物体形状、边界层分离等导致的前后压强不平衡有关。例如，当流体绕过物体时，对于钝体绕流，如球体、圆柱体等，流体流经时在物体后半部分容易出现逆压梯度，使得边界层内流体动量快速减小，进而发生边界层分离，在物体后方形成明显的漩涡和尾流区，造成前后压强不平衡，这种情况下形体阻力往往更为显著，如图 3.3.1(a)所示。如果物体形状为流线型，流体能较顺畅地流过，速度变化相对平缓，压力分布也更为均匀，边界层分离现象出现较晚甚至可以有效避免，此时摩擦阻力占主导，如图 3.3.1(b)所示。

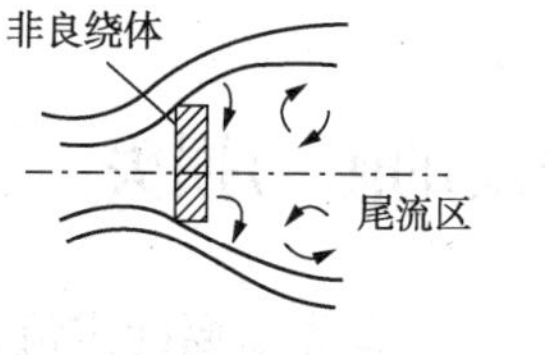

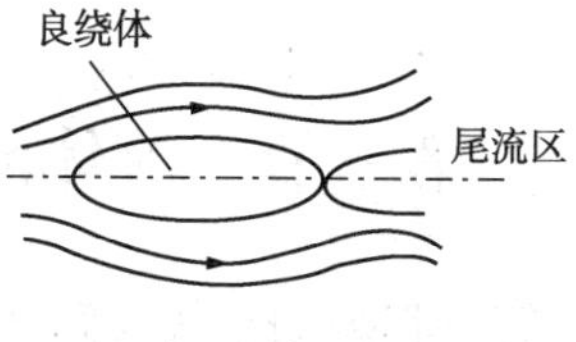

图 3.3.1　流体流过良绕体与非良绕体的情况

在不同的流动场景中，摩擦阻力和形体阻力的比重和影响各不相同。在管道内流动时，如果管道相对光滑、流速适中且流体处于层流状态，摩擦阻力在总阻力中占比较大；但当管道存在管径突变、弯曲等情况，或者流体流速较大进入湍流状态，边界层分离现象加剧，形体阻力的影响就会凸显出来。对于物体绕流情况，如前文所述，流线型物体流动以摩擦阻力为主，钝体绕流则形体阻力更为关键。

二、圆直管内流动的沿程阻力损失

1. 圆直管内流动的阻力损失通式

图 3. 3. 2 表示不可压缩黏性流体在一段水平圆直管内作稳态流动。假设没有外功加入，流体在直径为 d，长度为 l 的水平管内流动，其平均流速为 u。从力的平衡角度出发，流体在管内流动时，受到两个力的作用。一个是促使流体向前流动的推动力，其大小为$(p_1-p_2)\frac{\pi d^2}{4}$，方向与流动方向一致，其中 p_1 和 p_2 分别为流体柱两端所受的静压强；另一个是平行作用于流体柱表面上的摩擦力，即流体摩擦阻力 $\tau\pi dl$，方向与流动方向相反，τ 为流体与管壁间的剪切应力。

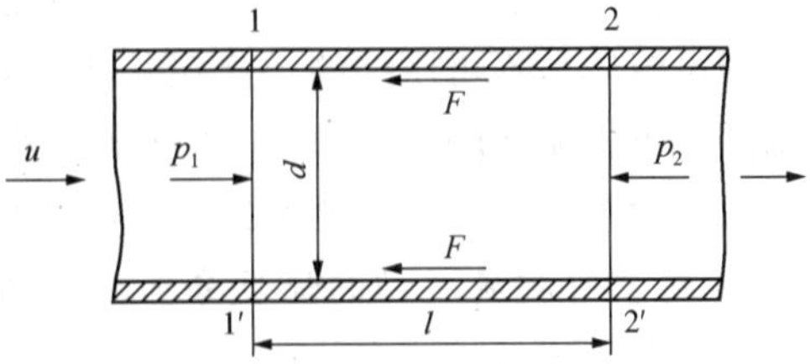

图 3. 3. 2　流体在水平圆直管内稳态流动图

由于流体处于稳态流动，流体柱所受的作用力应处于平衡状态，此时有

$$(p_1-p_2)\frac{\pi d^2}{4}=\tau\pi dl$$

由此可得到管内流动的压降

$$\Delta p=p_1-p_2=\frac{4l}{d}\tau \tag{3.3.1}$$

为了便于工程计算并突出影响流动阻力的各因素，习惯上将阻力损失写成流体动能的倍数。令 $\lambda=\frac{8\tau}{\rho u^2}$，代入上式则可得

$$\Delta p=\lambda\frac{l}{d}\cdot\frac{\rho u^2}{2} \tag{3.3.2}$$

式中　λ——摩擦系数，也称摩擦因数，无量纲；

ρ——流体密度。

直管中的压降是流动阻力的体现。从能量损失的角度来看，单位质量流体的阻力损失 h_f(单位为 J/kg)与压降 Δp 的关系为

$$h_f=\frac{\Delta p}{\rho} \tag{3.3.3}$$

将式(3. 3. 2)代入上式，可得

$$h_f=\lambda\frac{l}{d}\cdot\frac{u^2}{2} \tag{3.3.4}$$

式(3. 3. 4)为计算圆形直管阻力损失的通式，称为范宁(Fanning)公式，它适用于不可压缩流体在圆形直管内的定态流动，无论是层流还是湍流流型，都能通过该公式计算沿程阻力损失，这使得其在工程实际中具有重要的应用价值。

大量的实验及理论表明，对于管内流动，流体产生的摩擦力 F 与流体的动能因子$\frac{\rho u^2}{2}$及流体与壁面的接触面积 A 成正比，即 $F=f\frac{\rho u^2}{2}A$ 或 $\tau=f\frac{\rho u^2}{2}$，式中 f 是比例系数，称为范宁摩

擦因子，其定义式为$f=\frac{2\tau}{\rho u^2}$，因此，$\lambda=4f$。

尽管范宁公式在计算沿程阻力损失方面具有重要作用，但它也存在一定的局限性。该公式假设流体是不可压缩的，这在一些实际工程中可能并不完全符合实际情况。例如，在高温高压下，流体的物性参数(如密度、黏度等)会发生较大变化；在多相流中，由于不同相之间的相互作用复杂，范宁公式难以准确描述其沿程阻力损失的规律。

2. 圆管内层流流动的速度分布和阻力损失

(1) 层流流动的速度分布

在圆管内的层流流动中，速度分布公式可以通过牛顿黏性定律和流体受力分析推导得出。

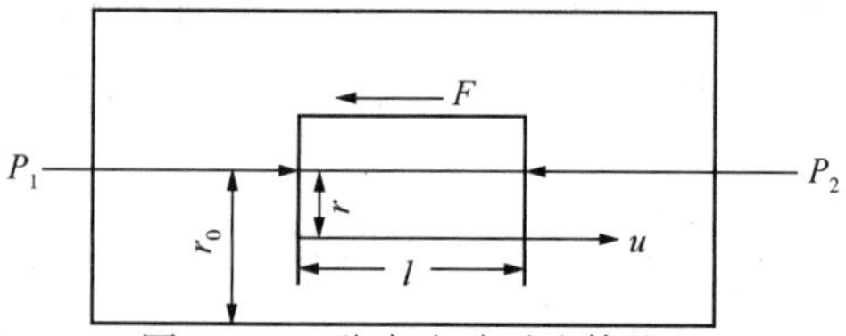

图 3. 3. 3　稳态流动时流体柱上压力与剪切力的平衡

如图 3. 3. 3 所示，流体在半径为 r_0 的圆管内作稳态流动。在其中取一段长度为 l，半径为 r 的同轴圆柱体流体作为研究对象。在稳定流动时，该圆柱体流体所受的沿轴向的压力差与它表面所受的内摩擦力达到平衡。作用在该圆柱体两端的压力差为$(p_1-p_2)\pi r^2$，其中 p_1 和 p_2 分别为流体柱两端的压强。圆柱体表面所受的内摩擦力为 $\tau 2\pi rl$，由受力平衡可得

$$(p_1-p_2)\pi r^2=\tau 2\pi rl$$

即

$$\tau=\frac{(p_1-p_2)r}{2l}=\frac{\Delta pr}{2l} \tag{3.3.5}$$

根据牛顿黏性定律，层流流动的流体剪切应力 τ(内摩擦力)与速度梯度成正比，假设流体质点瞬时速度为 u'，其关系可表示为

$$\tau=-\mu\frac{\mathrm{d}u'}{\mathrm{d}r} \tag{3.3.6}$$

将式(3. 3. 6)代入式(3. 3. 5)得

$$-\mu\frac{\mathrm{d}u'}{\mathrm{d}r}=\frac{\Delta pr}{2l}$$

边界条件为 $r=r_0$ 时，$u'=0$，对上式积分得

$$u'=\frac{\Delta p}{4\mu l}(r_0^2-r^2) \tag{3.3.7}$$

在管中心处，$r=0$，流体流速最大，即

$$u_{\max}=u'\big|_{r=0}=\frac{\Delta p}{4\mu l}r_0^2 \tag{3.3.8}$$

将式(3. 3. 7)与式(3. 3. 8)联立，可得

$$u'=u_{\max}\left[1-\left(\frac{r}{r_0}\right)^2\right] \tag{3.3.9}$$

上式表明，层流流动时圆管内速度分布曲线为抛物线形。

下面推导圆管内层流流动时平均流速的表达式。

在层流状态下，在管内流动的流体中取一环形微元体，如图 3.3.4 所示。此环隙的流体以速度 u' 向前运动，则此环隙的体积流量为

$$dq_V = 2\pi r u' dr$$

则通过圆管截面的体积流量为

$$q_V = \int_0^{r_0} 2\pi r u' dr = \int_0^{r_0} 2\pi \frac{\Delta p}{4\mu l}(r_0^2 - r^2) r dr = \frac{\pi \Delta p}{8\mu l} r_0^4 \tag{3.3.10}$$

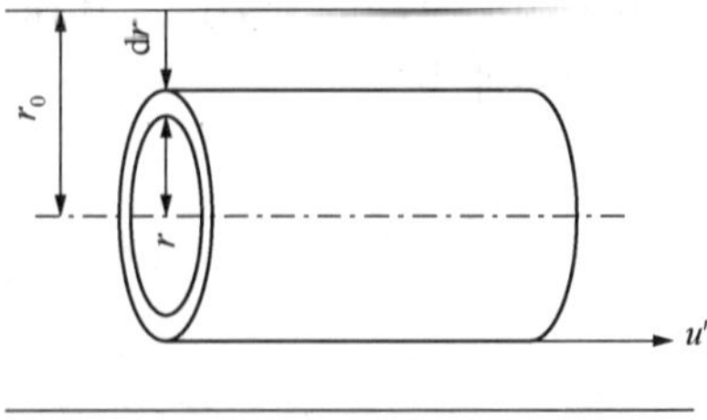

图 3.3.4　层流流动时的环形微元体

上式称为哈根-泊肃叶(Hagen-Poiseuille)方程，表明圆管中层流流动时，其体积流量与圆管半径的四次方成正比，与流体的黏度及管长成反比，是计算圆管层流流动的基本方程。

设流体平均流速为 u，根据平均流速的定义，有

$$u = \frac{q_V}{A} = \frac{\frac{\pi \Delta p}{8\mu l} r_0^4}{\pi r_0^2} = \frac{\Delta p}{8\mu l} r_0^2 \tag{3.3.11}$$

比较式(3.3.8)和式(3.3.11)得

$$u = \frac{u_{max}}{2} \tag{3.3.12}$$

即圆管内流体层流流动的平均流速是最大流速的一半。

(2) 层流流动的阻力损失

流体在圆管中作稳态层流流动时，摩擦系数 λ 可由速度分布式得出。

由式(3.3.2)范宁公式知

$$\Delta p = \lambda \frac{l}{d} \cdot \frac{\rho u^2}{2}$$

根据式(3.3.11)有

$$\Delta p = \frac{8u\mu l}{r_0^2} = \frac{32u\mu l}{d^2} \tag{3.3.13}$$

联立式(3.3.2)和式(3.3.11)，得

$$\lambda = \frac{64\mu}{du\rho} = \frac{64}{Re} \tag{3.3.14}$$

式中 $Re = \frac{du\rho}{\mu}$

$$f = \frac{\lambda}{4} = \frac{16}{Re} \tag{3.3.15}$$

可见，流体在圆形直管内作层流流动时，其阻力损失与流体速度的一次方成正比，摩擦系数和范宁摩擦因子与雷诺数成反比。

3. 圆管内湍流流动的速率分布和阻力损失

(1) 湍流流动的速率分布

湍流流动中存在流体质点的随机脉动，流体之间相互影响较大，剪应力除了由分子运动引起外，还由质点脉动引起。质点脉动是决定流体内摩擦力大小的主要因素，且涡流黏度不是物性，它受到流体宏观运动的影响。

由于湍流流动的复杂性，其速度分布一般通过实验研究，采用经验公式近似表示。比较常用的一种为

$$u' = u_{\max}\left(1-\frac{r}{r_0}\right)^{\frac{1}{n}} \tag{3.3.16}$$

式中 $\frac{1}{n}$——与雷诺数相关的指数，n 的值与 Re 的大小有关。

当 $\begin{cases} 4\times10^4<Re<1.1\times10^5 \text{ 时}，n=6 \\ 1.1\times10^5<Re<3.2\times10^6 \text{ 时}，n=7 \\ Re>3.2\times10^6 \text{ 时}，n=10 \end{cases}$

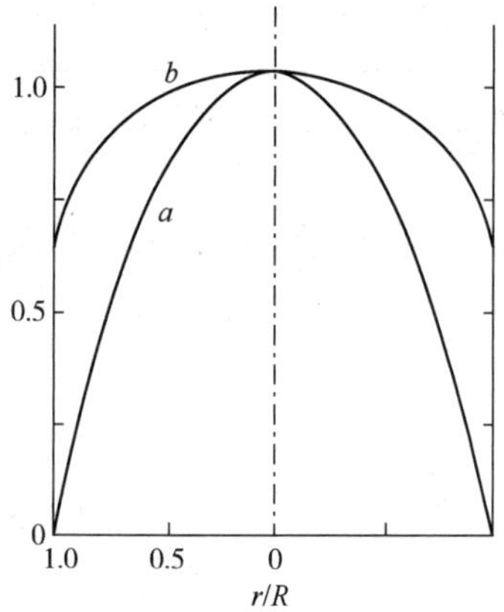

图 3.3.5 圆管速度分布曲线

图 3.3.5 中 a 和 b 分别为圆管内层流和湍流的速度分布曲线。从图中可以看出，层流的速度分布曲线 a 为明显的抛物线型；湍流流动中，由于流体质点的强烈掺混，使截面上靠管中心部分各点速度彼此拉平，速度分布较为均匀，其速度分布曲线 b 不再是抛物线型。

根据速度分布式，可以计算出通过圆管截面的体积流量。

$$q_V = \int_0^{r_0} 2\pi r u' \mathrm{d}r = 2\pi u_{\max}\int_0^{r_0} r\left(1-\frac{r}{r_0}\right)^{\frac{1}{n}}\mathrm{d}r = \frac{2n^2}{(n+1)(2n+1)}\pi r_0^2 u_{\max}$$

则平均流速为

$$u = \frac{q_V}{A} = \frac{\frac{2n^2}{(n+1)(2n+1)}\pi r_0^2 u_{\max}}{\pi r_0^2} = \frac{2n^2}{(n+1)(2n+1)}u_{\max} \tag{3.3.17}$$

在实际的流体输送中 Re 的范围内，n 值约为 7，此时

$$u = 0.82u_{\max} \tag{3.3.18}$$

$$u' = u_{\max}\left(1-\frac{r}{r_0}\right)^{\frac{1}{7}} \tag{3.3.19}$$

式(3.3.19)称为湍流速度分布的 1/7 次方定律。

(2) 湍流流动的阻力损失

均匀直管内流体湍流流动的阻力损失经验式可通过量纲分析法确定，即

$$\frac{\Delta p}{\rho u^2} = K\left(\frac{L}{d}\right)\left(\frac{du\rho}{\mu}\right)^{-f}\left(\frac{\varepsilon}{d}\right)^{h} \tag{3.3.20}$$

对照范宁公式

$$\Delta p = \lambda\,\frac{l}{d}\frac{\rho u^2}{2}$$

可知

$$\lambda = \varphi\left(Re,\ \frac{\varepsilon}{d}\right) \tag{3.3.21}$$

以上各式中，ε 为管壁的绝对粗糙度，指管壁凸出部分的平均高度，单位为 m。ε/d 为管道的相对粗糙度，无量纲。式(3.3.21)表明管内流体湍流流动时的摩擦系数与 Re 和 ε/d

有关。通过实验可以获得摩擦系数 λ 与 Re 和管道相对粗糙度 ε/d 的关系。

① 常用的经验式

a. 布拉休斯(Blasius)公式

布拉休斯公式是计算圆直管内湍流流动沿程阻力系数的经典经验公式之一，其表达式为

$$\lambda=\frac{0.3164}{Re^{0.25}} \tag{3.3.22}$$

该公式由布拉休斯通过对大量实验数据的分析和拟合得出，在一定的雷诺数范围内具有较高的准确性。其适用范围为 $Re=4\times10^{3}\sim1\times10^{5}$，主要适用于光滑管内的湍流流动。在这个雷诺数区间内，流体的流动状态相对较为稳定，布拉休斯公式能够较好地描述沿程阻力系数与雷诺数之间的关系。

b. 卡门-普朗特(Karman-Prandtl)公式

卡门-普朗特公式是基于普朗特的边界层理论和卡门的相似性假设推导得出的，其理论基础较为深厚。该公式主要适用于光滑管内的湍流流动，其表达式为

$$\frac{1}{\sqrt{\lambda}}=2.035\lg(Re\sqrt{\lambda})-0.91 \tag{3.3.23}$$

该公式的应用条件为较高的雷诺数范围，一般适用于 $Re>3.4\times10^{6}$ 的情况。在这个雷诺数范围内，流体的湍流特性更加明显，卡门-普朗特公式能够更准确地反映沿程阻力系数与雷诺数之间的关系。

② 莫迪图

莫迪图是一种根据大量实验数据绘制的图表，它以雷诺数 Re 为横坐标，以相对粗糙度 ε/d 为参变量，给出了摩擦系数 λ 的取值。通过已知的雷诺数和相对粗糙度，可以从莫迪图中查得相应的摩擦系数，进而计算阻力损失。莫迪图涵盖了层流、过渡流和湍流等不同流动区域，是工程上计算湍流阻力损失的常用工具。如图 3.3.6 所示，根据 λ 随 Re 变化的性质，莫迪图可以分为五个区域。

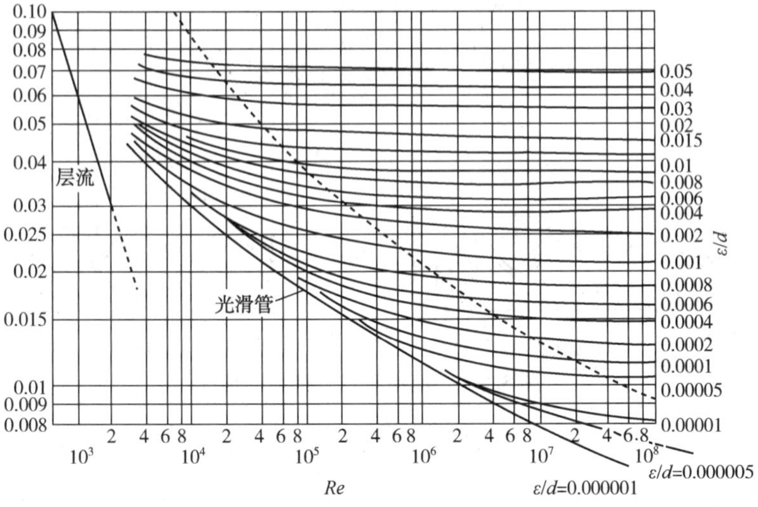

图 3.3.6 管道阻力系数变化曲线图(莫迪图)

第Ⅰ区为层流区($Re<2000$)，在此区域内，不论管道的相对粗糙度如何，λ 仅随 Re 变化，而与相对粗糙度无关，其关系式为 $\lambda=64/Re$。这一结果有力地证实了由理论分析得到的层流沿程损失计算公式的正确性。

第Ⅱ区为临界区($2000\leqslant Re<4000$)，是由层流向湍流转变的过渡区。在此区域内，流体的流动状态不稳定，正在从层流逐渐向湍流过渡，λ 变化无明显规律。工程计算中一般按湍流处理。

第Ⅲ区为湍流光滑区($Re\geqslant4000$)，流体进入湍流区，λ 随 Re 的增大而减小，当 Re 增大到一定值后，λ 随 Re 的变化趋于平缓。不同的 ε/d 值对应不同的曲线。在光滑区，粗糙粒子的突起高度 ε 比层流底层的厚度 δ_b 小得多，粗糙粒子完全被掩盖在层流底层以内，它对湍流核心的流动几乎没有影响，如图 3.3.7(a)所示，粗糙粒子引起的扰动作用完全被层流底层内流体黏性的稳定作用所抑制，管壁粗糙对流动阻力和能量损失不产生影响。对于光滑管，可以采用如式(3.3.22)和式(3.3.23)的经验式计算 λ 值。

第Ⅳ区为湍流过渡区，在这个区域内，λ 既与 Re 有关，又与 ε/d 有关。在过渡区，层流底层变薄，粗糙粒子开始影响到湍流核心区内的流动，加大了湍流核心区内的扰动强度，因此增加了阻力和能量损失。阻力系数 λ 可采用根据实验获得的经验关联式计算，如科尔布鲁克-怀特(Colebrook-White)公式

$$\frac{1}{\sqrt{\lambda}}=-2.0\lg\left(\frac{\varepsilon/d}{3.7}+\frac{2.51}{Re\sqrt{\lambda}}\right) \tag{3.3.24}$$

第Ⅴ区为湍流粗糙区($Re>10^6$)，当 Re 足够大时，λ 基本不随 Re 变化，而只与 ε/d 有关。由公式 $h_f=\lambda\dfrac{l}{d}\dfrac{u^2}{2g}$ 可见，当 l/d 一定时，沿程损失与流速的二次方成正比，因此第Ⅴ区又称为阻力平方区。在湍流粗糙区，层流底层更薄，粗糙峰的高度大于层流底层的厚度，粗糙峰几乎全部暴露在湍流核心区中，如图 3.3.7(b)所示，粗糙峰的扰动作用已经成为湍流核心区中产生惯性阻力的主要原因，Re 对湍流强度的影响和粗糙粒子对湍流强度的影响相比已微不足道了，ε/d 成了影响 λ 的唯一因素。阻力系数 λ 可采用根据实验获得的经验关联式计算，如尼古拉兹(Nikuradse)粗糙管公式

$$\frac{1}{\sqrt{\lambda}}=2.0\lg\left(\frac{d}{\varepsilon}\right)+1.74 \tag{3.3.25}$$

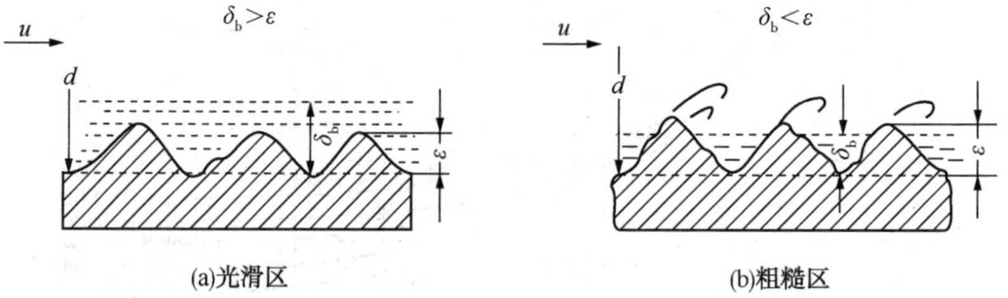

图 3.3.7　流体流过管壁面的情况

在使用莫迪图确定沿程阻力系数时，首先需要明确管道的雷诺数 Re 和相对粗糙度 $\dfrac{\varepsilon}{d}$。通过计算得到雷诺数后，在莫迪图的横坐标上找到对应的数值。然后，根据管道的实际情况确定相对粗糙度，并在莫迪图中找到相应的相对粗糙度曲线。最后，在横坐标上的雷诺数位置作垂线，与对应的相对粗糙度曲线相交，交点所对应的纵坐标值即为所求的沿程阻力系数 λ。

三、管道内的局部阻力损失

1. 管道内的局部阻力损失产生的原因

流体在流经管道系统中的管件(如弯头、三通、四通等)、阀门(如截止阀、闸阀、球阀等)等局部装置以及管道截面突然变化(如突然扩大、突然缩小)时，由于流体的流速大小和方向发生急剧改变，流体质点间产生剧烈的碰撞、漩涡的形成以及边界层的分离与再附壁等现象，从而造成能量损失。这种能量损失以机械能的形式耗散，主要表现为流体的压力降低。

从微观角度来看，局部阻力损失的产生原因主要包括以下几个方面：

① 流体质点的碰撞。当流体遇到局部障碍，如管道突然扩大或缩小，流体质点的流速和方向会发生突变。在这种情况下，不同速度和方向的流体质点相互碰撞，导致动能的损失。以管道突然缩小为例，流体从大管径进入小管径时，流体质点会在收缩处产生聚集和碰撞，部分动能转化为热能而散失。

② 漩涡的形成。在管道的局部区域，由于边界条件的急剧变化，流体的流动会受到干扰，从而形成漩涡。漩涡的存在使得流体的运动变得更加复杂，流体质点在漩涡中不断旋转，消耗能量。例如，在管道突然扩大处，由于流体不能立即适应管径的增大，会在管壁附近形成漩涡，漩涡的旋转运动不断消耗流体的能量，导致局部阻力损失的产生。

③ 流动的分离与再附壁。当流体流经管件或管道截面变化处时，流体的边界层会发生分离，形成脱离主流的流动区域。在这个区域内，流体的流动方向与主流方向相反，形成回流。随着流动的继续，分离的流体又会重新附着到管壁上，这个过程中会产生较大的能量损失。例如，在弯管中，流体在弯曲处会发生流动分离，形成回流区域，当流体离开弯管后，又会逐渐重新附着到管壁上，这一过程中会造成大量的能量损失。

2. 管道内的局部阻力损失的计算

在工程实际中，计算局部阻力损失主要采用阻力系数法和当量长度法。这两种方法基于不同的原理，各自具有独特的特点和适用范围。

(1) 阻力系数法

阻力系数法近似认为局部阻力损失服从速度平方定律，可将局部阻力表示为流体动能的某一倍数。计算公式为

$$h_{f,局}=\zeta \cdot \frac{u^2}{2g} \tag{3.3.26}$$

式中 $h_{f,局}$——局部阻力损失，m；

u——流体的平均流速，m/s；

ζ——局部阻力系数，是一个无量纲的系数。

局部阻力系数 ζ 的大小与管件的类型、几何形状以及流体的流动状态等因素密切相关。对于不同类型的管件，如弯头、三通、阀门以及管道的突然扩大和突然缩小等，其局部阻力系数都有相应的经验值或通过实验测定得到。

图 3.3.8(a)所示为管道突然扩大的情况，流体从小管流入大管。在管道突然扩大的截面，流体离开壁面呈射流状进入大管中，经一段距离后才充满整个流道截面，在射流与壁面之间的空间产生大量的漩涡。管道突然扩大时的局部阻力系数 ζ 可以通过理论推导得出

$$\zeta=\left(1-\frac{A_1}{A_2}\right)^2 \tag{3.3.27}$$

式中　A_1——小管径的横截面积；

　　A_2——大管径的横截面积。

这个公式表明，管道突然扩大的局部阻力系数主要取决于管径的变化比例，管径变化越大，局部阻力系数越大，局部阻力损失也就越大。

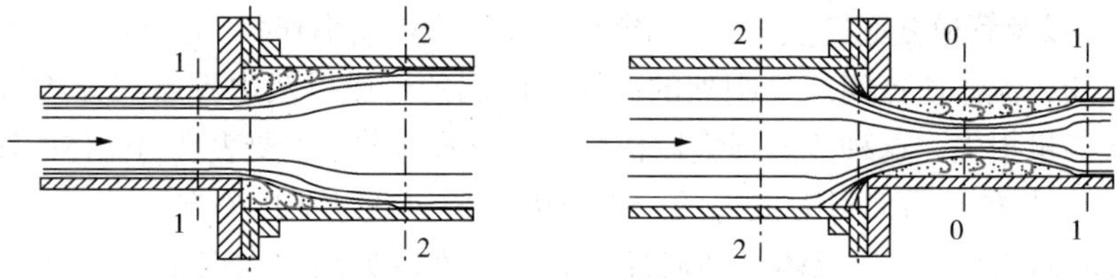

(a)突然扩大　　(b)突然缩小

图 3.3.8　管道突然扩大和突然缩小

阻力系数与 A_1/A_2 的关系见表 3.3.1。

表 3.3.1　管道突然扩大时的阻力系数

A_1/A_2	0	0.1	0.2	0.3	0.4	0.5	0.6	0.7	0.8	0.9	1.0
ζ	1	0.81	0.64	0.49	0.36	0.25	0.16	0.09	0.04	0.01	0

流体自管出口进入容器，可以看成 $A_1/A_2 \approx 0$，由表 3.3.1 可得 $\zeta = 1$。

当流体由大管进入小管，管道突然缩小时，如图 3.3.8(b)所示，由于流体的惯性，进入小管的流体将继续缩小至某个最小截面后又重新扩大，此时流体出现下游压力上升的情况，产生边界层的分离和漩涡。管道突然缩小时的局部阻力系数 ζ 可以通过理论推导得出

$$\zeta = \left(\frac{A_1}{A_0} - 1\right)^2 \tag{3.3.28}$$

式中　A_0——小管流道最小截面积；

　　A_1——小管径的横截面积。

A_0 很难确定，但 A_1/A_0 可由 A_1/A_2 确定。阻力系数 ζ 与 A_1/A_2 的关系见表 3.3.2。

表 3.3.2　管道突然缩小时的阻力系数

A_1/A_2	0	0.1	0.2	0.3	0.4	0.5	0.6	0.7	0.8	0.9	1.0
ζ	0.5	0.47	0.45	0.38	0.34	0.30	0.25	0.20	0.15	0.09	0

流体自容器进入管入口，可以看成 $A_1/A_2 \approx 0$，由表 3.3.2 可得 $\zeta = 0.5$。

实际上，流体自容器流入管道的局部阻力与管口的形状有关，不同管口形状下的局部阻力系数如图 3.3.9 所示。

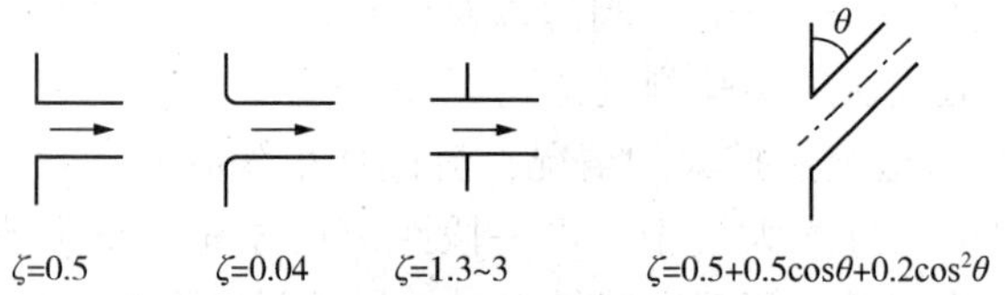

图 3.3.9　不同管口形状下的局部阻力系数

常用管件和阀门的阻力系数列于表 3.3.3 中。更多参数请参见相关手册。

表 3.3.3　常用管件和阀门的局部阻力系数

类　型		ζ 值
弯头	90°标准弯头	0.75
	45°标准弯头	0.35
	90°方形弯头	1.3
	180°回弯头	1.5
三通	直通三通	0.4
	分支三通(流入分支)	1.3
	分支三通(流出分支)	1.5
阀门	止回阀(旋启式)	2
	止回阀(球形式)	70
	球心阀(全开)	6.4
	球心阀(半开)	9.5
	蝶阀(全开)	0.2
	蝶阀(半开)	18.7
	闸阀(全开)	0.17
	闸阀(半开)	4.5
管道入口和出口	管道入口(锐边)	0.5
	管道入口(圆滑)	0.04~0.2
	管道出口(流入大容器)	1.0
其他管件	过滤器	1.0~3.0
	流量计	0.5~2.0
	膨胀节	0.1~0.5

阻力系数法的优点在于计算相对简单，且在已知局部阻力系数的情况下，能够快速估算局部阻力损失。这使得它在工程初步设计阶段，当对计算精度要求不是特别高时，被广泛应用。在一些简单的给水排水管道系统设计中，可根据经验选取局部阻力系数，快速计算出局部阻力损失，从而大致了解整个管道系统的能量损失。

然而，阻力系数法也存在一定的局限性。局部阻力系数的确定往往依赖于实验数据或经验公式，对于一些特殊的管件或复杂的流动情况，现有的经验值可能不够准确，导致计算结果与实际情况存在较大偏差。当管道内的流体流动处于过渡流或湍流的特殊区域时，局部阻力系数可能会发生变化，而传统的经验公式无法准确反映这种变化，从而影响计算精度。

(2) 当量长度法

当量长度法是将局部阻力损失折算成相同直径的直管阻力损失。计算公式为

$$h_{f,局} = \lambda \cdot \frac{l_e}{d} \cdot \frac{u^2}{2g} \tag{3.3.29}$$

其中 l_e 为局部阻力的当量长度，是一个与管件类型相关的经验参数。

当量长度 l_e 的确定与局部管件的类型和尺寸有关，通常通过实验或经验数据确定。对于常见的局部管件，如弯头、三通、阀门等，都有相应的当量长度数据可供参考。一个 90°

标准弯头的当量长度可能是管道直径的若干倍，具体数值根据弯头的曲率半径和管道直径的比例关系而定。在实际计算中，需要根据具体的管件类型和尺寸，从相关的工程手册或资料中查找对应的当量长度值。常用管件、阀门及流量计等的当量长度列于表 3.3.4 中。

表 3.3.4　常用管件、阀门及流量计等以管径计的当量长度

类　型		l_e/d
弯头	90°标准弯头	30~40
	45°标准弯头	15
	90°方形弯头	60
	180°回弯头	50~75
三通	直通三通	40
	分支三通(流入分支)	90
	分支三通(流出分支)	60
阀门	闸阀(全开)	7
	闸阀(3/4 开)	40
	闸阀(1/2 开)	200
	闸阀(1/4 开)	800
	截止阀(全开)	300
	止回阀(旋启式)(全开)	135
	蝶阀(全开)	20
流量计等	盘式流量计	400
	文丘里流量计	12
	转子流量计	200~300
	由容器入管口	20

当量长度法的优点是将局部阻力损失的计算与沿程阻力损失的计算统一起来，便于在复杂的管道系统中进行整体的水力计算。在包含多个局部管件和直管段的管道系统中，使用当量长度法可以将所有的阻力损失都转化为沿程阻力损失的形式进行计算，简化了计算过程，提高了计算的准确性。

由于当量长度是基于经验数据确定的，对于一些特殊的管件或复杂的流动情况，当量长度的取值可能不够准确，从而影响计算结果的精度。而且，当量长度法需要查找大量的经验数据，对于不熟悉相关资料的工程师来说，使用起来可能不太方便。在一些新型的管件或特殊的管道布置情况下，可能无法找到合适的当量长度数据，导致该方法的应用受到限制。

第四节　管路计算

在环境工程领域，管路输送流体是极为常见且至关重要的操作环节，它贯穿于众多环境治理与资源利用的过程中，从污水的处理到废气的净化，从洁净水资源的分配到工业废料的运输，管路系统就如同环境工程设施的“血管”，保障着整个系统的正常运转。

一、管路计算的方法

管路系统的计算通常分为设计型计算和操作型计算。这两种计算方法在实际应用中存在显著的区别，主要体现在计算目的、给定条件和求解方法上。

1. 设计型计算

设计型计算的主要目的是根据给定的输送任务和工艺条件，设计一个经济合理的管路系统。具体来说，设计型计算需要确定管路的尺寸(如管径)、所需的泵功率以及系统的总能量损失等。

① 计算目的：设计满足特定输送任务要求的管路系统。

② 给定条件：输送任务(如流量 q_V、输送距离 L)、流体的物理性质(如密度 ρ、黏度 μ)、流动阻力参数 ζ(或 l_e)、管路材料及配件等。

③ 求解方法：通常需要选择合适的管径和泵功率，以最小化系统的总能量损失和建设成本，可能涉及参数优化和试差法。

在未限定压降的情况下，流速的选择对确定管径和功率至关重要。在流量一定的条件下，较高的流速可以减小管径，从而降低管路设备成本；然而，根据范宁公式，流速的增加会导致流动阻力增大，进而提高动力消耗和操作费用。因此，在设计计算时，需要综合考虑这两种相互制约的经济因素，以总费用最小化为目标，选择最优流速。表 3.4.1 列出了管道中流体的常用流速范围，供设计参考。

表 3.4.1　流体在管道中的常用流速范围

流体的类别及情况		常用流速范围/($m \cdot s^{-1}$)
液体	水(一般管道)	1.0~3.0
	水(供水管道)	0.9~2.4
	水(排水管道)	0.6~1.5
	油(轻质油)	1.0~2.0
	油(重质油)	0.8~1.5
	化工液体	1.0~2.5
	液化天然气(LNG)	1.0~2.0
气体	空气(低压)	10~20
	空气(高压)	15~30
	天然气(低压)	5~15
	天然气(高压)	10~20
	蒸汽(低压)	20~40
	蒸汽(高压)	30~60
	化工气体	10~30
浆体	泥浆(低浓度)	1.0~2.0
	泥浆(高浓度)	1.5~3.0
	矿浆	1.5~3.0
	纸浆	1.0~2.5

要综合考虑多方面因素确定合适的流速，比如对于黏度及密度较大的流体(如油类等)

速度应慢些；含有固体悬浮物的液体，速度不宜太低，以防堵塞；密度很小的气体，速度可以快些；容易获得压力的气体(如饱和蒸汽)速度可以高些；不容易获得压力的气体速度不宜取得过高。

2. 操作型计算

操作型计算的主要目的是根据已知管路系统的布置、管径及允许压降，计算系统在实际运行中的性能，如流速、流量、压力损失等。

① 计算目的：评估现有管路系统在特定操作条件下的性能。

② 给定条件：管路系统的具体参数(如管径 d、长度 l、管件类型)、流体的物理性质(如密度 ρ、黏度 μ)、操作条件(如泵的功率 η)等。

③ 求解方法：通常涉及直接应用已知的公式和关系式，如连续性方程、机械能衡算式和阻力损失公式，以计算流量、压力损失等。

在实际应用中，设计型计算和操作型计算都是管路系统设计和运行管理的重要环节。设计型计算确保系统在设计阶段满足经济和性能要求，而操作型计算则确保系统在实际运行中能够稳定、高效地工作。

流体输送管路根据其连接情况，可分为简单管路和复杂管路。

二、简单管路的计算

简单管路是指没有分支的管路。在简单管路中，流体从进口到出口是在一条管路中流动的，其间没有流体的分流或汇入。整条管路可以是同一直径，也可以由几种不同直径的管段串联组成，如图 3.4.1 所示。流体在其中的流动较为规则，其流动参数如流速、压力等的变化相对简单。简单管路的主要特点是：

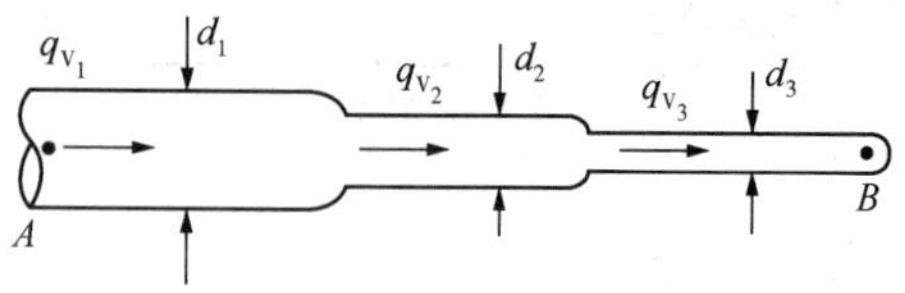

图 3.4.1　简单管路

① 通过各管段的质量流量不变，对于不可压缩流体，有

$$q_{V_1}=q_{V_2}=\cdots=\text{常数} \tag{3.4.1}$$

② 整个管路的阻力损失等于各管段阻力损失之和，即

$$\sum h_f = h_{f_1} + h_{f_2} + \cdots \tag{3.4.2}$$

【例题 3.4.1】 水从水箱中经弯管流出。已知管径 $d=15\text{cm}$，$l_1=30\text{m}$，$l_2=60\text{m}$，$H_2=15\text{m}$。管道中沿程摩擦系数 $\lambda=0.023$，弯头 $\zeta=0.9$，40°开度蝶阀的 $\zeta=10.8$。问

(1) 当 $H_1=10\text{m}$ 时，通过弯管的流量为多少？

(2) 如流量为 60L/s，箱中水头 H_1 应为多少？

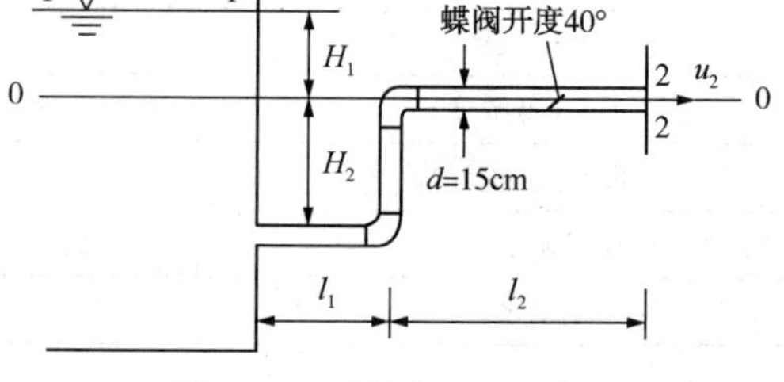

图 3.4.2　例题 3.4.1 附图

解：(1)取水箱水面为1-1截面，弯管出口内侧断面为2-2截面，基准面0-0。在1-1截面和2-2截面之间列机械能衡算方程，有

$$\frac{u_1^2}{2}+gz_1+\frac{p_1}{\rho}=\frac{u_2^2}{2}+gz_2+\frac{p_2}{\rho}+\sum h_f$$

1-1截面和2-2截面上均为大气压，以表压表示，有 $p_1=p_2=0$，水箱流速 $u_1=0$；$z_1=H_1$，$z_2=0$，则方程简化为

$$gH_1=\frac{u_2^2}{2}+\sum h_f$$

$$\sum h_f=\left(\sum\lambda\frac{l}{d}+\sum\zeta\right)\frac{u_2^2}{2}=\left[\frac{\lambda}{d}(l_1+H_2+l_2)+\zeta_{进口}+2\zeta_{弯头}+\zeta_{阀}\right]\frac{u_2^2}{2}$$

$$=\left[\frac{0.023}{0.15}(30+15+60)+0.5+2\times0.9+10.8\right]\frac{u_2^2}{2}$$

$$\approx29.2\times\frac{u_2^2}{2}$$

则

$$9.81\times10=\frac{u_2^2}{2}+29.2\times\frac{u_2^2}{2}$$

解得　$u_2\approx2.55\text{m/s}$

通过弯管的流量为

$q_V=\frac{\pi d^2u_2}{4}=\frac{3.14\times0.15^2\times2.55}{4}\approx0.045\text{m}^3/\text{s}$。

(2) 已知 $q_V=60\text{L/s}$，可计算管内流速为

$$u_2=\frac{4q_V}{\pi d^2}=\frac{4\times60/1000}{3.14\times0.15^2}\approx3.40\text{m/s}$$

$$9.81H_1=\frac{u_2^2}{2}+29.2\times\frac{u_2^2}{2}=30.2\times\frac{3.40^2}{2}$$

解得　$H_1\approx17.8\text{m}$。

【例题3.4.2】 用泵从河流中汲水，并通过一输水管道将水输送到10m高的水塔中，水塔通大气，河流水位比地面低2m。已知管径 $d=0.1\text{m}$，管长 $l=200\text{m}$(包含管件的当量长度)，水的流量 $q_V=0.01\text{m}^3/\text{s}$，水的密度为 1000kg/m^3，黏度为 $1\times10^{-3}\text{Pa}\cdot\text{s}$，管道为铸铁管(绝对粗糙度 $\varepsilon=0.3\text{mm}$)，求将水输送通过该管道所需的总压头。

解：根据流量和管径可计算管内流速为

$$u=\frac{4q_V}{\pi d^2}=\frac{4\times0.01}{\pi\times(0.1)^2}\approx1.27\text{m/s}$$

则雷诺数为

$$Re=\frac{du\rho}{\mu}=\frac{0.1\times1.27\times1000}{1\times10^{-3}}=1.27\times10^5>4000$$

水流处于湍流状态。

铸铁管的相对粗糙度为

$$\frac{\varepsilon}{d}=\frac{0.3\times10^{-3}}{0.1}=3\times10^{-3}$$

查莫迪图得 $\lambda\approx0.028$。

因管长包含管件的当量长度，根据范宁公式，可得总阻力损失为

$$\sum h_f=\lambda\frac{l}{d}\frac{u^2}{2}=0.028\times\frac{200}{0.1}\times\frac{(1.27)^2}{2}\approx45.16\text{J/kg}$$

以河面为截面 1-1，以水塔水面为截面 2-2。则 $u_1=u_2=0$，进出口高度差 $\Delta Z=12\text{m}$，进口压力 p_1 和出口压力 p_2 都为大气压，即 $\Delta p=0$，根据总能量衡算方程

$$gz_1+\frac{p_1}{\rho}+\frac{u_1^2}{2}+W_e=gz_2+\frac{p_2}{\rho}+\frac{u_2^2}{2}+\sum h_f$$

化简后可得

$$W_e=12g+\sum h_f$$

换算为压头

$$H_e=\frac{W_e}{g}=\frac{45.16}{9.81}+12\approx16.60\text{m}$$

【例题 3.4.3】 假设要输送 20℃的空气(可近似看作理想气体)，工况下密度为 1.2kg/m^3，黏度为 $1.8\times10^{-5}\text{Pa}\cdot\text{s}$，空气流量 $0.5\text{m}^3/\text{s}$。输送管道为铸铁管(绝对粗糙度 $\varepsilon=0.3\text{mm}$)，管长 300m(包含管件的当量长度)，允许压降 $\Delta p=5000\text{Pa}$，要求设计合适的管径。

解：先初步假设流速 u，对于气体输送，通常流速可取 10~30m/s，这里假设 $u=15\text{m/s}$，后续可能需根据试差结果进行调整。

根据流量和假设的流速初步计算管径，可得

$$d=\sqrt{\frac{4q_V}{\pi u}}=\sqrt{\frac{4\times0.5}{\pi\times15}}\approx0.21\text{m}$$

则雷诺数为

$$Re=\frac{du\rho}{\mu}=\frac{0.21\times15\times1.2}{1.8\times10^{-5}}=2.1\times10^5>4000$$

空气流动处于湍流状态。

铸铁管的相对粗糙度为

$$\frac{\varepsilon}{d}=\frac{0.3\times10^{-3}}{0.21}\approx1.4\times10^{-3}$$

根据 Re 和 $\frac{\varepsilon}{d}$ 通过莫迪图查得 $\lambda\approx0.024$。

计算压降

$$\Delta p=\lambda\frac{l}{d}\frac{\rho u^2}{2}=0.024\times\frac{300}{0.21}\times\frac{1.2\times15^2}{2}\approx4628.57\text{Pa}$$

该压降小于允许压降 5000Pa，说明初步假设的管径可行，若核算压降大于允许值，则需要重新调整假设的流速，重新计算管径等参数，进行试差，直至满足要求为止。

三、复杂管路的计算

复杂管路是指存在分支的管路系统。流体可以从一处输送至几处，或由几处汇合于一

处，前者为分流情况，后者为汇流情况。复杂管路分为分支管路和并联管路。相较简单管路，其计算更为复杂，各支管的流动彼此影响、相互制约，需要综合考虑多个因素以及运用特定的原理来解决各支路流量分配、压力降等问题。

1. 分支管路

分支管路是指流体由一条总管分流至几条支管，或由几条支管汇合于一条总管。通常工程中遇到的管路长度较大，交叉点处的局部阻力损失占管路总损失的比例很小，因此可以忽略交叉点处的能量变化。

图 3.4.3 为分支管路，其中 $A-B-D-E$ 为主管，BC、DF 为分支管。AB 管段流量为 q_V，BC 管段流量为 q_{V_1}，BD 管段流量为 q_{V_2}，DE 管段流量为 q_{V_3}，DF 管段流量为 q_{V_4}。分支管路具有以下特点：

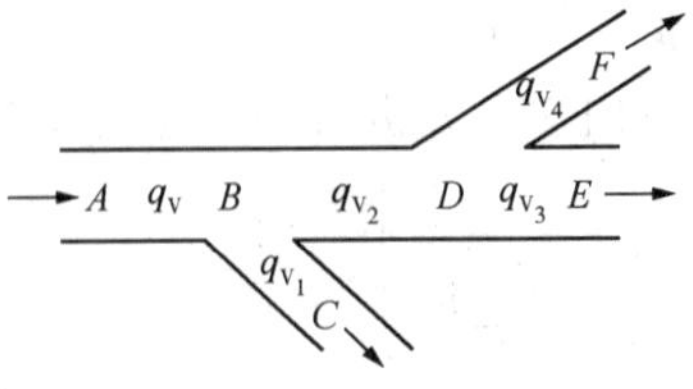

图 3.4.3　分支管路

① 对于不可压缩流体，总管的流量等于各支管流量之和，即

$$q_V = q_{V_1} + q_{V_2} = q_{V_1} + q_{V_3} + q_{V_4} \tag{3.4.3}$$

② 由于存在分流，主管各管段内流量、流速均不一样，阻力损失须分段加以计算，即

$$h_{fAE} = h_{fAB} + h_{fBD} + h_{fDE} \tag{3.4.4}$$

③ 流体在分支点处后续无论向何处分流，分支点处的总机械能为一定值。分支点处单位质量流体的总机械能等于单位质量流体在某支管流动终了时的总机械能及其该支管内的流动阻力损失之和(假设中间没有外部能量加入)。即

$$E_B = E_C + h_{fBC} = E_D + h_{fBD} \tag{3.4.5}$$

$$E_D = E_F + h_{fDF} = E_E + h_{fDE} \tag{3.4.6}$$

从主管进口处到分支点，单位质量流体的总机械能在克服阻力损失后，剩余的能量在分支点处分配到各支管。

分支管路的计算主要涉及流量分配、压力损失以及各支管与主管之间的能量关系等方面，其计算方法和步骤依据分支管路的水力特点而确定。对于分支管路，机械能总衡算方程仍然适用，可以利用该方程分析工程实际运行操作中开、关阀门或增加支路时，因阻力变化而引起的各管路流量和压力的变化，从而确定管内流量和流向。

分支管路分为分流和汇流两种情况，如图 3.4.4 所示。先对分支管路的流量、压力变化情况进行分析。

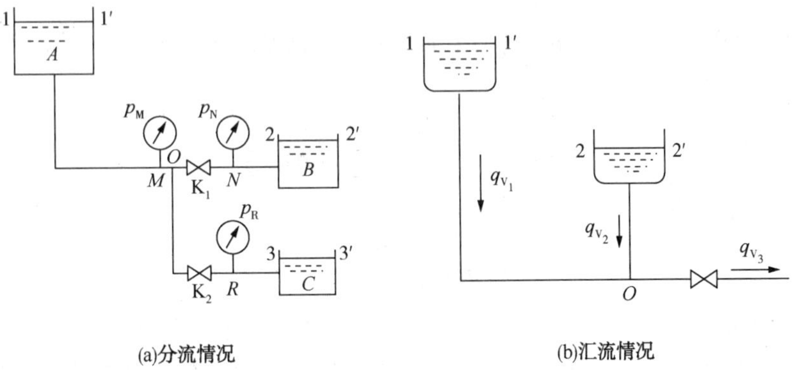

图 3.4.4　分支管路的流量、压力变化情况分析

图 3.4.4(a)为分流情况的分支管路。流体由一个水箱经过总管和两根支管流向两个水箱，支管上分别设有阀门 K_1 和 K_2，工作状态为全开。当阀门 K_1 关小时，因其所在管道阻力发生变化，*AO* 段流量将减小，*OB* 段流量减小，*OC* 段流量将增大；另外，阀门 K_1 上下游的压力将发生变化，*M* 点压力将变大，*N* 点压力将变小，*R* 点压力将变大。

图 3.4.4(b)为汇流情况的分支管路。当下游阀门关小时，由于阻力增加，流量 q_{V_3} 降低，*O* 点静压力上升，各支管流量 q_{V_1}、q_{V_2} 也下降。由于截面 1-1 的位头大于截面 2-2，在阀门继续关小，*O* 点静压力上升到某一值时，可能使 $q_{V_2}=0$；若继续关小，则流体将反向流入低位槽中。

由以上分析可知，任何局部部位的阻力变化都将影响到整个流动系统。若某一局部阻力变大，则其上、下游流量均减小，上游压力变大、下游压力变小；反之，若阀门开大，则其上、下游流量变大，上游压力变小、下游压力变大。该规律具有普遍性，适用于简单管路、分支管路和并联管路。

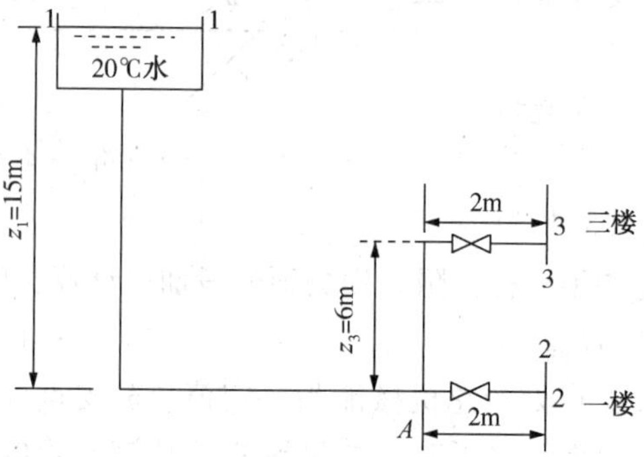

图 3.4.5　例题 3.4.4 附图

【例题 3.4.4】 一高位水箱下接 ϕ33.5mm×3.25mm 的水管，将水引向一楼和高于一楼 6m 的三楼用户。已知从水槽到一楼和三楼管出口处的总长度分别为 20m 和 28m，以上长度中包括除球心阀损失以外的所有局部阻力损失的当量长度在内。水槽水面距一楼垂直高度为 15m，摩擦系数 λ 为 0.027，球心阀全开时的阻力系数为 6.4。试求：

(1) 当一楼阀全开时，三楼是否有水流出？

(2) 若三楼管出口流量为 0.2L/s，则水箱应提高多少 m？

解：(1)设高位水箱水面为 1-1 截面，一楼管出口内侧为 2-2 截面，三楼管出口内侧为 3-3 截面。

因此先假设当一楼阀全开时，三楼没水，此时输水系统为简单管路。

在截面 1-1 和截面 2-2 之间列伯努利方程，得

$$\frac{u_1^2}{2}+gz_1+\frac{p_1}{\rho}=\frac{u_2^2}{2}+gz_2+\frac{p_2}{\rho}+\sum h_f$$

水箱流速 $u_1=0$；以表压计，$p_1=p_2=0$；以一楼为位能基准面，则 $z_2=0$；简单管路，$u=u_2$。则有

$$z_1g=\frac{u^2}{2}+\lambda\frac{l_{1-2}}{d}\cdot\frac{u^2}{2}+\zeta_{阀全开}\frac{u^2}{2}$$

代入已知数据，得

$$15\times9.81=0.027\times\frac{20}{0.027}\times\frac{u^2}{2}+(6.4+1)\frac{u^2}{2}$$

解得 $u=3.28\text{m/s}$。

下面校核假设是否正确。若压力以表压表示，则分支点 *A* 所在截面的总机械能为

$$E_{t_A}=z_2g+\frac{u^2}{2}+\frac{p_2}{\rho}+\left(\lambda\ \frac{l_{A-2}}{d}+\zeta_{阀全开}\right)\frac{u^2}{2}$$

$$=0+\frac{3.28^2}{2}+0+\left(0.027\times\frac{2}{0.027}+6.4\right)\times\frac{3.28^2}{2}\approx 50.48\text{J/kg}$$

而 3-3 截面的总机械能为

$$E_{t_3}=z_3g+\frac{p_3}{\rho}+\frac{u_3^2}{2}=z_3g=6\times 9.81=58.86\text{J/kg}$$

可见，$E_{t_3}>E_{t_A}$。因此，三楼没水流出的假设成立。

(2) 若三楼管出口流量为 0.2L/s，则

$$u_3=\frac{0.2/1000}{\frac{\pi}{4}\times 0.027^2}=0.35\text{m/s}$$

若水箱高度为 $z_1{}'$m，在截面 1-1 和截面 3-3 之间列伯努利方程，得

$$z_1{}'g=z_3g+\lambda\ \frac{l_{1-A}}{d}\cdot\frac{u^2}{2}+\left(\lambda\ \frac{l_{A-3}}{d}+\zeta_{阀全开}+1\right)\frac{u_3^2}{2} \tag{a}$$

在截面 1-1 和截面 2-2 之间列伯努利方程，得

$$z_1{}'g=\lambda\ \frac{l_{1-A}}{d}\cdot\frac{u^2}{2}+\left(\lambda\ \frac{l_{A-2}}{d}+\zeta_{阀全开}+1\right)\frac{u_2^2}{2} \tag{b}$$

联立式(a)和式(b)得

$$z_3g+\left(\lambda\ \frac{l_{A-3}}{d}+\zeta_{阀全开}+1\right)\frac{u_3^2}{2}=\left(\lambda\ \frac{l_{A-2}}{d}+\zeta_{阀全开}+1\right)\frac{u_2^2}{2}$$

代入已知数据得

$$6\times 9.81+\left[0.027\times\frac{28-(20-2)}{0.027}+6.4+1\right]\frac{0.35^2}{2}=\left(0.027\times\frac{2}{0.027}+6.4+1\right)\frac{u_2^2}{2}$$

解得 $u_2\approx 3.57\text{m/s}$。

对分支点 A 作质量衡算，因为总管和支管管径相等，所以有

$$u=u_2+u_3$$

则

$$u=3.57+0.35=3.92\text{m/s}$$

代入(b)式得

$$z_1{}'\times 9.81=0.027\times\frac{20-2}{0.027}\times\frac{3.92^2}{2}+\left(0.027\times\frac{2}{0.027}+6.4+1\right)\frac{3.57^2}{2}$$

解得 $z'_1=20.2\text{m}$。

则水箱应提高 $\Delta z=20.2-15=5.2\text{m}$。

2. 并联管路

并联管路是在主管处分为几支，然后又汇合为一主管的管路结构。如图 3.4.6 所示。

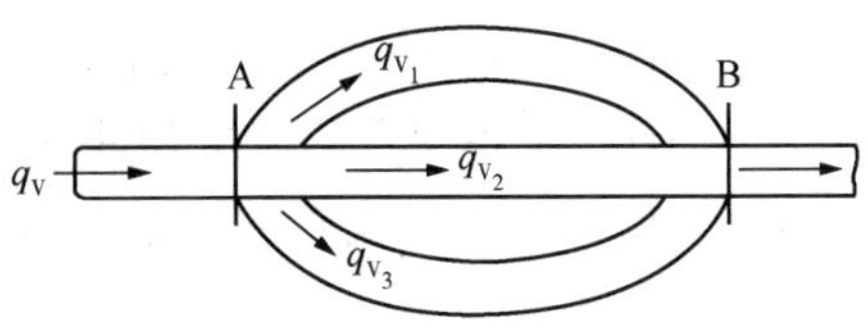

图 3.4.6 并联管路

对于不可压缩流体，若忽略交叉点处的局部阻力损失，并联管路具有以下特点：

① 总管流量等于各支管流量之和，即

$$q_V = q_{V_1} + q_{V_2} + q_{V_3} \tag{3.4.7}$$

② 各支管中的阻力损失相等，即

$$h_{f_1} = h_{f_2} = h_{f_3} \tag{3.4.8}$$

这是因为在并联点处，流体具有相同的压力能，根据能量守恒原理，单位质量流体在各分支管路中流动时克服阻力所消耗的能量相同，即阻力损失相等。无论支管的长度、管径、粗糙度等参数如何不同，只要是并联连接，它们的水头损失必然相等。在计算单位质量流体流过并联管路的阻力时，只需考虑任一支管的阻力即可。

③ 通过各支管的流量依据阻力损失相同的原则进行分配，即各管的流速大小应满足

$$\lambda_1 \frac{l_1}{d_1} \cdot \frac{u_1^2}{2} = \lambda_2 \frac{l_2}{d_2} \cdot \frac{u_2^2}{2} = \lambda_3 \frac{l_3}{d_3} \cdot \frac{u_3^2}{2} \tag{3.4.9}$$

式中 l_1、l_2、l_3——各支管的管长加上各支管所有管件的当量长度。

各支管中的流量根据支管对流体的阻力自行分配，流动阻力大的支管，流体的流量小。通过推导可知

$$q_{V_1} : q_{V_2} : q_{V_3} = \left(\sqrt{\frac{d_1^5}{\lambda_1 l_1}}\right) : \left(\sqrt{\frac{d_2^5}{\lambda_2 l_2}}\right) : \left(\sqrt{\frac{d_3^5}{\lambda_3 l_3}}\right) \tag{3.4.10}$$

并联管路各支管的流量分配与管路的阻力特性密切相关。根据水头损失公式 $h_f = \lambda \frac{l}{d} \frac{u^2}{2} + \zeta \frac{u^2}{2}$，管路长、管径细、粗糙度大以及局部管件多的支管，其阻力较大，通过的流量相对较小；反之，管路短、管径粗、阻力小的支管，通过的流量相对较大。

【例题 3.4.5】 有一并联管路，由两根管径均为 200mm、管长分别为 100m 和 200m 的管道组成。已知总流量为 0.2m^3/s，输送的流体为水（密度为 1000kg/m^3，黏度为 1.0×10^{-3}Pa·s），流动处于湍流的阻力平方区，沿程阻力系数均为 0.02，忽略局部阻力，求两根管道的流量。

解： 由式（3.4.10）可知

$$q_{V_1} : q_{V_2} = \left(\sqrt{\frac{d_1^5}{\lambda_1 l_1}}\right) : \left(\sqrt{\frac{d_2^5}{\lambda_2 l_2}}\right)$$

其中 $d_1 = d_2$，$\lambda_1 = \lambda_2$，则上式可简化为

$$q_{V_1} : q_{V_2} = \sqrt{2}$$

又因为 $q_{V_1} + q_{V_2} = 0.2m^3/s$

解得 $q_{V_1} = 0.117m^3/s$，$q_{V_2} = 0.083m^3/s$。

【例题 3.4.6】 某并联管路由三根支管组成，各支管的参数如下。支管 1：管径 100mm，管长 50m，局部阻力系数合计为 3；支管 2：管径 150mm，管长 80m，局部阻力系数合计为 2；支管 3：管径 200mm，管长 120m，局部阻力系数合计为 1。已知流体为水，总流量 0.15m^3/s，流动处于湍流的阻力平方区，支管 1、2、3 的沿程阻力系数分别为 0.03、0.025、0.02。求各支管的流量和并联管路的能量损失。

解：（1）先计算各支管的流量。由式（3.4.10）可知

$$q_{V_1} : q_{V_2} : q_{V_3} = \left(\sqrt{\frac{d_1^5}{\lambda_1 l_1}}\right) : \left(\sqrt{\frac{d_2^5}{\lambda_2 l_2}}\right) : \left(\sqrt{\frac{d_3^5}{\lambda_3 l_3}}\right)$$

代入已知参数得

$$q_{V_1}:q_{V_2}:q_{V_3}=\left(\sqrt{\frac{0.1^5}{0.03\times 50}}\right):\left(\sqrt{\frac{0.15^5}{0.025\times 80}}\right):\left(\sqrt{\frac{0.2^5}{0.02\times 120}}\right)$$
$$=2.582:6.162:11.55$$

又因为 $q_{V_1}+q_{V_2}+q_{V_3}=0.15\text{m}^3/\text{s}$

解得 $q_{V_1}=0.0191\text{m}^3/\text{s}$，$q_{V_2}=0.0456\text{m}^3/\text{s}$，$q_{V_1}=0.0855\text{m}^3/\text{s}$。

（2）下面计算并联管路的能量损失。由式(3.4.8)可知各支管中的阻力损失相等，只需考虑任一支管的阻力即可。

$$u_1=\frac{q_{V_1}}{\frac{\pi}{4}d_1^2}=\frac{0.0191}{\frac{\pi}{4}\times 0.1^2}=2.43\text{m/s}$$

$$h_{f_1}=\lambda_1\frac{l_1}{d_1}\frac{u_1^2}{2}+\sum\zeta_1\frac{u_1^2}{2}=\left(0.03\times\frac{50}{0.1}+3\right)\frac{2.43^2}{2}\approx 53.14\text{J/kg}$$

第五节　流体测量

流体流速和流量的测量统称为流体测量。在环境工程领域，包括水资源管理、污水处理以及大气污染治理等方面，流体流速和流量的精确测量是至关重要的环节。实际应用的测量方法和仪器种类很多，基于不同原理的流量计种类见表3.5.1。

表3.5.1　基于不同原理的流量计种类

基于原理	流量计种类
压差原理	孔板流量计、文丘里流量计、喷嘴流量计、毕托管等
变截面原理	转子流量计(浮子流量计)、活塞式流量计等
涡轮原理	涡轮流量计、涡节流量计
电磁感应	电磁流量计
热学原理	热式流量计、热线风速仪
超声波原理	时差式超声波流量计、多普勒超声波流量计
质量流量	科里奥利质量流量计、热式质量流量计等
容积式原理	椭圆齿轮流量计、刮板式流量计等
光学原理	激光多普勒测速仪(LDV)、粒子图像测速仪(PIV)等
其他	堰式流量计、靶式流量计、层流流量计等

在环境工程领域，压差式流量计是应用面最广、应用量最多的流量测量仪表，占所有流量计的60%~70%。这些测量装置分为两大类，一类是变压头流量计，通过将流体的动压头变化转化为静压头的变化来实现流量测量，常见的有测速管、孔板流量计和文丘里流量计等。这类流量计能够利用流体在不同流道截面处流速与压力的变化关系，通过测量压力差来推算流量。另一类是变截面流量计，是在流体流量变化时，通过流道截面积的相应改变，保持压力降恒定，从而实现流量测量，其中转子流量计是典型代表。本节只介绍几种压差式流量测量装置。

一、测速管

测速管，又称皮托管，是一种常见的变压头流量计，其构造如图 3.5.1 所示。常见的皮托管主要由半球形头部和双层套管构成。半球形的形状能够有效引导流体平稳地流过皮托管，减少流体在头部的湍流和扰动，从而确保测量的准确性。当流体流经半球形头部时，能够较为顺畅地过渡到后续的测量区域，为准确获取总压和静压数据提供了良好的前提条件。

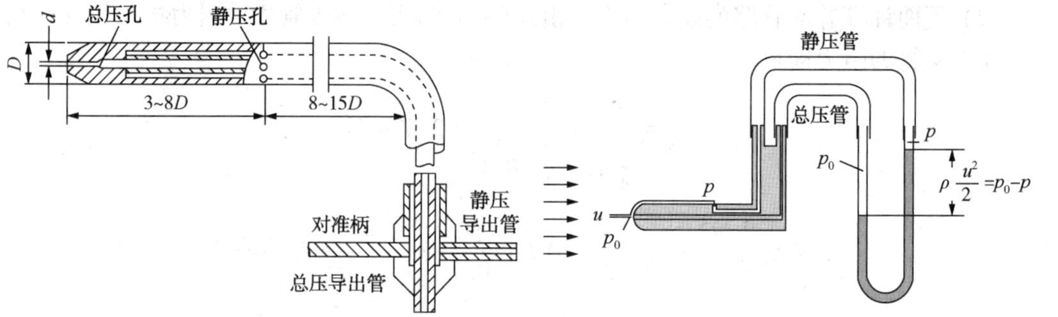

图 3.5.1　测速管(皮托管)构造

双层套管结构是皮托管的核心构造之一，内管和外管各司其职，共同完成测量任务。内管连接着头部中心处的小孔，即总压孔。当皮托管工作时，头部对准来流方向，总压孔直接感受来流的总压 p_0，并将其经内管传送至压力计。总压是流体在流动过程中所具有的动能和静压能之和，反映了流体的总能量状态。准确测量总压对于推算流体流速至关重要，它是皮托管测量原理中的关键参数之一。

在外套管壁上，距离头部后 3~8 倍管径(D)处均匀地开有一排孔，这些孔即为静压孔。静压孔的作用是感受来流的静压 p，然后经外套管传至压力计。静压是指流体在静止状态下所具有的压力，它与流体的密度和深度有关。在皮托管测量中，静压的准确测量同样不可或缺，它与总压共同构成了计算流体流速的基础数据。测速管应放置于流体均匀流段，测量点的上下游最好均有 50 倍直径长的直管段，至少应有 8~15 倍直径长的直管段。

在皮托管的测量过程中，当皮托管的头部对准来流方向时，总压孔直接感受来流的总压 p_0，如图 3.5.1 所示。

此时，在总压孔处，流体的流速瞬间降为零，动能全部转化为压力能，即总压 p_0 等于流体的静压 p 与动压 $\frac{1}{2}\rho u^2$ 之和，用公式表示为

$$p_0 = p + \frac{1}{2}\rho u^2 \tag{3.5.1a}$$

或

$$p_0 - p = \frac{1}{2}\rho u^2 \tag{3.5.1b}$$

进一步整理，可以得到点速度 u 的计算公式

$$u = \sqrt{\frac{2(p_0 - p)}{\rho}} \tag{3.5.2}$$

式中　u——流体的点速度，m/s；

p_0——总压，Pa；

p——静压，Pa；

ρ——流体的密度，kg/m^3。

通过测量内管与外管的压力差(p_0-p)，并已知流体的密度ρ，就可以利用式(3.5.2)计算出测点处流体的速度。

如前所述，由于总压孔感受的是驻点附近的平均压强，略低于真实总压，静压孔感受的静压也存在一定误差，以及皮托管的制造、安装等因素会引入误差，所以在实际测算流速时，式(3.5.2)右端应乘以一个校正系数C，即

$$u=C\sqrt{\frac{2(p_0-p)}{\rho}} \tag{3.5.3}$$

C值一般在0.98~1.05，可通过在已知速度的气流中校正或经标准皮托管校正确定。

在得到流速u后，就可以进一步计算流体的流量q_V。在实际工程应用中，流量的计算还需要考虑管道的形状、流体的性质以及测量的准确性等因素。在测量非圆形管道的流量时，需要根据管道的实际形状计算其横截面积；对于具有复杂流动特性的流体，可能需要对计算结果进行进一步的修正。

【例题3.5.1】 用皮托管和U形管压差计测量空气的流速。U形管内的工作液体为酒精，密度为$800kg/m^3$，测得U形管两侧液面高度差为15cm。已知空气的密度$1.2kg/m^3$，皮托管的修正系数为0.98，求空气的流速。

解： 首先根据U形管压差计求出总压与静压的压力差

$$\Delta p=\rho_{酒精}gh=800\times9.81\times0.15=1177.2\text{Pa}$$

根据流速计算公式$u=C\sqrt{\frac{2(p_0-p)}{\rho}}$，代入数据可得

$u=\sqrt{\frac{2\times1177.2}{1.2}}\times0.98\approx43.41\text{m/s}$。

二、孔板流量计

孔板流量计主要由孔板和U形差压管组成。孔板是一块具有圆形开孔的薄板，其开孔中心与管道中心同心，安装在管道内部，将管道截面缩小，形成节流装置，如图3.5.2所示。

当流体流经孔板流量计时，由于孔板的节流作用，流束在孔板处产生局部收缩，流速增大。根据伯努利方程$p+\frac{1}{2}\rho u^2+\rho gz=C$(假设流体在水平管道中流动，高度$z$不变，$\rho gz$项可忽略)，流速的增大导致静压头减小。在孔板上游，流体流速相对较小，静压较高；而在孔板下游的缩脉处，流速达到最大，静压降至最低。通过U形管差压计可测量出孔板前后的压力差$\Delta p=p_1-p_2$(p_1为上游压力，p_2为下游缩脉处压力)。

在1-1截面和2-2截面之间列伯努利方程，有

$$p_1+\frac{1}{2}\rho u_1^2=p_2+\frac{1}{2}\rho u_2^2$$

整理得

$$\sqrt{u_2^2-u_1^2}=\sqrt{\frac{2(p_1-p_2)}{\rho}} \tag{3.5.4}$$

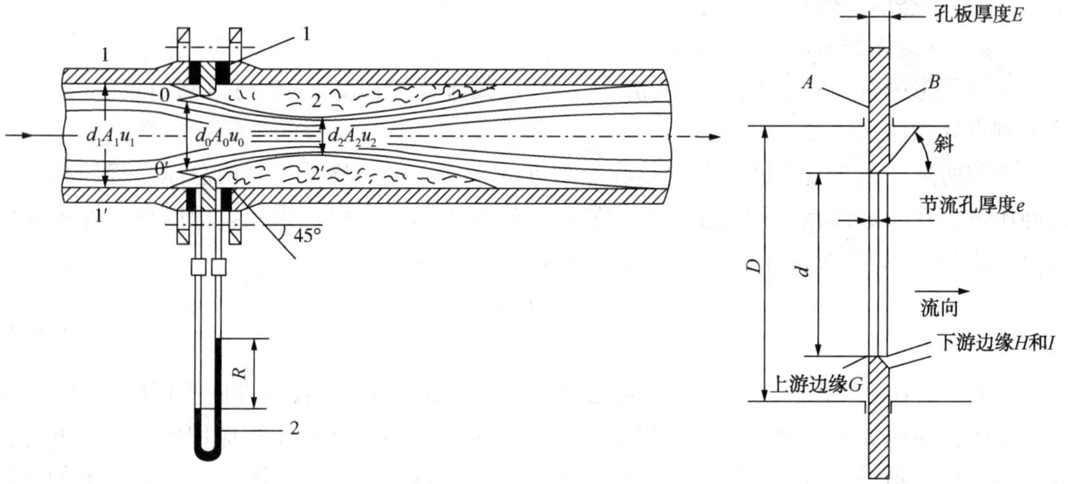

图 3.5.2 孔板流量计

1—节流孔板；2—U 形管差压计

根据连续性方程，可知

$$A_1u_1=A_2u_2=A_0u_0$$

式中 A_1、A_2、A_0 分别为 1-1 截面、2-2 截面和 0-0 截面处流体的横截面积，u_1、u_2、u_0 分别为相应截面处的流速。孔板的开孔面积 A_0 和实际缩脉处的面积 A_2 之间存在一个收缩系数 $C_c=\dfrac{A_2}{A_0}$。

将连续性方程代入式(3.5.4)中可得

$$u_0=\frac{1}{A_0\sqrt{\dfrac{1}{A_2^2}-\dfrac{1}{A_1^2}}}\sqrt{\frac{2\Delta p}{\rho}}=\frac{A_2/A_0}{\sqrt{1-(A_2/A_1)^2}}\sqrt{\frac{2\Delta p}{\rho}}=\frac{C_c}{\sqrt{1-C_c^{\ 2}\ (A_0/A_1)^2}}\sqrt{\frac{2\Delta p}{\rho}} \tag{3.5.5}$$

令 $C_0=\dfrac{C_c}{\sqrt{1-C_c^{\ 2}\ (A_0/A_1)^2}}$

则式(3.5.5)可写为

$$u_0=C_0\sqrt{\frac{2\Delta p}{\rho}} \tag{3.5.6}$$

其中，C_0 为孔板流量计的流量系数，它与收缩系数 C_c、雷诺数以及孔板的几何形状等因素有关。

流量 q_V 的计算公式为

$$q_V=u_0A_0=C_0A_0\sqrt{\frac{2\Delta p}{\rho}} \tag{3.5.7}$$

在实际测量中，通过测量孔板前后的压力差 Δp，已知流体的密度 ρ 和孔板的开孔面积 A_0，并确定合适的孔板流量计的流量系数 C_0，就可以计算出流体的流量。

【例题 3.5.2】 假设某管道中输送的是常温清水，管道内径 $D=100$mm，孔板的开孔直径 $d=50$mm，通过 U 形管差压计测得孔板前后的压力差 $\Delta p=5000$Pa，常温清水的密度 $\rho=$

$1000kg/m^3$，孔板流量计的流量系数 $C_0=0.62$，求管道中清水的流量。

解：先计算孔板的开孔面积 A_0

$$A_0=\frac{\pi}{4}d^2=\frac{\pi}{4}\times(0.05)^2\approx1.963\times10^{-3}m^2$$

根据流量计算公式 $q_V=C_0A_0\sqrt{\frac{2\Delta p}{\rho}}$ 计算流量

$q_V=0.62\times1.963\times10^{-3}\sqrt{\frac{2\times5000}{1000}}\approx3.83\times10^{-3}m^3/s$。

【例题 3.5.3】 某液体流过圆形管道。为测定其流量，拟在管路上安装一标准孔板流量计，以 U 形管水银压差计测量孔板前后的压力差，试求孔板孔径。已知，管道内径 $D=150mm$，液体最大流量 $q_{V_{max}}=36m^3/h$，压差计读数不超过 $h=600mm$，液体密度 $\rho=1600kg/m^3$，液体黏度 $\mu=1.5\times10^{-3}Pa\cdot s$，水银密度 $\rho_{Hg}=13600kg/m^3$，孔板流量计的流量系数 $C_0=0.6$。

解：根据最大流量计算最大流速

$$u_{max}=\frac{q_{V_{max}}}{A}=\frac{0.01}{\pi\left(\frac{0.15}{2}\right)^2}=\frac{0.01}{0.01767}\approx0.566m/s$$

根据 U 形管压差计读数计算压力差

$$\Delta p=\rho_{Hg}gh=13600\times9.81\times0.6\approx80050Pa$$

根据孔板流量计的流量公式：

$$q_V=C_0A_0\sqrt{\frac{2\Delta P}{\rho}}$$

代入已知数据

$$0.01=0.6\times\pi\left(\frac{d_0}{2}\right)^2\times\sqrt{\frac{2\times80050}{1600}}$$

解得

$d_0=0.046059m=46.059mm$。

三、文丘里流量计

文丘里流量计主要由渐缩管、喉管和渐扩管三部分组成，前后与管道连接。标准文丘里管是由入口圆筒段、圆锥收缩段、圆筒喉部、圆锥扩散段组成。圆筒段的直径为 D，其长度等于 D；收缩段为圆锥形，并有 21°±1°的夹角；喉部为直径 d 的圆形筒段，其长度等于 d；扩散段为圆锥形，扩散角为 7°~15°，如图 3.5.3(a)所示。

渐缩管的作用是使流体逐渐加速，其内壁呈光滑的收缩锥形，能够引导流体平稳地收缩，减少能量损失。喉管是文丘里流量计的关键部位，其管径较小，流体在喉管处流速达到最大，静压降至最低，如图 3.5.3(b)所示。

当流体流经文丘里流量计时，根据伯努利原理，文丘里管中 1 截面与 2 截面存在

$$p_1+\frac{1}{2}\rho u_1^2+\rho gh_1=p_2+\frac{1}{2}\rho u_2^2+\rho gh_2$$

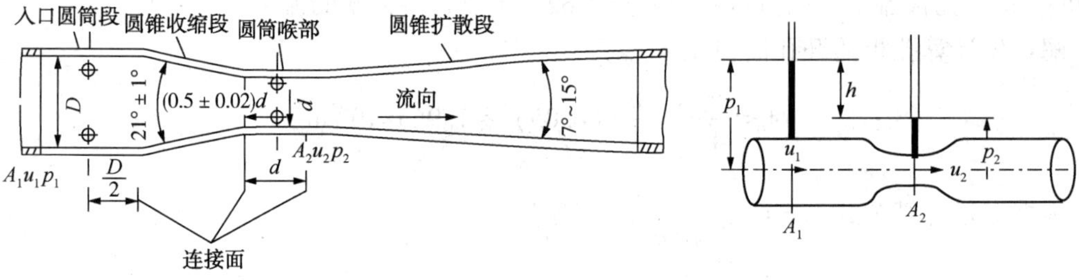

(a)标准文丘里管　　(b)喉管

图 3.5.3　文丘里流量计

即

$$\frac{2p_1}{\rho}-\frac{2p_2}{\rho}+2g(h_1-h_2)=u_2^2-u_1^2$$

由于管道的流动是稳定的，管道内部的流体性质也不随时间发生变化，因此由连续性方程可知 $u_2=u_1\left(\frac{d_1}{d_2}\right)^2$，代入上式并化简求 u_1

$$u_1=\sqrt{\frac{2(p_1-p_2)+2\rho g(h_1-h_2)}{\rho\left[\left(\frac{d_1}{d_2}\right)^4-1\right]}} \tag{3.5.8}$$

因此，流量 q_V 为

$$q_V=\frac{\pi d_1^2}{4}\sqrt{\frac{2(p_1-p_2)+2g\rho(h_1-h_2)}{\rho\left[\left(\frac{d_1}{d_2}\right)^4-1\right]}}$$

即

$$q_V=\frac{\pi d_1^2}{4}\sqrt{\frac{2g[(p_1/\rho g-p_2/\rho g)+(h_1-h_2)]}{\left(\frac{d_1}{d_2}\right)^4-1}}=K\sqrt{\Delta h} \tag{3.5.9}$$

式中 K 为常量，Δh 为断面的水头差，表示为

$$K=\frac{\pi d_1^2}{4}\sqrt{\frac{2g}{\left(\frac{d_1}{d_2}\right)^4-1}} \tag{3.5.10}$$

$$\Delta h=(p_1/\rho g-p_2/\rho g)+(h_1-h_2) \tag{3.5.11}$$

由式(3.5.9)计算所求的流量是不考虑阻力的理论流量，而实际上通过的流量小于理论值，利用文丘里管的流量系数 C_d 进行修正，有

$$q_{V_{实际}}=C_dK\sqrt{\Delta h} \tag{3.5.12}$$

流量系数 C_d 与文丘里管的结构、雷诺数等因素有关，一般为 0.98~0.99。

四、转子流量计

转子流量计主要由两个关键部件组成，分别是锥形管和转子，其结构如图 3.5.4 所示。锥形管通常由玻璃、金属或塑料等材料制成，其内部呈锥形，微锥角一般在 0.5°~2°。这种特殊的锥形结构设计，为转子的运动提供了空间，并且能够使流体在流经锥形管时，流速和压力发生相应的变化。在测量低流速、小流量的液体时，玻璃材质的锥形管由于其透明性，便于直接观察转子的位置，从而读取流量值。转子则置于锥形管中，可沿管的中心线上下自由移动。转子是转子流量计中的关键部件，它置于锥形管中，能够沿管的中心线上下自由移动。转子的形状多样，常见的有球形、圆柱形、圆盘形等，不同的形状在与流体相互作用时会产生不同的效果，进而对测量精度产生影响，转子密度通常大于被测流体的密度。

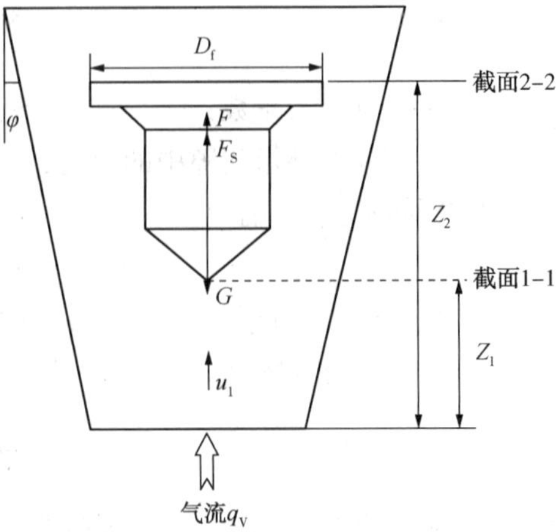

图 3.5.4　气体转子流量计结构示意图

转子流量计的工作原理基于节流原理和力的平衡原理。当被测流体从锥形管下端流入时，流体的流动会冲击转子，并对其产生一个向上的作用力。这个作用力的大小与流体的流速和流量密切相关，流量越大，流速越快，对转子的作用力就越大。当流量足够大时，所产生的作用力将转子托起，并使之升高。同时，被测流体流经转子与锥形管壁间的环形断面，从上端流出。此时，作用在转子上的力主要有三个：流体对转子的动压力 F_s、转子在流体中的浮力 F 和转子自身的重力 G。当流量计垂直安装时，转子重心与锥管管轴相重合，这三个力都沿平行于管轴的方向。根据力的平衡原理，当这三个力达到平衡时，即 $F+F_s=G$，转子就会稳定地悬浮在锥形管某一位置上。当流体流量发生变化时，流速也会相应改变，从而导致动压力发生变化，转子会向下或向上移动，直至达到新的平衡位置。

转子在锥形管中的位置与流体流量之间存在着明确的对应关系，这是转子流量计实现流量测量的核心依据。当流体流量较小时，流体对转子的动压力较小，不足以完全克服转子的重力和浮力，转子处于较低的位置。此时，流体流经转子与锥形管壁之间的环形截面积较小，流速相对较高。随着流量逐渐增大，动压力不断增加，转子开始向上移动，环形截面积也随之增大。由于流量与流速和流通截面积的乘积成正比，在流量增大的过程中，虽然流速会随着环形截面积的增大而有所减小，但通过环形截面积的增大保持流量与流速和面积乘积的平衡，使得转子能够在新的位置稳定下来。

以转子流量计中的流体为研究对象，如图 3.5.4 所示，选取两个截面：一个在转子下方，记为截面 1-1；另一个在转子上方，记为截面 2-2。假设流体是理想流体，即不可压缩、无黏性，且流动是稳定的。同时，忽略流体与管壁之间的摩擦力以及其他外力的影响。以流体进口所在的水平面作为基准水平面，根据伯努利方程，有

$$p_1+\frac{1}{2}\rho u_1^2+\rho g z_1=p_2+\frac{1}{2}\rho u_2^2+\rho g z_2+\sum h_f$$

在转子流量计中，由于转子的存在，流体在流经转子时会发生流速和压力的变化。当转子处于平衡状态时，流体对转子的作用力与转子的重力和浮力达到平衡。此时，可认为两截面之间的能量损失主要是由于流体流经转子与锥形管壁之间的环形间隙时产生的局部阻力损失，且该损失与流速的平方成正比，可表示为

$$\sum h_f = \zeta \frac{u_0^2}{2}$$

式中　ζ——局部阻力系数；

　u_0——流体在环形间隙中的流速，m/s。

根据连续性方程，有

$$u_1A_1 = u_2A_2 = u_0A_0$$

其中 A_1、A_2、A_0 分别为截面 1-1、截面 2-2 和环形间隙的截面积。由于 A_1 和 A_2 相对较大，且 u_1 和 u_2 相对较小，在忽略动能变化的情况下，可近似认为

$$\frac{1}{2}\rho u_1^2 \approx \frac{1}{2}\rho u_2^2$$

z_2-z_1 即为转子的高度，在稳定状态下为定值，设为 Δz。将上述近似关系和能量损失表达式代入伯努利方程中，可得

$$p_1-p_2=\rho g\Delta z+\zeta\frac{u_0^2}{2} \tag{3.5.13}$$

根据力的平衡原理，当转子处于平衡状态时，流体对转子的作用力(即压力差产生的力)等于转子的重力与浮力之差，即

$$(p_1-p_2)A_f = V_f(\rho_f-\rho)g \tag{3.5.14}$$

其中，A_f 为转子的最大截面积，V_f 为转子的体积，ρ_f 为转子的密度。将式(3.5.13)代入式(3.5.14)，可得

$$\left(\rho g\Delta z+\zeta\frac{u_0^2}{2}\right)A_f = V_f(\rho_f-\rho)g$$

整理可得

$$u_0=\sqrt{\frac{2V_f(\rho_f-\rho)g-2\rho g\Delta zA_f}{\zeta A_f}} \tag{3.5.15}$$

由式(3.5.15)计算流量较为复杂，其中 ζ 值较难确定。因此其流量计算可仿照孔板流量计计算流量的方法进行。考虑到实际情况中，还需要引入流量系数 C_R 修正理论计算与实际测量之间的差异，流量系数 C_R 与转子的形状、雷诺数等因素有关。则实际的流量公式为

$$q_V = C_RA_R\sqrt{\frac{2(p_1-p_2)}{\rho}} = C_RA_R\sqrt{\frac{2gV_f(\rho_f-\rho)}{\rho A_f}} \tag{3.5.16}$$

式中　A_R——玻璃管与转子之间的环隙面积。

从式(3.5.16)可以看出，在转子流量计的结构和被测流体性质确定的情况下，流量 q_V 与环隙面积(转子的高度)之间存在着确定的函数关系。通过测量转子在锥形管中的高度，就可以根据式(3.5.16)计算出流体的流量。在实际应用中，为了方便读取流量值，通常会在锥形管外沿高度方向刻上对应的流量刻度，这样操作人员就可以直接从刻度上读取流量大小，如果已知转子流量计的某一标定流量 q_{V_0} 以及对应的标定条件(如标定流体密度 ρ_0)，当测量不同密度的流体时，可以使用以下简化公式进行流量换算。

对于气体，有

$$q_V = q_{V_0}\sqrt{\frac{\rho_0}{\rho}} \tag{3.5.17}$$

此公式适用于气体流量的测量，前提是气体的压力和温度变化不大，且流量系数基本保持不变。

对于液体，有

$$q_V = q_{V_0}\sqrt{\frac{\rho_0(\rho_f-\rho)}{\rho(\rho_f-\rho_0)}} \tag{3.5.18}$$

该公式用于液体流量的测量，考虑了液体密度变化以及转子与液体之间的密度差对流量的影响。

五、测量装置的发展趋势

1. 高精度化

① 技术改进：不断优化测量装置的结构设计和制造工艺，提高其对流体参数变化的敏感度，从而更精确地测量压力差等关键数据，以实现更准确的流量或流速计算。例如文丘里流量计，通过改进其喉部和进出口的形状、尺寸精度等，减少流体流动的涡流和能量损失，使压力差测量更准确，进而提高流量测量精度。

② 传感器技术升级：采用高精度、高灵敏度的传感器测量压力、速度等物理量。新型传感器能够在更宽的测量范围内提供更稳定、更准确的信号输出，有效降低测量误差。如在皮托管风速仪中使用微型化、高精度的压力传感器，可更精准地捕捉气流中的微小压力变化，从而提高风速测量的准确性。

2. 智能化与网络化

① 数据采集与处理智能化：借助微处理器、数字信号处理技术以及人工智能算法，对测量数据进行实时采集、滤波、分析和补偿。测量装置能够自动识别和校正测量误差，根据不同的工况调整测量参数和算法，以确保测量结果的准确性和可靠性。比如在压差式流量计中，利用智能算法对压力信号进行非线性补偿和温度补偿，提高测量精度和稳定性。

② 远程监控与诊断：随着物联网技术的发展，基于伯努利方程的测量装置可以实现远程监控和故障诊断。通过网络将测量数据传输到远程控制中心或移动终端，用户可以随时随地查看设备的运行状态、测量数据，并进行远程控制和参数设置。同时，系统能够自动监测设备的故障信息，提前预警并提供故障诊断建议，便于及时维护和维修，提高设备的可用性和运行效率。

③ 网络化数据共享与协同：在工业生产等领域，多个测量装置可以通过网络连接成一个分布式测量系统，实现数据的共享和协同处理。不同位置的测量数据可以相互关联和分析，为系统的整体优化和控制提供更全面、准确的依据。例如，在大型化工生产过程中，将各个环节的流量测量装置联网，实现对整个工艺流程中流体流动的实时监控和优化调度。

3. 多功能化与集成化

① 多功能测量：在单一测量装置上集成多种测量功能，除了测量流量或流速外，还能够同时测量流体的温度、压力、密度等其他参数，为用户提供更全面的流体信息。例如，

一些先进的流量计不仅可以测量流量，还配备了温度传感器和压力传感器，能够实时测量并显示流体的温度和压力值，方便用户进行综合分析和过程控制。

② 与其他设备集成：与控制系统、数据记录设备、执行机构等其他相关设备紧密集成，形成一个完整的自动化控制系统。测量装置将测量数据直接传输给控制系统，控制系统根据测量结果自动调整执行机构的动作，实现对流体流动的精确控制和自动化管理。如在污水处理厂中，流量测量装置与阀门、泵等设备集成，根据污水流量自动调节阀门开度和泵的运行频率，提高污水处理效率和节能效果。

4. 小型化与便携化

① 微型化设计：随着微机电系统(MEMS)技术、纳米技术等技术的不断发展，测量装置的体积越来越小。例如微型皮托管风速仪、小型化的差压式流量计等，这些微型测量装置可以方便地安装在狭小空间或移动设备上，满足一些特殊应用场景的需求，如无人机气象探测、便携式环境监测设备等。

② 低功耗与便携性：采用低功耗的电子元件和节能设计，降低测量装置的能耗，使其可以使用电池供电或依靠其他小型能源供应方式，从而提高装置的便携性和灵活性。这对于野外环境监测、现场应急测量等应用具有重要意义，用户可以方便地携带和使用测量装置，随时随地获取流体参数信息。

5. 新材料与新工艺的应用

① 高性能材料：使用耐腐蚀、耐高温、耐磨损等性能更好的新材料制造测量装置的关键部件，延长设备的使用寿命，提高其在恶劣环境下的可靠性和稳定性。如采用陶瓷、特种合金等材料制作文丘里管、皮托管等部件，使其能够适应化工、冶金等高腐蚀性、高温环境下的流体测量需求。

② 增材制造技术：3D 打印等增材制造技术为测量装置的制造提供了新的途径。通过增材制造，可以实现复杂结构的一体化制造，减少零部件数量，提高制造精度和效率，降低制造成本。同时，还可以根据用户的特定需求快速定制个性化的测量装置，满足不同用户和应用场景的特殊要求。

思考题与习题

3.1　如附图所示，直径为 15cm 的圆盘由轴带动在一平台上旋转，圆盘与平台间充有厚度 $\delta=2.0$mm 的油膜。当圆盘以 $n=60$r/min 旋转时，测得扭矩 $M=3.92\times10^{-4}$N · m。设油膜内速度沿垂直方向为线性分布，试确定油的黏度。

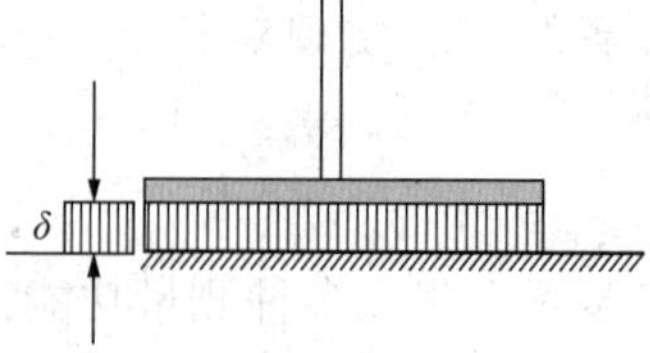

习题 3.1 图

3.2 空气以稳定状态流过一平板壁面，已知空气的动力黏度 $\mu=1.81\times10^{-5}$ Pa·s，密度 $\rho=1.225\text{kg/m}^3$。在距离平板前缘 $x=0.5$m 处，测得边界层厚度 $\delta=5$mm。假设边界层内速度分布为线性分布，试求：

(1) 边界层外缘的空气外流速度 u；

(2) 该位置的雷诺数 Re_x，并判断流动状态(层流或湍流)。

3.3 某污水处理厂需要将污水从集水井提升到处理池，集水井的水位高度为 5m，处理池的水位高度为 10m。提升泵的流量为 $100\text{m}^3/\text{h}$，污水的密度为 1000kg/m^3，重力加速度为 9.81m/s^2。假设提升泵的效率为 80%，求提升泵所需要的功率。

3.4 如图所示，有一水平通风管道，某处直径由 400mm 减缩至 200mm。为了粗略估计管道中的空气流量，在锥形接头两端各装一个 U 形管压差计，现测得粗管端的表压为 100mm 水柱，细管端的表压为 40mm 水柱，空气流过锥形管的能量损失可以忽略，管道中空气的密度为 1.2kg/m^3，试求管道中的空气流量。

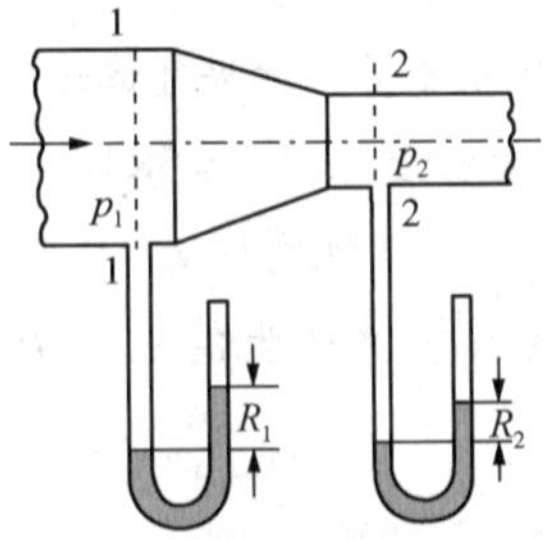

习题 3.4 图

3.5 如附图所示，有一直径为 1.5m 的高位水槽，其水面高于地面 10m，水从内径为 150mm 的管道中流出，管路出口高于地面 3m，水流经系统的能量损失(不包括出口的能量损失)可按 $\sum h_f = 8.2u^2$ 计算，式中 u 为水在管内的流速，单位为 m/s。试计算：

(1) 若水槽中水位不变，试计算水的流量；

(2) 若高位水槽供水中断，随水的出流高位槽液面下降，试计算液面下降 2m 所需的时间。

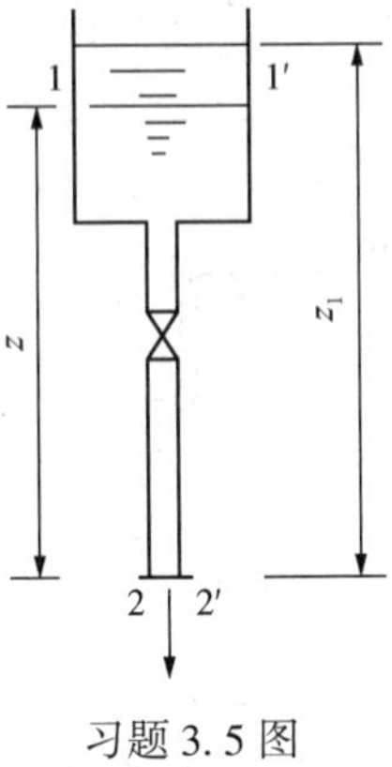

习题 3.5 图

3.6 如附图所示，将内径为 0.5m 的管道①和另一根内径为 1m 的管道②连接到内径为 1.2m 的管道③上。密度为 880kg/m^3 的油以 15000t/h 的总流量流经管道系统。如果两个较小直径的管道中的流体速度相同，计算两个较小管径管道中的速度、相应的体积流量和质量流量，以及最大管径出水管的流体速度。

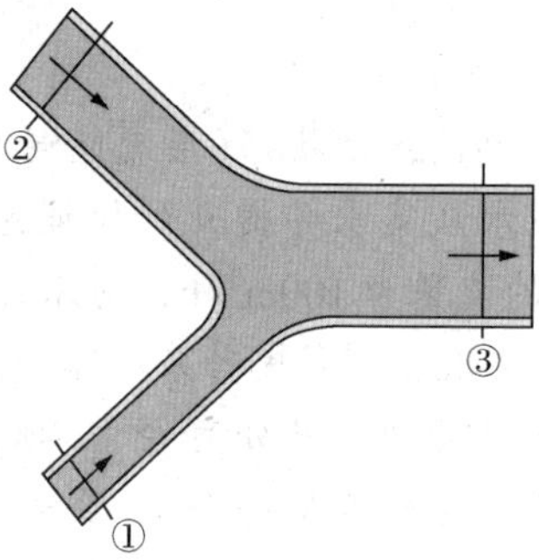

习题 3.6 图

3.7　密度为 $0.4kg/m^3$ 的热气体从火箭发动机通过出口直径 1m 的喷嘴。如果通过喷嘴的质量流量为 370kg/s，计算排气速度和体积流量。如果气体速度为 550m/s，计算排气流量。

3.8　密度为 $\rho=860kg/m^3$，运动黏度系数 $v=5\times10^{-6}m^2/s$ 的轻柴油通过管道从一油池输送到储油库内。铸铁管长 $L=150m$，绝对粗糙度 $\varepsilon=0.45mm$，要求质量流量 $q_m=10^5kg/h$，出油端比吸入端高 $H=25m$，假设油泵能够产生的压强 $P_i=3.43\times10^5Pa$，只计算沿程损失，试求必需的管道直径。

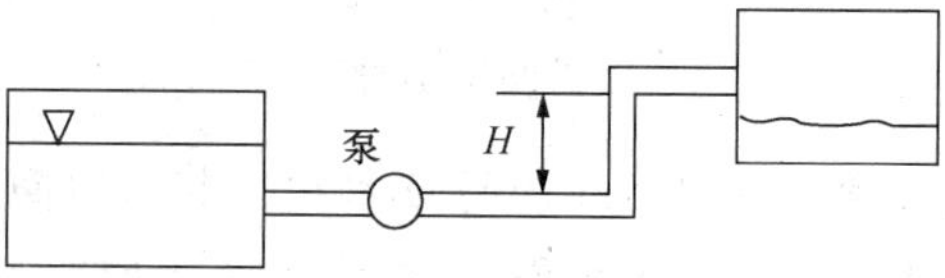

习题 3.8 图

3.9　如附图所示，上下两个贮水池由直径 $d=10cm$，长 $l=50m$ 的铁管连接($\varepsilon=0.046mm$)，已知入口局部损失系数($\zeta_{in}=0.5$)和出口局部损失系数($\zeta_{out}=1.0$)。中间连有球形阀一个(全开时局部损失系数 $\zeta_v=5.7$)，90°弯管两个(每个局部损失系数 $\zeta_b=0.64$)，为保证管中流量 $Q=0.04m^3/s$，求：两贮水池的水位差 $H(m)$，已知水的运动黏性系数为 $v=10^{-6}m^2/s$。

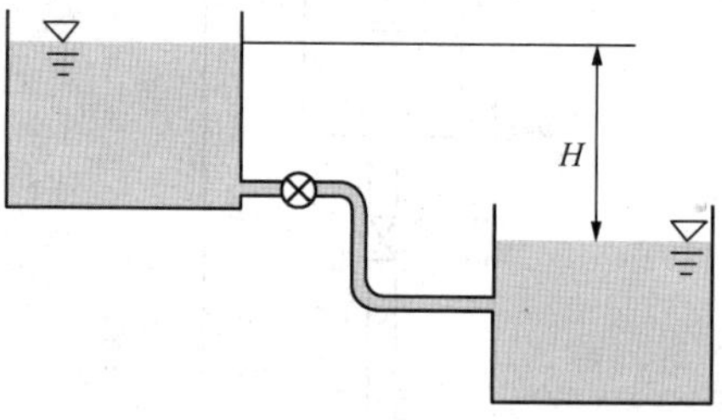

习题 3.9 图

3.10　如附图所示，水从密闭容器中恒定出流，经一变截面管而流入大气中，已知 $H=7m$，$p=0.3at$，$A_1=A_3=50cm^2$，$A_2=100cm^2$，$A_4=25cm^2$，若不计流动损失，试求：

(1) 各截面上的流速，流经管路的体积流量；

(2) 各截面上的总水头。

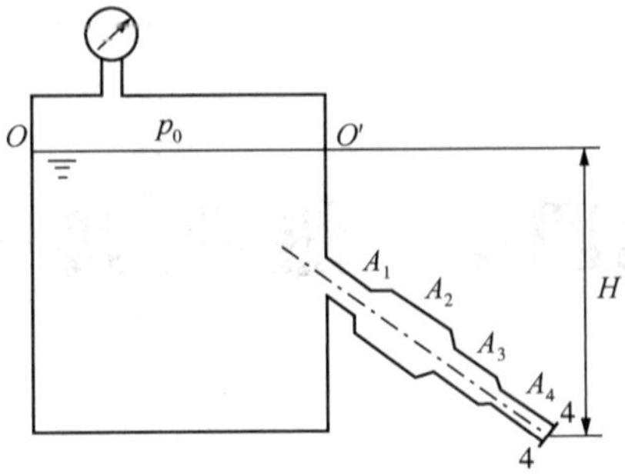

习题3.10图

3.11　边界层厚度是如何定义的？简述影响平壁边界层厚度的因素，并比较下列几组介质沿平壁面流动时哪个边界层厚度较大：

（1）污水和污泥；

（2）水和油；

（3）流速大和流速小的同种流体。

3.12　当逆压梯度相同时，层流边界层和湍流边界层分离点的相对位置如何？请解释其原因。

3.13　不可压缩流体在水平直管中稳态流动，试分析以下情况下，管内压力差如何变化：

（1）管径增加一倍；

（2）流量增加一倍；

（3）管长增加一倍。

3.14　某工厂从水塔向车间供水，水塔水位保持不变。送水管径为100mm，管路总长为100m，水塔水面与送水管出口间的垂直距离为20m，流量为0.01m^3/s。因用水量增加50%，需对管路进行改装。有如下不同建议：

（1）将管路换为内径150mm的管子；

（2）在原管路上并联一长50m、内径为100mm的管子，其一端接到原管线中点；

（3）增加一根与原管子平行的长为100m、内径为50mm的管子；

（4）增加一根与原管子平行的长为100m、内径为100mm的管子；

试对这些建议作出评价，是否可用？（假设在各种情况下摩擦系数变化不大，局部阻力可以忽略）

3.15　某工厂使用皮托管测量管道中空气的流量。管道的直径为200mm，空气的密度为1.2kg/m^3。在管道中心处，皮托管的总压孔测得的压力为1200Pa，静压孔测得的压力为1000Pa。求管道中空气的流量。

3.16　已知某浮子流量计的参数如下：锥形管的最大直径 $D_{max}=50$mm；浮子直径 $D_f=20$mm；浮子密度 $\rho_f=8000$kg/m^3；被测流体为水，密度 $\rho=1000$kg/m^3；浮子在某一位置时，锥形管的直径 $D=30$mm；浮子的高度 $h=10$cm。假设浮子处于平衡状态，试计算：

（1）浮子所受的浮力和重力；

（2）通过浮子流量计的流量 Q。

第四章　热量传递

第一节　概　　述

一、热量传递的基本概念

热量传递，简称传热，是一种物理现象，指的是由于温度差的存在，热量自发地由高温处向低温处传递的过程。它是自然界和日常生活中普遍存在的现象，涉及生产和生活的各个领域，凡是有温差存在的地方，就必然有热量传递。

在生活中，传热的例子很多。例如，冬天用手触摸金属物品时，会感觉比触摸木质物品更凉，这是因为金属的导热性比木头好，手上的热量更快地通过金属传导出去；使用热水壶烧水时，壶底的水受热膨胀变轻而上升，上面较冷的水则下沉，形成对流，使整壶水逐渐被加热；人站在阳光下会感觉到温暖，这是因为太阳通过热辐射将热量传递到地球上。

在环境工程中，也有很多过程涉及加热和冷却，污水厂中对水或污泥进行加热以利于微生物的生长繁殖；对管道及反应器进行保温以减少系统的热量散失；在冷却操作中移出热量，如高温烟气的冷却。总而言之，环境工程中涉及的传热过程主要有两种情况：一是强化传热过程，如各种热交换设备中的传热；二是削弱传热过程，如对设备和管道的保温，以减少热量损失。

二、热量传递的方式

热量传递主要有三种基本方式：热传导、热对流和热辐射。传热可以以其中一种方式进行，也可以同时以两种或者三种方式进行。

1. 热传导

热传导又称导热，是指依靠物质的分子、原子和电子的振动、位移和相互碰撞而产生热量传递的方式，物体各部分之间无宏观运动。导热在气态、液态和固态物质中都可以发生，但热量传递的机理不同。气体热量传递是气体分子作不规则热运动时相互碰撞的结果。固体以两种方式传递热量：晶格振动和自由电子的迁移，在非导电的固体中，主要通过分子、原子在晶体结构平衡位置附近的振动传递能量；对于良好的导电体如金属，自由电子在晶格之间运动，将热量由高温区传向低温区。液体的结构介于气体和固体之间，分子可作幅度不大的位移，热量的传递既依靠分子的振动，又依靠分子间的相互碰撞。但严格而言，只有在固体中才是纯粹的热传导。在流体中，即使流体处于静止状态，也会由于温度梯度所造成的密度差而产生自然对流，因此热对流与热传导往往同时发生。

2. 热对流

热对流又称对流传热，是指流体中质点发生相对位移而引起的热量传递过程，由于流体的宏观运动，冷热流体相互掺混而实现热量传递，仅发生在液体和气体中。根据引起流体质点位移的原因，可将对流传热分为自然对流传热和强制对流传热。自然对流传热是由于流体内部温度的不均匀分布形成密度差，在浮力的作用下流体发生对流而产生的传热过程，如暖气片表面附近空气受热向上流动；强制对流传热是由水泵、风机或其他外力引起流体流动而发生的传热过程。

3. 热辐射

物体通过电磁波传递能量的方式称为辐射，因热的原因而发出辐射能的现象称为热辐射。自然界中各个物体都不停地向空间发出热辐射，同时又不断地吸收其他物体发出的热辐射。热辐射具有以下特点：①由于电磁波的传播无须任何介质，热辐射可以通过真空自由地传播，且热辐射是在真空中唯一的传热方式；②一切温度高于绝对零度的物体均能够持续地发射出辐射能，同时也能持续地吸收来自其他物体的辐射能；③热辐射不仅有能量的传递，而且有能量形式的转换，发射时从热能转换为辐射能，而被吸收时又从辐射能转换为热能。

第二节 热 传 导

一、傅里叶定律

热传导的热量传递规律可以使用傅里叶定律描述，从而确定热传递的速率及系统内的温度分布。

设两块平行的大平板间距为 y，板间置有气态、液态或者固态的静止介质，如图 4.2.1 所示。初始状态下，介质各处的温度为 T_0。当 $t=0$ 时下板的温度突然略微升至 T_1 并始终保持不变。随着时间的推移，介质中的温度分布发生变化，最终得到一线性稳态温度分布。在达到稳态之后，需要一个恒定的热量流量 Q 通过才能维持温度差 $\Delta T=T_1-T_0$ 不变，对于足够小的 ΔT 值存在下列关系

$$\frac{Q}{A}=\lambda\frac{\Delta T}{y} \tag{4.2.1}$$

式中 Q——y 方向上的热量流量，也称为传热速率，W；

A——垂直于热流方向的面积，m^2；

λ——导热系数，W/(m·K)；

$\frac{\Delta T}{y}$——y 方向上的温度梯度，K/m。

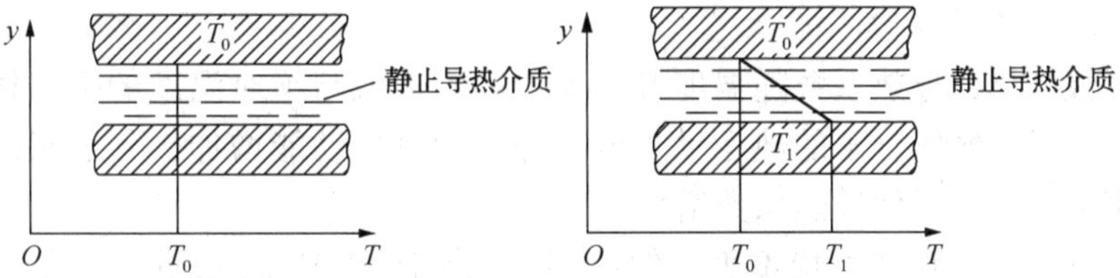

图 4.2.1 静止介质的热传导

也可以将式(4.2.1)改写为微分形式

$$q=\frac{Q}{A}=-\lambda\frac{\mathrm{d}T}{\mathrm{d}y} \tag{4.2.2}$$

式中　q——y 方向上热量通量，即单位时间内通过单位面积传递的热量，又称为热流密度，$\mathrm{W/m^2}$；

$\frac{\mathrm{d}T}{\mathrm{d}y}$——$y$ 方向上的温度梯度，K/m。

上式称为傅里叶定律。该定律表明热量通量与温度梯度成正比，负号表示热量通量方向与温度梯度的方向相反，即热量是沿着温度降低的方向传递的。

傅里叶定律还可以变换成如下形式

$$q=-\frac{\lambda}{\rho c_p}\cdot\frac{\rho c_p \mathrm{d}T}{\mathrm{d}y} \tag{4.2.3}$$

令 $a=\frac{\lambda}{\rho c_p}$，则有

$$q=-a\frac{\mathrm{d}(\rho c_p T)}{\mathrm{d}y} \tag{4.2.4}$$

式中　a——导温系数，或称热量扩散系数，$\mathrm{m^2/s}$；

$\rho c_p T$——热量浓度，$\mathrm{J/m^3}$。

导温系数是物质的性质，反映温度变化在物体中的传播能力。其中，λ 为导热系数，表明物质的导热能力；ρc_p 是单位体积物质温度升高 1℃时所需要的热量，代表物质的蓄热能力。λ 越大或 ρc_p 越小，a 越大，说明物体的某部分一旦获得热量，该热量能在整个物体中很快扩散。

二、导热系数

1. 导热系数的定义

根据式(4.2.2)可得导热系数的定义式，即

$$\lambda=-\frac{q}{\frac{\mathrm{d}T}{\mathrm{d}y}} \tag{4.2.5}$$

由式(4.2.5)可知，导热系数是导热物质在单位面积、单位温度梯度下的导热速率，表明物质导热性的强弱即导热能力的大小。导热系数 λ 是物质的物理性质，与物质的种类、温度和压力有关。不同物质的导热系数差异较大，对于同一种物质，λ 值可能随不同的方向变化，即导热的各向异性；反之，若 λ 与导热方向无关，则称作导热的各向同性。

2. 导热系数的影响因素

(1) 气体的导热系数

对于大多数气体，导热系数随温度升高而增高，近似与绝对温度的平方根成正比。这是因为温度升高时，气体分子的热运动加剧，分子的平均动能增加，分子间的碰撞频率和能量传递效率提高，从而使导热系数增大。

一般情况下，压力对其影响不大，但在高压(高于 200MPa)或低压(低于 2.7kPa)下，气体的导热系数随压力的升高而增大。

不同种类的气体具有不同的导热系数。一般来说，分子量较小的气体导热系数较大。例

如，氢气的导热系数是气体中最大的，约为0.17W/(m·K)，这是因为氢气分子质量小，分子运动速度快，热量传递效率高；而二氧化碳的导热系数约为0.015W/(m·K)，相对较小。

气体的导热系数通常在0.007~0.17W/(m·K)。常见气体在0℃和1atm下的导热系数如下：氢气 0.174W/(m·K)，氦气 0.144W/(m·K)，氧气 0.024W/(m·K)，氮气 0.024W/(m·K)，二氧化碳 0.0146W/(m·K)。

气体的导热系数很小，不利于导热，但利于绝热、保温，了解气体的导热系数有助于选择合适的保温材料。例如，在双层玻璃中间填充导热系数低的气体(如氩气)，可以有效降低热量传递，提高保温性能。工业上常用多孔材料作为保温材料，就是利用空隙中存在的气体使材料的导热系数变小。

(2) 液体的导热系数

液体导热系数随温度的变化较为复杂。对于大多数液体(水、甘油例外)，温度升高时，导热系数会降低。这是因为温度升高使液体分子间的距离增大，分子间作用力减弱，分子的有序程度降低，从而导致热量传递的能力下降。通常以经验公式 $\lambda=a+bT$ 表达除水和甘油外的液体的导热系数。而水和甘油的导热系数随着温度的升高而增大，如图4.4.2所示。

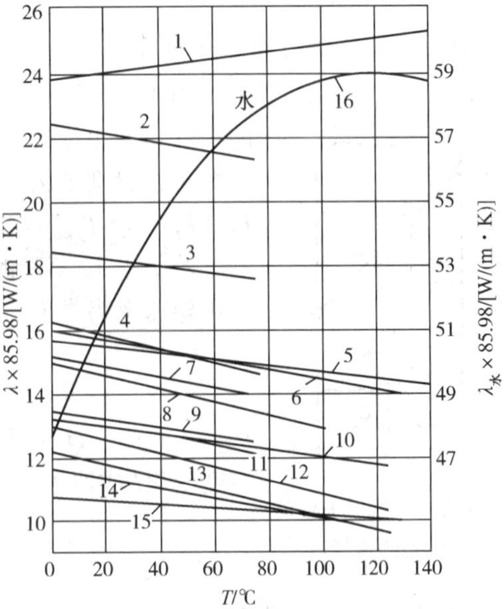

图4.2.2 液体的导热系数

1—无水甘油；2—蚁酸；3—甲醇；4—乙醇；5—蓖麻油；6—苯胺；7—乙酸；8—丙酮；9—丁醇；10—硝基苯；11—异丙苯；12—苯；13—甲苯；14—二甲苯；15—凡士林油；16—水(用右边的坐标)

一般情况下，液体导热系数受压力影响较小。因为液体分子间距离较近，分子间作用力较强，压力变化对分子间能量传递过程的影响相对不显著。但在极高压力下，液体的结构和分子间相互作用会发生变化，导热系数也会随之改变。

不同种类的液体具有不同的导热系数。一般来说，具有较强分子间作用力(如氢键)的液体导热系数相对较高。例如，水的导热系数比许多有机溶剂(如乙醇、丙酮等)高，这是因为水分子之间存在氢键，这种较强的相互作用有利于热量的传递。对于溶液，溶质的种类和浓度也会影响导热系数。例如，在水中加入盐，会改变水的导热系数。

液体的导热系数范围为0.17~0.7W/(m·K)。所有液体中，水的导热系数最高，20℃时为0.6W/(m·K)，因此水是工程上最常用的导热介质。另一方面，水比空气的导热系数大得多，隔热材料受潮后其隔热性能将大幅下降。因此，露天保温管道必须注意防潮。

(3) 固体的导热系数

固体的导热系数影响因素较多。一般来说，金属中自由电子的运动速度很快，因此金属是良好的导热体，而非金属材料的导热系数相对较低。纯金属的导热系数随温度升高而减小；合金却相反，随温度上升而增大。金属的导热系数范围为50~415W/(m·K)，合金的导热系数范围为12~120W/(m·K)。

通常情况下，密度较大的固体，其导热系数相对较大。因为密度大意味着单位体积内的原子或分子数量多，相互作用更强，热量传递更容易。因此，重金属的导热系数一般比轻金属大。例如，铜在100℃时的导热系数约为377W/(m·K)，而铝在300℃时的导热系数约为230W/(m·K)。

晶体的导热系数随温度的升高而减小，非晶体则相反。晶体结构越规整、紧密，导热系数越大。例如，钻石是一种高度有序的固体晶体，在室温下具有较高的导热系数；而无定形固体的晶体导热系数相对较低。

非金属中，石墨的导热系数最高，可达100~200W/(m·K)，高于一般金属；同时，由于其具有耐腐蚀性能，因此石墨是制作耐腐蚀换热器的理想材料。还有一些非金属材料，如石棉、岩棉、聚苯乙烯泡沫等，导热系数很低，是理想的保温隔热材料，用于建筑外墙保温、冷藏设备隔热等。例如，岩棉保温一体板在70℃时导热系数为0.040W/(m·K)。

三、通过平壁的稳定热传导

1. 单层平壁的稳态热传导

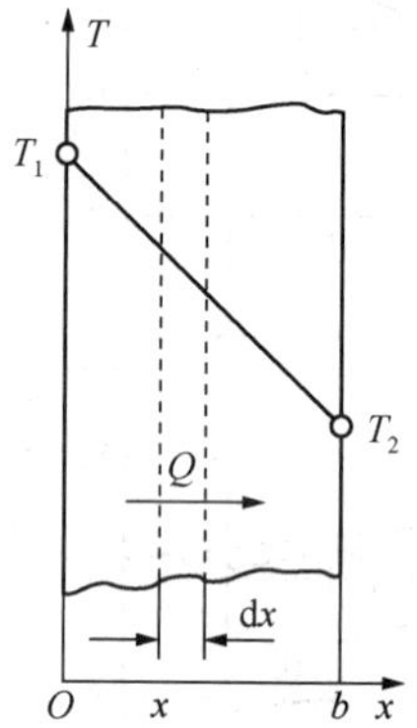

图4.2.3　单层平壁的稳态热传导

图4.2.3所示为无限大平壁，即长和宽的尺寸与厚度相比大得多的平壁。壁边缘处的散热可以忽略，壁内温度只沿垂直于壁面的 x 方向变化，温度场为一维温度场，平壁厚度为 b，壁面两侧温度分别为 T_1、T_2，$T_1>T_2$。

若 T_1、T_2 不随时间变化，则该平壁的热传导为一维稳态热传导，热传导速率为常数，根据傅里叶定律有

$$Q=-\lambda A\frac{dT}{dx} \tag{4.2.6}$$

上式中，Q 为常数；传热面积 A 为常数；若材料的导热系数不随温度变化(或取平均导热系数)，边界条件为

$$\begin{cases}x=0 \text{ 时 } T=T_1\\ x=b \text{ 时 } T=T_2\end{cases}$$

对式(4.2.6)积分得

$$Q=\frac{\lambda}{b}A(T_1-T_2) \tag{4.2.7}$$

则热通量

$$q=\frac{\lambda}{b}(T_1-T_2) \tag{4.2.8}$$

令 $R=\frac{b}{\lambda A}$，将其定义为导热热阻，单位为K/W；令 $r=\frac{b}{\lambda}$，将其定义为单位传热面积的导热热阻，单位为 m^2·K/W。令温度差 $\Delta T=T_1-T_2$，则有

$$Q=\frac{(T_1-T_2)}{R}=\frac{\Delta T}{R} \tag{4.2.9}$$

$$q=\frac{Q}{A}=\frac{\Delta T}{r} \tag{4.2.10}$$

式(4.2.9)和式(4.2.10)为单层平壁稳态热传导速率方程。该方程表明，传导距离越大，传热壁面和导热系数越小，则导热热阻越大。方程中的温度差 ΔT 为传热的推动力。

【**例题 4.2.1**】 某平壁厚度 b 为 400mm，内表面温度 $T_1=950℃$，外表面温度 $T_2=300℃$，导热系数 $\lambda=1+0.001T$，λ 的单位为 W/(m·K)，T 的单位为℃。若将导热系数分别按常量(取平均导热系数)和变量计算，试求导热热通量和平壁内的温度分布。

解：(1)导热系数按平壁的平均温度计算

λ 取为常数

$$T_m=\frac{T_1+T_2}{2}=\frac{950+300}{2}=625℃$$

$$\lambda_m=1.0+0.001\times625=1.625\text{W/(m·K)}$$

$$q=\lambda_m\frac{T_1-T_2}{b}=1.625\times\frac{950-300}{0.4}\approx2641\text{W/m}^2$$

以 x 表示沿壁厚方向上的距离，在 x 处等温面上的温度为

$$T=T_1-\frac{q}{\lambda_m}x=950-\frac{2641}{1.625}x=950-1625x$$

即温度分布为直线关系。

(2) 导热系数取为变量

$$q=-\lambda\frac{dT}{dx}=-(1.0+0.001T)\frac{dT}{dx}$$

分离变量并积分

$$\int_{T_1}^{T_2}(1.0+0.001T)\,dT=-\int_0^b q\,dx$$

对于平壁上的稳态一维热传导，热量通量不变。因此

$$(T_1-T_2)+\frac{0.001}{2}(T_1^2-T_2^2)=qb$$

$$q=\frac{1}{b}\left[(T_1-T_2)+\frac{0.001}{2}(T_1^2-T_2^2)\right]$$

$$=\frac{1}{0.4}\left[(950-300)+\frac{0.001}{2}(950^2-300^2)\right]$$

$$\approx2641\text{W/m}^2$$

在 x 处

$$(T_1-T)+\frac{0.001}{2}(T_1^2-T^2)=qx$$

将 $T_1=950$ 代入，得

$$(950-T)+\frac{0.001}{2}(950^2-T^2)=2641x$$

整理，得

$$\frac{0.001}{2}T^2+T-1401.25+2641x=0$$

此时温度分布为曲线。

由【例题 4.2.1】的计算结果可以看出，将导热系数按常量和变量计算时，所得的热量通量相同，而温度分布不同。因此，在工程上计算热通量时，取平均温度下的导热系数并将它作为常数处理是可行的。

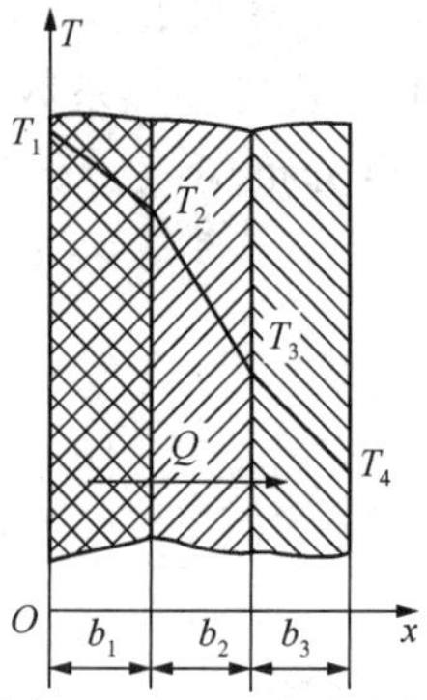

图 4.2.4　三层平壁的稳态热传导

2. 多层平壁的热传导

多层平壁热传导是指热量依次通过由不同材料组成的多层平面壁的过程。工程上常遇到由多层不同材料组成的平壁，如锅炉墙壁由耐火砖、绝热砖、普通砖组成；现代节能建筑的外墙通常会采用多层结构实现保温隔热，最内层是结构墙体，中间层是保温材料，外层是装饰性材料。

图 4.2.4 为三层平壁的稳态热传导示意图，壁面面积为 A，各层的壁厚分别为 b_1、b_2、b_3，导热系数分别为 λ_1、λ_2、λ_3。假设层与层之间接触良好，相接触的两表面温度相同，各表面的温度分别为 T_1、T_2、T_3、T_4，且 $T_1>T_2>T_3>T_4$，各层的温差分别为 ΔT_1、ΔT_2、ΔT_3。

由于在稳态热传导中，通过各层的热量流量相等，故有

$$Q=\lambda_1 A\frac{(T_1-T_2)}{b_1}=\frac{\Delta T_1}{R_1}$$

$$Q=\lambda_2 A\frac{(T_2-T_3)}{b_2}=\frac{\Delta T_2}{R_2}$$

$$Q=\lambda_3 A\frac{(T_3-T_4)}{b_3}=\frac{\Delta T_3}{R_3}$$

式中　R_1、R_2、R_3——各层的热阻。

因此可得：$\Delta T_1=QR_1$，$\Delta T_2=QR_2$，$\Delta T_3=QR_3$

将以上三个式子相加，并整理得

$$Q=\frac{\Delta T_1+\Delta T_2+\Delta T_3}{R_1+R_2+R_3}=\frac{T_1-T_4}{\dfrac{b_1}{\lambda_1 A}+\dfrac{b_2}{\lambda_2 A}+\dfrac{b_3}{\lambda_3 A}} \tag{4.2.11}$$

推广到 n 层平壁，有

$$Q=\frac{T_1-T_{n+1}}{\sum\limits_{i=1}^{n}R_i}=\frac{T_1-T_{n+1}}{\sum\limits_{i=1}^{n}\dfrac{b_i}{\lambda_i A}} \tag{4.2.12}$$

由此可得，多层平壁传热过程的推动力(总温度差)等于各层推动力(各层温度差)之和，总热阻等于各层热阻之和。该结论称为串联热阻叠加原则，在传热过程的分析和计算中是非常重要的原则。

在上述分析中，假定层与层之间完全接触，两个接触面具有相同的温度。但是实际上由于物体表面都具有一定的粗糙度，层与层之间接触不是理想的完全接触，只能是有限点的接触，在平壁与平壁之间有空气存在，如图 4.2.5 所示，从而形成了附加的热阻，称为接触热阻。由于空气的导热系数很小，因此两个接触面的温度将不再相等。若以 r_0 表示单位面积传热面的接触热阻，则通过两层平壁的热量通量为

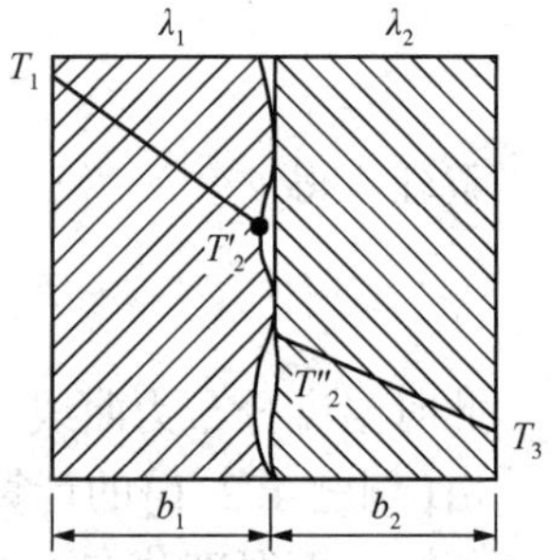

图 4.2.5　平壁间的接触热阻

$$q=\frac{T_1-T_3}{\frac{b_1}{\lambda_1}+r_0+\frac{b_2}{\lambda_2}} \tag{4.2.13}$$

r_0 与接触面的材料、接触界面的粗糙度、接触面的压紧力和空隙中的气压等有关。

【例题 4.2.2】 某平壁炉的炉壁由三种材料组成，分别为耐火砖 $\lambda_1=1.4\text{W/(m}\cdot\text{K)}$，$b_1=225\text{mm}$；保温砖 $\lambda_2=0.15\text{W/(m}\cdot\text{K)}$，$b_2=115\text{mm}$；建筑砖 $\lambda_3=0.8\text{W/(m}\cdot\text{K)}$，$b_3=225\text{mm}$。测得炉内壁温度为930℃，外壁温度为55℃，求单位面积炉壁的热损失及各层间界面上的温度。

解：设耐火砖和保温砖界面温度为 T_2，保温砖与建筑砖界面温度为 T_3。已知 $T_1=930℃$，$T_4=55℃$，则单位面积炉壁的热损失为

$$q=\frac{T_1-T_4}{\frac{b_1}{\lambda_1}+\frac{b_2}{\lambda_2}+\frac{b_3}{\lambda_3}}=\frac{930-55}{\frac{0.225}{1.4}+\frac{0.115}{0.15}+\frac{0.225}{0.8}}=\frac{875}{0.161+0.767+0.281}\approx 724\text{W/m}^2$$

对于稳态导热，有

$$\Delta T_1=qr_1=724\times0.161=117℃$$
$$T_2=T_1-\Delta T_1=(930-117)=813℃$$
$$\Delta T_2=qr_2=724\times0.767=555℃$$
$$T_3=T_2-\Delta T_2=(813-555)=258℃$$
$$\Delta T_3=qr_3=724\times0.281=203℃$$

可见，热阻越大，通过该层的温度差也越大。

四、通过圆管壁的稳定热传导

工程中常用管道输送热水、蒸汽等，流体通过管壁的散热即属于圆管壁热传导问题，它与平壁热传导不同之处在于圆管壁的传热面积随半径发生变化。

设圆管壁的内外半径分别为 r_1、r_2，长度为 L。内外表面的温度分别维持恒定温度 T_1、T_2，且 $T_1>T_2$，如图 4.2.6 所示。如果圆管壁很长，沿轴向散热可以忽略不计，温度仅沿半径方向变化。采用圆柱坐标时，即为一维稳态热传导。

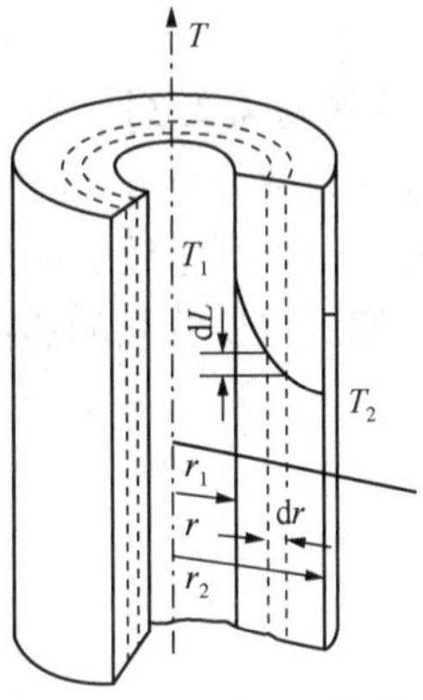

图 4.2.6 圆筒壁的热传导

对于半径为 r 的等温圆柱面，根据傅里叶定律，有

$$Q=-\lambda A\frac{\mathrm{d}T}{\mathrm{d}r}=-\lambda(2\pi rL)\frac{\mathrm{d}T}{\mathrm{d}r}$$

稳态导热时，径向的 Q 为常数，将上式分离变量并积分

$$Q\int_{r_1}^{r_2}\frac{\mathrm{d}r}{r}=-2\pi\lambda L\int_{T_1}^{T_2}dT$$

$$Q=2\pi\lambda L\frac{T_1-T_2}{\ln\frac{r_2}{r_1}}=\frac{T_1-T_2}{R} \tag{4.2.14}$$

式中 $R=\dfrac{\ln\dfrac{r_2}{r_1}}{2\pi\lambda L}$，为圆管壁的导热热阻，单位为 K/W。

令圆管壁厚 $b=r_2-r_1$，圆管的对数平均半径为 $r_m=\dfrac{r_2-r_1}{\ln\dfrac{r_2}{r_1}}$，对数平均面积为 $A_m=\dfrac{A_2-A_1}{\ln\dfrac{A_2}{A_1}}$，且有 $A_m=2\pi r_m L$，则圆管壁的导热热阻又可写成

$$R=\frac{b}{\lambda A_m}$$

则式(4.2.14)可以写成

$$Q=\frac{T_1-T_2}{\dfrac{b}{\lambda A_m}} \tag{4.2.15}$$

式(4.2.14)和式(4.2.15)都是单层圆管壁稳态热传导的速率方程，与单层平壁热传导速率方程具有类似的形式。

当$(r_2/r_1)\leqslant 2$时，可以用算术平均值代替对数平均值，简化计算。

对于 n 层圆管壁的热传导，假设层与层之间接触良好，根据串联热阻叠加原则，有

$$Q=\frac{T_1-T_{n+1}}{\sum_{i=1}^{n} R_i}=\frac{T_1-T_{n+1}}{\sum_{i=1}^{n}\dfrac{b_i}{\lambda_i A_{mi}}} \tag{4.2.16}$$

【例题 4.2.3】 外径为 426mm 的蒸汽管道外包装厚度为 426mm 的保温材料，保温材料的导热系数为 0.615W/(m·K)。若蒸汽管道外表面温度为 177℃，保温层的外表面温度为 38℃，试求每米管长的热损失和保温层中的温度分布。

解：单位管长的热损失为

$$\frac{Q}{L}=2\pi\lambda\frac{T_1-T_2}{\ln\dfrac{r_2}{r_1}}=\frac{177-38}{\ln\dfrac{\dfrac{0.426}{2}+0.426}{\dfrac{0.426}{2}}}=489\text{W/m}$$

设保温层内半径为 r 处的温度为 T，代入热传导速率方程中，得

$$2\pi\times0.615\times\frac{177-\mathrm{T}}{\ln\dfrac{r}{\dfrac{0.426}{2}}}=489$$

$$T=-18.7-126.6\ln r$$

可见，保温层内的温度分布为曲线。

第三节 对流传热

对流传热是指流体中质点发生相对位移而引起的热量传递过程。对流传热仅发生在流体中，当流体沿固体壁面流动时，若流体温度和壁面温度不一致，就会发生对流传热。

对流与热传导的区别就在于是否有流体质点的相对位移，而质点的位移将使对流传热速率加快。例如，搅拌杯中的热水，通过搅动产生的流体流动能够显著加速其冷却过程。在冬季，人站在风中相较站在避风之处，会明显感到更加寒冷，这是因为风——空气的流动——增强了人体表面与周围冷空气之间的热交换。而在高温的夏季，开启电扇所带来的空气流动则加速了人体表面汗液的蒸发，从而加快了热量的散发，使人感觉凉爽，并且电扇的风速越大，这种凉爽感就越明显。这些日常生活中的现象证明，流体流动对于促进传热过程具有至关重要的作用。因此，在工程实践中，为了强化传热效果，常常使流体保持流动状态，以更有效地进行热量的传递与交换。

一、对流传热的机理分析

温度为 T_0 的冷流体沿温度为 T_w 的热壁面流动，由于两者之间存在温差，壁面将向流体传递热量。当流体流过壁面时，由于流体黏性的作用在壁面附近形成流动边界层，正是流体流动边界层的存在决定了流体与壁面间的对流传热机理。

在层流情况下，流体层与层之间无流体质点的宏观运动，热量的传递在垂直于流动方向上通过导热进行。但在传热过程中因流体的流动增大了温度梯度使得壁面处的热通量比静止时大，说明层流流动可使传热增强，但传热过程仅为导热。

在湍流边界层内，存在层流底层、缓冲层和湍流中心三个区域，流体处于不同的流动状态。流体的流动状态影响热量的传热传递及壁面附近的温度变化，使得壁面附近形成如图 4.3.1 所示的温度分布曲线。在靠近壁面的层流底层中，流体分层运动，相邻层间没有流体的宏观运动。在垂直于流动方向上不存在热对流，该方向上的热传递仅为流体的热传导。该层中温度差较大，即温度梯度较大，符合傅里叶定律，温度分布几乎为直线。在湍流中心，与流动垂直方向上存在质点的强烈运动，热量传递主要依靠热对流，导热所起的作用很小，因此温度梯度较小，温度分布曲线趋于平坦。在缓冲层中，流体在垂直于流动方向上的运动较弱，热对流与热传导的作用大致相同，在该层内温度发生较缓慢的变化，由于对流传热的作用，温度梯度较层流底层小。可见湍流流动中存在的流体质点的随机脉动促使流体在垂直于流动方向上掺混，导致传热过程被大幅强化。从以上分析可知，对流传热是集对流和热传导于一体的综合现象。对流传热的热阻主要集中在层流内层，减薄层流内层的厚度是强化对流传热的主要途径。

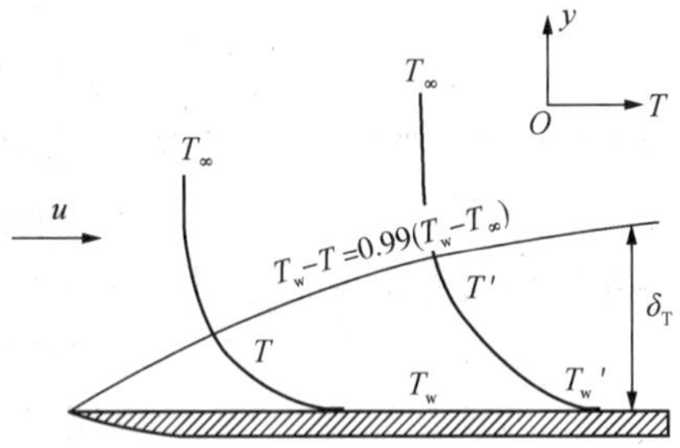

图 4.3.1 固体壁面附近的温度分布

二、传热边界层

传热边界层，也称作温度边界层，是指壁面附近因换热而使流体温度发生了变化的区域。规定 $T_w - T = 0.99(T_w - T_\infty)$ 处为传热边界层的界限，传热边界层的厚度常用 δ_T 表示。

三、壁面和流体间的对流传热速率

1. 对流传热速率表达式

根据传递过程速率的普遍关系，壁面和流体间的对流传热速率可表示为

$$对流传热速率=\frac{对流传热推动力}{对流传热阻力}$$

其中对流传热的推动力是壁面和流体间的温度差，对流传热的阻力的影响因素很多，但与壁面的表面积成反比。如果用 T 表示热流体温度，T_w 表示与流体相接触的壁面的温度，α 表示局部对流传热系数，A 为传热面的面积，则对流传热速率方程可以表示为

$$dQ = \frac{T - T_w}{\dfrac{1}{\alpha dA}} = \alpha(T - T_w)dA \tag{4.3.1}$$

该方程也称作牛顿冷却定律。在换热器中，局部对流传热系数 α 随管长而变化，但在工程计算中，常使用平均对流传热系数，此时牛顿冷却定律可以表示为

$$Q = \alpha A \Delta T \tag{4.3.2}$$

其中，$\Delta T = T - T_w$。

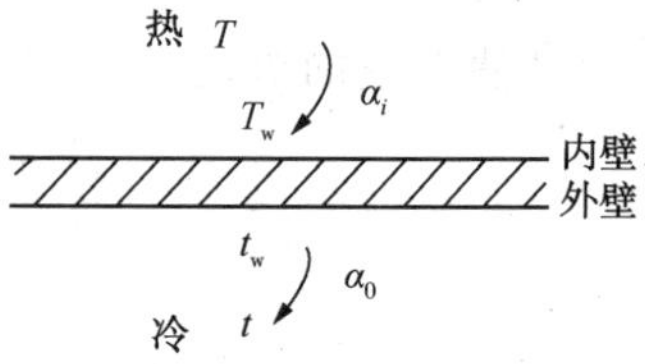

图 4.3.2　换热器的两个传热面

对于实际的换热器，由于都是管道，因此存在两个传热面，即内侧和外侧，如图 4.3.2 所示。如果管道内为热流体，管道外为冷流体，整个传热过程是由内侧的热流体将热量通过对流传热的方式传递给内壁面，内壁面通过导热的方式将热量传递给外壁面，外壁面再将热量通过对流传热的方式传递给冷流体。若热流体和冷流体的温度分别为 T 和 t，内壁面和外壁面的温度分别为 T_w 和 t_w，管道内侧和管道外侧的对流传热系数分别为 α_i 和 α_o，内侧和外侧的面积分别为 A_i 和 A_o，则传热速率方程分别为

$$管道内侧\quad Q = \alpha_i A_i (T - T_w)$$

$$管道外侧\quad Q = \alpha_o A_o (t_w - t)$$

由于流体温度沿传热面方向在不断变化，因此对流传热系数和壁温也在不断变化。为计算方便，上式中的 T、T_w、t_w、t、α_i、α_o 均取平均值。

2. 对流传热系数

根据牛顿冷却定律，对流传热系数 α 可定义为：$\alpha = \dfrac{Q}{A\Delta T}$，单位为 W/(m^2 · K)。它表示单位温度差下，单位传热面积上的对流传热速率。该参数反映了对流传热的快慢，对流传热系数大，则传热快。

对流传热系数 α 不是物性参数，与很多因素有关，其大小取决于流体物性、壁面情况、流动原因、流动状况、流体是否有相变等。表 4.3.1 为不同换热方式下对流传热系数的范围。

表 4.3.1　不同换热方式下对流传热系数的范围

换热方式	对流传热系数	换热方式	对流传热系数
空气自然对流	5~25	水蒸气冷凝	5000~15000
气体强制对流	20~100	有机蒸气冷凝	500~2000
水自然对流	200~1000	水沸腾	2500~25000
水强制对流	1000~15000		

四、对流传热系数的经验式

1. 影响对流传热系数的因素

影响对流传热系数的因素很多，包括流体的流动状态、流体流动的原因、流体的种类和性质、传热表面的形状、位置及大小以及流体有无相变化等。

(1) 流体的流动状态

流速的影响。流速是影响对流传热系数极为显著的因素之一。流速增加，流体的湍流程度增强。在湍流状态下，流体内部的质点强烈混合，热量传递主要依靠对流作用，热阻减小，对流传热系数增大。在管壳式换热器中，提高管内流体的流速，可以显著提高对流传热系数。

流动型态(层流和湍流)的影响。层流时，流体分层流动，热量传递主要依靠分子扩散，传热效率较低。而湍流时，由于流体质点的剧烈混合，使得热量能够快速传递。

(2) 流体的流动原因

自然对流。固体壁面与静止流体之间由于流体内部存在温差造成密度差，由此产生升浮力使流体流动。例如，在一个加热的垂直平板附近，靠近平板的流体被加热，温度升高，密度减小。周围较冷的、密度较大的流体在重力作用下会向下运动，而被加热的较轻的流体则向上运动，形成自然对流。自然对流的流速相对较低，一般处于层流状态。其流动比较缓慢，所以对流传热系数通常比强制对流小。

强制对流。强制对流是通过外部动力(如泵、风机等)使流体产生流动。这种方式可以使流体的流速远远高于自然对流。强制对流的流速可以根据需要进行调节，其流动状态可以是层流也可以是湍流。在湍流状态下，流体内部的质点强烈混合，对流传热系数比自然对流大得多。

(3) 流体的种类和性质

流体的 c_p、λ、ρ、μ 对传热系数都有影响。

比定压热容(c_p)是单位质量的物质升高单位温度所吸收的热量。流体比热容越大，在相同的温度差下能够吸收或放出更多的热量，使得对流传热过程更容易进行。例如，水的比热容较大，在热交换设备中，用水作为冷却介质时，能带走较多的热量，有利于对流传热。

导热系数(λ)反映了物质传导热量的能力。导热系数越高的流体，热量在流体内部传递得越快。例如，金属液体的导热系数比气体高很多，在对流传热过程中，热量能更快地从流体的高温部分传递到低温部分，进而增强对流传热效果。

密度(ρ)与流体的质量有关。密度大的流体，单位体积内的质量大，在流动过程中携带的热量也多。而且在自然对流情况下，密度差是产生对流的动力因素之一。例如，热空气上升、冷空气下降就是因为热空气密度小，冷空气密度大而产生的自然对流现象。

黏度(μ)体现了流体流动的难易程度。黏度大的流体，流动性差，在壁面附近形成的边界层较厚。边界层是流体与壁面之间热量传递的主要阻力区域，较厚的边界层会阻碍热量传递，导致对流传热系数降低。例如，油的黏度比水大，在相同条件下，油的对流传热系数比水小。

(4) 传热表面的形状、位置及大小

不同形状的传热面，如圆管、套管、翅片管、螺纹管等，会影响流体的流动状态和边界层的形成。对于列管式换热器，管束的排列方式会影响流体在管束间的流动路径和扰动程度，进而影响对流传热系数。

传热面的位置不同，流体的流动情况也会不同。例如，在自然对流中，如果传热面是垂直放置的，流体在重力作用下沿着传热面上升或下降，形成自然对流；而如果传热面是水平放置的，流体在重力作用下垂直于传热面上升或下降，形成自然对流。对于加热板，自然对流发生在板上部；对于冷却板，自然对流发生在板下部。

传热面的尺寸也很重要。以圆管为例，管径越小，流体在管内的流速分布越均匀，边界层相对较薄，对流传热系数越大。对于大尺寸的传热面，可能会出现局部传热不均匀的情况。

(5) 流体相变化的影响

流体有相变，如液体蒸发为蒸气，或蒸气冷凝为液体，则影响对流传热系数 α 的因素更为复杂。当液体在传热表面发生沸腾时，会产生大量的气泡，这些气泡在形成、长大和脱离的过程中，会强烈地扰动液体，使对流传热系数显著增大。在蒸气冷凝过程中，蒸气在冷壁面上凝结成液体，释放出汽化潜热，同时冷凝液的流动状态也会影响对流传热系数。

从上述分析中可以看出，对流传热系数的影响因素很多，包括：换热面的特征尺寸 L、流体流动速度 u、流体的密度 ρ、黏度 μ、比定压热容 c_p、导热系数 λ、体积膨胀系数 β、重力加速度 g、温度差 Δt，$\rho g\beta\Delta t$ 被称作升浮力。因此，可将传热系数表示为

$$\alpha = f(L,\ u,\ \rho,\ \mu,\ c_p,\ \lambda,\ \beta,\ g,\ \Delta t\cdots)$$

由于影响因素很多，传热系数很难用解析的方法求解，只能采用经验的方法解决，即采用量纲分析法，可以得到各物理量之间的关系。

2. 各准数的名称、符号及意义

① 雷诺准数(Reynolds)——Re：流动类型准数

$$Re = \frac{Lu\rho}{\mu} = \frac{\rho u^2}{\mu \dfrac{u}{L}} = \frac{\text{惯性力}}{\text{黏性力}} \tag{4.3.3}$$

② 努塞尔特准数(Nusselt)——Nu：传热准数

$$Nu = \frac{\alpha L}{\lambda} = \frac{\alpha}{\dfrac{\lambda}{L}} = \frac{\dfrac{L}{\lambda}}{\dfrac{1}{\alpha}} = \frac{\text{导热热阻}}{\text{对流热阻}} \tag{4.3.4}$$

③ 普朗特准数(Prandtl)——Pr：物性准数

$$Pr = \frac{c_p \mu}{\lambda} \tag{4.3.5}$$

④ 格拉晓夫准数(Grashof)——Gr：自然对流准数

$$Gr=\frac{\beta g\Delta t\rho^2 L^3}{\mu^2}=\frac{\beta g\Delta t L^3}{\left(\frac{\mu}{\rho}\right)^2}=\frac{浮升力}{黏性力} \tag{4.3.6}$$

将以上准数组合成如下关系：

$$Nu=ARe^{a}Pr^{b}Gr^{c} \tag{4.3.7}$$

通过实验确定常数A、指数a、b、c以求得α。使用式(4.3.7)时应注意：各参数的应用范围，特别是Re、Pr的使用范围；特性尺寸的确定，Re、Nu、Gr中的L为几何尺寸，在不同的α计算中，L选用不同；定性温度的确定，即各准数中的ρ、μ、c_p、λ等查取的温度。

3. 对流传热系数关联式

(1) 流体在管内做强制对流

流体在圆管内做强制对流时的传热系数经验式为

$$Nu=0.023\cdot Re^{0.8}Pr^{n} \tag{4.3.8a}$$

$$\alpha=0.023\cdot\frac{\lambda}{L}Re^{0.8}Pr^{n} \tag{4.3.8b}$$

① 适用条件：

湍流，即$Re>10^4$；$Pr=0.7\sim120$；长管，管长与管径之比$l/d_i>50$；低黏度流体，即$\mu/\mu_{水}<2$。

② 特性尺寸：

对于流体在管内的强制对流，$L=d_i$，d_i为管内径，则有

$$\alpha=0.023\cdot\frac{\lambda}{d_i}Re^{0.8}Pr^{n} \tag{4.3.8c}$$

式中$Re=\frac{d_i u\rho}{\mu}$。

③ 定性温度：

取流体进出口温度的算数平均值，即$t_m=(t_{进}+t_{出})/2$，根据此温度查流体的物性参数。

④ 参数n：

不管是液体、气体，被加热时，$n=0.4$；被冷却时，$n=0.3$。

⑤ 公式的修正：

a. 对于高黏度流体($\mu>2\mu_{H_2O}$)

$$\alpha=0.027\cdot\frac{\lambda}{d_i}Re^{0.8}Pr^{0.33}\left(\frac{\mu}{\mu_w}\right)^{0.14} \tag{4.3.9}$$

其中μ_w取壁温下的黏度。

对于液体，被加热$\left(\frac{\mu}{\mu_w}\right)^{0.14}=1.05$；被冷却$\left(\frac{\mu}{\mu_w}\right)^{0.14}=0.95$。

对于气体，不管加热还是冷却，$\left(\frac{\mu}{\mu_w}\right)^{0.14}=1$。

b. 对于过渡流(2300<Re<10000)

$$\alpha'=\alpha\left(1-\frac{6\times10^5}{Re^{1.8}}\right) \tag{4.3.10}$$

c. 对于短管$\left(\frac{l}{d_i}<50\right)$

$$\alpha' = \alpha\left[1+\left(\frac{l}{d_i}\right)^{0.7}\right] \tag{4.3.11}$$

d. 对于弯管

$$\alpha' = \alpha\left(1+1.77\frac{d_i}{R}\right) \tag{4.3.12}$$

式中 R 为弯管的曲率半径。

e. 对非圆管(特性尺寸用当量直径 d_e)

$$d_e = \frac{4\times\text{流通截面积}}{\text{润湿周边}}$$

$$\alpha = 0.023\cdot\frac{\lambda}{d_e}Re^{0.8}Pr^n$$

$$Re = \frac{d_e u\rho}{\mu}$$

⑥ 公式的讨论：

对管内的湍流，有

$$\alpha = 0.023\cdot\frac{\lambda}{d_i}Re^{0.8}Pr^n = 0.023\frac{\lambda}{d_i}\left(\frac{du\rho}{\mu}\right)^{0.8}\left(\frac{c_p\mu}{\lambda}\right)^n = 0.023\lambda\left(\frac{\rho}{\mu}\right)^{0.8}\left(\frac{c_p\mu}{\lambda}\right)^n\frac{u^{0.8}}{d_i^{0.2}}$$

当物性固定时，$\alpha = B\frac{u^{0.8}}{d_i^{0.2}}$

其中，$B = 0.023\lambda\left(\frac{\rho}{\mu}\right)^{0.8}\left(\frac{c_p\mu}{\lambda}\right)^n$

因此，增大流速或减小管径都可以使 α 增大，这两种方法的实质都是减薄层流内层的厚度，减小热阻，从而增大 α。

(2) 圆形直管内的强制层流

流体在圆形直管内做强制层流时的传热系数经验式为

$$\alpha = 1.86\cdot\frac{\lambda}{L}Re^{\frac{1}{3}}\mathrm{Pr}^{\frac{1}{3}}\left(\frac{d_i}{L}\right)^{\frac{1}{3}}\left(\frac{\mu}{\mu_w}\right)^{0.14} \tag{4.3.13}$$

μ_w 取壁温下黏度。

式(4.3.13)的适用条件为：层流，即 $Re<2300$，$Pr=0.6\sim6700$，$(Re\cdot Pr\cdot d_i/L)>100$；特性尺寸 L 取管内径 d_i；定性温度取流体进出口温度的算数平均值。

【例题 4.3.1】 常压下空气在内径为 25mm 的管中流动，温度由 160℃升高到 240℃，平均流速为 15m/s。试求：

(1) 空气与管壁之间的对流传热系数；

(2) 若流速增大为 25m/s，则结果如何？

解： 定性温度为 (160 + 240)/2 = 200℃，则常压和 200℃下空气的物性参数为 $\lambda=0.03928\text{W/(m}\cdot\text{K)}$，$\mu=2.6\times10^{-5}\text{Pa}\cdot\text{s}$，$\rho=0.746\text{kg/m}^3$，$c_p=1.026\text{kJ/(kg}\cdot\text{K)}$。

(1)空气平均流速为 15m/s 时，有

$$Re = \frac{d_i u\rho}{\mu} = \frac{0.025\times15\times0.746}{2.6\times10^{-5}} = 1.08\times10^4 \quad (\text{湍流})$$

$$Pr=\frac{\mu c_p}{\lambda}=\frac{2.6\times10^{-5}\times1.026\times10^3}{0.03928}=0.679$$

故

$$\alpha=0.023\cdot\frac{\lambda}{d_i}Re^{0.8}Pr^{0.4}=0.023\times\frac{0.03928}{0.025}(1.08\times10^4)^{0.8}\times0.679^{0.4}\approx52.2\text{W}/(\text{m}^2\cdot\text{K})$$

（2）空气平均流速为 25m/s 时，Pr 不变，则

$$Re=\frac{0.025\times25\times0.746}{2.6\times10^{-5}}\approx1.79\times10^4 \quad (\text{仍为湍流})$$

$$\alpha=0.023\times\frac{0.03928}{0.025}(1.79\times10^4)^{0.8}0.679^{0.4}\approx78.3\text{W}/(\text{m}^2\cdot\text{K})$$

由计算结果可知，随着流速的增加，对流传热系数增大。

（2）流体在管外做强制对流

流体在管外流动是指流体在管束外部垂直于管束方向流动，或者在列管换热器中，流体在管道之间穿行而过。通常会在列管换热器管间设置折流挡板用来改变流体的流动方向，增加流体的湍流程度(如图 4.3.3 所示)。在列管式换热器中，当壳程流体垂直于管束流动时，在挡板的作用下，流体会不断地改变方向，产生强烈的湍流。湍流状态下，流体内部质点的混合程度加剧，这有助于减小热阻。折流挡板还起到支撑管束的作用，防止管束在流体流动过程中因受到流体的冲击力或者自身的重量而发生振动、变形甚至损坏。特别是对于长的管束或者在较高流速的流体作用下，管束的稳定性尤为重要。

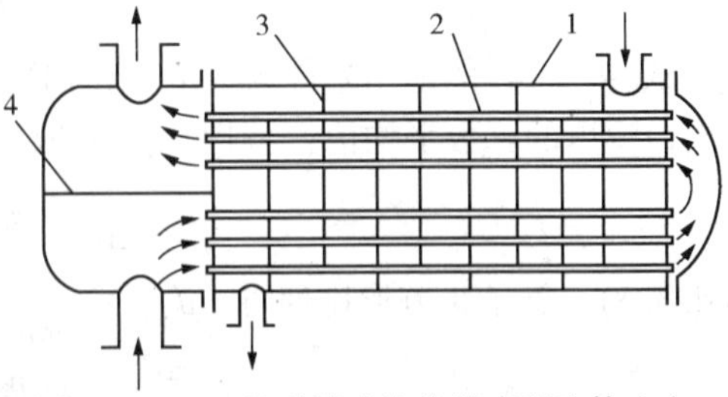

图 4.3.3　双程列管式换热器壳程流体走向

1—壳体；2—管束；3—折流挡板；4—隔板

折流挡板有三种类型：圆缺形、弓形和环盘形，如图 4.3.4 所示。

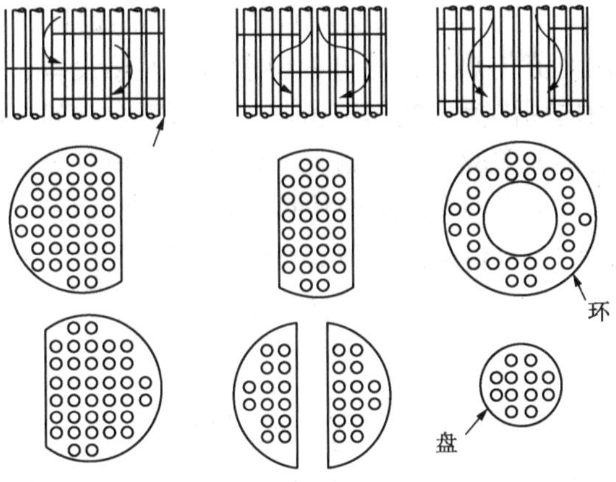

图 4.3.4　换热器的折流挡板

圆缺形折流挡板是最常见的一种折流挡板类型。它的形状为一个圆切掉 1/4，使流体在壳程内呈近似垂直于管束的流动方式。圆缺形折流挡板的优点是结构简单、制造方便，并

且能够有效地改变流体的流动方向，产生良好的湍流效果。但是，它也存在一定的缺点，例如，在挡板与壳体之间、挡板与管束之间容易形成死区，流体在这些区域的流动速度很低，甚至会出现局部的滞留现象，导致结垢和腐蚀等问题，影响换热器的性能。

弓形折流挡板是在圆缺形折流挡板的基础上改进而来的。它有两个弓形部分，使得流体在壳程内的流动路径更加复杂。这种类型的挡板可以在一定程度上减少死区的面积，提高壳程流体的有效利用率。同时，弓形折流挡板还能在保持较好的传热效果的基础上，降低流体的压降。圆缺形折流挡板由于频繁地改变流体方向，会导致流体的压降较大，而弓形折流挡板相对缓和了流体的流动变化，从而减小了压降。

环盘形折流挡板由交替排列的圆盘和环形部分组成。圆盘和环形部分分别引导流体在不同的区域流动，使得流体的流动路径更加多样化。环盘形折流挡板可以有效地减少壳程流体的旁路流，提高传热效率。

流体在管外做强制对流时的传热系数经验式为

$$\alpha = 0.36 \cdot \frac{\lambda}{L} Re^{0.55} Pr^{\frac{1}{3}} \left(\frac{\mu}{\mu_w}\right)^{0.14} \tag{4.3.14}$$

式(4.3.14)的适用条件为：$Re = 2\times10^3 \sim 1\times10^6$，适用于25%圆缺形挡板；定性温度取流体进出口温度的算数平均值；特性尺寸 L 取当量直径 d_e。当量直径和管子的排列形式有关(如图4.3.5)，管子正方形排列时，$d_e = \dfrac{4\left(t^2 - \dfrac{\pi}{4}d_0^2\right)}{\pi d_0}$；管子正三角形排列时，$d_e = \dfrac{4\left(\dfrac{\sqrt{3}}{2}t^2 - \dfrac{\pi}{4}d_0^2\right)}{\pi d_0}$。

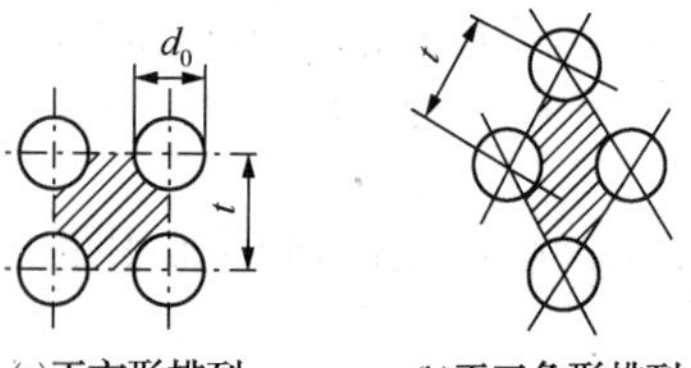

(a)正方形排列　　(b)正三角形排列

图4.3.5　管间当量直径的推导

如果换热器管间无挡板，则管外 α 可按流体在壳体内的管内强制对流公式计算，但管内径应改为管间的当量直径。壳体内加折流挡板，可使流体不断改变方向，也可使流速增加，因此可使管外 α 增大，但同时也使流动阻力增大，动力消耗增大。

3. 大空间自然对流传热

大空间自然对流传热是指固体壁面边界层的发展不受空间限制或干扰的自然对流传热。换热过程中常用的换热设备、中温或高温反应器、热水或蒸汽管道等的热表面向周围大气的对流散热，多属于大空间自然对流。其特点是流体的流动是由温度差引起的密度差驱动的，自然对流的速度相对较慢，而且边界层的发展比较充分。与强制对流相比，大空间自然对流传热的对流传热系数通常较小。

大空间自然对流传热的对流传热系数与 Gr 和 Pr 有关，可采用准数关联式计算，即

$$Nu = C(Gr \cdot Pr)^n \tag{4.3.15a}$$

或

$$\alpha = C \cdot \frac{\lambda}{L}(Gr \cdot Pr)^n \tag{4.3.15b}$$

C 和 n 是实验拟合的常数和指数，C 反映了几何形状、流动状态、表面粗糙度等因素对传热的综合影响。n 表征了 Nu 对($Gr \cdot Pr$)的敏感程度，即传热系数随浮升力和流体物性的变化速率。

式(4.3.15b)的适用条件为：大空间的自然对流；定性温度取膜温，即壁面温度和流体温度的算数平均值，$t_m = (t_w + t_{流})/2$；特性尺寸 L 水平管取管外径 d_0，垂直管取管长或板高。

C 和 n 的取值见表 4.3.2。

表 4.3.2　常见大空间自然对流时的 C 和 n 值

加热面形状	特性尺寸	$(Gr \cdot Pr)$范围	C	n
水平圆管	外径 d_0	$10^4 \sim 10^9$	0.53	1/4
		$10^9 \sim 10^{12}$	0.13	1/3
垂直管或板	高度 L	$10^4 \sim 10^9$	0.59	1/4
		$10^9 \sim 10^{12}$	0.10	1/3

【例题 4.3.2】 有一根管，尺寸为 $\phi100\text{mm}\times5\text{mm}$，长 3.5m。管内通水蒸气，管外壁温度为 110℃，房间空气温度为 30℃，试计算管子垂直放置和水平放置时管外壁散热量各为多少？

解： 首先判断此种情况为无限大空间的自然对流，其传热系数可用下式计算：

$$\alpha = C \cdot \frac{\lambda}{L}(Gr \cdot Pr)^n$$

定性温度为膜温 $t_m = \frac{t_w + t}{2} = \frac{110+30}{2} = 70℃$，查得该温度下空气的物性参数为：$\lambda = 2.966\times10^{-2}\text{W/(m}\cdot\text{K)}$，$\mu = 2.06\times10^{-5}\text{Pa}\cdot\text{s}$，$\rho = 1.029\text{kg/m}^3$，$c_p = 1.017\text{kJ/(kg}\cdot\text{K)}$，$Pr = 0.694$，$\beta = \frac{1}{T} = \frac{1}{273+70} = 0.0029/℃$。

① 水平管：$L = d_0$　$\Delta t = t_w - t = 110-30 = 80℃$

$$Gr = \frac{\beta g \Delta t \rho^2 L^3}{\mu^2} = \frac{0.0029\times9.81\times80\times1.029^2\times0.1^3}{(2.06\times10^{-5})^2} \approx 5.679\times10^6$$

$$Gr \cdot Pr = 5.679\times10^6\times0.694 \approx 3.941\times10^6$$

查表 4.3.2 得 $C = 0.53$，$n = \frac{1}{4}$

$$\alpha_{水平} = 0.53\times\frac{2.966\times10^{-2}}{0.1}(3.941\times10^6)^{\frac{1}{4}} \approx 7.0\text{W/(m}^2\cdot\text{K)}$$

$$Q_{水平} = \alpha_{水平}A_0(t_w - t) = \alpha_{水平}\pi d_0 L(t_w - t) \approx 7.0\times3.14\times0.1\times3.5\times(110-30) \approx 616\text{W}$$

② 垂直管：$L = l$

$$\frac{(Gr \cdot Pr)_{水平}}{(Gr \cdot Pr)_{垂直}} = \frac{d_0^3}{l^3} = \left(\frac{0.1}{3.5}\right)^3 \approx 2.33\times10^{-5}$$

$$(Gr \cdot Pr)_{垂直} = \frac{(Gr \cdot Pr)_{水平}}{2.33\times10^{-5}} = \frac{3.941\times10^6}{2.33\times10^{-5}} = 1.691\times10^{11}$$

查表 4.3.2 得 $C = 0.1$，$n = \frac{1}{3}$

$$\alpha_{垂直} = 0.1\times\frac{2.966\times10^{-2}}{3.5}(1.691\times10^{11})^{\frac{1}{3}} = 4.68(\text{W/m}^2\cdot℃)$$

$$Q_{垂直} = \alpha_{垂直}A_0(t_w - t) = \alpha_{垂直}\pi d_0 L(t_w - t)$$
$$= 4.68\times3.14\times0.1\times3.5\times(110-30) = 411\text{W}$$

由以上计算可知 $a_{水平} > \alpha_{垂直}$，$Q_{水平} > Q_{垂直}$。

4. 蒸汽冷凝传热系数

当蒸汽与温度低于其饱和温度的壁面接触时，蒸汽分子的热运动能量传递给壁面，使蒸汽的温度降低至饱和温度以下，从而发生相变，由气态转化为液态，蒸汽释放出的汽化潜热通过壁面传递给另一侧的冷却介质。

(1) 蒸汽冷凝的方式

根据冷凝液对壁面的润湿情况，可将冷凝分为膜状冷凝和滴状冷凝(见图 4. 3. 6)。

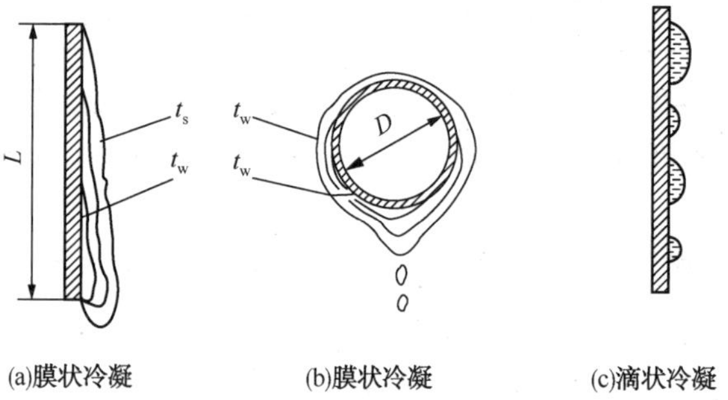

图 4. 3. 6 蒸汽冷凝方式

当冷凝液能润湿壁面时，会在壁面形成一层连续的液膜，壁面完全被冷凝液所覆盖，此种冷凝称为膜状冷凝。在膜状冷凝情况下，蒸汽在液膜表面冷凝，冷凝放出的潜热必须通过这层液膜才能传给壁面，因此膜状冷凝的热阻主要集中在冷凝液膜上。液膜厚度会影响传热系数，随着冷凝过程的进行，液膜厚度逐渐增加，热阻增大，导致对流传热系数逐渐降低。

若冷凝液不能润湿壁面，冷凝液则以液滴形态附着在壁面上，当液滴增长到一定尺寸后，会沿壁面滚落或滴下，此种冷凝称为滴状冷凝。在滴状冷凝情况下，大部分壁面裸露在蒸汽中，蒸汽可直接与壁面接触并在壁面上冷凝，因此滴状冷凝的传热系数比膜状冷凝时大很多，但在实际设备中，滴状冷凝不稳定，通常会转变为膜状冷凝。

(2) 蒸汽冷凝传热系数的经验式

① 蒸汽在垂直管外或垂直板侧的冷凝

当蒸汽在垂直管外或垂直板侧冷凝时，蒸汽在壁面处凝结，形成的冷凝液在重力作用下沿壁面流下。在垂直壁面上，液膜的厚度从上到下逐渐增加。因为液膜是热阻的主要来源，所以越往下，热阻越大，对流传热系数越小。当管或板足够长，随着液膜的增厚，在管或板的下部，液膜有可能发展为湍流。层流和湍流下的对流传热系数采用不同的经验公式进行计算。

液膜呈层流时($Re<1800$)，热量以导热的方式通过液膜传热，对流传热系数经验式为

$$\alpha=1.13\left(\frac{rg\rho^2\lambda^3}{\mu\Delta tL}\right)^{\frac{1}{4}} \tag{4.3.16}$$

式(4. 3. 16)中 r 为蒸汽在 t_s 温度下的冷凝潜热(kJ/kg)；$\Delta t=t_s-t_w$，t_s 为蒸汽在操作压力下的饱和温度(K)，t_w 为壁面温度(K)；特性尺寸 L 取管长或板高(m)。

定性温度取膜温，即壁面温度和蒸汽饱和温度的算数平均值，$t_m=(t_w+t_s)/2$，据此温度查冷凝液参数。

用来判断冷凝液流动状态的 Re 可按以下方法计算。设 s 为冷凝液的横截面积(m^2)，b

为管道的外周长(或平壁的宽度)，即液膜的润湿周边(m)，w 为冷凝液的质量流量(kg/s)，u 为冷凝液的流速(m/s)，则冷凝液的当量直径 d_e 为

$$d_e=\frac{4\times\text{流通截面积}}{\text{润湿周边}}=\frac{4\times\text{液膜的截面积}}{\text{管道的外周长}}=\frac{4s}{b}$$

质量流量 $w=us\rho$，即 $\frac{w}{s}=u\rho$，则有

$$Re=\frac{d_e u\rho}{\mu}=\frac{4s\frac{w}{s}}{b\mu}=\frac{4w}{b\mu}$$

根据热量衡算方程，当蒸汽仅释放冷凝潜热时，$Q=wr$，即 $w=\frac{Q}{r}=\frac{\alpha A\Delta t}{r}$

则雷诺数为

$$Re=\frac{4w}{b\mu}=\frac{4\alpha A\Delta t}{b\mu r}=\frac{4\alpha bL\Delta t}{b\mu r}=\frac{4\alpha L\Delta t}{\mu r} \tag{4.3.17}$$

计算时采用试差法，即先假设冷凝液的流动处于层流状态($Re<1800$)，根据式(4.3.16)计算对流传热系数，将计算出来的 α 代入式(4.3.17)校核 Re。如果 $Re<1800$，则假设正确，计算有效；若 $Re>1800$，可使用液膜呈湍流时的对流传热系数经验式

$$\alpha=0.068\left(\frac{rg\rho^2\lambda^3}{\mu\Delta tL}\right)^{\frac{1}{3}} \tag{4.3.18}$$

② 蒸汽在水平管外的冷凝

当蒸汽在水平管外冷凝时，蒸汽会在管壁表面形成一层液膜。随着冷凝过程的持续，液膜在重力作用下，会在管的底部聚集变厚。由于管径通常都比较小，故液膜一般都处于层流状态。在层流状态下($Re<1800$)，蒸汽在水平管外冷凝时的对流传热系数经验式为

$$\alpha=0.725\left(\frac{rg\rho^2\lambda^3}{\mu\Delta tL}\right)^{\frac{1}{4}} \tag{4.3.19}$$

式(4.3.19)中 r 为蒸汽在 t_s 温度下的冷凝潜热(kJ/kg)；$\Delta t=t_s-t_w$，t_s 为蒸汽在操作压力下的饱和温度(K)，t_w 为壁面温度(K)；特性尺寸 L 取管外径 d_0(m)。

定性温度取膜温，即壁面温度和蒸汽饱和温度的算数平均值，$t_m=(t_w+t_s)/2$，据此温度查冷凝液参数。

工业上使用的换热器多由水平管束组成。在多管排的情况下，后排管的冷凝传热情况会受到前排管的影响。前排管冷凝后的液体可能会滴落到后排管上，增加后排管的液膜厚度，从而使后排管的热阻增大，对流传热系数减小。而且，前排管的蒸汽流动状态也会因为冷凝而发生改变，这会影响后排管周围蒸汽的流速和分布，进而影响后排管的冷凝传热。因此，管束对传热系数的影响非常复杂，可采用以下经验式进行计算

$$\alpha=0.725\left(\frac{rg\rho^2\lambda^3}{n_m^{\frac{2}{3}}\mu\Delta tL}\right)^{\frac{1}{4}} \tag{4.3.20}$$

式(4.3.20)中 $n_m=\frac{n_1+n_2+\cdots+n_z}{n_1^{0.75}+n_2^{0.75}+\cdots+n_z^{0.75}}$

(3) 影响蒸汽冷凝传热的因素

① 蒸汽流速和流向

蒸汽流速对冷凝传热有一定的影响。当蒸汽流速较低时，主要是自然对流起作用，对流传热系数相对较小。随着蒸汽流速的增加，蒸汽对液膜产生的剪切力会使液膜变薄，从而减小热阻，对流传热系数增大。但是，当蒸汽流速过高时，可能会导致液滴或液膜被蒸汽吹离壁面，使冷凝过程受到干扰，对流传热系数反而会下降。

蒸汽的流向与壁面的相对关系也很重要。如果蒸汽平行于壁面流动，会对液膜产生剪切力，使液膜变薄，有利于传热。而当蒸汽垂直于壁面流动时，情况比较复杂，可能会对液滴或液膜的形成和脱落产生不同的影响，具体取决于蒸汽的流速和其他因素。

② 不凝性气体的影响

如果蒸汽中含有不凝性气体，如空气，会对冷凝传热产生严重的阻碍。不凝性气体在壁面附近聚集，形成一层气膜。蒸汽需要先通过这层气膜才能到达冷壁面进行冷凝，而气体的导热系数很低，这就大大增加了热阻。例如，当蒸汽中含有少量(如1%)的不凝性气体时，对流传热系数可能会降低几十倍。因此，在蒸汽冷凝系统中，要尽量排除不凝性气体，以提高冷凝传热效率。

③ 壁面的性质和表面状态

壁面的材质会影响其导热性能。导热系数高的壁面材料能够更快地将蒸汽释放的热量传导出去，有利于冷凝传热。例如，金属壁面的导热系数比塑料壁面高很多，在相同条件下，金属壁面的蒸汽冷凝传热效率更高。

壁面的粗糙度和清洁度对冷凝方式和传热系数有很大影响。粗糙的壁面更容易使蒸汽形成滴状冷凝，但如果粗糙度不合适，也可能会导致液膜厚度不均匀，影响传热。清洁的壁面有利于蒸汽的接触和冷凝，而壁面上的污垢会增加热阻，降低对流传热系数。例如，壁面上的油污会使蒸汽很难在壁面上顺利冷凝，需要定期清理壁面以保证良好的传热效果。

④ 冷凝液的性质

冷凝液的物理性质如密度、黏度和导热系数等也会影响冷凝传热。密度大的冷凝液在重力作用下更容易沿壁面流动，使液膜变薄。黏度小的冷凝液流动性好，同样有利于液膜的减薄。导热系数高的冷凝液能够更快地将热量传递出去，这些因素都有助于提高蒸汽冷凝传热的对流传热系数。

【例题 4.3.3】 101.325kPa 的苯蒸气在垂直放置的管外冷凝，管外径 3cm，管长 3m。已知苯蒸气冷凝温度为 80℃，管外壁温度为 60℃。试求：

(1) 苯蒸气的冷凝传热系数；

(2) 若此管改为水平放置，其冷凝传热系数又为多少？

解：定性温度为(80+60)/2 = 70℃，该温度下苯的物性数据为：$\lambda = 0.131\text{W/(m·K)}$，$\mu = 0.34\times10^{-3}\text{Pa·s}$，$\rho = 830\text{kg/m}^3$。

苯在饱和温度 80℃时的冷凝潜热 $r = 3.96\times10^5\text{J/kg}$。

(1) 管垂直放置时，先假定为层流，则冷凝传热系数

$$\alpha_{垂直} = 1.13\left(\frac{rg\rho^2\lambda^3}{\mu L\Delta t}\right)^{\frac{1}{4}} = 1.13\left[\frac{3.96\times10^5\times9.81\times830^2\times0.131^3}{0.34\times10^{-3}\times3\times(80-60)}\right]^{\frac{1}{4}} \approx 833\text{W/(m}^2\cdot\text{K)}$$

验算 Re

$$Re=\frac{4\alpha L\Delta t}{\mu r}=\frac{4\times833\times3\times(80-60)}{3.96\times10^5\times0.34\times10^{-3}}\approx1485<1800$$

为层流，假定正确，计算有效。

（2）管水平放置，则

$$\alpha_{水平}=0.725\left(\frac{rg\rho^2\lambda^3}{\mu d_0\Delta t}\right)^{\frac{1}{4}}$$

$$\frac{\alpha_{水平}}{\alpha_{垂直}}=\frac{0.725}{0.13}\times\left(\frac{L}{d_0}\right)^{\frac{1}{4}}=\frac{0.725}{1.13}\times\left(\frac{3}{0.03}\right)^{\frac{1}{4}}\approx2.03$$

$$\alpha_{水平}=2.03\times\alpha_{垂直}=1691\text{W}/(\text{m}^2\cdot\text{K})$$

可见，当液膜流动为层流时，垂直放置时的冷凝传热系数小于水平放置的冷凝传热系数。

五、临界保温层厚度和经济保温厚度

1. 临界保温层厚度

设备或管道与环境存在温差时，为保持其内部物料的温度，常需在设备和管道外部包裹绝热材料。一般情况下，热损失随保温层厚度的增加而减小；但对于小直径的管道则可能出现相反的情况，即随保温层厚度的增加，热损失增大，这是由对流传热的影响造成的。

假设有一铜管，如图 4.3.7 所示，其外径为 r，外壁温度为 t_w。加保温层后，外径为 r_o，保温层外壁温度为 t_o，保温层导热系数为 λ，外界空气温度为 t，保温层外壁对空气的对流传热系数为 α_o。

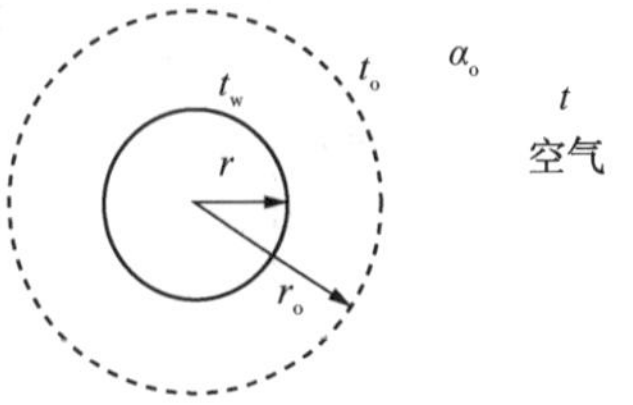

图 4.3.7　临界保温层厚度的推导

通过保温层导热的传热量为

$$Q=\frac{(t_w-t_o)}{\frac{1}{2\pi L\lambda}\ln\frac{r_o}{r}}$$

保温层外壁通过对流方式的传热量为

$$Q=\frac{(t_o-t)}{\frac{1}{2\pi Lr_o a_o}}$$

在稳态传热时，根据串联热阻叠加原则，管道的热损失为

$$Q=\frac{(t_w-t_o)+(t_o-t)}{\frac{1}{2\pi L\lambda}\ln\frac{r_o}{r}+\frac{1}{2\pi Lr_o a_o}}=\frac{t_w-t}{\frac{1}{2\pi L\lambda}\ln\frac{r_o}{r}+\frac{1}{2\pi Lr_o a_o}}=\frac{\Delta t}{R_1+R_2}\tag{4.3.21}$$

其中 $R_1=\frac{1}{2\pi L\lambda}\ln\frac{r_o}{r}$，为导热热阻，$R_2=\frac{1}{2\pi Lr_o a_o}$，为对流传热热阻。

当 r_o 增大时，R_1 增大，而 R_2 减小，总热阻 R 有一极小值，热损失 Q 有一极大值。对热阻求 r_o 的一阶导数并令其等于 0，化简整理得

$$r_o=\lambda/\alpha_o=r_c\tag{4.3.22a}$$

$$d_o = 2\lambda/\alpha_o = d_c \tag{4.3.22b}$$

r_c 称为临界保温层半径，d_c 称为临界保温层直径。则临界保温层厚度为 $b_c = r_c - r$ 或 $b_c = (d_c - d)/2$，式中 r 和 d 分别为裸管的半径和直径。

当保温层 $d_o < d_c$ 时，越包保温层，热损失越大；当保温层 $d_o > d_c$ 时，加保温层才可使热损失减小；由 $d_c = 2\lambda/\alpha_o$ 可知临界保温层直径与保温层导热系数 λ 有关，可用调节 λ 的方法改变临界保温层直径；一般大管子的外径 $d_o > d_c$，不必考虑 d_c 问题，对于小管子，往往外径 $d_o < d_c$，须注意 d_c 问题（见图 4.3.8）。

2. 经济保温厚度

由前文可知，当保温层外径 $d_o < d_c$ 时，包上保温层热损失会增大，但是保温层越厚是否越好？这要在材料费用，热损失费用二者之间权衡考虑。

经济保温厚度是指在考虑了保温投资成本和因保温而减少的热损失所带来的节能收益后，使得保温系统在整个使用寿命周期内总费用最低时的保温层厚度。保温的目的是减少热损失，但随着保温层厚度的增加，保温材料的投资成本也会增加，同时热损失逐渐减少，节能收益增加。经济保温厚度就是平衡这两者关系的一个最佳厚度值，如图 4.3.9 所示。

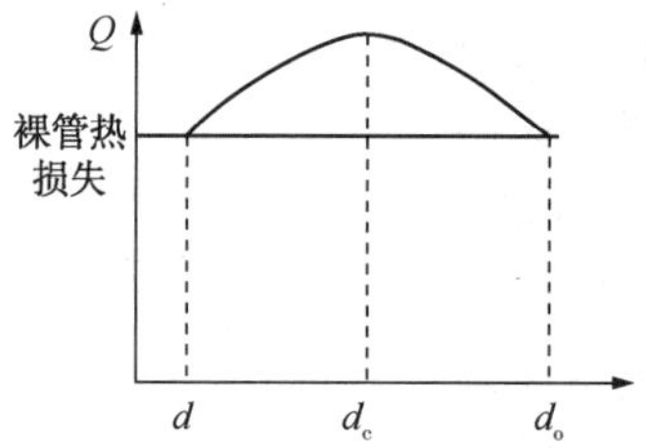

图 4.3.8　保温层直径对热损失的影响

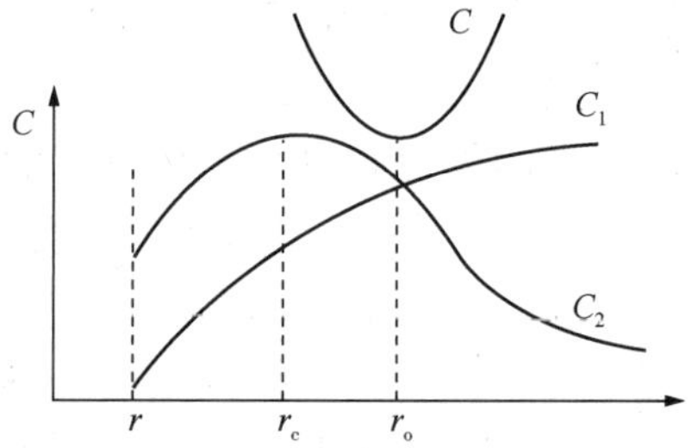

图 4.3.9　经济保温厚度

【例 4.3.4】 外径为 25mm 的钢管，其外壁温度保持 350℃，为减少热损失，在管外包一层导热系数为 0.2W/(m·K)的保温材料。已知保温层外壁对空气的对流传热系数近似为 10W/(m²·K)，空气温度为 20℃。试求：

（1）保温层厚度分别为 2mm、5mm 和 7mm 时，每米管长的热损失及保温层外表面的温度；

（2）保温层厚度为多少时热损失量最大？此时每米管长的热损失及保温层外表面的温度各为多少？

（3）若要起到保温作用，保温层厚度至少为多少？设保温层厚度对管外空气对流传热系数的影响可忽略。

解：（1）$\dfrac{Q}{L} = \dfrac{t_w - t}{\dfrac{\ln(d_o/d)}{2\pi\lambda} + \dfrac{1}{\pi d_o \alpha}} = \dfrac{350-20}{\dfrac{\ln(d_o/0.025)}{2\pi\times 0.2} + \dfrac{1}{\pi\times d_o\times 10}}$

设保温层外表面温度为 t_0，稳态传热时，各层传热速率相等，即

$$\frac{Q}{L} = \frac{t_w - t}{\dfrac{\ln(d_o/d)}{2\pi\lambda} + \dfrac{1}{\pi d_o \alpha}} = \frac{t_o - t}{\dfrac{1}{\pi d_o \alpha}}$$

则 $t_0=t+\frac{Q}{L}\cdot\frac{1}{\pi d_o\alpha}$

当保温层厚度为 2mm 时，$d_o=0.029\text{m}$，有

$$\frac{Q}{L}=\frac{350-20}{\frac{\ln(0.029/0.025)}{2\pi\times0.2}+\frac{1}{\pi\times0.029\times10}}\approx271.3\text{W/m}$$

$$t_o=20+271.3\times\frac{1}{\pi\times0.029\times10}\approx318℃$$

同理，当保温层厚度为 5mm 时，$d_o=0.035\text{m}$，有

$$\frac{Q}{L}=280.0\text{W/m}$$

$$t_o=275℃$$

当保温层厚度为 7mm 时，$d_o=0.039\text{m}$，有

$$\frac{Q}{L}=281.6\text{W/m}$$

$$t_o=250℃$$

可见，在保温层为 2~7mm 时，随着厚度的增加，热损失量增加。

（2）热损失达到最大值时，保温层直径为临界直径，即

$$d_o=d_c=\frac{2\lambda}{\alpha}=\frac{2\times0.2}{10}=0.04\text{m}$$

保温层的临界厚度为

$$\frac{d_c-d}{2}=\frac{0.04-0.025}{2}=0.0075\text{m}$$

此时，得

$$\frac{Q_{max}}{L}=281.9\text{W/m}$$

$$t_o=244℃$$

（3）为了起到保温作用，加保温层后应使热损失小于裸管时的热损失。因此保温层的外径应满足

$$\frac{Q}{L}=\frac{t_w-t}{\frac{\ln(d_o/d)}{2\pi\lambda}+\frac{1}{\pi d_o\alpha}}=\frac{t_o-t}{\frac{1}{\pi d\alpha}}$$

$$\frac{\ln(d_o/d)}{2\pi\lambda}+\frac{1}{\pi d_o\alpha}=\frac{1}{\pi d\alpha}$$

$$\frac{\ln(d_o/0.025)}{2\pi\times0.2}+\frac{1}{\pi\times d_2\times10}=\frac{1}{\pi\times0.025\times10}$$

解得 $d_o=0.07\text{m}$，则保温层的厚度应大于

$$\frac{0.07-0.025}{2}=0.0225\text{m}$$

可见，对于外径为 25mm 的钢管，保温层厚度需大于 22.5mm，才能起到保温作用。

第四节　间壁传热过程计算及换热器

一、间壁传热过程计算

1. 间壁传热过程分析

间壁传热是环境工程中常见的一种传热方式，它是指热量通过固体壁面(间壁)从热流体传递到冷流体的过程。在管壳式换热器中，热流体和冷流体分别在管程和壳程流动，热量通过管壁进行传递。间壁通常是具有一定厚度的固体材料，如金属管壁、平板等，其导热性能直接影响传热效率。间壁将两种流体隔开，防止它们混合，同时实现热量的交换。如图 4.4.1 所示，具体的换热过程为：内侧的热流体将热量通过对流传热的方式传递给内壁面，内壁面通过导热的方式将热量传递给外壁面，外壁面再将热量通过对流传热的方式传递给冷流体。热流体和冷流体的温度分别为 T 和 t，内壁面和外壁面的温度分别为 T_w 和 t_w，管道内侧和管道外侧的对流传热系数分别为 α_i 和 α_o，内侧和外侧的面积分别为 A_i 和 A_o。

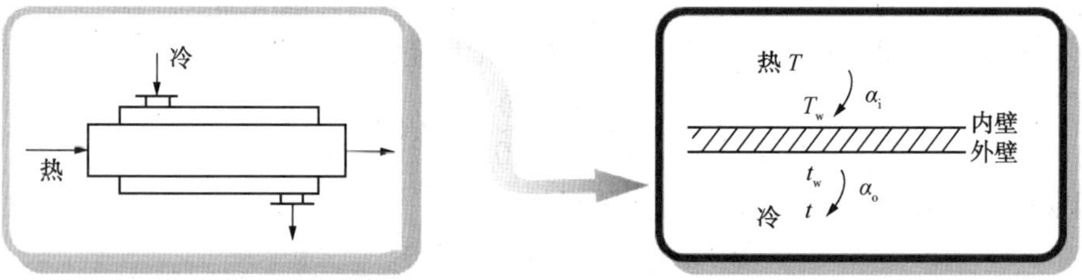

图 4.4.1　间壁换热过程

2. 总传热速率方程的推导

一般壁温 T_w 和 t_w 是未知的，要求传热速率 Q，必须联立方程。假定传热过程为稳定传热，壁面两侧流体温度为恒温，取 T_w、t_w 和相应的 α_i、α_o 为平均值。则有

内侧对流传热速率　$Q=\alpha_i A_i(T-T_w)=\dfrac{T-T_w}{\dfrac{1}{\alpha_i A_i}}$

壁面导热传热速率　$Q=\dfrac{T_w-t_w}{\dfrac{b}{\lambda A_m}}$

外侧对流传热速率　$Q=\alpha_o A_o(t_w-t)=\dfrac{t_w-t}{\dfrac{1}{\alpha_o A_o}}$

由串联热阻叠加原则可知

$$Q=\frac{(T-T_w)+(T_w-t_w)+(t_w-t)}{\dfrac{1}{\alpha_i A_i}+\dfrac{b}{\lambda A_m}+\dfrac{1}{\alpha_o A_o}}=\frac{T-t}{\dfrac{1}{\alpha_i A_i}+\dfrac{b}{\lambda A_m}+\dfrac{1}{\alpha_o A_o}} \tag{4.4.1a}$$

$$Q=\frac{1}{\dfrac{A}{\alpha_i A_i}+\dfrac{bA}{\lambda A_m}+\dfrac{A}{\alpha_o A_o}}A(T-t) \tag{4.4.1b}$$

令 $K=\dfrac{1}{\dfrac{A}{\alpha_i A_i}+\dfrac{bA}{\lambda A_m}+\dfrac{A}{\alpha_o A_o}}$，称作总传热系数。

则

$$Q=KA(T-t) \tag{4.4.1c}$$

由于热流体温度 T 和冷流体温度 t 都是沿管长变化的，为了便于理解和计算，式(4.4.1c)中的温度差($T-t$)可表示成 Δt_m。则总传热速率方程可表示为

$$Q=KA\Delta t_m \tag{4.4.1d}$$

式中 Q——传热速率，W；

A——传热面积，m^2；

K——总传热系数，$W/(m^2 \cdot K)$；

Δt_m——传热平均温度差，K。

3. 总传热系数 K

(1) 总传热系数的一般表达式

总传热系数 K 反应了复合传热能力的大小。如果以管道内表面 A_i 作为计算基准，则有

$$K_i=\frac{1}{\dfrac{A_i}{\alpha_i A_i}+\dfrac{bA_i}{\lambda A_m}+\dfrac{A_i}{\alpha_o A_o}}=\frac{1}{\dfrac{1}{\alpha_i}+\dfrac{bd_i}{\lambda d_m}+\dfrac{d_i}{\alpha_o d_o}} \tag{4.4.2}$$

如果以管道外表面 A_o 作为计算基准，则有

$$K_o=\frac{1}{\dfrac{A_o}{\alpha_i A_i}+\dfrac{bA_o}{\lambda A_m}+\dfrac{A_o}{\alpha_o A_o}}=\frac{1}{\dfrac{d_o}{\alpha_i d_i}+\dfrac{bd_o}{\lambda d_m}+\dfrac{1}{\alpha_o}} \tag{4.4.3}$$

对于平壁，内外传热面积相同，则有

$$K=\frac{1}{\dfrac{1}{\alpha_i}+\dfrac{b}{\lambda}+\dfrac{1}{\alpha_o}} \tag{4.4.4}$$

一般情况下，K 值以管道的外表面积为基准进行计算。

(2) 污垢热阻对 K 值的影响

污垢热阻是指在传热表面由于污垢的沉积而产生的额外热阻。它反映了污垢层对传热过程的阻碍程度。在间壁式换热器等传热设备中，其传热表面常有污垢沉积，对传热产生附加热阻，污垢热阻与设备的总热阻串联，会降低传热效率。通常污垢热阻比间壁的热阻大得多，因此在设计中应考虑污垢热阻的影响。很多因素都会影响污垢的产生和厚度，包括流体的性质、传热壁面的材料性质、流速和流动状态、操作条件、设备结构、清洗周期等。污垢厚度及其导热系数难以准确估计，因此通常采用一些经验值。当管内、管外分别有污垢热阻 R_{A_i}、R_{A_o} 时，间壁为圆管壁时传热的 K 值为

$$K_o=\frac{1}{\dfrac{d_o}{\alpha_i d_i}+R_{A_i}\dfrac{d_o}{d_i}+\dfrac{bd_o}{\lambda d_m}+\dfrac{1}{\alpha_o}+R_{A_o}} \tag{4.4.5}$$

间壁为平壁时传热的 K 值为

$$K=\frac{1}{\frac{1}{\alpha_i}+R_{A_i}+\frac{b}{\lambda}+\frac{1}{\alpha_o}+R_{A_o}} \tag{4.4.6}$$

若间壁导热热阻和污垢热阻可以忽略时，式(4.4.6)可简化为

$$K=\frac{1}{\frac{1}{\alpha_i}+\frac{1}{\alpha_0}}$$

如 $\alpha_i \gg \alpha_o$，则有 $\frac{1}{K}=\frac{\alpha_o+\alpha_i}{\alpha_i\alpha_o}\approx\frac{\alpha_i}{\alpha_i\alpha_o}=\frac{1}{\alpha_o}$，即 $K\approx\alpha_o$；如 $\alpha_i \ll \alpha_o$，则有 $\frac{1}{K}=\frac{\alpha_o+\alpha_i}{\alpha_i\alpha_o}\approx\frac{\alpha_o}{\alpha_i\alpha_o}=\frac{1}{\alpha_i}$，即 $K\approx\alpha_i$。从以上分析可以看出，K 值总是接近于对流传热系数较小的一侧的 α 值，为提高总传热系数 K，必须提高对流传热系数较小的一侧的 α 值。

【例 4.4.1】 有一列管换热器，由 ϕ25mm×2mm 钢管组成，管壁导热系数为 45W/(m·℃)。CO_2 在管内流动，管外为冷却水。已知 $\alpha_i=50$W/(m^2·℃)，$\alpha_o=5000$W/(m^2·℃)，求 K_o。

解：根据已知条件，$d_o=25$mm，$d_i=21$mm，因为 $d_o/d_i<2$，所以

$$d_m=\frac{d_o+d_i}{2}=\frac{25+21}{2}=23\text{mm}$$

$$K_0=\frac{1}{\frac{d_o}{\alpha_i d_i}+\frac{bd_o}{\lambda d_m}+\frac{1}{\alpha_o}}=\frac{1}{\frac{25}{50\times21}+\frac{0.002\times25}{45\times23}+\frac{1}{5000}}\approx41.57\text{W/(m}^2\cdot\text{K)}$$

由计算结果可知，K 值与管内侧的对流传热系数比较接近，即与较小的对流传热系数比较接近。

4. 传热推动力——平均温差 Δt_m

(1) 冷热流体在换热器内的流动方式

冷热流体在换热器内的流动方式包括并流、逆流、错流、折流等。

在传热过程中，若两流体以相同方向进行流动，则称为并流，如图 4.4.2(a)。并流时流体流向一致，热量传递方向与流体流动方向相同。在并流过程中，由于流体温度逐渐变化，传热温差逐渐减小，传热效率可能相对较低。并流过程适用于对传热效率要求不高，或对流体流动方向有特殊要求的场合。

若两流体以相反方向进行流动，则称为逆流，如图 4.4.2(b)。逆流时流体流向相反，热量传递方向与流体流动方向也相反。在逆流过程中，由于流体温度差异始终较大，传热效率较高。逆流过程能够更充分地利用传热面积，提高传热效率。

交叉流是指冷热流体以一定的角度相交或垂直相交进行流动。交叉流结合了并流和逆流的特点，能够在相对较小的空间内实现有效的热量传递。由于流体流动方向的交叉，可能会导致流体分布不均匀和压降较大的问题。

折流是冷热流体在流动过程中，通过改变流动方向实现热量的传递。折流通常用于一些特殊的热交换器设计中，如折流板热交换器。通过改变流体的流动方向，可以增加流体与传热表面的接触时间，从而提高传热效率。

除此之外，还有一些特殊的流动方式，如螺旋流动、旋转流动等。在实际应用中，冷

热流体的流动方式可能并不是单一的并流、逆流或交叉流，而是这些方式的组合或变体。

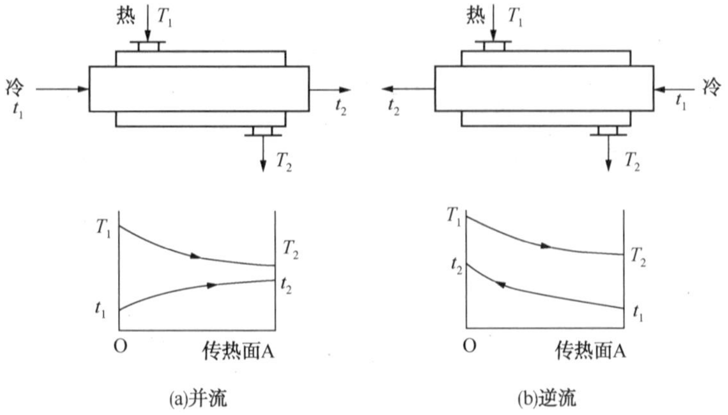

图 4.4.2　并流与逆流时冷热流体温度随传热面积的变化

(2) 平均温差 Δt_m 的推导

假定冷热流体的定压比热容 c_{pc}、c_{ph} 和冷热流体的质量流量 W_c、W_h 均为常量，总传热系数 K 也为常量，传热过程无热损失。

以逆流为例，如图 4.4.3 所示，在传热面上取微元 dA，则在该微元面上有 $\Delta t=T-t$，则有

$$dQ=K(T-t)dA=K\Delta t dA \tag{4.4.7}$$

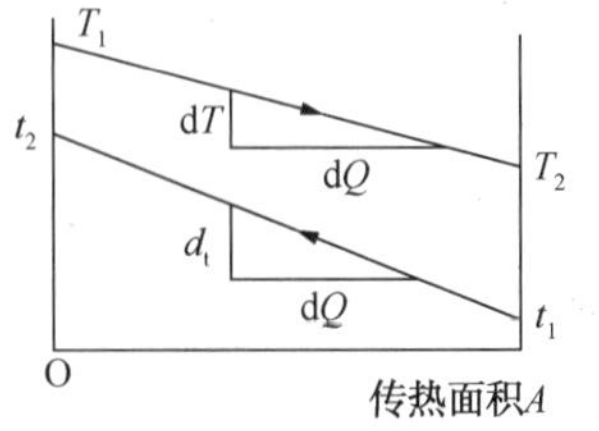

图 4.4.3　逆流时冷热流体温度随传热面积的变化

对于热流体而言，其传热速率的变化量为

$$dQ=-W_h c_{ph} dT \qquad dT=-\frac{dQ}{W_h c_{ph}}$$

对于冷流体而言，其传热速率的变化量为

$$dQ=-W_c c_{pc} dt \qquad dt=-\frac{dQ}{W_c c_{pc}}$$

又因为 $\Delta t=T-t$，有 $d(\Delta t)=dT-dt$，则

$$d(\Delta t)=\left(\frac{1}{W_c c_{pc}}-\frac{1}{W_h c_{ph}}\right)dQ \tag{4.4.8}$$

对式(4.4.8)积分得

$$\Delta t_2-\Delta t_1=\left(\frac{1}{W_c c_{pc}}-\frac{1}{W_h c_{ph}}\right)Q$$

或

$$\left(\frac{1}{W_c c_{pc}}-\frac{1}{W_h c_{ph}}\right)=\frac{\Delta t_2-\Delta t_1}{Q} \tag{4.4.9}$$

将式(4.4.7)、式(4.4.9)代入式(4.4.8)中，得

$$d(\Delta t)=\frac{\Delta t_2-\Delta t_1}{Q}\cdot K\Delta t dA$$

分离变量并积分得

$$\ln\frac{\Delta t_2}{\Delta t_1}=\frac{\Delta t_2-\Delta t_1}{Q}KA$$

整理得
$$Q=KA\frac{\Delta t_2-\Delta t_1}{\ln\dfrac{\Delta t_2}{\Delta t_1}}$$

或
$$Q=KA\Delta t_{\mathrm{m}} \tag{4.4.10}$$

且
$$\Delta t_m=\frac{\Delta t_2-\Delta t_1}{\ln\dfrac{\Delta t_2}{\Delta t_1}}$$

其中，$\Delta t_2=T_1-t_2$，$\Delta t_1=T_2-t_1$。当 $\Delta t_2/\Delta t_1<2$，可用算数平均值 $(\Delta t_2+\Delta t_1)/2$ 代替对数平均值。

对于并流，同理可证 $\Delta t_{\mathrm{m}}=\dfrac{\Delta t_2-\Delta t_1}{\ln\dfrac{\Delta t_2}{\Delta t_1}}$，其中，$\Delta t_2=T_1-t_1$，$\Delta t_1=T_2-t_2$。

【例题 4.4.2】 已知一换热器，热流体的进出口温度分别为 243℃和 155℃，冷流体的进、出口温度分别为 128℃和 145℃，分别求逆流和并流时的平均温度差。

解： 根据已知条件，$T_1=243℃$，$T_2=155℃$，$t_1=128℃$，$t_2=145℃$

并流时
$$\Delta t_2=T_1-t_1=243-128=115℃$$
$$\Delta t_1=T_2-t_2=155-145=10℃$$
$$\Delta t_{\mathrm{m}并}-\frac{\Delta t_2-\Delta t_1}{\ln\dfrac{\Delta t_2}{\Delta t_1}}=\frac{115-10}{\ln\dfrac{115}{10}}\approx 43.0℃$$

逆流时
$$\Delta t_2=T_1-t_2=243-145=98℃$$
$$\Delta t_1=T_2-t_1=155-128=27℃$$
$$\Delta t_{\mathrm{m}逆}=\frac{\Delta t_2-\Delta t_1}{\ln\dfrac{\Delta t_2}{\Delta t_1}}=\frac{98-27}{\ln\dfrac{98}{27}}\approx 55.1℃$$

由计算结果可知，在冷热流体进出口温度相同的情况下，$\Delta t_{\mathrm{m}逆}>\Delta t_{\mathrm{m}并}$，即逆流时的推动力大于并流时的推动力。

（3）并流与逆流的比较

图 4.4.4 所示为并流与递流的比较。

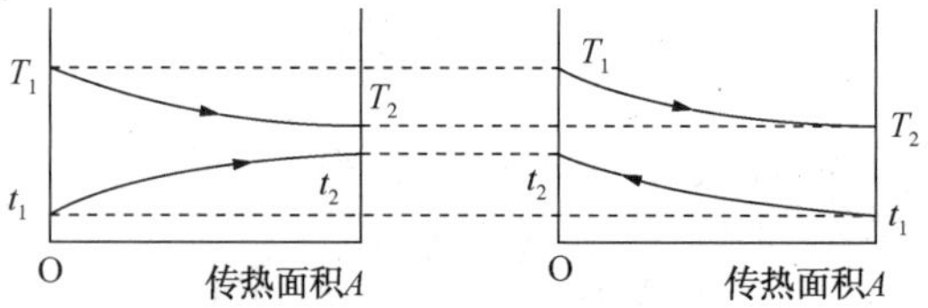

图 4.4.4　并流与逆流的比较

当两侧冷热流体进、出口温度都一定时，$\Delta t_{\mathrm{m}逆}>\Delta t_{\mathrm{m}并}$，根据总传热速率方程 $Q=KA\Delta t_{\mathrm{m}}$，对于逆流和并流，当 Q、K 相同时，$A_{逆}<A_{并}$，采用逆流可节省设备费；当 K、A 相同时，

$Q_{逆}>Q_{并}$，采用逆流生产能力更大。采用逆流，可使冷流体出口温度高于热流体出口温度，即 $t_2>T_2$；而并流不可。

当传热是为了加热，$Q=W_c c_{pc}(t_2-t_1)$ 固定，由 $Q=W_h c_{ph}(T_1-T_2)$ 可知，如热流体的进口温度 T_1 固定，采用逆流热流体的出口温度 T_2 可更低，从而节约热流体流量 W_h。当传热是为了冷却，$Q=W_h c_{ph}(T_1-T_2)$ 固定，由 $Q=W_c c_{pc}(t_2-t_1)$ 可知，如冷流体的进口温度 t_1 固定，采用逆流冷流体的出口温度 t_2 可更高，可节约冷流体流量 W_c。

【例题 4.4.3】 在一传热外表面积为 $300m^2$ 的单程列管换热器中，300℃的某气体在壳程被加热到 430℃，另一种气体为加热介质，进口温度为 560℃，两流体呈逆流，流量均为 1×10^4kg/h，平均比热容均为 1.05kJ/(kg·℃)，换热器的热损失为壳方气体传热量的 10%，试求总传热系数 K_o。

解： 根据热量衡算方程，总传热量为

$$
\begin{aligned}
Q_{总} &= W_c c_{pc}(t_2-t_1)+Q_L \\
&= 1.1\times[W_c c_{pc}(t_2-t_1)] \\
&= 1.1\times\left[\frac{1\times10^4}{3600}\times1.05\times10^3\times(430-300)\right] \\
&= 4.17\times10^5\text{W}
\end{aligned}
$$

$$Q_{总}=W_h c_{ph}(T_1-T_2)=W_c c_{pc}(t_2-t_1)+Q_L$$

$$W_h c_{ph}(T_1-T_2)=1.1\times[W_c c_{pc}(t_2-t_1)]$$

根据已知条件，$W_h=W_c$，$c_{ph}=c_{pc}$，则上式可简化为

$$T_1-T_2=1.1\times(t_2-t_1)$$

$$560-T_2=1.1\times(430-300)$$

$$T_2=417℃$$

逆流时

$$\Delta t_2=T_1-t_2=560-430=130℃$$

$$\Delta t_1=T_2-t_1=417-300=117℃$$

因 $\Delta t_2/\Delta t_1<2$，则

$$\Delta t_{m逆}=\frac{\Delta t_2+\Delta t_1}{2}=\frac{130+117}{2}=123.5℃$$

由 $Q=K_o A_o \Delta t_m$ 得

$$K_o=\frac{Q}{A_o\Delta t_m}=\frac{4.17\times10^5}{300\times123.5}=11.3\text{W/(m}^2\cdot℃)$$

【例题 4.4.4】 已知一换热器 $A_o=3m^2$，用表压 $2kgf/cm^2$ 的饱和蒸汽在管外加热管内的水，水流量为 4000kg/h，从 20℃被加热到 80℃，列管为 ϕ25mm×2.5mm。试求：

(1) 蒸汽消耗量 W_h；

(2) 总传热系数 K_o；

(3) 如水侧的对流传热系数 $\alpha_i=2kW/(m^2\cdot℃)$，求 α_o，已知管子的导热系数为 45W/(m·℃)；

(4) 如换热器长度 $L=3m$，求管子数。

解： 由蒸汽表压 $2kgf/cm^2$ 查得蒸汽温度 $T=133.0℃$，蒸汽潜热 $r=2170kJ/(kg\cdot℃)$。

(1) 根据冷流体的平均温度 50℃查得冷流体的比定压热容 $c_{pc}=4.174kJ/(kg\cdot℃)$。

热流体为 133.0℃的饱和蒸汽，在换热过程中释放潜热发生相变，以同温度的水排出。根据热量衡算方程，有

$$Q=W_h r=W_c c_{pc}(t_2-t_1)$$

则

$$W_h=\frac{W_c c_{pc}(t_2-t_1)}{r}=\frac{\frac{4000}{3600}\times 4.174\times(80-20)}{2170}=0.128\text{kg/s}$$

（2）根据热量衡算方程和总传热速率方程，有

$$Q=W_c c_{pc}(t_2-t_1)=K_o A_o \Delta t_m$$

逆流时

$$\Delta t_2=T_1-t_2=133.0-20=113.0℃$$

$$\Delta t_1=T_2-t_1=133.0-80=53.0℃$$

$$\Delta t_{m逆}=\frac{\Delta t_2-\Delta t_1}{\ln\frac{\Delta t_2}{\Delta t_1}}=\frac{113.0-53.0}{\ln\frac{113.0}{53.0}}=79.25℃$$

$$K_o=\frac{W_c c_{pc}(t_2-t_1)}{A_o\Delta t_m}=\frac{\frac{4000}{3600}\times 4.174\times(80-20)}{3\times 79.25}=1.17\text{kW/(m}^2\cdot℃)$$

（3）根据已知条件，$d_o=25\text{mm}$，$d_i=20\text{mm}$，$b=2.5\text{mm}$，$d_m=(25+20)/2=22.5\text{mm}$，由

$$\frac{1}{K_o}=\frac{d_o}{\alpha_i d_i}+\frac{bd_o}{\lambda d_m}+\frac{1}{\alpha_o}$$

$$\frac{1}{1170}=\frac{25}{2000\times 20}+\frac{0.0025\times 25}{45\times 22.5}+\frac{1}{\alpha_o}$$

解得

$$\alpha_o=5953\text{W/(m}^2\cdot℃)$$

（4）$A_o=\pi\cdot d_o\cdot L\cdot n$

$$n=\frac{3}{3.14\times 0.025\times 3}=13\text{ 根}$$

二、传热单元数法

虽然换热器的设计和校核都可以采用总传热速率方程计算，但是在换热器的校核中，通常是对给定尺寸和结构的换热器，确定流体的出口温度。由于出口温度未知，无法直接计算对数平均温差，因此需要反复试算，十分烦琐。而采用传热单元数(NTU)法，则可以方便地解决问题。传热单元数(NTU)法是近年来发展起来的换热器计算方法，也称为热交换有效性法，是在换热器(特别是逆流交换的换热器)没有对数平均温差的条件下，计算其热交换速率的方式，在换热器核算、热量回收利用和换热器系统最优化计算方面得到广泛应用。

1. 换热器的传热效率

若换热器的热损失可以忽略，实际传热量等于冷流体吸收的热量或热流体放出的热量。当两流体均无相变时，有

$$Q=W_c c_{pc}(t_2-t_1)=W_h c_{ph}(T_1-T_2) \tag{4.4.11a}$$

若要定义换热器的传热效率 ε，需找到假设在无限管长逆流交换的假设条件下，可以达到的最大热交换程度。理论上换热器中可能达到的最大温差为冷、热流体进口的温差，即(T_1-t_1)。此时流体在换热器中的传热量最大，称为最大可能传热量。在两流体中，热容量值较小的流体具有较大的温度变化，分别定义高温流体和低温流体的热容量为 C_h 和 C_c，$C_h=W_h c_{ph}$，$C_c=W_c c_{pc}$，则实际传热量可表示为

$$Q=C_c(t_2-t_1)=C_h(T_1-T_2) \tag{4.4.11b}$$

令 C_h 和 C_c 中较小的为 C_{min}，较大的为 C_{max}。当忽略热损失时，最大可能传热量可用式(4.4.12)表示，即

$$Q_{max}=C_{min}(T_1-t_1) \tag{4.4.12}$$

则换热器的传热效率 ε 可定义为

$$\varepsilon=\frac{\text{实际传热量 } Q}{\text{最大可能传热量 } Q_{max}} \tag{4.4.13}$$

若热流体的热容流量较小，即 C_h 为 C_{min}，则传热效率为

$$\varepsilon=\frac{C_h(T_1-T_2)}{C_{min}(T_1-t_1)}=\frac{T_1-T_2}{T_1-t_1} \tag{4.4.14}$$

若冷流体的热容流量较小，即 C_c 为 C_{min}，则传热效率为

$$\varepsilon=\frac{C_c(t_2-t_1)}{C_{min}(T_1-t_1)}=\frac{t_2-t_1}{T_1-t_1} \tag{4.4.15}$$

若已知传热效率，则可根据两流体的进口温度确定换热器的传热量，即

$$Q=\varepsilon Q_{max}=\varepsilon C_{min}(T_1-t_1) \tag{4.4.16}$$

然后可根据热量衡算方程计算两流体的出口温度。

2. 传热单元数

由换热器的热量衡算及总传热速率方程可知

$$Q=C_c(t_2-t_1)=C_h(T_1-T_2)=KA\Delta t_m$$

若热流体的热容流量较小，则有

$$\frac{T_1-T_2}{\Delta t_m}=\frac{KA}{C_h}=\frac{KA}{C_{min}}$$

若冷流体的热容流量较小，则有

$$\frac{t_2-t_1}{\Delta t_m}=\frac{KA}{C_c}=\frac{KA}{C_{min}}$$

令

$$\mathrm{NTU}=\frac{KA}{C_{min}} \tag{4.4.17}$$

NTU 即为传热单元数，是温度的无量纲函数，在数值上等于单位传热推动力引起流体温度变化的大小，表明换热器传热能力的强弱。传热推动力越大，所要求的温度变化越小，则所需要的传热单元数越少。

3. 传热效率和传热单元数的关系

定义 C_R 为两流体的热容流量比，即

$$C_R = \frac{C_{min}}{C_{max}} \tag{4.4.18}$$

对于单程并流换热器，经推导可得

$$\varepsilon = \frac{1-\exp[-NTU(1+C_R)]}{1+C_R} \tag{4.4.19}$$

对于单程逆流换热器，有

$$\varepsilon = \frac{1-\exp[-NTU(1-C_R)]}{1-C_R\exp[-NTU(1-C_R)]} \tag{4.4.20}$$

当任一流体发生相变时，C_{max}趋于无穷大，即 C_R 趋于 0 时，式(4.4.19)和式(4.4.20)可简化为

$$\varepsilon = 1-\exp(-NTU) \tag{4.4.21}$$

此时，NTU 也趋近于 0，对于逆流和顺流换热器，ε 都趋近于 1。这表示在这种情况下，冷流体可以被加热到接近热流体的进口温度(逆流)或出口温度(顺流)，换热器的传热效果非常好。

当两种流体的热容量相等时，$C_R=1$，式(4.4.19)和式(4.4.20)可分别简化为

$$\varepsilon = \frac{1-\exp(-2NTU)}{2} \tag{4.4.22}$$

$$\varepsilon = \frac{NTU}{1+NTU} \tag{4.4.23}$$

表明顺流换热器的效能会低于逆流换热器。这说明在热、冷流体热容量相近的情况下，逆流换热器仍然具有较好的传热性能。

4. 传热单元数法计算步骤

采用传热单元数法进行换热器校核计算的具体步骤如下：

① 根据换热器的操作工况，计算传热系数；

② 计算传热单元数 NTU 和热容流量比 C_R；

③ 根据换热器中流体流动的形式和 NTU、C_R，计算或利用算图查得相应的 ε；

④ 根据冷、热流体进口温度等已知量，计算传热速率；

⑤ 根据热量衡算计算冷、热流体的出口温度。

可见，用传热单元数法进行换热器的校核计算比较简便。由于传热系数 K 与流体的温度有关，在计算 K 值时，需先假设 T_2 和 t_2，待计算出流体的出口温度后，再加以校正。

【例题 4.4.5】 工程中需要将油温从 100℃降低至 70℃，采用传热面积为 $12m^2$ 的套管式换热器，用 20℃的水作为冷却剂。油和水的质量流量分别为 8000kg/h 和 2000kg/h，平均比热容分别为 1.9kJ/(kg·K)和 4.18kJ/(kg·K)。试计算两流体呈逆流流动和并流流动时油和水的出口温度，采用哪种流动形式时可以满足要求？(假设换热器的传热系数在两种情况下均为 $300W/(m^2 \cdot K)$，热损失忽略不计。逆流和并流时的 ε 分别为 0.69 和 0.59)

解：采用传热单元数法进行换热器校核计算，由已知条件，得

$$C_h = \frac{8000}{3600} \times 1900 \approx 4222 W/K$$

$$C_c = \frac{2000}{3600} \times 4180 \approx 2322 W/K$$

$$C_R=\frac{C_{\min}}{C_{\max}}=\frac{2322}{4222}=0.55$$

$$\mathrm{NTU}=\frac{KA}{C_{\min}}=\frac{300\times12}{2322}\approx1.55$$

(1) 逆流时：$\varepsilon=0.69$，传热速率为

$$Q_{逆}=\varepsilon C_{\min}(T_1-t_1)=0.69\times2322\times(100-20)\approx1.28\times10^5\mathrm{W}$$

由热量衡算

$$Q=C_c(t_2-t_1)=C_h(T_1-T_2)$$

得

$$t_{2逆}=t_1+\frac{Q}{C_c}=20+\frac{1.28\times10^5}{2322}\approx75.1℃$$

$$T_{2逆}=T_1-\frac{Q}{C_h}=100-\frac{1.28\times10^5}{4222}\approx69.7℃$$

(2) 并流时：$\varepsilon=0.59$，计算可得

$$Q_{并}=\varepsilon C_{\min}(T_1-t_1)=0.59\times2322\times(100-20)\approx1.10\times10^5\mathrm{W}$$

$$t_{2并}=t_1+\frac{Q}{C_c}=20+\frac{1.10\times10^5}{2322}\approx67.4℃$$

$$T_{2并}=T_1-\frac{Q}{C_h}=100-\frac{1.10\times10^5}{4222}\approx73.9℃$$

由计算结果可知，逆流时油出口温度低于所要求的温度，可以满足要求。

三、换热器

换热器(heat exchanger)，又称热交换器，是一种在不同温度的两种或两种以上流体间实现物料之间热量传递的节能设备，能使热量由温度较高的流体传递给温度较低的流体，使流体温度达到流程规定的指标，以满足工艺条件的需要，同时也是提高能源利用率的主要设备之一。

1. 换热器的分类

按照热交换的方式可以将换热器分为间壁式换热器、蓄热式换热器、直接接触式换热器等几类。

(1) 间壁式换热器

间壁式换热器指温度不同的两种流体，在被容器壁面分开的空间里分别流动，通过容器壁面的导热和流体在壁表面对流，两种流体之间通过间壁进行换热的设备。间壁式换热器可分为以下几种。

① 夹套式换热器是在容器外壁安装夹套制成的换热器，如图4.4.5所示，可用于反应过程的加热或冷却。其结构简单、制造方便、适应性强，但传热面积有限，如外部使用冷却介质，则对流传热系数较小，传热效率低，只可间歇式生产。

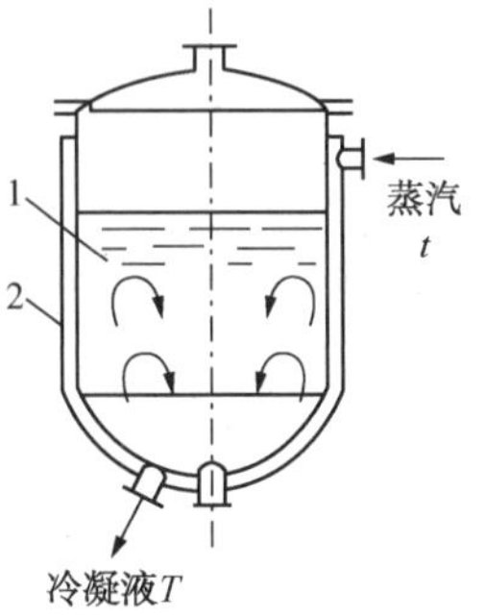

图4.4.5　夹套式换热器
1—容器；2—夹套

② 沉浸蛇管式换热器是将金属管弯绕成各种与容器相适应的形状并沉浸在容器内的液体中的一种换热器，如图4.4.6所示，其

结构简单，能承受高压，可用耐腐蚀材料制造，能适应各种形状，管内对流传热系数可较大；但容器内液体湍动程度低，管外对流传热系数小，外部空间利用率较小。

③ 套管式换热器由若干个套管连接而成，每一段套管称为“一程”，如图 4.4.7 所示，热量通过内管管壁由一种流体传递给另一种流体。该换热器结构简单、容易制造，能承受高压，可调节流速，可选择流向，管内、管外对流传热系数都较大，传热面积可根据需要增减，应用方便。但管间接头多，易泄漏。

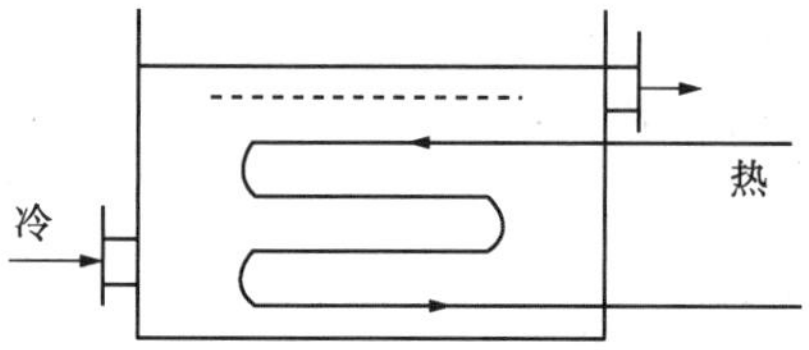

图 4.4.6　沉浸蛇管式换热器

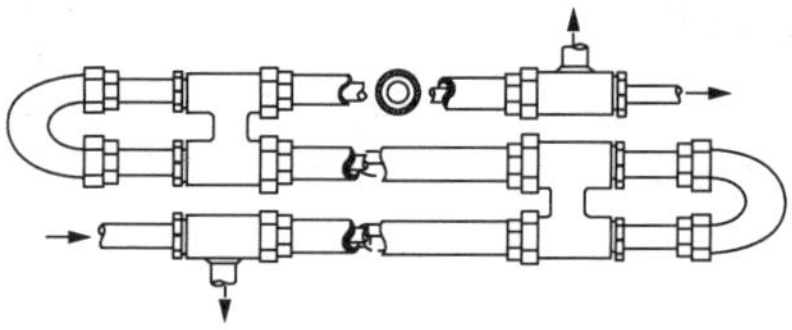

图 4.4.7　套管式换热器

（2）蓄热式换热器

蓄热式换热器是通过固体物质构成的蓄热体，把热量从高温流体传递给低温流体的设备。热介质先通过加热固体介质达到一定温度后，冷介质再通过固体介质被加热，实现热量传递。

（3）直接接触式换热器

直接接触式换热器是指两种流体可直接接触，彼此混合进行换热的设备。例如冷水塔、气体冷凝器等。

2. 列管式换热器

列管式换热器（tubular exchanger），又称管壳式换热器（shell and tube heat exchanger），是化工企业中应用最广的一种换热器。

（1）列管式换热器的基本结构

列管式换热器由壳体、管束、管板、封头、折流挡板等几部分组成，如图 4.4.8 所示。

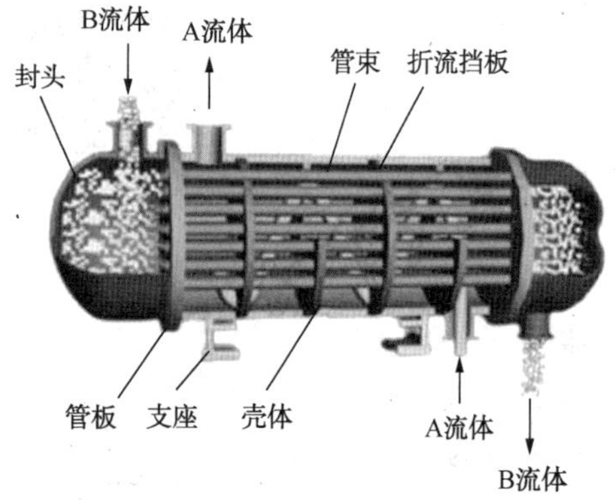

图 4.4.8　列管式换热器的基本结构

① 壳体：壳体是由金属板卷焊而成的圆筒，内部装有管束，两端与端盖装有法兰，利用螺栓将端盖与壳体连接起来。壳体上分别设有两种介质的出入口小法兰，以便于相应的管路连接。

② 管束：管束由许多平行排列的管子组成，两端固定在管板上。管内和管间分别流动着两种不同的介质。

③ 管板：管板也叫花板，金属圆板，用于固定管束的管子，与壳体两端形成不可拆卸的固定连接，或一端可自由浮动。管子的两端采用胀接或焊接的方法与管板相连接。

④ 封头：封头位于壳体两端，用于控制及分配、引导和汇集管程流体，封头便于拆卸、检修，用法兰和壳体连接。

⑤ 折流挡板：折流挡板用于支撑管束并引导流体流动，可防止流体短路、增加流体流速，迫使流体按规定路径多次错流通过管束，提高传热效果。常用的折流挡板有环盘形、弓形和圆缺形三种。

（2）壳程和管程

流体由壳体接管进入，在管间（管外）流动，由另一接管流出所走的路径称为壳程，如图4.4.9（a）所示。在壳程中可加各种形式挡板，迫使流体曲折流动，既可增加流速又可不断改变方向，使管间的对流传热系数增大。为了使壳程流速再增大，还可在壳程中加入隔板，称为多壳程。

流体从顶盖的进口管进入顶盖，然后进入管子，再从另一接管流出所走路径称为管程，如图4.4.9（b）所示。为使管内流速增大，可在顶盖中间加隔板，把管束分成若干组，使流体依次往返流过各组管子，称为多管程。

多壳程和多管程都可使流速提高，使对流传热系数增大，但流速增大，必然导致阻力增加，因此对流传热系数的提高是以消耗动力为代价的。

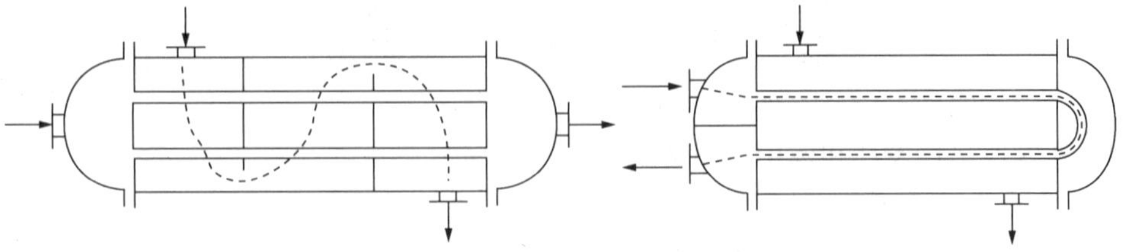

(a)壳程　　　　(b)管程

图4.4.9　列管换热器的壳程和管程

（3）列管换热器的种类

由于列管换热器的壳体和管束流动着温度不同的流体，因此其受热膨胀的程度不同，就会产生热应力，依照消除热应力的措施（热补偿）方法不同，列管换热器分为固定管板式、浮头式、U型管式等几种。

① 固定管板式

当换热器的壳体和管壁温差小于50℃时，管子和管板是通过焊接和胀接紧固连接，管板和壳体也是焊接连接，这种换热器称为固定管板式换热器。该换热器结构简单、易于制造、成本较低，但壳程不易清洗，应走干净的流体；如两流体温差50℃ $<\Delta t<$ 80℃，可在壳体上加一膨胀节。

② 浮头式

当换热器的壳体与管壁的温差大于80℃时则采用浮头式设计（见图4.4.10），管束一端的管板可自由浮动，完全消除了热应力；整个管束可从壳体中拆出，便于机械清洗和检修。浮头式换热器的应用较广，但结构比较复杂，造价较高。

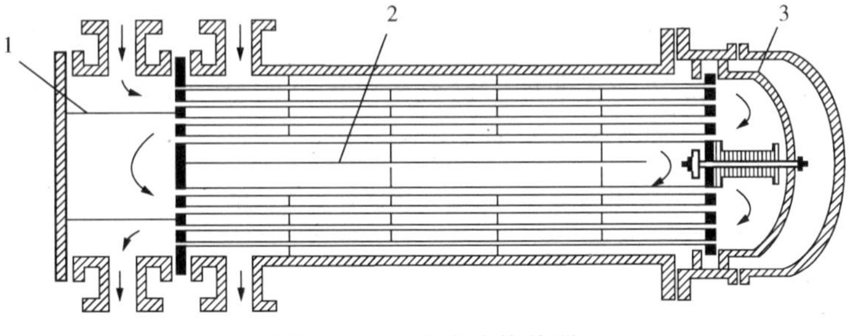

图4.4.10　浮头式换热器

1—管程隔板；2—壳程隔板；3—浮头

③ U 型管式

这种换热器的每根管子都弯成 U 型管(见图 4.4.11)，两端分别固定在同一管板上下两区，只可做成双管程。此种换热器完全消除了热应力，可承受高压，结构比浮头式简单，但管程不易清洗。

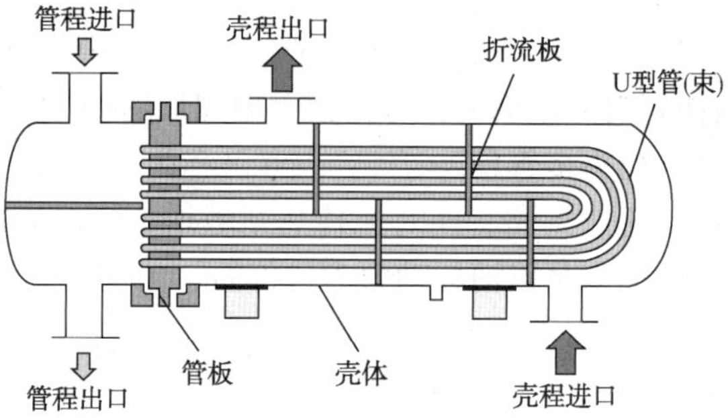

图 4.4.11　U 型管式换热器

(4) 列管换热器设计和选用应考虑的问题

① 流径的选择

不清洁、易结垢流体宜走管程。管程可以采用较高的流速，并且便于机械清洗。

有腐蚀性流体宜走管程。管程便于检修和更换管束，而且管子的材料可以根据腐蚀性流体的性质进行选择，从而避免壳程大面积的腐蚀。

饱和蒸汽宜走壳程。饱和蒸汽干净，冷凝水易从壳程排出；饱和蒸汽对流传热系数大，无须用增大流速的方法增大对流传热系数；饱和蒸汽走壳程与壳体和管子都接触，产生热应力小。

高压流体宜走管程。管程的耐压性能相对更好，而且可以减少壳体所承受的压力。

对压力降有严格限制的流体，一般走壳程。壳程的流体流动路径相对较宽，流速较低，产生的压力降相对较小。在一些低压气体的冷却过程中，气体走壳程可以避免因过大的压力降而影响后续的工艺流程。

② 流速的选择

在列管换热器中，流体流速的选择至关重要。流速会影响传热系数、压力降、污垢形成以及设备的尺寸和成本等诸多方面。合适的流速能够提高传热效率，减少污垢沉积，但过高的流速可能导致压力降过大，增加能耗和设备成本。

一般来说，流体流速增大，会使对流传热系数增大。在管程中，较高的流速能够对管壁产生较强的冲刷作用，阻止颗粒污垢的沉积，也能抑制沉淀污垢和化学反应污垢的形成。但流速与压降密切相关，流体在管内流动时，根据范宁公式，压降与流速的平方成正比。当流速过高时，管程的压降会显著增加，这就要求更高的泵功率输送流体，增加了运行成本。因此流体流速应有一适宜范围，如表 4.4.1 所示。

表 4.4.1　不同流体适宜流速范围

流体种类		一般流体	易结垢流体	气体
流速/(m/s)	管程	0.5~3	>1	5~30
	壳程	0.2~1.5	>0.5	3~15

③ 管子规格及排列方式

管子规格包括管径和管长。换热器内管径越小，换热器单位体积管子数可增加，则换热面积就越大，但管径太小，则阻力会增大，且易堵塞。目前，我国换热器管子规格有 ϕ19mm×2mm 和 ϕ25mm×2.5mm 两种。管长选取以清洗方便、合理使用管子为准，我国管子长度一般为 6m，换热器管长一般为 1.5m、2m、3m、6m 几种。

管子的排列方式有两种，正三角形排列和正方形排列(见图 4.3.5)。正三角形排列紧凑，在同样管间距情况下，单位面积可排较多管子，且管外流体扰动大，管外对流传热系数大，但清洗较困难。正方形排列时管子较松散，管外对流传热系数较正三角形排列小，但清洗较容易，如将管束旋转一个角度，可使管外对流传热系数加大。

④ 折流挡板的形状和间距

安装折流挡板的目的是提高管外对流传热系数，为取得良好效果，挡板的形状和间距必须适当(见图 4.4.12)。

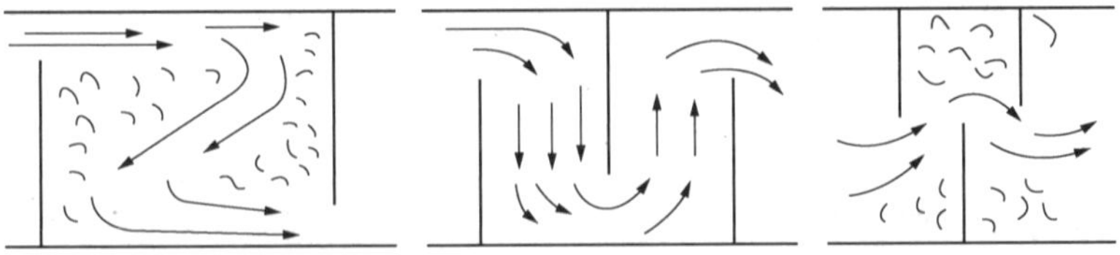

(a)缺口高度过小，板间距过大　(b)正常　(c)缺口高度过高，板间距过小

图 4.4.12　挡板切口高度及板间距的影响

在列管换热器的壳程中，折流挡板的切口高度决定了流体横向流过管束的程度。当切口高度适中时，壳程流体能够有效地横向冲刷管束，使流体在管束间的流动更加复杂和紊乱。这种横向流动可以破坏管子表面的边界层，增强流体的湍流程度。切口高度还会影响壳程流体的分布均匀性。如果切口高度过低，流体可能会集中在切口附近流动，导致管束的其他部分流体流量不足，形成流动死区。这些死区中的流体几乎没有流动，会严重影响传热效果。相反，若切口高度过高，流体可能会在壳程中形成短路，即大部分流体直接从切口处流过，而减少了与管束的接触时间，同样不利于传热。

折流挡板的板间距影响着壳程流体的流动路径长度。较小的板间距会使流体在壳程中频繁地改变流动方向，增加了流体与管束的接触次数，有利于传热。然而，板间距过小也可能会导致流体的堵塞，特别是对于含有杂质的流体，过小的板间距会增加杂质在壳程内堆积的可能性。一般来说，随着板间距的减小，流体的湍流程度会增强，流传热系数会增大。但是，当板间距减小到一定程度后，由于流体流动阻力的急剧增加，可能会导致流体分布不均匀，反而使对流传热系数下降。此外，板间距还会影响壳程流体的纵向混合程度，合适的板间距可以促进流体的纵向混合，使温度分布更加均匀，有利于提高传热效率。

四、强化传热的途径

强化传热是指通过各种技术手段，提高热量传递的速率。在许多工业领域，如化工、环境、能源、制冷等，强化传热能够在不增加设备体积或不改变基本工艺的情况下，提高设备的热效率，或者在满足相同的热交换要求时，减小设备的尺寸和成本。根据总传热速率方程 $Q=KA\Delta t_m$，强化换热的途径主要有：增大传热面积 A，增大平均温度差 Δt_m，增大总传热系数 K。

1. 增大传热面积 A

增大传热面积可以提高换热器的传热速率，但增大传热面积不能靠增大换热器的尺寸来实现，而是要从设备的结构入手。提高单位体积的传热面积，工程上往往通过改进传热面的结构实现，如采用小直径管、异形表面、加装翅片等措施。这些方法不仅使传热面得到扩大，同时也使流体的流动和换热器的性能得到一定的改善。

在换热器的管程中，采用小管径的管子可以在相同的体积内布置更多的管子，从而增加传热面积。不过，小管径管子也会带来一些问题，如流体阻力增加、容易堵塞等，需要综合考虑。

采用凹凸管、波纹管、螺旋管等异形表面的管子，改变流道的形状和大小，不仅能增加传热面积，还能使流体在流道中的流动状况发生变化，增加扰动，减小边界层厚度，从而促进传热过程。

加装翅片可以扩大传热面积并促进流体的湍动，如翅片管式换热器。尤其是在气体换热中效果显著，因为气体的对流传热系数通常较低，翅片可以大大增加传热面积，提高传热效率。

2. 增大平均温度差 Δt_m

平均温差的大小主要取决于两流体的温度条件。提高热侧流体的温度或降低冷侧流体的温度固然是增大传热推动力的措施，但通常受到生产工艺的限制。当采用饱和蒸汽作为加热介质时，增大蒸汽的压强可以提高其温度，但是必须考虑技术性和经济可行性。

在间壁式换热器中，逆流换热方式相较并流换热方式可以获得更大的平均传热温差。在逆流情况下，热流体和冷流体的温度变化方向相反，热流体出口温度可以低于冷流体出口温度，这样在整个换热过程中能够充分利用温度差。而且逆流时的对数平均温差通常大于并流，从而提高了传热效率。

3. 增大总传热系数 K

换热器中的传热过程是稳态的串联传热过程，总传热系数 K 为总热阻的倒数，为增大 K 值，就必须减小传热过程的总热阻。总热阻为各项分热阻之和，因此需要逐项分析各分热阻对降低总热阻的作用，设法减少对 K 值影响最大的热阻。对流传热热阻通常是传热过程的中的主要热阻，当换热器壁面两侧对流传热系数相差较大时，应设法强化对流传热系数小的一侧的换热。减少热阻的主要方法有：

① 提高流体的流速。在管程和壳程中，适当增加流体流速可以使流体的流动状态从层流转变为湍流。湍流时，流体内部的质点强烈混合，热量传递主要依靠对流作用，热阻减小，从而提高对流传热系数。采用多管程和壳程加挡板可分别提高管程和壳程的流速，减小热阻。

② 增强流体的扰动。通过设置扰流元件改变流体的流动方式，破坏流体的边界层，增加流体的湍流程度。扰流元件可以使流体产生旋转、涡旋等复杂的流动状态，促进热量的传递。如采用螺旋板换热器，或使用麻花管、波纹管等，都可以增加流体的扰动程度。

③ 选择导热系数高的间壁材料可以减小导热热阻，减小壁面厚度也可以降低导热热阻，从而提高传热效率。一般来说，在金属材料换热器中，金属壁较薄，其导热系数也较大，不会成为主要热阻。

④ 防止结垢和及时清垢。污垢的导热系数很小，随着换热器使用时间的增加，污垢逐渐增多，往往成为阻碍传热的主要因素。因此，工程上十分重视对换热介质进行预处理，以减少结垢，同时在换热器设计中应考虑便于清理污垢。

第五节 辐射传热

一、辐射传热的基本概念

1. 辐射传热

热力学温度在零度以上的任何物体，总是不断地把热能变为辐射能，向外发出辐射；同时也不断地吸收周围物体投射到它表面的热辐射，并转变为热能。这种物体间相互发射辐射能和吸收辐射能的传热过程称为辐射传热。热辐射的能力与温度有关，随着温度的升高，热辐射的作用变得越发重要；高温时，热辐射将起决定作用。

辐射传热是以电磁波的形式传播能量，即物体因热的原因而发出辐射能的过程。这些电磁波(热射线)在遇到另一物体时，会部分或全部被吸收，并重新转变为热能。这个过程中，不仅实现了热量的传递，还伴随着能量形式的转化，既可以从热能转化为辐射能，又可以从辐射能转化为热能。

辐射传热在生活和工业生产中有着广泛的应用。例如，微波炉、红外线灶等都是通过辐射传热的方式实现加热的效果。在工业生产中，也需要利用辐射传热进行材料加热、熔化、蒸发等工艺过程。此外，辐射传热的相关技术还在制冷技术、节能建筑、能源转换、材料制备等领域发挥越来越重要的作用。

理论上，物体热辐射的电磁波波长可以包括电磁波的整个波谱范围。在工程中有实际意义的热辐射波长在 0.38~100μm，而且大部分能量位于红外线区段，即 0.76~20μm，如图 4.5.1 所示。

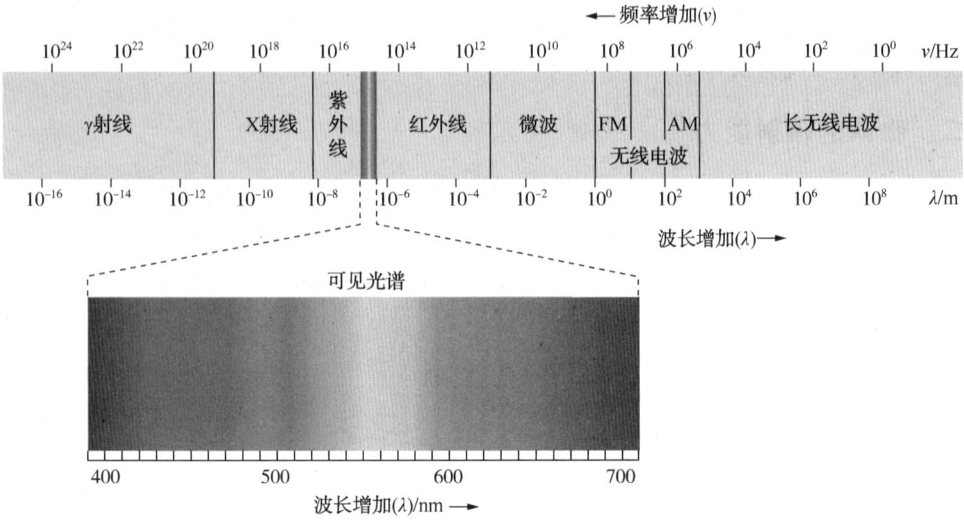

图 4.5.1 电磁波谱

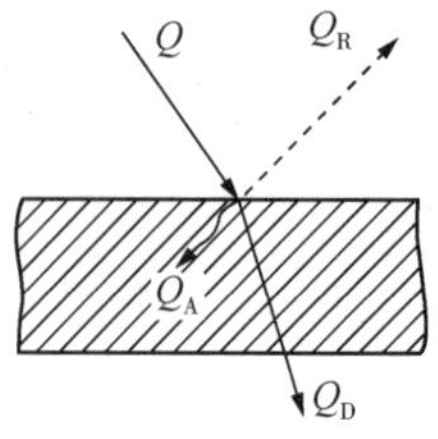

图 4. 5. 2　物体对热辐射的作用

2. 热辐射对物体的作用

当物体受到热辐射时，其内部微观粒子(如分子、原子等)会吸收辐射能，导致粒子的振动和动能增加，从而使物体的温度升高。这种加热效应是热辐射最直接的作用之一。但并不是所有的热辐射都能被吸收，除吸收之外，有一部分热辐射被反射，还有一部分热辐射会穿透物体，如图 4. 5. 2 所示。

总热辐射用 Q 来表示，吸收部分用 Q_A 表示，反射部分用 Q_R 表示，透过部分用 Q_D 表示，则有

$$Q=Q_A+Q_R+Q_D \tag{4.5.1a}$$

如果令 $\frac{Q_A}{Q}=A$，$\frac{Q_R}{Q}=R$，$\frac{Q_D}{Q}=D$，其中 A 为吸收率，R 为反射率，D 为穿透率，则有

$$\frac{Q_A}{Q}+\frac{Q_R}{Q}+\frac{Q_D}{Q}=1 \tag{4.5.1b}$$

或

$$A+R+D=1 \tag{4.5.1c}$$

若 $A=1$，则表示落在物体表面上的辐射能全部被物体吸收，这种物体称为绝对黑体。

若 $R=1$，则表示落在物体表面上的辐射能全部被反射出去。此时，若入射角等于反射角，则物体称为镜体；若反射情况为漫反射，该物体称为绝对白体。

若 $D=1$，则表示落在物体上的辐射能全部穿透过去，这类物体称为绝对透明体或透热体。

一般的物体，既不是黑体，也不是镜体。对于液体和固体来说，$D=0$，$A+R=1$，对于气体来说，$R=0$，$A+D=1$，吸收率 A 与物体的性质、状态和波长有关。这里举几个实际生活中的例子：没有光泽的黑漆表面的吸收率为 0. 96～0. 98，接近黑体；磨光的铜表面的反射率为 0. 97，接近镜体；单原子和对称的双原子气体可视为透热体。

如果引入理想物体的概念，作为实际物体与之比较的标准，可以使辐射传热计算大大简化。灰体就是一种能以相同的吸收率吸收所有波长范围的辐射能(即对各种波长的辐射能都能同样吸收)的理想物体。其特点是吸收率 A 不随波长而变化，是不透体，$D=0$，$A+R=1$。大多数工程材料可视为灰体。

二、物体的辐射能力

物体的辐射能力表征了物体发射辐射能的能力，是指物体在一定温度下，单位表面积、单位时间内所发出的全部波长的总能量 E。物体的发射能量与波长有关。

物体在一定温度下发射某种波长的能力称为物体的单色辐射能力 E_λ，单位为 W/m³，单色辐射能力可表达为：

$$E=\int_0^\infty E_\lambda \mathrm{d}\lambda \tag{4.5.2}$$

1. 黑体的辐射能力

这里分别用 E_b 和 $E_{b\lambda}$ 表示黑体的辐射能力和单色辐射能力。

$$E_b=\int_0^\infty E_{b\lambda} \mathrm{d}\lambda \tag{4.5.3}$$

普朗克定律给出了黑体的单色辐射能力与温度、波长之间的关系，即

$$E_{b\lambda}=\frac{c_1\lambda^{-5}}{e^{\frac{c_2}{\lambda T}}-1} \tag{4.5.4}$$

式中 λ——波长，μm；

T——黑体的绝对温度，K；

c_1——常数，3.743×10^{-16} W·m^2；

c_2——常数，1.4387×10^{-2} m·K。

式(4.5.4)表达了黑体单色辐射能力按波长的分布规律。将式(4.5.4)所表达的普朗克定律绘制成辐射能力分布曲线，如图4.5.3所示。不同温度下的单色辐射能力分布曲线都不相同，在同一温度下，任何两个波长之间的曲线与横坐标围成的面积为该波长范围内黑体的辐射能力，曲线与横坐标之间的所有面积为黑体的总辐射能力。从图中可以看出，高温物体的辐射能力相对较强。

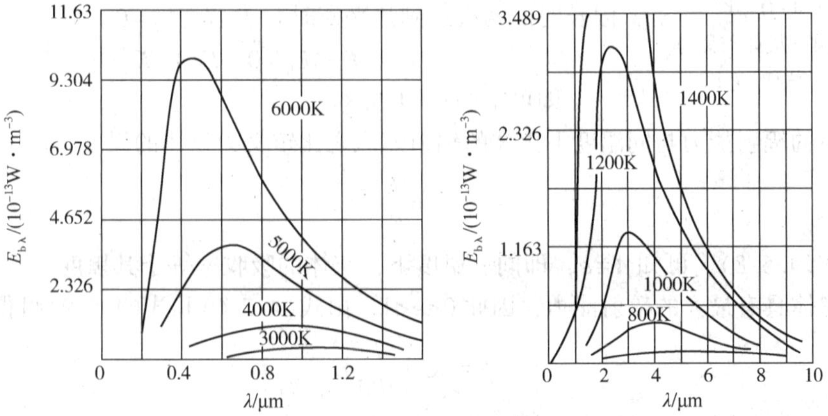

图4.5.3 黑体单色辐射能力按波长的分布曲线

将式(4.5.4)代入式(4.5.3)积分并整理可得式(4.5.5)，该式被称为斯蒂芬-波尔茨曼定律。式(4.5.5)表明，黑体的辐射能力 E_b 和其绝对温度的四次方成正比，又称四次方定律。该定律表明，热辐射对温度非常敏感，低温时热辐射往往可以忽略，高温时则起主要作用。

$$E_b=\sigma_0 T^4 \tag{4.5.5}$$

式中 σ_0——黑体的辐射常数，5.67×10^{-8} W/(m^2·K^4)。

工程上为计算方便，将式(4.5.5)写为如下形式

$$E_b=C_0\left(\frac{T}{100}\right)^4 \tag{4.5.6}$$

式中 C_0——黑体的辐射系数，5.67W/(m^2·K^4)。

2. 灰体的辐射能力

实验证明，斯蒂芬-波尔茨曼定律也可以应用于灰体，此时的数学表达式为

$$E=C\left(\frac{T}{100}\right)^4 \tag{4.5.7}$$

式中 E——灰体的辐射能力，W/m^2；

C——灰体的辐射系数，W/(m^2·K^4)。

灰体的辐射能力与其吸收率的比值恒等于同温度下黑体的辐射能力，这就是克希霍夫定律，可用下式表达

$$\frac{E}{A}=E_b \tag{4.5.8}$$

式中 A——灰体的吸收率。

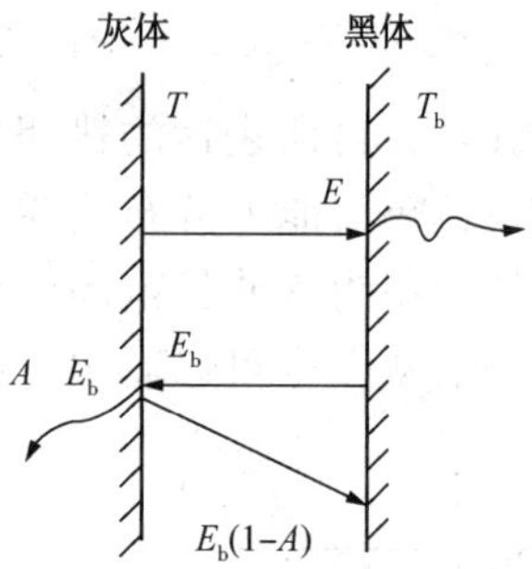

图 4.5.4 灰体与黑体之间的辐射传热

该定律可以通过以下方式进行证明。

假设有两个无限大平行平面，一个为灰体，一个为黑体，如图 4.5.4 所示，灰体的温度为 T，黑体的温度为 T_b。分析两壁面间的辐射传热情况。灰体发出的辐射能为 E，投射到黑体上被黑体全部吸收；黑体发出的辐射能为 E_b，投射到灰体上被灰体吸收的部分为 AE_b，其余的部分 $(1-A)E_b$ 则被反射回去，又被黑体全部吸收。两壁面之间的热交换量为 $q=E-AE_b$。当无限长时间两板达到热平衡时有 $T=T_b$，$q=0$，则

$$E-AE_b=0, \quad E/A=E_b$$

即可得到式(4.5.8)。

将灰体的辐射能力与同温度下黑体的辐射能力之比定义为物体的黑度，用 ε 表示，即

$$\varepsilon=\frac{E}{E_b} \tag{4.5.9}$$

对照式(4.5.8)，可知 $A=\varepsilon$，即同一温度下，灰体的吸收率等于其黑度。

由于黑体具有最大的辐射能力，因此 $0<\varepsilon<1$。由式(4.5.6)和式(4.5.9)可得

$$E=\varepsilon C_0\left(\frac{T}{100}\right)^4 \tag{4.5.10}$$

可见，只要知道物体的黑度，就可求得该物体的辐射能力。

物体表面的黑度是物体本身的特性，取决于物体的性质、温度以及表面状况，包括粗糙度及氧化程度，一般可通过实验确定。荒漠、旱地和绝大部分林地的黑度近似为 0.90；水、海滩、冰川的黑度约为 0.95；人体无论是什么肤色黑度均为 0.96 左右。

不同材料在不同温度下的黑度如表 4.5.1 所示。

表 4.5.1 不同材料在不同温度下的黑度

材料	温度/℃	黑度
红砖	20	0.88~0.93
耐火砖	—	0.8~0.9
钢板(氧化的)	200~600	0.8
钢板(磨光的)	940~1100	0.55~0.61
铅(氧化的)	200~600	0.11~0.19
铅(磨光的)	225~575	0.039~0.057
铜(氧化的)	200~600	0.57~0.87
铜(磨光的)	—	0.03
铸铁(氧化的)	200~600	0.64~0.78
铸铁(磨光的)	330~910	0.6~0.7

三、物体间的辐射传热

1. 两个物体之间的辐射传热速率

在物体的辐射传热过程中，辐射能多次被吸收和多次被反射。为了考查两个物体之间的辐射传热，假设有两个无限大的灰体平行平壁，两平壁均为不透体，之间的介质为透热体，由于平壁很大，从一壁面发出的辐射能可以全部投射到另一壁面上。两壁面的温度分别为 T_1 和 T_2，且 $T_1>T_2$，如图 4.5.5 所示。

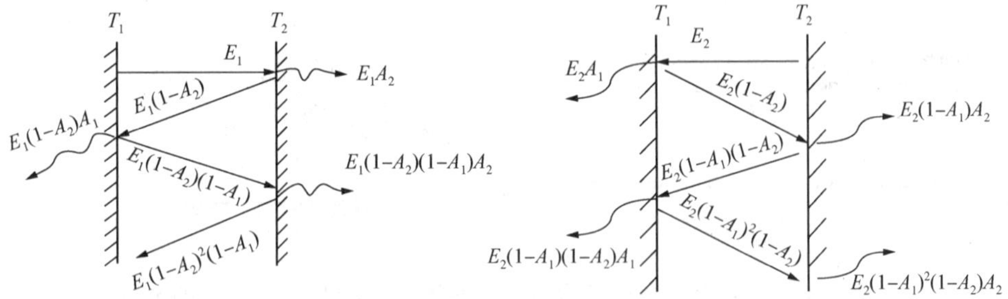

图 4.5.5　平行平壁间的辐射传热

设 E_1'为 1 板辐射出去的总能量，包括自己本身发出的辐射能和反射出去的所有能量。E_2'为 2 板辐射出去的总能量，包括自己本身发出的辐射能和反射出去的所有能量。则有

$$E_1'=E_1+E_1(1-A_2)(1-A_1)+E_1(1-A_2)^2(1-A_1)^2+\cdots+$$
$$E_2(1-A_1)+E_2(1-A_1)^2(1-A_2)+E_2(1-A_1)^3(1-A_2)^2+\cdots \tag{4.5.11}$$

$$E_2'=E_2+E_2(1-A_1)(1-A_2)+E_2(1-A_1)^2(1-A_2)^2+\cdots+$$
$$E_1(1-A_2)+E_1(1-A_2)^2(1-A_1)+E_1(1-A_2)^3(1-A_1)^2+\cdots \tag{4.5.12}$$

式(4.5.12)两边同乘$(1-A_1)$得

$$(1-A_1)E_2'=E_2(1-A_1)+E_2(1-A_1)^2(1-A_2)+E_2(1-A_1)^3(1-A_2)^2+\cdots+$$
$$E_1(1-A_2)(1-A_1)+E_1(1-A_2)^2(1-A_1)^2+E_1(1-A_2)^3(1-A_1)^3+\cdots=E_1'-E_1$$

即
$$E_1'=E_1+(1-A_1)E_2' \tag{4.5.13}$$

同理可得
$$E_2'=E_2+(1-A_2)E_1' \tag{4.5.14}$$

则单位时间内两壁面单位面积的辐射传热量为

$$q_{1\text{-}2}=E'_1-E'_2=\frac{(E_1+E_2-A_1E_2)-(E_1+E_2-A_2E_1)}{A_1+A_2-A_1A_2} \tag{4.5.15}$$

将 $A=\varepsilon$，$E=\varepsilon C_0\left(\dfrac{T}{100}\right)^4$ 代入式(4.5.15)得

$$q_{1\text{-}2}=\frac{C_0}{\dfrac{1}{\varepsilon_1}+\dfrac{1}{\varepsilon_2}-1}\left[\left(\frac{T_1}{100}\right)^4-\left(\frac{T_2}{100}\right)^4\right] \tag{4.5.16}$$

平壁壁面面积为 A，则辐射传热速率为

$$Q_{1\text{-}2}=C_{1\text{-}2}A\left[\left(\frac{T_1}{100}\right)^4-\left(\frac{T_2}{100}\right)^4\right] \tag{4.5.17}$$

其中 $C_{1-2}=\dfrac{C_0}{\dfrac{1}{\varepsilon_1}+\dfrac{1}{\varepsilon_2}-1}$，是物体 1 对物体 2 的总辐射系数，取决于壁面的性质和两个壁面的几何因素。

2. 影响两物体之间辐射传热量的因素

两个表面之间的辐射传热量与两个表面的相对位置有很大的关系，两个表面间的相对位置不同时，从一个表面发出而落到另一个表面上的辐射能的比例随之而异，从而影响到传热量。物体间的辐射传热受物体的形状、大小和相互位置等的影响，如图 4.5.6 所示。

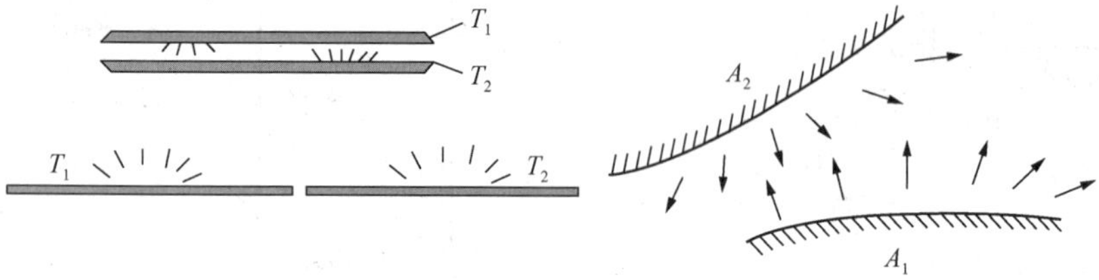

图 4.5.6　物体间的辐射传热受物体的形状、大小和相互位置等的影响

这里将表面 1 发出的辐射能中落到表面 2 上的百分数定义为表面 1 对表面 2 的角系数，用 φ_{1-2}表示，它与物体的形状、大小及两物体的相互位置和距离有关。

对于任意形状的两个物体，有

$$Q_{1-2}=C_{1-2}\varphi_{1-2}A\left[\left(\frac{T_1}{100}\right)^4-\left(\frac{T_2}{100}\right)^4\right] \tag{4.5.18}$$

表 4.5.2 为几种典型情况下的 C_{1-2}和 φ_{1-2}值。

表 4.5.2　几种典型情况下的 C_{1-2}和 φ_{1-2}值

序号	辐射情况	面积 A	角系数 φ_{1-2}	总辐射系数 C_{1-2}
①	极大的两平行面	A_1 或 A_2	1	$C_0/\left(\frac{1}{\varepsilon_1}+\frac{1}{\varepsilon_2}-1\right)$
②	面积有限的两相等的平等面	A_1	<1	$\varepsilon_1\varepsilon_2C_0$
③	很大的物体 2 包住物体 1	A_1	1	ε_1C_0
④	物体 2 恰好包住物体 1，$A_2=A_1$	A_1	1	$C_0/\left(\frac{1}{\varepsilon_1}+\frac{1}{\varepsilon_2}-1\right)$
⑤	在③④两种情况之间	A_1	1	$C_0/\left[\frac{1}{\varepsilon_1}+\frac{A_1}{A_2}\left(\frac{1}{\varepsilon_2}-1\right)\right]$

3. 减少热辐射损失的方法——加遮热挡板

现有两平板，温度分别为 T_1、T_2，其间热损失可用式(4.5.18)计算，为减少热损失，可在其中间再加一块黑度较小的挡板，如图 4.5.7所示。

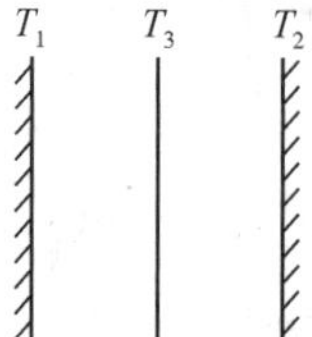

图 4.5.7　用加遮热挡板的方式减少热损失

此时热损失可由下式求出：

$$Q_{1-3}=C_{1-3}\varphi_{1-3}A\left[\left(\frac{T_1}{100}\right)^4-\left(\frac{T_2}{100}\right)^4\right]$$

$$Q_{3-2}=C_{3-2}\varphi_{3-2}A\left[\left(\frac{T_1}{100}\right)^4-\left(\frac{T_2}{100}\right)^4\right]$$

【例题 4.5.1】 某车间内有一高 0.5m、宽 1m 的铸铁炉门，表面温度为 627℃，室温为 27℃。试求：

(1) 因炉门辐射而散失的热量；

(2) 若在距炉门前 30mm 外放置一块同等大小的铝板作为热屏，散热量可降低多少？

已知铸铁和铝板的黑度分别为 0.78 和 0.15。

解： 以下标 1、2 和 3 分别表示铸铁炉门、周围四壁和铝板。

(1) 未放置热屏前，炉门被四壁包围，故

$$\varphi_{1-2}=1,\quad A=A_1,\quad C_{1-2}=\varepsilon_1 C_0$$

$$\begin{aligned}Q_{1-2}&=\varepsilon_1 C_0 A_1\left[\left(\frac{T_1}{100}\right)^4-\left(\frac{T_2}{100}\right)^4\right]\\&=0.78\times5.67\times0.5\times1\times\left[\left(\frac{273+627}{100}\right)^4-\left(\frac{273+27}{100}\right)^4\right]\\&=14329\text{W}\end{aligned}$$

(2) 放置铝板后，因炉门与铝板之间距离很小，二者之间的辐射传热可视为两个无限大平行面间的相互辐射，且稳态情况下与铝板对周围四壁的辐射传热量相等。设铝板的温度为 T_3。

$$\varphi_{1-3}=1,\quad A=A_1=A_3,\quad C_{1-3}=\frac{C_0}{\dfrac{1}{\varepsilon_1}+\dfrac{1}{\varepsilon_3}-1},\quad \varphi_{3-2}=1,\quad A=A_3,\quad C_{3-2}=\varepsilon_3 C_0$$

$$\frac{C_0A_1}{\dfrac{1}{\varepsilon_1}+\dfrac{1}{\varepsilon_3}-1}\left[\left(\frac{T_1}{100}\right)^4-\left(\frac{T_3}{100}\right)^4\right]=\varepsilon_3 C_0 A_3\left[\left(\frac{T_3}{100}\right)^4-\left(\frac{T_2}{100}\right)^4\right]$$

$$\frac{1}{\dfrac{1}{\varepsilon_1}+\dfrac{1}{\varepsilon_3}-1}\left[\left(\frac{T_1}{100}\right)^4-\left(\frac{T_3}{100}\right)^4\right]=\varepsilon_3\left[\left(\frac{T_3}{100}\right)^4-\left(\frac{T_2}{100}\right)^4\right]$$

$$\frac{1}{\dfrac{1}{0.78}+\dfrac{1}{0.15}-1}\left[\left(\frac{273+627}{100}\right)^4-\left(\frac{T_3}{100}\right)^4\right]=0.15\times\left[\left(\frac{T_3}{100}\right)^4-\left(\frac{273+27}{100}\right)^4\right]$$

$$T_3=755\text{K}$$

此时炉门的辐射散热量为

$$\begin{aligned}Q_{3-2}&=\varepsilon_3 C_0 A_3\left[\left(\frac{T_3}{100}\right)^4-\left(\frac{T_2}{100}\right)^4\right]\\&=0.15\times5.67\times0.5\times1\times\left[\left(\frac{755}{100}\right)^4-\left(\frac{273+27}{100}\right)^4\right]\\&=1347W\end{aligned}$$

散热量降低(14329−1347)/14329=90.6%。

四、气体的热辐射

1. 气体热辐射的特点

① 不同气体的辐射能力和吸收能力差别很大。N_2、H_2、O_2 等具有非极性对称结构的气体，在低温时几乎不具有吸收和辐射能力，故可视为透热体；CO、CO_2、H_2O 以及各种碳氢化合物的气体则具有相当大的辐射能力和吸收率。

② 对波长有选择性。气体辐射光谱具有不连续性，决定了气体不能近似地作为灰体处理。气体辐射对波长有强烈的选择性，只在某些特定的波长区段内具有辐射和吸收能力，这些波长区段被称为光带。在光带以外，气体既不辐射也不吸收，对热辐射呈现透明体的性质。例如，O_3 能吸收波长小于 0.3μm 的紫外线，而 CO_2 和 H_2O 的主要光带则位于红外线的波长范围。CO_2 及其他温室气体对于来自太阳的短波相对透明，但是它们往往吸收那些由地球辐射出去的长波。在大气中积累的温室气体就像一张包裹在地球外表面的毯子，搅乱了地球的辐射平衡，导致地球温度升高。

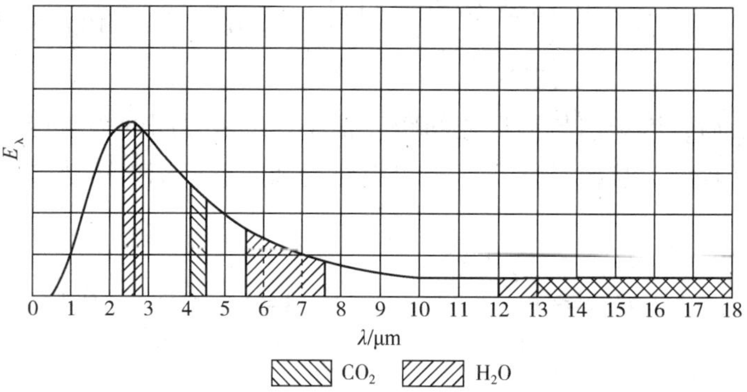

图 4.5.8　CO_2 和 H_2O 主要光带示意图

③ 在整个气体容积中进行。与固体和液体不同，气体的辐射和吸收不是在其表面进行，而是在整个气体容积中进行，即吸收和辐射与热射线所经历的路程有关。当热辐射能进入气体容积内部时，它会被沿途的气体分子逐渐吸收。同样地，气体容积发射的热辐射能也是整个容积内气体分子发射的热辐射能的总和。

2. 气体辐射的辐射能力和黑度

气体的辐射是一个容积过程，实际上不遵守四次方定律。但可将误差归到 ε_g 中进行修正，所以气体的辐射能力可表达为

$$E_g = \varepsilon_g C_0 \left(\frac{T_g}{100}\right)^4 \tag{4.5.19}$$

式中　T_g——气体的温度，K；

ε_g——气体在 T_g 温度下的黑度，ε_g 与温度、分压和气体层的形状和容积有关。

气体只能选择性地吸收某些波长的辐射能，因此气体的吸收率不仅与本身状况有关，还与外来辐射有关。气体的吸收率不等于黑度。

五、对流和辐射联合传热

当设备的外壁温度 T_w 高于周围大气温度 T 时，热量将由壁面散失到周围环境中。由于

这种情况下壁面对气体的对流传热强度较小，因而不论壁面温度高低，热辐射的作用一般都不能忽视。

对流和辐射联合传热时，设备的热损失应为对流传热和辐射传热之和，即

$$Q=\alpha_T A_W(T_W-T) \tag{4.5.20}$$

其中，$\alpha_T=\alpha_C+\alpha_R$，为对流-辐射联合传热系数，W/(m^2·K)。

思考题与习题

4.1 厚度为 0.2m 的平板，两侧温度分别为 300K 和 200K，材料的导热系数为 20W/(m·K)。求单位面积上的热传导速率 q。

4.2 某材料的导热系数 K 与温度 T 的关系为 $K=0.05T$[K 单位为 W/(m·K)，T 单位为 K]。现有厚度为 0.3m 的该材料平板，一侧温度为 400K，另一侧温度为 300K。求单位面积上的热传导速率 q。

4.3 有三层平板紧密接触，厚度分别为 0.1m、0.2m、0.15m，导热系数分别为 15W/(m·K)、25W/(m·K)、30W/(m·K)。平板一侧温度为 400K，另一侧为 300K。求通过该多层平板的热传导速率(设平板面积为 1m^2)。

4.4 一平板由两种材料复合而成，左侧材料厚度 0.2m、导热系数 12W/(m·K)，右侧材料厚度 0.3m、导热系数 18W/(m·K)。平板左侧温度 350K，右侧温度 300K。求通过平板的热传导速率(设平板面积为 1m^2)。

4.5 某圆筒壁内半径为 0.2m，外半径为 0.3m，长度 2m，内壁温度 500K，外壁温度 400K，材料热导系数 18W/(m·K)。求通过圆筒壁的热传导速率。

4.6 一个球体，半径 0.5m，球心温度 600K，球表面温度 500K，材料热导系数 22W/(m·K)。求通过球体表面的热传导速率。

4.7 某一 ϕ60mm×3mm 的铝复合管，其导热系数为 45W/(m·K)，外包一层厚 30mm 的石棉后，又包一层厚为 30mm 的软木。石棉和软木的导热系数分别为 0.15W/(m·K)和 0.04W/(m·K)。试求

(1) 如已知管内壁温度为-105℃，软木外侧温度为 5℃，则每米管长的冷损失量为多少？

(2) 若将两层保温材料互换，互换后假设石棉外侧温度仍为 5℃，则此时每米管长的冷损失量为多少？

4.8 用内径为 27mm 的管子，将空气从 10℃加热到 100℃，空气流量为 250kg/h，管外侧用 120℃的饱和水蒸气加热(未液化)。求所需要的管长。

4.9 某流体通过内径为 100mm 的圆管时，雷诺数 Re 为 1×10^5，对流传热系数为 120W/(m^2·K)。若改用周长与圆管相同、高与宽之比等于 1∶3 的矩形扁管，流体的流速保持不变。问对流传热系数变为多少？

4.10 水以 0.5m/s 的速度流过一根加热管，管长 3m，管径 20mm。水的进口温度 20℃，管壁温度维持在 80℃。求水的出口温度。

4.11 水平放置的一根圆柱，直径 0.1m，圆柱表面温度 200℃，周围空气温度 30℃。求圆柱与空气间的自然对流换热系数和单位长度圆柱的自然对流换热量。

4.12　饱和温度为110℃的水蒸气在外径为0.05m的单根水平管外表面发生膜状冷凝。管外壁温度90℃。求冷凝传热系数和单位时间内的冷凝液量(假设管子足够长，端部效应可忽略)。

4.13　有一外径为0.1m的管道，管道外壁温度300℃，周围环境温度20℃。管道外表面与周围环境的对流传热系数为10W/(m^2·K)。试求：

(1) 现给管道加一层厚度为0.05m、导热系数为0.05W/(m^2·K)的保温材料，求加保温层后单位长度管道的热损失变化情况。

(2) 若保温材料的导热系数变为0.1W/(m^2·K)，其他条件不变，计算单位长度管道的热损失。

(3) 若管道的外径为0.01m，保温材料的导热系数为0.1W/(m^2·K)，其他条件不变，计算单位长度管道的热损失。

4.14　有一由内管和外管组成的套管换热器，热流体在内管中流动，内管直径为ϕ25mm×2.5mm，管长3m，对流传热系数1000W/(m^2·K)；冷流体在环隙间流动，对流传热系数300W/(m^2·K)。内管材料的热导率45W/(m·K)。若忽略污垢热阻，计算该套管换热器的总传热系数K(以管外表面积为基准)。

4.15　在套管换热器中用冷水将100℃的热水冷却到50℃，热水的质量流量为3500kg/h。冷却水在直径为ϕ180mm×10mm的管内流动，温度从20℃升至30℃。已知基于管外表面的总传热系数为2320W/(m^2·K)。若忽略热损失，且近似认为冷水和热水的比热相等，均为4.18kJ/(m^2·K)。试求：

(1) 冷却水的用量；

(2) 两流体分别为并流和逆流流动时所需要的管长，并加以比较。

4.16　列管式换热器由19根ϕ19mm×2mm、长为1.2m的钢管组成，拟用冷水将质量流量为350kg/h的饱和水蒸气冷凝为饱和液体，要求冷水的进、出口温度分别为15℃和35℃。已知基于管外表面的总传热系数为700W/(m^2·K)，试计算该换热器能否满足要求。

4.17　若将一外径70mm、长3m、外表温度为227℃的钢管放置于：

(1) 很大的红砖屋内，砖墙壁温度为27℃；

(2) 截面为0.3m×0.3m的砖槽内，砖壁温度为27℃。

试求此管的辐射热损失。(假设管子两端的辐射损失可忽略不计，钢管和砖槽的黑度分别为0.8和0.93)

第五章 质量传递

第一节 概 述

一、质量传递的基本概念

质量传递，也常被称作传质，是自然界和工程领域中普遍存在的一种物理现象，是指物质在浓度差、温度差、压力差等推动力作用下，从一处向另一处的转移，传质包括相内传质和相际传质两类。它与热量传递(传热)类似，都是由于体系中存在某种“势差”而引发的物理过程，只不过质量传递的驱动力是浓度差、压力差、温度差等因素，而热量传递的驱动力主要是温度差。

例如，在日常生活中，我们能闻到远处花香，就是因为花朵散发的具有香味的物质分子，从花朵所在位置(高浓度处)向周围空气(低浓度处)进行了质量传递；又如把一块糖放入一杯水中，糖分子会逐渐在水中扩散开来，从糖块周围(初始高浓度区)向整杯水(低浓度区)传递，最终使整杯水都有了甜味，这也是典型的质量传递现象。

二、质量传递在环境工程中的应用

在环境工程中，经常利用传质过程去除液体、气体和固体中的污染物，如常见的吸收、吸附、萃取、膜分离过程，这些都属于均相混合物的分离。传质在废气处理、污水处理等方面广泛应用。

吸收是利用混合气体中各组分在某种溶剂(吸收剂)中溶解度的不同实现分离。当混合气体与吸收剂接触时，溶解度大的组分更多地溶解进入吸收剂中，从而从气相转移到液相，而溶解度小的组分则较少被吸收，仍较多地保留在气相，达到了分离的目的。在工业废气处理中，对于含有 SO_2 的废气，可以用 NaOH 溶液作为吸收剂，因为 SO_2 在 NaOH 溶液中有较高的溶解度，当废气与 NaOH 溶液接触时，SO_2 会大量溶解进入溶液中，实现从废气中分离出 SO_2 的效果，净化后的气体中 SO_2 含量显著降低。

吸附是指在相界面上，某种物质的分子、原子或离子从体相浓度较高的一侧自发地附着到另一种固体或液体表面(吸附剂)上，从而使该物质在界面处浓度相对增高的过程。比如用活性炭吸附处理含挥发性有机物的废气，挥发性有机物分子从气相向活性炭表面(存在浓度差)进行质量传递，被活性炭吸附，从而达到净化废气的目的。

针对均相的液体混合物，萃取是利用溶质在互不相溶(或部分互溶)的两种溶剂中的溶解度差异实现分离。选择一种对目标溶质有较大溶解度的溶剂(萃取剂)，将其与原均相液体混合物充分混合，溶质就会从原溶剂中转移到萃取剂中，然后通过分液等操作将萃取剂层和原溶剂层分离，再对萃取剂层进行进一步处理(如蒸馏等)回收溶质和萃取剂，达到分离的目的。例如，在从水溶液中提取碘时，可以用 CCl_4 作为萃取剂，因为碘在 CCl_4 中的溶解度远大于在水中的溶解度，将 CCl_4 加入含碘的水溶液中并充分振荡混合后，碘会大量转移到 CCl_4 相中，静置分层后，下层的 CCl_4 相(含碘)就可以与上层的水相分离，实现碘和水的初步分离。

膜分离技术是依靠具有特殊选择性透过功能的膜实现污染物的分离。不同的膜对不同物质的透过能力不同，当均相混合物(可以是气体混合物、液体混合物等)与膜接触并在一定的驱动力(如压力差、浓度差等)作用下，一些物质可以透过膜，而另一些物质则被截留，从而达到分离的目的。例如，在反渗透海水淡化过程中，利用半透膜，在膜的一侧施加高于海水渗透压的压力，水分子可以透过半透膜进入另一侧得到淡水，而海水中的盐分等杂质则被半透膜截留，实现了海水与淡水的分离。

三、质量传递的方式

质量传递的方式主要有分子扩散和对流传质。

分子扩散是由分子的无规则热运动而产生的物质传递现象，是分子随机热运动的宏观结果，只要存在浓度差，就能够在一切物系中发生。分子扩散是质量传递的最基本形式，在气相、液相和固相中均能发生。扩散速率与浓度梯度成正比，与扩散系数和温度有关，其过程相对缓慢且较为均匀，没有宏观的流体流动参与。如敞口容器中的水向静止空气中蒸发，是由于水表面的水分子在热运动下，从水的高浓度区域(水面)向空气中的低浓度区域扩散；又如向一杯静止的水中加入一滴蓝墨水，蓝色由最初的位置慢慢散开，即蓝墨水的分子由高浓度处向低浓度处移动，经过较长一段时间后，杯中水的颜色趋于一致。

对流传质是指运动流体与固体壁面之间，或两种不互溶的流体之间发生的质量传递过程，由流体微团的宏观运动引起，仅发生在流动流体中。对流传质可分为自然对流和强制对流。自然对流是由于密度差异引起的对流，如热空气上升、冷空气下降；强制对流则是由于外力(如泵或风机)引起的对流，如搅拌液体使溶质在溶剂中更快地分散。对流传质的速率与流体的流速、溶质的性质和流体与溶质之间的相互作用等因素有关，其传递速度通常比分子扩散快，且在流体流动方向上的传递更为显著。

第二节　质量传递的基本原理

一、相平衡

1. 相平衡的概念和特点

相平衡是指在一定的温度、压力及组成条件下，当一个多相体系中各相之间的物质传递达到动态平衡状态时，每一组分在各相中的化学势相等，此时各相的组成不再随时间而变化。也就是说，在这种平衡状态下，虽然分子层面上不同相之间依然存在着物质的交换，但从宏观上看，各相的组成保持稳定。相平衡是相际间传质的最终状态。相平衡与热平衡不同，达到相平衡时，一般两相浓度不相等，此时传质过程仍在进行，只不过通过相界面的某一组分的净传质量为0，因此属于动态平衡。

2. 相组成的表示方法

相组成通常用浓度来表示。根据第二章常用物理量中浓度的各种表示方法和换算方法，可知对于 A、B 两种组分的混合物系，有

摩尔分数　x_A(或 y_A)$=\frac{n_A}{n}$

质量分数　$x_{mA}=\frac{m_A}{m}$

摩尔比　X_A(或 Y_A)$=\frac{n_A}{n_B}$

质量比　$X_{mA}=\frac{m_A}{m_B}$

摩尔浓度　$c_A=\frac{n_A}{V}$

质量浓度　$\rho_A=\frac{m_A}{V}$

混合物总摩尔浓度　$c=\frac{n}{V}$

混合物总质量浓度　$\rho=\frac{n}{V}$

对于气体，还可以用组分 A 的分压 p_A 来表示浓度。根据理想气体状态方程，有

$$c_A=\frac{n_A}{V}=\frac{p_A}{RT}$$

$$c=\frac{n}{V}=\frac{P}{RT}$$

$$y_A=\frac{n_A}{n}=\frac{p_A}{P}$$

$$\rho_A=\frac{m_A}{V}=\frac{M_A n_A}{V}=\frac{p_A M_A}{RT}$$

二、传质机理

1. 分子扩散

分子扩散是指在一相内部因浓度梯度的存在，由于分子的无规则的随机热运动而产生的物质传质现象。尽管分子运动向各方向是无规则的，但是在浓度高处的分子向浓度低方向扩散表现为数量大、效率高，反之，浓度低处的分子向浓度高方向扩散的数量少、频率低，两处比较，则浓度高处向浓度低处扩散的量大，从而表现出沿浓度降低方向上质量的传递。

分子扩散是由分子的不规则热运动而导致的质量传递，传质速率较慢。分子扩散过程只有在固体、静止流体或层流流动的流体中才会单独发生。分子扩散可用费克(Fick)定律描述。

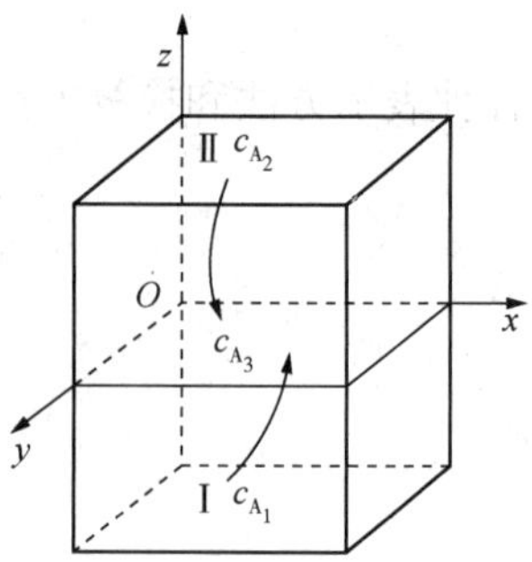

图 5.2.1　分子扩散示意图

(1) 费克第一定律

在某一空间充满 A、B 组分组成的混合物，无总体流动或处于静止状态。若组分 A 的浓度为 c_A，且组分 A 的浓度在体系内分布不均匀，有 $c_{A_1}>c_{A_2}>c_{A_3}$。分子热运动的结果将导致 A 分子由浓度高的区域向浓度低的区域净扩散，即发生由高浓度处向低浓度处的分子扩散。如图 5.2.1 所示。

在一维稳态情况下，组分 A 单位时间通过垂直于扩散方向的单位面积扩散的量为

$$N_{A,z}=-D_{AB}\frac{dc_A}{dz} \tag{5.2.1}$$

式中　$N_{A,z}$——组分 A 单位时间通过垂直于扩散方向的单位面积扩散的物质的量，即扩散通量，也称为扩散速率，kmol/(m^2·s)；

c_A——组分 A 的物质的量浓度，kmol/m^3；

D_{AB}——组分 A 在组分 B 中进行扩散的分子扩散系数，m^2/s；

$\frac{dc_A}{dz}$——组分 A 在扩散方向上的摩尔浓度梯度，kmol/(m^3·m)。

式(5.2.1)被称为费克定律，该式表明在稳态扩散的情况下，单位时间内通过垂直于扩散方向的单位面积的物质的量(即扩散通量)与该物质在扩散方向上的浓度梯度成正比。负号表示分子扩散方向与浓度梯度方向相反。

费克定律还可表达成其他形式，设混合物的摩尔浓度为 c(kmol/m^3)，组分 A 的摩尔分数为 x_A，则 $c_A=cx_A$，若 c 为常数，则有

$$N_{A,z}=-cD_{AB}\frac{dx_A}{dz} \tag{5.2.2}$$

对于气体混合物，$c_A=\frac{n_A}{V}=\frac{p_A}{RT}$，其中 R 为常数，温度一定时，T 也为常数，则有

$$N_{A,z}=-D_{AB}\frac{d(p_A/RT)}{dz}=-\frac{D_{AB}}{RT}\cdot\frac{dp_A}{dz} \tag{5.2.3}$$

(2) 分子扩散系数

分子扩散系数，是描述物质分子扩散能力的一个重要的物理量。分子扩散系数表示在单位浓度梯度下，单位时间内通过单位面积的物质的量，它定量地描述了物质分子在介质中扩散的难易程度。根据费克第一定律可得分子扩散系数的定义式

$$D_{AB}=-\frac{N_{A,z}}{\frac{dc_A}{dz}} \tag{5.2.4}$$

由式(5.2.4)可知，扩散系数与扩散通量成正比，与浓度梯度成反比，也就是说，在相同的浓度梯度条件下，扩散系数越大的物质，其扩散通量越大，扩散进行得就越快、越容易。扩散系数的数值受体系温度、压力和混合物浓度等因素的影响。物质在不同条件下的扩散系数一般需要通过实验测定。

对于二元气体扩散系数，通常用较简单的由福勒(Fuller)等提出的公式进行估算

$$D_{AB}=\frac{1.00\times10^{-7}T^{1.75}\sqrt{\frac{1}{M_A}+\frac{1}{M_B}}}{P[(\sum v_A)^{\frac{1}{3}}+(\sum v_B)^{\frac{1}{3}}]^2} \tag{5.2.5}$$

式中　　M_A、M_B——组分 A、B 的分子量，g/mol；

T——绝对温度，K；

P——总压力，Pa；

$(\sum v_A)$、$(\sum v_B)$——组分 A、B 的分子体积。

由式(5.2.5)可知，对于双组分气体物系，扩散系数与温度的 1.75 次方成正比，与压强成反比。

对于很稀的非电解质溶液(溶质 A+溶剂 B)，其扩散系数常用 Wilke-Chang 公式估算

$$D_{AB}=7.4\times10^{-8}\frac{(\varphi M_B)^{\frac{1}{2}}T}{\mu V_A^{0.6}} \tag{5.2.6}$$

式中　φ——溶剂的缔合因子，水为 2.6，甲醇为 1.9，乙醇为 1.5；

μ——溶剂黏度；

V_A——组分 A 在正常沸点下的摩尔体积。

由式(5.2.6)可知，对于双组分液体物系，扩散系数与温度成正比。

固体中的扩散系数须靠实验确定。

液体的密度、黏度均比气体高得多，因此物质在液体中的扩散系数远比在气体中的小，在固体中的扩散系数更小。物质在气体、液体、固体中的扩散系数的数量级分别为 $10^{-5}\sim10^{-4}m^2/s$、$10^{-10}\sim10^{-9}m^2/s$、$10^{-14}\sim10^{-10}m^2/s$。

2. *涡流扩散*

涡流扩散是对流传质中的一种重要现象，主要发生在流体处于湍流状态时。当流体处于湍流流动时，流体内部会形成大小不一、杂乱无章的漩涡(即涡流)，这些漩涡会促使流体中的物质快速混合并进行扩散传递，这种由涡流引起的物质扩散过程就被称为涡流扩散。

涡流扩散与分子扩散不同，分子扩散是基于分子的无规则热运动，在静止或层流的流体中也能发生，并且其扩散速率相对较慢；而涡流扩散依赖于流体的湍流运动产生的漩涡，只有在湍流状态下才会出现，扩散速度通常要比分子扩散快得多。

为了定量描述涡流扩散的程度，引入了涡流扩散系数这一概念，通常用符号 D_E 表示。它类似于分子扩散系数，与涡流扩散通量和浓度梯度之间存在一定的关系。在一维稳态情况下，涡流扩散引起的组分 A 的物质的量扩散通量 N_{AE}与组分 A 的摩尔浓度梯度成正比，即

$$N_{AE}=-D_E\frac{dc_A}{dz} \tag{5.2.7}$$

在对流传质过程中，总的扩散通量可以看作分子扩散通量与涡流扩散通量之和。对于一维情况，若用 N_{At}表示总的扩散通量，$N_{A,z}$表示分子扩散通量(遵循费克第一定律，其中 D_{AB}为分子扩散系数)，N_{AE}表示涡流扩散通量，则有

$$N_{At}=N_{A,z}+N_{AE} \tag{5.2.8a}$$

即

$$N_{At}=-D_{AB}\frac{dc_A}{dz}-D_E\frac{dc_A}{dz}=-(D_{AB}+D_E)\frac{dc_A}{dz}=-D_{eff}\frac{dc_A}{dz} \tag{5.2.8b}$$

式中　D_{eff}——组分 A 在双组分混合物中的有效质量扩散系数。

在充分发展的湍流中，涡流扩散系数往往比分子扩散系数大得多，因而有 $D_{eff}\approx D_E$。

第三节　分子传质

一、存在总体流动的扩散

1. 扩散过程

设 A、B 组分的气体混合物与液体接触，在相界面处，只有组分 A 可溶于液相，而组分 B 不溶于液相，如图 5.3.1(a)所示。当溶质组分 A 在浓度梯度作用下从气相主体向 i 相界面处扩散，达到 i 相界面时，发生溶解，进入液相，其通量为 N_A。由于界面处组分 A 溶于液相中，从而形成惰性组分 B 的逆向浓度差。组分 B 在逆向浓度差下产生反向扩散，其通量 $N_B=-N_A$。由于界面处惰性组分 B 的反扩散，无液相分子通过界面向气相补充，导致界面处气相总浓度下降，即总压下降，使得气体与界面之间产生微小的压差，从而产生混合气主体向界面递补的运动，这种递补运动称之为总体流动。图 5.3.1(b)为从气相主体到相界面处组分 A 和组分 B 的浓度分布。

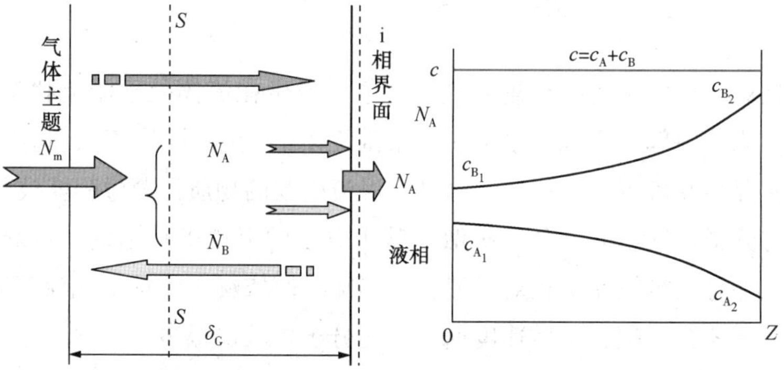

图 5.3.1　存在总体流动的扩散

2. 扩散通量

费克第一定律描述的扩散通量为相对扩散通量，是相对于运动面(总体流动)的扩散通量。对于组分 A 和组分 B 的相对扩散通量通常分别用 $N_{A,Z}$ 和 $N_{B,Z}$ 表示。而相对于静止面的扩散通量称为绝对扩散通量，对于组分 A、组分 B 和总体流动的绝对扩散通量分别用 N_A 和 N_B 和 N_M 表示。由通量的定义，可知

$$N_A = c_A u_A \tag{5.3.1}$$

$$N_B = c_B u_B \tag{5.3.2}$$

式中，c_A、c_B 分别为组分 A、B 的摩尔浓度，u_A、u_B 分别为组分 A、B 的绝对运动速度。若 c 为总浓度，u_M 为总体流动的速度，有

$$u_M = \frac{c_A u_A + c_B u_B}{c} \tag{5.3.3}$$

则

$$N_M = c u_M = N_A + N_B \tag{5.3.4}$$

组分 A 的相对扩散通量应为

$$N_{A,Z} = c_A(u_A - u_M) \tag{5.3.5}$$

组分 B 的相对扩散通量应为

$$N_{B,Z} = c_B(u_B - u_M) \tag{5.3.6}$$

将式(5.3.1)~式(5.3.3)代入式(5.3.5)中，整理可得

$$N_{A,Z} = N_A - x_A(N_A + N_B) \tag{5.3.7}$$

同理

$$N_{B,Z} = N_B - x_B(N_A + N_B) \tag{5.3.8}$$

将组分 A 的相对扩散通量用费克定律表示，则组分 A 的绝对扩散通量为

$$N_A = -D_{AB}\frac{\mathrm{d}c_A}{\mathrm{d}z} + x_A(N_A + N_B) \tag{5.3.9}$$

式(5.3.9)被称为广义的费克定律。该式表明

组分 A 的绝对扩散通量=组分 A 的相对扩散通量+总体流动的扩散通量。

二、单向扩散

1. 单向扩散的定义和特点

所谓单向扩散是指组分 A 通过停滞(或不扩散)组分 B 的分子扩散。

单向扩散的特点是：组分 B 的绝对扩散通量为零，即 $N_B = 0$；组分 A 和组分 B 的相对扩散通量在数量上相等，在方向上相反，即 $N_{A,z} = -N_{B,z}$ = 常数；组分 A 通过组分 B 的扩散系数等于组分 B 通过组分 A 的扩散系数，都可以用 D 来表示，即 $D_{AB} = D_{BA} = \mathrm{D}$。

2. 单向扩散的传质方程

根据以上特点，可将式(5.3.9)简化为

$$N_A = -\mathrm{D}\frac{\mathrm{d}c_A}{\mathrm{d}z} + x_A N_A \tag{5.3.10}$$

由式(5.3.10)求解 N_A 可得

$$N_A = -\frac{c}{c - c_A}D\frac{\mathrm{d}c_A}{\mathrm{d}z} \tag{5.3.11}$$

假设在气相主体中位置为 z_1 处组分 A 和组分 B 的摩尔浓度分别为 c_{A_1} 和 c_{B_1}，在相界面位置为 z_2 处组分 A 和组分 B 的摩尔浓度分别为 c_{A_2} 和 c_{B_2}，即式(5.3.11)积分的边界条件为

$z = z_1$ 时，$c_A = c_{A_1}$

$z = z_2$ 时，$c_A = c_{A_2}$

式(5.3.11)在$(z_1,\ c_{A_1})$，$(z_2,\ c_{A_2})$范围内积分得

$$N_A\int_{z_1}^{z_2}dz=-cD\int_{c_{A_1}}^{c_{A_2}}\frac{dc_A}{c-c_A}$$

$$N_A=\frac{cD}{z_2-z_1}\ln\frac{c-c_{A_2}}{c-c_{A_1}} \tag{5.3.12a}$$

因为从气相主体到相界面各个截面上的总浓度相等，有 $c=c_A+c_B=c_{A_1}+c_{B_1}=c_{A_2}+c_{B_2}$，则 $c-c_{A_1}=c_{B_1}$，$c-c_{A_2}=c_{B_2}$，$c_{A_1}-c_{A_2}=c_{B_2}-c_{B_1}$，则有

$$N_A=\frac{cD}{z_2-z_1}\ln\frac{c_{B_2}}{c_{B_1}} \tag{5.3.12b}$$

引入 1、2 截面上 c_B 的对数平均值 c_{Bm}，有

$$c_{B_m}=\frac{c_{B_2}-c_{B_1}}{\ln\dfrac{c_{B_2}}{c_{B_1}}} \tag{5.3.13}$$

$$N_A=\frac{D}{z_2-z_1}\cdot\frac{c}{c_{B_m}}(c_{B_2}-c_{B_1})=\frac{c_{A_1}-c_{A_2}}{\Delta z c_{B_m}/cD}=\frac{\text{推动力}}{\text{阻力}} \tag{5.3.14}$$

若流体为理想气体，则式(5.3.14)可写成

$$N_A=\frac{D}{z_2-z_1}\cdot\frac{1}{y_{B_m}}(y_{A_1}-y_{A_2}) \tag{5.3.15}$$

根据理想气体状态方程 $p=cRT$，式(5.3.14)也可写成

$$N_A=\frac{D}{RT(z_2-z_1)}\cdot\frac{p}{p_{B_m}}(p_{A_1}-p_{A_2}) \tag{5.3.16}$$

式(5.3.15)和式(5.3.16)中

$$y_{B_m}=\frac{y_{B_2}-y_{B_1}}{\ln\dfrac{y_{B_2}}{y_{B_1}}} \tag{5.3.17a}$$

$$p_{B_m}=\frac{p_{B_2}-p_{B_1}}{\ln\dfrac{p_{B_2}}{p_{B_1}}} \tag{5.3.17b}$$

式(5.3.14)中的$\dfrac{c}{c_{B_m}}$、式(5.3.15)中的$\dfrac{1}{y_{B_m}}$和式(5.3.16)中的$\dfrac{p}{p_{B_m}}$都被称为漂流因子，其值总是大于 1，代表了总体流动的影响。

3. 单向扩散的浓度分布

将式(5.3.11)在$(z_1,\ c_{A_1})$，$(z,\ c_A)$范围内积分得

$$N_A\int_{z_1}^{z}dz=-cD\int_{c_{A_1}}^{c_A}\frac{dc_A}{c-c_A}$$

$$N_A=\frac{cD}{z_2-z_1}\ln\frac{c-c_A}{c-c_{A_1}}=\frac{cD}{z_2-z_1}\ln\frac{c_B}{c_{B_1}} \tag{5.3.18}$$

将式(5.3.12b)与式(5.3.18)联立，可得

$$\frac{\ln\dfrac{c_B}{c_{B_1}}}{\ln\dfrac{c_{B_2}}{c_{B_1}}}=\frac{z-z_1}{z_2-z_1} \tag{5.3.19}$$

上式整理得

$$\frac{c_B}{c_{B_1}}=\left(\frac{c_{B_2}}{c_{B_1}}\right)^{\frac{z-z_1}{z_2-z_1}} \tag{5.3.20}$$

或可写成

$$\frac{c-c_A}{c-c_{A_1}}=\left(\frac{c-c_{A_2}}{c-c_{A_1}}\right)^{\frac{z-z_1}{z_2-z_1}} \tag{5.3.21}$$

由式(5.3.20)和式(5.3.21)可知，单向扩散时，浓度分布为对数型。如图5.3.2所示。

【例题5.3.1】 用温克尔曼方法测定气体在空气中的扩散系数，测定装置如图5.3.3所示。在101.3kPa下，将此装置放在328K的恒温箱内，立管中盛水，最初水面离上端管口的距离为0.125m，迅速向上部横管中通入干燥的空气，使水蒸气在管口的分压接近零。实验测得经1.044×10^6s后，管中的水面离上端管口的距离为0.15m。求水蒸气在空气中的扩散系数。

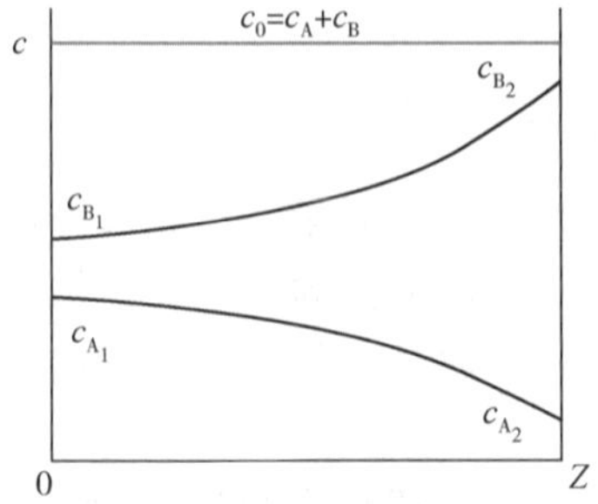

图5.3.2 单向扩散的浓度分布

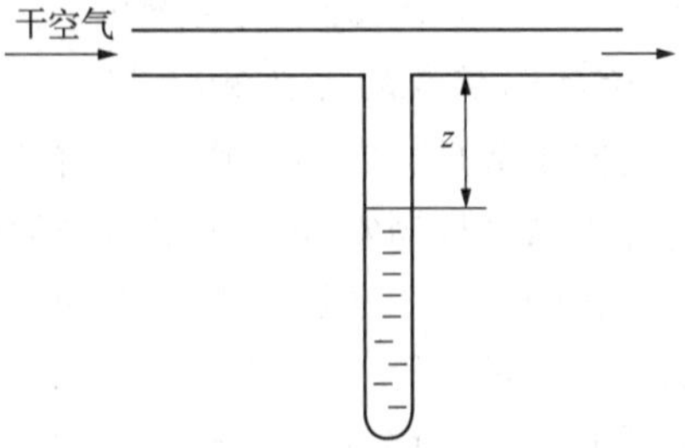

图5.3.3 例题5.3.1附图

解： 立管中水面的下降是由于水的蒸发扩散，该扩散过程属于单向扩散。水面与上端管口的距离为z，水蒸气扩散的传质通量为

$$N_A=\frac{Dp}{RTzp_{B_m}}(p_{A_1}-p_{A_2})$$

传质通量可用管中水面的下降速度表示

$$N_A=\frac{c_A\mathrm{d}z}{\mathrm{d}t}$$

则有

$$\frac{c_A\mathrm{d}z}{\mathrm{d}t}=\frac{Dp}{RTzp_{B_m}}(p_{A_1}-p_{A_2}) \tag{1}$$

根据已知条件　$p_{A_2}=0$

查表得328K下水的饱和蒸气压　$p_{A_1}=15.73$kPa

则

$$p_{B_2}=p-p_{A_2}=101.3\text{kPa}$$

$$p_{B_1}=p-p_{A_1}=101.3-15.73=85.57\text{kPa}$$

$$p_{B_m}=\frac{p_{B_2}-p_{B_1}}{\ln\frac{p_{B_2}}{p_{B_1}}}=\frac{101.3-85.57}{\ln\frac{101.3}{85.57}}=93.2\text{kPa}$$

328K 下，水的密度为 985.6kg/m^3，故

$$c_A=\frac{985.6}{18}=54.7\text{kmol/m}^3$$

(1)式分离变量得

$$z\text{d}z=\frac{Dp}{c_A RTp_{B_m}}(p_{A_1}-p_{A_2})\text{d}t \tag{2}$$

边界条件为

$$t=0,\ z=0.125\text{m}$$

$$t=1.044\times10^6\text{s},\ z=0.150\text{m}$$

对(2)式积分，得

$$\int_{0.125}^{0.15}z\text{d}z=\frac{Dp}{c_A RTp_{B_m}}p_{A_1}\int_0^{1.044\times10^6}\text{d}t$$

$$\frac{(0.15^2-0.125^2)}{2}=\frac{D\times101.3\times15.73\times1.044\times10^6}{54.7\times8.314\times328\times93.2}$$

解得 $D=2.87\times10^{-5}\text{m}^2/\text{s}$。

三、等分子反向扩散

1. 等分子反向扩散的定义和特点

等分子反向扩散是指在混合物中，两种组分以相等的摩尔通量，沿相反方向进行的扩散过程。这种扩散过程通常发生在双组分混合物中，且两种组分的分子在扩散过程中没有净物质流产生，即从一个区域扩散出去的某一组分的分子数量，与从相反方向扩散进来的另一组分的分子数量相等。

等分子反向扩散的特点是：组分 A 和组分 B 的绝对扩散通量在数量上相等，在方向上相反，即 $N_A=-N_B=$常数，或 $N_M=0$；组分 A 和组分 B 的相对扩散通量在数量上相等，在方向上相反，即 $N_{A,z}=-N_{B,z}=$常数；组分 A 通过组分 B 的扩散系数等于组分 B 通过组分 A 的扩散系数，都可以用 D 来表示，即 $D_{AB}=D_{BA}=D$。

2. 等分子反向扩散的传质方程

根据以上特点，可将式(5.3.9)简化为

$$N_A=-D\frac{\text{d}c_A}{\text{d}z} \tag{5.3.22}$$

假设在位置为 z_1 处组分 A 和组分 B 的摩尔浓度分别为 c_{A_1} 和 c_{B_1}，在位置为 z_2 处组分 A 和组分 B 的摩尔浓度分别为 c_{A_2} 和 c_{B_2}，即式(5.3.22)积分的边界条件为

$z=z_1$ 时，$c_A=c_{A_1}$

$z=z_2$ 时，$c_A=c_{A_2}$

将式(5.3.22)在(z_1，c_{A_1})，(z_2，c_{A_2})范围内积分得

$$N_A\int_{z_1}^{z_2}\text{d}z=-D\int_{c_{A_1}}^{c_{A_1}}\text{d}c_A$$

$$N_A=\frac{D}{z_2-z_1}(c_{A_1}-c_{A_2})=\frac{c_{A_1}-c_{A_2}}{\Delta z/D} \tag{5.3.23}$$

若流体为理想气体，则式(5.3.23)可写成

$$N_A=\frac{cD}{z_2-z_1}(y_{A_1}-y_{A_2}) \tag{5.3.24}$$

根据理想气体状态方程 $p=cRT$，式(5.3.23)也可写成

$$N_A=\frac{D}{RT(z_2-z_1)}(p_{A_1}-p_{A_2}) \tag{5.3.25}$$

3. 等分子反向扩散的浓度分布

将式(5.3.22)在(z_1，c_{A_1})，(z，c_A)范围内积分得

$$N_A\int_{z_1}^{z}\mathrm{d}z=-cD\int_{c_{A_1}}^{c_A}\mathrm{d}c_A$$

$$N_A=\frac{D}{z-z_1}(c_{A_1}-c_A) \tag{5.3.26}$$

将式(5.3.23)与式(5.3.26)联立，可得

$$\frac{c_{A_1}-c_A}{c_{A_1}-c_{A_2}}=\frac{z-z_1}{z_2-z_1} \tag{5.3.27}$$

或

$$\frac{p_{A_1}-p_A}{p_{A_1}-p_{A_2}}=\frac{z-z_1}{z_2-z_1} \tag{5.3.28}$$

从式(5.3.27)和式(5.3.28)中可以看出，等分子反向扩散时，浓度分布为直线型，如图5.3.4所示。

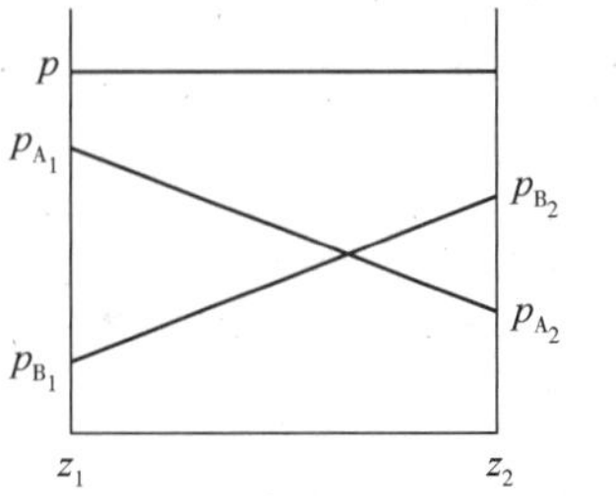

图 5.3.4　等分子反向扩散的浓度分布

四、界面上有化学反应稳态传质

某些体系中，在发生分子扩散的同时往往伴随着化学反应。扩散与反应相互影响，传质为化学反应提供反应物，使反应物能够不断到达反应界面，而化学反应则消耗反应物，在界面处形成新的浓度梯度，反过来又促进传质过程。化学反应的存在可能改变相界面处的浓度分布，进而影响传质阻力。如果化学反应速率很快，能迅速消耗掉到达界面的反应物，使得界面处反应物浓度趋近于零，这种情况下传质阻力主要集中在扩散过程中，称为扩散控制；当化学反应速度远远低于扩散速率，反应物在界面处积累，传质阻力主要集中在反应过程中，称为反应控制；而如果扩散速率和化学反应速率均较慢，传质阻力则可能由扩散和反应共同决定。

这里只讨论在固体表面进行的化学反应过程。假设气体 A 在固体 C 表面发生如下的一级化学反应

$$A(g)+C(s)\rightleftharpoons 2B(g)$$

根据上式，可得出组分 A 的扩散通量 N_A 与组分 B 的扩散通量 N_B 之间的关系为

$$N_B=-2N_A \tag{5.3.29}$$

根据广义的费克定律有

$$N_A=-D_{AB}\frac{dc_A}{dz}+\frac{c_A}{c}(N_A+N_B) \tag{5.3.30}$$

将式(5.3.29)代入式(5.3.30)，整理得

$$N_A=-\frac{D_{AB}c}{c+c_A}\cdot\frac{dc_A}{dz} \tag{5.3.31}$$

将上式在固体表面和气相主体之间积分，即在(z_1，c_{A_1})，(z_2，c_{A_2})之间积分得

$$N_A\int_{z_1}^{z_2}dz=-\int_{c_{A_1}}^{c_{A_2}}\frac{D_{AB}c}{c+c_A}dc_A$$

若 D_{AB}和 c 为常数，则

$$N_A=-\frac{D_{AB}c}{z_2-z_1}\ln\frac{c+c_{A_2}}{c+c_{A_1}} \tag{5.3.32}$$

① 若反应瞬时完成，在固体 C 表面组分 A 的浓度为 0，即 $z_1=0$ 时，$c_{A_1}=0$，有

$$N_A=-\frac{D_{AB}c}{z_2}\ln\frac{c+c_{A_2}}{c}=-\frac{D_{AB}c}{z_2}\ln(1+y_{A_2}) \tag{5.3.33}$$

② 当化学反应速度远远低于扩散速率，且化学反应为一级反应，在固体表面($z_1=0$)组分 A 的浓度和传质通量的关系为

$$c_{A_1}=\frac{N_A}{k_1} \tag{5.3.34}$$

式(5.3.24)中 k_1 为一级反应速率常数，单位为 m/s。将式(5.3.34)代入式(5.3.32)中得

$$N_A=-\frac{D_{AB}c}{z_2}\ln\frac{c+c_{A_2}}{c+\frac{N_A}{k_1}} \tag{5.3.35}$$

当 c_{A_1}较小时，解得

$$N_A=-\frac{D_{AB}c}{z_2}\cdot\frac{\ln[(c+c_{A_2})/c]}{1+\frac{D_{AB}}{k_1z_2}} \tag{5.3.36}$$

式(5.3.36)为化学反应与扩散联合控制的质量传递过程。

若$\frac{D_{AB}}{k_1z_2}\ll1$，有

$$N_A=-\frac{D_{AB}c}{z_2}\ln\frac{c+c_{A_2}}{c}=-\frac{D_{AB}c}{z_2}\ln(1+y_{A_2}) \tag{5.3.37}$$

则传质过程为扩散控制；

若$\frac{D_{AB}}{k_1z_2}\geqq1$，有

$$N_A=-k_1c\ln\frac{c+c_{A_2}}{c}=-k_1c\ln(1+y_{A_2}) \tag{5.3.38}$$

则传质过程为反应控制。

第四节 对流传质

一、对流传质过程的机理

对流传质通常指运动流体与界面(固体壁面或流体界面)间由于涡流或脉动作用造成的质量传递，是相际传质的基础。

当流体流过壁面时，由于流体黏性的作用在壁面附近形成流动边界层，流体流动边界层的存在决定了流体与壁面间的对流传质机理。在靠近壁面的层流底层中，流体分层运动，相邻层间没有流体的宏观运动。在垂直于流动方向上只存在由浓度引起的分子扩散。该层中浓度差较大，浓度分布几乎为直线。在湍流中心，与流动垂直方向上存在质点的强烈运动，质量传递主要依靠对流，分子扩散所起的作用很小，因此浓度梯度较小，各处浓度基本相同，浓度分布曲线趋于平坦。在缓冲层中，流体在垂直于流动方向上的运动较弱，分子扩散和涡流扩散同时存在，浓度梯度比层流底层中要小得多，在该层内浓度发生较缓慢的变化，如图 5.4.1 所示。

二、传质边界层

当流体与固体表面或不同流体之间因浓度差而发生质量传递时，在界面附近会形成浓度边界层，也称为传质边界层。在边界层内，存在明显的浓度梯度，是对流传质过程的阻力所在区域；而在边界层之外，浓度梯度可忽略不计，可视为浓度均匀，不存在传质阻力。因此传质边界层即为具有浓度梯度的流体层。规定 $c_A-c_{As}=0.99(c_{Af}-c_{As})$ 处为传质边界层的界限，式中 c_A 为边界层处流体的浓度，c_{As} 为固体壁面处流体的浓度，c_{Af} 为流体主体的浓度。传质边界层的厚度常用 δ_c 表示，如图 5.4.2 所示。

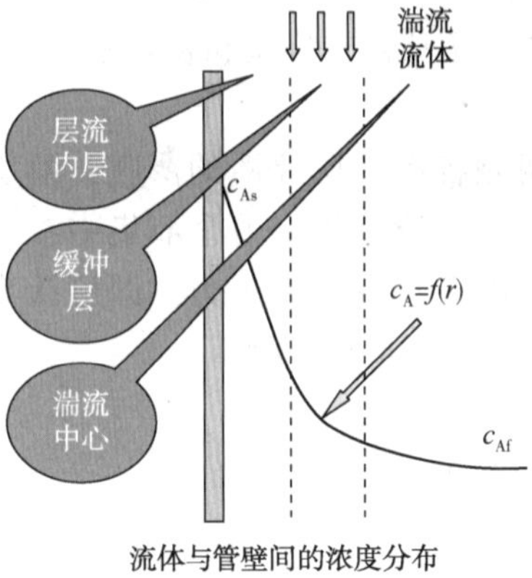

图 5.4.1 对流传质过程机理

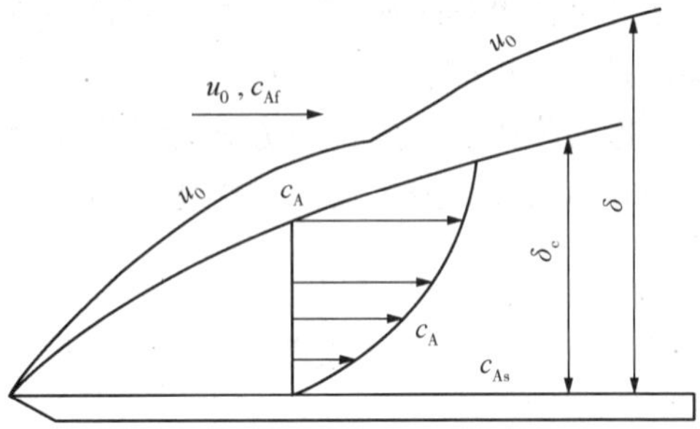

图 5.4.2 对流传质的流动边界层

三、对流传质速率方程

1. 对流传质速率方程的一般形式

对流传质速率方程描述了在流体流动过程中，物质通过对流方式传递的速率。在对流传质过程中，当流动处于湍流状态时，物质的传递包括分子扩散和涡流扩散，而涡流扩散系数难以测定和计算，通常将对流传质过程和传质速率方程进行简化处理，传质速率可写成对流传质系数和传质推动力的乘积，其基本形式可以表示为

$$N_A = k_L(c_{As} - c_{Af}) \tag{5.4.1a}$$

也可以简写为

$$N_A = k_L(c_{A_1} - c_{A_2}) \tag{5.4.1b}$$

式中 N_A——组分 A 的对流传质速率，kmol/(m^2·s)；

k_L——对流传质系数，m/s，它取决于流体的性质、流速以及边界层的条件；

c_{As}、c_{A_1}——组分 A 在流体与界面接触处的浓度，即表面浓度，kmol/m^3；

c_{Af}、c_{A_2}——组分 A 在流体主体中的浓度，即主体浓度，kmol/m^3。

根据气相和液相中浓度的不同表达方式，式(5.4.1b)也可写成如下形式：

$$N_A = k_G(p_{A_1} - p_{A_2}) \tag{5.4.2}$$

$$N_A = k_x(x_{A_1} - x_{A_2}) \tag{5.4.3}$$

$$N_A = k_y(y_{A_1} - y_{A_2}) \tag{5.4.4}$$

k_G、k_x、k_y 是不同浓度表达方式下对流传质系数；p_A 为组分 A 分压，x_A 为组分 A 在液相中的摩尔分数，y_A 为组分 A 在气相中的摩尔分数，下角标 1、2 分别代表相界面处和流体主体处。

以上方程表明，对流传质速率与对流传质系数以及表面浓度与主体浓度之差成正比。对流传质系数越大，或者表面浓度与主体浓度之差越大，对流传质速率就越快。

在实际应用中，对流传质系数可能会受到多种因素的影响，如流速、温度、流体性质、界面条件等。因此，为了准确计算对流传质速率，通常需要通过实验测定、解析或类比的方法获取准确的对流传质系数值。

2. 传质理论

传质理论是研究物质在不同介质之间或同一介质内部由高浓度区域向低浓度区域传递过程的科学理论。比较经典的传质理论包括：双膜理论模型、溶质渗透模型和表面更新模型。

(1) 双膜理论模型

双膜理论模型是一种简化模型，假设在气液界面两侧各有一层停滞的薄膜，溶质通过这两层薄膜进行扩散，其要点包括：①相界面两侧流体的对流传质阻力全部集中在界面两侧的两个停滞膜内，膜内传质方式为分子扩散；②相界面上没有传质阻力，即可认为所需的传质推动力为零，或气液两相在相界面处达到平衡。如图 5.4.3 所示。

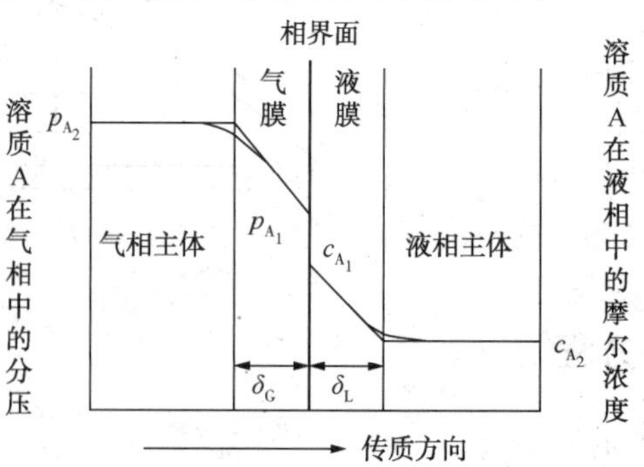

图 5.4.3 双膜模型示意图

对流传质过程包括分子扩散和涡流扩散，若对流传质过程为稳态传质，物质在膜内的分子扩散传质通量和物质在膜外的涡流扩散传质通量是相等的，因此可以用分子扩散速率方程描述对流扩散过程。

若物质在膜内的扩散为单向扩散，在液相中有

$$N_A=\frac{D_L}{\delta_L}\cdot\frac{c}{c_{Bm}}\cdot(c_{A_1}-c_{A_2}) \tag{5.4.5}$$

对照对流传质方程 $N_A=k_L(c_{A_1}-c_{A_2})$，可知

$$k_L=\frac{D_L}{\delta_L}\cdot\frac{c}{c_{Bm}} \tag{5.4.6}$$

在气相中有

$$N_A=\frac{D_G}{RT\delta_G}\cdot\frac{p}{p_{Bm}}\cdot(p_{A_1}-p_{A_2}) \tag{5.4.7}$$

对照对流传质方程 $N_A=k_G(p_{A_1}-p_{A_2})$，可知

$$k_G=\frac{D_G}{RT\delta_G}\cdot\frac{p}{p_{Bm}} \tag{5.4.8}$$

以上各式中，D_L、D_G 分别为组分 A 在液膜和气膜内的扩散系数；δ_L、δ_G 分别为液膜和气膜的厚度，即组分 A 在液膜和气膜内的扩散距离；k_L、k_G 分别为膜内单向扩散时组分 A 在液相和气相的对流传质系数。

若物质在膜内的扩散为等分子反向扩散，在液相中有

$$N_A=\frac{D_L}{\delta_G}(c_{A_1}-c_{A_2}) \tag{5.4.9}$$

为了和膜内单向扩散时的对流传质系数加以区分，膜内等分子反向扩散时的对流传质系数可加上角标 0，则有

$$k_L^0=\frac{D_L}{\delta_L} \tag{5.4.10}$$

在气相中有

$$N_A=\frac{D_G}{RT\delta_G}(p_{A_1}-p_{A_2}) \tag{5.4.11}$$

同理

$$k_G^0=\frac{D_G}{RT\delta_G} \tag{5.4.12}$$

以上各式中，D_L 和 D_G 为组分 A 在液膜和气膜内的扩散系数；k_L^0、k_G^0 分别为膜内等分子反向扩散时组分 A 在液相和气相的对流传质系数。

根据以上分析，对流传质速率方程可写成以下通用形式：

对流传质通量=对流传质系数×浓度差

因浓度的表示有各种不同的方法，相应的对流传质速率方程就具有不同的形式。

该理论是传质过程中的经典理论之一，对于具有固定相界面的系统，如板式塔、鼓泡塔等的传质过程，双膜理论能够较好地解释和预测传质速率。但对于一些相界面不稳定、存在高度湍动的传质过程，如喷雾干燥、高速搅拌反应器等，双膜理论的假设与实际情况偏差较大，应用受限。另外，根据推导出来的对流传质系数可知，对流传质系数与分子扩

散系数成正比，这与实际情况不符。双膜理论认为界面阻力不计，这也是一个尚有争议的问题。

【例题 5.4.1】 在总压为 2atm 下，组分 A 由一湿表面向大量流动的不扩散气体 B 中进行质量传递。已知界面上 A 的分压为 0.20atm，在传质方向上一定距离处可近似地认为 A 的分压为零。已测得 A 和 B 在等分子反向扩散时的传质系数 k_y^0 为 6.78×10^{-5}kmol/(m^2·s)。试求传质系数 k_y、k_G 及传质通量 N_A。

解：已知 $p=2$atm，$p_{A_1}=0.2$atm，$p_{A_2}=0$，则

$$y_{A_1}=\frac{p_{A_1}}{p}=\frac{0.2}{2}=0.1$$

$$y_{A_2}=0$$

因为 $k_y=\dfrac{k_y^0}{y_{B,m}}$

$$y_{B,m}=\frac{y_{B_2}-y_{B_1}}{\ln\dfrac{y_{B_2}}{y_{B_1}}}=\frac{(1-0.1)-1}{\ln\dfrac{(1-0.1)}{1}}=0.949$$

故 $k_y=\dfrac{6.78\times10^{-5}}{0.949}=7.14\times10^{-5}\text{kmol/(m}^2\cdot\text{s)}$

$$k_G=\frac{k_y}{p}=\frac{7.14\times10^{-5}}{2\times1.013\times10^5}=3.52\times10^{-10}\text{kmol/(m}^2\cdot\text{s}\cdot\text{Pa)}$$

传质通量为

$$\begin{aligned}N_A&=k_y(y_{A_1}-y_{A_2})=7.14\times10^{-5}\times(0.1-0)\text{kmol/(m}^2\cdot\text{s)}\\&=7.14\times10^{-6}\text{kmol/(m}^2\cdot\text{s)}\end{aligned}$$

（2）溶质渗透模型

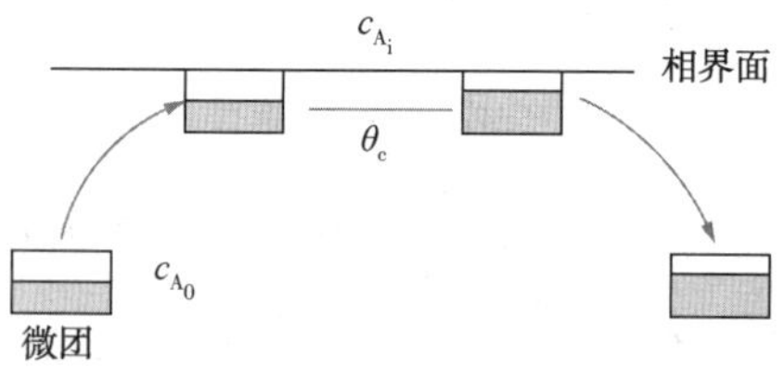

图 5.4.4　溶质渗透模型示意图

该模型是由希格比（Higbie）于 1935 年提出的，他认为气液两相接触时，相界面上的液体微元与气相进行溶质交换，液体微元在相界面上的暴露时间是有限的，溶质在液体微元中的渗透是不稳定的非稳态扩散过程（图 5.4.4）。

溶质渗透模型的要点包括：①液面由无数微小的流体单元所组成，当气液两相处于湍流状态相互接触时，液相主体中的某些流体微元从主体向界面运动，至界面便停滞下来，停留一段很短的时间后又回到流体主体中。在界面停留时即与气体接触，发生传质。经过 θ_c 时间后，旧的流体微元被新的流体微元所置换而回液相主体中，同时将溶质带到液相主体。在流体深处（$z=z_b$），仍保持原来的主体浓度（$c_A=c_{A_o}$）。②流体微元不断进行交换，每批流体微元在界面暴露的时间 θ_c 都是一样的。溶质 A 在流体单元内进行的是一维不稳态扩散过程。

溶质渗透模型的平均传质通量 N_{Am} 为

$$N_{Am}=2(c_{A_i}-c_{A_o})\sqrt{\frac{D}{\pi\theta_c}} \tag{5.4.13}$$

其平均传质系数为

$$k_{cm}=2\sqrt{\frac{D}{\pi\theta_c}} \tag{5.4.14}$$

从上述公式中可以看出，传质系数 k_{cm} 与分子扩散系数 D 的平方根成正比。与双膜理论相比，溶质渗透模型对气液间对流传质过程的描述更准确，与实验结果也更接近，实验表明传质系数与扩散系数的 0.5~1 次方成正比，较为公认的幂次方是 2/3。

溶质渗透理论考虑了传质过程中的非稳态特性，在解释一些快速传质过程，如气体在液体中的快速溶解、伴有化学反应的传质过程等方面具有优势。但该理论假设液体微元的暴露时间服从某种理想的分布，与实际情况存在一定差异，在处理复杂的工业传质设备时，精确求解较为困难。

（3）表面更新模型

该模型由丹克沃茨(Danckwerts)于 1951 年提出，是溶质渗透模型的修正。该模型同样认为溶质向液相内部的传质为非稳态分子扩散过程，但他认为表面上的流体微元不可能有相同的暴露时间，即整个液体表面是由具有不同暴露时间(或称“年龄”)的液体微元所构成。整个表面上的平均传质通量是各微元在传质上所占份额之和。界面上各种不同年龄的液体微元都存在，只是年龄越大者，占据的比例越小。针对液面微元的年龄分布，假定一个表面年龄分布函数 $f(\theta)$。

该模型要点包括：①液体表面始终处于不断被液体微团更新过程之中；②溶质组分以非稳态分子扩散方式传递到液体微团中；③相界面上各液体微团暴露于气相的时间不同，符合随机的“寿命”分布规律。

表面更新模型的平均传质通量 N_{Am} 为

$$N_{Am}=(c_{A_i}-c_{A_o})\sqrt{DS} \tag{5.4.15}$$

其平均传质系数为

$$k_{cm}=\sqrt{DS} \tag{5.4.16}$$

上式中的 S 为表面更新率。在恒定气液两相流速下，湍流液体暴露于气液界面的总面积恒定，并且平均吸收速率亦恒定，暴露了一定时间的表层液体不断被新鲜液体所取代，取代率为常数。也就是说，尽管界面流体微元年龄各不相同，但其被置换的概率相等，可用表面更新率 S 表示。

由表面更新模型得出的传质系数与扩散系数之间的关系与溶质渗透模型是一致的。表面更新模型实际上是溶质渗透模型的修正。就准确性而言，应当优于溶质渗透模型。

表面更新理论综合了双膜理论和溶质渗透理论的优点，能够更好地描述相界面上的传质动态过程，对于存在强烈湍动和相界面不断变化的传质过程，如搅拌釜、喷射反应器等的传质现象解释更为合理。但该理论中表面更新速率的确定较为复杂，需要通过实验或其他方法进行估算，增加了实际应用的难度。

【例题 5.4.2】 如图 5.4.5 所示，填料床内装填直径为 0.2cm 的苯酚粒子，纯水以表观速度 5cm/s 流过床层，通过 100cm 床层高度后，水中苯酚浓度为饱和浓度的 62%，已知单位床层体积的苯酚表面积为 23cm^2，试求该系统的传质系数。

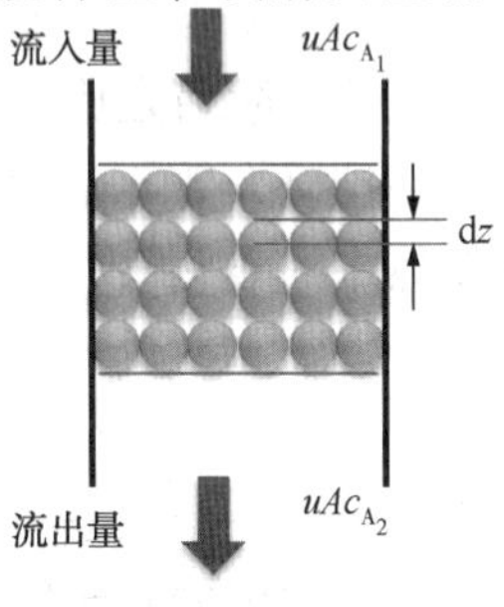

图 5.4.5　例题 5.4.2 附图

解：在填料床中取微元段 dz，设 A 为填料床横截面积，则微

元体积为 Adz。

以单位时间为衡算基准，在微元段内对苯酚作质量衡算，稳态情况下，有

$$流出量-流入量-溶解量=0$$

若单位床层体积的苯酚表面积用 a_b 表示，则苯酚溶解的量为 $N_A a_b A dz$。设水中苯酚的饱和浓度为 c_{As}，则苯酚的溶解速率为

$$N_A = k(c_{As} - c_A)$$

而

$$流出量-流入量=uAdc_A$$

故质量衡算方程为

$$uAdc_A - k(c_{As} - c_A)aAdz = 0$$

分离变量，并在 $z=0$，$c_A=0$ 和 $z=1\text{m}$，$c_A=62\%c_{As}$之间积分，得

$$\int_0^{0.62c_{As}} \frac{1}{c_{As} - c_A} dc_A = \frac{ak}{u}\int_0^1 dz$$

$$-\ln\frac{c_{As} - 0.62c_{As}}{c_{As}} = \frac{1\times23\times10^{-4}}{0.05}k$$

解得 $k=21\text{m/s}$。

3. 对流传质系数的经验关联式

(1) 传质过程中的重要准数

与对流传热系数的求解方法类似，通常将对流传质系数表示为无量纲准数的关系式。通过因次分析发现，对流传质中涉及的准数共有以下几个：

雷诺准数 Re，流动类型准数；反映了流体流动中惯性力与黏性力的相对大小。当 Re 较小时，黏性力占主导，流体流动为层流，传质主要通过分子扩散进行；当 Re 较大时，惯性力占主导，流体流动为湍流，湍流的涡动扩散会大大增强传质。

施米特准数 Sc，表征了流体的动量扩散能力与质量扩散能力的相对大小。Sc 越大，说明动量扩散相对越强，质量扩散相对越弱。该准数与传热中的 Pr 准数相当，可用下式计算

$$Sc = \frac{\nu}{D_{AB}} = \frac{\mu}{\rho D_{AB}} \tag{5.4.17}$$

谢伍德准数 Sh，表示对流传质速率与分子扩散速率的相对大小，反映了对流传质过程的强化程度。Sh 越大，说明对流传质越强烈，相比分子扩散，对流传质在整个传质过程中所占的比重越大。可用下式计算

$$Sh = \frac{kL}{D_{AB}} \tag{5.4.18}$$

上式中 k 为对流传质系数，L 为特性尺寸，D_{AB}为扩散系数。Sh 准数表示分子扩散阻力与对流传质阻力之比，与对流传热中的 Nu 准数相当。

格拉晓夫数 Gr，自然对流准数，表示由于密度差所引起的自然对流流动，该准数与对流传热中的 Gr 准数相当。

$$Gr = \frac{g\beta\Delta c L^3}{\nu^2} \tag{5.4.19}$$

式中　Δc——浓度差。

(2) 常用的对流传质系数经验关联式

对流传质系数的经验关联式是通过实验和理论分析建立的，用于描述对流传质过程中

传质系数与各种影响因素之间的关系。通过无因次分析，可得

$$\text{强制对流传质：} Sh=f(\mathrm{Re},\ Sc) \tag{5.4.20}$$

$$\text{自然对流传质：} Sh=f(Gr_{AB},\ Sc) \tag{5.4.21}$$

① 平板上的强制对流

对于平板上的强制层流，各准数之间的关联式可由布拉修斯(Blasius)解给出：

$$Sh=0.332Re^{0.5}Sc^{0.33} \tag{5.4.22}$$

此关联式适用于 $Re<5\times10^5$，$0.6<Sc<2500$ 的情况。

对于平板上的强制湍流，可采用柯尔本(Colburn)类比得到对流传质系数的关联式

$$Sh=0.0296Re^{0.8}Sc^{0.33} \tag{5.4.23}$$

此关联式的适用条件为：$Re>5\times10^5$，$0.6<Sc<3000$。

② 圆管内的强制对流

对于圆管内层流强制对流传质，在充分发展的流动和传质条件下，有努塞尔(Nusselt)数关联式

$$Sh=3.66 \tag{5.4.24}$$

此式适用于 $Re<2300$，且管长与管径之比 L/d 较大的情况。当 L/d 较小时，需考虑入口效应，关联式修正为

$$Sh=1.62\left(Re\cdot Sc\cdot\frac{L}{d}\right)^{0.33} \tag{5.4.25}$$

圆管内湍流强制对流传质的关联式常用迪特斯-贝尔特(Dittus-Boelter)公式的类似形式

$$Sh=0.023Re^{0.8}Sc^{0.33} \tag{5.4.26}$$

适用范围一般为 $Re>5\times10^4$，$0.7<Sc<160$，$L/d>10$。

③ 球体在流体中的对流传质

当球体在低雷诺数下运动时，对流传质系数可由雷拜(Ranz)和马歇尔(Marshall)关联式描述

$$Sh=2+0.6Re^{0.5}Sc^{0.33} \tag{5.4.27}$$

该式在 $Re<1$，$0.6<Sc<2.7\times10^5$ 范围内与实验数据吻合较好，其中特征长度取球体直径。

在高雷诺数区域，关联式可修正为

$$Sh=2+0.43Re^{0.57}Sc^{0.33} \tag{5.4.28}$$

适用于 $1<Re<2\times10^5$，$0.6<Sc<3200$ 的情况。

思考题与习题

5.1　在一长度为 0.2m 的密闭管道中，充满了某种气体。管道一端气体 A 的浓度为 1.2mol/m^3，另一端气体 A 的浓度为 0.3mol/m^3。已知气体 A 在该条件下的扩散系数 $D=2.0\times10^{-5}\text{m}^2/\text{s}$，求稳态下气体 A 的扩散通量。

5.2　有一厚度为 8mm 的平板，平板两侧分别存在浓度不同的溶液，一侧溶质 B 的浓度为 0.6mol/L，另一侧为 0.1mol/L。溶质 B 在平板中的扩散系数 $D=1.8\times10^{-9}\text{m}^2/\text{s}$，求通过单位面积平板的溶质 B 的扩散速率。

5.3　在一细管中，底部水在恒定温度 298K 下向干空气蒸发。干空气压力为 0.1×10^6Pa、温度亦为 298K。水蒸气在管内的扩散距离(由液面到管顶部)$L=20$cm。水蒸气在空气中的扩散系数为 $D_{AB}=2.50\times10^{-5}m^2/s$。试求稳态扩散时水蒸气的传质通量、传质分系数及浓度分布。

5.4　浅盘中装有清水，其深度为 10mm，水的分子依靠分子扩散方式逐渐蒸发到大气中，试求盘中水完全蒸干所需要的时间。假设扩散时水的分子通过一层厚 5mm、温度为 30℃的静止空气层，空气层以外的空气中水蒸气的分压为零。分子扩散系数 $D_{AB}=0.11m^2/h$，水温可视为与空气相同。当地大气压力为 1.01×10^5Pa。

5.5　内径为 40mm 的量筒中装有水，水温为 298K，周围空气温度为 30℃，压力为 1.01×10^5Pa，空气中水蒸气含量很低，可忽略不计。量筒中水面到上沿的距离为 10mm，假设在此空间中空气静止，在量筒口上空气流动，可以把蒸发出的水蒸气很快带走。试问经过 4d 后，量筒中的水面降低多少？查表得 298K 时水在空气中的分子扩散系数为 $0.26\times10^{-4}m^2/s$。

5.6　在总压为 2.026×10^5Pa、温度为 298K 的条件下，组分 A 和组分 B 进行等分子反向扩散。当组分 A 在两端点处的分压分别为 $p_{A_1}=0.4\times10^5$Pa 和 $p_{A_2}=0.1\times10^5$Pa 时，由实验测得 $k_G^0=1.26\times10^{-8}$kmol/(m^2·s·Pa)，试估算在同样的条件下，组分 A 通过停滞组分 B 的传质系数 k_G、k_y 以及传质通量 N_A。

5.7　在压力为 1.013×10^5Pa、温度为 30℃的条件下，一个原始直径为 0.2cm 的氧气泡浸没于搅动着的纯水中，7min 后，气泡直径减小为 0.084cm，试求系统的传质系数。水中氧气的饱和浓度为 1.5×10^{-3}mol/L。

5.8　溴粒在搅拌下迅速溶解于水，3min 后，测得溶液浓度为 50%饱和度，试求系统的传质系数。假设液相主体浓度均匀，单位溶液体积的溴粒表面积为 a，初始水中溴含量为 0，溴粒表面处饱和浓度为 $c_{A,s}$。

第六章　沉　　降

第一节　概　　述

一、沉降分离的基本概念

1. 沉降分离的一般原理

沉降分离主要用于将颗粒物从流体中分离，其基本原理是悬浮在流体(液体或气体)中的颗粒物借助外场作用力(重力、离心力、电或惯性力等)产生定向作用，与流体之间发生相对运动，沉降到器壁、器底或其他沉积表面，从而实现颗粒物与流体的分离，或者使颗粒相增稠、流体相澄清。

2. 沉降分离的类型

沉降分离按作用力的不同可分为重力沉降、离心沉降、电沉降、惯性沉降和扩散沉降。重力沉降和离心沉降是利用待分离的颗粒和流体之间存在的密度差，在重力或离心力的作用下使颗粒和流体之间发生相对运动；电沉降是将颗粒置于电场中使之带电，在电场力的作用下带电颗粒在流体中产生相对运动；惯性沉降是指颗粒物与流体一起运动时，由于在流体中存在的某种障碍物的作用，流体产生绕流，而颗粒物由于惯性偏离流体；扩散沉降是利用微小粒子布朗运动过程中碰撞在某种障碍物上，从而与流体分离。各种类型的沉降分离过程及相应的作用力如表 6. 1. 1 所示。

表 6. 1. 1　沉降过程及其作用力和分离特征

沉降过程	作用力	特征
重力沉降	重力	沉降速度小，适用于较大颗粒(>50μm)的分离
离心沉降	离心力	适用于大小不同颗粒(5~20μm)的分离
电沉降	电场力	适用于带电微细颗粒(0. 1~100μm)的分离
惯性沉降	惯性力	适用于 10μm 以上粉尘的分离
扩散沉降	热运动	适用于微细粒子(<0. 01μm)的分离

3. 沉降分离在环境工程中的应用

沉降分离技术在环境工程领域有广泛的应用，特别是在污水处理和大气污染控制工程中，在非均相物系中用于各种颗粒物的去除。

(1) 沉降分离在污水处理中的应用

城市污水处理厂处理污水时，污水首先进入初沉池。初沉池主要利用重力沉降原理，让污水中的较大颗粒的悬浮物，如泥沙、砾石、较大的有机碎片沉淀到池底。这些悬浮物如果不预先去除，会增加后续处理单元的负荷，影响处理效果。

在生物反应池中，微生物分解污水中的有机物后形成活性污泥。二沉池用于分离活性污泥和处理后的水。在二沉池中，活性污泥在重力作用下沉淀，上清液则可以进一步消毒后排放。如果二沉池的沉降效果不好，污泥随水流出会导致出水水质变差。

经过初沉池和二沉池收集的污泥，其含水率仍然较高。通过重力浓缩池可以利用沉降原理进一步降低污泥的含水率。在重力浓缩池中，污泥在静止状态下，固体颗粒逐渐沉降并相互挤压，使污泥体积减小，便于后续的脱水和处置。

（2）大气污染控制中的颗粒物分离

在一些工业废气处理过程中，对于粒径较大的颗粒物可以使用重力沉降室。在水泥生产、矿石破碎等行业产生的废气中，含有大量的粉尘颗粒。当废气进入一个较大空间的重力沉降室时，气流速度降低，较大颗粒在重力作用下逐渐沉降到沉降室底部。虽然重力沉降室对于较小粒径的颗粒物去除效率较低，但对于粒径大于 50μm 的颗粒，其去除效率可以达到较高水平，是一种简单有效的预处理手段。

对于粒径较小的颗粒物，旋风分离器是常用的设备。它主要利用了离心沉降的原理。含尘气体沿切线方向进入旋风分离器后，在器内形成高速旋转的气流。固体颗粒在离心力的作用下被甩向器壁，然后沿器壁下落至底部收集，净化后的气体则从顶部排出。在锅炉烟气除尘等应用中，旋风分离器能够有效去除粒径在 5~20μm 的颗粒，在多级除尘系统中发挥重要的初级除尘作用。

大气污染控制中也常用电除尘器除尘。电除尘器是利用静电力分离气体中的颗粒物。电沉降除尘对于粒径在 0.1~100μm 的粉尘颗粒都有很好的去除效果，除尘效率可以达到 99%。尤其对于粒径较小的亚微米级颗粒，其除尘效率比其他传统除尘方法（如旋风除尘、重力沉降除尘）高很多。电除尘器一般用作二级除尘。

二、流体阻力和阻力系数

在颗粒沉降过程中，由于颗粒在各种力的作用下与流体产生相对运动，必然受到流体阻力的作用。流体阻力在所有沉降过程中都是基本的作用力之一。颗粒形状对流体阻力的影响较大。

1. 颗粒的几何特性参数

（1）粒径

粒径是颗粒几何特性中最基本的参数，它表征颗粒的大小。对于球形颗粒，粒径就是其直径。然而，实际颗粒大多是非球形的，此时粒径的定义就有多种方式。常见的不规则颗粒的粒径表示方法包括：等体积当量直径、等表面积当量直径和等比表面积当量直径。

① 等体积当量直径是指与不规则颗粒体积相同的球形颗粒的直径。对于一个不规则形状的颗粒，通过测量其体积，然后根据球体体积公式反推出的直径就是等体积当量直径，即

$$d_{eV}=\sqrt[3]{\frac{6V_p}{\pi}} \tag{6.1.1}$$

这种粒径表示方法在研究颗粒的沉降等物理过程中很有用，因为颗粒所受到的浮力与其体积有关。

② 等表面积当量直径是与不规则颗粒表面积相同的球形颗粒的直径。对于一个不规则

形状的颗粒，通过测量其表面积，然后根据球体表面积公式反推出的直径就是等表面积当量直径，即

$$d_{eA}=\sqrt{\frac{A_p}{\pi}} \tag{6.1.2}$$

③ 等比表面积当量直径是与不规则颗粒比表面积相同的球形颗粒的直径。

比表面积是指单位体积的颗粒所具有的表面积。球形颗粒的比表面积的计算公式为

$$a=\frac{A_p}{V_p}=\frac{\pi d_p^2}{\frac{\pi d_p^3}{6}}=\frac{6}{d_p} \tag{6.1.3}$$

对于一个不规则形状的颗粒，通过测量其比表面积，然后根据球体颗粒比表面积公式反推出的直径就是等比表面积当量直径，即

$$d_{ea}=\frac{6}{a} \tag{6.1.4}$$

以上各式中 d_{eV}——等体积当量直径，m；

d_{eA}——等表面积当量直径，m；

d_{ea}——等比表面积当量直径，m；

V_p——球形颗粒的体积，m^3；

A_p——球形颗粒的表面积，m^2；

a——球形颗粒的比表面积，m^{-1}；

d_p——球形颗粒的直径，m。

在上述三种当量直径中，等体积当量直径最为常用。

(2) 形状

在实际中，颗粒并非都呈规则的球形，绝大多数是不规则的，有些颗粒呈针状或碎片状。这些不规则颗粒的形状用形状系数进行表征。形状系数是描述颗粒形状的一个重要参数，它是与颗粒形状有关的无量纲系数。最常用的形状系数是球形度，定义为与非球形颗粒体积相同的球形颗粒的表面积和非球形颗粒实际表面积之比。可以用下式表示

$$\varphi=\left(\frac{d_{eV}}{d_{eA}}\right)^2 \tag{6.1.5}$$

如果颗粒是完美的球体，球形度为 1，对于其他不规则形状的颗粒，球形度均小于 1。例如，正方体颗粒的球形度约为 0.806，直径与高相等的圆柱体颗粒的球形度约为 0.874，对于大多数粉碎得到的颗粒，球形度为 0.6~0.7。

2. 流体阻力

当某一颗粒在不可压缩的连续流体中稳定运行时，颗粒会受到来自流体的阻力。由于颗粒具有一定的形状，在流体中运动时必须排开其周围的流体，导致其前面的压力较后面的大，由此产生形状阻力。同时，流体具有一定的黏性，颗粒与周围流体之间存在黏性摩擦，从而产生摩擦阻力。通常把这两种阻力统称为流体阻力。

流体阻力的方向与颗粒物在流体中运动的方向相反，其大小与流体和颗粒物之间的相对运动速度 u、流体的密度 ρ、黏度 μ 以及颗粒物的大小、形状有关。只要颗粒与流体之间有相对运动，就会产生阻力。对于一定的颗粒和流体，只要相对运动速度相同，流体对颗

粒的阻力就一样。

对于非球形颗粒物，这种关系一般非常复杂。只有对形状简单的球形颗粒物，在颗粒物与流体之间的相对运动速率很低时，才能列出理论关系式。

对于球形颗粒，根据量纲分析，可得出流体阻力的计算方程为

$$F_D = \xi_D A \frac{\rho u^2}{2} \tag{6.1.6}$$

式中 ξ_D——由实验确定的阻力系数，无量纲；

A——沉降颗粒在垂直于运动方向水平面的投影面积，对于球形颗粒，$A=\frac{\pi d_p^{\ 2}}{4}$，$m^2$；

u——颗粒与流体之间的相对运动速率，m/s；

ρ——流体的密度，kg/m^3；

d_p——球形颗粒的直径，m。

3. 阻力系数的计算

上面的阻力计算公式中，阻力系数 ξ_D 是颗粒的雷诺数(Re_p)和颗粒形状的函数，即

$$\xi_D = f(Re_p)，\ Re_p = \frac{d_p u \rho}{\mu} \tag{6.1.7}$$

式中 μ——流体的黏度，Pa·s。

根据实验，阻力系数与颗粒雷诺数之间的关系如图 6.1.1 所示。

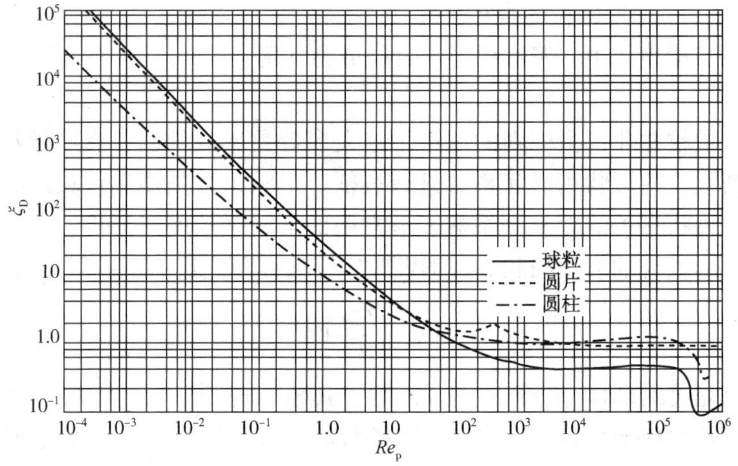

图 6.1.1 阻力系数与颗粒雷诺数之间的关系

① 在层流区，当 $Re_p \leqslant 2$ 时，颗粒运动处于层流状态，阻力系数与雷诺数之间的关系为

$$\xi_D = \frac{24}{Re_p} \tag{6.1.8}$$

对于球形颗粒，将式(6.1.7)和式(6.1.8)代入式(6.1.6)中，得

$$F_D = 3\pi u d_p \mu \tag{6.1.9}$$

这就是著名的斯托克斯阻力定律。通常把 $Re_p \leqslant 2$ 的区域称为斯托克斯区域。

② 在过渡区，当 $2<Re_p<10^3$ 时，颗粒运动处于湍流过渡区，ξ_D 与 Re_p 之间呈曲线关系，

关系式为

$$\xi_D = \frac{18.5}{Re_p^{0.6}} \tag{6.1.10}$$

当 Re_p 增大至超过层流区后，在颗粒半球线的稍前处就会发生边界层的分离，致使颗粒的后部产生漩涡，造成较大的摩擦损失。

③ 在湍流区，当 $10^3<Re_p<2\times10^5$ 时，颗粒运动处于湍流状态，ξ_D 几乎不随 Re_p 而变化，可近似表示为

$$\xi_D \approx 0.44 \tag{6.1.11}$$

④ 在湍流边界层区，随着 Re_p 的增大($Re_p>2\times10^5$ 时)，颗粒边界层内的流动由层流转变为湍流，边界层内的流动速度增大，使边界层的分离点向颗粒半球线的后侧移动。此时，颗粒后部的漩涡区缩小，形状阻力突然降低，阻力系数骤然下降，阻力系数从 0.44 降为 0.1，并几乎保持不变，即

$$\xi_D = 0.1 \tag{6.1.12}$$

当颗粒为其他形状(圆柱和圆片)时，流体阻力和流体与颗粒的相对方位有关。当流体沿径向流向圆柱时，其流动情况与流过球形颗粒的情况类似，因此流体阻力系数 ξ_D 与颗粒的 Re_p 关系曲线也与球形颗粒的类似。

流体沿圆片轴向绕流时，情况就不同了，此时一旦出现边界层分离现象，即使边界层内的流动转变为湍流，分离点也不再移动，圆片后部的漩涡区不再缩小。因此在 $Re_p>2000$ 后，ξ_D 基本保持不变。

第二节　重力沉降

一、球形颗粒在重力场流体中的沉降过程

1. 自由沉降

重力沉降是指由于地球引力作用而发生的颗粒沉降过程。而自由沉降是指单个颗粒在流体中沉降，或者颗粒群在流体中较为分散而颗粒在互不接触、互不碰撞的条件下的沉降。这里对比较理想的自由沉降过程进行讨论。

2. 重力沉降速度公式推导

如图 6.2.1 所示，假设有一粒径为 d_p、密度为 ρ_p、质量为 m 的球形颗粒置于密度为 ρ 的流体介质中，颗粒将受到重力 F_g、流体浮力 F_b 和流体阻力 F_D 的作用，且

$$F_g = \frac{\pi}{6} d_p^3 \rho_p g \tag{6.2.1}$$

$$F_b = \frac{\pi}{6} d_p^3 \rho g \tag{6.2.2}$$

根据式(6.1.6)有

$$F_D = \xi_D \frac{\pi d_p^2}{4} \cdot \frac{\rho u^2}{2}$$

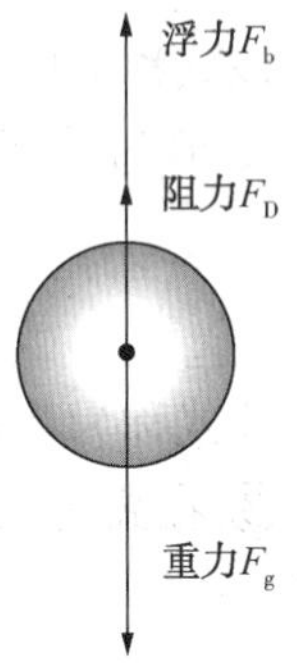

图 6.2.1　重力沉降颗粒的受力情况

重力的方向向下，浮力和流体阻力的方向与重力相反。根据牛顿第二定律，颗粒所受到的合外力使得颗粒产生向下运动的加速度，即

$$F_{合}=F_g-F_b-F_D=m\frac{du}{dt} \tag{6.2.3}$$

$$\frac{\pi}{6}d_p^3\rho_p g-\frac{\pi}{6}^3 d_p\rho g-\xi_D\frac{\pi d_p^2}{4}\cdot\frac{\rho u^2}{2}=m\frac{du}{dt} \tag{6.2.4}$$

随着颗粒的沉降，当颗粒相对于流体的运动速度逐渐增大时，流体阻力 F_D 也逐渐增大，使得合外力不断减小，从而加速度不断减小，此时颗粒虽然进行加速运动，但是一个减加速运动的过程。经过一段很短的时间后，作用在颗粒上的重力、浮力和流体阻力三者之间达到平衡，加速度变为零。此后，颗粒开始以恒速做下沉运动。颗粒沉降达到等速运动时的速率称为颗粒的沉降速率 u_t。

此时，颗粒在流体中所受的净作用力为零，即

$$\frac{\pi}{6}d_p^3\rho_p g-\frac{\pi}{6}d_p^3\rho g-\xi_D\frac{\pi d_p^2}{4}\frac{\rho u^2}{2}=0 \tag{6.2.5}$$

整理上式并用 u_t 表示沉降速度，可得：

$$u_t=\sqrt{\frac{4(\rho_p-\rho)d_p g}{3\rho\xi_D}} \tag{6.2.6}$$

式中　u_t——颗粒沉降速率，m/s；

d_p——球形颗粒直径，m；

ρ_p——球形颗粒密度，kg/m^3；

ρ——流体密度，kg/m^3；

g——重力加速度，m/s^2；

ξ_D——阻力系数，为雷诺数的函数，无量纲。

3. 颗粒在不同流动区域的重力沉降公式

由于阻力系数与颗粒雷诺数之间的关系曲线可分为几个不同的区域，因此颗粒沉降速度的计算也需要按不同的区域进行。

① 在层流区中，$Re_p\leq 2$，将阻力系数计算式(6.1.8)代入式(6.2.6)中，整理得

$$u_t=\frac{d_p^2(\rho_p-\rho)g}{18\mu} \tag{6.2.7}$$

该式称为斯托克斯(Stocks)公式。

② 在过渡区中，$2<Re_p<10^3$，将阻力系数计算式(6.1.9)代入式(6.2.6)中，整理得

$$u_t=0.27\sqrt{\frac{(\rho_p-\rho)gd_pRe^{0.6}}{\rho}} \tag{6.2.8}$$

该式称为艾伦(Allen)公式。

③ 在湍流区中，$10^3<Re_p<2\times10^5$，将 $\xi_D\approx 0.44$ 代入式(6.2.6)中，整理得

$$u_t=1.74\sqrt{\frac{(\rho_p-\rho)d_p g}{\rho}} \tag{6.2.9}$$

该式称为牛顿(Newton)公式。

由上述公式可知，颗粒在流体中的沉降速率与许多因素有关。对于一定的流体体系，

颗粒沉降速率只与颗粒粒径有关。因此可以根据颗粒粒径计算颗粒的沉降速率，也可以通过测定颗粒沉降速率来求颗粒粒径。

二、沉降速度的计算

1. 公式法

如果在计算颗粒沉降速度时能确定颗粒沉降所处的流动区域，可直接使用对应区域的公式。

2. 试差法

通常在不知道颗粒沉降速度的情况下，难以判断沉降属于哪个区域。因此，需要采用试差法计算颗粒的沉降速度。具体步骤为：先假设沉降处于层流区，则颗粒的沉降速度可按斯托克斯公式计算，然后按求出的颗粒沉降速度验证雷诺数是否在层流区，如果计算出来的 $Re_p \leqslant 2$，说明颗粒沉降是在层流区，假设成立，计算出的颗粒沉降速度就是正确有效的；否则，可换用相应区域公式计算颗粒沉降速度，然后再验证相应的雷诺数是否在该区域，直到按假设的区域计算出的雷诺数值恰好与所用公式的雷诺数范围相一致为止。

3. 摩擦数群法

在 ξ_D 与 Re_p 的关系曲线图 6.1.1 中，由于 ξ_D 与 Re_p 都含有未知数 u_t，无法用该图进行 u_t 的计算。但如果把图 6.1.1 进行适当的转换，使 ξ_D 与 Re_p 其中之一变成不包含 u_t 的已知数群，则可以直接求解 u_t。

由式(6.2.6)可推导出 ξ_D 的表达式

$$\xi_D = \frac{4(\rho_p - \rho) d_p g}{3\rho u_t^2} \tag{6.2.10}$$

将 Re_p 平方后可得

$$Re_p^2 = \frac{d_p^2 u_t^2 \rho^2}{\mu^2} \tag{6.2.11}$$

将 ξ_D 与 Re_p^2 相乘，消去 u_t，可得

$$\xi_D Re_p^2 = \frac{4(\rho_p - \rho) d_p g}{3\rho u_t^2} \cdot \frac{d_p^2 u^2 \rho^2}{\mu^2} = \frac{4d_p^3(\rho_p - \rho)\rho g}{3\mu^2} \tag{6.2.12}$$

式(6.2.12)表达的数群中不含 u_t，在特定的条件下其他参数均为已知，$\xi_D Re_p^2$ 可以很容易计算出来。以 $\xi_D Re_p^2 - Re_p$ 作图，标绘在双对数坐标系中，如图 6.2.2 所示。

如果颗粒直径和其他参数已知，则颗粒沉降速度 u_t 的计算步骤为：先计算 $\xi_D Re_p^2$，根据计算值在图 6.2.2 中查得相应 Re_p，再由 Re_p 的定义式反算出 u_t。

若已知沉降速度求颗粒的直径，也可以采用类似的处理方法。先由式(6.2.6)推导出 ξ_D 的表达式(6.2.10)，再求 Re_p 的倒数

$$Re_p^{-1} = \frac{\mu}{d_p u \rho} \tag{6.2.13}$$

将 ξ_D 与 Re_p^{-1} 相乘，消去 d_p，可得

$$\xi_D Re_p^{-1} = \frac{4(\rho_p - \rho) d_p g}{3\rho u_t^2} \cdot \frac{\mu}{d_p u \rho} = \frac{4\mu(\rho_p - \rho) g}{3\rho^2 u_t^3} \tag{6.2.14}$$

以 $\xi_D Re_p^{-1} - Re_p$ 作图，标绘在双对数坐标系中，如图 6.2.2 所示。

如果颗粒沉降速度和其他参数已知，则 u_t 的计算步骤为：先计算 $\xi_D Re_p^{-1}$，根据计算值

在图 6. 2. 2 中查得相应的 Re_p，再由 Re_p 的定义式可以求得 d_p。

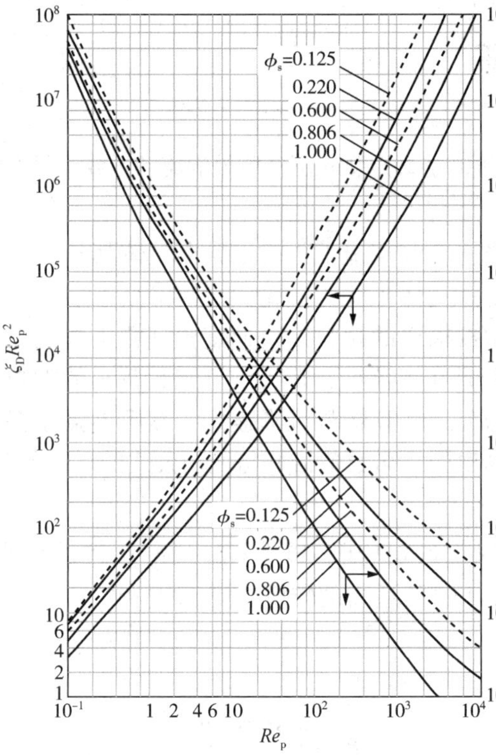

图 6. 2. 2　$\xi_D Re_p^2-Re_p$ 及 $\xi_D Re_p^{-1}-Re_p$ 的关系曲线

4. 无量纲判据 K

已知层流区的上限是 $Re_p=2$，由 Re_p 的定义式和式(6. 2. 7)可知

$$Re_p=\frac{d_p\rho}{\mu}\cdot\frac{d_p^2(\rho_p-\rho)g}{18\mu}=\frac{1}{18}\cdot\frac{d_p^3(\rho_p-\rho)\rho g}{\mu^2}\leqslant 2 \tag{6. 2. 15a}$$

令

$$K=\frac{d_p^3(\rho_p-\rho)\rho g}{\mu^2} \tag{6. 2. 15b}$$

则

$$Re_p=\frac{K}{18}\leqslant 2 \tag{6. 2. 15c}$$

即

$$K\leqslant 36 \tag{6. 2. 16}$$

湍流区的下限是 $Re_p=1000$，则由 Re_p 的定义式和式(6. 2. 8)可知

$$Re_p=\frac{d_p\rho}{\mu}\times 1.74\sqrt{\frac{(\rho_p-\rho)d_p g}{\rho}}=1.74\sqrt{\frac{d_p^3(\rho_p-\rho)\rho g}{\mu^2}}\geqslant 1000 \tag{6. 2. 17a}$$

则

$$Re_p=1.74\sqrt{K}\geqslant 1000 \tag{6. 2. 17b}$$

$$K\geqslant 3.3\times 10^5 \tag{6. 2. 17c}$$

以上各式中的 K 称作无量纲判据，可用 K 判断沉降属于什么区域。所以，当 $K \leqslant 36$ 时，沉降属于层流区；当 $K \geqslant 3.3 \times 10^5$ 时，沉降属于湍流区。应用这种方法，只要已知颗粒直径，就能求出 K，从而就能判断沉降属于什么区域，不必再使用试差法。

【例题 6.2.1】 求直径为 40μm、密度为 $2700 kg/m^3$ 的固体颗粒在 20℃ 的常压空气中的自由沉降速度。已知 20℃，常压状态下空气密度为 $1.205 kg/m^3$，黏度为 $1.81 \times 10^{-5} Pa \cdot s$。

解： 该题可使用试差法、摩擦数群法和无量纲判据法计算。

（1）试差法

假设颗粒的沉降处于层流区，由于 $\rho_p \gg \rho$，由式(6.2.7)，得

$$u_t = \frac{d_p^2(\rho_p - \rho)g}{18\mu} \approx \frac{(40 \times 10^{-6})^2 \times 2700 \times 9.81}{18 \times 1.81 \times 10^{-5}} m/s = 0.13 m/s$$

检验

$$Re_p = \frac{d_p u_t \rho}{\mu} = \frac{40 \times 106 \times 0.13 \times 1.205}{1.81 \times 10^{-5}} = 0.346 < 2$$

颗粒沉降处在层流区，与假设相符，计算正确。

（2）摩擦数群法

首先计算摩擦数群 $\xi_D Re_p^2$

$$\xi_D Re_p^2 = \frac{4d_p^3(\rho_p - \rho)\rho g}{3\mu^2} \approx \frac{4 \times (40 \times 10^{-6})^3 \times 2700 \times 1.205 \times 9.81}{3 \times (1.81 \times 10^{-5})^2} = 8.31$$

假设颗粒的球形度为 1，则由 $\xi_D Re_p^2$ 与 Re_p 的关系曲线，可以查得 Re_p 为 0.32。

因此，可得

$$u_t = \frac{Re_p \mu}{d_p \rho} = \frac{0.32 \times 1.81 \times 10^{-5}}{40 \times 10^{-6} \times 1.205} = 0.12 m/s$$

由于查图得到的 Re_p 误差较大，一般只作为判断颗粒沉降所处区域的依据，而 u_t 的计算仍然采用式(6.2.7)，即

$$u_t = \frac{d_p^2(\rho_p - \rho)g}{18\mu} \approx \frac{(40 \times 10^{-6})^2 \times 2700 \times 9.81}{18 \times 1.81 \times 10^{-5}} = 0.13 m/s$$

（3）无量纲判据法

计算判据 K 得

$$K = \frac{d_p^3(\rho_p - \rho)\rho g}{\mu^2} \approx \frac{(40 \times 10^{-6})^3 \times 2700 \times 1.205 \times 9.81}{(1.81 \times 10^{-5})^2} = 6.24 < 36$$

故可判断沉降位于层流区，由斯托克斯公式，可得

$$u_t = \frac{d_p^2(\rho_p - \rho)g}{18\mu} \approx \frac{(40 \times 10^{-6})^2 \times 2700 \times 9.81}{18 \times 1.81 \times 10^{-5}} = 0.13 m/s$$

【例题 6.2.2】 直径为 100μm 的少量玻璃珠分散于 20℃ 的清水中，已知玻璃珠的密度为 $2500 kg/m^3$，水的黏度为 $1.0 \times 10^{-3} Pa \cdot s$，试求：(1) 玻璃珠的沉降速度。(2) 若水以 0.02m/s 的速度向上流动，水中玻璃珠的绝对速度是多少？

解： (1) 假设玻璃珠的沉降处于层流区，20℃ 的清水的密度为 $998.2 kg/m^3$。

$$u_t = \frac{d_p^2(\rho_p - \rho)g}{18\mu} = \frac{(100 \times 10^{-6})^2 \times (2500 - 998.2) \times 9.81}{18 \times 1.0 \times 10^{-3}} = 0.0082 m/s$$

检验

$$Re_p=\frac{d_p u\rho}{\mu}=\frac{100\times10^{-6}\times0.0082\times998.2}{1.0\times10^{-3}}=0.82<2$$

假设正确，计算正确。

（2）设向下为正，则水中玻璃珠的绝对速度为

$$u_t'=0.0082-0.02=-0.0118\text{m/s}$$

因此玻璃珠会随着水流向上运动。

三、沉降速度的影响因素

根据斯托克斯公式，影响沉降速度的因素主要有：颗粒直径、颗粒密度与流体密度差值、流体黏度等。除此之外，颗粒形状、干扰沉降和壁面效应也会影响沉降速度。

1. 颗粒直径

颗粒直径对沉降速度有着显著的影响。根据斯托克斯定律，沉降速度与颗粒直径的平方成正比。在污水处理中，较大的泥沙颗粒（直径约为几毫米）相比微小的胶体颗粒（直径在微米甚至纳米级别），其沉降速度要快得多。如果泥沙颗粒直径是胶体颗粒直径的100倍，在其他条件相同的情况下，泥沙颗粒的沉降速度将是胶体颗粒沉降速度的10000倍。因此工业上常在悬浮液中加入絮凝剂，增大颗粒粒径，利于沉降。

2. 颗粒密度与流体密度差值

颗粒密度与周围介质密度的差值也会影响沉降速度。当颗粒密度大于流体密度时，颗粒下沉，差值越大，沉降速度越快；当流体密度增加时，颗粒与流体的密度差减小，沉降速度会降低。

3. 颗粒形状

形状不同的颗粒在流体中的沉降行为不同。球形颗粒在流体中受到的阻力相对较为规则，沉降速度较容易计算。而非球形颗粒，如片状、针状颗粒，其沉降速度会受到形状的影响。一般来说，相同体积的非球形颗粒的沉降速度比球形颗粒慢。这是因为非球形颗粒在流体中运动时，受到的流体阻力比球形颗粒大，且球形度越小，沉降速度越慢。非球形颗粒沉降时的位向不同，沉降速度也不相同。

4. 流体黏度

流体黏度对沉降速度影响很大，沉降速度与流体黏度成反比。黏度大的流体对颗粒的阻力大，会使颗粒沉降速度变慢。例如，在油中，颗粒的沉降速度通常比在水中慢得多，因为油的黏度比水大。在原油开采过程中，油中的泥沙颗粒沉降速度很慢，就是因为原油的高黏度阻碍了颗粒的沉降。

5. 干扰沉降

由于颗粒的相互干扰作用，实际沉降速度小于自由沉降速度。当颗粒的体积浓度小于0.2%时，理论计算值的偏差在1%以内。但当颗粒浓度较高时，颗粒间相互作用明显，便会发生干扰沉降，自由沉降的公式不再适用。

6. 壁面效应

当颗粒在靠近器壁的位置沉降时，由于器壁的影响，沉降速度较自由沉降速度小，这种影响称为壁面效应。当器壁尺寸远远大于颗粒尺寸时（例如在100倍以上），容器效应可

忽略，否则需加以考虑。

四、沉降分离设备

1. 沉降设备简介

在水处理中，基于重力沉降的原理进行固液分离的处理构筑物是沉淀(砂)池，最典型的形式是平流式沉淀池，如图 6.2.3 所示。

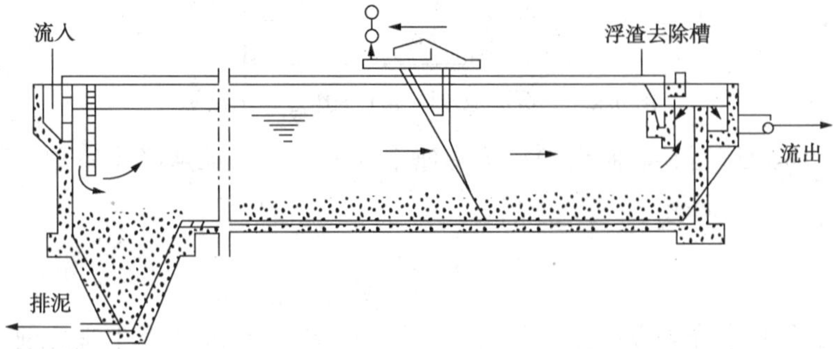

图 6.2.3　平流式沉淀池

平流式沉淀池一般为长方形，它主要由进水区、沉淀区、出水区和污泥区四部分组成。进水区用于均匀地分配进水，通常设有进水管道和配水槽，使污水能在整个沉淀池宽度方向上均匀分布进入沉淀区。沉淀区是核心部分，污水在这个区域内缓慢流动，悬浮物在重力作用下逐渐沉降到池底。出水区的作用是收集沉淀后的上清液，通常采用溢流堰的方式，保证出水均匀且不带出沉淀的污泥。污泥区位于池底，用于收集和储存沉淀下来的污泥。在平流式沉淀池中，原水从进水区进入沉淀池，沿池长向出水口方向水平流动。原水中的颗粒物在流动过程中发生沉降，沉淀到池底部，经刮泥机汇入排泥斗，然后排出。与颗粒物分离后的水经过溢流堰收集并排出。

在气体净化中，用于分离气体中尘粒的重力沉降设备称为降尘室，如图 6.2.4 所示。降尘室是一个封闭设备，内部是一个空室。其操作原理是含尘气体进入降尘室后，因密度差异而使颗粒与气体之间产生相对运动，颗粒向室底作沉降运动，只要在气流通过降尘室的时间内颗粒能够降至室底，尘粒便可从气流中分离出来，从而使气体得到净化。

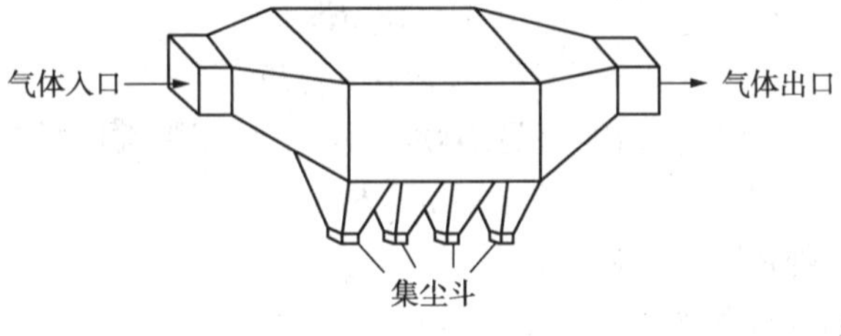

图 6.2.4　降尘室

2. 沉降设备的工作原理

以降尘室为例，假设降尘室的长、宽、高分别为 L、B 和 H(如图 6.2.5 所示)。含尘气体进入降尘室后，均匀分布在整个入流断面上，并以速率 u_i 水平流向出口端。假设某一直径为 d_p 的颗粒处于入流断面的顶部，该颗粒有两种运动：第一种运动是随流体的水平运动，从入口流到出口所需要的时间，即为颗粒在降尘室中的停留时间 $t_{停}$，即

$$t_{停}=\frac{L}{u_i} \tag{6.2.18}$$

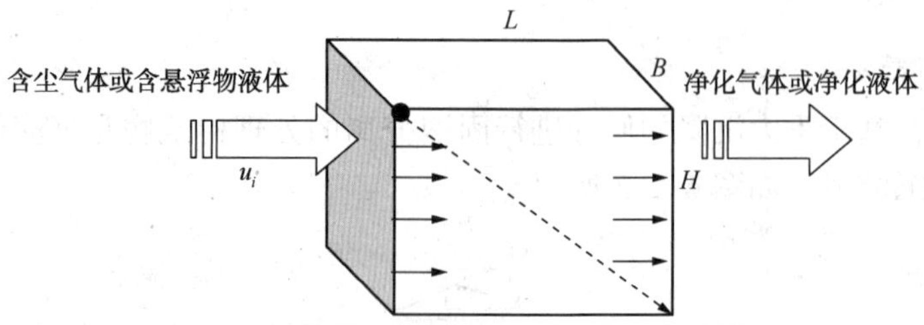

图 6.2.5　沉淀池或降尘室工作过程示意图

第二种运动是沉降运动。假设颗粒沉降速率为 u_t，则颗粒从降尘室顶沉降到底的沉降时间为

$$t_{沉}=\frac{H}{u_t} \tag{6.2.19}$$

可见，只要颗粒在降尘室中停留的时间足够长，能够在离开降尘室之前沉降到降尘室底面，颗粒就能够被去除。因此，颗粒在降尘室中能够被分离的条件为 $t_{停}\geqslant t_{沉}$，即

$$\frac{L}{u_i}\geqslant\frac{H}{u_t} \tag{6.2.20}$$

显然，若处于入口顶部直径为 d_p 的颗粒在降尘室中能够去除，则其他位置的直径为 d_p 的颗粒都能被除掉。因此，式(6.2.20)是流体中直径为 d_p 的颗粒能够完全被去除的条件。

3. 沉降设备的相关计算

在降尘室中能够被完全去除的最小颗粒的粒径称为临界粒径，用 d_{pmin} 表示。该种颗粒在降尘室中的停留时间恰好等于其从沉降设备顶部到底部的沉降时间，即 $t_{停}=t_{沉}$，或$L/u_i=H/u_t$。假设粒径为 d_{pmin} 的颗粒在降尘室中的沉降处于层流区，则有

$$\frac{L}{u_i}=\frac{H}{\dfrac{d_{pmin}^2(\rho_p-\rho)g}{18\mu}}$$

整理得

$$d_{pmin}=\sqrt{\frac{18\mu Hu_i}{g(\rho_p-\rho)L}} \tag{6.2.21}$$

若降尘室的生产能力为 V_s，指能满足 100%去除某粒度颗粒时的气体处理量，则有

$$V_s=A_{截}u_i=BHu_i \tag{6.2.22}$$

其中 $A_{截}$ 为沉淀池或降尘室的横截面积。

沉淀池或降尘室的底面积为 $A_{底}$，有 $A_{底}=LB$

则

$$\frac{V_s}{A_{底}}=\frac{Hu_i}{L} \tag{6.2.23}$$

将上式代入式(6.2.21)中，d_{pmin} 的表达式又可写成

$$d_{pmin}=\sqrt{\frac{18\mu V_s}{g(\rho_p-\rho)A_{底}}} \tag{6.2.24}$$

能满足 100%去除某粒度颗粒的边界条件为 $L/u_i=H/u_t$，即 $Lu_t=Hu_i$。则由式(6.2.22)得

$$V_s=A_{截}u_i=BHu_i=BLu_t=A_{底}u_t \tag{6.2.25}$$

由式(6.2.25)可知，从理论上来说降尘室的生产能力只与其沉降底面积及颗粒的沉降速度有关，而与其高度无关。故可将降尘室做成多层，室内均匀设置若干水平隔板(间距为 40~100mm)，构成多层降尘室。在同气速下，装有横向隔板的降尘室除尘效果更好，因为隔板间基本保持了相同的流动速度，而颗粒达到隔板底部的沉降距离更短。

4. 降尘室的设计要点

① 降尘室内的沉降速度应按需要分离出来的最小颗粒计算。

② 降尘室内气流速度不应太高，以免干扰颗粒的沉降或把已经沉降下来的颗粒重新卷起。为此，应保证气体流动的雷诺数处于层流范围内。

③ 降尘室结构简单，流动阻力小，但体积庞大，分离效率低，通常仅适用于分离直径大于 50μm 的颗粒，用于过程的预除尘。

④ 多层降尘室虽能分离细小的颗粒，并节省地面，但出灰麻烦。为便于清灰，可以将隔板装成可翻动或倾斜式。

【例题 6.2.3】 拟采用降尘室回收常压炉气中所含的球形固体颗粒。降尘室底面积为 $10m^2$，宽和高均为 2m。操作条件下，气体的密度为 $0.75kg/m^3$，黏度为 $2.6\times10^{-5}Pa\cdot s$；固体的密度为 $3000kg/m^3$；降尘室的生产能力为 $3m^3/s$。试求：(1)理论上能完全捕集下来的最小颗粒直径；(2)粒径为 40μm 颗粒的回收百分率；(3)如欲完全回收直径为 10μm 的尘粒，在原降尘室内需设置多少层水平隔板？

解：(1)在降尘室内能够完全被分离出来的最小颗粒的沉降速度为

$$u_t=\frac{Hu_i}{L}=\frac{V_s}{A_{底}}=\frac{3}{10}=0.3m/s$$

假设理论上能完全捕集下来的最小颗粒在降尘室中的沉降处于层流区

$$d_{pmin}=\sqrt{\frac{18\mu V_s}{g(\rho_p-\rho)A_{底}}}=\sqrt{\frac{18\times2.6\times10^{-5}\times3}{9.81\times(3000-0.75)\times10}}=6.91\times10^{-5}m=69.1\mu m$$

校核沉降流型

$$Re_p=\frac{d_p u_t\rho}{\mu}=\frac{69.1\times10^{-6}\times0.3\times0.75}{2.6\times10^{-5}}=0.598<2$$

假设正确，求得的最小粒径有效。

(2) 在降尘室内能够完全被分离出来的最小颗粒的沉降速度表示为 u_{tmin}，40μm 颗粒的沉降速度表示为 u_{t40}，则有

$$u_{tmin}=\frac{d_{pmin}{}^2(\rho_p-\rho)g}{18\mu}$$

$$u_{t40}=\frac{d_{p40}{}^2(\rho_p-\rho)g}{18\mu}$$

$$\frac{u_{tmin}}{u_{t40}}=\left(\frac{d_{pmin}}{d_{p40}}\right)^2$$

由于各种尺寸颗粒在降尘室内的停留时间均相同，40μm 颗粒的回收率可用 u_{t40}/u_{tmin} 来确定。

$$\eta=\frac{u_{t40}}{u_{tmin}}=\left(\frac{d_{p40}}{d_{pmin}}\right)^2=\left(\frac{40}{69.1}\right)^2=0.335=33.5\%$$

（3）10μm 颗粒的沉降速度为

$$u_{t10}=\frac{d_{p10}^2(\rho_p-\rho)g}{18\mu}=\frac{(10\times10^{-6})^2\times(3000-0.75)\times9.81}{18\times2.6\times10^{-5}}=6.29\times10^{-3}\text{m/s}$$

则所需隔板数为

$$n=\frac{V_s}{BLu_{t10}}-1=\frac{3}{10\times6.29\times10^{-3}}-1=46.69，取 47。$$

第三节　离心沉降

离心沉降是指将含颗粒物流体置于离心力场中，依靠离心力的作用实现颗粒物从流体中沉降分离的过程。对于两相密度差较小、颗粒较细的非均相物系，在离心力场中可得到较好的分离。通常，气固非均相物质的离心沉降是在旋风分离器中进行的，液固悬浮物系的离心沉降可在旋液分离器或离心机中进行。

一、球形颗粒在离心力场中的沉降过程

如图 6.3.1(a)所示，假设含有颗粒物的非均相流体处于离心力场中，颗粒与流体一起以角速度 ω 围绕中心轴旋转。设某一质量为 m、密度为 ρ_p、粒径为 d_p 的球形颗粒处于与中心轴距离为 r 的离心场中，则离心力场中颗粒在径向的受力情况如图 6.3.1(b)所示。颗粒在离心力场中受到三个力的作用：惯性离心力 F_c、浮力(向心力)F_b 和流体阻力 F_D。

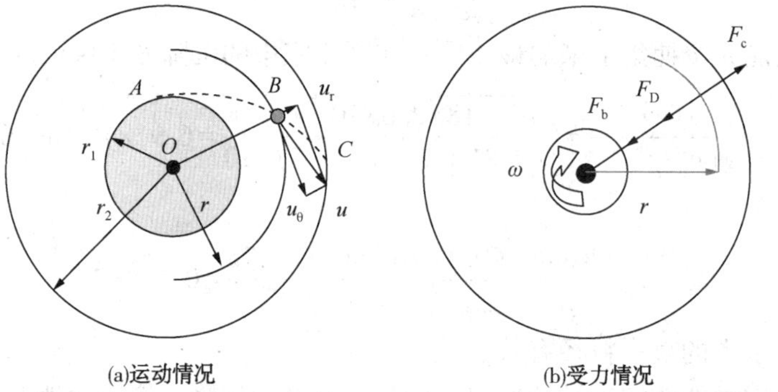

图 6.3.1　颗粒在旋转流场中的运动和受力分析

颗粒以一定的速度在离心力场中运动，其受到的惯性离心力的作用方向为沿径向向外，惯性离心力可用下式计算

$$F_c=mr\omega^2=\frac{1}{6}\pi d_p^3\rho_p r\omega^2 \tag{6.3.1}$$

其中离心加速度 $a_c=\omega^2 r=u_\theta^{\ 2}/r$，$u_\theta$ 是颗粒在离心力场中运动时的切向速度。

颗粒受到的浮力(向心力)来自其周围流体，其大小等于密度为 ρ 的同体积流体在该位置所受的惯性离心力，方向指向中心轴，浮力(向心力)可用下式计算

$$F_b=\frac{1}{6}\pi d_p^3\rho r\omega^2 \tag{6.3.2}$$

由于颗粒与流体之间的相对运动，颗粒还会在运动过程中受到流体阻力的作用，其方向也指向中心轴，流体阻力计算式为

$$F_D=\xi_D\frac{\pi d_p^2}{4}\cdot\frac{\rho u_r^2}{2} \tag{6.3.3}$$

其中 u_r 为离心沉降速度，即颗粒在径向上相对于流体的速度。

所以，颗粒在离心力场中受到的合力 $F_{合}$ 为

$$F_{合}=F_c-F_b-F_D=\frac{1}{6}\pi d_p^3\rho_p r\omega^2-\frac{1}{6}\pi d_p^3\rho r\omega^2-\xi_D\frac{\pi d_p^2}{4}\cdot\frac{\rho u_r^2}{2}=m\frac{du_r}{dt}$$

在离心沉降过程中没有匀速段，但在小颗粒沉降时，加速度很小，可近似作为匀速沉降处理。颗粒受到的惯性离心力、浮力和流体阻力达到平衡，则 $F_{合}=0$，即

$$\frac{1}{6}\pi d_p^3\rho_p r\omega^2-\frac{1}{6}\pi d_p^3\rho r\omega^2-\xi_D\frac{\pi {d_p}^2}{4}\frac{\rho u_r^2}{2}=0 \tag{6.3.4}$$

则颗粒的离心沉降速率为

$$u_r=\sqrt{\frac{4(\rho_p-\rho)d_p a_c}{3\rho\xi_D}}=\sqrt{\frac{4(\rho_p-\rho)d_p r\omega^2}{3\rho\xi_D}} \tag{6.3.5}$$

对照重力沉降速率公式

$$u_t=\sqrt{\frac{4(\rho_p-\rho)d_p g}{3\rho\xi_D}}$$

可知，式(6.3.5)中除了用离心加速度 a_c 代替了重力沉降公式中的重力加速度 g 之外，形式与之完全相同。与重力沉降相比，离心沉降有以下特征：

① 离心沉降的方向不是向下，而是向外，即背离旋转中心。颗粒在旋转流体中沿着半径逐渐增大的螺旋形轨道前进。

② 由于离心力随旋转半径而变化，致使离心沉降速率也随着颗粒所处的位置而变化，所以颗粒的离心沉降速率不是恒定的，而重力沉降速率是恒定不变的。

③ 离心沉降速率在数值上远大于重力沉降速率，对于细小颗粒以及密度与流体相近的颗粒的分离，利用离心沉降要比重力沉降有效得多。

同一颗粒在同一种介质中的离心沉降速率与重力沉降速率的比值为

$$K_c=\frac{r\omega^2}{g} \tag{6.3.6}$$

K_c 称为离心分离因数，它是离心分离设备的重要性能指标，大小可以根据需要人为调节。某些高速离心机的分离因数的数值可以高达数十万，旋流分离器的分离因数的数值通常在几十至数百，因此，对于一定的悬浮体系，采用离心沉降可加快沉降过程。

二、离心沉降设备

离心沉降分离设备有两种型式：旋流器和离心沉降机。旋流器的特点是设备静止，流体在设备中旋转运行而产生离心作用，可用于气体和液体非均相混合物的分离，其中用于气体非均相混合物分离的设备叫旋风分离器，用于液体非均相混合物分离的称为旋流分离

器。离心沉降机通常用于液体非均相混合物的分离，其特点是装有液体混合物的设备本身高速旋转并带动液体一起旋转，从而产生离心作用。

1. 旋风分离器

旋风分离器结构简单，操作方便，在环境工程领域得到了广泛应用。在大气污染控制工程中，作为一种常用的除尘装置，旋风分离器主要适用于粒径在 5μm 以上的气体净化和颗粒回收操作，尤其是各种气-固流态化装置的尾气处理。对颗粒含量高于 200g/m^3 的气体，由于颗粒聚结作用，甚至能除去 3μm 以下的颗粒；旋风分离器还可以从气流中分离除去雾沫，但旋风分离器不适用于处理黏性粉尘、含湿量高的粉尘及腐蚀性粉尘。

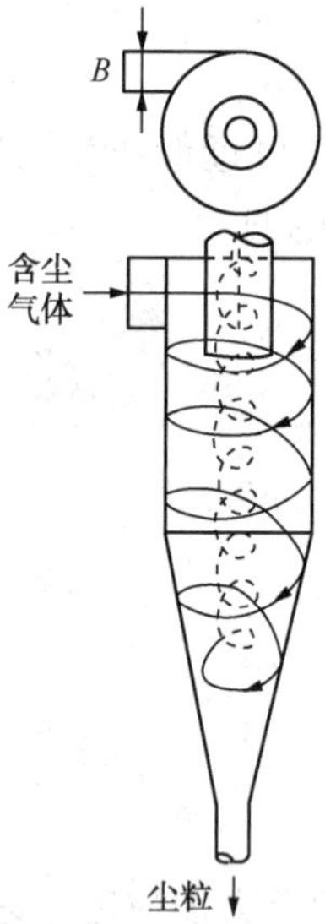

图 6.3.2　旋风分离器的基本结构

（1）旋风分离器的基本结构和原理

旋风分离器的基本结构如图 6.3.2 所示。

旋风分离器由进气筒、上筒体、下锥体和中央排气管等组成，上筒体位于主体的上部，主体的下部为圆锥形的下锥体，顶部中央是中央排气管，进气筒位于圆筒的上部，与圆筒切向连接。

含有粉尘的气体从侧面的矩形进气筒以速率 u_i 切向进入筒体，气体中的粉尘在随气流旋转向下的过程中同时受惯性离心力的作用，被甩向筒壁，在重力的作用下落入灰斗，从锥形底排出。而气流旋转到达筒底部后进入圆锥部分，圆锥部分的旋转半径缩小，而切向速度增大，气流作自上而下的螺旋运动。已净化的气体旋转到达锥体底部后沿中心轴旋转上升，最后由顶部的中央排气管排出。通常把下行螺旋形气流称为外旋流，上行螺旋形气流称为内旋流。这样在筒内部就形成了外旋流和内旋流，内、外旋流的旋转方向相同。外旋流是旋风分离器的主要除尘区，上行内旋流形成低压气芯，其压力低于气体出口压力，要求出口或集尘室密封良好，以防气体漏入而降低除尘效果。

（2）旋风分离器的分离因数

旋风分离器中的惯性离心力是由气体进入口的切向速度 u_i 产生的。

离心加速度大小为

$$\omega^2 r_m = \frac{u_\theta^2}{r_m}$$

式中　u_θ——颗粒在离心力场中运动时的切向速度，m/s；

r_m——平均旋转半径，可用下式求得

$$r_m = \frac{D-B}{2}$$

式中　D——旋风分离器圆筒直径，m；

B——进气筒宽度，m。

惯性离心力大小为

$$F_c = m r_m \omega^2 = \frac{\pi d_p^3 \rho_p u_\theta^2}{6 r_m}$$

分离因数为

$$K_c = \frac{r_m \omega^2}{g} = \frac{u_\theta^2}{r_m g} \tag{6.3.7}$$

其大小为 5~2500，一般可分离气体中直径为 5~75μm 的粉尘。

(3) 旋风分离器的性能指标

评价旋风分离器性能的主要指标有临界直径、分离效率和压强降(阻力损失)。

① 临界直径

临界直径是指理论上在旋风分离器中能够从气体中全部分离出来的最小颗粒的直径，用 d_c 表示。

为了便于分析和计算，对气体和颗粒在筒内的运动作以下假设：

a. 气体进入旋风分离器后，规则地在筒内旋转 N 圈后上升进入排气筒，旋转的平均切线速率 u_θ 等于入口气体速率 u_i；

b. 颗粒在筒内与气体之间的相对运动为层流；

c. 颗粒在沉降过程中所穿过的气流的最大厚度等于进气筒宽度 B。

根据颗粒离心沉降速率方程式，由于气体密度 $\rho<<$颗粒密度 ρ_p，在计算密度差时可以忽略气体的密度 ρ，则临界直径为 d_c 的颗粒沉降速度为

$$u_r=\frac{1}{18}\cdot\frac{\rho_p-\rho}{\mu}r_m\omega^2 d_c^2\approx\frac{\rho_p d_c^2 u_\theta^2}{18\mu r_m} \tag{6.3.8}$$

根据上述假设 c，颗粒最大沉降时间为

$$t_r=\frac{B}{u_r}=\frac{18\mu r_m B}{\rho_p d_c^2 u_\theta^2} \tag{6.3.9}$$

若气体旋转上升之前在筒内旋转圈数为 N，则运行的距离为 $2\pi r_m N$，故气体在筒内的停留时间为

$$t=\frac{2\pi r_m N}{u_\theta} \tag{6.3.10}$$

能够从分离器内 100%分离出来的最小颗粒的直径 d_c 应满足 $t_r=t$，即

$$\frac{18\mu r_m B}{\rho_p d_c^2 u_\theta^2}=\frac{2\pi r_m N}{u_\theta}$$

整理得

$$d_c=\sqrt{\frac{9\mu B}{\pi u_\theta \rho_p N}} \tag{6.3.11}$$

上式表示了旋风分离器能完全去除的最小颗粒粒径 d_c 与旋风分离器结构和操作参数等的关系。临界直径是旋风分离器效率高低的重要标志，d_c 越小，分离效果越好。

一般旋风分离器以圆筒直径 D 为参数，其他尺寸与 D 成一定比例，如在标准旋风分离器中，矩形进气筒宽度 $B=D/4$，高度 $h_i=D/2$。由式(6.3.11)可知，临界粒径 d_c 随分离器尺寸增大而增加，由此导致旋风分离效率的降低。入口气速越大，d_c 越小。但入口气速过高会引起局部涡流的增加，使已沉降下来的颗粒重新扬起，导致分离效率下降。所以，当气体处理量很大时，常将若干个小尺寸的旋风分离器并联使用(称为旋风分离器组)以维持较好的除尘效果。气体在旋风分离器中的旋转圈数 N 与进口气速和旋风分离器的结构形式有关，对标准旋风分离器，N 可取 5，对于一般旋风分离器，N 可取 0.5~3.0。

② 分离效率

分离效率有两种表示方法：总效率和分效率，或称粒级效率。

总效率是指进入旋风分离器的全部粉尘中被分离下来的粉尘的比例，即

$$\eta_0=\frac{\rho_1-\rho_2}{\rho_1}\times100\% \tag{6.3.12}$$

式中　η_0——总效率,%；

ρ_1、ρ_2——旋风分离器进、出口气体含尘浓度，kg/m^3。

总效率不能表示旋风分离器对各种尺寸颗粒的不同分离效果。

粒级效率是指进入旋风分离器的粒径为 d_i 的颗粒被分离下来的比例，即

$$\eta_i=\frac{\rho_{i1}-\rho_{i2}}{\rho_{i1}}\times100\% \tag{6.3.13}$$

式中　η_i——粒级效率,%；

ρ_{i1}、ρ_{i2}——粒径为 d_i 的颗粒在旋风分离器入口和出口气体中的含量，kg/m^3。

总效率和粒级效率之间的关系为

$$\eta_0=\sum_{i=1}^{n}x_i\eta_i \tag{6.3.14}$$

式中　x_i——粒径为 d_i 的颗粒占总颗粒的质量分数。

在工业应用中，通常用总效率来表示旋风分离器的分离效果。总效率表示总的除尘效果，但并不能准确地代表旋风分离器的分离效率，因为总效率相同的两台旋风分离器，其分离性能有可能相差很大。这是因为若被分离的气体混合物中的颗粒具有不同的粒径分布，则各种颗粒被分离的比例也是不同的。因此，粒级效率更能准确地表示旋风分离器的分离效率。

粒级效率与颗粒粒径的关系曲线称为粒级效率曲线，可以通过实测获得，也可以通过理论计算。理论上 $d_p\geqslant d_c$ 的颗粒，粒级效率均为 1，而 $d_p<d_c$ 的颗粒的粒级效率在 0~100%。但实际上，直径小于 d_c 的颗粒中，有些在旋风分离器进口处就已经很靠近壁面，在停留时间内能够很快到达壁面上；有些在器内聚结成了大的颗粒，因而具有较大的沉降速率，在停留时间内也能够到达壁面上。而直径大于 d_c 的颗粒中，由于气体涡流的影响，在没有到达器壁时就被气流带出了分离器，导致其粒级效率<1。如图 6.3.3 所示，只有当颗粒的粒径大于 d_c 很多时，其粒级效率才为 1。

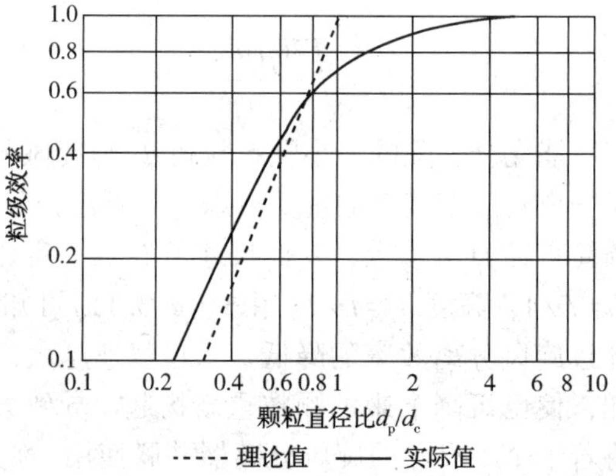

图 6.3.3　旋风分离器的粒级效率曲线

有时也把旋风分离器的粒级效率绘成 d_p/d_{50} 的函数曲线。d_{50} 是粒级效率为 50%时的颗粒直径，称为分割粒径。对于标准旋风分离器来说，d_{50} 可用下式估算

$$d_{50}=0.27\sqrt{\frac{\mu D}{u_\theta\rho_p}} \tag{6.3.15}$$

其曲线关系如图 6.3.4 所示。

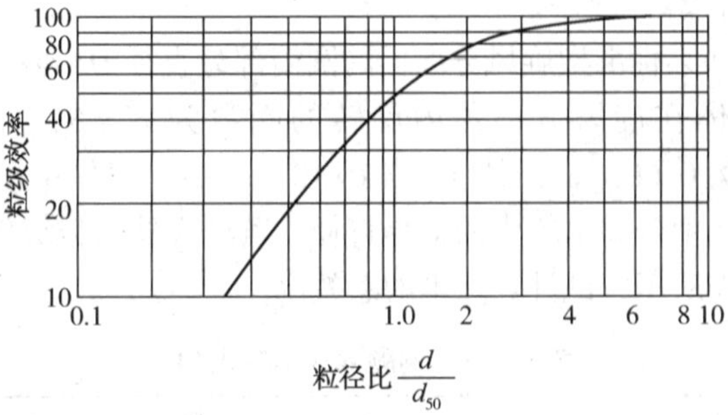

图 6.3.4　标准旋风分离器的 $\eta_i - d_p/d_{50}$ 曲线

对于同一形式且尺寸比例相同的旋风分离器，无论大小，皆可用同一条 $\eta_i - d_p/d_{50}$ 曲线，这给旋风分离器效率的估算带来了很大方便。

③ 压强降(阻力损失)

气体通过旋风分离器时，由于进气管、排气管及主体器壁所引起的摩擦阻力，气体流动时的局部阻力以及气体旋转所产生的动能损失造成的气体压强降。

压强降的计算公式为

$$\Delta p = \xi \frac{\rho u_\theta^2}{2} \tag{6.3.16}$$

式中，ξ 为阻力系数，同一结构型式及尺寸比例的旋风分离器的 ξ 为常数，不因尺寸大小而改变，标准型旋风分离器 $\xi=8.0$。旋风分离器的压降一般在 500~2000Pa。

根据式(6.3.11)可知，影响旋风分离器性能的主要因素有：气体处理量、进口尺寸、气体在筒内的旋转圈数、粉尘浓度等。处理量越大、进口越窄、长径比越大(N 越大)及粉尘浓度高(利于颗粒的聚结、抑制气体涡流使阻力下降)等情况均有利于分离；进口气速 u_θ 稍高有利于分离，但过高则导致涡流加剧，反不利于分离，徒然增大压强降。在实际应用中，常采用多级串、并联操作提高分离效率和处理能力。

2. *旋流分离器*

旋流分离器用于分离悬浮液，但并不能把固体颗粒和液体介质完全分离，在结构和操作原理上与旋风分离器类似。设备主体是由圆筒和圆锥两部分组成的。悬浮液从顶部入流管沿切向进入圆筒，向下作螺旋运动。固体颗粒受惯性离心力作用而被甩向器壁，随流体向下沉降至椎底的出口。从底部排出的浓缩液为底流。清液或含有微细颗粒的液体则成为上升的内旋流，从顶部的中心管排出，成为溢流。

与旋风分离器相比，旋流分离器的特点是：①形状细长，直径小，圆锥部分长，有利于颗粒的分离；②中心经常有一个处于负压的气柱，有利于提高分离效果。

在水处理中，旋流分离器又称为水力旋流器，可用于高浊水泥沙的分离、暴雨径流泥沙分离、矿厂废水矿渣的分离等。

液体的黏度约为空气的 50 倍，液体的($\rho_p - \rho$)比气体的小，悬浮液进口速度也比含尘气体的小，所以同样大小和密度的颗粒，其沉降速率远小于含尘气体在旋风分离器中的沉降速率；要达到同样的临界粒径要求，旋液分离器的直径要比旋风分离器小很多(增大离心力)，锥形部分长度大得多(延长停留时间)。

旋流分离器的粒级效率和颗粒直径的关系曲线与旋风分离器颇为相似，并且同样可根据粒级效率及粒径分布计算总效率。

【例题 6.3.1】 已知某标准型旋风分离器的圆筒部分直径 $D=400\text{mm}$，入口高度 $h_i=D/2$，入口宽度 $B=D/4$，气体在旋风分离器内旋转的圈数为 $N=5$，分离气体的体积流量为 $1000\text{m}^3/\text{h}$，气体的密度为 0.6kg/m^3，黏度为 $3.0\times10^{-5}\text{Pa}\cdot\text{s}$，气体中粉尘的密度为 4500kg/m^3，求旋风分离器能够从气体中分离出粉尘的临界直径。若分离器的粒级效率如图 6.3.3 所示，粉尘颗粒的粒度分布如下表所示，试计算除尘的总效率。

表 6.3.1　例题 6.3.1 附表(1)

粒径范围/μm	0~5	5~10	10~15	15~20
质量分数 x_i	0.10	0.55	0.30	0.05

解：气体的入口速度(平均切线速度)为

$$u_\theta=\frac{V_s}{Bh_i}=\frac{\dfrac{1000}{3600}}{0.2\times0.1}=13.9\text{m/s}$$

假设沉降处于斯托克斯区，将 $\mu=3.0\times10^{-5}\text{Pa}\cdot\text{s}$，$B=0.1\text{m}$，$N=5$，$\rho_p=4500\text{kg/m}^3$，$u_\theta=13.9\text{m/s}$，代入式(6.3.11)中得

$$d_c=\sqrt{\frac{9\mu B}{\pi u_\theta\rho_p N}}=\sqrt{\frac{9\times3.0\times10^{-5}\times0.1}{\pi\times13.9\times4500\times5}}=5.2\times10^{-6}\text{m}=5.2\mu\text{m}$$

检验

$$r_m=\frac{D-B}{2}=\frac{3}{8}D=0.15\text{m}$$

$$u_r=\frac{\rho_p d_c^2 u_\theta^2}{18\mu r_m}=\frac{4500\times(5.2\times10^{-6})^2\times13.9^2}{18\times3.0\times10^{-5}\times0.15}=0.29\text{m/s}$$

$$Re_p=\frac{d_c u_r\rho}{\mu}=\frac{5.2\times10^{-6}\times0.29\times0.6}{3.0\times10^{-5}}=0.03<2$$

因此沉降在层流区，符合斯托克斯公式，计算正确。

由粉尘的粒度分布和分离器的粒级效率曲线，可以计算总的除尘效率，如表 6.3.2 所示。

表 6.3.2　例题 6.3.1 附表(2)

粒径范围/μm	质量分数 x_i	平均粒径/μm	d_p/d_c	粒级效率 η_i
0~5	0.10	2.5	0.48	0.36
5~10	0.55	7.5	1.44	0.88
10~15	0.30	12.5	2.4	0.98
15~20	0.05	17.5	3.37	1

所以，总的除尘效率为

$$\eta_0=\sum_{i=1}^{n}x_i\eta_i=0.1\times0.36+0.55\times0.88+0.30\times0.98+0.05\times1=0.864$$

3. 离心沉降机

离心沉降机主要用于悬浮液的固液分离，是依靠固液比重差和离心力场的作用进行固液

分离的一种设备。沉降离心机转速可调，对进料浓度变化不敏感，适用于处理不同粒度和浓度的悬浮液，特别适用于处理固液相密度差小、固体颗粒小或液体黏度大的难分离悬浮液。

（1）离心沉降机的结构与工作原理

离心沉降机主要由转鼓、驱动装置、进料系统和出料系统组成。转鼓是离心沉降机的核心部件，它是一个高速旋转的容器，通常为圆柱形或圆锥形。转鼓的壁上有许多小孔或采用无孔设计，这取决于具体的分离需求。在有孔转鼓中，液体可以通过小孔排出，而固体则被截留在转鼓内。其材质一般为不锈钢等高强度、耐腐蚀材料，以承受高速旋转产生的巨大离心力。驱动装置用于驱动转鼓高速旋转，通常包括电机、变速器等部件。电机提供动力，变速器则可以调节转鼓的转速，以适应不同的物料和分离要求。转速范围因设备而异，有些离心沉降机转速可以达到数万转每分钟。进料系统负责将待分离的混合物均匀地输送到转鼓内。它包括进料管、进料阀门等部分，确保进料的流量和压力稳定，使物料能够在转鼓内均匀分布，有利于提高分离效果。出料系统包括固体出料口和液体出料口。固体出料口用于排出在离心力作用下沉积在转鼓壁上的固体物质，液体出料口则用于排出分离后的上清液。

当含有固体颗粒和液体的混合物通过进料系统进入高速旋转的转鼓后，在强大的离心力作用下，固体颗粒和液体由于密度差异而产生不同的运动。固体颗粒受到的离心力远大于重力，它们会迅速向转鼓壁方向运动并沉积在转鼓壁上；而液体则形成内层液环，靠近转鼓中心轴。随着分离过程的进行，固体颗粒不断堆积在转鼓壁上，液体则可以通过转鼓壁上的小孔(过滤式离心沉降机)或者在无孔转鼓的情况下通过溢流方式(碟片式离心沉降机)从液体出料口排出。当分离完成后，固体物料从固体出料口排出，如图 6. 3. 5(a)所示。

（2）离心沉降机的计算

如图 6. 3. 5(b)所示，离心沉降机的主体是上面带翻边的圆筒，由中心轴带动圆筒作高速旋转，旋转速度为 ω。悬浮液从底部以速度 u_i 进入，形成由下向上的液流。悬浮液中的颗粒在向上流动过程中，在离心力的作用下向筒壁沉降，如果颗粒在到达顶端以前沉降到筒壁，即可以从液流中分离，否则将随液流流出。假设某一粒径为 d_c 的颗粒在筒内的水力停留时间内正好从离心机的进口沉降到离心机的出口筒壁，该沉降轨迹称为临界沉降轨迹，d_c 称为临界粒径。通过计算可以求得悬浮液中可以完全分离的最小颗粒粒径 d_c。

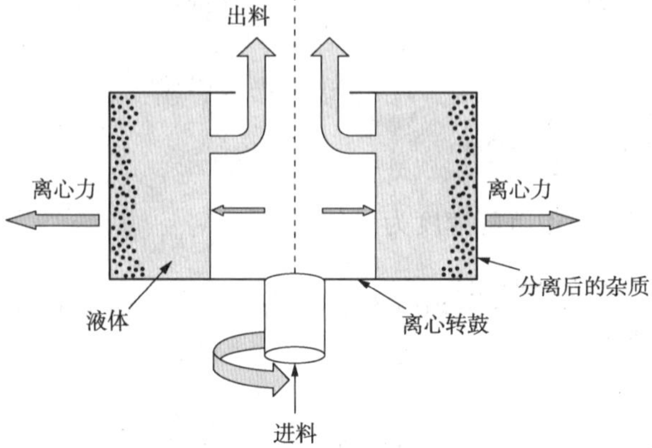

(a)离心沉降机工作原理

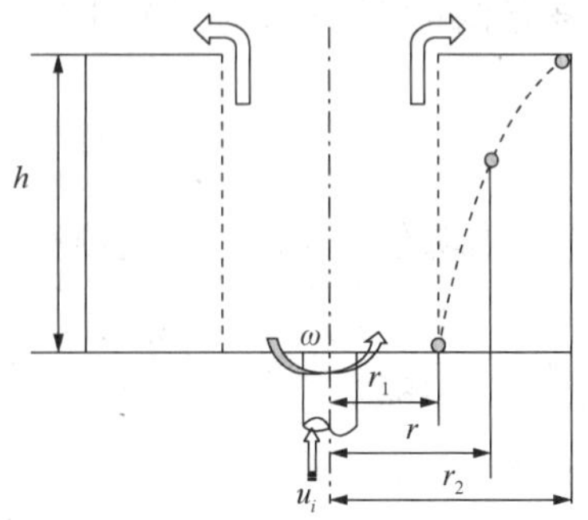

(b)离心沉降机中颗粒的受力情况

图 6. 3. 5　离心沉降机

由于颗粒在沉降轨迹的任意一点所受的离心力不同，颗粒在沉降过程中的沉降速度也是变化的。假设颗粒在离心机中与液体之间的相对运动为层流，根据斯托克斯公式，距离中心 r 处的颗粒的沉降速率可表示为

$$u_r=\frac{\mathrm{d}r}{\mathrm{d}t}=\frac{d_c^2(\rho_p-\rho)}{18\mu}r\omega^2 \tag{6.3.17}$$

分离变量

$$\mathrm{d}t=\frac{18\mu}{d_c^2(\rho_p-\rho)\omega^2}\frac{\mathrm{d}r}{r}$$

颗粒在筒内的沉降时间为从 r_1 到 r_2 所需的时间，对上式进行积分，得

$$t_r=\frac{18\mu}{d_c^2(\rho_p-\rho)\omega^2}\ln\frac{r_2}{r_1} \tag{6.3.18}$$

流体在筒内的停留时间 t 为

$$t=\frac{h}{u_i}=\frac{\pi(r_2^2-r_1^2)h}{V_s} \tag{6.3.19}$$

上式中 V_s 为悬浮液的处理量，也是悬浮液的体积流量，单位是 m^3/s。

能够完全分离某一粒径颗粒的边界条件是 $t_r=t$，则可求出临界粒径

$$d_c=\sqrt{\frac{18\mu V_s}{\pi h\omega^2(\rho_p-\rho)(r_2^2-r_1^2)}\ln\frac{r_2}{r_1}} \tag{6.3.20}$$

【例题 6.3.2】 密度为 2000kg/m³、直径为 40μm 的球状颗粒在 20℃的水中沉降，求在最小旋转半径 2cm、最大旋转半径 8cm、转速为 1000r/min 的离心机中颗粒的沉降速度。20℃水的物性参数如下：密度为 998.2kg/m³，黏度为 1.005×10^{-3}Pa·s。

解：离心机的角速度为

$$\omega=\frac{1000\times2\pi}{60}=33.3\pi\text{rad/s}$$

该离心沉降机的平均旋转半径为

$$r_m=\frac{2+8}{2}=5\text{cm}$$

假设沉降位于层流区，则颗粒在离心机中沉降速度为

$$u_r=\frac{d_c^2(\rho_p-\rho)}{18\mu}r_m\omega^2=\frac{(40\times10^{-6})^2\times(2000-998.2)}{18\times1.005\times10^{-3}}\times0.05\times(33.3\pi)^2=4.84\times10^{-2}\text{m/s}$$

检验

$$Re_p=\frac{d_pu_r\rho}{\mu}=\frac{40\times10^{-6}\times4.84\times10^{-2}\times998.2}{1.005\times10^{-3}}=1.9<2$$

故假设正确，计算有效。

思考题与习题

6.1　已知某球形颗粒直径为 0.01m，密度为 $2500kg/m^3$，在密度为 $1000kg/m^3$、黏度为 0.001Pa·s 的液体中沉降，求该颗粒的沉降速度。

6.2　一颗粒在水中沉降，其沉降速度为 0.05m/s，颗粒密度为 $1800kg/m^3$，水的密度为 $1000kg/m^3$，黏度为 0.001Pa·s，求该颗粒的直径。

6.3　相对密度为 7.9，直径为 2.5mm 的钢球，在某黏稠油品（相对密度 0.9）中以 5mm/s 的速度匀速沉降。试求该油品的黏度。

6.4　容器中盛有密度为 $890kg/m^3$ 的油，黏度为 0.32Pa·s，容器深度为 80cm，如果将密度为 $2650kg/m^3$、直径为 5mm 的小球投入容器中，每隔 3s 投一个，则：

（1）如果油是静止的，则容器中最多有几个小球同时下降？

（2）如果油以 0.05m/s 的速度向上运动，则最多有几个小球同时下降？

6.5　落球黏度计是由一个钢球和一个玻璃筒组成，将被测液体装入玻璃筒，然后记录下钢球落下一定距离所需要的时间，即可以计算出液体黏度。现在已知钢球直径为 10mm，密度为 $7900kg/m^3$，待测某液体的密度为 $1300kg/m^3$，钢球在液体中下落 200mm，所用的时间为 9.02s，试求该液体的黏度。

6.6　直径为 30μm 的球形颗粒，于大气压及 20℃ 下某气体中的沉降速度为在水中沉降速度的 88 倍，又知此颗粒在此气体中的有效重量为水中有效重量的 1.6 倍。试求此颗粒在此气体中的沉降速度。

6.7　某一锅炉房的烟气沉降室，长、宽、高分别为 11m×6m×4m，沿沉降室高度的中间加一层隔板，故尘粒在沉降室内的降落高度为 2m。烟气温度为 150℃，沉降室烟气流量为 $12500Nm^3/h$，试核算沉降室是否能沉降 35μm 以上的尘粒。

6.8　一降尘室长 6m、宽 3m，中间装有 19 块隔板，隔板间距为 0.1m，用以除去炉气中的矿尘。矿尘密度为 $3000kg/m^3$，炉气密度为 $0.5kg/m^3$，黏度为 0.035Pa·s。现要除去炉气中 10μm 以上的颗粒，试求：(1)为完成上述任务，可允许的最大气流速度为多少？(2)每小时最多可送入炉气多少立方米？(3)若取消隔板，为完成任务该降尘室的最大处理量是多少？

6.9　流量为 15000kg/h、温度为 350℃ 的含尘气体用长 6m、宽 2.1m、高 1.8m 且含有 4 层隔板的降尘室进行净化处理。已知尘粒密度为 $2000kg/m^3$，求(1)能被完全除去的最小颗粒直径；(2)若将该股空气先降温至 50℃ 再送入降尘室，则能被完全除去的最小颗粒直径为多少？(3)降温至 50℃ 后，为使临界颗粒直径不变，则气体的质量流量变为多少？

6.10　原用一个旋风分离器处理含尘气体，因分离效率不高，拟改用多个旋风分离器并联操作，其型式及各部分尺寸的比例不变，气体进口速度也不变。求分别采用两台及三台并联操作时，每台分离器的直径是单台操作时的多少倍，可分离的颗粒的临界直径是原来的多少倍？（假定颗粒在器内沉降运动处在层流区）

6.11　用标准型旋风分离器收集烟气粉尘，已知含粉尘空气的温度为 200℃，体积流量为 $3800m^3/h$，粉尘密度为 $2290kg/m^3$，求旋风分离器能分离粉尘的临界直径（旋风分离器的直径为 650mm，200℃空气的密度为 0.746kg/m^3，黏度为 2.60×10^{-5}Pa·s)。

6.12　工厂的气流干燥器中送出 12000m^3/h、温度为 70℃的含尘热空气，尘粒密度为 2000kg/m^3，采用标准旋风分离器除尘。试求器身直径分别为 1600mm 和 1000mm 时理论上能被完全除去的最小颗粒直径和旋风分离器压降。

6.13　体积流量为 1m^3/s 的 20℃常压含尘空气，固体颗粒的密度为 1800kg/m^3(空气的密度为 1.205kg/m^3，黏度为 1.81×10^{-5}Pa·s)。则

(1) 用底面积为 60m^2 的降尘室除尘，能够完全去除的最小颗粒直径是多少？

(2) 用直径为 600mm 的标准旋风分离器除尘，离心分离因数、临界直径和分割直径是多少？

6.14　用一个小型沉降式离心机分离 20℃水中直径 10μm 以上的固体颗粒。已知颗粒的密度为 1480kg/m^3，悬浮液进料半径位置为 $r_1=0.05$m，离心机转鼓壁面半径为 $r_2=0.125$m，求离心机转速为 1000r/min 和 3000r/min 时的平均分离因数和固体颗粒沉降到转鼓壁面位置所需要的时间(水的密度为 998.2kg/m^3，黏度为 1.005×10^{-3}Pa·s)。

6.15　用离心沉降机去除悬浮液中的固体颗粒，已知颗粒直径为 50μm，密度为 1050kg/m^3，悬浮液密度为 1000kg/m^3，黏度为 1.2×10^{-3}Pa·s，离心机转速为 3000r/min，转筒尺寸为 $h=300$mm，$r_1=50$mm，$r_2=80$mm。求离心机完全去除颗粒时的最大悬浮液处理量。

第七章 过 滤

第一节 过滤操作的基本概念

一、过滤过程

在环境工程中，过滤是一种重要的分离技术，主要用于去除流体(液体或气体)中的悬浮颗粒、胶体、有机物等杂质，以达到净化水质、空气质量或回收有用物质的目的。

过滤的原理是利用重力或压差使含固体颗粒的非均相物系通过某种多孔性过滤介质，悬浮液中的固体颗粒被截留，滤液则穿过介质流出，从而实现固液分离。过滤的目的是获得清净的液体或固体产品，常作为沉降、结晶、固液反应等操作的后续过程。过滤属于机械分离操作，与蒸发、干燥等非机械分离操作相比，其分离速度较快，能量消耗较低。

二、过滤介质

过滤介质种类繁多，不同的过滤介质具有不同的特点和适用范围，但过滤介质均应具有多孔、足够的机械强度和尽可能小的流动阻力等特性，且能够耐热耐腐蚀。

1. 织物介质

织物介质又称滤布，包括由棉、毛、丝、麻等天然纤维及由各种合成纤维(如聚酯、聚酰胺、聚丙烯等)制成的织物，以及由玻璃丝、金属丝等织成的网。可截流颗粒的最小直径为5~65μm。这种过滤介质价格便宜，清洗及更换方便，具有一定的柔韧性和耐腐蚀性。其广泛应用于各种工业过滤过程，如污水处理中的污泥脱水、化工生产中的固液分离等；在大气污染控制工程中，袋式除尘器也常采用织物滤袋作为过滤介质去除空气中的粉尘。

2. 多孔性固体介质

多孔性固体介质具有很多微细孔道的固体材料，如多孔陶瓷、多孔塑料及烧结金属(或玻璃)制成的多孔管或板。此类介质较厚，多耐腐蚀，能够耐受较高的压力和温度，化学稳定性较好；且孔道细微，可截流颗粒的最小直径为1~3μm。该类介质适用于处理只含少量细小颗粒的腐蚀性悬浮液及其他特殊场合，如电子工业中高纯水的制备、制药行业中注射液的过滤等。

3. 堆积粒状介质

该介质由细砂、木炭、石棉、硅藻土等细小的颗粒或非编织纤维(玻璃纤维等)堆积而成。通过颗粒之间的间隙和曲折的通道实现过滤，可根据需要调整颗粒的大小和堆积厚度控制过滤效果。一般用于处理固体含量很少的悬浮液，如城市给水的预处理、游泳池水的过滤等，也可用于工业废水处理中的深度过滤环节。

4. 多孔膜介质

多孔膜是由特殊工艺合成的聚合物薄膜，常见的有醋酸纤维膜、聚酰胺膜、聚砜膜等有机膜，以及陶瓷膜等无机膜。膜过滤属于精密过滤，可分离非常微小的颗粒，根据膜孔径的大小不同，可分为微滤膜、超滤膜、反渗透膜等，能够在微观层面实现对水中杂质的高精度分离。在超滤和微滤中以多孔无机膜、有机膜为介质，可截留粒径在 1μm 以下的微细颗粒。微滤膜可截留水中的悬浮颗粒、细菌等，常用于饮用水的净化、食品饮料行业的除菌过滤等；超滤膜除了能去除悬浮颗粒和细菌外，还能过滤掉大分子有机物、胶体等，在污水处理的深度处理、生物制药中的蛋白质分离等方面有重要应用；反渗透膜则可以有效阻挡几乎所有的溶解性盐类、重金属离子以及小分子有机物，主要用于海水淡化、纯水制备等领域。

5. 纤维过滤介质

纤维过滤介质主要由各种纤维材料制成，如聚丙烯纤维、聚酯纤维等，可制成纤维球、纤维束等形式。纤维过滤介质具有比表面积大、过滤效率高、吸附性能好等优点，且纤维过滤介质的孔隙率可以根据需要进行调整。在污水处理中，纤维过滤介质可用于去除水中的悬浮物、有机物和油类等污染物，尤其适用于处理含油废水和回用水处理。

三、过滤的分类

按照过滤的深度分类，过滤可分为表面过滤和深层过滤。

1. 表面过滤

表面过滤也称为滤饼过滤。当采用的过滤介质的孔比待过滤流体中的固体颗粒的粒径小时，将悬浮液置于过滤介质的一侧，固体被过滤介质截留形成滤饼层，而液体则通过过滤介质形成滤液。实际上采用的过滤介质的孔不一定都小于比待过滤流体中所有的固体颗粒的粒径，在刚开始过滤时小颗粒可能会进入过滤介质孔道内，但随着过滤的进行，细小的颗粒会在过滤介质孔道内发生架桥，从而形成滤饼。在滤饼过滤中，真正起分离作用的是滤饼层，而不是过滤介质，如图 7.1.1 所示。滤饼过滤适用于分离颗粒含量较高(固相体积分率大于 1%)的悬浮液。

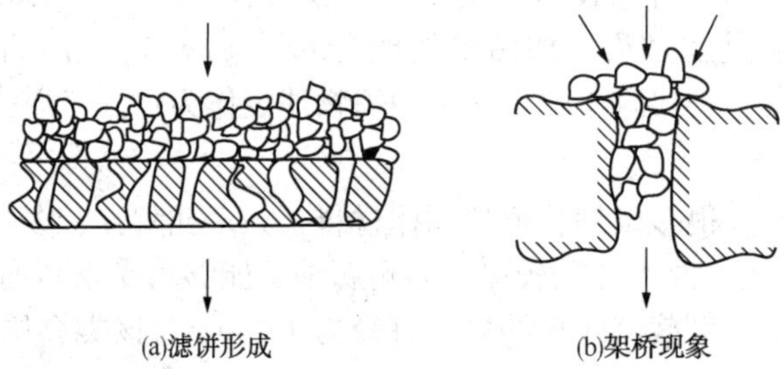

图 7.1.1　滤饼过滤

滤饼可分为不可压缩滤饼和可压缩滤饼。不可压缩滤饼的颗粒为不易变形的坚硬物体，如硅藻土、碳酸钙等。当滤饼两侧压强差增大时，颗粒形状和颗粒间空隙均无显著变化，单位厚度床层的流体阻力恒定。可压缩滤饼由容易变形的物质构成，如某些氢氧化物类的胶体。当滤饼两侧压强差增大时，颗粒形状和颗粒间空隙显著改变，单位厚度床层的流动阻力增大。

在表面过滤的过程中，有时会用到助滤剂。助滤剂一般是质地坚硬的细小固体颗粒，如硅藻土、石棉、碳粉等。将助滤剂加入悬浮液中，在形成滤饼时便能均匀地分散在滤饼中间，改善滤饼结构，使液体得以畅通流动，或预敷于过滤介质表面以防止介质孔道堵塞。在一定的过滤操作压差范围内，助滤剂具有较好的刚性，能与滤渣形成多孔床层，使滤饼具有良好的渗透性和较低的流动阻力。另外助滤剂具有良好的化学稳定性，不与悬浮液反应，也不溶解于液相中。

2. 深层过滤

当固体颗粒并不形成滤饼而沉积于较厚的过滤介质内部，此时，颗粒尺寸小于介质孔隙，颗粒可进入长而曲折的通道，在惯性和扩散作用下，进入通道的固体颗粒趋向通道壁面并借由静电力与分子间力附着其上。如图 7.1.2 所示。深层过滤中真正起过滤作用的是过滤介质。深层过滤常用于颗粒很小、含固量很低（颗粒的体积分率<0.1%）且处理量较大的悬浮液，如自来水的净化、雨水处理、浑浊药液的澄清以及分子筛脱色等。

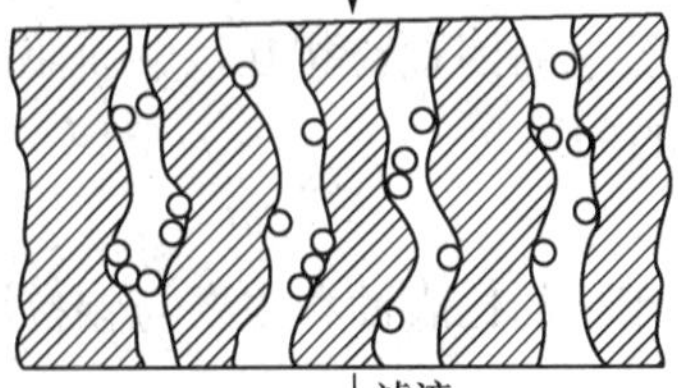

图 7.1.2　深层过滤

第二节　过滤基本方程

从流体力学角度考虑，过滤实际上就是流体通过固体颗粒床层的流动过程，在表面过滤过程中流体只有克服了固体颗粒对其的阻力才能进一步流过多孔介质，而深层过滤中的过滤介质本身就是固体颗粒床层。工程实际所关心的问题是需向流体提供多少能量才可满足流体克服颗粒对其的阻力。

一、颗粒床层的几何特性

1. 床层的空隙率

固定床是指众多固体颗粒堆积而成的静止的颗粒层，对于表面过滤来说是过滤过程形成的滤饼层，对于深层过滤来说就是滤料层。床层的空隙率 ε 为单位体积床层中的空隙体积，表示众多颗粒按某种方式堆积成固定床的疏密程度。其定义式为

$$\varepsilon=\frac{床层体积-颗粒体积}{床层体积}$$

假设床层体积为 V_b，球形颗粒的体积为 V_p，则有

$$\varepsilon=\frac{V_b-V_p}{V_b} \tag{7.2.1}$$

在滤料层中，颗粒滤料是任意堆积的，其任何部位的空隙率都是相同的。空隙率的大小反映了床层中颗粒的疏密程度及其对流体的阻滞程度。空隙率对流体阻力的影响很大，空隙率越小，颗粒床层越密，对流体的阻滞程度越大。空隙率的大小与颗粒的形状、粒度分布、颗粒床的填充方法和条件、容器直径与颗粒直径之比等有关。对于均匀的球形颗粒，最疏松排列时的空隙率为 0.48，最紧密排列时的空隙率为 0.26；非球形颗粒任意堆积时的床层空隙率往往大于球形颗粒，一般为 0.35~0.7。

2. 床层的比表面积

颗粒的比表面积 a 是指单位体积颗粒所具有的表面积，可表示为

$$a=\frac{A_p}{V_p} \tag{7.2.2}$$

式中，A_p 为球形颗粒的表面积。

床层的比表面积 a_b 为单位床层体积具有的颗粒表面积，可表示为

$$a_b=\frac{A_p}{V_b} \tag{7.2.3}$$

若忽略因颗粒相互接触而使裸露的颗粒表面减少，则床层比表面积 a_b 与颗粒比表面积 a 间的关系为

$$a_b=(1-\varepsilon)a \tag{7.2.4}$$

床层的比表面积主要与颗粒尺寸有关，颗粒尺寸越小，床层的比表面积越大。

二、颗粒床层的过滤速度

1. 颗粒床层的简化模型

颗粒床层中空隙所形成的流体通道结构非常复杂，不但细小曲折，而且相互关联，很不规则，难以如实地精确描述。因此，在研究床层空隙中流体的流动过程时，通常采用简化的流动模型代替床层内的真实流动过程，如图 7.2.1 所示。可将实际床层简化成由许多相互平行的小孔道组成的管束，简化模型认为流体流过颗粒床层的阻力与通过这些小孔道管束时的阻力相等。

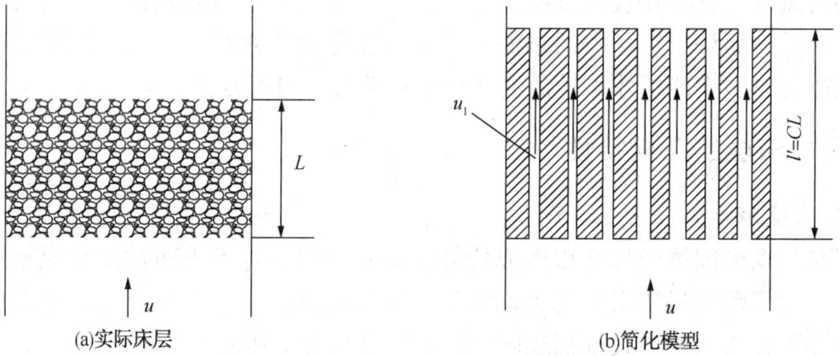

图 7.2.1　颗粒床层的简化模型

在简化模型中，假定

① 小孔道管束的长度与床层厚度成正比，即

$$l'=CL \tag{7.2.5}$$

式中　l'——小孔道管束的长度，m；

L——床层厚度，m；

C——比例系数，无量纲。

② 孔道的内表面积等于全部颗粒的表面积。

③ 孔道的全部流动空间等于颗粒床层的空隙容积。

按照非圆形管道当量直径的计算方法，颗粒床层的当量直径为

$$d_e=\frac{4\times\text{流通截面积}}{\text{润湿周边}}=\frac{4\times\text{流通截面积}\times\text{流道长度}}{\text{润湿周边}\times\text{流道长度}}=\frac{4\times\text{流道容积}}{\text{流道内表面积}}=\frac{4\varepsilon V_b}{a_b V_b}=\frac{4\varepsilon}{a(1-\varepsilon)} \tag{7.2.6}$$

由上式可知，床层的当量直径 d_e 与床层空隙率和颗粒的比表面积，或者说与颗粒的粒径有关。通常床层的空隙率变化幅度不大，因此床层的当量直径主要与颗粒的粒径有关，颗粒的粒径越小，比表面积越大，床层的当量直径越小。

2. 过滤速度

根据上述简化模型，流体在颗粒床层中的流动可以看成是在小孔道管束中的流动。假设通过床层（床层面积为 A）的流体速度（即空床速度，也称为表观速度）为 u，在小孔道管束内（所有小孔道的横截面积之和为 A_1）的流体速度（即真实速度）为 u_1，由连续性方程可得

$$Au = A_1 u_1$$

而

$$\frac{A_1}{A} = \varepsilon$$

则有

$$u = \varepsilon u_1 \tag{7.2.7}$$

过滤过程流体流动的特点是流体在固定床中同一截面上的流速分布很不均匀且流体流经固定床会产生压降。产生压降的主要原因有两个：一是流体和颗粒表面之间的摩擦引起的黏性摩擦阻力；二是流体流动过程中因孔道截面的突然扩大和收缩以及流体对颗粒的撞击而产生的形体阻力。

由于孔道的直径很小，阻力很大，流体在孔道内的流动速度很小，可以看成是层流。直管中的压力降是流动阻力的体现，有

$$\Delta p_1 = \lambda \frac{l'}{d_e} \cdot \frac{\rho u_1^2}{2} \tag{7.2.8}$$

式中 Δp_1——滤料床层中流动阻力引起的压力降，Pa；

λ——摩擦系数，无量纲；

ρ——流体密度，kg/m^3。

层流流动时，$\lambda = 64/Re'$。

则流动速度可以用 Hagen-Poiseuille 定律来描述，即

$$u_1 = \frac{\Delta p_1}{32\mu l'} d_e^2 \tag{7.2.9}$$

式中 μ——流体的黏度。

将式（7.2.5）~式（7.2.7）代入式（7.2.9）中，整理得

$$u = \frac{\varepsilon^3}{2Ca^2(1-\varepsilon)^2} \frac{\Delta p_1}{\mu L} \tag{7.2.10}$$

令 $r = \frac{2Ca^2(1-\varepsilon)^2}{\varepsilon^3}$，$r$ 为滤料床层的比阻，即单位厚度滤料床层的阻力，单位为 m^{-2}，则有

$$u = \frac{\Delta p_1}{r\mu L} \tag{7.2.11}$$

比阻 r 的物理意义是：它在数值上等于黏度为 1Pa·s 的滤液以 1m/s 的平均流速通过厚度为 1m 的滤料床层时所产生的压强降。比阻反映了颗粒形状、尺寸及床层空隙率对滤液流动的影响。床层空隙率 ε 越小且颗粒比表面 α 越大，则床层越致密，对液体流动的阻滞作用也越大。

假设在过滤过程中，过滤的床层面积为 A，某一时刻 t 得到的滤液量为 V，则过滤速度为

$$u=\frac{dV}{Ad t}\tag{7.2.12a}$$

若 q 为单位床层面积上的滤液量，$q=V/A$，则有

$$u=\frac{dV}{Ad t}=\frac{dq}{dt}\tag{7.2.12b}$$

三、滤饼过滤的基本方程

1. 过滤介质的阻力

滤饼过滤中，过滤介质的阻力一般都比较小，但有时却不能忽略，尤其在过滤初始阶段，滤饼尚薄的期间。过滤介质的阻力与其厚度及本身的致密程度有关。通常把过滤介质的阻力视为常数。

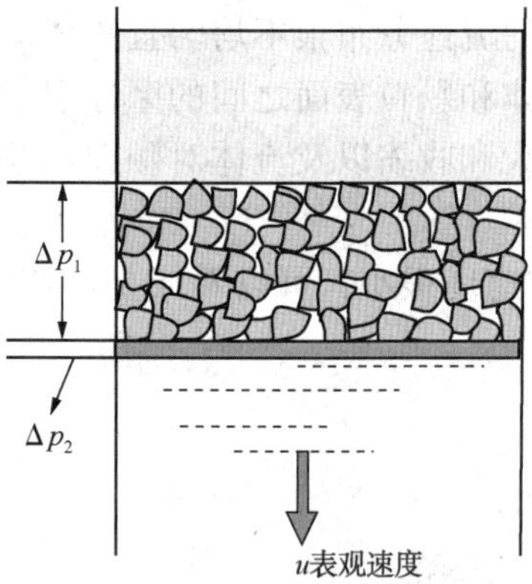

图 7.2.2　滤饼和过滤介质的压强降

考虑表面过滤过程中过滤介质的阻力时，假设滤浆流经过滤介质产生的阻力引起的压强降为 Δp_2，如图 7.2.2 所示，将滤饼与过滤介质串联，则过滤总推动力等于滤液通过串联的滤饼与过滤介质的总压力差；过滤总阻力等于滤饼层过滤阻力与介质过滤阻力之和。设想以一层厚度为 L_e 的滤饼代替过滤介质，而过程仍能完全按照原来的速率进行，那么，这层设想的滤饼就应当具有与介质相同的阻力。

则在稳态过滤时，有

$$u=\frac{\Delta p_1}{r\mu L}=\frac{\Delta p_2}{r\mu L_e}=\frac{\Delta p_1+\Delta p_2}{r\mu L+r\mu L_e}=\frac{\Delta p}{r\mu(L+L_e)}\tag{7.2.13}$$

式中　L_e——与滤饼的比阻相同的过滤介质的当量厚度。

在一定的操作条件下，以一定介质过滤一定悬浮液时，L_e 为定值，但同一介质在不同的过滤操作中，L_e 值不同。

设每获得单位体积滤液时，被截留在过滤介质上的滤饼体积为 c（m^3 滤饼/m^3 滤液），则在任一瞬间的滤饼厚度 L 与当时已获得的滤液体积 V 之间的关系为

$$L=\frac{cV}{A}\tag{7.2.14}$$

同理，如生成厚度为 L_e 的滤饼所应获得的滤液体积以 V_e 表示，则

$$L_e=\frac{cV_e}{A}\tag{7.2.15}$$

代入过滤速度表达式中

$$u=\frac{dV}{Ad t}=\frac{\Delta pA}{cr\mu(V+V_e)}\tag{7.2.16}$$

2. 过滤基本方程

滤饼层的比阻 r 是表示滤饼层结构特性的参数，对于不可压缩滤饼，滤饼层的颗粒结构稳定，在压力的作用下不变形，r 与 Δp 无关；对于可压缩滤饼，在压力的作用下滤饼层的颗粒结构容易发生变形，r 与 Δp 有关。

根据经验，在大多数情况下，r 与 Δp 的关系可以表示成

$$r=r_0\Delta p^s \qquad (7.2.17)$$

式中　r_0——单位压差下滤饼的比阻，$m^{-2}\cdot Pa^{-1}$；

s——压缩指数，对于可压缩滤饼，$s=0.2\sim0.8$，对于不可压缩滤饼，$s=0$。

将式(7.2.17)代入式(7.2.16)，得

$$\frac{dV}{Adt}=\frac{\Delta p^{1-s}A}{cr_0\mu(V+V_e)} \qquad (7.2.18)$$

再令 $K=\frac{2\Delta p^{1-s}}{cr_0\mu}$，把 K 代入式(7.2.18)中，并整理得

$$\frac{dV}{dt}=\frac{KA^2}{2(V+V_e)} \qquad (7.2.19)$$

或

$$\frac{dq}{dt}=\frac{K}{2(q+q_e)} \qquad (7.2.20)$$

式中　K——过滤常数，单位为 m^2/s，反映了悬浮液的过滤特性，与悬浮液浓度、滤液黏度以及滤饼层的颗粒性质和可压缩性有关，其值需要通过实验测定。V_e 和 q_e 是过滤介质的特性参数，与过滤介质的性质有关。

式(7.2.19)和式(7.2.20)即为表面过滤的基本方程，表示某一时刻单位时间的滤液量与推动力、滤饼厚度、滤饼结构、过滤介质特性以及滤液物理性质的关系，是计算过滤过程最基本的关系式。

第三节　表面过滤过程的计算

表面过滤过程的计算主要是确定滤液量与过滤时间和过滤压差等参数之间的关系，一般分为两种情况：恒压过滤和恒速过滤。

一、滤液量的计算

1. 恒压过滤

恒压过滤是指在过滤过程中，过滤压差保持恒定，即过滤推动力保持不变，K 为常数。在过滤初始阶段，滤饼还未形成，过滤阻力小，过滤速度快；当过滤持续进行，滤饼逐渐变厚，过滤阻力逐渐增大，过滤速度逐渐变慢。对式(7.2.19)和式(7.2.20)积分得

$$V^2+2VV_e=KA^2t \qquad (7.3.1)$$

或

$$q^2+2qq_e=Kt \qquad (7.3.2)$$

若过滤介质阻力可忽略不计，则上面两式简化为

$$V^2=KA^2t \qquad (7.3.3)$$

$$q^2=Kt \qquad (7.3.4)$$

2. 恒速过滤

恒速过滤是指在过滤过程中过滤速度 u 保持不变，即滤液量与过滤时间成正比，此时 K 不为常数。当过滤持续进行，滤饼逐渐变厚，过滤阻力持续增大，为保证过滤速度不变，过滤推动力也在持续增大。

恒速过滤时，有

$$u=\frac{\mathrm{d}V}{A\mathrm{d}t}=\frac{KA}{2(V+V_e)}=\frac{V}{At}=\text{常数}$$

整理得

$$V^2+VV_e=\frac{K}{2}A^2t \tag{7.3.5}$$

或

$$q^2+qq_e=\frac{K}{2}t \tag{7.3.6}$$

若过滤介质阻力可忽略不计，则上面两式简化为

$$V^2=\frac{K}{2}A^2t \tag{7.3.7}$$

$$q^2=\frac{K}{2}t \tag{7.3.8}$$

3. 先恒速过滤再恒压过滤

若过滤过程为先恒速过滤，再以恒速过滤最终的压差进行恒压过滤，恒速过滤阶段的过滤时间为 t_1，滤液量为 V_1，恒压阶段过滤时间从 t_1 持续到 t（即恒压阶段过滤时间为 $t_2=t-t_1$），滤液量从 V_1 累积到 V，对式(7.2.19)进行积分，则有

$$\int_{V_1}^{V}2(V+V_e)\mathrm{d}V=KA^2\int_{t_1}^{t}\mathrm{d}t$$

$$(V^2-V_1^2)+2V_e(V-V_1)=KA^2t_2 \tag{7.3.9}$$

如忽略介质阻力

$$V^2-V_1^2=KA^2t_2 \tag{7.3.10}$$

【例题 7.3.1】 在实验室中用过滤面积为 0.1m² 的滤布对某种水悬浮液进行过滤试验，在恒定压差下，过滤 5min 得到滤液 1L，又过滤 5min 得到滤液 0.6L。如果再过滤 5min，可以再得到多少滤液？

解：在恒压过滤条件下，过滤方程为 $q^2+2qq_e=Kt$

$$q_1=\frac{1\times10^{-3}}{0.1}=1\times10^{-2}\mathrm{m^3/m^2},\quad t_1=5\times60=300\mathrm{s}$$

$$q_2=\frac{(1+0.6)\times10^{-3}}{0.1}=1.6\times10^{-2}\mathrm{m^3/m^2},\quad t_2=600\mathrm{s}$$

代入过滤方程得

$$(1\times10^{-2})^2+2\times1\times10^{-2}q_e=300K \tag{a}$$

$$(1.6\times10^{-2})^2+2\times1.6\times10^{-2}q_e=600K \tag{b}$$

联立(a)(b)两式可以求得

$$q_e=0.7\times10^{-2}\mathrm{m^3/m^2},\quad K=0.8\times10^{-6}\mathrm{m^2/s}$$

因此，$q^2+2\times0.7\times10^2q=0.8\times10^{-6}t$，

当 $t_3=15\times60=900\mathrm{s}$，则 $q_3^2+2\times0.7\times10^2q_3=0.8\times10^{-6}\times900$，

解得 $q_3=2.073\times10^{-2}\mathrm{m^3/m^2}$

所以 $(q_3-q_2)\times0.1=(2.073\times10^{-2}-1.6\times10^{-2})\times0.1=0.473\times10^{-3}\mathrm{m^3}$

因此可以再得到的滤液为 0.473L。

【例题 7.3.2】 用一台过滤面积为 $10m^2$ 的过滤机过滤某种悬浮液。已知悬浮液中固体颗粒的含量为 $60kg/m^3$，颗粒密度为 $1800kg/m^3$。已知滤饼的比阻为 $4\times10^{11}m^{-2}\cdot Pa^{-1}$，压缩指数为 0.3，滤饼含水的质量分数为 0.3，且忽略过滤介质的阻力，滤液的物性接近 20℃ 的水。采用先恒速后恒压的操作方式，恒速过滤 10min 后，进行恒压操作 30min，得到的总滤液量为 $8m^3$。求最后的操作压差和恒速过滤阶段得到的滤液量。

解：设恒速过滤阶段得到的滤液体积为 V_1，在忽略过滤介质阻力的情况下，根据恒速过滤方程(7.3.7)，得

$$V_1^2=\frac{K}{2}A^2t_1=\frac{\Delta p^{1-s}A^2t_1}{cr_0\mu} \tag{a}$$

滤液的物性接近 20℃ 的水，查表得滤液的物性参数为：黏度 $\mu=1\times10^{-3}Pa\cdot s$，密度 $\rho=998.2kg/m^3$，根据过滤的物料衡算按以下步骤求 c。

已知 $1m^3$ 悬浮液形成的滤饼中固体颗粒质量为 60kg，含水的质量分数为 0.3，设滤饼中水的质量为 y，则有

$\frac{y}{60+y}=0.3$，解得 $y=25.7kg$

所以滤饼的体积为 $\frac{60}{1800}+\frac{25.7}{998.2}=0.059m^3$，滤液体积为 $1-0.059=0.941m^3$

则 $c=\frac{0.059}{0.941}=0.0627$

在恒压过滤阶段，应用式(7.3.10)，

$$V^2-V_1^2=KA^2t_2$$

$$8^2-V_1^2=\frac{2\ \Delta p^{1-s}A^2t_2}{cr_0\mu} \tag{b}$$

联立(a)(b)两式，得 $\frac{64-V_1^2}{V_1^2}=\frac{2t_2}{t_1}=\frac{2\times30}{10}=6$

所以，求得恒速过滤的滤液体积 $V_1=3.02m^3$

进而由(a)式求得恒压过滤的操作压力 $\Delta p=1.3\times10^5Pa$。

二、过滤常数的测定

1. 过滤常数 K 和 q_e

如前所述，过滤常数 K、V_e 和 q_e 不仅与过滤悬浮液的浓度和性质有关，而且与过滤条件有关，因此一般需要由实验确定。

将恒压过滤方程(7.3.2)改写为

$$\frac{t}{q}=\frac{1}{K}q+\frac{2}{K}q_e \tag{7.3.11}$$

式(7.3.11)表明，在恒压过滤条件下，t/q 与 q 之间具有线性关系，其直线的斜率为 $1/K$，截距为 $2q_e/K$。因此只要在实验中测得不同过滤时间 t 时的单位过滤面积的滤液量，即可根据拟合的线性方程(图 7.3.1)求得过滤常数 K 和 q_e。

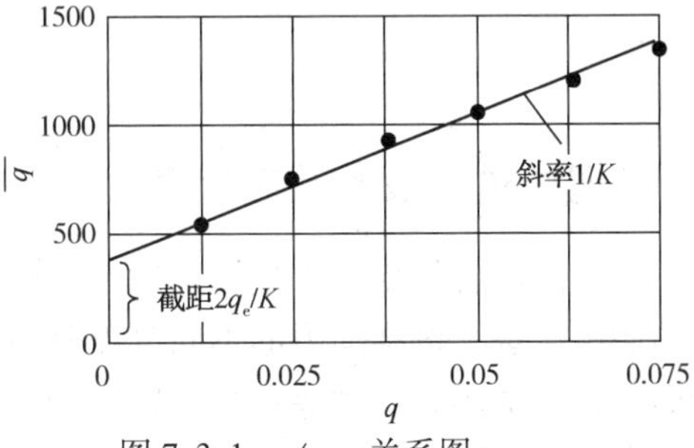

图 7.3.1 t/q-q 关系图

2. 滤饼压缩指数 s

根据 K 与 Δp 之间的关系式

$$K=\frac{2\Delta p^{1-s}}{cr_0\mu}$$

两侧取对数，得

$$\lg K=(1-s)\lg\Delta p+C \tag{7.3.12}$$

可见，$\lg K$ 与 $\lg\Delta p$ 之间为线性关系。因此在不同压差下进行恒压实验，求出不同压差下的 K，再根据式(7.3.12)求出滤饼层的压缩指数 s。

三、滤饼洗涤

在某些过滤操作中，为了去除或回收滤饼中残留的滤液或可溶性杂质，需要在过滤结束时对滤饼进行洗涤。洗涤过程需要确定的主要参数是洗涤速度和洗涤时间。

1. 洗涤速度

洗涤速度是指单位时间通过单位洗涤面积的洗涤液量，用 $\left(\frac{dV}{Adt}\right)_w$ 表示。洗涤液在滤饼层中的流动过程与过滤过程类似。由于洗涤是在过滤终了以后进行的，洗涤速度与过滤终了时的滤饼层状态有关。洗涤时的推动力与过滤终了时的推动力相同，且由于滤饼厚度不再增加，洗涤时的阻力也与过滤终了时的阻力相同，因此洗涤速度为常数，若过滤终了时的速度为 $\left(\frac{dV}{Adt}\right)_e$，则洗涤速度与过滤终了时的速度之间的关系为

$$\frac{\left(\frac{dV}{Adt}\right)_w}{\left(\frac{dV}{Adt}\right)_e}=\frac{\mu L}{\mu_w L_w} \tag{7.3.13}$$

式中　μ、μ_w——滤液和洗涤液的黏度，Pa · s；

L、L_w——过滤终了时滤饼厚度和洗涤时穿过的滤饼层厚度，m。

根据过滤基本方程，过滤终了时的过滤速度为

$$\left(\frac{dV}{Adt}\right)_e=\frac{KA}{2(V+V_e)} \tag{7.3.14}$$

2. 洗涤时间

设洗涤液用量为 V_w，则洗涤时间为

$$t_w=\frac{V_w}{\left(\frac{dV}{dt}\right)_w} \tag{7.3.15}$$

四、过滤设备及其计算

过滤设备是指用来进行过滤的机械设备或者装置，是工业生产中常见的通用设备。按推动力的不同可以分为以压力差为推动力的过滤设备和以离心力为推动力的过滤设备。以压力差为推动力的过滤设备包括板框压滤机、叶滤机、回转真空过滤机等；以离心力为推动力的过滤设备包括各种离心机。这里主要介绍以压力差

为推动力的过滤设备。

1. 板框压滤机

(1) 板框压滤机的结构及工作原理

板框压滤机广泛用于污水处理厂中污泥的脱水过程，具有过滤推动力大、滤饼的含固率高、滤液清澈、固体回收率高、调理药品消耗量少等优点。板框压滤机的结构如图 7. 3. 2 所示。

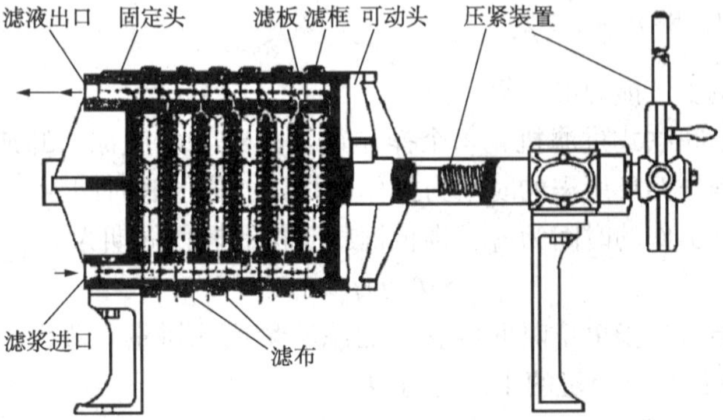

图 7. 3. 2　板框压滤机的结构示意图

板框压滤机的板框过滤部分由滤板、滤框和洗涤板组成。一般而言，板框压滤机的滤框有 10~60 块不等，过滤面积约为 2~80m^2。滤板、滤框和洗涤板的排布方式为：过滤板—滤框—洗涤板—滤框—过滤板—…，以此类推。板框的分布图如图 7. 3. 3 所示。板与框相间排列而成，在滤框的两侧覆有滤布，用压紧装置把板与框压紧，即在板与框之间构成压滤室。在板与框的上端中间相同部位开有小孔，压紧后成为一条通道，加压到 0. 2~0. 4MPa 的污泥，由该通道进入压滤室，滤板的表面刻有沟槽，下端钻有供滤液排出的孔道，滤液在压力下通过滤布，沿沟槽与孔道排出过滤机，达到污泥脱水的目的。

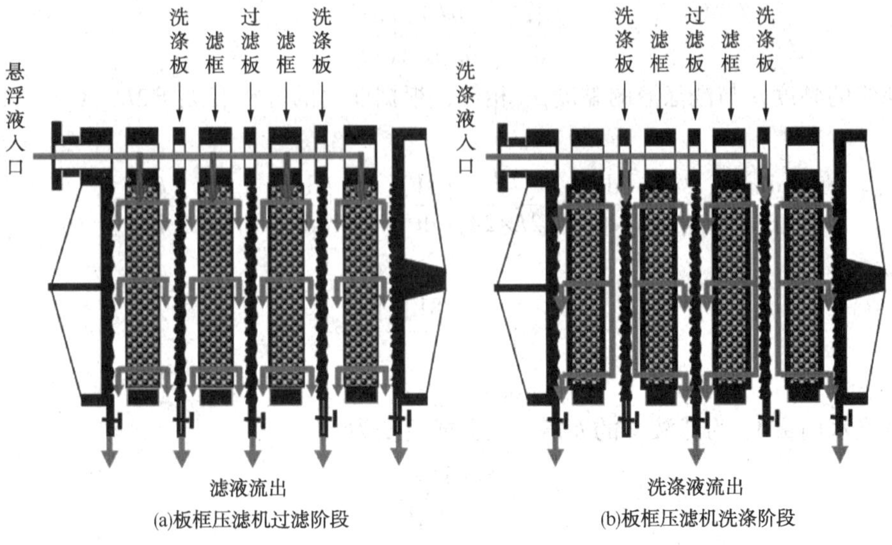

图 7. 3. 3　板框过滤机工作示意图

图 7. 3. 3 也表示了板框压滤机分别在过滤阶段和洗涤阶段流体的走向。从图中可以看出，过滤的时候，滤浆从滤框的入口进入，经框两侧的滤布过滤后，滤渣逐渐在框内形成

滤饼，滤液分别从过滤板和洗涤板的位置排放出来，滤浆通过的最大滤饼厚度为框厚度的1/2。而洗涤的时候，洗涤液从洗涤板的位置进入，横穿过板框和板框内的滤饼之后，分别从过滤板的位置排放出来，此时，洗涤液通过的滤饼厚度为框的厚度。

从上面的表述可以看出，由于板框的两个侧面都能进行过滤操作，板框压滤机的过滤面积为板框侧面积的2倍再乘以框的个数。另外，由于板框压滤机的洗涤方式为横穿洗涤，则洗涤时洗涤液通过的滤饼厚度为过滤时滤浆通过的滤饼厚度的2倍，即 $L_w = 2L$；洗涤面积为过滤面积的1/2，即 $A_w = \frac{1}{2}A$。

(2) 板框压滤机生产能力的计算

板框压滤机属于间歇式过滤机，每个操作循环由过滤、洗涤、卸渣、整理重装四个阶段组成。完成一个操作循环所需的时间为操作周期 T。若过滤时间为 t，洗涤时间为 t_w，卸渣、整理重装等辅助工作的时间为 t_D，则板框压滤机的操作周期为

$$T = t + t_w + t_D \tag{7.3.16}$$

过滤机的生产能力是指单位时间内获得的滤液量或滤饼量。假设每个操作循环中过滤机所得的滤液量为 V，则过滤机的生产能力 Q 为

$$Q = \frac{V}{T} = \frac{V}{t + t_w + t_D} \tag{7.3.17}$$

式(7.3.16)和式(7.3.17)中的过滤时间 t 可以根据恒压过滤方程进行计算，洗涤时间 t_w 可根据下面的方法计算。

根据式(7.3.13)，有

$$\frac{\left(\frac{\mathrm{d}V}{A\mathrm{d}t}\right)_w}{\left(\frac{\mathrm{d}V}{A\mathrm{d}t}\right)_e} = \frac{\mu L}{\mu_w L_w}$$

则

$$\left(\frac{\mathrm{d}V}{\mathrm{d}t}\right)_w = \frac{\mu L A_w}{\mu_w L_w A}\left(\frac{\mathrm{d}V}{\mathrm{d}t}\right)_e \tag{7.3.18}$$

若滤浆的黏度 μ 与洗涤液的黏度 μ_w 相等，根据前面的分析有 $L_w = 2L$，$A_w = 1/2A$，代入上式得

$$\left(\frac{\mathrm{d}V}{\mathrm{d}t}\right)_w = \frac{\mu L A_w}{\mu_w L_w A}\left(\frac{\mathrm{d}V}{\mathrm{d}t}\right)_e = \frac{L A_w}{2L \times 2A_w}\left(\frac{\mathrm{d}V}{\mathrm{d}t}\right)_e = \frac{1}{4}\left(\frac{\mathrm{d}V}{\mathrm{d}t}\right)_e = \frac{1}{4} \times \frac{KA^2}{2(V+V_e)} \tag{7.3.19}$$

则有

$$t_w = \frac{V_w}{\left(\frac{\mathrm{d}V}{\mathrm{d}t}\right)_w} = \frac{8V_w(V+V_e)}{KA^2} \tag{7.3.20}$$

若洗涤水用量 V_w 为滤液 V 的 b 倍，则上式可变为

$$t_w = \frac{8b(V^2 + VV_e)}{KA^2} \tag{7.3.21}$$

辅助时间 t_D 可根据实际操作确定。

【例题 7.3.3】 以总过滤面积为 $0.1m^2$、滤框厚 25mm 的板框压滤机过滤 20℃ 下的 $CaCO_3$ 悬浮液，悬浮液含 $CaCO_3$ 质量分数为 13.9%，滤饼中含水的质量分数为 50%，纯

$CaCO_3$ 密度为 2710kg/m³。若恒压下测得其过滤常数 $K=1.57\times10^{-5}\text{m}^2/\text{s}$，$q_e=0.0378\text{m}^3/\text{m}^2$。试求该板框压滤机每次过滤(滤饼充满滤框)所需的时间。

解：以 1kg 的悬浮液为计算基准。

1kg 悬浮液中含 $CaCO_3$ 0.139kg，滤饼中含水的质量分率为 50%，设 1kg 悬浮液过滤得到的滤饼中含水 $y$kg，则有

$$\frac{y}{0.139+y}=0.5\text{，解得 } y=0.139\text{kg}$$

则滤饼质量为 0.139+0.139=0.278kg

滤液质量为 1−0.278=0.722kg

20℃滤液(水)的密度为 998.2kg/m³

$$\text{滤饼体积为}\frac{0.139}{2710}+\frac{0.139}{998.2}=1.903\times10^{-4}\text{m}^3$$

$$\text{滤液体积为}\frac{0.722}{998.2}=7.233\times10^{-4}\text{m}^3$$

$$c=\frac{1.903\times10^{-4}}{7.233\times10^{-4}}=0.263$$

滤框充满时滤饼体积为 $V_{饼}=0.1/2\times0.025=0.00125\text{m}^3$

则滤液体积为 $V=V_{饼}/c=0.00125/0.263=4.75\times10^{-3}\text{m}^3$

$$q=4.75\times10^{-3}/0.1=0.0475\text{m}^3/\text{m}^2$$

根据恒压过滤方程 $q^2+2qq_e=Kt$

将 $K=1.57\times10^{-5}\text{m}^2/\text{s}$，$q_e=0.0378\text{m}^3/\text{m}^2$，$q=4.75\times10^{-3}/0.1=0.0475\text{m}^3/\text{m}^2$ 代入，解得 $t=372.4\text{s}$。

2. 回转真空过滤机

(1) 回转真空过滤机的结构及工作原理

回转真空过滤机是指利用真空抽吸作用并在圆筒旋转过程中连续完成整个过滤操作的设备(图 7.3.4)。回转真空过滤机属于连续式过滤机，一般在恒压下连续操作，其特点是任何时间都在进行过滤，但过滤只发生在处于过滤区的那部分区域，即过滤、洗涤、干燥、卸渣等操作在过滤机的不同位置同时进行。

回转真空过滤机主要部件有转筒、滤布和分配头等。转筒的侧壁上覆有金属网，转筒的长径之比为 1/2~2；滤布蒙在筒外壁上；分配头又包括转动盘和固定盘。

回转真空过滤机借抽吸作用使过滤和洗涤等各项操作分别在一个旋转圆筒中完成。压缩介质大多是空气。转筒外壁开有小孔并包有滤布，转筒内部被分隔成若干个彼此不相通的扇形格，它们通过空心轴上的孔道与分配头相连，并在圆筒旋转时轮流与真空管路及压缩空气管路连通。过滤时将滤浆放入滤浆槽内，转筒下半部浸于滤浆中，浸没于滤浆中的过滤面积占全部面积的 30%~40%，转速为 0.1r/min 至 2~3r/min，上半部露于槽外，槽内有搅拌器使滤浆搅拌均匀。如图 7.3.4 所示，当转筒旋转时，各扇形格转到Ⅰ区时浸于滤浆中，与真空相连而变为负压，滤液穿过滤布进入扇形格内，经分配头和滤液管道排出；转至Ⅱ区时，由于连续抽真空，扇形格内仍是负压，将剩余滤液吸尽，并将滤饼吸干；洗涤水喷洒于滤饼上，扇形格内负压将洗涤水吸入，与滤液一起排出或单独排出；扇形格与压缩空气相通，将被吸干后的滤饼吹松，便于卸除；转至Ⅲ区时，滤饼被伸向过滤表面的

刮刀剥落。滤饼剥落后，可用水或在扇形格内通入空气、蒸汽将滤布洗净，使其复原，重新开始一个循环。

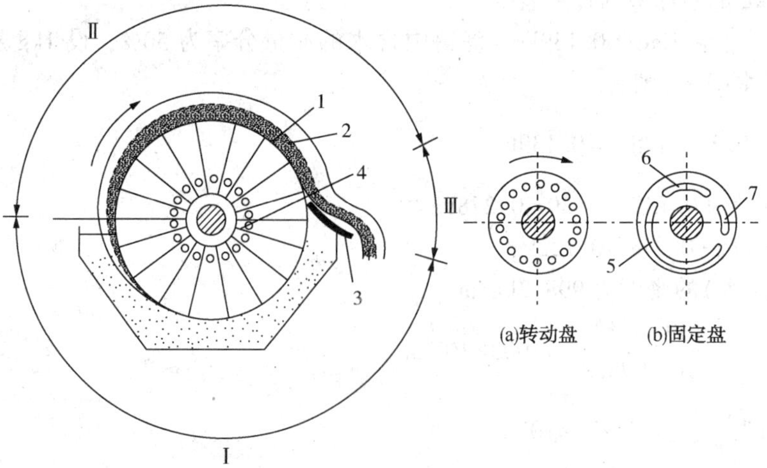

图 7.3.4 回转真空过滤机及分配头结构

1—转筒；2—滤饼；3—割刀；4—分配头；

5—吸走滤液的真空凹槽；6—吸走洗水的真空凹槽；7—通入压缩空气的凹槽；

Ⅰ—过滤区；Ⅱ—洗涤脱水区；Ⅲ—卸渣区

从上述表述中可以看出，回转真空过滤机的转筒在旋转一周的过程经历了一个操作循环，包括过滤、洗涤、吹松、刮渣等步骤；滤饼的洗涤过程属于置换洗涤，洗涤液的走向与滤浆走向完全相同，洗涤液穿过的滤饼厚度为过滤终了时滤浆穿过的滤饼厚度，则有 $L_w = L$。

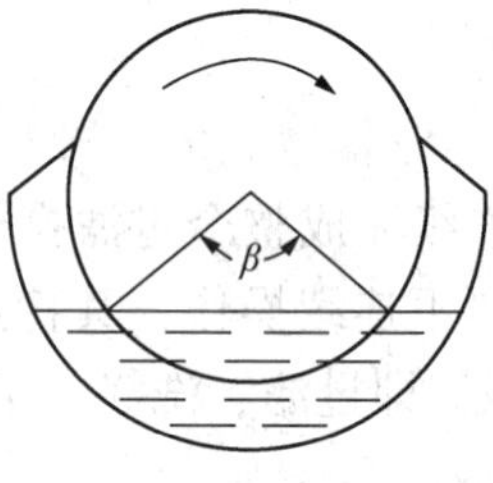

图 7.3.5 回转真空过滤机操作示意图

（2）回转真空过滤机生产能力的计算

如图 7.3.5 所示，转筒真空过滤机的转数为 n，即旋转一周的时间为 $1/n$。起过滤作用的是浸没在液体中的转筒表面，所对应的圆心角 β 与 2π 之比称为浸没度 ϕ。浸没度等价于过滤时间在旋转周期中所占的比例，因此每个周期中有效的过滤时间为

$$t = \frac{\phi}{n} \tag{7.3.22}$$

这样就可以把回转真空过滤机部分面积的连续过滤转换为全部转筒面积的部分时间过滤。过滤机的总过滤面积为转筒的表面积，可由下式计算：

$$A = \pi DL \tag{7.3.23}$$

式中 A——转筒总过滤面积，m^2；

D——转筒直径，m；

L——转筒长度，m。

回转真空过滤机的操作周期

$$T = \frac{1}{n} \tag{7.3.24}$$

生产能力

$$Q=\frac{V}{T}=nV \tag{7.3.25}$$

根据恒压过滤方程，有

$$V^2+2VV_e=KA^2\frac{\phi}{n} \tag{7.3.26}$$

根据上式，可求得每一操作周期所得的滤液量为

$$V=\sqrt{KA^2\frac{\phi}{n}+V_e^2}-V_e \tag{7.3.27}$$

则回转真空过滤机的生产能力 Q 为

$$Q=nV=n\left(\sqrt{KA^2\frac{\phi}{n}+V_e^2}-V_e\right) \tag{7.3.28}$$

如果忽略介质阻力，则

$$Q=A\sqrt{K\phi n} \tag{7.3.29}$$

【例题 7.3.4】 某板框过滤机有 5 个滤框，框的尺寸为 635mm×635mm×25mm。过滤操作在 20℃、恒定压差下进行，过滤常数 $K=4.24\times10^{-5}\text{m}^2/\text{s}$，$q_e=0.0201\text{m}^3/\text{m}^2$，滤饼体积与滤液体积之比 $c=0.08\text{m}^3/\text{m}^3$，滤饼不洗涤，卸渣、重整等辅助时间为 10min。试求框全充满所需时间。

现改用一台回转真空过滤机过滤滤浆，所用滤布与之前相同，过滤压差也相同。转筒直径为 1m，长度为 1m，浸入角度为 120°。问转鼓每分钟多少转才能维持与板框过滤机同样的生产能力？假设滤饼不可压缩。

解：以一个框为基准进行计算。

过滤面积 $A=2A_{侧}=2\times0.635\times0.635=0.806\text{m}^2$

框全充满时滤饼的体积为

$$V_{饼}=0.635\times0.635\times0.025=0.0101\text{m}^3$$

滤液量 $V=\frac{V_{饼}}{c}=\frac{0.0101}{0.08}=0.126\text{m}^3$

单位过滤面积的滤液量 $q=\frac{V}{A}=\frac{0.126}{0.806}=0.156\text{m}^3/\text{m}^2$

再根据恒压过滤方程得

$$q^2+2qq_e=Kt$$

$$t=\frac{q^2+2qq_e}{K}=\frac{0.156^2+2\times0.156\times0.0201}{4.24\times10^{-5}}=721.9\text{s}$$

板框过滤机的生产能力为

$$Q=\frac{5V}{t+t_D}=\frac{5\times0.126}{721.9+10\times60}=4.733\times10^{-4}\text{m}^3/\text{s}$$

改用回转真空过滤机后，压差不变，故 K 不变；滤布不变，故 q_e 不变。生产能力与板框过滤机相同。

则 $K=4.24\times10^{-5}\text{m}^2/\text{s}$，$q_e=0.0201\text{m}^3/\text{m}^2$，$Q=4.733\times10^{-4}\text{m}^3/\text{s}$

过滤面积 $A=\pi DL=\pi\times1\times1=3.14\text{m}^2$

$$V_e = q_e A = 0.0201 \times 3.14 = 0.0631\text{m}^2$$

$$\phi = \frac{120°}{360°} = \frac{1}{3}$$

设转筒每分钟转 n 转，则回转真空过滤机生产能力

$$Q = n\left(\sqrt{KA^2 \frac{\phi}{n} + V_e^2} - V_e\right)$$

$$4.733 \times 10^{-4} = n\left(\sqrt{4.24 \times 10^{-5} \times 3.14^2 \frac{\frac{1}{3}}{n} + 0.0631^2} - 0.0631\right)$$

解得 $n = 0.00288\text{r/s} = 0.173\text{r/min}$。

思考题与习题

7.1　在一板框过滤机上过滤某种悬浮液，在 1atm 表压下过滤 20min，在每 1m^2 过滤面积上得到 0.197m^3 的滤液，再过滤 20min 又得到 0.09m^3 的滤液。试求总过滤时间为 1 小时时可得到的总滤液量。

7.2　过滤面积为 0.1m^2 的板框过滤机在 60kPa 的压差下处理某悬浮液。开始 400s 得到滤液 $5.0 \times 10^{-4}\text{m}^3$，又过了 600s，得到另外 $5.0 \times 10^{-4}\text{m}^3$ 的滤液。操作条件下滤液黏度为 1cP。试求：(1) 该压差下的过滤常数 K 和 q_e；(2) 再收集 $5.0 \times 10^{-4}\text{m}^3$ 滤液所需时间；(3) 若获得每立方米滤液所得到的滤饼体积为 0.06m^3，则滤饼的比阻是多少？

7.3　用过滤机处理某悬浮液，先等速过滤 30min，得到滤液 3m^3，随即保持当时的压差等压过滤 60min，则共得到多少滤液(忽略介质阻力)？

7.4　用压滤机过滤某种悬浮液，以压差 150kPa 恒压过滤 2h 之后得到滤液 30m^3，忽略介质压力，则：

(1) 如果过滤压差提高一倍，滤饼压缩系数为 0.3，则过滤 2h 后可以得到多少滤液？

(2) 如果将操作时间缩短一半，其他条件不变，可以得到多少滤液？

7.5　一小型板框压滤机有 5 个框，长宽各为 0.2m，在 300kPa(表压)下恒压过滤 2h，滤饼充满滤框并得滤液 80L。每次洗涤与装卸时间各为 0.5h。假设滤饼不可压缩，过滤介质阻力可忽略不计，且滤液和洗涤液的黏度相同。求：(1) 洗涤速率为多少？(2) 若操作压强增加一倍，其他条件不变，过滤机的生产能力为多少？

7.6　某过滤过程中，悬浮液中固体颗粒的质量分数为 0.1，滤饼的含水率为 40%(质量分数)，若得到 1m^3 的滤液，求形成的滤饼体积。已知固体颗粒密度 2000kg/m^3，水的密度 1000kg/m^3。

7.7　实验室小试中，在 100kPa 的恒压下对某悬浮液进行过滤实验，测得 q_e 为 $0.01\text{m}^3/\text{m}^2$，过滤常数 K 为 $1.936 \times 10^{-4}\text{m}^2/\text{s}$，悬浮液中固体颗粒密度为 2000kg/m^3，质量分数为 0.07，滤饼不可压缩，含水量为 30%(质量分数)。如果用一个直径 1.5m、长 10m 的转筒真空过滤机处理这种悬浮液，转筒浸没角为 120°，转速为 0.5r/min，操作真空度为 80kPa，其他条件与小试实验相同。求：

(1) 过滤机的生产能力；

（2）滤饼厚度。

7.8　25℃下对每升水中含25g某种颗粒的悬浮液用具有26个框的BMS20/635-25板框压滤机进行过滤。在过滤机入口处滤浆的表压为3.39×10^5Pa，过滤常数为$K=1.678\times10^{-4}m^2/s$，$q_e=0.0217m^3/m^2$。每次过滤完毕用清水洗涤滤饼，洗水温度及表压与滤浆相同而其体积为滤液体积的8%。每次卸渣、清理、装合等辅助操作时间为15min。已知固相密度为2930kg/m^3，又测得湿饼密度为1930kg/m^3。求此板框压滤机的生产能力。

7.9　一转筒真空过滤机，其直径和长度均为1m，用来过滤某种悬浮液。原工况下每转一周需用时1min，操作真空度为4.9kPa(500mmHg)，每小时可得滤液60L，滤饼厚度为12mm，新工况下要求生产能力提高一倍，操作真空度提高至6.37kPa(650mmHg)，已知滤饼不可压缩，介质阻力可忽略。试求：(1)新工况过滤的转速应为多少？(2)新工况所生成的滤饼厚度为多少？

7.10　在直径为10mm的砂滤器中装满150mm厚的细砂层，空隙率为0.375，砂层上方的水层高度保持为200mm，管底部渗出的清水流量为6mL/min，求砂层的比表面积(水温为20℃，黏度为1.005×10^{-3}Pa·s，密度为998.2kg/m^3)。

7.11　温度为38℃的空气流过直径为12.7mm的球形颗粒组成的固定床，已知床层的空隙率为0.38，床层直径为0.61m，高为2.44m，空气进入床层时的绝对压力为111.4kPa，质量流量为0.358kg/s，求空气通过床层的阻力。

第八章　气体吸收

第一节　概　　述

一、吸收过程

1. 吸收的基本概念

利用气体混合物中各种组分在同一液体(溶剂)中溶解度的差异，有选择地吸收分离气态混合物的过程称为吸收。混合气体中能够显著溶解的组分称为吸收质，混合气体中几乎不被溶解的组分称为惰性气体，吸收操作所用的液体溶剂称为吸收剂。吸收溶质组分后的溶液称为吸收液，被吸收剂吸收溶质后的气体称为尾气或净化气。

吸收是净化气态污染物、控制大气污染的方法之一。它是利用液体处理气体中的污染物，使其中一种或多种组分以扩散方式通过气液两相的相界面而溶于液体或者与液体组分发生有选择性的化学反应，从而将污染物从气流中分离出来的操作过程。气体吸收的必要条件是废气中的污染物在吸收液中有一定的溶解度。

2. 吸收的应用

吸收在化工和环境领域有着广泛的应用。

在化工领域，吸收可以用于产品制备和气体脱除与回收。例如在硫酸生产过程中，采用浓硫酸吸收三氧化硫，生成发烟硫酸，再经稀释等操作得到不同浓度的硫酸产品。在石油化工、天然气加工等行业，常采用吸收法脱除气体中的酸性气体，如硫化氢(H_2S)和二氧化碳(CO_2)等，可使用醇胺类溶液作为吸收剂，与酸性气体发生化学反应，将其从原料气中去除，以防止设备腐蚀和催化剂中毒。通过吸收操作还可以从混合气体中回收有价值的气体成分，如在焦炉煤气中，用洗油吸收其中的苯、甲苯等芳烃类物质，然后通过解吸等操作将芳烃分离出来，作为重要的化工原料。

在环境工程领域中，吸收过程常用来净化气态污染物。如用碱性吸收剂吸收化工生产中产生的 SO_2、NO_x 等酸性气体，使气体得到净化。另外吸收法还能将气体中的污染物转化成有用的产品，例如可采用湿式烟气脱硫或干法、半干法脱除烟道气中的 SO_2，从而回收硫或硫酸盐。

二、气体吸收的分类

吸收操作通常有以下几种分类方法。

1. 物理吸收和化学吸收

根据溶质和吸收剂之间发生的作用可将吸收过程可分为物理吸收和化学吸收。如果气体吸收质与吸收剂不发生明显的化学反应，而是由于能在吸收剂中溶解而被吸收的，称为物理吸收；如果吸收质与吸收剂(或其中的活性成分)发生化学反应而被吸收，称为化学吸收，例如用 NaOH 溶液吸收 SO_2。但是物理吸收并不意味着吸收质与吸收剂之间不发生任何的化学反应，而是其中的化学反应不占主要地位，如用水吸收 CO_2。

2. 单组分吸收和多组分吸收

根据混合气体中被吸收组分的数目可将吸收过程分为单组分吸收和多组分吸收。吸收过程中只有单一组分被吸收剂吸收，则称为单组分吸收，如用水吸收 HCl 气体制取盐酸，用碳酸丙烯酯吸收合成气(含有 N_2、H_2、CO、CO_2 等)中的 CO_2 等。若有两种或两种以上的组分被吸收，则称为多组分吸收。如用洗油处理焦炉烟气时，气体中苯、甲苯、二甲苯等集中组分在洗油中都有显著溶解，属于多组分吸收。

3. 等温吸收和非等温吸收

根据吸收过程中温度是否变化可将吸收过程分为等温吸收和非等温吸收。气体被吸收过程中伴随溶解热或反应热的释放，使得液相温度升高，这样的吸收称为非等温吸收，如生产盐酸、硫酸的吸收过程。若吸收过程中释放的热量小(如低浓度吸收)，或者吸收剂用量比较大，放热过程中不至于导致液相温度明显升高，这种吸收过程则称为等温吸收。

在吸收过程中，单组分等温物理吸收是最简单且最基础的吸收过程。

三、吸收设备和吸收流程

1. 吸收设备

吸收操作是一种气、液接触传质的过程，实现这种过程最常用的设备是吸收塔。吸收塔主要分为两种：气液两相在塔内逐级接触的板式塔和气液两相在塔内连续接触的填料塔。在这两种吸收塔内，气液两相的流动方式可以是逆流，也可以是并流，通常采用逆流方式，即吸收剂从塔顶加入，自上而下流动，与自下而上流动的混合气体接触，吸收溶质，吸收液从塔底排出；混合气体从塔底送入，自下而上流动，溶质被吸收后，尾气从塔顶排出。逆流操作的优点在于，当两相进出口浓度相同时，逆流时的平均传质推动力大于并流，而且利用气液两相的密度差，有利于两相的分离。

(1) 板式塔

板式塔是一类用于气液或液液系统的分级接触传质设备，由圆筒形塔体和按一定间距水平装置在塔内的若干塔板组成，如图 8.1.1 所示。板式塔广泛应用于精馏和吸收，还可作为反应器用于气液相反应过程。

以气液系统为例，板式塔在操作时，液体在重力作用下自上而下依次流过各层塔板至塔底排出；气体在压力差推动下自下而上依次穿过各层塔板至塔顶排出。每块塔板上保持着一定深度的液层，气体通过塔板分散到液层中去，进行相际接触传质。

(2) 填料塔

填料塔是以塔内的填料作为气液两相间接触构件的传质设备，如图 8.1.2 所示。填料塔的塔身是一直立式圆筒，底部装有填料支承板，填料以乱堆或整砌的方式放置在支承板上。填料的上方安装填料压板，以防被上升气流吹动。液体从塔顶经液体分布器喷淋到填料上，并沿填料表面流下。气体从塔底送入，经气体分布装置(小直径塔一般不设气体分布装置)分布后，与液体呈逆流连续通过填料层的空隙，在填料表面上，气液两相密切接触进行传质。填料塔属于连续接触式气液传质设备，两相组成沿塔高连续变化，在正常操作状态下，气相为连续相，液相为分散相。

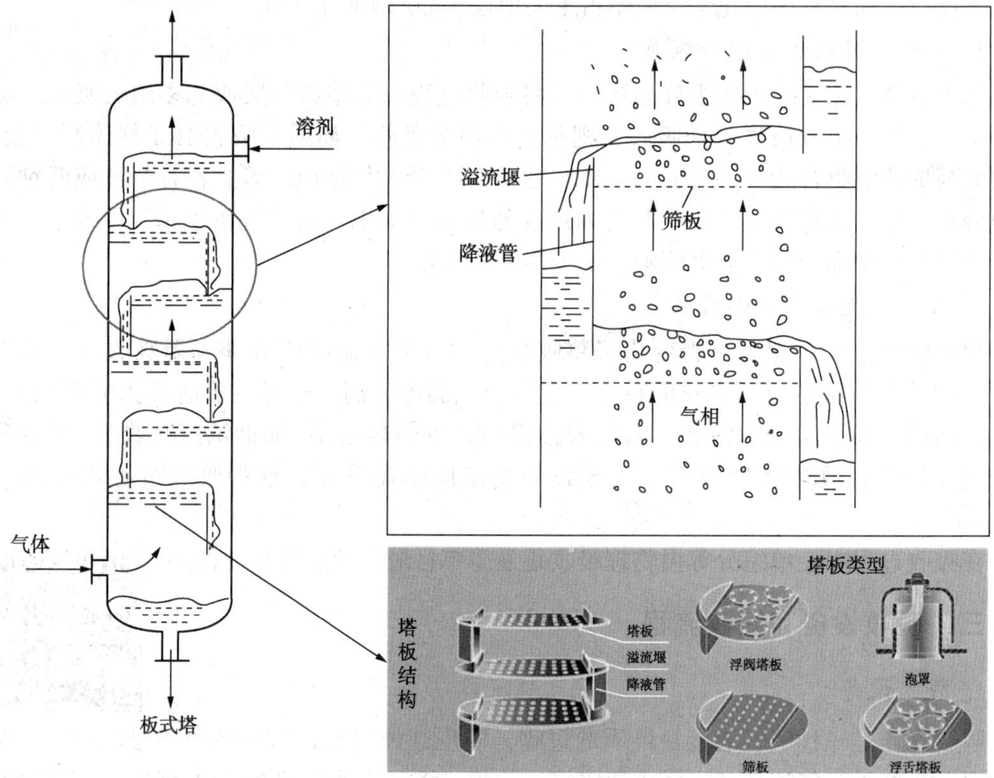

图 8.1.1　板式塔

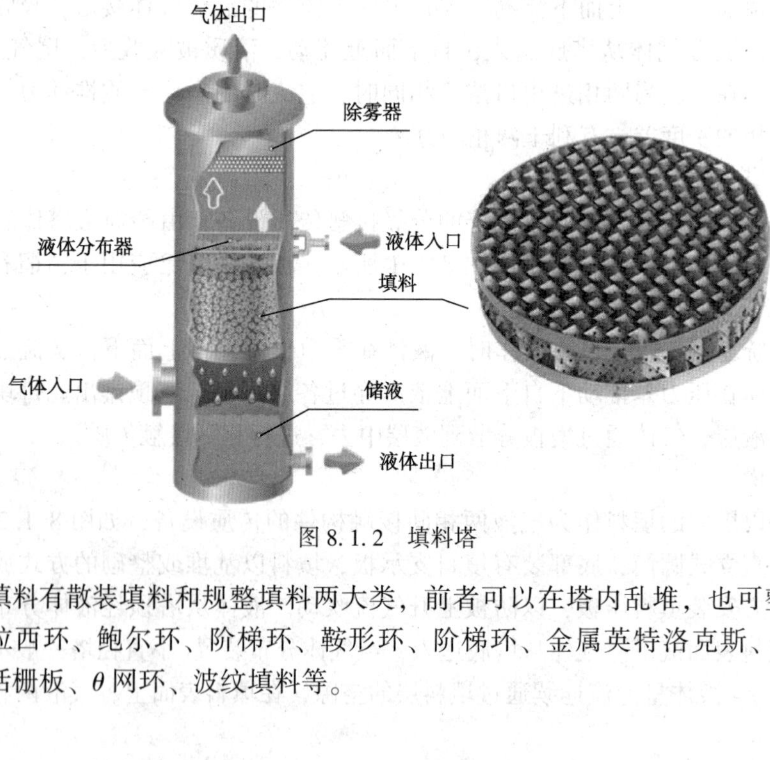

图 8.1.2　填料塔

常用的填料有散装填料和规整填料两大类，前者可以在塔内乱堆，也可整砌。主要的散装填料有拉西环、鲍尔环、阶梯环、鞍形环、阶梯环、金属英特洛克斯、网体填料等。规整填料包括栅板、θ 网环、波纹填料等。

2. 吸收流程

吸收流程多种多样，可以从不同的角度进行分类。从所用的塔设备数量看，可分为单塔吸收流程和多塔吸收流程；从所选用的吸收剂种类看，仅用一种吸收剂的流程为一步吸收流程，若用两种吸收剂的流程为两步吸收流程；还有用于特定条件下的吸收剂再循环流程。

（1）单塔吸收流程和多塔吸收流程

图 8. 1. 3(a)中所示的单塔吸收流程是吸收过程中最常用的流程，若过程无特别需要，则一般采用单塔吸收流程。若过程的分离要求较高，使用单塔操作所需要的塔体过高，则需要采用多塔吸收流程，多塔吸收流程又可分为气液串联的多塔吸收流程和气体串联、液体并联的多塔吸收流程，如图 8. 1. 3(b)(c)所示。

（2）一步吸收流程和两步吸收流程

一步吸收流程一般用于混合气体溶质浓度较低，同时过程的分离要求不高，选用一种吸收剂即可完成吸收任务的情况。若混合气体中溶质浓度较高且吸收要求也高，难以用一步吸收达到规定的吸收要求，或虽能达到分离要求，但过程的操作费用较高，从经济性的角度分析不够适宜时，可以考虑采用两步吸收流程，见图 8. 1. 3(d)。

（3）吸收剂再循环流程

吸收剂在吸收塔内的再循环流程是化工和环境领域中常见的操作流程，其目的是提高吸收效率、降低吸收剂的消耗以及实现对吸收过程的有效控制。在吸收剂再循环流程中，吸收了溶质的吸收液从塔底流出后进入解吸塔解吸，再生后送入塔顶进行循环吸收操作，如图 8. 1. 3(e)所示。

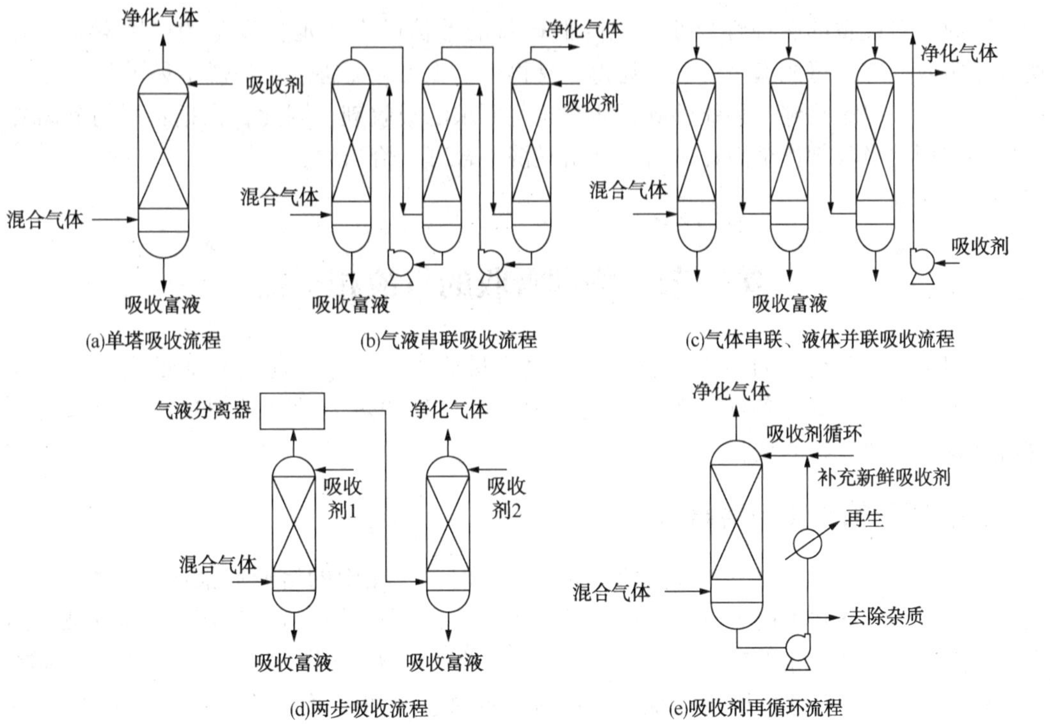

图 8. 1. 3　常见的吸收流程

四、吸收剂的选择

吸收剂性能往往起决定吸收效果的关键作用。在选择吸收剂时，应从以下几方面考虑。

1. 溶解度

理想的吸收剂应对目标溶质有较高的溶解度，这样可以在较低的吸收剂用量下实现较高的吸收效率，降低吸收设备的尺寸和投资。

2. 选择性

吸收剂应具有良好的选择性，即对目标溶质有较高的吸收能力，而对其他共存气体组分的吸收较少，以实现对特定组分的有效分离。

3. 蒸气压

吸收剂的蒸气压要低，以减少在吸收过程中吸收剂的挥发损失，降低操作成本和对环境的污染。在吸收过程中，若吸收剂蒸气压过高，会导致大量吸收剂随净化气排出，不仅造成浪费，还可能需要额外的回收装置。

4. 黏度

吸收剂的黏度不宜过高，否则会影响气液传质效果和流体输送性能，增加泵的功耗和设备的阻力。一些高黏度的吸收剂可能需要更高的动力消耗实现循环。

5. 热稳定性和化学稳定性

吸收剂应在操作条件下具有良好的热稳定性和化学稳定性，不易分解、变质或与其他物质发生不良反应，以保证吸收过程的长期稳定运行。

6. 腐蚀性及其他要求

吸收剂对设备的腐蚀性要小，以降低设备的维护成本和延长设备的使用寿命。另外，所选用吸收剂应尽可能满足价廉、易得、易再生、无毒、无害、不易燃不易爆等要求。

实际上，很难找到一种能够满足所有这些要求的吸收剂，因此，依据不同的分离要求，对可供选用的吸收剂作全面评价后，做出经济、合理、恰当的选择。

第二节　物理吸收的气液相平衡

等温条件下单组分的物理吸收是吸收过程最简单的情形，也是其他吸收过程的基础。因此本节首先介绍等温条件下单组分的物理吸收过程的热力学基础理论，在此基础之上，理解和认识其他复杂的吸收过程。

一、气液相平衡与溶解度

在一定的温度和压力下，气液两相充分接触时，气相中的溶质向液相吸收剂中传递而被吸收。同时，液相中被吸收的溶质也可能由液相向气相传递进行解吸。开始时吸收是主要的，随着溶质在液相中浓度不断增加，相应的吸收质从气相向液相的传递速度逐渐减慢，从液相向气相的解吸速度则逐渐加快。最后，吸收速度和解吸速度相等，气液两相达到动态平衡。此时，气相和液相中溶质的浓度不再变化，溶液的浓度即为平衡浓度，也是吸收质在溶液中的最大浓度，也称溶解度；溶液上方气体的分压称为平衡分压。在动态平衡条件下，吸收质在气液两相中的组成存在某种特定的对应关系，称为相平衡关系。

在吸收过程中，气体溶质在一定液体中的溶解度与整个体系的温度、压强及溶质组分在气相或者液相中的组成密切相关。由于溶质在气液两相中的组成有多种表示形式，可以用质量浓度、质量分数、质量比或者物质的量浓度、摩尔分率、摩尔比来表示，在气相中还可以用分压来表示，因此气液两相组成的平衡关系的表达方式可以不同，但其本质都是一样的。影响吸收过程的所有独立变量，包括温度(T)、总压(p)、气相组成(p_A)和溶解度(c_A^*)，可以组合成如下关系式

$$c_A^* = f(T,\ p,\ p_A) \tag{8.2.1}$$

在总压不太高、温度一定的情况下，吸收质在液相中的溶解度仅取决于它在气相中的组成，而与总压关系不大。则有

$$c_A^* = f(p_A) \tag{8.2.2}$$

$$p_A^* = f(c_A) \tag{8.2.3}$$

在一定的压力和20℃下，测定几种常见气体在不同分压(气相组成)下水中的溶解度，并绘制相应的溶解度曲线，如图 8.2.1 所示。从图中可以看出，在较低的分压和较低的浓度下，溶解度和分压基本呈直线关系。

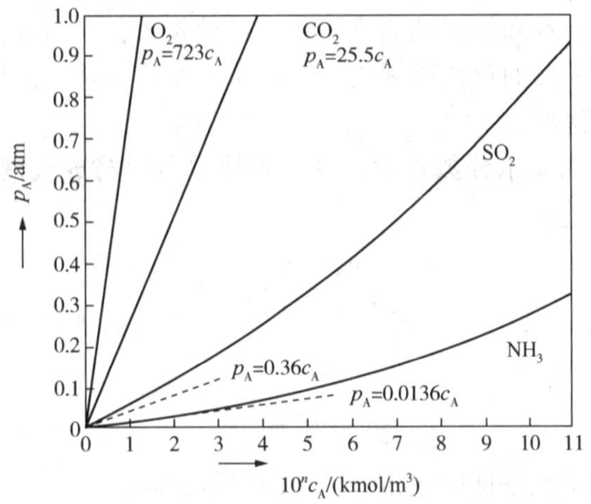

图 8.2.1　几种气体在 20℃ 水中的溶解度曲线

二、亨利定律

当总压不高(不超过 5×10^5Pa)时，在一定温度下，稀溶液上方气相中溶质的平衡分压与溶质在液相中的溶解度成正比，其比例系数称为为溶解度系数，其相平衡曲线是一条通过原点的直线，这一关系称为亨利(Henry)定律，即

$$c_A^* = Hp_A \tag{8.2.4}$$

式中　c_A^*——溶质 A 在液相中的溶解度，kmol/m^3；

p_A——溶质组分 A 在气相中的平衡分压，Pa；

H——溶解度系数，kmol/(m^3·Pa)。

溶解度系数是物质的物性参数，通常由实验测定，可从有关手册中查得。溶解度系数越大，表明溶质的溶解度越大，越易溶。一般来说，温度升高，气体的溶解度系数减小。

这是因为温度升高，气体分子的热运动加剧，气体从溶液中逸出的趋势增强，导致在相同分压下，气体在溶液中的溶解量减少，溶解度系数降低。

亨利定律也可以用其他形式表示，将式(8.2.4)变形得

$$p_A^* = \left(\frac{c}{H}\right)\left(\frac{c_A}{c}\right) = Ex_A \tag{8.2.5}$$

则有

$$E = \frac{c}{H} \tag{8.2.6}$$

以上两式中 p_A^*——溶质 A 在气相中的平衡分压，Pa；

c_A——溶质 A 在液相中的溶解度，$kmol/m^3$；

c——溶液总浓度，$kmol/m^3$；

x_A——溶质 A 在液相中的摩尔分数；

E——亨利系数，Pa。

式(8.2.5)表明在一定温度和平衡状态下，气体在液体里的溶解度(用摩尔分数表示)和该气体的平衡分压成正比。亨利系数即是溶解度和平衡分压的比值，它也可以作为描述化合物在气液两相中分配能力的物理常数。亨利系数反映了气体溶质在吸收剂中溶解的难易程度，取决于物系的特性和体系的温度。亨利系数越大，表明气体在吸收剂中的溶解度越小。温度是影响亨利系数的重要因素之一，对于大多数气体，温度升高会导致亨利系数增大，即气体的溶解度降低。

如果气相的组成也用摩尔分数表示，亨利定律也可以写成气液两相的相平衡关系式。由式(8.2.5)得

$$y_A^* = \frac{p_A^*}{p} = \frac{E}{p}x_A = mx_A \tag{8.2.7}$$

则有

$$m = \frac{E}{p} \tag{8.2.8}$$

以上两式中 y_A^*——与溶液平衡的气相中溶质的摩尔分数；

x_A——溶质在液相中的摩尔分数；

m——相平衡常数，量纲为 1；

p——气相总压强，Pa。

亨利定律的表达形式虽然有所不同，但是都反映了溶质在气液两相间的相平衡关系。亨利定律适用于稀溶液，即溶剂和溶质分子之间的相互作用可以忽略不计的情况。对于高浓度的溶液，由于溶质分子之间的相互作用变得显著，亨利定律不再适用。亨利定律主要适用于气体溶质在液体中的行为。对于固体或液体溶质在液体中的溶解，一般不适用亨利定律。

【例题 8.2.1】 总压为 101.325kPa、温度为 20℃时，1000kg 水中溶解 15kg NH_3，此时溶液上方气相中 NH_3 的平衡分压为 2.266kPa。试求此时之溶解度系数 H、亨利系数 E、相平衡常数 m。

解： 首先将此气液相组成换算为 y 与 x。

NH_3 的摩尔质量为 17kg/kmol，溶液的量为 15kg NH_3 与 1000kg 水之和。

$$x=\frac{n_A}{n}=\frac{n_A}{n_A+n_B}=\frac{15/17}{15/17+1000/18}=0.0156$$

$$y^*=\frac{p_A^*}{p}=\frac{2.266}{101.325}=0.0224$$

$$m=\frac{y^*}{x}=\frac{0.0224}{0.0156}=1.436$$

故 $E=p\cdot m=101.325\times1.436=145.5\text{kPa}$

或 $E=\frac{p_A^*}{x}=\frac{2.266}{0.0156}=145.3\text{kPa}$

20℃下溶剂水的密度 $\rho_s=998\text{kg/m}^3$，摩尔质量 $M_s=18\text{kg/kmol}$，则溶解度系数为

$$H\approx\frac{\rho_s}{EM_s}=\frac{998}{145.3\times18}=0.382\text{kmol/(m}^3\cdot\text{kPa)}$$

或可根据溶液中 NH_3 的浓度进行计算

$$c_A=\frac{n_A}{V}=\frac{m_A/M_A}{(m_A+m_s)/\rho_s}=\frac{15/17}{(15+998)/998}=0.868\text{kmol/m}^3$$

所以

$$H=\frac{c_A}{p_A^*}=\frac{0.868}{2.266}=0.383\text{kmol/(m}^3\cdot\text{kPa)}。$$

三、相平衡关系在吸收中的应用

溶质在气液两相间的传质过程不是无限制进行的，当传质达到动态平衡时，气液两相的组成不再随时间变化，因此，相平衡是气液两相接触传质的极限状态。根据气液两相的实际组成和相平衡关系，可以判断传质过程的方向，计算传质过程的推动力，以及确定传质过程的极限。

1. 判断传质过程的方向

没有达到平衡状态的气液系统组成都是不稳定的，必然要从一相传递到另一相，其结果会使得气液两相最终达到平衡状态，而溶质传质的方向就是系统趋于平衡的方向。根据相平衡关系，计算平衡时溶质在气相或者液相中的组成与实际组成比较，可判断过程进行的方向。

气液两相在传质设备中相接触，在未达平衡的状况下系统会自发地向平衡状态变化，此时溶质组分 A 发生质量传递过程。若测得气相中溶质的实际分压 p_A（摩尔分数 y_A）大于气相中的平衡分压 p_A^*（摩尔分数 y_A^*），该溶质组分的传质方向为从气相到液相，溶质将被溶液吸收；若测得液相中溶质的实际浓度 c_A（摩尔分数 x_A）小于液相中的平衡浓度 c_A^*（摩尔分数 x_A^*），该溶质组分的传质方向也是从气相到液相，溶质将被溶液吸收。如果是相反的情况，即 $p_A<p_A^*$（$y_A<y_A^*$）或 $c_A>c_A^*$（$x_A>x_A^*$），那么该溶质组分的传质方向为从液相到气相，溶质将从溶液中解吸出来。

【例题 8.2.2】 在 101.3kPa、20℃条件下，稀氨水的气液平衡关系为 $y_A^*=0.94x_A$，现有含氨的摩尔分数为 0.1 的混合气体和含氨的摩尔分数为 0.05 的稀氨水溶液，气液两相在上述条件下接触，试判断氨在气液两相间传质的方向。

解：根据已知条件，$y_A=0.1$，$x_A=0.05$，平衡关系为 $y_A^*=0.94x_A$。

从气相分析，当液相中氨的实际摩尔分数 $x_A=0.05$ 时，相应的气相中氨的平衡摩尔分数为

$$y_A^*=0.94\times0.05=0.047<0.1$$

即 $y_A^*<y_A$，所以氨由气相传递至液相，为吸收过程。

同理，从液相分析，当气相中氨的实际摩尔分数 $y_A=0.1$ 时，相应的液相中氨的平衡摩尔分数为

$$x_A^*=\frac{y_A}{0.94}=\frac{0.1}{0.94}=0.106>0.05$$

即 $x_A^*>x_A$，所以氨由气相传递至液相，为吸收过程。

2. 计算传质过程的推动力

如前所述，在气液两相未达到平衡状态时，气液两相接触就会发生气体的吸收或解吸。实际组成偏离平衡组成越远，吸收过程的推动力越大，吸收速率越快。因此，将气相或液相的实际组成与相应条件下的平衡组成的差值称为传质的推动力。

推动力可以有不同表达方法，如果以气相浓度差表示，则推动力可以写为

$$\Delta y=y_A-y_A^* \tag{8.2.9}$$

如果以液相浓度差表示，则推动力可以写为

$$\Delta x=x_A^*-x_A \tag{8.2.10}$$

同理，如果气液相浓度分别用气体分压 p_A 和液相浓度 c_A 表示，则推动力分别用气相的分压差和液相的浓度差表示

$$\Delta p=p_A-p_A^* \tag{8.2.11}$$

$$\Delta c=c_A^*-c_A \tag{8.2.12}$$

3. 确定传质过程的极限

溶质在气液两相间的传质过程不是无限制地进行，传质过程的极限状态就是平衡状态。随着吸收过程的进行，气相中溶质分压不断降低，液相中溶质浓度不断升高，传质推动力逐渐减小。当吸收过程达到极限时，气相中溶质的实际分压等于液相中溶质的平衡分压，传质推动力为零，吸收过程不再进行。

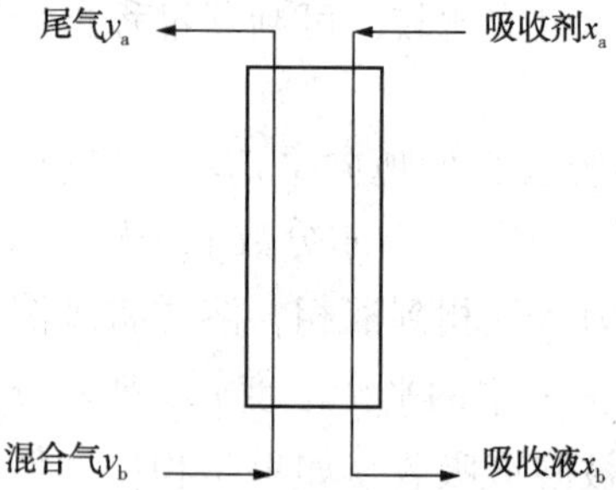

图 8.2.2　吸收塔吸收示意图

对于逆流操作的吸收塔，随着塔高的增加，吸附剂用量增加，使得出塔气体中溶质的浓度尽可能的低，但是无论吸收塔有多高，吸收利用量有多大，吸收尾气中溶质最低浓度(y_a)的最低极限是与入塔吸收剂中溶质浓度(x_a)相平衡(图 8.2.2)，即

$$y_a\geqslant y_a{}^*=mx_a \tag{8.2.13}$$

同理，塔出口吸收液中溶质的浓度也有一个最大值 x_a。其塔底流出的吸收液的最大值为

$$x_a\leqslant x_a{}^*=\frac{y_a}{m} \tag{8.2.14}$$

总之，相平衡限定了被净化气体离开吸收塔的最低组成和吸收液离开塔时的最高组成。

【例题 8.2.3】 在常压 101.3kPa、温度 25℃时，CO_2 在水中溶解的亨利常数为 1.66×10^5kPa，现将含 CO_2 摩尔分数为 0.05 的空气与 CO_2 浓度为 1.0×10^{-3}kmol/m³ 的水溶液接触，试求：

（1）判断传质方向；

（2）以分压差和浓度差表示传质推动力；

（3）计算逆流接触时空气中 CO_2 的最低含量。

解：（1）根据已知条件，有

$$p=101.3\text{kPa},\ E=1.66\times10^5\text{kPa},\ y_{CO_2}=0.05,\ c_{CO_2}=1.0\times10^{-3}\text{kmol/m}^3$$

$$m=\frac{E}{p}=\frac{1.66\times10^5}{101.3}=1640$$

则气液相平衡关系为

$$y^*_{CO_2}=1640x_{CO_2}$$

因为水溶液中 CO_2 浓度很低，可以认为其密度和平均相对分子质量皆与水相同，25℃下水的密度为 997kg/m³，所以溶液的总浓度为

$$c=\frac{\rho}{M}=\frac{997}{18}=55.4\text{kmol/m}^3$$

则 CO_2 在水溶液中的摩尔分数为

$$x_{CO_2}=\frac{c_{CO_2}}{c}=\frac{1.0\times10^{-3}}{55.4}=1.8\times10^{-5}$$

则与 x_{CO_2} 相应的气相中的 $y^*_{CO_2}$ 为

$$y^*_{CO_2}=1640\times1.8\times10^{-5}=0.03<0.05$$

即 $y^*_{CO_2}<y_{CO_2}$，传质过程为吸收。

（2）空气中 CO_2 的实际分压为

$$p_{CO_2}=101.3\times0.05=5.06\text{kPa}$$

根据亨利定律，可得 CO_2 的平衡分压为

$$p^*_{CO_2}=Ex_{CO_2}=1.66\times10^5\times1.8\times10^{-5}=2.99\text{kPa}$$

以分压差表示的传质推动力为

$$\Delta p=p_{CO_2}-p^*_{CO_2}=5.06-2.99=2.07\text{kPa}$$

根据亨利定律，和空气中 CO_2 分压平衡的水溶液摩尔分数为

$$x^*_{CO_2}=\frac{p_{CO_2}}{E}=\frac{5.06}{1.66\times10^5}=3.05\times10^{-5}$$

以浓度差表示的传质推动力为

$$\Delta c=(x^*_{CO_2}-x_{CO_2})c=(3.05-1.8)\times10^{-5}\times55.4=6.92\times10^{-4}\text{kmol/m}^3$$

（3）逆流接触时，出口气体可以达到的极限浓度为进口水溶液的气相平衡浓度。由前面的计算可知，与水溶液中 CO_2 摩尔分数平衡的气相摩尔分数为 0.03，因此空气中 CO_2 的摩尔分数最小为

$$y_{min}=y^*_{CO_2}=mx_{CO_2}=0.03$$

这只是一个理论值，在实际操作中难以达到。

第三节　吸收过程模型及吸收速率方程

一、双膜理论

吸收过程是溶质从气相向液相的一种典型传质过程，溶质从气相主体传递到相界面气相侧，通过相界面进入液相，再从相界面液相侧传递到液相主体。可见，溶质在气液两相间的传质可分为相内传质和相际传质，由于相界面和界面附近流体流动状态和传质过程很复杂，虽然人们提出了各种不同的传质模型，至今仍没有一个完美的理论能说明两流体相间在各种不同情况下的传质效果。目前普遍应用的是双膜理论(第五章中已进行详细介绍)。

双模理论模型的基本假设如下：

① 气液两流体间存在有稳定的相界面，界面两侧分别有一层虚拟的停滞气膜和停滞液膜。相界面两侧流体的对流传质阻力全部集中在界面两侧的两个停滞膜内，溶质组分以稳态的分子扩散通过这两层膜。

② 相界面上没有传质阻力，即可认为所需的传质推动力为零，或气液两相在相界面处达到平衡。

基于以上假定，将气液相际传质机理简化为溶质组分通过气、液两层虚拟膜的稳定分子扩散过程，如图 8.3.1 所示。

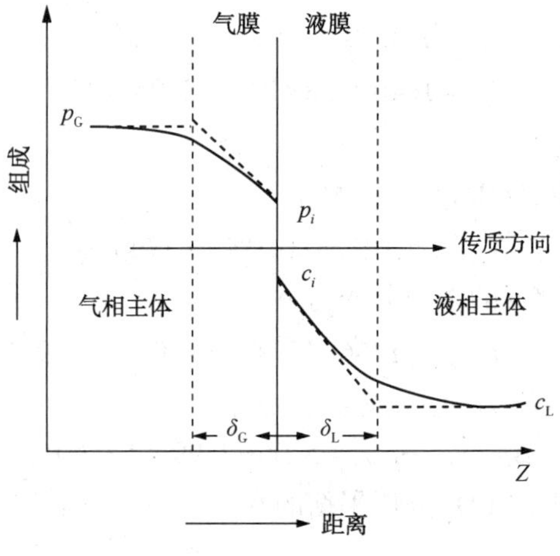

图 8.3.1　双膜理论模型

二、总传质速率方程

根据双膜理论和对流传质速率方程，可以写出气相和液相中对流传质速率方程分别为

$$N_{AG}=k_G(p_G-p_i)=\frac{p_G-p_i}{\frac{1}{k_G}} \tag{8.3.1}$$

$$N_{AL}=k_L(c_i-c_L)=\frac{c_i-c_L}{\frac{1}{k_L}} \tag{8.3.2}$$

式中 N_{AG}、N_{AL}——气膜、液膜中的传质通量，kmol/(m^2 · s)；

p_G——气相主体中溶质组分的分压，Pa；

c_L——液相主体中吸收质的浓度，kmol/m^3；

p_i——相界面处溶质组分的分压，Pa；

c_i——相界面处溶质组分的浓度，kmol/m^3；

k_G——气相分传质系数，kmol/(m^2 · s · Pa)；

k_L——液相分传质系数，m/s。

双膜理论模型假设溶质以稳态的分子扩散方式通过气膜和液膜，所以，气相和液相的对流传质速率相等，即 $N_{AG}=N_{AL}=N_A$，则

$$N_A=\frac{p_G-p_i}{\dfrac{1}{k_G}}=\frac{c_i-c_L}{\dfrac{1}{k_L}}=\frac{\text{分传质推动力}}{\text{分传质阻力}} \tag{8.3.3}$$

气相溶质浓度和液相溶质浓度也可以用摩尔分率表示。类似地，有

$$N_A=\frac{y-y_i}{\dfrac{1}{k_y}}=\frac{x_i-x}{\dfrac{1}{k_x}} \tag{8.3.4}$$

式(8.3.3)和式(8.3.4)称为分吸收速率方程。这些方程中均用到了相界面处溶质的组成，根据双膜理论的假设，在相界面上，气液两相呈平衡状态，即 p_i 与 c_i 为平衡关系(y_i 与 x_i 也为平衡关系)。

假设气液相平衡满足亨利定律，则有

$$c_L=Hp_L^*$$

又根据双膜理论模型的假定，可知

$$c_i=Hp_i$$

将上述两式代入式(8.3.2)中，可推导得

$$N_A=\frac{c_i-c_L}{\dfrac{1}{k_L}}=\frac{p_i-p_L^*}{\dfrac{1}{Hk_L}}$$

根据式(8.3.3)，可知

$$N_A=\frac{p_G-p_i}{\dfrac{1}{k_G}}=\frac{p_i-p_L^*}{\dfrac{1}{Hk_L}}$$

根据等比定理，有

$$N_A=\frac{p_G-p_L^*}{\dfrac{1}{k_G}+\dfrac{1}{Hk_L}}=\frac{p_G-p_L^*}{\dfrac{1}{K_G}}=\frac{\text{总传质推动力}}{\text{总传质阻力}} \tag{8.3.5}$$

且有

$$\frac{1}{K_G}=\frac{1}{k_G}+\frac{1}{Hk_L} \tag{8.3.6}$$

以上各式中 N_A——吸收过程的传质通量，kmol/(m^2 · s)；

p_L^*——与液相主体中溶质浓度 c_L 平衡的气相溶质分压，Pa；

K_G——以气相分压差为推动力的总传质系数，kmol/(m^2 · s · Pa)。

式(8.3.5)为以气相分压差为推动力的总吸收速率方程，式(8.3.6)为以气相分压差为推动力的总传质阻力。

类似地，有

$$N_A=\frac{c_G^*-c_L}{\frac{H}{k_G}+\frac{1}{k_L}}=\frac{c_G^*-c_L}{\frac{1}{K_L}} \tag{8.3.7}$$

$$\frac{1}{K_L}=\frac{H}{k_G}+\frac{1}{k_L} \tag{8.3.8}$$

$$N_A=\frac{y-y^*}{\frac{1}{k_y}+\frac{m}{k_x}}=\frac{y-y^*}{\frac{1}{K_y}} \tag{8.3.9}$$

$$\frac{1}{K_y}=\frac{1}{k_y}+\frac{m}{k_x} \tag{8.3.10}$$

$$N_A=\frac{x^*-x}{\frac{1}{m\,k_y}+\frac{1}{k_x}}=\frac{x^*-x}{\frac{1}{K_x}} \tag{8.3.11}$$

$$\frac{1}{K_x}=\frac{1}{m\,k_y}+\frac{1}{k_x} \tag{8.3.12}$$

以上各式中 c_G^*——与气相主体分压 p_G 平衡的液体浓度，$c_G^*=Hp_G$，$kmol/m^3$；

K_L——以液相浓度差为推动力的总传质系数，m/s；

y——气相主体中溶质组分的摩尔分率；

y^*——与液相主体中溶质摩尔分率 x 平衡的气相溶质摩尔分率，$y^*=mx$；

x——液相主体中溶质组分的摩尔分率；

x^*——与气相主体中溶质摩尔分率 y 平衡的气相溶质摩尔分率，$x^*=y/m$；

k_y——气相分传质系数，$kmol/(m^2 \cdot s)$；

k_x——液相分传质系数，$kmol/(m^2 \cdot s)$；

K_y——以气相摩尔分数差为推动力的总传质系数，$kmol/(m^2 \cdot s)$；

K_x——以液相摩尔分数差为推动力的总传质系数，$kmol/(m^2 \cdot s)$。

式(8.3.7)为以液相浓度差为推动力的总吸收速率方程，式(8.3.9)和式(8.3.11)为以气相、液相摩尔分率差为推动力的总吸收速率方程。式(8.3.8)、式(8.3.10)和式(8.3.12)分别为以液相浓度差、气相和液相摩尔分率差为推动力的总传质阻力。

对比式(8.3.6)和式(8.3.8)，可以得出 K_G 与 K_L 的关系

$$K_G=HK_L \tag{8.3.13}$$

对比式(8.3.10)和式(8.3.12)，可以得出 K_y 和 K_x 之间的关系

$$K_x=mK_y \tag{8.3.14}$$

对比式(8.3.6)和式(8.3.10)，可以得出 K_G 与 K_y 的关系

$$K_y=pK_G \tag{8.3.15}$$

对比式(8.3.8)和式(8.3.12)，可以得出 K_L 与 K_x 的关系

$$K_x=cK_L \tag{8.3.16}$$

三、传质推动力和传质阻力分析

总吸收速率方程表明，传质速率与传质推动力成正比，与传质阻力成反比。因此，在传质阻力一定时，增加溶质的气相分压或者减少溶质的液相浓度，都可以增大传质推动力，从而提高传质速率；而当传质推动力一定时，则需要减小传质阻力以提高传质速率。因此有必要对传质推动力和传质阻力进行分析。

1. 传质推动力分析

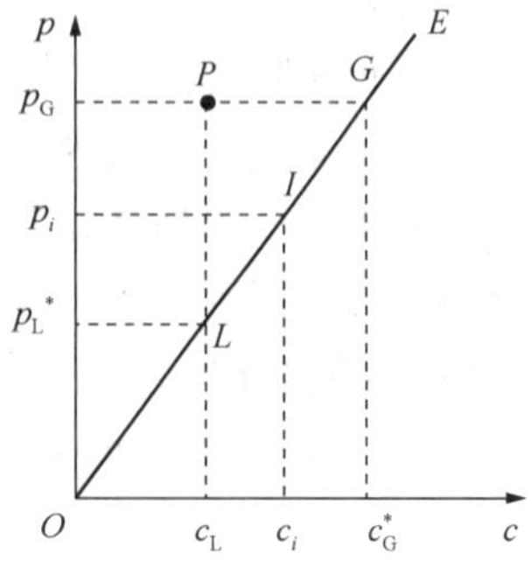

图 8.3.2　传质推动力分析

吸收过程的传质推动力是指促使溶质在气液两相之间进行传质的动力，本质上是体系偏离平衡状态的程度。在如图 8.3.2 所示的直角坐标系中，液相溶质浓度为横坐标，气相溶质分压为纵坐标，OE 为平衡线，即 OE 线上的所有点位两相都能达到平衡。在坐标系内有一操作点 P，其液相溶质浓度为 c_L，气相溶质分压为 p_G，如图 8.3.2 所示。过 P 点作 Oc 的平行线与 OE 交于 G 点，再过 G 点作 Oc 的垂线，与 Oc 交于一点，该点即为与实际气相溶质分压 p_G 平衡的液相溶质浓度 c_G^*；同理，过 P 点作 Op 的平行线与 OE 交于 L 点，再过 L 点作 Op 的垂线，与 Op 交于一点，该点即为与实际液相溶质浓度 c_L 平衡的气相溶质分压 p_L^*。I 点代表相界面，在该点处两相直接达到平衡，相应的气相溶质分压和液相溶质浓度分别为 p_i 和 c_i。从图中可以看出，线段$\overline{PL}$的长度，即$(p_G-p_L^*)$为该体系的气相总传质推动力；线段$\overline{PG}$的长度，即$(c_G^*-c_L)$为该体系的液相总传质推动力；(p_G-p_i)和$(c_G^*-c_i)$为该体系的气相分传质推动力；$(p_i-p_L^*)$和(c_i-c_L)为该体系的液相分传质推动力。

从以上分析中可以看出，操作点 P 离平衡线越近，推动力越小。温度、压强等都会影响传质推动力的大小，可以通过增大压强、降低温度等方法提高物理吸收过程的传质推动力。

2. 传质阻力分析

如前所述，传质总阻力包括气膜阻力和液膜阻力两部分。气膜阻力可表示为

$$\frac{1}{K_G}=\frac{1}{k_G}+\frac{1}{Hk_L}\text{或}\frac{1}{K_y}=\frac{1}{k_y}+\frac{m}{k_x}$$

液膜阻力可表示为

$$\frac{1}{K_L}=\frac{H}{k_G}+\frac{1}{k_L}\text{或}\frac{1}{K_x}=\frac{1}{k_x}+\frac{1}{mk_y}$$

在一般吸收操作条件下，$k_G(k_y)$ 和 $k_L(k_x)$ 的数值相差不大，而且变化较小，而不同溶质的溶解度系数 H(相平衡常数 m) 却相差很大，因此对于不同的吸收过程应该具体分析，确定控制传质阻力的主要因素。

对于易溶体系来说，H 很大，气膜阻力远大于液膜阻力，液膜阻力相对很小，此时，$\frac{1}{k_G}\gg\frac{1}{Hk_L}$(或$\frac{1}{k_y}\gg\frac{m}{k_x}$)，$\frac{1}{K_G}\approx\frac{1}{k_G}$(或$\frac{1}{K_y}\approx\frac{1}{k_y}$)，该体系属于气膜控制，传质阻力主要集中于气膜。用水吸收氨气或者氯化氢气体的过程，都是气膜控制的吸收过程。

对于难溶体系来说，H 很小，液膜阻力远大于气膜阻力，气膜阻力相对较小，此时，

$\frac{1}{k_L} \gg \frac{H}{k_G}$（或$\frac{1}{k_x} \gg \frac{1}{mk_y}$），$\frac{1}{K_L} \approx \frac{1}{k_L}$（或$\frac{1}{K_x} \approx \frac{1}{k_x}$），该体系属于液膜控制，传质总阻力主要集中于液膜。用水吸收氧气或二氧化碳气体的过程，都是液膜控制的吸收过程。

当气膜传质阻力和液膜传质阻力相差不大时，两者均不可忽略，吸收过程的总传质阻力由气膜和液膜阻力共同决定，该体系属于双膜控制。用水吸收二氧化硫就属于这种情况。在实际的吸收过程中，很多情况下都属于气液膜共同控制，需要综合考虑气膜和液膜的传质阻力分析吸收过程。

影响传质阻力的主要因素包括：气液流动状况，主要与使用的吸收设备有关；操作时的条件，如温度、压力等；气液两相的物理性质，如黏度、扩散系数等。为了减小吸收过程的传质阻力，提高吸收效率，可以通过增加气液接触面积、提高气液相对运动速度、选择合适的吸收剂等方法来实现。

【例题 8.3.1】 在总压 101.3kPa、温度 20℃条件下，某水溶液中 SO_2 的摩尔分数为 0.65×10^{-3}，与含 SO_2 的摩尔分数为 0.03 的空气接触，已知 $k_G=1.0\times10^{-6}$kmol/(m^2·s·kPa)，$k_L=8.0\times10^{-6}$m/s，SO_2 的亨利常数 $E=3.55\times10^3$kPa，计算：

（1）以分压差和浓度差表示的总传质推动力、总传质系数和传质速率；

（2）以分压差为推动力的总传质阻力和气、液两相传质阻力的相对大小；

（3）以摩尔分数差表示的总传质推动力和总传质系数。

解：（1）根据已知条件，有

$$p=101.3\text{kPa},\ x=0.65\times10^{-3},\ y=0.03,\ E=3.55\times10^3\text{kPa},$$
$$k_G=1.0\times10^{-6}\text{kmol/(m}^2\cdot\text{s}\cdot\text{kPa)},\ k_L=8.0\times10^{-6}\text{m/s}$$

查 20℃下水的密度为 998kg/m^3，则稀溶液的总浓度(即水的总浓度)为

$$c=\frac{998}{18}=55.44\text{kmol/m}^3$$

则溶解度系数为

$$H=\frac{c}{E}=\frac{55.44}{3.55\times10^3}=1.56\times10^{-2}\text{kmol/(m}^3\cdot\text{kPa)}$$

SO_2 在气相中的实际分压为

$$p_G=0.03\times101.3=3.04\text{kPa}$$

SO_2 在水溶液中的实际浓度为

$$c_L=55.44\times0.65\times10^{-3}=3.604\times10^{-2}\text{kmol/m}^3$$

与水溶液中 SO_2 浓度平衡的气相分压为

$$p_L^*=Ex=3.55\times10^3\times0.65\times10^{-3}=2.31\text{kPa}$$

与气相中 SO_2 分压平衡的溶液浓度为

$$c_G^*=Hp_G=1.56\times10^{-2}\times3.04=4.74\times10^{-2}\text{kmol/m}^3$$

所以，用分压差表示的总传质推动力为

$$\Delta p=p_G-p_L^*=3.04-2.31=0.73\text{kPa}$$

用浓度差表示的总传质推动力为

$$\Delta c=c_G^*-c_L=4.74\times10^{-2}-3.604\times10^{-2}=1.136\times10^{-2}\text{kmol/m}^3$$

气相总传质阻力为

$$\frac{1}{K_G}=\frac{1}{k_G}+\frac{1}{Hk_L}=\frac{1}{1\times10^{-6}}+\frac{1}{1.56\times10^{-2}\times8\times10^{-6}}=9.012\times10^{6}\text{m}^2\cdot\text{s}\cdot\text{kPa/kmol}$$

气相总传质系数为

$$K_G=1.11\times10^{-7}\text{kmol/(m}^2\cdot\text{s}\cdot\text{kPa)}$$

液相总传质系数为

$$K_L=\frac{K_G}{H}=\frac{1.11\times10^{-7}}{1.56\times10^{-2}}=7.115\times10^{-6}\text{m/s}$$

传质速率为：

$$N_A=K_G\Delta p=1.11\times10^{-7}\times0.73=8.10\times10^{-8}\text{kmol/(m}^2\cdot\text{s)}$$

或

$$N_A=K_L\Delta c=7.115\times10^{-6}\times1.136\times10^{-2}=8.08\times10^{-8}\text{kmol/(m}^2\cdot\text{s)}$$

（2）根据以上计算可知以分压差为推动力的总传质阻力为

$$\frac{1}{K_G}=9.012\times10^{6}\text{m}^2\cdot\text{s}\cdot\text{kPa/kmol}$$

其中气相传质阻力为

$$\frac{1}{k_G}=\frac{1}{1\times10^{-6}}=1\times10^{6}\text{m}^2\cdot\text{s}\cdot\text{kPa/kmol}$$

占总传质阻力的 11.1%。

液相传质阻力为

$$\frac{1}{Hk_L}=\frac{1}{1.56\times10^{-2}\times8\times10^{-6}}=8.01\times10^{6}\text{m}^2\cdot\text{s}\cdot\text{kPa/kmol}$$

占总传质阻力的 88.9%。

（3）相平衡常数为

$$m=\frac{E}{p}=\frac{3.55\times10^{3}}{101.3}=35.04$$

所以与液相 SO_2 摩尔分数平衡的气相摩尔分数为

$$y^*=mx=35.04\times0.65\times10^{-3}=2.28\times10^{-2}$$

以气相摩尔分数差表示的总传质推动力为

$$\Delta y=y-y^*=0.03-0.0228=0.0072$$

与气相 SO_2 摩尔分数平衡的液相摩尔分数为

$$x^*=\frac{y}{m}=\frac{0.03}{35.04}=8.56\times10^{-4}$$

以液相摩尔分数差表示的总传质推动力为

$$\Delta x=x^*-x=(8.56-6.5)\times10^{-4}=2.06\times10^{-4}$$

气相总传质系数为

$$K_y=pK_G=101.3\times1.11\times10^{-7}=1.124\times10^{-5}\text{kmol/(m}^2\cdot\text{s)}$$

液相总传质系数为

$$K_x=cK_L=55.44\times7.115\times10^{-6}=3.945\times10^{-4}\text{kmol/(m}^2\cdot\text{s)}$$

【例题 8.3.2】 在 110kPa 的总压下，用浓度为 1kmol/m^3 的氨水在填料吸收塔内吸收混于空气中的氨气，混合气体中含氨 3%(体积分数)。若气膜传质系数 $k_G=5\times10^{-6}\text{kmol/(m}^2\cdot\text{s}\cdot\text{kPa)}$，

液膜传质系数$k_L = 1.5\times10^{-4}$ m/s，操作条件下平衡关系服从亨利定律，溶解度系数 $H=0.728$kmol/(m^3·kPa)。试计算：

（1）以分压差和浓度差表示的传质总推动力及相应的总传质系数和传质速率；

（2）气相、液相传质阻力；

（3）分析吸收过程的控制因素。

解：（1）根据已知条件，有

$$p=110\text{kPa},\ c_L=1\text{kmol/m}^3,\ y=0.03,\ H=0.728\text{kmol/(m}^3\cdot\text{kPa)},$$
$$k_G=5\times10^{-6}\text{kmol/(m}^2\cdot\text{s}\cdot\text{kPa)},\ k_L=1.5\times10^{-4}\text{m/s}$$

气相主体中氨的分压为

$$p_G=110\times0.03=3.3\text{kPa}$$

与液相氨浓度平衡的气相分压为

$$p_L^*=\frac{c_L}{H}=\frac{1}{0.728}=1.37\text{kPa}$$

以气相分压差表示的总推动力为

$$\Delta p=p_G-p_L^*=3.3-1.37=1.93\text{kPa}$$

与气相氨分压平衡的液相浓度为

$$c_G^*=Hp_G=0.728\times3.3=2.4\text{kmol/m}^3$$

以液相浓度差表示的总推动力为

$$\Delta c=c_G^*-c_L=2.4-1=1.4\text{kmol/m}^3$$

气相总传质阻力为

$$\frac{1}{K_G}=\frac{1}{k_G}+\frac{1}{Hk_L}=\frac{1}{5\times10^{-6}}+\frac{1}{0.728\times1.5\times10^{-4}}=2.09\times10^5\text{m}^2\cdot\text{s}\cdot\text{kPa/kmol}$$

气相总传质系数为

$$K_G=4.78\times10^{-6}\text{kmol/(m}^2\cdot\text{s}\cdot\text{kPa)}$$

液相总传质系数为

$$K_L=\frac{K_G}{H}=\frac{4.78\times10^{-6}}{0.728}=6.57\times10^{-6}\text{m/s}$$

传质速率为

$$N_A=K_G\Delta p=4.78\times10^{-6}\times1.93=9.23\times10^{-6}\text{kmol/(m}^2\cdot\text{s)}$$

或

$$N_A=K_L\Delta c=6.57\times10^{-6}\times1.4=9.198\times10^{-6}\text{kmol/(m}^2\cdot\text{s)}$$

（2）根据以上计算可知以分压差为推动力的总传质阻力为

$$\frac{1}{K_G}=2.09\times10^5\text{m}^2\cdot\text{s}\cdot\text{kPa/kmol}$$

其中气相分传质阻力为

$$\frac{1}{k_G}=2\times10^5\text{m}^2\cdot\text{s}\cdot\text{kPa/kmol}$$

液相分传质阻力为

$$\frac{1}{Hk_L}=9.16\times10^3\text{m}^2\cdot\text{s}\cdot\text{kPa/kmol}$$

(3) 吸收控制因素分析

气膜阻力占总阻力的比例为

$$\frac{2\times10^5}{2.09\times10^5}=0.957$$

由此可以看出，该吸收过程气膜阻力占总阻力的绝大部分，该吸收过程为气膜控制。

第四节 气体吸收设备的工艺计算

吸收塔的计算主要包括物料衡算，吸收剂用量的计算，塔的主要工艺尺寸如塔径、塔高的计算等。本节重点介绍填料塔的工艺计算。对于填料塔，可以根据物料衡算、传质速率和相平衡关系，根据分离任务计算所需的吸收剂用量和填料层高度。

一、吸收计算中浓度的表示方法

在之前的分析和计算中，都是使用摩尔分数 y 和 x 来表示溶质在气液两相中的浓度。但在吸收过程中，混合物的总物质的量是变化的。例如，用水吸收空气中氨的过程，氨作为溶质可溶解于水中，而空气则不溶于水，此时称空气为惰性组分。随着吸收过程的进行混合气体及混合液体的总物质的量是变化的，而混合气体中的惰性组分及混合液体中的纯吸收剂的物质的量不变。此时，若用摩尔分数表示气液相组成，计算很不方便。为此，引入以惰性组分或纯吸收剂为基准的摩尔比 Y 及 X 分别表示气液两相的组成以利于计算。摩尔比的定义是

$$\text{气相摩尔比 } Y_A=\frac{\text{气相中溶质的物质的量}}{\text{气相中惰性气体的物质的量}}$$

$$\text{液相摩尔比 } X_A=\frac{\text{液相中溶质的物质的量}}{\text{液相中纯溶剂的物质的量}}$$

如果已知摩尔分数，摩尔比可通过以下的方式计算

$$Y_A=\frac{y_A}{1-y_A} \tag{8.4.1}$$

$$X_A=\frac{x_A}{1-x_A} \tag{8.4.2}$$

反过来，如果已知摩尔比，摩尔分数可通过以下的方式计算

$$y_A=\frac{Y_A}{1+Y_A} \tag{8.4.3}$$

$$x_A=\frac{X_A}{1+X_A} \tag{8.4.4}$$

将上面的两式代入亨利定律(相平衡方程)，得

$$Y_A^*=\frac{mX_A}{1+(1-m)X_A} \tag{8.4.5}$$

式中 $Y_A{}^*$——与组成为 X_A 的液相呈平衡的气相中吸收质摩尔比。

当溶液浓度较低时，上式右端分母趋近于 1，于是该式可简化为

$$Y_A^* = mX_A \tag{8.4.6}$$

该式也可以称作相平衡方程，它表明在稀溶液条件下，气液两相物质摩尔比可以近似用线性关系表达。

二、物料衡算和操作线方程

1. 全塔物料衡算

以混合气体的稳态逆流操作的填料吸收塔为例，气液两相进出吸收塔的流量和组成如图 8.4.1 所示，所有参数的下标 a 表示塔顶截面，下标 b 表示塔底截面。塔顶两相的浓度最低，称为稀端；塔底两相的浓度最高，称为浓端。如果采用摩尔分数 y 和 x 表示溶质在气液两相中的浓度[图 8.4.1(a)]，进出口气相摩尔流率和进出口液相摩尔流率都会发生变化，不利于计算。如采用摩尔比 Y 及 X 分别表示气液两相的组成[图 8.4.1(b)]，以不含溶质组分的惰性气体摩尔流率 G_B 和不含溶质组分纯溶剂摩尔流率 L_S 为计算基准，此时进出口气相摩尔流率和进出口液相摩尔流率保持一致，便于进行衡算。

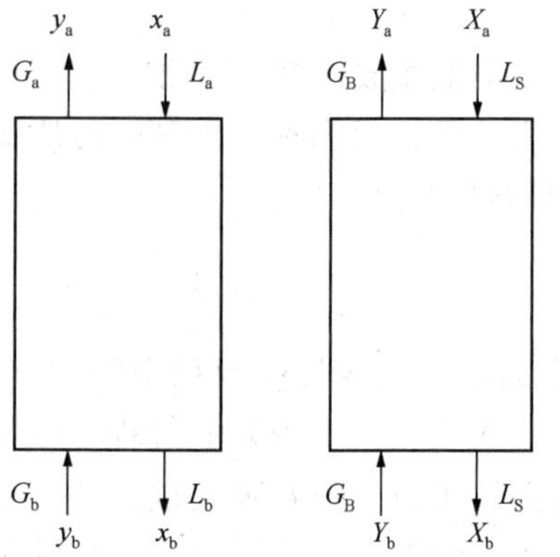

图 8.4.1　逆流吸收塔的物料衡算图

对于溶质组分 A，稳态吸收过程中，根据质量衡算，有

进入吸收塔的溶质=离开吸收塔的溶质

即全塔溶质组分 A 的物料衡算式为

$$G_B Y_b + L_S X_a = L_S X_b + G_B Y_a \tag{8.4.7}$$

整理得

$$G_B(Y_b - Y_a) = L_S(X_b - X_a) \tag{8.4.8}$$

$$Y_b = \frac{L_S}{G_B}(X_b - X_a) + Y_a \tag{8.4.9}$$

以上各式中　G_B——通过吸收塔惰性气体摩尔流量，kmol(B)/s；

L_S——通过吸收塔纯吸收剂摩尔流量，kmol(S)/s；

Y_b、Y_a——进、出口气相中溶质 A 的摩尔比，kmol(A)/kmol(B)；

X_a、X_b——进、出口液相中溶质 A 的摩尔比，kmol(A)/kmol(S)。

吸收计算过程中溶质的吸收率(回收率)定义为

$$\eta = \frac{Y_b - Y_a}{Y_b} = 1 - \frac{Y_a}{Y_b} \tag{8.4.10}$$

根据 η 值可以确定吸收操作中出塔气体溶质的组成

$$Y_a = Y_b(1-\eta) \tag{8.4.11}$$

2. 操作线方程

稳态逆流吸收操作中，在吸收塔任一横截面上的气液组成 Y 和 X 之间的关系可通过任一截面与塔的任何一端之间做溶质 A 的物料衡算得到。

对于塔上部任一段的 A 组分做质量衡算，如图 8.4.2(a)所示，根据质量衡算，有

$$G_B(Y - Y_a) = L_S(X - X_a) \tag{8.4.12}$$

$$Y=\frac{L_S}{G_B}(X-X_a)+Y_a \tag{8.4.13}$$

上式称为逆流吸收塔的操作线方程。该方程表明，塔内任意截面上的气相组成和液相组成呈直线关系。将这条直线绘制在 $X-Y$ 坐标图中，就得到逆流吸收的操作线，直线的斜率$\frac{L_S}{G_B}$称为液气比，并通过点 $A(X_a, Y_a)$ 和 $B(X_b, Y_b)$。因此操作线只取决于塔底和塔顶两端的气液相组成和液气比。塔内任一个截面上的气液相的组成都可以在操作线上找到相应的点表示，称为操作点，AB 为从塔顶到塔底一系列操作点的连线，如图 8.4.2(b)所示。

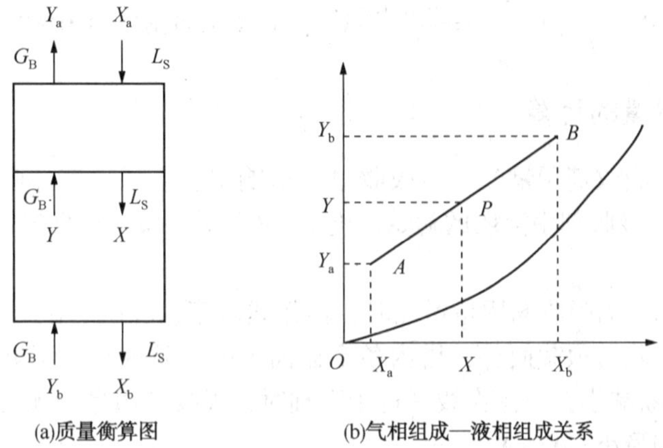

图 8.4.2　逆流吸收塔的操作线

吸收操作时，气相的溶质组成始终大于与液相溶质浓度平衡的气相组成，因此，吸收操作线总是位于平衡线的上方。操作线上任意一点到平衡线的水平或垂直距离都代表了传质推动力，操作线与平衡线相距越远，传质推动力就越大；操作线斜率越小，越靠近平衡线，传质推动力越小，对传质不利。

对于低浓度气体(如低于5%)，通常称为低浓度气体吸收。此时，由于气体在经过吸收塔时，被吸收的溶质量很少，流经全塔的混合气体摩尔流率和吸收液摩尔流率变化不大，因此可以用混合气体摩尔流率和液体摩尔流率代替惰性气体摩尔流率和纯溶剂摩尔流率，并以摩尔分数 y 和 x 代替摩尔比 Y 和 X。即 $G\approx G_a\approx G_b\approx G_B$，$L\approx L_a\approx L_b\approx L_S$，$Y\approx y$，$X\approx x$，于是逆流吸收塔的全塔物料衡算式和操作线方程可以写为

$$y_b\approx\frac{L}{G}(x_b-x_a)+y_a \tag{8.4.14}$$

$$y\approx\frac{L}{G}(x-x_a)+y_a \tag{8.4.15}$$

【例题 8.4.1】　在常压逆流操作的吸收塔中，用清水吸收混合气中溶质组分 A。已知操作温度为 27℃，混合气体处理量为 1100m³/h，清水用量为 2160kg/h。若进塔气体中组分 A 的体积分数为 0.05，吸收率为 90%，试求塔底吸收液的组成，以摩尔比表示。

解：根据已知条件，有

$p=101.323\text{kPa}$，$T=27+273=300\text{K}$，$y_b=0.05$，$x_a=0$，$\eta=0.9$，

$q_{V气}=1100\text{m}^3/\text{h}$，$q_{m液}=2160\text{kg/h}$

先将摩尔分数换算为摩尔比

$$Y_b=\frac{y_b}{1-y_b}=\frac{0.05}{1-0.05}=0.0526$$

则 $Y_a=Y_b(1-\eta)=0.0526\times0.1=0.00526$

$$G_B=\frac{1100\times273}{22.4\times300}(1-0.05)=42.45\text{kmol/h}$$

$$L_S=\frac{2160}{18}=120\text{kmol/h}$$

根据全塔物料衡算式，有

$$X_b=\frac{G_B}{L_S}(Y_b-Y_a)=\frac{42.45}{120}(0.0526-0.00526)=0.0167$$

三、吸收剂用量的计算

吸收塔设计中，吸收剂用量改变对吸收过程影响很大。如果气体吸收的任务一定，即 G_B、Y_b、Y_a 均已知，吸收剂中溶质的初始浓度 X_a 也已知，那么吸收剂用量的变化就会引起操作线相应的变化。

如图 8.4.3 所示，当吸收剂用量增加时，操作线斜率(L_S/G_B)增大，操作线 AB 向远离平衡线的方向移动，除塔顶截面外，塔内各个截面上的传质推动力不断增加，出塔吸收液中的溶质浓度 X_b 不断减小，当操作线平行于竖轴时，吸收剂用量为无穷大，此时出塔吸收液中的溶质浓度达到最小，$X_b=X_a$。

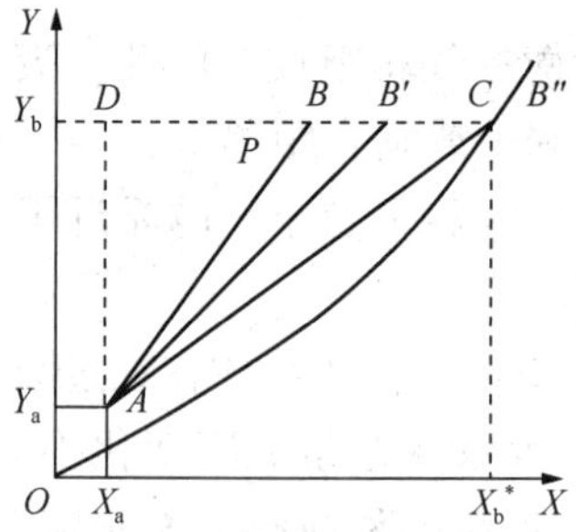

图 8.4.3　吸收剂用量的确定

当减小吸收剂用量时，操作线斜率(L_S/G_B)减小，操作线 AB 逐渐向平衡线方向移动，塔内各个截面传质推动力不断减小，出塔吸收液中溶质浓度 X_b 不断增加，当操作线与平衡线交于点 B''(即 C 点)时，吸收剂的用量达到最小，此时的液气比为最小液气比$\left(\frac{L_S}{G_B}\right)_{min}$，出塔吸收液中溶质浓度达到最大，塔底截面上，气液两相达到平衡。要在此条件下完成吸收任务，传质面积要求无穷大，也就是要求吸收塔要无限高，这显然是没有实际意义的。但可根据最小吸收剂用量确定实际的适宜吸收剂用量。

在最小吸收剂用量条件下，塔底截面气、液两相平衡，由亨利定律，得 $X_b^*=Y_b/m$(稀溶液条件下)，因此，最小液气比可以表示为

$$\left(\frac{L_S}{G_B}\right)_{min}=\frac{Y_b-Y_a}{X_b^*-X_a} \tag{8.4.16a}$$

$$\left(\frac{L_S}{G_B}\right)_{min}=\frac{Y_b-Y_a}{Y_b/m-X_a} \tag{8.4.16b}$$

低浓时，有

$$\left(\frac{L}{G}\right)_{min}=\frac{y_b-y_a}{x_b^*-x_a} \tag{8.4.17a}$$

$$\left(\frac{L}{G}\right)_{min}=\frac{y_b-y_a}{y_b/m-x_a} \tag{8.4.17b}$$

在实际吸收操作中，吸收剂的用量必须大于最小吸收剂用量才能完成分离任务。吸收剂用量是技术经济优化的结果，减少吸收剂用量，就需要增加吸收塔的高度，设备费用增加；吸收剂用量大，虽然可以降低吸收塔的高度，但是吸收剂的消耗量、液体输送功率及再生费用等操作费用增加，同时再生系统设备费用等费用也会增加，因此需要对吸收剂用量和总费用进行优化。根据实践经验，吸收剂的实际用量一般取最小用量的 1.2~2.0 倍，即

$$\frac{L_S}{G_B}=(1.2\sim2.0)\left(\frac{L_S}{G_B}\right)_{min} \tag{8.4.18}$$

【例题 8.4.2】 用不含苯的油吸收混合气体中的苯，已知$y_b=0.04$，吸收率为 80%，平衡关系为 $Y=0.126X$，混合气体摩尔流量为 1000kmol/h，油用量为最小用量的 1.5 倍，问油的用量是多少？

解：根据已知条件，有

$$y_b=0.04,\ x_a=0,\ \eta=0.8,\ Y=0.126X,\ G_b=1000\text{kmol/h},\ L_S=1.5\ (L_S)_{min}$$

则

$$Y_b=\frac{y_b}{1-y_b}=\frac{0.04}{1-0.04}=0.0417$$

$$Y_a=Y_b(1-\eta)=0.0417(1-0.8)=0.00834$$

惰性气体摩尔流率为

$$G_B=1000(1-y_b)=1000(1-0.04)=960\text{kmol/h}$$

根据最小液气比公式

$$\left(\frac{L_S}{G_B}\right)_{min}=\frac{Y_b-Y_a}{X_b^*-X_a}=\frac{0.0417-0.00834}{\dfrac{0.0417}{0.126}-0}=0.1008$$

所以

$$(L_S)_{min}=G_B\times0.1008=960\times0.1008=96.8\text{kmol/h}$$

实际用油量为

$$L_S=1.5\ (L_S)_{min}=1.5\times96.8=145.2\text{kmol/h}$$

【例题 8.4.3】 在逆流操作的吸收塔中，用清水吸收混合气体中的 SO_2。气体处理量为 50kmol/(m^2·s)，进塔气体中含 SO_2 为 8%(体积百分数)，要求 SO_2 的吸收率为 90%，在该吸收条件下的相平衡关系为 $Y=26X$，用水量是最小用量的 1.5 倍。试求：

(1) 用水量；

(2) 若将吸收率提高至 95%，此时的用水量。

解：(1) 已知$y_b=0.008$，则 $Y_b=\dfrac{y_b}{1-y_b}=0.0869$

最小液气比为

$$\left(\frac{L_S}{G_B}\right)_{min}=\frac{Y_b-Y_a}{X_b^*-X_a}=\frac{Y_b-Y_b(1-\eta)}{Y_b/26}=\frac{Y_b\eta}{Y_b/26}=26\eta=26\times0.90=23.4$$

实际液气比为

$$\frac{L_S}{G_B}=1.5\left(\frac{L_S}{G_B}\right)_{min}=1.5\times23.4=35.1$$

惰性气体摩尔流率为 $G_B=50\times(1-0.08)=46\text{kmol/(m}^2\cdot\text{s)}$

实际用水量为

$$L_S = 35.1G_B = 35.1\times46 = 1614.6\text{kmol}/(\text{m}^2\cdot\text{s})$$

(2) 若将吸收率提高至 95%，则最小液气比为

$$\left(\frac{L_S}{G_B}\right)'_{\min} = \frac{Y_b - Y'_a}{X_b^* - X_a} = 26\eta' = 26\times0.95 = 24.7$$

实际液气比为

$$\left(\frac{L_S}{G_B}\right)' = 1.5\left(\frac{L_S}{G_B}\right)'_{\min} = 1.5\times24.7 = 37.05$$

则此时实际用水量为

$$L'_S = 37.05G_B = 37.05\times46 = 1704.3\text{kmol}/(\text{m}^2\cdot\text{s})$$

四、填料塔工艺尺寸的计算

1. 塔径的计算

可根据入塔的混合气体的体积流量(实际状况)和适宜的空塔气速来计算塔径。计算公式如下

$$D = \sqrt{\frac{4V_s}{\pi u}} \tag{8.4.19}$$

式中 D——填料塔塔径，m；

V_s——入塔混合气体体积流量，m^3/s；

u——空塔气速，m/s。

2. 填料层高度的计算

(1) 填料层高度的一般计算式

填料塔是气液两相连续接触进行传质的设备，气液相组成在塔内沿高度连续变化，各塔截面处的气液相组成、传质推动力、传质速率方程都不一样。因此，选取填料塔中的任意微元填料层作为研究对象，建立微元填料层内的物料衡算、传质速率和相平衡关系，由此推导填料层高度的计算关系式。

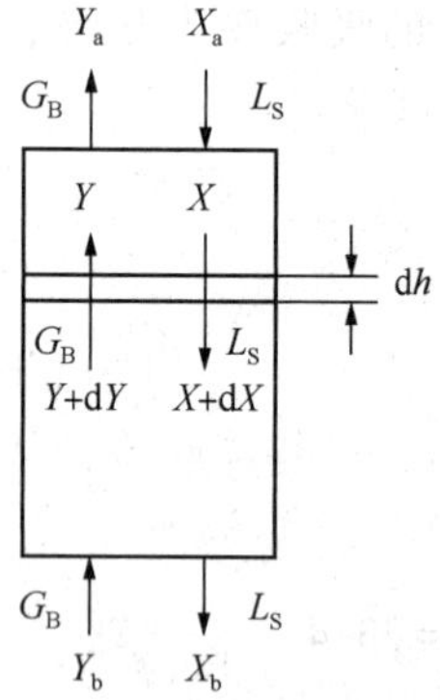

图 8.4.4 填料塔中的微元填料层

如图 8.4.4 所示，对填料塔中的微元填料层 dh 作溶质 A 的物料衡算，有

气相中溶质 A 的减少速率 = 液相中溶质 A 的增加速率 = 溶质 A 从气相到液相的传质速率，即

$$G_B\text{d}Y = L_s\text{d}X = N_A\text{d}A_p \tag{8.4.20}$$

式中 N_A——传质通量，$\text{kmol}/(\text{m}^2\cdot\text{s})$；

A_p——填料塔中所有填料的表面积，m^2。

这里引入填料塔的比表面积 a_b，指单位体积填料所具有的填料表面积，也是单位体积填料所具有的有效传质面积，单位为 m^2/m^3。则有

$$N_A\text{d}A_p = N_A a\Omega\text{d}h \tag{8.4.21}$$

式中 Ω——塔的横截面积，单位为 m^2。

则 dh 微元填料层内的传质速率方程可联立式(8.4.20)和式(8.4.21)得

$$dh=\frac{G_B dY}{N_A a\Omega}=\frac{L_S dX}{N_A a\Omega} \tag{8.4.22}$$

分别将气相和液相的总吸收速率方程(8.3.9)和式(8.3.11)代入上式得

$$dh=\frac{G_B dY}{K_Y a\Omega(Y-Y^*)}=\frac{L_S dX}{K_X a\Omega(X^*-X)} \tag{8.4.23}$$

式中 K_Y、K_X——以气相和液相摩尔比为推动力的总传质系数，kmol/(m^2·s)。

式(8.4.23)中，a 表示单位体积填料层所能提供的有效传质面积，它不仅与填料的形状、尺寸及填充情况有关，而且受流体物性和流动状况的影响。a 的值很难直接测定，因此经常将它与传质系数的乘积作为一个物理量来看待，称为总体积传质系数，如 $K_Y a$ 和 $K_X a$ 分别称为气相总体积传质系数和液相总体积传质系数，单位是 kmol/(m^3·s)。其物理意义是单位传质推动力下，单位时间单位体积填料层内传递的溶质量。

对于稳态低浓度气体吸收，塔内气、液两相的物性变化较小，因此各截面上的体积传质系数 $K_Y a$ 和 $K_X a$ 变化不大，可视为常数，计算中通常取平均值。因此，可将式(8.4.23)积分，得

$$H=\int_0^H dh=\int_{Y_a}^{Y_b}\frac{G_B dY}{K_Y a\Omega(Y-Y^*)}=\frac{G_B}{K_Y a\Omega}\int_{Y_a}^{Y_b}\frac{dY}{Y-Y^*} \tag{8.4.24a}$$

或

$$H=\int_0^H dh=\int_{X_a}^{X_b}\frac{L_S dX}{K_X a\Omega(X^*-X)}=\frac{L_S}{K_X a\Omega}\int_{X_a}^{X_b}\frac{dX}{X^*-X} \tag{8.4.24b}$$

在式(8.4.24a)中，设

$$H_{OG}=\frac{G_B}{K_Y a\Omega} \tag{8.4.25}$$

$$N_{OG}=\int_{Y_a}^{Y_b}\frac{dY}{Y-Y^*} \tag{8.4.26}$$

式中 H_{OG}——气相总传质单元高度(Height of Transfer Unit，HTU)，m；

N_{OG}——气相总传质单元数(Number of Transfer Unit，NTU)，无因次。

同理可设

$$H_{OL}=\frac{L_S}{K_X a\Omega} \tag{8.4.27}$$

$$N_{OL}=\int_{X_a}^{X_b}\frac{dX}{X^*-X} \tag{8.4.28}$$

式中 H_{OL}——液相总传质单元高度，m；

N_{OL}——液相总传质单元数，无因次。

则填料层高度的表达式为

$$H=H_{OG}N_{OG} \tag{8.4.29}$$

或

$$H=H_{OL}N_{OL} \tag{8.4.30}$$

(2) 传质单元

所谓传质单元，是指通过一定高度的填料层传质，使一相组成的变化恰好等于该段填料中的平均推动力，这样一段的填料层称为一个传质单元。

传质单元高度是完成一个传质单元分离任务所需要的填料层高度，主要取决于设备情况、物理特性及操作条件等，其值大小反映了填料层传质动力学性能的优劣。对低浓度气体的吸收，各传质单元的传质单元高度可以看作是相等的。传质单元高度可直接使用式(8.4.25)计算。

传质单元数即为这些传质单元的数目，只取决于传质前后气、液相的组成和相平衡关系，与设备的情况无关，其值的大小反映了吸收过程的难易程度。传质单元数越多，表示吸收过程难度越大。

(3) 传质单元数的计算

传质单元数的表达式中涉及气相或液相的平衡组成，需要用相平衡关系确定。根据相平衡曲线的不同，传质单元数的计算有不同的方法。当平衡线是直线时，传质单元数可采用对数平均推动力法和吸收因数法进行计算。

① 对数平均推动力法

低浓度气体吸收条件下，操作线和平衡线都是直线，所以操作线到平衡线的垂直距离 $\Delta Y=Y-Y^*$ 与气相组成 Y 或水平距离 $\Delta X=X-X^*$ 与液相组成 X 也呈直线关系，因此 $d(\Delta Y)/dY$ 或 $d(\Delta X)/dX$ 为常数，令塔底截面 $\Delta Y_b=Y_b-Y_b^*$，塔顶截面 $\Delta Y_a=Y_a-Y_a^*$，则

$$\frac{d(\Delta Y)}{dY}=\frac{\Delta Y_b-\Delta Y_a}{Y_b-Y_a} \tag{8.4.31a}$$

或

$$dY=\frac{Y_b-Y_a}{\Delta Y_b-\Delta Y_a}d(\Delta Y) \tag{8.4.31b}$$

于是气相总传质单元数可以写成

$$N_{OG}=\int_{Y_a}^{Y_b}\frac{dY}{Y-Y^*}=\frac{Y_b-Y_a}{\Delta Y_b-\Delta Y_a}\int_{\Delta Y_a}^{\Delta Y_b}\frac{d(\Delta Y)}{\Delta Y}=\frac{Y_b-Y_a}{\Delta Y_b-\Delta Y_a}\ln\frac{\Delta Y_b}{\Delta Y_a}=\frac{Y_b-Y_a}{\Delta Y_m} \tag{8.4.32}$$

式中　ΔY_m——气相对数平均推动力，且有

$$\Delta Y_m=\frac{\Delta Y_b-\Delta Y_a}{\ln\dfrac{\Delta Y_b}{\Delta Y_a}} \tag{8.4.33}$$

同理，可以求得液相总传质单元数为

$$N_{OL}=\frac{X_b-X_a}{\Delta X_m} \tag{8.4.34}$$

式中　ΔX_m——液相对数平均推动力，且有

$$\Delta X_m=\frac{\Delta X_b-\Delta X_a}{\ln\dfrac{\Delta X_b}{\Delta X_a}} \tag{8.4.35}$$

由以上公式可知，传质单元数为塔底和塔顶的组成差与塔底和塔顶的传质推动力对数平均值之比。

在低溶质浓度情况下，在式(8.4.32)~式(8.4.35)中，用摩尔分率代替摩尔比，公式也成立。即

$$N_{OG}=\frac{y_b-y_a}{\Delta y_m},\ \Delta y_m=\frac{\Delta y_b-\Delta y_a}{\ln\frac{\Delta y_b}{\Delta y_a}} \tag{8.4.36}$$

或

$$N_{OL}=\frac{x_b-x_a}{\Delta x_m},\ \Delta x_m=\frac{\Delta x_b-\Delta x_a}{\ln\frac{\Delta x_b}{\Delta x_a}} \tag{8.4.37}$$

② 吸收因数法

当平衡关系符合亨利定律时，有

$$Y^*=mX \tag{8.4.38}$$

由式(8.4.13)操作线方程推导得

$$X=\frac{G_B}{L_S}(Y-Y_a)+X_a \tag{8.4.39}$$

将式(8.4.39)代入式(8.4.38)中得

$$Y^*=m\frac{G_B}{L_S}(Y-Y_a)+mX_a=S(Y-Y_a)+Y_a^* \tag{8.4.40}$$

式中 $S=\frac{mG_B}{L_S}$，称为脱吸因数($\frac{1}{S}=\frac{L_S}{mG_B}$为吸收因数).

将式(8.4.40)代入气相传质单元数的表达式，整理得

$$N_{OG}=\int_{Y_a}^{Y_b}\frac{dY}{Y-Y^*}=\int_{Y_a}^{Y_b}\frac{dY}{(1-S)Y+(SY_a-Y_a^*)} \tag{8.4.41}$$

当 $S=1$ 时，有

$$N_{OG}=\frac{Y_b-Y_a}{Y_a-Y_a^*}=\frac{Y_b-Y_a^*}{Y_a-Y_a^*}-1 \tag{8.4.42}$$

当 $S\neq1$ 时，有

$$N_{OG}=\frac{1}{1-S}\ln\left[(1-S)\frac{Y_b-Y_a^*}{Y_a-Y_a^*}+S\right] \tag{8.4.43}$$

由上式可知，当 S 一定时，N_{OG} 与 $\frac{Y_b-Y_a^*}{Y_a-Y_a^*}$ 存在一一对应的关系，因此为了便于工程计算，在半对数坐标上以 S 为参数，绘出 $N_{OG}-\frac{Y_b-Y_a^*}{Y_a-Y_a^*}$ 关系曲线，如图 8.4.5 所示。当 S 给定时，已知出塔气体气相组成 Y_a，可求得填料塔传质单元数 N_{OG}；反之，已知 N_{OG}，可以求出塔气体气相组成 Y_a。

$\frac{Y_b-Y_a^*}{Y_a-Y_a^*}$ 的大小反映了溶质吸收率的高低，当 S 一定时，溶质吸收率要求高，所需的传质单元数 N_{OG} 就大，反之亦然。若吸收要求一定，S 大，传质单元数 N_{OG} 就大，填料塔要求高度高。

同理可得液相传质单元数的表达式

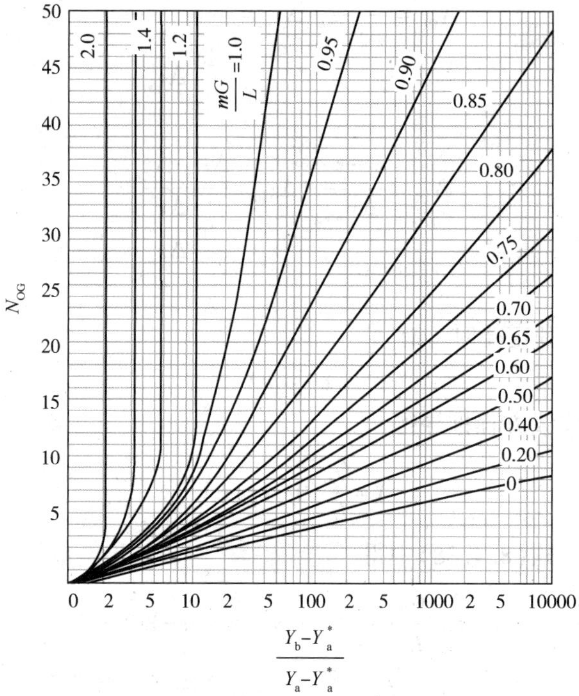

图 8.4.5 N_{OG}-$\dfrac{Y_b-Y_a^*}{Y_a-Y_a^*}$关系图

$$N_{OL}=\frac{1}{\dfrac{1}{S}-1}\ln\left[(1-S)\frac{Y_b-Y_a^*}{Y_a-Y_a^*}+S\right] \tag{8.4.44}$$

气相和液相传质单元数之间的关系为

$$N_{OL}=SN_{OG} \tag{8.4.45}$$

S 是将液气比 L_S/G_B 和相平衡常数结合在一起的传质过程参数，根据 S 值偏离 1 的情况的不同，塔内各截面上传质推动力的相对大小和分布也不同。根据吸收任务和吸收的目的，应当选取合适的 S 值。例如，对于分离气体溶质并要求获得较高溶质回收率的吸收，应尽量在塔顶接近平衡，此时宜取 $S<1$；若是要求提高出塔吸收液中溶质浓度，应尽量在塔底接近平衡，宜取 $S>1$。S 值的选取还决定了吸收剂的用量，如前所述，需要考虑设备费用和操作费用优化的问题。

同样，在低溶质浓度情况下，在式(8.4.42)~式(8.4.44)中，用摩尔分率代替摩尔比，公式也成立。即

当 $S=1$ 时，有

$$N_{OG}=\frac{y_b-y_a}{y_a-y_a^*}=\frac{y_b-y_a^*}{y_a-y_a^*}-1 \tag{8.4.46}$$

当 $S\neq1$ 时，有

$$N_{OG}=\frac{1}{1-S}\ln\left[(1-S)\frac{y_b-y_a^*}{y_a-y_a^*}+S\right] \tag{8.4.47}$$

$$N_{OL}=\frac{1}{\frac{1}{S}-1}\ln\left[(1-S)\frac{y_b-y_a^*}{y_a-y_a^*}+S\right] \quad (8.4.48)$$

以上各式中 $S=\frac{mG}{L}$。

【例题 8.4.4】 在填料塔内用清水吸收空气中的氨气，空气的流率为 0.024kmol/(m^2·s)，其中氨气的摩尔比为 0.015，入口清水流率为 0.023kmol/(m^2·s)。操作条件下的相平衡关系为 $Y=0.8X$，总体积传质系数 K_ya 为 0.06kmol/(m^3·s)。

(1) 如果氨气的吸收率为 99%，填料层的高度应为多少？

(2) 如果填料层的高度为 6m，则氨气的吸收率为多少？

解：(1) 进口氨气摩尔比 $Y_b=0.015$，出口摩尔比为

$$Y_a=(1-0.99)\times0.015=1.5\times10^{-4}$$

进口清水中氨浓度 $X_a=0$，出口吸收液中氨浓度 X_b 可以通过全塔的物料衡算求得。

$$X_b=X_a+\frac{G_B}{L_S}(Y_b-Y_a)=0+\frac{0.024}{0.023}\times(0.015-0.00015)=0.0155$$

塔底的传质推动力

$$\Delta Y_b=Y_b-mX_b=0.015-0.8\times0.0155=0.0026$$

塔顶的传质推动力

$$\Delta Y_a=Y_a-mX_a=1.5\times10^{-4}-0=1.5\times10^{-4}$$

平均推动力

$$\Delta Y_m=\frac{\Delta Y_b-\Delta Y_a}{\ln\frac{\Delta Y_b}{\Delta Y_a}}=\frac{0.0026-0.00015}{\ln\frac{0.0026}{0.00015}}=0.00086$$

所以传质单元数为

$$N_{OG}=\frac{Y_b-Y_a}{\Delta Y_m}=\frac{0.015-0.00015}{0.00086}=17.3$$

传质单元高度为

$$H_{OG}=\frac{G_B}{K_Ya\Omega}=\frac{0.024}{0.06}=0.4\text{m}$$

所以填料塔的高度为

$$H=H_{OG}N_{OG}=0.4\times17.3=6.92\text{m}$$

(2) 填料层的高度为 6m，传质单元高度 $H_{OG}=0.4$m 时，传质单元数为

$$N_{OG}=\frac{H}{H_{OG}}=\frac{6}{0.4}=15$$

因此

$$N_{OG}=\frac{Y_b-Y_a}{\Delta Y_m}=\frac{Y_b-Y_a}{\frac{(Y_b-mX_b)-(Y_a-mX_a)}{\ln\frac{Y_b-mX_b}{Y_a-mX_a}}}=\frac{0.015-Y_a}{\frac{(0.015-0.8X_b)-Y_a}{\ln\frac{0.015-0.8X_b}{Y_a}}}=15$$

又根据全塔的物料衡算 $G_B(Y_b-Y_a)=L_S(X_b-X_a)$，得

$$0.024\times(0.015-Y_a)=0.23X_b$$

联立以上两个方程，求得 $Y_a=2.23\times10^{-4}$，所以，氨气的吸收率为

$$\eta=\frac{Y_b-Y_a}{Y_b}=\frac{0.015-2.23\times10^{-4}}{0.015}=0.985=98.5\%$$

以上计算需求解非线性方程，比较复杂，下面采用吸收因数法计算。脱吸因数为

$$S=\frac{mG_B}{L_S}=\frac{0.8\times0.024}{0.023}=0.835$$

因此，传质单元数为

$$N_{OG}=\frac{1}{1-S}\ln\left[(1-S)\frac{Y_b-mX_a}{Y_a-mX_a}+S\right]$$

$$=\frac{1}{1-0.835}\ln\left[(1-0.835)\frac{0.015}{Y_a}+0.835\right]=15$$

求得 $Y_a=2.24\times10^{-4}$，所以，氨气吸收率为

$$\eta=\frac{Y_b-Y_a}{Y_b}=\frac{0.015-2.24\times10^{-4}}{0.015}=0.985=98.5\%$$

从以上计算可以看出，对数平均推动力法与吸收因数法都适用于低浓、平衡线为直线的情况，前者涉及四个浓度，后者涉及三个浓度，故后者特别适用于操作型问题的求解。

【例题 8.4.5】 在一逆流吸收塔中，用清水吸收混合气体中的 CO_2，气相流量为 $300m^3/h$(标准状况)，进塔气体中含 $CO_2$6.0%(体积分数)，要求条件下的平衡关系 $y=1200x$，操作液气比为最小液气比的 1.6 倍。回收率为 95%。试求：

(1) 吸收剂用量和出塔液体组成；

(2) 写出操作线方程；

(3) 气相总传质单元数。

解：(1) 采用低浓条件进行计算。根据已知条件有

$$x_a=0,\ y_b=0.06,\ \eta=0.95,\ m=1200,\ y_a=0.06(1-0.95)=0.003$$

最小液气比为

$$\left(\frac{L}{G}\right)_{min}=\frac{y_b-y_a}{x_b^*-x_a}=\frac{0.06-0.003}{0.06/1200}=1140$$

则

$$\frac{L}{G}=1.6\times1140=1824$$

气相摩尔流率为

$$G=\frac{300}{22.4}=13.39\text{kmol/h}$$

则

$$L=13.39\times1824=24428\text{kmol/h}$$

根据全塔物料衡算式，有

$$x_b=\frac{G}{L}(y_b-y_a)=\frac{1}{1824}(0.06-0.003)=3.125\times10^{-5}。$$

(2) 根据以上计算结果，可知该吸收过程的操作线方程为

$$y=\frac{L}{G}(x-x_a)+y_a=1824x+0.003$$

（3）脱吸因数为

$$S=\frac{mG}{L}=\frac{1200}{1824}=0.658$$

由式(8.4.47)得

$$N_{OG}=\frac{1}{1-S}\ln\left[(1-S)\frac{y_b}{y_a}+S\right]=\frac{1}{1-0.658}\ln\left[(1-0.658)\frac{0.06}{0.003}+0.658\right]=5.89$$

第五节 化学吸收

一、化学吸收的特点

化学吸收通常是指气相中的溶质 A 被吸收剂吸收后，与吸收剂或其中的活性组分 B 发生化学反应的吸收过程，是气液相际传质和液相内的化学反应同时进行的传质过程。在化学吸收中，由于化学反应的存在，液相内的传质过程变得比单纯物理吸收复杂。如果化学反应速率很快，活性组分 B 的扩散速率也比较快，溶质 A 到达相界面后马上就可以反应消耗完全。如果反应速率比较慢，活性组分 B 的扩散速率也慢，溶质 A 扩散到液相主体之后仍可能有大部分没有反应。故溶质 A 的化学吸收速率将不仅与溶质的扩散速率有关，还取决于活性组分 B 的扩散速率以及化学反应速率等因素。

化学吸收过程通常可以加快溶质的传质速率，增加吸收剂的吸收容量，原因在于溶质在液相中发生了化学反应。一方面，溶质的气相分压只与溶液中呈物理溶解态的溶质平衡，而已经反应的溶质不再影响气液相平衡关系，因此溶质的气相分压一定时，化学吸收可以使溶剂吸收更多的溶质；另一方面，溶质在液相扩散中途即发生反应而消耗，这就使扩散的有效膜厚度减小，液相的传质阻力减小，而且界面液相浓度的降低还增加了传质推动力，使得化学吸收的传质速率增大。溶质在液相中以部分物理溶解态和部分化学态存在，化学态的存在增大了溶质溶解度，降低了气相的平衡分压，因而增大了气相传质推动力。

二、化学吸收的平衡关系

化学吸收包括溶质组分在气液两相之间的相平衡关系和溶质在液相中的化学反应平衡关系。在稀溶液条件下，相平衡关系仍然服从亨利定律，液相溶质物理溶解态的浓度还取决于化学反应的平衡条件，这也是化学吸收平衡关系特点。

假设溶质 A 仅与吸收剂或其中的一种活性组分 B 反应的关系式为

$$aA+bB \rightleftharpoons mM \tag{8.5.1}$$

则化学平衡关系式为

$$K=\frac{[M]^m}{[A]^a[B]^b} \tag{8.5.2}$$

式中 K——化学反应平衡常数；

[A]——溶液中未反应的、以物理溶解态存在的溶质浓度，该浓度与组分 A 在气相中的分压成平衡关系。根据化学平衡关系，此浓度可表示为

$$[\mathrm{A}]=\left(\frac{[\mathrm{M}]^{m}}{\mathrm{K}[\mathrm{B}]^{b}}\right)^{\frac{1}{a}} \tag{8.5.3}$$

将此浓度代入亨利定律，就可以得到化学吸收中溶质气液两相的平衡关系

$$p_{\mathrm{A}}^{*}=\frac{[\mathrm{A}]}{H}=\frac{1}{H}\left(\frac{[\mathrm{M}]^{m}}{K[\mathrm{B}]^{b}}\right)^{\frac{1}{a}} \tag{8.5.4}$$

由于在化学吸收过程中，传递到液相中的 A 物质有部分已发生化学反应转换成 M 物质，所以，液相中 A 物质的浓度[A]低于传质到液相中 A 的总浓度，当 H 一定时，化学吸收时气相中 p_{A}^{*} 低于仅有物理吸收时溶质在气相中的平衡分压，因此，对于同种吸收剂，含化学反应物质的吸收剂的吸收能力大于不含化学反应物质的吸收剂的吸收能力，即通常所说的化学吸收速率大于物理吸收速率。下面分别讨论吸收质与吸收剂和吸收质与活性组分反应的不同情形。

1. 吸收质与吸收剂反应

假设 B 为吸收剂，A 与 B 的反应式为

$$\mathrm{A+B} \rightleftharpoons \mathrm{M} \tag{8.5.5}$$

假设溶质在溶剂中的总浓度为 c_{A}，则这个浓度是未反应的溶质浓度和反应产物的浓度之和，即 $c_{\mathrm{A}}=[\mathrm{A}]+[\mathrm{M}]$，因此化学反应平衡关系可以表示为

$$K=\frac{[\mathrm{M}]}{[\mathrm{A}][\mathrm{B}]}=\frac{c_{\mathrm{A}}-[\mathrm{A}]}{[\mathrm{A}][\mathrm{B}]} \tag{8.5.6}$$

进而可得

$$[\mathrm{A}]=\frac{c_{\mathrm{A}}}{1+K[\mathrm{B}]} \tag{8.5.7}$$

将此浓度代入亨利定律，可得溶质的气液相平衡关系为

$$p_{\mathrm{A}}^{*}=\frac{[\mathrm{A}]}{H}=\frac{1}{H}\frac{c_{\mathrm{A}}}{1+K[\mathrm{B}]} \tag{8.5.8}$$

在稀溶液条件下，吸收剂量大，化学反应对吸收剂浓度的影响可以忽略，[B]为常数；反应条件一定时，K 也是常数，可近似认为 $1+K[\mathrm{B}]$ 为常数。因此，p_{A}^{*} 与吸收质总浓度 c_{A} 成正比，在形式上仍然符合亨利定律，只不过溶解度系数增加了$(1+K[B])$倍，这说明化学反应强化了吸收传质。

如果吸收过程还涉及其他反应，则应考虑相应反应的平衡关系，那么整个吸收过程的吸收质平衡关系就会更为复杂。例如，如果反应产物发生解离反应，就需要考虑解离反应的平衡关系。设解离反应为

$$\mathrm{M} \rightleftharpoons \mathrm{D^{+}+A^{-}} \tag{8.5.9}$$

则相应的解离反应平衡关系为

$$K_{1}=\frac{[\mathrm{D^{+}}][\mathrm{A^{-}}]}{[\mathrm{M}]} \tag{8.5.10}$$

式中　K_1——解离常数，$\mathrm{kmol/m^3}$。

溶质 A 在液相中的总浓度为

$$c_{\mathrm{A}}=[\mathrm{A}]+[\mathrm{M}]+[\mathrm{A^{-}}] \tag{8.5.11}$$

又因为$[\mathrm{A^{-}}]=[\mathrm{D^{+}}]$，所以总浓度为

$$c_A=[A]+[M]+\sqrt{K_1[M]} \tag{8.5.12}$$

再根据化学反应平衡关系

$$K=\frac{[M]}{[A][B]} \tag{8.5.13}$$

得

$$c_A=[A]+K[A][B]+\sqrt{KK_1[A][B]} \tag{8.5.14}$$

由上述关系式，可解得

$$[A]=\frac{(2c_A+K_a)-\sqrt{K_a(4c_A+K_a)}}{2(1+K[B])} \tag{8.5.15}$$

其中

$$K_a=\frac{KK_1[B]}{1+K[B]} \tag{8.5.16}$$

将上式代入亨利定律，可得相平衡关系式

$$p_A^*=\frac{[A]}{H}=\frac{1}{H}\frac{(2c_A+K_a)-\sqrt{K_a(4c_A+K_a)}}{2(1+K[B])} \tag{8.5.17}$$

可以看出，具有解离反应的化学吸收相平衡 p_A^* 与 c_A 不再是正比关系了。

【例题 8.5.1】 在 20℃下，用水吸收空气中的 SO_2，达到吸收平衡时，SO_2 的平衡分压为 5.05kPa，如果只考虑 SO_2 在水中的一级解离，求此时水中 SO_2 的溶解度。已知该条件下 SO_2 溶解度系数 $H=1.56\times10^{-2}$kmol/(m^3 · kPa)，一级解离常数 $K_1=1.7\times10^{-2}$kmol/m^3。

解：解离情况下，SO_2 的吸收可以表示为以下两个过程：

扩散传质过程

$$SO_2(g)\rightleftharpoons SO_2(l)$$

解离过程

$$SO_2+H_2O\rightleftharpoons H^++HSO_3^-$$

由传质平衡可以求得吸收液中 SO_2 的浓度为

$$c_A=Hp_A^*=1.56\times10^{-2}\times5.05=0.0788\text{kmol/m}^3$$

由吸收液中SO_2 的浓度，根据解离平衡，求得HSO_3^- 浓度为

$$K_1=\frac{[H^+][HSO_3^-]}{[SO_2]}$$

因为$[H^+]=[HSO_3^-]$，所以

$$[HSO_3^-]=\sqrt{K_1[SO_2]}=\sqrt{1.7\times10^{-2}\times0.0788}=0.0366\text{kmol/m}^3$$

所以溶液中溶解的 SO_2 总浓度为

$$[SO_2]+[HSO_3^-]=0.0788+0.0366=0.1154\text{kmol/m}^3=7.4\text{kg/m}^3$$

注意：此处忽略了$SO_2+H_2O\rightleftharpoons H_2SO_3$ 的反应平衡，而认为SO_2 全部反应为H_2SO_3，然后解离。

2. 吸收质与吸收剂中的活性组分反应

假设 B 为吸收剂中与吸收质 A 反应的活性组分，A 与 B 的反应式同样可以写为

$$A+B\rightleftharpoons M$$

设活性组分 B 的初始为 c_B^0，反应达到平衡时 B 物质的转化率为 R，则 $[B]=c_B^0(1-R)$，则 $[M]=c_B^0R$，所以化学平衡常数关系可以写为

$$K=\frac{[M]}{[A][B]}=\frac{c_B^0R}{[A]c_B^0(1-R)}=\frac{R}{[A](1-R)} \tag{8.5.18}$$

则吸收剂中未反应吸收质的浓度为

$$[A]=\frac{R}{K(1-R)} \tag{8.5.19}$$

将上式代入亨利定律，得吸收过程中的气液相平衡关系

$$p_A^*=\frac{[A]}{H}=\frac{1}{H}\frac{R}{K(1-R)} \tag{8.5.20}$$

由上式可求得

$$R=\frac{KHp_A^*}{1+KHp_A^*} \tag{8.5.21}$$

所以参加反应溶质的浓度为

$$c_A'=Rc_B^0=c_B^0\frac{KHp_A^*}{1+KHp_A^*} \tag{8.5.22}$$

由上式可以看出，若反应平衡常数 K 值增大，c_A' 值随之增大，K 值越大，c_A' 越趋近于 c_B^0，但不会超过 c_B^0。此时，液相中未参加反应的吸收质 A 物理溶解量很小，实际上 c_A' 反映了吸收剂对吸收质的吸收能力。

化学吸收过程中，吸收质溶解于液相的气液相平衡和液相中的化学反应平衡是交织在一起的，其连接点是在液相中未反应的吸收质浓度，因此无论液相中化学反应多么复杂，都可以先根据化学反应平衡关系求出未反应吸收质的浓度，然后依据亨利定律求得相平衡关系。

三、化学吸收的传质速率

化学反应吸收过程的传质模型也是以双膜理论为基础的，在气相一侧，吸收质的传质速率方程与物理吸收相同，可表示为

$$N_A=k_G(p_G-p_i) \tag{8.5.23}$$

在气液两相界面处，仍然可认为吸收质在气液两相中的组成符合平衡关系，可以用亨利定律表示

$$c_i=Hp_i \tag{8.5.24}$$

但在液相侧，化学吸收除了扩散传质过程之外，还包含了化学反应过程。由于液相存在着化学反应，使得液相中物理溶解态的吸收质浓度减小，增加了液相侧的传质推动力。也可以说，相界面处液相侧的停滞膜当量厚度减薄，从而减小了传质阻力，使传质系数增加。总的来说，化学反应增大了总传质过程的速率。

对于不同的吸收过程，化学反应对总传质速率的影响也是不同的。一般来说，对于液膜或双膜控制的吸收过程，采用化学吸收可以消除液相传质阻力，大大提高传质速率，但是对于气膜控制的吸收过程，以化学反应提高吸收速率的作用就不是很明显。因此，可以用增大传质推动力或增大传质系数的方法描述化学反应对液相传质速率的影响。

当吸收过程不存在化学反应时，物理吸收的液相传质速率可以表示为

$$N_A = k_L(c_i - c_L) = k_L \Delta c_L \tag{8.5.25}$$

当吸收过程存在化学反应，物理吸收和化学反应同时存在时，可以认为吸收过程的传质系数不变，液相侧的传质推动力增加了 δ，其实质是由于化学反应减少的液相溶质浓度。则化学吸收液相侧传质速率可以表示为

$$N_A = k_L(\Delta c_L + \delta) \tag{8.5.26}$$

以液相浓度差为推动力的总传质速率方程可表示为

$$N_A = K_L(c_G^* - c_L + \delta) = K_L(\Delta c + \delta) \tag{8.5.27}$$

也可以认为液相侧的传质推动力不变，传质系数增大了 β 倍，则化学吸收液相侧传质速率也可以表示为

$$N_A = \beta k_L \Delta c = k_L' \Delta c \tag{8.5.28}$$

则

$$\frac{1}{K_L'} = \frac{H}{k_G} + \frac{1}{\beta k_L} = \frac{H}{k_G} + \frac{1}{k_L'} \tag{8.5.29}$$

所以总传质速率方程可表示为

$$N_A = K_L'(c_A^* - c_A) \tag{8.5.30}$$

以上各式中　k_L'——增大后的液相分传质系数，m/s；

β——因化学反应使物理吸收的液膜传质系数增大的倍数，称为增强因子；

K_L'——增大后的液相总传质系数，m/s。

关于增强因子 β，因化学反应的存在增加了吸收速率，所以一般情况下，$\beta>1$；增强因子随化学反应速率的增大而增大，对于极慢的化学反应，增强因子近似为 1。

为了计算增强因子和相应增大的液相传质速率，需要把吸收质 A、活性组分 B 的扩散方程和化学反应速率方程结合起来，建立反应-扩散微分方程式，然后根据具体的反应过程进行积分求解。

如果液相中活性组分 B 的浓度足够大，吸收过程发生的是快速不可逆反应时，且活性组分具有足够快的扩散速率，以保证对化学反应消耗的组分 B 的补充，则吸收质 A 在相界面处即与 B 完全反应，相界面处吸收质 A 的分压为零，在液膜内也没有扩散，液相传质阻力可以忽略。这种情况下，化学吸收就完全等同于气膜阻力控制的物理吸收，如图 8.5.1 所示。

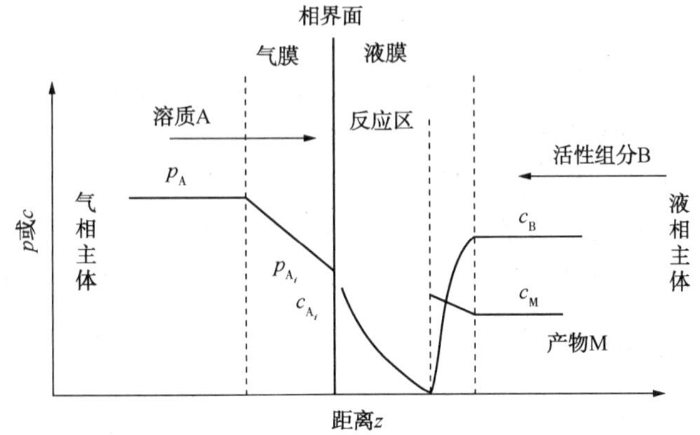

图 8.5.1　化学吸收过程示意图

当吸收反应速率较低，致使化学反应在液膜和液相主体中进行，则吸收过程中气液两膜的扩散阻力有变化，过程总推动力比单纯的物理吸收大，其变化值的大小取决于吸收质A的反应速率。此时的吸收传质过程速率和化学反应速率有关，传质过程就变得复杂，目前仍无可靠的通用方法解决传质速率的计算问题，设计时往往依靠实测数据进行放大。

第六节　解　　吸

使溶解于吸收液中的吸收质气体从液相中释放出来的操作称为解吸(或脱吸)。解吸是吸收的逆过程，它们通常是一组不可分离的单元操作。吸收是将气相混合物中的组分分离，解吸再生是为了回收溶解于吸收剂中的吸收质，解吸后的吸收剂再送到吸收塔循环使用。实际生产中，吸收塔和再生塔往往是“串联”的，即吸收了吸收质的液体在离开吸收塔后，接着就送入了解吸塔。解吸的目的主要有两个：一是获得所需较纯的气体吸收质；二是使吸收剂再生返回到吸收塔循环使用，使分离过程经济合理。解吸过程的必要条件及推动力与吸收过程的相反，解吸的必要条件为气相吸收质分压 p_A 或浓度 Y_A 小于液相中吸收质的平衡分压 p_A^* 或平衡浓度 Y_A^*，即 $p_A<p_A^*$ 或 $Y_A<Y_A^*$。

一、解吸方法

1. 气提解吸

气提解吸法也称载气解吸法。其过程为吸收液从解吸塔顶喷淋而下，载气从解吸塔底部进入塔内，在压差的作用下，自下而上流动，与吸收液逆流接触，载气中不含或含极少量的吸收质，故 $p_A<p_A^*$，吸收质从液相向气相转移，最后载气将吸收质从塔顶带出。解吸过程的推动力为($p_A^*-p_A$)，推动力越大，解吸速率越快。通常气提用的载气有空气、氮气、二氧化碳、水蒸气等。根据工艺要求及分离过程的特点，可选用不同的载气。

2. 减压解吸

将加压吸收得到的吸收液进行减压，因总压降低后气相中吸收质分压 p_A 也相应降低，实现了 $p_A<p_A^*$ 的条件。解吸的程度取决于解吸操作的压力，如果是常压吸收，解吸只能在负压条件下进行。

3. 加热解吸

将吸收液加热时，降低了吸收质的溶解度，吸收液中吸收质的平衡分压 p_A^* 提高，满足解吸条件 $p_A<p_A^*$，有利于吸收质从吸收剂中分离出来。

工业上很少单独使用一种方法解吸，通常是结合工艺条件和物系特点，联合使用上述解吸方法，如将吸收液通过换热器先加热，再送到低压塔中解吸，其解吸效果比单独使用一种方法更佳。但由于解吸过程的能耗较大，故吸收分离过程的能耗主要在解吸过程。

二、气体解吸过程中的分离计算

1. 解吸过程的操作线

解吸过程是吸收过程的逆过程，二者传质方向相反，过程的推动力互为相反数。吸收液与气相载体在解吸塔中逆流接触，解吸塔与吸收塔填料层上、下两端气液相浓度相反，解吸塔上部为浓端，下部为稀端。在计算解吸塔时，通常工艺规定了吸收液流量、吸收液进出口组成及载气进塔组成，要求计算的是载气流量及填料层高度。

与推导吸收操作线一样，用物料衡算推得解吸全塔物料衡算式为

$$G'_B(Y_a-Y_b)=L'_S(X_a-X_b) \tag{8.6.1}$$

操作线方程为

$$Y=\frac{L'_S}{G'_B}(X-X_b)+Y_b \tag{8.6.2}$$

式中　G'_B——载气摩尔流率，kmol/s；

L'_S——吸收液摩尔流率，kmol/s；

Y_b、Y_a——进、出塔气相摩尔比；

X_a、X_b——进、出塔液相摩尔比。

从图 8.6.1 中可以看出，解吸操作线有以下两个特点：

① 在 X-Y 相图上为一直线，其斜率为$\frac{L'_S}{G'_B}$，该直线通过塔底 $B'(X_b, Y_b)$点和塔顶 $A'(X_a, Y_a)$点。

② 解吸操作线位于平衡线的下方。

2. 最小气液比和载气流量的确定

由式(8.6.2)可知，当载气量 G'_B减少时，解吸操作线斜率$\frac{L'_S}{G'_B}$会随之增大。从图 8.6.2 中也可以看出，操作线 AB 向平衡线靠近。除塔底截面外，塔内各个截面上的传质推动力不断减小，出塔气体中的溶质浓度 Y_a 不断增大，当操作线与平衡线交于点 A''(即 C 点)时，载气的用量达到最小，此时的液气比为最大液气比$\left(\frac{L'_S}{G'_B}\right)_{max}$，出塔气体中溶质浓度达到最大，塔顶截面上，气液两相达到平衡。要在此条件下完成解吸任务，传质面积要求无穷大，也就是要求解吸塔要无限高，这显然是没有实际意义的。计算最大液气比的倒数得到最小气液比$\left(\frac{G'_B}{L'_S}\right)_{min}$，可根据最小载气用量确定实际的适宜载气用量。

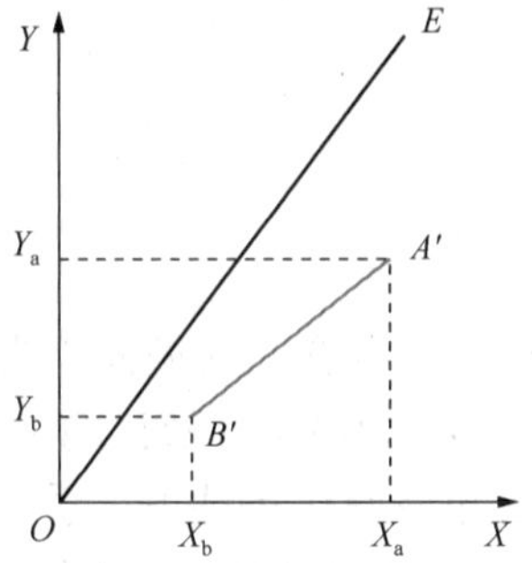

图 8.6.1　解吸过程的操作线方程

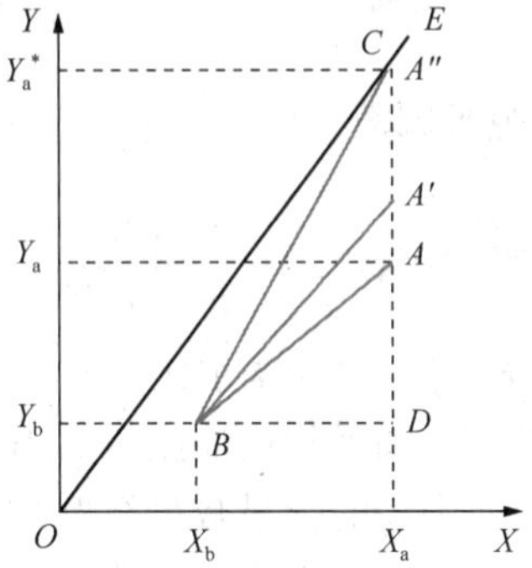

图 8.6.2　解吸操作的载气量的确定

根据全塔物料衡算和相平衡关系可得最小气液比计算公式为

$$\left(\frac{G'_B}{L'_S}\right)_{min}=\frac{X_a-X_b}{Y_a^*-Y_b} \tag{8.6.3}$$

根据生产实际经验，实际操作气液比为最小气液比的 1.1~2.0 倍，即

$$\frac{G'_B}{L'_S}=(1.1\sim2.0)\left(\frac{G'_B}{L'_S}\right)_{min} \tag{8.6.4}$$

3. 传质单元数法计算解吸填料层高度

由于解吸过程是吸收过程的逆过程，前面讨论的吸收理论和推导的计算方程也适用解吸计算。但解吸过程中，气相中吸收质的浓度总是小于与气相成平衡的液相浓度，即 $Y<Y^*$，所以解吸过程的推动力与吸收推动力相反，只需将吸收速率式中表示浓度差的两浓度调换位置即可。例如，对于吸收过程，气相传质单元数为 $N_{OG}=\int_{Y_a}^{Y_b}\frac{dY}{Y-Y^*}$。而对于解吸过程，则气相传质单元数为 $N'_{OG}=\int_{Y_b}^{Y_a}\frac{dY}{Y^*-Y}$。气相传质单元高度计算式中不涉及浓度差，所以计算式与吸收计算式相同，即 $H'_{OG}=\frac{G'_B}{K_Y a\Omega}$。由此可得解吸塔填料层高度计算式为 $H'=H'_{OG}N'_{OG}$（或 $H'=H'_{OL}N'_{OL}$，其中 $H'_{OL}=\frac{L'_S}{K_Y a\Omega}$，$N'_{OL}=\int_{X_b}^{X_a}\frac{dX}{X-X^*}$）。

若当平衡关系为直线时，平均推动力法同样适用于计算解吸过程的传质单元数，但浓度差与吸收过程相反，即

$$N'_{OG}=\frac{Y_a-Y_b}{\dfrac{\Delta Y_a-\Delta Y_b}{\ln\dfrac{\Delta Y_a}{\Delta Y_b}}}=\frac{Y_a-Y_b}{\Delta Y_m} \tag{8.6.5}$$

式中 $\Delta Y_a=Y_a^*-Y_a$，$\Delta Y_b=Y_b^*-Y_b$。

同样解吸过程中的 N'_{OG} 可由吸收过程吸收因数法公式转换而得

$$N'_{OG}=\frac{1}{S-1}\ln\left[(1-A)\frac{X_a-X_b^*}{X_b-X_b^*}+A\right] \tag{8.6.6}$$

$$N'_{OL}=\frac{1}{1-A}\ln\left[(1-A)\frac{X_a-X_b^*}{X_b-X_b^*}+A\right] \tag{8.6.7}$$

式中 S——脱吸因数，$S=\frac{mG'_B}{L'_S}$；

A——吸收因数，$A=\frac{1}{S}=\frac{L'_S}{mG'_B}$。

【例题 8.6.1】 含烃摩尔比为 0.0255 的吸收剂油用水蒸气在一塔截面积为 $1m^2$ 的填料塔内逆流解吸，已知吸收剂油流量为 10kmol/h，操作气液比为最小气液比的 1.35 倍，要求解吸后吸收剂油中烃的含量减少至摩尔比为 0.0005。已知该操作条件下，系统的平衡关系为 $Y^*=33X$，液相总体积传质系数 $K_X a=30kmol/(m^3\cdot h)$。假设吸收剂油不挥发，蒸汽在塔内不冷凝，塔内维持恒温。求：(1)解吸所需水蒸气量为多少 kmol/h；(2)所需填料层高度。

解：(1) 已知 $X_b=0.0005$，$X_a=0.0255$，$Y_b=0$，$m=33$，$\frac{G'_B}{L'_S}=1.35\left(\frac{G'_B}{L'_S}\right)_{min}$

与 X_a 平衡的气相浓度为

$$Y_a^* = 33X_a = 33\times0.0255 = 0.8415$$

最小气液比为

$$\left(\frac{G'_B}{L'_S}\right)_{min} = \frac{X_a - X_b}{Y_a^* - Y_b} = \frac{0.0255-0.0005}{0.8415-0} = 0.0297$$

操作气液比为

$$\frac{G'_B}{L'_S} = 1.35\left(\frac{G'_B}{L'_S}\right)_{min} = 1.35\times0.0297 = 0.04$$

操作蒸汽用量

$$G'_B = 0.04\times10 = 0.4\text{kmol/h}$$

(2) 解吸过程的吸收因数为

$$A = \frac{L'_S}{mG'_B} = \frac{1}{33\times0.04} = 0.7558$$

浓度差比值

$$\frac{X_a - X_b^*}{X_b - X_b^*} = \frac{X_a}{X_b} = \frac{0.0255}{0.0005} = 51$$

用吸收因数法可计算出液相传质单元数为

$$N'_{OL} = \frac{1}{1-A}\ln\left[(1-A)\frac{X_a - X_b^*}{X_b - X_b^*} + A\right]$$

$$= \frac{1}{1-0.7558}\ln[(1-0.7558)\times51 + 0.7558] = 10.75$$

液相传质单元高度为

$$H'_{OL} = \frac{L'_S}{K_X a\Omega} = \frac{10}{30} = 0.33\text{m}$$

填料层理论高度为

$$H' = N'_{OL}H'_{OL} = 10.75\times0.33 = 3.49\text{m}$$

思考题与习题

8.1 向盛有水的鼓泡吸收器中通入纯 CO_2，经充分接触后，测得水中的 CO_2 平衡浓度为 $2.857\times10^{-2}\text{kmol/m}^3$，鼓泡器内总压为 98.1kPa，水温为 30℃，溶液的密度为 1000kg/m^3，求亨利系数 E、溶解度系数 H 及相平衡常数 m。

8.2 在内径为 0.8m 的常压填料吸收塔内装有 5m 高的填料。在 20℃ 下每小时处理 1200m^3 氨-空气混合物，其中氨的浓度为 0.0132(摩尔分数)，用清水作吸收剂，其用量为 900kg/h，吸收率为 99.5%。已知操作条件下气液平衡关系符合亨利定律，20℃ 的一组平衡数据为：液相氨浓度为 1g/100g，气相氨分压为 800Pa。试求：

(1) 以 kPa 为单位的亨利系数 E 以及以 $\text{kmol/(m}^2\cdot\text{kPa)}$ 为单位的溶解度系数 H；

(2) 以 $\text{kmol/(m}^2\cdot\text{s}\cdot\text{kPa)}$ 为单位的 k_G。

8.3 吸收塔内某截面处气相组成为 $y=0.05$，液相组成为 $x=0.01$，两相的平衡关系为 $y^*=$

$2x$，如果两相的传质系数分别为 $k_G=1.25\times10^{-5}$kmol/(m^2·s)，$k_L=1.25\times10^{-5}$kmol/(m^2·s)，试求该截面上传质总推动力，总阻力、气、液两相的阻力和传质速率。

8.4　用吸收塔吸收空气中的SO_2，条件为常压，30℃，相平衡常数为 $m=26.7$，在塔内某一截面上，气相中 SO_2 分压为 4.1kPa，液相中 SO_2 浓度为 0.05kmol/m^3，气相传质系数为 $k_G=1.5\times10^{-2}$kmol/(m^2·h·kPa)，液相传质系数为 $k_L=0.39$m/h，吸收液密度近似水的密度。试求：

(1) 截面上气液相界面上的浓度和分压；

(2) 总传质系数、传质推动力和传质速率。

8.5　101.3kPa 操作压力下，在某吸收截面上，含氨 0.03 摩尔分数的气体与氨浓度为 1kmol/m^3 的溶液发生吸收过程，已知气膜传质系数为 $k_G=5\times10^{-6}$kmol/(m^2·s·kPa)，液膜传质系数为 $k_L=1.5\times10^{-4}$m/s，操作条件下的溶解度系数 $H=0.73$kmol/(m^2·kPa)，试计算：

(1) 界面上两相的组成；

(2) 以分压差和摩尔浓度差表示的总传质推动力、总传质系数和传质速率；

(3) 分析传质阻力，判断是否适合采取化学吸收，如果采用酸溶液吸收，传质速率提高多少倍。假设发生瞬时不可逆反应。

8.6　利用吸收分离两组分气体混合物，操作总压为 310kPa，气、液相传质系数分别为 $k_G=3.77\times10^{-3}$kmol/(m^2·s)，$k_L=3.06\times10^{-4}$kmol/(m^2·s)，气液两相平衡符合亨利定律，关系式为 $p^*=1.067\times10^4x$(p^* 的单位为 kPa)，计算：

(1) 总传质系数；

(2) 传质过程的阻力分析；

(3) 根据传质阻力分析，判断是否适合采取化学吸收，如果发生瞬时不可逆化学反应，传质速率会提高多少倍？

8.7　在吸收塔中，用清水自上而下并流吸收混合气中的氨气。已知气体流量为 1000m^3/h(标准状态)，氨气的摩尔分数为 0.01，塔内为常温常压，此条件下氨的相平衡关系为 $Y^*=0.93X$，求：

(1) 用 5m^3/h 的清水吸收，氨气的最高吸收率；

(2) 用 10m^3/h 的清水吸收，氨气的最高吸收率；

(3) 用 5m^3/h 的含氨 0.5%(质量分数)的水吸收，氨气的最高吸收率。

8.8　用一个吸收塔吸收混合废气中的气态污染物 A，已知 A 在气液两相中的平衡关系为$y^*=x$，吸收气体入口浓度为$y_1=0.1$，液体入口浓度为 $x_2=0.01$。

(1) 如果要求吸收率达到 80%，求最小液气比；

(2) 气态污染物 A 的最大吸收率可以达到多少，此时液体出口的最大浓度为多少？

8.9　在某填料吸收塔中，用清水处理含 SO_2 的混合气体。进塔气体中 SO_2 占 12%(质量分数)，其余为惰性气体。混合气的分子量取 28，吸收剂用量比最小用量大 60%，要求每小时从混合气体中吸收 2000kg 的 SO_2。在操作条件下气液平衡关系为 $y=26x$。试计算每小时吸收剂用量为多少。

8.10　在逆流操作的吸收塔中，用清水吸收混合废气中的组分 A，入塔气体溶质体积分数为 0.01，已知操作条件下的相平衡关系为$y^*=x$，吸收剂用量为最小用量的 1.5 倍，气相总传质单元高度为 1.2m，要求吸收率为 80%，求填料层的高度。

8.11 在填料塔中用清水吸收空气中的某气态污染物，在其他条件不变的情况下，将吸收率从95%提高到98%，则吸收剂的用量增加多少倍？假设过程为气膜控制吸收过程，吸收因子 $A=1.779$。

8.12 在填料层高度为5m的填料塔内，用清水吸收空气中的某气态污染物。液气比为1.0，吸收率为90%，操作条件下的相平衡关系为 $Y^*=0.5X$。如果改用另外一种填料，在相同的条件下，吸收率可以提高到95%，试计算两种填料的气相总体积传质系数之比。

8.13 有一吸收塔，在20℃和101.3kPa下操作。空气-丙酮混合气中含有6%(体积分数)的丙酮，混合气量为1400m^3/h。塔顶喷淋的清水量为3000kg/h，丙酮吸收率为98%。平衡关系为 $Y^*=1.68X$。已知塔径为0.7m，有效传质比表面积为200m^2/m^3，总传质系数 $K_Y=0.4$kmol/(m^2·h)。试求：

(1) 传质单元数和填料层高度；

(2) 当操作压力增加一倍时，填料层高度如何改变才能保持原来的吸收率？

8.14 有逆流操作的吸收塔，用清水吸收原料气中的甲醇。已知处理气量为1000m^3/h(标准状态)，原料中含甲醇100g/m^3，吸收后的水中含甲醇量等于与进料气体相平衡时组成的67%。设在标准状态下操作，吸收平衡关系为 $Y=1.15X$，甲醇的回收率为98%，$K_Y=0.5$kmol/(m^2·h)，塔内填料的有效比表面积为190m^2/m^3，塔内气体的空塔流速为0.5m/s，试求：

(1) 水的用量；

(2) 塔径；

(3) 填料层的高度。

第九章　吸　　附

第一节　吸附与吸附分离操作

一、吸附的基本概念

多孔性固体表面的分子或原子因受力不均而具有剩余的表面能，当流体中的某些物质碰撞固体表面时，受到这些不平衡力的作用就会停留在固体表面上，这种现象称为吸附，如图 9. 1. 1 所示。

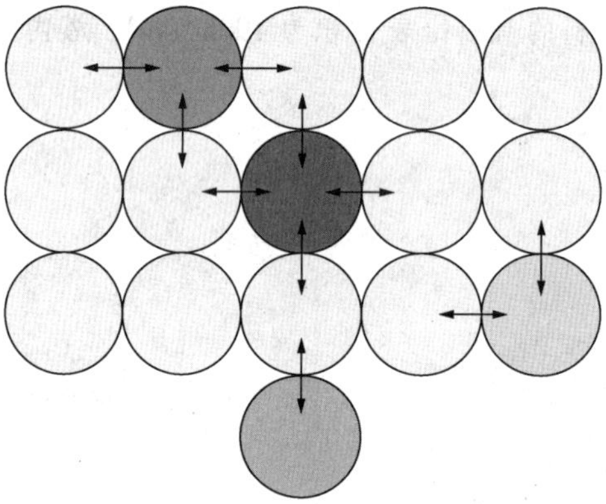

图 9. 1. 1　多孔性固体的剩余表面能

二、吸附剂与吸附质

吸附分离操作是通过多孔固体物料与某一混合组分体系接触，有选择地使体系中的一种或多种组分附着于固体表面，从而实现特定组分分离的操作过程。吸附特定组分的多孔固体称为吸附剂。被吸附到吸附剂表面的特定组分称为吸附质。吸附质附着到吸附剂表面的过程为吸附，而吸附质从吸附剂表面逃逸到另一相中的过程为脱附。通过吸附，吸附剂可实现混合组分的物料分离；通过脱附，吸附剂的吸附能力得到恢复，故脱附是吸附剂的再生过程。作为分离对象的体系可以是气相，也可以是液相，因此吸附过程是发生在“气-固”或“液-固”体系的非均相界面上。

1. 吸附剂的主要特性

吸附剂的特性包括应具有较大的比表面积和吸附量、良好的选择性、适宜的吸附和脱附速度以及较好的机械强度和化学稳定性等。

（1）吸附剂应具有较大的内表面，吸附容量大。由于吸附过程发生在吸附剂表面，所以吸附容量取决于吸附剂表面积的大小。吸附表面积包括吸附剂颗粒的内表面积和外表面积，通常吸附剂的总表面积主要由颗粒空隙内表面积提供，外表面积只占总表面积的极小部分。吸附剂的总表面积与颗粒微孔的尺寸、数量以及排列有关，一般孔径为20～100Å，比表面积可达数百 m^2/g 至数千 m^2/g。

（2）吸附剂应对目标吸附质具有较高的选择性。吸附剂对不同的吸附质具有不同的吸附能力，其差异越显著，分离效果越好。这是由吸附剂的表面性质、孔径分布和被吸附物质的分子结构、性质等因素决定的。为了实现对目的组分的分离，吸附剂对要分离的目的组分应有较大的选择性，吸附剂的选择性越高，一次吸附操作的分离就越完全。因此，对于不同的混合体系应选择适合的吸附剂。例如，活性炭对 SO_2 和 NH_3 的吸附能力远远大于空气，通常被用来分离空气中的 SO_2 和 NH_3，达到净化空气的目的。另外，吸附剂对吸附质的吸附能力随吸附质沸点的升高而增大，当吸附剂与流体混合物接触时，首先吸附高沸点的组分。

（3）吸附剂应具有良好的流动性和适当的堆积密度，对流体的阻力较小。另外，还应具有一定的机械强度，以防在运输和操作过程中发生过度的破碎，造成设备堵塞或组分污染。吸附剂破碎是造成吸附剂损失的直接原因。

（4）吸附剂应具有良好的化学稳定性，能够在不同的环境条件下保持其吸附性能和物理化学性质不变。这包括对酸、碱、氧化剂、还原剂等化学物质的稳定性。吸附剂还应具有较好的热稳定性，在较高温度下解吸再生其结构不会发生太大的变化。

（5）吸附剂的吸附速度和脱附速度都应在合适的范围内，以便在实际应用中快速达到吸附平衡，提高吸附效率，同时在需要再生时能够顺利脱附。一般来说，吸附速度取决于吸附剂与被吸附物质之间的相互作用强度、吸附剂的孔径大小和扩散性能等因素。例如，在废气处理中，采用的吸附剂需要在较短的时间内快速吸附废气中的有害成分，以达到净化气体的目的；而在吸附剂再生过程中，又需要能够在一定条件下快速脱附，恢复吸附性能。

2. 常用吸附剂

（1）活性炭

活性炭是由煤或者木质原料加工得到的产品，通常一切含碳物料，如煤、重油、木材、果核、秸秆等都可以加工成黑炭，经活化后制成活性炭。常用的活性炭活化方法有药剂活化法和水蒸气活化法两种。前者是将含碳原材料炭化后，用氯化锌、硫化钾和磷酸等药剂进一步活化。目前多采用将氯化锌直接与原材料混合，同时进行炭化和活化的方法，这种方法主要用于制粉炭。后者是将炭化和活化分别进行，即将干燥的物料经破碎、混合、成型后，送入炭化炉内，在200～600℃下炭化以去除大部分挥发性物质，炭化温度取决于原料的水分及挥发性物质含量。然后在800～1000℃下部分气化形成孔道结构高度发达的活性炭。气化过程中适用的气体除水蒸气外，还可以使用空气、烟道气或 CO_2。

活性炭具有大比表面积的特征，其值可达数百 m^2/g 甚至上千 m^2/g，居各种吸附剂之首。活性炭具有非极性表面，属疏水和亲有机物的吸附剂，其特点是吸附容量大，热稳定性高，化学稳定性好，脱附容易。

（2）活性炭纤维

合成纤维经炭化后可制成活性炭纤维吸附剂，使吸附容量提高数十倍。活性炭纤维可以制成各种织物，减少对流体流动的阻力。活性炭纤维的吸附能力比一般活性炭高1～10倍，对恶臭的脱除最为有效，特别是对丁硫醇的吸附量比颗粒活性炭高出40倍。在废水处理中，活性炭纤维也比颗粒活性炭去除污染物的能力强。

活性炭纤维分为两种，一种是将超细活性炭微粒加入增稠剂后与纤维混纺制成单丝，或用热熔法将活性炭黏附于有机纤维或玻璃纤维上，也可以与纸浆混合制成活性炭纸。另一种是以人造丝或合成纤维为原料，与制备活性炭一样经过炭化和活化两个阶段，加工成具有一定比表面积和一定孔分布结构的活性炭纤维。

(3) 炭分子筛

活性炭也可加工成炭分子筛。炭分子筛与沸石分子筛类似，具有接近分子大小的超微孔，由于孔径分布均一，在吸附过程中起分子筛的作用，故称之为炭分子筛，但其孔隙形状与沸石分子筛完全不同。炭分子筛由微晶炭构成，具有表面疏水的特性，耐酸耐碱，耐热性和化学稳定性较好，但不耐燃烧。

经过严格加工的炭分子筛孔径分布较窄，孔径大小均一，能选择性地让尺寸小于孔径的分子进入微孔，而尺寸大于孔径的分子则被阻隔在微孔外，从而起到筛选分子的作用。炭分子筛常用于空气分离制氮、改善饮料气味、香烟的过滤嘴等场合。炭分子筛的制备方法有热分解法、热收缩法、气体活化法、蒸汽吸附法等。

(4) 硅胶

硅胶的化学式为 $SiO_2 \cdot nH_2O$，是一种坚硬无定形链状结构的硅酸聚合物颗粒。它由水玻璃溶液加无机酸得到的凝胶经老化、水洗、干燥后制成，属亲水性的极性吸附剂。硅胶的孔径分布单一且窄小，为数十埃，比表面积达 $800m^2/g$。由于硅胶表面羟基产生一定的极性，硅胶对极性分子(如水、甲醇等)和非饱和烃具有明显的选择性。

工业用的硅胶有球形、无定形、加工成型和粉末状四种，主要用于气体和液体的干燥、溶液的脱水。硅胶作为极性吸附剂能吸附大量的水分。当其吸附气体中的水分时，被吸附的水分可达自身重量的50%，因此常被用于高湿度气体的干燥。硅胶吸附水分时的放热量很大，可使吸附剂温度高达100℃，并伴随颗粒的破碎。

(5) 活性氧化铝

活性氧化铝是有含水氧化铝加热脱水制成的一种极性吸附剂。活性氧化铝不仅含有无定形凝胶，还含有氢氧化物晶体形成的刚性骨架结构。活性氧化铝无毒、坚硬，对多数气体和蒸气稳定，在水或液体中浸泡不会软化、膨胀或破碎，具有良好的机械强度。

活性氧化铝的比表面积为 $200 \sim 500m^2/g$，对水分有极强的吸附能力，主要用于气体的干燥和液体的脱水，如汽油、煤油、芳烃等化工产品的脱水，以及空气、氦、氢气、氯气、氯化氢和二氧化硫等气体的干燥，同时也是常用的催化剂载体。

(6) 沸石分子筛

沸石分子筛是硅铝四面体形成的具有三维结构的硅铝酸金属盐晶体，是一种具有均一孔径的强极性吸附剂。每一种沸石分子筛都具有相对均一的孔径，其大小随分子筛种类的不同而异，大致相当于分子的大小。

沸石有天然沸石和人工合成沸石，其化学通式为

$$Me_{x/n}[(AlO_2)_x(SiO_2)_y] \cdot mH_2O$$

式中 Me——阳离子；

n——阳离子价数；

m——结晶水分子数；

x，y——化学式中的原子配平数。

天然沸石的种类很多，但并非所有的天然沸石都具有工业价值。目前实用价值较大的

天然沸石有斜发沸石、镁沸石、毛沸石、片沸石、钙十字沸石、丝光沸石等。天然沸石虽然具有种类多、分布广、储量大、价格低廉等优点，但由于天然沸石杂质多、纯度低，在许多性能上不如合成沸石，所以人工合成沸石在工业生产中占有相当重要的地位。目前人工合成的沸石分子筛已有 100 多种，工业上最常用的合成分子筛有 A 型、X 型、Y 型、L 型、丝光沸石和 ZSM 系列沸石。沸石分子筛是一种强极性的吸附剂，对极性分子，特别是对水有很大的亲和力，它的比表面积可达 750m^2/g，具有很强的选择性。该吸附剂常用于石油馏分的分离、各种气体和液体的干燥等场合，如从混合二甲苯中分离出对二甲苯，从空气中分离氧。

(7) 有机树脂吸附剂

有机树脂吸附剂是高分子物质，属于大孔高分子聚合物类吸附材料，其为不溶于强酸、强碱或有机溶剂的高度交联的苯乙烯类聚合物，具有高比表面积和独特的孔径分布。它是最近几年高分子领域新发展起来的一种多孔性树脂，由苯乙烯和二乙烯苯等单体在甲苯等有机溶剂存在下，通过悬浮共聚法制得的鱼籽样的小圆球。它可以制成强极性、弱极性、非极性、中性吸附剂，广泛用于废水处理、维生素的分离及过氧化氢的精制等场合。

3. 吸附剂的性能参数

(1) 密度

吸附剂的密度是其重要的物理性质之一，通常分为填充密度、表观密度和真实密度。

填充密度(又称堆积密度)，是指吸附剂颗粒在自然堆积状态下单位体积的质量，包括颗粒内部孔隙和颗粒之间的空隙。堆积密度反映了吸附剂在实际储存、运输和使用过程中所占的体积和质量关系。测量填充密度时，通常将烘干的吸附剂装入量筒中，摇实至体积不变，此时吸附剂的质量与该吸附剂所占的体积比称为填充密度。

表观密度(又称颗粒密度)，定义为单位体积吸附剂颗粒本身的质量，即吸附剂颗粒在包含颗粒内部孔隙但不包括颗粒之间空隙的情况下单位体积的质量。测定表观密度常用的方法是汞置换法。由于汞在常压下不会进入吸附剂颗粒内部的孔隙，但能填充颗粒之间的空隙，通过测量汞在颗粒中的置换体积，可以计算出包含颗粒内部孔隙的体积，从而得到颗粒密度。

真实密度是指吸附剂扣除颗粒内细孔体积后单位体积吸附剂的质量，即不包括颗粒内部孔隙和颗粒之间空隙的密度。它是吸附剂材料本身的密度，反映了吸附剂物质的本质特性。真实密度一般采用气体置换法或液浸法测量。气体置换法是利用已知体积和压力的气体，通过测量气体在吸附剂孔隙中的置换量计算吸附剂的真实体积，进而得出真实密度；液浸法是将吸附剂浸泡在不与吸附剂发生反应且能完全填充其孔隙的液体中，通过测量液体的体积变化确定吸附剂的真实体积，再计算真实密度。

(2) 吸附剂的比表面积

吸附剂的比表面积是衡量吸附剂性能的关键指标之一，它对吸附剂的吸附能力有着至关重要的影响。吸附剂的比表面积是指单位质量的吸附剂所具有的吸附表面积，单位为 m^2/g。这里的表面积包括吸附剂颗粒的外表面及其内部孔隙的内表面。吸附剂孔隙的孔径大小直接影响吸附剂的比表面积，孔径的大小可分三类：大孔(>50nm)、过渡孔(2~50nm)和微孔(<2nm)。吸附剂的比表面积以微孔提供的表面积为主，常采用气相吸附法测定。

(3) 吸附容量

吸附容量也是衡量吸附剂性能的重要指标之一，是指在一定的温度、压力和吸附质浓度等条件下，单位质量的吸附剂所能吸附吸附质的质量或体积的最大量，单位是 mg/g 或

mL/g，它反映了吸附剂吸附能力的大小。吸附量可以通过观察吸附前后吸附质体积或质量的变化测得，也可用电子显微镜等观察吸附剂固体表面的变化测得。

三、吸附分离操作的分类

1. 按作用力性质分类

根据吸附剂和吸附质之间作用力性质的不同，吸附过程可以分为物理吸附、化学吸附和离子交换吸附。

物理吸附是由于吸附质分子与吸附剂表面分子间存在的范德华力所引起的，当吸附剂表面分子与吸附质分子间的引力大于流体相内部分子间的引力时，吸附质分子就被吸附在固体表面上，这种吸附也称为范德华吸附。物理吸附过程中，被吸附的分子不是附着在吸附剂表面的特定位置上，而是稍能在介质表面上作自由移动，常常为多层吸附。

化学吸附又称活性吸附，它是由吸附剂和吸附质之间发生化学反应引起的，化学吸附的强弱取决于两种分子之间化学键力的大小。化学吸附需要在较高温度下进行，选择性较强，为单分子层吸附。

离子交换吸附是指吸附质的离子由于静电引力作用聚集在吸附剂表面的带电点上，并置换出原先固定在这些带电点上的其他离子。离子交换吸附在生物方面的应用主要突出在植物根部细胞表面吸附的阳离子、阴离子与土壤溶液中阳离子、阴离子的交换过程；在工业上的应用表现为借助于离子交换剂上的离子和废水中的离子进行交换反应而除去废水中有害离子的方法。离子交换吸附过程中，每吸附一个吸附质的离子，同时吸附剂放出一个等当量的离子，离子带电荷越多，它在吸附剂表面吸附力越强。

2. 按吸附操作条件分类

吸附过程还可以根据吸附操作条件分为变温吸附(Temperature Swing Adsorption，TSA)和变压吸附(Pressure Swing Adsorption，PSA)。在TSA循环中，吸附剂主要靠加热法得到再生。一般加热是借助预热清洗气体实现的，每个“加热—冷却”循环通常需要数小时乃至数十小时。因此，TSA几乎专门用于处理量较小的物料分离。PSA循环过程通过改变系统的压力实现。系统加压时，吸附质被吸附剂吸附，系统降低压力，则吸附剂发生解吸，再通过惰性气体的清洗，吸附剂得到再生。由于压力的改变可以在极短的时间内完成，PSA循环过程通常只需要数分钟乃至数秒钟。因此PSA循环过程被广泛用于大通量气体混合物的分离。

四、吸附分离操作的应用

吸附分离操作是一种重要的分离技术，利用吸附剂对不同物质的吸附能力差异实现混合物的分离和提纯，在化工、环保、食品、医药等多个领域有着广泛应用。

1. 化工领域

(1) 气体分离与净化

气体的脱水及深度干燥。如空气除湿，如将乙烯气体中的水分脱到痕量，再聚合等。

气体的除臭、脱色及溶剂蒸气的回收。如工厂排气中稀薄溶剂蒸气的回收、去除等，喷漆工业常有大量的有机溶剂逸出，采用活性炭处理排放的气体，既减少环境的污染，又可回收有价值的溶剂。

气体预处理及痕量或大量物质的分离。如天然气中水分、酸性气体的分离，纯氮、纯氧的制取等。

（2）液体混合物分离

吸附可用于分离某些精馏难以分离的物系，如烷烃、烯烃、芳香烃馏分的分离，苯、甲苯、二甲苯等芳烃混合物的分离，甲醇、乙醇、丙醇等有机醇混合物的分离。

2. 环保领域

（1）废水处理

吸附去除水中重金属离子。利用吸附剂对废水中的汞、镉、铅、铬等重金属离子进行吸附，将重金属离子从废水中分离出来，达到净化水质和回收重金属的目的，避免重金属对环境和人体健康造成危害。

吸附处理水中有机污染物。吸附分离可用于去除废水中的酚类、染料、农药等有机污染物，使废水达到排放标准或回用要求，减轻对水体环境的污染。

（2）废气处理

挥发性有机物(VOCs)治理。采用活性炭等吸附剂吸附工业废气中的 VOCs，如苯、甲苯、二甲苯等，将其从废气中分离出来，减少 VOCs 的排放，防止光化学烟雾等环境污染问题，同时还可对吸附的 VOCs 进行回收利用。

脱硫脱硝。利用吸附剂吸附烟气中的二氧化硫和氮氧化物，将其转化为无害物质或便于处理的形式，降低大气污染物的排放，减轻酸雨等环境问题。

（3）室内空气净化和湿度控制

在室内空气净化中，使用活性炭等吸附剂吸附空气中的甲醛、苯、氨等有害气体以及异味物质，改善室内空气质量，保障人体健康。

在一些对湿度要求较高的环境中，如电子设备制造车间、图书馆、博物馆等，利用吸附剂吸附空气中的水分，调节空气湿度，防止设备受潮、文物受损等。

3. 其他领域

在食品工业中，通过吸附分离操作去除油脂或糖类中的色素、异味物质和残留的农药等杂质，提高食品原料的品质和稳定性。

在医药领域，可利用吸附分离技术从发酵液中分离和提纯抗生素，如青霉素、头孢菌素等，去除杂质和副产物，提高抗生素的纯度和效价。吸附分离也可用于天然产物除杂和目标成分的富集，如从中药材中提取黄酮类、生物碱类等活性成分。

传统上，吸附分离操作仅作为脱色、除臭和干燥脱水等辅助过程得到应用。随着合成沸石分子筛、碳分子筛等新型吸附剂的开发，吸附剂对各种性质相近组分的选择性系数大大提高，加之连续吸附分离工艺的开发和改进，近二十多年来吸附分离技术得到了迅速发展，正日益成为重要的分离技术。对于液相吸附，我国已建成多套年产万吨以上的对二甲苯生产装置；对于气相吸附分离，合成氨释放气变压吸附分离氢气装置、大型变压吸附空气分离装置均已实现工业化，并得到推广普及。

第二节　气相吸附

一、单组分气相在固体上的吸附平衡

1. 吸附平衡的概念

在一定的温度、压力等条件下，当吸附剂与吸附质充分接触后，吸附质在吸附剂表面的吸附速度和脱附速度相等，吸附质在气相中的浓度和在吸附剂表面上的浓度都不再发生改变时的状态称为吸附平衡。从宏观上看，吸附剂对吸附质的吸附量不再随时间变化，吸附过程就达到了平衡状态。

物理吸附就是这样一个动态的平衡过程，气体分子可以被吸附到固体表面上，被吸附到固体表面的气体分子也可以解脱出来，当吸附上去的分子数量和解脱出来的数量相等时，就达到吸附平衡，这时的吸附量称为平衡吸附量，对于一定的固体和气体，在一定的温度和压力下，其平衡吸附量是一定的。工业化吸附操作过程中，吸附质的回收、吸附剂的再利用都是基于这种原理。化学吸附由于分子之间的化学键力远大于物理吸附的作用力，往往是不可逆过程。因此本节主要介绍物理吸附，对于化学吸附不作详细介绍。

目前，对单组分气体的物理吸附平衡研究比较透彻，其他如混合气体的同时吸附、液相吸附等机理尚未充分了解，一些相关的理论在应用上都有一定的局限性。

本节考虑单一组分气体的吸附或混合气体中只有一个组分发生吸附而其他组分几乎不被吸附的情况。一般来说，吸附剂对于相对分子质量小、临界温度高、挥发度低的气体组分的吸附要比相对分子质量大、临界温度低、挥发度高的气体组分的吸附更加容易。优先被吸附组分可以置换已经被吸附的其他组分。在溶剂回收、气体精制过程中，经常遇到的情况是用吸附剂处理混有苯、丙酮、水蒸气等组分的空气，这时挥发度较高的空气的存在可以认为不对吸附剂与这些低挥发度气体组分之间的平衡关系产生任何影响，而只有进行挥发度相近组分的混合气体的吸附分离时，各组分的吸附量才会相互影响。

2. 吸附等温线

在一定条件下吸附剂与吸附质接触，吸附质会在吸附剂上发生凝聚，与此同时，凝聚在吸附剂表面的吸附质也会向气体中逸出。当两者的变化速率相等，吸附质在气固两相中的浓度不再随时间发生变化时，这种状态称为吸附平衡状态。当气体和固体的性质一定时，平衡吸附量是气体压力及温度的函数，即

$$q_e = f(p, T) \tag{9.2.1}$$

式中　q_e——平衡吸附量，单位为 kg(吸附质)/kg(吸附剂) 或 kmol(吸附质)/kmol(吸附剂)。

当温度一定且为低浓度吸附时，上式可简化为

$$q_e = f(p) \tag{9.2.2}$$

在这种情况下，平衡吸附量仅仅是平衡分压的函数，以平衡吸附量对平衡分压作图，得到的曲线即为吸附等温线。

通常情况下，吸附量随温度的上升而减少，随压力的升高而增大。低温、高压情况下吸附量大，极低温情况下吸附量显著增大。图 9.2.1 为不同温度下 NH_3 在木炭上的吸附等温线。当吸附质组分分压较低时，吸附等温线斜率较大，可以近似看作直线，说明在低压范围内，吸附量 q 与其分压 p 成正比。随着分压的增大，吸附等温线斜率减小，曲线逐渐趋于平缓，说明吸附量受分压的影响减弱，最终达到饱和吸附量，吸附剂不再具有吸附能力。

吸附平衡除了可用吸附等温线表示，还可以用吸附等压线和吸附等量线表示。

吸附等压线是在恒定压力下，吸附剂对吸附质的吸附量与温度之间的关系曲线。通过吸附等压线可以研究温度对吸附平衡的影响，了解吸附过程的热效应等信息。一般来说，吸附等压线可以反映出吸附过程是吸热还是放热，以及吸附剂在不同温度下的吸附性能变化。

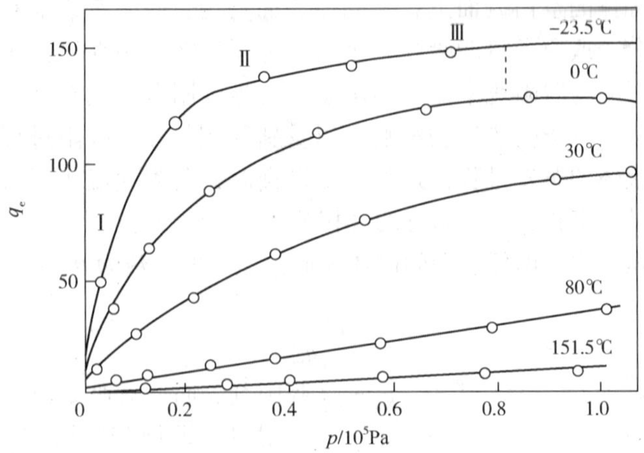

图 9.2.1　不同温度下 NH_3 在木炭上的吸附等温线

吸附等量线是在吸附量恒定的条件下，吸附质在流体相中的平衡浓度与温度之间的关系曲线。吸附等量线可以用于确定吸附过程的热力学参数，如吸附热等，对于研究吸附平衡的热力学性质具有重要意义。

3. 吸附等温方程

相同温度下同一吸附条件下吸附量与压力的关系式，称为吸附等温方程。具有代表性的吸附等温方程主要有 Freundlich 吸附等温方程，Langmiur 吸附等温方程和 BET 吸附等温方程。

（1）Freundlich 吸附等温方程

在气固两相的条件下，以 q_e 表示平衡吸附量，p 表示吸附质的分压，q_e 与 p 的关系式可以表示为

$$q_e = kp^{1/n} \tag{9.2.3}$$

式中　k——吸附系数；

n——常数，且 $n \geq 1$。

这两个经验常数的值与吸附剂、吸附质的性质以及温度有关。通常情况下，k 值随温度的升高而降低。吸附系数 k 和常数 n 可以使用实验方法测定。对式(9.2.3)两边取以 e 为底的对数，可以得到

$$\ln q_e = \ln k + 1/n \ln p \tag{9.2.4}$$

以 $\ln q_e$ 对 $\ln p$ 作图得到一条直线，从直线的斜率和截距可得 n 和 k。

式(9.2.3)表示吸附量与吸附质分压的 $1/n$ 次方成正比。由于吸附等温线的斜率随吸附质分压的增加有较大变化，该方程往往不能描述整个分压范围的平衡关系，特别是在低压和高压区域内不能得到满意的实验拟合结果。因此 Freundlich 吸附等温方程适用于中等压力范围内气体在固体表面上的吸附。

（2）Langmuir 吸附等温方程

Langmuir 吸附等温方程是由物理化学家 Langmuir 于 1916 年根据分子运动理论和一些假定提出的。Langmuir 的研究认为固体表面的原子或分子存在向外的剩余价力，它可以捕捉气体分子。这种剩余价力的作用范围与分子直径相当，因此吸附剂表面只能发生单分子层吸附。该方程推导的基本假定为：①单分子层吸附，气体分子在固体表面为单层吸附，气

体分子只能吸附到固体的空白表面上；②固体表面均匀，吸附剂表面性质均一，每一个具有剩余价力的表面分子或原子只能吸附一个气体分子；③吸附在固体表面的气体分子之间无作用力，气体的吸附与脱附速率与其周围是否有被吸附分子的存在无关；④吸附与脱附是动态平衡的，被吸附分子受热运动影响可以重新回到气相，吸附过程类似于气体的凝结过程，脱附类似于液体的蒸发过程，达到吸附平衡时，脱附速度等于吸附速度；⑤气体分子在固体表面的凝结速度正比于该组分的气相分压。

设吸附剂表面覆盖率，即任一瞬间固体表面被覆盖的分数为 θ，则 θ 可以表示为

$$\theta=\frac{q_e}{q_m} \tag{9.2.5}$$

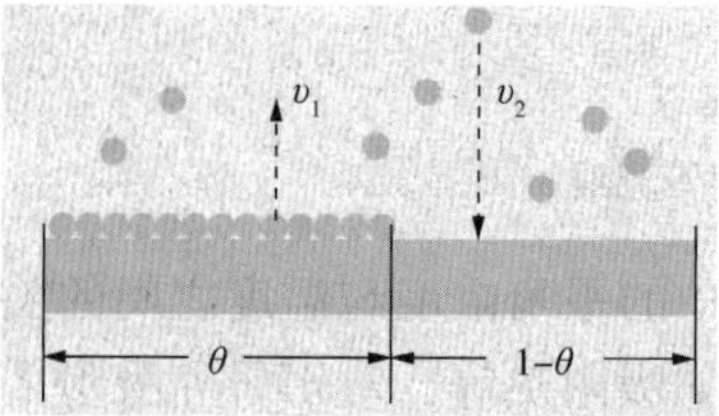

图 9.2.2 表面覆盖率示意图

式中 q_m——吸附剂表面所有吸附点均被吸附质覆盖时的吸附量，即饱和吸附量，指在一定温度下，当压力增加到一定程度时，平衡吸附量不再随着压力的升高而增加，吸附剂表面已达吸附饱和时的吸附量；

θ——任一瞬间固体表面被覆盖的分数，则 $1-\theta$ 为固体表面上空白面积的分数，如图 9.2.2 所示。

气体的吸附速率与剩余吸附面积分数$(1-\theta)$和气体分压成正比，可以表示为 $k_1p(1-\theta)$，气体的脱附速率与 θ 成正比，可以表示为 $k_{-1}\theta$。吸附达到平衡时，吸附速率和脱附速率相等，则

$$k_1p(1-\theta)=k_{-1}\theta \tag{9.2.6}$$

式中 k_1——吸附速率常数；

k_{-1}——脱附速率常数。

由覆盖率定义式(9.2.5)及式(9.2.6)整理可得

$$\theta=\frac{q_e}{q_m}=\frac{bp}{1+bp} \tag{9.2.7}$$

式(9.2.7)整理后可得到单分子层吸附的 Langmuir 方程

$$q_e=\frac{bpq_m}{1+bp} \tag{9.2.8}$$

式中 $b=k_1/k_{-1}$，为 Langmuir 平衡常数，表示吸附能力的强弱程度。b 与吸附剂和吸附质的性质以及温度有关，其值越大，表示吸附剂的吸附能力越强。

Langmuir 等温吸附式能较好地说明典型吸附等温特征。当压力较低或弱吸附时，$bp\ll1$，$q_e=bpq_m$；当压力较高或强吸附时，$bp\gg1$，$q_e=q_m$；当压力适中时呈曲线关系，如图 9.2.3 所示。另外，Langmuir 等温吸附也适用于单分子层化学吸附。

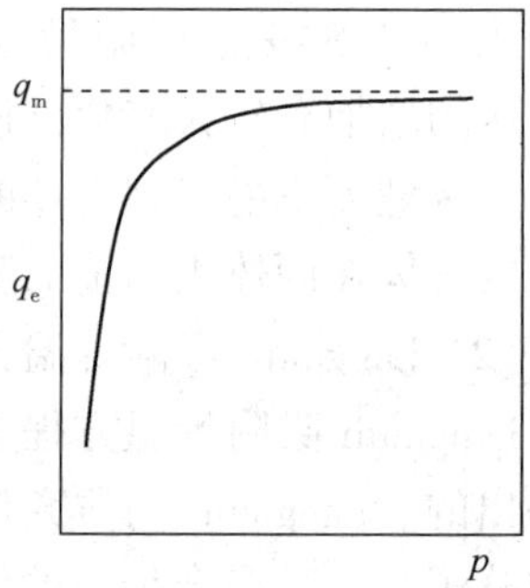

图 9.2.3 Langmuir 典型等温吸附

该方程能较好地描述低、中压力范围的吸附等温线。当气相中吸附质分压较高，接近饱和蒸汽压时该方程产生偏差。这是由于此时的吸附质可以在微细的毛细管中冷凝，单分子层吸附的假设不再成立的缘故。

【例题 9.2.1】 在 273K 时用木炭吸附 CO 气体，当 CO 平衡分压分别为 24.0×10^3Pa 和 41.2×10^3Pa 时对应的平衡吸附量为 $5.567\times10^{-3}\mathrm{dm^3\cdot kg^{-1}}$ 和 $8.668\times10^{-3}\mathrm{dm^3\cdot kg^{-1}}$，设该吸附服从 Langmuir 公式，试计算固体表面覆盖率达 90%时，CO 的平衡分压是多少？

解： $q_{e1}=\dfrac{bp_1q_m}{1+bp_1}$，$q_{e2}=\dfrac{bp_2q_m}{1+bp_2}$

$$\frac{q_{e1}}{q_{e2}}=\frac{p_1(1+bp_2)}{p_2(1+bp_1)}，即\quad \frac{5.567\times10^{-3}}{8.668\times10^{-3}}=\frac{24.0\times10^3(1+b\times41.2\times10^3)}{41.2\times10^3(1+b\times24.0\times10^3)}$$

解得 $b=6.96\times10^{-6}\mathrm{Pa^{-1}}$

$$\theta=\frac{bp}{1+bp}=0.9，p=\frac{\theta}{b-\theta b}=\frac{0.9}{b-0.9b}=\frac{9}{6.96\times10^{-6}}=1.293\times10^6\mathrm{Pa}$$

【例题 9.2.2】 273.15K 时，1g 活性炭在不同压力下吸附氮气的体积如下表所示(已换算成标准状态下的体积)，试证明氮气在活性炭上的吸附服从 Langmuir 吸附等温方程，并求吸附常数。

p/Pa	523.9	1730.2	3057.9	4533.5	7495.5
$q/(\mathrm{mL\cdot g^{-1}})$	0.987	3.04	5.08	7.04	10.31

解： 气相吸附的 Langmuir 吸附等温方程可变换为

$$\frac{1}{q_e}=\frac{1}{bq_m}\frac{1}{p}+\frac{1}{q_m}$$

可见 $1/q_e$ 和 $1/p$ 呈直线关系，因此将实验数据整理为：

$\dfrac{1}{p}/\mathrm{Pa^{-1}}$	0.0019	0.00058	0.00033	0.00022	0.00013
$\dfrac{1}{q_e}/(\mathrm{g\cdot mL^{-1}})$	1.013	0.329	0.197	0.142	0.097

以 $1/q_e$ 和 $1/p$ 为坐标作图，得到如图 9.2.4 所示直线。

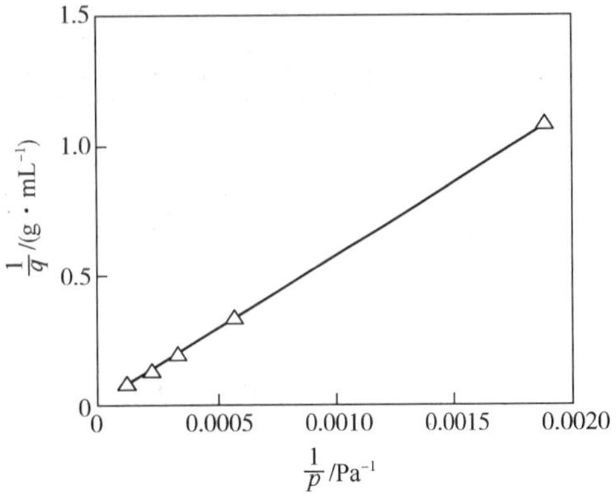

图 9.2.4 例题 9.2.2 附图

该直线线性关系良好(相关系数为 0.997)，可以证明吸附符合 Langmuir 吸附等温方程。

由直线的截距 $1/q_m=0.012$，求得 $q_m=83.3\mathrm{mL/g}$；由直线的斜率 $1/(bq_m)=572.08$，求得 $b=2.09\times10^{-5}\mathrm{Pa^{-1}}$。

(3) BET 吸附等温方程

该方程是 Brunauer、Emmett 和 Teller 等人基于多分子层吸附模型推导出来的。BET 理论认为吸附过程取决于范德华力，由于这种力的作用，可使吸附质在吸附剂表面吸附一层以后，再一层一层吸附下去，只不过逐渐减弱而已。该方程推导的基本假定为：①吸附可以是多分子层的；②吸附热与表面覆盖度无关；③第一层的吸附热 Q_1 与以后各层的吸附热不同，第二层以上各层的吸附热为吸附质的液化热 Q_L；④只在固体空白表面和最外气体吸附层表面上发生吸附与脱附。即吸附平衡时空白表面和不同吸附层吸附位占据的表面分数是恒等的。根据其基本假定，对多分子层吸附根据各层吸附平衡条件建立方程、求解、整理，得到 BET 方程

$$q_e=\frac{cpq_m}{(p_0-p)[1+(c-1)(p/p_0)]} \tag{9.2.9}$$

式中 q_e——平衡吸附量，kg(吸附质)/kg(吸附剂)；

q_m——单分子层吸附时的饱和吸附量，kg(吸附质)/kg(吸附剂)；

p_0——指定温度下气态吸附质的饱和蒸气压，Pa；

c——常数，其值与温度、吸附热和冷凝热有关。

对于气相吸附，BET 公式也可以写成

$$\frac{q_e}{q_m}=\frac{V}{V_m}=\frac{cp}{(p_0-p)[1+(c-1)(p/p_0)]} \tag{9.2.10}$$

式中 V——平衡吸附体积，m^3(吸附质)/kg(吸附剂)；

V_m——单分子层吸附时的饱和吸附体积，m^3(吸附质)/kg(吸附剂)。

其中，c 可以用下式计算

$$c=\exp\frac{Q_1-Q_L}{RT} \tag{9.2.11}$$

式中 Q_1——第一层的吸附热；

Q_L——第二层以上各层的吸附热即吸附质的液化热。

BET 方程的适应性较广，可以描述多种类型(Ⅰ、Ⅱ、Ⅲ)的吸附等温线；BET 公式中的两个常数有重要的应用意义：V_m 可用于计算比表面积，c 可用于计算净吸附热。BET 方程的应用范围为 p/p_0 在 0.05~0.35，在吸附质分压很低或很高时会产生较大误差。

饱和吸附体积 V_m 可以用下面的方法计算，先将式(9.2.10)变形为

$$\frac{p}{V(p_0-p)}=\frac{1+(c-1)\frac{p}{p_0}}{cV_m} \tag{9.2.12a}$$

或

$$\frac{p}{V(p_0-p)}=\frac{1}{cV_m}+\frac{c-1}{cV_m}\frac{p}{p_0} \tag{9.2.12b}$$

以 $\frac{p}{V(p_0-p)}$ 对 p/p_0 作图为一直线，斜率为 $a=\frac{c-1}{cV_m}$，截距为 $b=\frac{1}{cV_m}$，则

$$V_m=\frac{1}{a+b} \tag{9.2.13}$$

得到 V_m 的值后，可以按下列方法计算吸附剂的比表面积

$$A_t=A_mN_An \tag{9.2.14}$$

$$n=\frac{pV_mm_a}{RT} \tag{9.2.15}$$

$$A_t=A_mN_A\frac{pV_mm_a}{RT} \tag{9.2.16}$$

$$a_s=\frac{A_t}{m_a}=A_mN_A\frac{pV_m}{RT} \tag{9.2.17}$$

上述各式中　A_t——吸附剂的总表面积，m^2；

A_m——一个吸附分子的截面积，m^2；

N_A——阿伏伽德罗常数，$N_A=6.02\times10^{23}$；

n——吸附质的物质的量，mol；

p——平衡分压，Pa；

m_a——吸附剂质量，kg；

R——摩尔气体常数，$R=8.314J/(mol\cdot K)$；

a_s——吸附剂的比表面积，m^2/kg。

4. 吸附热力学

（1）温度对吸附平衡的影响

在一定的压力下，随着温度的升高，吸附量减小。将某一温度下吸附质的平衡压力与相同的饱和蒸气压在双对数坐标上作图，可以发现相同吸附量的各点均落在同一直线上，称为等量吸附线，其倾角的正切为吸附热。图 9.2.5 所示为用活性炭吸附丙酮时，蒸气压、吸附平衡分压与吸附量的关系。图中横坐标为温度及其相对应的丙酮蒸气压，纵坐标为丙酮在该温度下的吸附平衡分压。

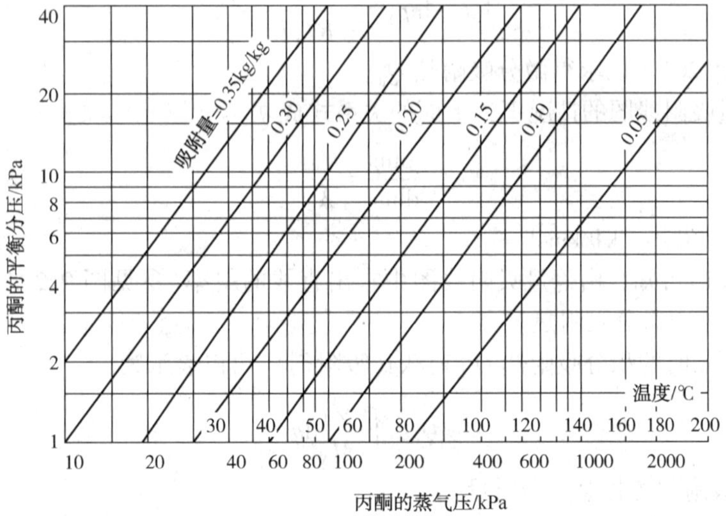

图 9.2.5　活性炭吸附丙酮的蒸气压、吸附平衡分压与吸附量的关系

（2）吸附位势

将 1mol 气体从吸附平衡分压 p 压缩至该温度下吸附质饱和蒸气压 p_0 所需的吉布斯自由能 ΔG(J/mol)称为吸附位势，即

$$\Delta G=RT\ln\frac{p_0}{p} \tag{9.2.18}$$

式中　R——摩尔气体常数，$R=8.314J/(mol\cdot K)$；

T——热力学温度，K。

由于 RT 项相互抵消，当吸附量相同时，ΔG 基本上与温度无关。

如果已知某一温度的吸附等温线，根据吸附量相同，吸附位势相同，而与温度无关的原理，可以求出其他任意温度的吸附等温线。

(3) 吸附热

根据热力学公式 $\Delta G=\Delta H-T\Delta S$ 可得 $\Delta H=\Delta G+T\Delta S$。由于吸附是一自发过程，即 $\Delta G<0$，同时吸附过程混乱度降低，有 $\Delta S<0$，根据上式可知 $\Delta H<0$，说明固体对气体的吸附通常为放热过程。

吸附过程中产生热量的现象与气体分子的冷凝相似，但吸附热通常比蒸发潜热大，有时可能高出数倍。完全没有吸附吸附质的吸附剂吸附一定量的吸附质所产生的累积热量称为积分吸附热(Q_i)；已吸附一定量吸附质的吸附剂再吸附无限少量的吸附质所产生的热量称为微分吸附热(Q_d)。吸附量 q 一定时，温度变化 dT，压力也相应变化 dp，根据 Clausius-Clapeyron 方程可以得到

$$\left(\frac{\partial \ln p}{\partial T}\right)=\frac{Q_d}{RT^2} \tag{9.2.19}$$

式中 Q_d——吸附量等于 q 时的微分吸附热，kJ/kmol；

p——吸附质的吸附平衡分压，Pa。

若对应平衡温度 T_1 和 T_2 的平衡分压分别为 p_1 和 p_2，对上式积分，得

$$\ln p_1-\ln p_2=\frac{Q_d(T_2-T_1)}{RT_1T_2} \tag{9.2.20}$$

利用式(9.2.20)可以求得微分吸附热 Q_d。

在给出等量吸附线图的情况下，下面的关系式成立

$$\frac{d\ln p}{d\ln p_0}=\frac{Q_d}{\lambda} \tag{9.2.21}$$

式中 λ——蒸发潜热，kJ/kmol。

由式(9.2.21)可知，由等量吸附线图中求出直线的斜率(参见图 9.2.5)，再乘以蒸发潜热 λ，就可以求出微分吸附热。

吸附量达到 q 时的积分吸附热 Q_i[kJ/kg(吸附剂)]可以表示为

$$Q_i=\int_0^q \frac{Q_d}{M_A}dq \tag{9.2.22}$$

式中 M_A——吸附剂的相对分子质量。

表 9.2.1 列出了各种吸附剂的微分吸附热。

表 9.2.1 各种吸附剂的微分吸附热

吸附剂	吸附质	温度/℃	微分吸附热/(kJ·kmol^{-1})	压力范围/kPa	蒸发相变焓/(kJ·kmol^{-1})
活性炭	C_2H_4	10	37202~29678	0~73315	8569
活性炭	SO_2	10	49324~36659	0~111705	24996
活性炭	H_2O	10	47652~39668	0~2239	43639
硅胶	CO_2	10	29009~24244	0~72782	10743
硅胶	NH_3	10	27797~22990	0~65317	8569
活性氧化铝	C_2H_4	10	30514~25080	0~82646	8569

吸附过程发生放热现象是吸附质进入吸附剂毛细孔道的重要特征之一，吸附热可以衡量吸附剂对吸附质分子吸附能力的大小，也可以表征吸附现象的物理和化学本质以及吸附

剂和催化剂的活性。化学吸附中的吸附键强，所以化学吸附的放热量比物理吸附的放热量大。吸附热对于了解表面过程、表面结构、表面的均匀性，评价吸附剂和吸附质之间作用力的大小，甚至能量衡算和吸附剂的选择都有帮助。

二、双组分气体吸附

混合气体中有两种组分发生吸附时，每一种组分吸附量均受另一种组分的影响。图 9.2.6 表示将乙烷-乙烯混合气体在 25℃、0.1MPa 条件下，用活性炭和硅胶吸附时，气相中乙烷的摩尔分数 x 和吸附相中乙烷的摩尔分数 y 之间的关系，这与气-液平衡中的 x-y 图类似。从图中可以看出，活性炭对乙烷的吸附较多，而硅胶对乙烯的吸附较多。

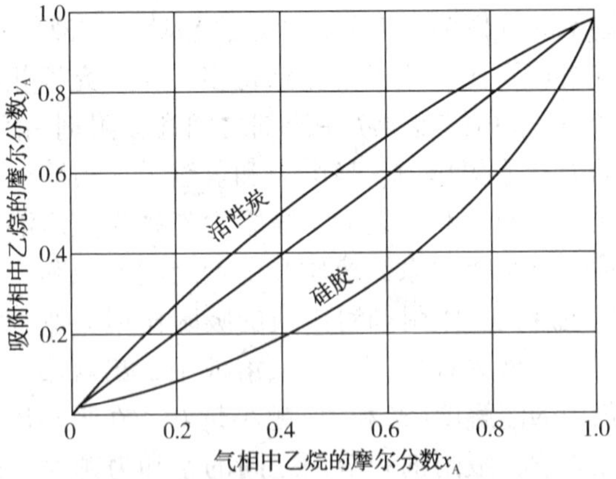

图 9.2.6　乙烷-乙烯混合气体的平衡吸附(25℃，101.325kPa)

1. 吸附的相对挥发度 α

设混合气体吸附平衡时 A、B 组分的吸附量分别为 q_A、q_B[kmol/kg(吸附剂)]，气相中的分压分别为 p_A、p_B，A 组分在气相和吸附相的摩尔分数分别为 x_A、y_A，则 A 组分相对于 B 组分的相对挥发度 α 可以表示为

$$\alpha=\frac{p_B y_A}{p_A(1-y_A)}=\frac{p_B q_A}{p_A q_B}=\frac{(1-x_A)q_A}{x_A q_B}=\frac{(1-x_A)y_A}{x_A(1-y_A)} \tag{9.2.23}$$

根据 Lewis 等人对碳氢化合物气体进行测定的结果，用气相摩尔分数为 0.5 时的 α 值，在各种摩尔分数条件下的计算结果和实验结果具有良好的一致性。α 可以是一定值，而且对于三组分体系也可以使用双组份体系的 α。

2. 各组分的吸附量

Lewis 等人提出，对于碳氢化合物体系，设 q_{A0}、q_{B0} 分别为各组分单独存在且压力等于双组分总压时的平衡吸附量[kmol/kg(吸附剂)]，则下列关系式成立

$$\frac{q_A}{q_{A0}}+\frac{q_B}{q_{B0}}=1 \tag{9.2.24}$$

这种关系也可以扩展到三组分体系。

对于能吸附多种气体的单分子层吸附，Langmuir 等温吸附式可推导出对每一种气体均存在

$$\theta=\frac{b_i p_i}{1+b_i p_i} \tag{9.2.25}$$

$$\theta=\sum\theta=\sum\frac{b_i p_i}{1+b_i p_i} \tag{9.2.26}$$

第三节 液相吸附

液相吸附应用广泛，在化学工业和食品工业中主要用于油品、化妆品、药品和食品的脱色和精制；在电子工业等各种制造业中用于制备工业用水；在家庭和其他对水要求比较高的场合用于制备纯净水；在污水处理厂中用于工业废水或生活污水的深度处理。

一、液相吸附作用

气相吸附中只有吸附剂和气体两种组分，比较容易处理。液相吸附除了吸附剂和溶质，还多了溶剂组分，因此其机理要比气相吸附复杂得多。在研究液相吸附时，除了考虑吸附剂和溶质之间的相互作用，还必须考虑溶质-溶剂之间和吸附剂-溶剂之间的相互作用。在吸附剂和溶质之间存在的力有范德华力、静电力和氢键力，当溶质是非极性分子时主要是范德华力。吸附剂和溶质之间的亲和力越大，吸附力就越强。而溶质和溶剂之间的亲和力与溶质在溶剂中的溶解性质有很大关系，溶质和溶剂之间的亲和力越大，溶质在溶液中就越能够稳定存在，溶解度也越大。吸附剂对溶质的吸附作用类似于溶质从溶液中析出转移到吸附相的过程。若溶质在溶液中稳定存在，从溶液中析出就难，也就难吸附。因此，为了吸附溶质，溶质在溶剂中的溶解度(亲和力)越小越好。在吸附质发生吸附的同时，溶剂也可能被吸附，从而相互影响，吸附剂和溶剂之间的亲和力越大，溶剂在吸附剂上的吸附就越强。通常由于溶剂分子比溶质分子多很多，吸附剂首先要吸附溶剂，从而影响吸附剂对溶质的吸附。

因此，为了使吸附剂吸附吸附质的过程顺利完成，溶质和吸附剂的亲和力应尽可能大，而溶质和溶剂、溶剂和吸附剂的亲和力应尽可能小。活性炭可用于吸附水中的污染物质就是因为活性炭属于非极性吸附剂，其表面呈憎水性，与溶剂水分子的亲和力小；而硅胶和氧化铝都属于极性吸附剂，对于极性分子水来说其表面呈亲水性，对水的亲和力大，不适合用于水中污染物质的吸附。

虽然液相吸附中溶质、溶剂和吸附剂之间的相互作用很重要，但也必须考虑其他各种相互作用。①首先是在溶剂或溶质分子之间的相互凝聚现象。有些染料分子即使浓度很低也会发生聚集，聚集引起分子尺寸变大，从而影响吸附。表面活性剂在达到一定浓度时发生分子之间的聚集，生成胶束，这时还必须考虑胶束的吸附。溶剂分子之间也存在聚集现象，由于水分子之间的氢键作用，水分子互相连在一起，也会影响吸附作用。②其次还存在双层吸附现象，即在已吸附的溶质分子上再吸附其他的溶质分子，例如离子型表面活性剂在极性吸附剂上的吸附，第一层吸附为表面活性剂分子的亲水基吸附在吸附剂表面，憎水基朝着水相；第二层吸附为第一层吸附的表面活性剂的憎水基与另外的表面活性剂分子的憎水基结合，亲水基朝着水相，形成稳定结构。③溶质分子的溶剂化作用也会影响吸附，特别是离子吸附时，离子周围的水对吸附的影响很大。溶质分子在水溶液中发生水解时，吸附前后的溶液 pH 值往往会发生变化。④另外，吸附是界面现象，不是溶质分子从一个相转移到另一个相。即使被吸附，吸附质分子也会与溶剂接触，吸附质与溶剂之间还存在相互作用。

二、液相吸附的吸附等温线

吸附剂在液相中吸附量的测定方法为：在数个容器中装入不同质量的吸附剂，然后在每个容器中加入相同体积的溶液，其中溶质的浓度都相同。将容器密封后放入恒温槽中，搅拌，达到吸附平衡后，用离心或过滤的方法分离吸附剂，采用适当方法测量滤液中的溶质浓度，这个浓度即为吸附平衡浓度。可由式(9.3.1)计算单位质量吸附剂所具有的吸附平衡量

$$q_e = \frac{V(c_0 - c_t)}{m_a} \tag{9.3.1}$$

式中 q_e——单位质量吸附剂所具有的吸附平衡质量，mg(吸附质)/g(吸附剂)；

V——溶液体积，L；

c_0——吸附前溶液中溶质的浓度，mg/L；

c_t——吸附平衡后溶液中溶质的浓度，mg/L；

m_a——吸附剂的质量，g。

以一系列的平衡吸附量为纵坐标，以平衡浓度为横坐标作图，即可得到液相吸附的吸附等温线。

图 9.3.1 是几种类型的液相吸附的吸附等温线。曲线Ⅰ说明吸附剂表面与吸附质之间存在促进吸附的引力作用，曲线通常朝上凸；直线Ⅱ说明吸附过程发生在极稀溶液中或吸附量小、吸附剂表面覆盖率低的情况；曲线Ⅲ发生在吸附剂和吸附质之间引力非常弱的情况，曲线向下凹。

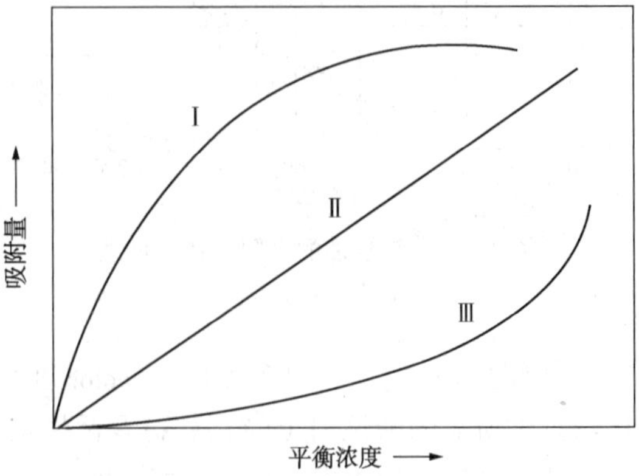

图 9.3.1 液相吸附等温线

三、液相吸附的吸附等温式

液相吸附的吸附等温线也可以用适当的函数近似地表示，根据这种函数关系能得到关于吸附机理的信息，还能由内推或外推法获得实验中没有测量的浓度的吸附量。这里主要讨论稀溶液中以及能够忽略溶剂吸附的典型吸附公式，这种情况下，吸附体系中只存在一种吸附质，即单组分吸附。

1. Henry 吸附等温式

含一个常数的吸附公式表示吸附量与浓度成正比，即呈线性关系，相当于图 9.3.1 中的直线Ⅱ，是表示吸附特性最简单的形式，其公式可用 Henry 吸附公式表示

$$q_e = K_p \rho \tag{9.3.2}$$

式中 q_e——单位质量吸附剂所具有的吸附平衡质量，mg(吸附质)/g(吸附剂)；

K_p——吸附常数；

ρ——溶液中溶质的平衡浓度，mg/L。

极稀溶液中的吸附或者覆盖率低的吸附可用式(9.3.2)来表示。

2. Freundlich 吸附等温式

在范围狭窄的稀薄液相中，可以应用 Freundlich 吸附等温式描述液相吸附。设 q_e 为吸

附量，ρ 为吸附质平衡浓度，则

$$q_e = k'\rho^{1/n} \tag{9.3.3}$$

式中　k'、n——经验常数。

与气相吸附一样，对式(9.3.3)两边取对数可得直线方程：

$$\ln q_e = \ln k' + 1/n \ln \rho \tag{9.3.4}$$

根据直线的斜率和截距计算可得 n 和 k'。

如果溶质浓度变化范围很宽，从很低浓度变化到很高浓度，实验数据与 Freundlich 吸附等温式计算值就会有偏离；但是在比较窄的浓度范围内，许多吸附体系都很符合 Freundlich 吸附等温式，在中等浓度范围内也都近似符合该方程。

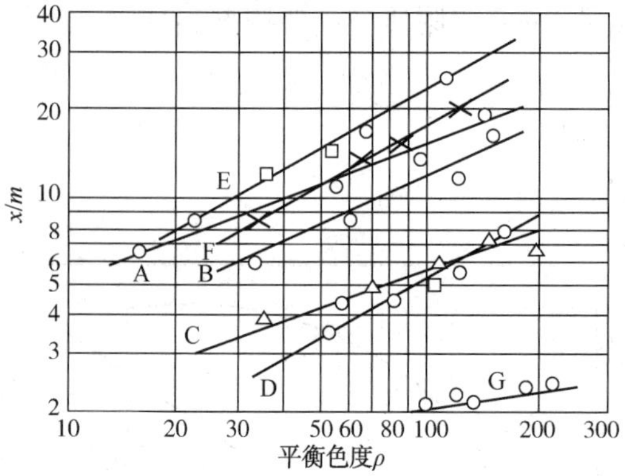

图 9.3.2　汽缸油的吸附脱色度曲线

（色度为 true color 度）

在某些情况下，如在进行蔗糖、植物油、矿物油等的脱色处理时，尽管不知道吸附质的成分和性质，通过测定脱色前后的色度可以发现，脱色度和脱色后的平衡色度之间的关系符合 Freundlich 方程式。图 9.3.2 所示为汽缸油的吸附脱色度曲线，横坐标为平衡色度 ρ，纵坐标为 x/m，其中 x 为脱色度，m 为 100g 油加入的脱色剂量(g)，图中 A、B、C、D 为酸性白土，E、F 为活性炭，G 为硅胶。图中所有曲线均满足下列关系

$$\frac{x}{m} = k\rho^{1/n} \tag{9.3.5}$$

【例题 9.3.1】　将真色度(true color 度)为 70 的汽缸油脱色处理至色度为 30，试求处理 1t 汽缸油所需的酸性白土(组分 A)及活性炭(组分 E)的量。

解：已知起始色度 = 70，平衡色度 = 30，故脱色度为

$$x = 70 - 30 = 40,\ \rho = 30$$

由图 9.3.2 查得，酸性白土(A)与 $\rho = 30$ 的交点处的 $x/m = 8.5$，活性炭(E)与 $\rho = 30$ 的交点处的 $x/m = 10$。

对于酸性白土 $m = 40/8.5$g/(100g 汽缸油) = 4.7g/(100g 汽缸油)

对于活性炭 $m = 40/10$g/(100g 汽缸油) = 4.0g/(100g 汽缸油)

即每处理 1t 汽缸油需要酸性白土 47kg、活性炭 40kg。

【例题 9.3.2】　用活性炭对含有有机色素的水进行脱色处理。对应水量投加 5% 的活性炭可以将水的色度降至原来的 25%，投加 10% 则色度可以降至原来的 3.5%。如果将色度降至原色度的 0.5%，需要投加多少活性炭？设该体系 Freundlich 方程成立。

解：由式(9.3.5)，单位质量活性炭吸附的色素量为 x，残余平衡色度为 c，则

$$\frac{100-25}{5} = k \times 0.25^{1/n},\quad \frac{100-3.5}{10} = k \times 0.035^{1/n}$$

$$\frac{75 \times 10}{5 \times 96.5} = \left(\frac{0.25}{0.035}\right)^{1/n}$$

$$\frac{1}{n} = 0.227$$

设应投加活性炭 $y\%$，由

$$\frac{75y}{5\times(100-0.5)}=\left(\frac{0.25}{0.005}\right)^{0.227}$$

解得 $y=16$，即需要投加 16%的活性炭。

3. Langmuir 吸附等温式

气相吸附的 Langmuir 吸附等温式对液相吸附也成立，当溶剂吸附可以忽略时，吸附质分子以单分子层吸附在吸附剂表面的吸附位时，用液相平衡浓度 ρ 代替气相平衡分压 p 即得到如下的液相吸附 Langmuir 等温式

$$q_e=\frac{a\rho q_m}{1+\rho q_m} \tag{9.3.6}$$

式中 q_e——单位质量吸附剂所具有的吸附平衡质量，mg(吸附质)/g(吸附剂)；

q_m——单位质量吸附剂所具有的饱和吸附质量，mg(吸附质)/g(吸附剂)；

ρ——溶液中溶质的平衡浓度，mg/L；

a——液相吸附的 Langmuir 平衡常数。

为了计算吸附常数 a 和 q_m，式(9.3.6)可变为

$$\frac{\rho}{q_e}=\frac{\rho}{q_m}+\frac{1}{aq_m} \tag{9.3.7}$$

由上式可知，ρ/q_e 和 ρ 应呈直线关系，从直线的斜率和截距计算可得 a 和 q_m。

实际上，对于液相吸附，严格服从 Langmuir 吸附理论的情况是很少的。对于活性炭在憎水性化合物的水溶液和硅胶在亲水性化合物的有机溶剂中的吸附，吸附剂表面的吸附位并不能按化学计量一比一与吸附质分子结合，或者说，并不是一个吸附位上只能吸附一个吸附质分子；而且因为几乎所有的吸附位的吸附能都不同，吸附剂表面是非均匀的，所以严格来说 Langmuir 模型并不适用。

【例题 9.3.3】 用活性炭进一步处置生物处理后的出水，吸附试验的数据如下表所示，试判断属于哪种吸附类型，并计算相应的吸附等温线常数(TOC 为总有机碳)。

出水 TOC/($mg\cdot L^{-1}$)	1.8	4.2	7.4	11.7	15.9	20.3
活性炭吸附 TOC/[$mg\cdot mg(C)^{-1}$]	0.011	0.029	0.046	0.062	0.085	0.097

解：首先得到试验的吸附曲线(图 9.3.3)，从吸附曲线可以判断吸附可能是 Langmuir 型，也可能是 Freundlich 型，无法确定，因此分别用这两种吸附等温线方程拟合曲线。

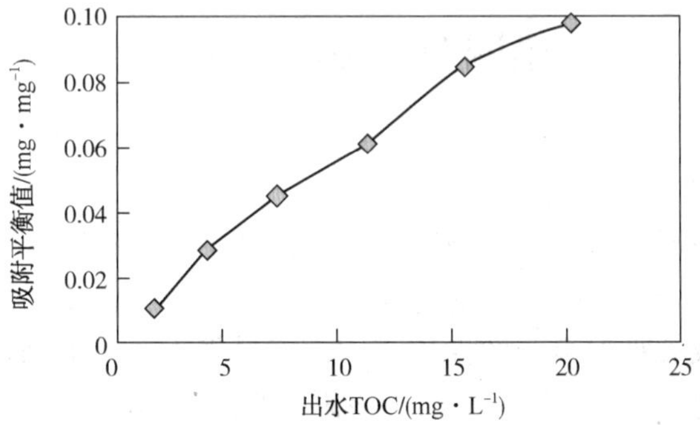

图 9.3.3 例题 9.3.3 附图 1

（1）Langmuir 吸附等温线方程变形后可得

$$\frac{\rho}{q_e}=\frac{\rho}{q_m}+\frac{1}{aq_m}$$

ρ/q_e 和 ρ 应呈直线关系。整理吸附实验数据，得下表

ρ/mg · L^{-1}	1. 8	4. 2	7. 4	11. 7	15. 9	20. 3
ρ/q_e	163. 6	144. 8	160. 9	188. 7	187. 0	209. 3

根据上述数据，作 ρ/q_e-ρ 直线(图 9. 3. 4)，其相关系数为 0. 91。

（2）Freundlich 吸附等温线方程两边取对数，可得

$$\ln q_e=\frac{1}{n}\ln\rho+\ln k'$$

由上式可知 $\ln q_e$ 和 $\ln\rho$ 呈直线关系。将吸附实验数据整理如下。

$\ln\rho$	0. 588	1. 435	2. 001	2. 460	2. 766	3. 011
$\ln q_e$	−4. 510	−3. 540	−3. 079	−2. 781	−2. 465	−2. 333

根据上述数据，作 $\ln q_e$-$\ln\rho$ 直线(图 9. 3. 5)，其相关系数为 0. 99。

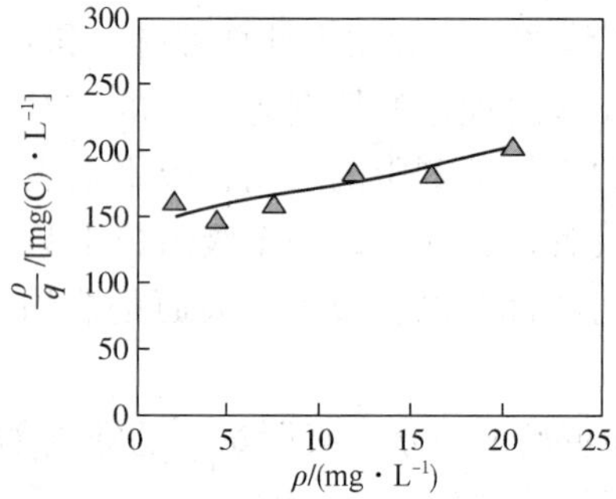

图 9. 3. 4　例题 9. 3. 3 附图 2

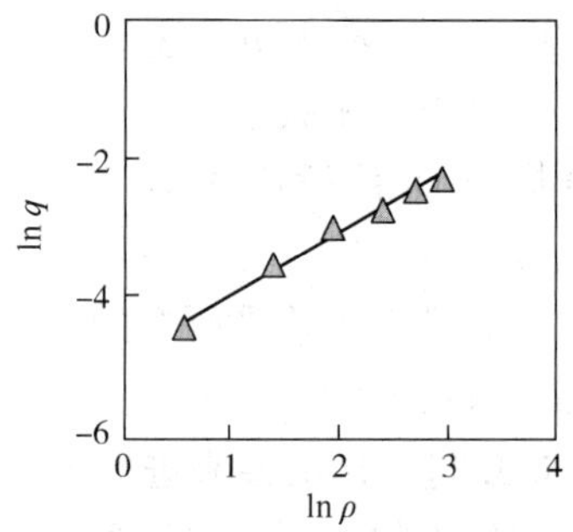

图 9. 3. 5　例题 9. 3. 3 附图 3

由以上计算可知，采用 Freundlich 吸附等温线方程拟合的线性相关性远远高于 Langmuir 吸附等温线方程，因此可以判断这个吸附过程是 Freundlich 型。

根据直线的斜率 $1/n=0.89$，求得 $n=13$；截距 $\ln k'=-4.93$，求得 $k'=0.007$mg/L。

第四节　吸附动力学

一、吸附的控速步骤

吸附平衡表达了吸附过程进行的极限，但要达到平衡往往两相经过长时间的接触才能建立。在实际吸附操作中，相际接触的时间一般是有限的，吸附量常决定于吸附速率，而吸附速率又因吸附剂及被吸附组分的性质不同而差异很大。一般来说，溶液的吸附要比气体的吸附慢得多。不论是气相吸附还是液相吸附，吸附开始时过程进行得较快，随即变慢。因此，吸附速率是一个综合的效果，它主要受速度最慢的步骤控制。

吸附过程主要包括以下 6 个步骤，如图 9.4.1 所示：

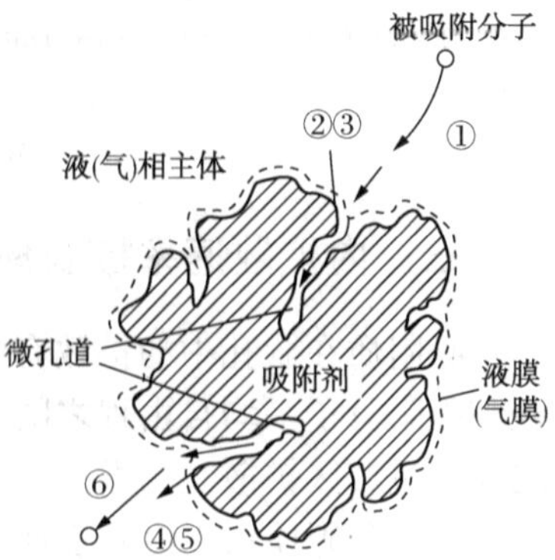

图 9.4.1　吸附的步骤

① 外部扩散。吸附剂周围的流体相中组分 A 扩散穿过流体膜到达固体吸附剂表面。

② 内部扩散。组分 A 从固体表面进入其微孔道，在微孔道的吸附流体相中扩散到微孔表面。

③ 吸附。扩散到微孔表面的组分 A 分子被固体所吸附，完成吸附。

④ 脱附。已被吸附的组分 A 分子，部分脱附，离开微孔道表面。

⑤ 内反扩散。脱附的组分 A 分子从孔道内吸附流体相扩散到吸附剂外表面。

⑥ 外反扩散。组分 A 分子从外表面反扩散穿过流体膜，进入外界周围的流体中，从而完成脱附。

一般吸附的速率很快，其传质阻力可以忽略不计，传质速率主要取决于外扩散和内扩散，这两步的速率(或阻力)有时相差很大。如果两者比较，外扩散速率很慢，阻力很大，则过程的速率取决于外扩散，称为外扩散控制。反之，如果内扩散速率很慢，阻力很大，则过程的速率取决于内扩散，称为内扩散控制。通常内扩散控制的情况比较多见。

二、外扩散速率控制模型

外扩散是吸附质从流体主体对流扩散到吸附剂颗粒的外表面，设颗粒的体积、表面积和密度分别为 V_p(m^3)、A_p(m^2)和 ρ_p(kg/m^3)，吸附质在吸附剂颗粒内的平均吸附量为 $\bar{q}$[kg/kg(吸附剂)]，流体相及颗粒表面流体的吸附质质量浓度为 ρ(kg/m^3)和 ρ_i(kg/m^3)，时间为 τ，则吸附质从流体主体到颗粒外表面的传质速率 N_A(kg/s)可以表示为

$$N_A=\rho_p V_p \frac{d\bar{q}}{d\tau}=kA_p(\rho-\rho_i) \tag{9.4.1}$$

式中　k——界膜传质系数，m/s。

k 的值可以根据颗粒与流体间的相对雷诺数 Re 或施密特数 Sc 求得。流体相为气体时，可用吸附气体的分压 p_A 代替 ρ，因为吸附浓度低，可以认为下列关系式成立

$$\rho=\frac{p_A M_A}{RT} \tag{9.4.2}$$

式中　M_A——吸附质的相对分子质量，g/mol；

R——摩尔气体常数，R=8.314J/(mol·K)；

T——热力学温度，K。

外表面界膜控制通常发生在液相吸附的情况，因为吸附质在吸附剂颗粒表面的流体界膜中的扩散系数与气体吸附质相比小得多，为 $10^{-7}\sim10^{-5}$cm/s。当吸附剂颗粒较小时，外表面界膜中的扩散为控制步骤。达到颗粒表面的吸附剂被迅速吸附，颗粒内的吸附质平均吸附量为 $\bar{q}$，其与液相中吸附质浓度的平衡关系为用 $\bar{q}=m\rho^*$ 表示的直线关系，则吸附速度可以表示为

$$\rho_p V_p \frac{d\bar{q}}{d\tau}=kA_p(\rho-\rho^*) \tag{9.4.3}$$

$\tau=0$ 时，$\bar{q}=0$；$r=r_0$ 时，$\rho^*=\bar{q}/m$。

解式(9.4.3)可以求得半径为 r_0 的吸附剂颗粒的吸附量 $\bar{q}$ 与时间 τ 的关系式为

$$\frac{q_e-\bar{q}}{q_e}=\exp\left(-\frac{3k\tau}{r_0 m\rho_p}\right) \tag{9.4.4}$$

三、内扩散速率控制模型

吸附质在微孔中的扩散有两种形式，沿孔截面的扩散和沿孔表面的扩散。前者根据孔径和吸附分子平均自由程之间大小的关系又分为分子扩散、纽特逊扩散和介于这两种情况之间的过渡区扩散。当微孔表面吸附有吸附质时，沿孔口向里的表面上存在着吸附质的浓度梯度，吸附质可以沿孔表面向内部扩散，称为内表面扩散。

若考虑吸附剂内的微孔扩散，在半径为 r_0(m)的颗粒中以有效扩散系数 D_e(m^2/s)扩散时，从颗粒中心到 r 距离的吸附量为 q，设该处流体中吸附质浓度为 ρ，则下列关系式成立

$$\rho_p\frac{\partial q}{\partial T}=D_e\left(\frac{\partial^2\rho}{\partial r^2}+\frac{2}{r}\cdot\frac{\partial\rho}{\partial r}\right) \tag{9.4.5}$$

这里可以认为 q 和 ρ 处于平衡关系，用直线方程近似，得

$$q=m\rho \tag{9.4.6}$$

式中　m——吸附平衡常数，m^3(溶剂)/kg(吸附剂)。

将式(9.4.6)代入式(9.4.5)，并设定：$\tau=0$ 时，$q=0$；$r=0$ 时，$\partial\rho/\partial r=0$；$r=r_0$ 时，$D_e\partial\rho/\partial r=k(\rho-\rho_1)$。求解 q，进一步求颗粒的积分平均吸附量 $\bar{q}$。设对应浓度 ρ 的平衡吸附量为 q_e，则可得

$$\frac{q_e-\bar{q}}{q_e}=\frac{6\sum_{n=1}^{x}e^{\beta_n\varphi/(m\rho_p)}}{\beta_n^2[(\beta_n/f)^2+(1-1/f)]} \tag{9.4.7}$$

式中　$f=\frac{\rho_p k r_0 m}{D_e}=\frac{\rho_p m r_0/D_e}{1/k}=\frac{\text{内表面阻力}}{\text{外表面阻力}}$

$\varphi=\frac{D_e}{r_0^2}$

β_n 是 $\beta_n\cot\beta_n=1-f$ 的第 n 个正根。

当 $f\gg1$ 时，式(9.4.7)可以整理为

$$\frac{q_e-\bar{q}}{q_e}=\frac{6}{\pi^2}\sum_{n=1}^{\infty}\frac{1}{n^2}\exp\left(-\frac{n^2\pi^2\varphi}{m\rho_p}\right) \tag{9.4.8}$$

当 n 较大时，式(9.4.8)可以迅速收敛，但该级数高次项的总和值很小，当吸附率大于70%时，取第一项已足够，相对误差小于2%，即

$$\frac{q_e-\bar{q}}{q_e}=\frac{6}{\pi^2}\exp\left(-\frac{\pi^2 D_e\tau}{r_0^2 m\rho_p}\right) \tag{9.4.9}$$

对上式微分，可以得到吸附剂颗粒的吸附速率方程为

$$\frac{d\bar{q}}{d\tau}\approx\frac{\pi^2 D_e}{\rho_p m r_0^2}(q_e-\bar{q}) \tag{9.4.10}$$

设与 $\bar{q}$ 平衡的流体中的浓度为 ρ^*，式(9.4.10)可以表示为

$$\frac{d\bar{q}}{d\tau}\approx\frac{\pi^2 D_e}{\rho_p r_0^2}(\rho-\rho^*) \tag{9.4.11}$$

考虑式(9.4.9)中所有项时，吸附速率方程为

$$\frac{d\bar{q}}{d\tau}\approx\frac{15D_e}{\rho_p r_0^2}(\rho-\rho^*) \tag{9.4.12}$$

四、外扩散和内扩散阻力同时存在时的速率控制模型

外扩散和内扩散的速率(或阻力)有时相差不大，当外扩散的阻力和内扩散的阻力均不能忽略时，外扩散和内扩散都是吸附过程的控速步骤。此时可采用外扩散和内扩散速率控制模型。

以 ρ_i 的时间变化为边界条件，由式(9.4.5)可以求得吸附剂颗粒内部的传质速率，其表达式与(9.4.12)类似，可以表示为

$$\rho_p V_p\frac{d\bar{q}}{d\tau}\approx\frac{15D_e}{r_0^2}V_p(\rho_i-\rho^*) \tag{9.4.13}$$

将式(9.4.13)与式(9.4.1)联立，设总传质系数为 K_F(m/s)，得

$$\rho_p V_p\frac{d\bar{q}}{d\tau}\approx K_F A_p(\rho-\rho^*) \tag{9.4.14}$$

$$\frac{1}{K_F}=\frac{1}{k}+\frac{A_p r_0^2}{15D_e V_p} \tag{9.4.15}$$

第五节　吸附操作与吸附穿透曲线

一、吸附设备

吸附分离过程中使用的设备即为吸附设备，包括吸附塔和吸附器。按照吸附操作方式可以分为间歇式吸附操作和连续式吸附操作。常见的间歇式吸附操作如接触过滤吸附，而连续式操作按照吸附剂在吸附器中的工作状态可主要分为固定床吸附、移动床吸附和流化床吸附。

1. 接触过滤吸附

接触过滤吸附是一种专门用于液体吸附的方法，即将待处理的溶液与吸附剂混合并充分搅拌，在吸附作用达到平衡以后，用过滤或沉降，或者两者并用的方法除去吸附剂，这种操作称为接触过滤吸附。接触过滤吸附主要用于从稀薄溶液中回收溶质或从溶液中去除杂质等，其设备一般是带有搅拌的釜，接触时间通常为 10~60min。

接触过滤式吸附器的使用条件是吸附剂对溶液中溶质的吸附能力强，吸附速度快，传质速率为液膜控制，在搅拌器的作用下吸附剂可以在短时间内迅速达到饱和。这种接触过滤式吸附器具有设备结构简单、操作容易的优点，按照原料、吸附剂性质的不同以及需要加工量的多少，其操作方式可分为单级吸附、错流多级吸附、逆流多级吸附等。在计算过程中，通常认为釜内的溶液经充分搅拌后，固、液两相已完全达到平衡，从而使计算方法大为简化。接触过滤吸附流程如图 9.5.1 所示。

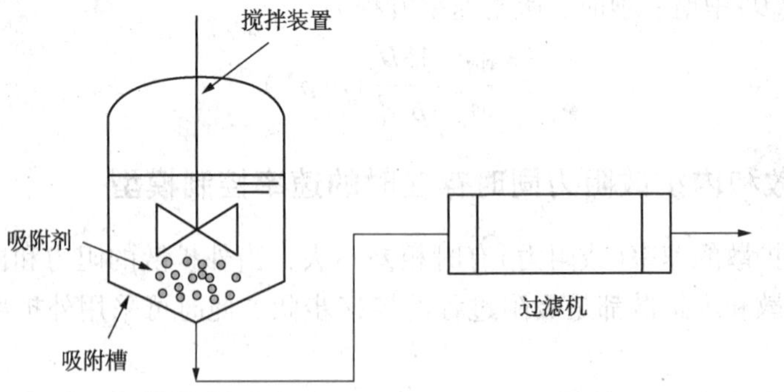

图 9.5.1　接触过滤吸附流程

2. 固定床吸附

固定床吸附，顾名思义，即吸附剂固定在吸附柱或吸附塔中，待处理液体或气体以一定的流速流经固定床，与固体吸附剂进行两相的接触与物质交换，以达到净化液体或气体的目的。在有害气体浓度较高时，为适应工艺连续生产的需要，多采取双罐式，一罐吸附，另一罐脱附，交替切换使用。固定床吸附设备结构简单，造价低，吸附剂磨损小。但缺点也十分明显：首先，连续操作时必须不断地周期性切换，为此要配置较多的进出口阀门，操作十分麻烦；其次，因吸附饱和的装置需要再生，需设置备用设备，因而增加了总吸附剂用量；再次，吸附剂层导热性差，吸附热不易导出，操作时易出现局部床层过热；最后，固定床吸附设备热量利用率低，对于采用厚床层，压力损失也较大。

固定床吸附设备可分为垂直型、圆筒型、多层型和水平型等。垂直型固定床吸附设备构造简单，适用于高浓度、中小风量的混合气体，处理风量一般为 600～42000m^3/h，如图 9.5.2(a)所示；圆筒型固定床吸附设备的气体通过面积大，适用于低浓度、中小风量的混合气体，处理风量一般为 600～42000m^3/h；多层型固定床吸附设备构造稍复杂，适用于低浓度、大风量的混合气体，处理风量一般为 3000～90000m^3/h；水平型固定床吸附设备占地面积大，适用于中高浓度、大风量的混合气体，处理风量一般为 16000～120000m^3/h，如图 9.5.2(b)所示。

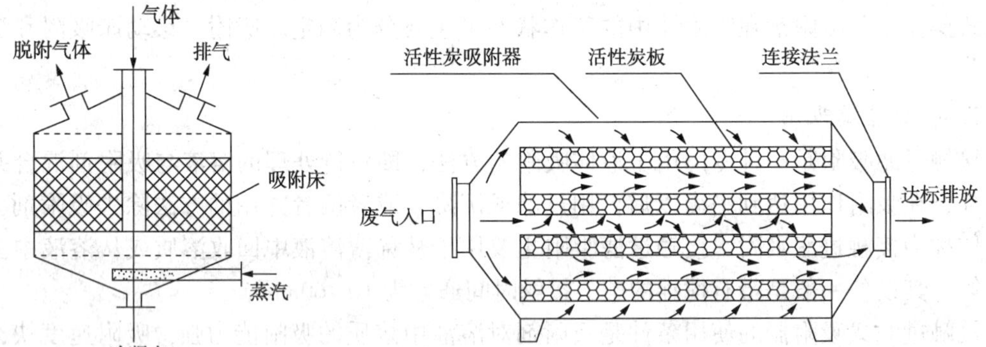

图 9.5.2　固定床吸附设备

3. 流化床吸附

在流化床吸附器中，分置在筛孔板上的吸附剂颗粒可在高速气流的作用下强烈搅动，上下浮沉。吸附操作时料液从床底以较高的流速输入，使吸附剂颗粒呈流化状态，同时，料液中溶质在固相上发生吸附过程。流化床吸附的优点是吸附剂内传质传热速率快，床层温度均匀，操作稳定；缺点是吸附剂磨损严重，且气流与床层颗粒返混，所有吸附剂颗粒都与出口气保持平衡，无“吸附波”存在，因此，所有吸附剂都保持在相对低的饱和度下，否则出口气体中污染物浓度不易达到排放标准，因而较少用于废气净化。流化床吸附器如图 9.5.3 所示。

4. 移动床吸附

移动床吸附器中的流体和固体都是流动的，是以间歇或连续的方式均匀地在吸附器中移动，稳定地输入和输出。需要处理的气体或原水与吸附剂逆流接触，吸附处理后由塔顶流出，再生后的吸附剂由塔顶加入，饱和的吸附剂从塔底排出。固体吸附剂在吸附床中不断地移动，固体和气体（液体）都以恒定的速度流过吸附器，如图 9.5.4 所示。这种方式可以连续进行，适用于较大规模的废气（废水）处理。处理气量大，其优点是吸附剂可循环使用，适用于稳定、连续、量大的气体净化；吸附和脱附连续完成；但动力和热量消耗较大，吸附剂磨损较为严重。

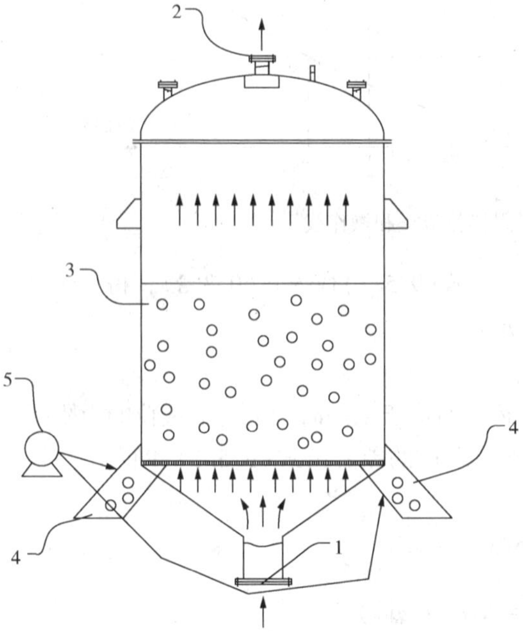

图 9.5.3　流化床吸附器

1—污染气体入口；2—净化气体出口；
3—呈流化状态的吸附剂；4—补充新鲜吸附剂；
5—吸附剂再生设备

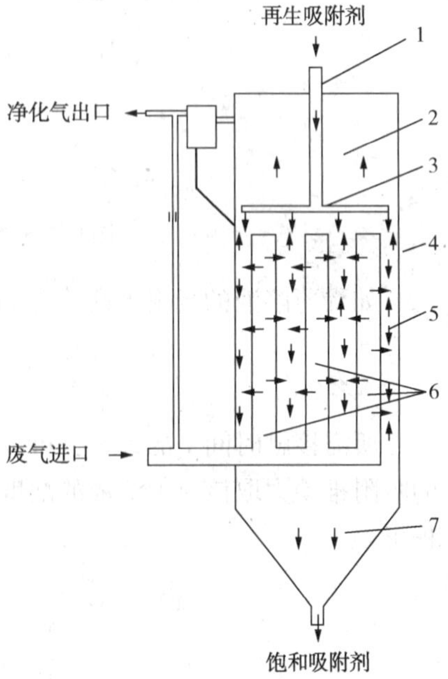

图 9.5.4　移动床吸附示意图

1—吸附剂进口；2—净化气体；
3—吸附剂分布装置；
4—吸附器筒体；5—移动的吸附剂；
6—气体分布装置；7—吸附饱和的吸附剂

二、接触过滤吸附计算

1. 单级吸附

以 L 和 S 分别表示溶液中溶剂的体积（m^3）和吸附剂的质量（kg），以 ρ 和 x 分别表示溶液中溶质的浓度（kg/m^3）和吸附剂中溶质的浓度（kg/kg），下标 0 和 1 分别表示接触前后的值。根据质量守恒定律，可得

$$L(\rho_0-\rho_1)=S(x_1-x_0) \tag{9.5.1}$$

则平衡吸附量

$$q_e=x_1-x_0=\frac{L}{S}(\rho_0-\rho_1) \tag{9.5.2}$$

接触过滤吸附操作流程和操作线如图 9.5.5 所示，从点 $A(x_0, \rho_0)$ 以 $(-S/L)$ 的斜率引出的直线与平衡曲线的交点 $B(x_1, \rho_1)$ 是釜内溶液与吸附经充分搅拌混合达到平衡后的状态点，直线 AB 即为该吸附过程的操作线。

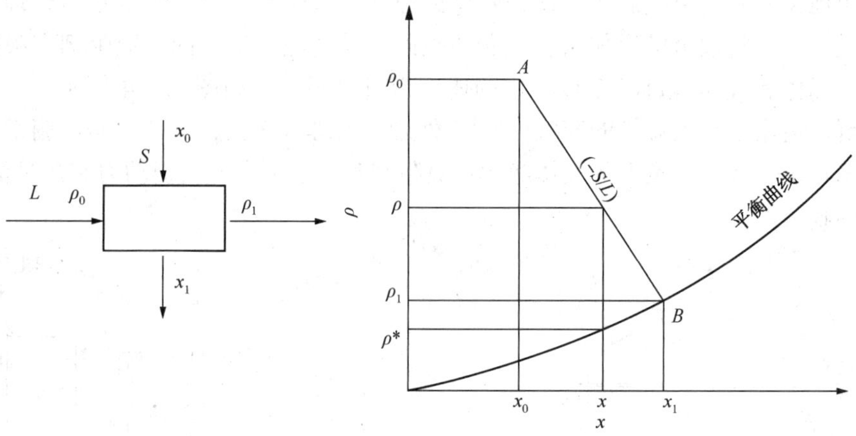

图 9.5.5　单级接触过滤吸附操作流程和操作线

如稀薄溶液的吸附平衡符合 Freundlich 方程，将式(9.5.1)代入式(9.3.3)，得

$$\frac{S}{L}=\frac{\rho_0-\rho_1}{k'\rho_1^{\ 1/n}} \tag{9.5.3}$$

所需接触时间 τ 的计算，可以根据第四节所述，对应于某一时刻吸附剂颗粒的吸附量 x 的吸附推动力取该时刻溶液的浓度 ρ 与 $\bar{q}$ 的平衡浓度 ρ^* 的差。由式(9.5.1)和吸附速率方程可得

$$-L\mathrm{d}\rho=S\mathrm{d}x \tag{9.5.4}$$

$$\frac{\mathrm{d}\bar{q}}{\mathrm{d}\tau}=K_F\frac{A_p}{\rho_p V_p}(\rho-\rho^*)=K_F a_s(\rho-\rho^*) \tag{9.5.5}$$

上两式中，$\bar{q}=x$；a_s 为单位质量的吸附剂所具有的传质面积，也是吸附剂的比表面积；K_F 为总括传质系数，吸附剂颗粒总量较少时，与液膜传质系数几乎相等。

由式(9.5.4)和式(9.5.5)可得

$$-\frac{\mathrm{d}\rho}{\mathrm{d}\tau}=K_F a_s\frac{S}{L}(\rho-\rho^*) \tag{9.5.6}$$

则

$$\tau=\frac{L}{K_F a_s S}\int_{\rho_0}^{\rho_1'}\left(-\frac{\mathrm{d}\rho}{\rho-\rho^*}\right) \tag{9.5.7}$$

按照 $(\rho_0-\rho_1')/(\rho_0-\rho_1)=0.95\sim0.98$ 取 ρ_1' 的值。

【例题 9.5.1】　向 $1\mathrm{m}^3$ 的着色溶液中投入 3kg 粒径 $d_p=300\mu\mathrm{m}$ 的活性炭进行吸附脱色。

该体系的平衡关系如图 9.5.6 所示，溶液的初始浓度(色度)为 0.2kg/m³。试求达到吸附平衡时溶液的浓度以及达到平衡脱色度 95%所需的接触时间。吸附剂颗粒外部液膜的 Sh 数为 2，溶液中色素物质的扩散系数为 $1\times10^{-5}cm^2/s$，活性炭颗粒密度为 $0.6g/cm^3$。

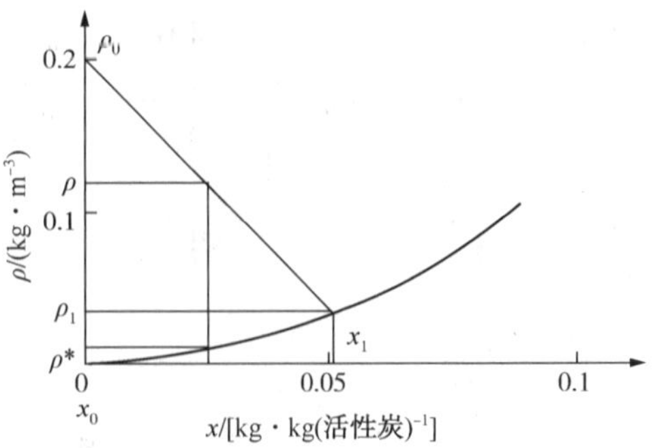

图 9.5.6 例题 9.5.1 附图

解：根据式(9.5.1)

$$L(\rho_0-\rho_1)=S(x_1-x_0)$$

将 $L=1m^3$，$S=3kg$，$\rho_0=0.2$，$x_0=0$ 代入上式得

$$1\times(0.2-\rho_1)=3\times(x_1-0)$$

从点($x_0=0$，$\rho_0=0.2$)作一条斜率为$-(S/L)=-3$ 的直线交于平衡线，得到平衡浓度 $\rho_1=0.038kg/m^3$。

已知 $Sh=\dfrac{kd}{D}=\dfrac{k\times300\times10^{-6}}{10^{-5}\times10^{-4}}=2$，则

$$k=\frac{2}{3\times10^5}m/s$$

$$a_s=\frac{1}{\rho_p}\times\frac{6}{d_p}=\frac{1}{600}\times\frac{6}{300\times10^{-6}}=\frac{100}{3}m^2/kg$$

由$\dfrac{\rho_0-\rho'_1}{\rho_0-\rho_1}=0.95$ 得 $\rho'_1=0.0461kg/m^3$

由式(9.5.7)，吸附接触时间 τ 可以表示为

$$\tau=\frac{L}{K_Fa_sS}\int_{\rho_0}^{\rho'_1}\left(-\frac{d\rho}{\rho-\rho^*}\right)$$

由图 9.5.6 可以求得

$$\int_{\rho_0}^{\rho'_1}\left(-\frac{d\rho}{\rho-\rho^*}\right)=2.1$$

代入上式，得

$$\tau=\frac{2.1L}{K_Fa_sS}$$

对于溶液的接触过滤吸附，可以认为是液膜扩散控制 $K_F\approx k$，代入上式，得

$$\tau=\frac{1\times2.1}{\dfrac{2}{3\times10^5}\times\dfrac{100}{3}\times3}=3150s=0.875h$$

2. 多级错流吸附

多级错流吸附是利用多个吸附级串联，在每级中吸附剂与料液呈错流接触的方式，实现对料液中目标物质的逐步吸附分离的操作。在每一级中，新鲜的吸附剂与经过前一级吸附后料液进行接触吸附，使料液中的目标物质不断被吸附到吸附剂上，从而提高吸附效率和分离效果。

多级错流吸附的操作流程和操作线如图 9.5.7 所示，每一级的物料衡算可以用单级吸附同

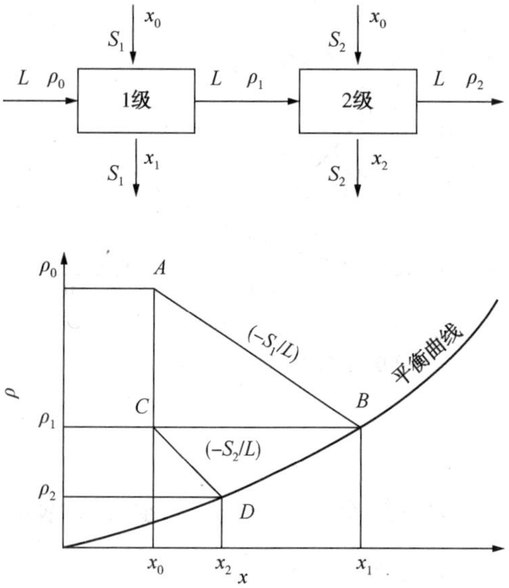

图 9.5.7　多级吸附操作流程图和操作线

样的形式表示，重复与单级吸附相同的操作，即可求得多级吸附后溶液及吸附剂中的溶质浓度。图 9.5.7中，A、B 两点分别表示第一级吸附过程的起止点(x_0, ρ_0)，(x_1, ρ_1)，AB 是第一级吸附的操作线，斜率为$(-S_1/L)$。C、D 两点分别表示第二级吸附过程的起止点(x_0, ρ_1)，(x_2, ρ_2)，且 C 点纵坐标与 B 点相同，表明第二级溶液的进口浓度等于第一级溶液的出口浓度。CD 是第二级吸附的操作线，斜率为$(-S_2/L)$，依此类推。每一级的操作线终点（如 B、D）均在平衡线上，说明每一级操作两相都是达到吸附平衡后才离开并进入下一级吸附操作。因每级使用的吸附剂用量不同，各级的操作线并不是平行的，只有每级使用相同的吸附剂用量，各级的操作线才是平行的。

当给定溶液中的原料溶液量、溶质浓度及要求出口浓度时，确定级数后，为计算各级使用的吸附剂用量，只能在图 9.5.7 上采用试算法求得。当吸附过程的相平衡关系符合 Freundlich 方程，并且在 $x_0=0$ 的情况下，可以通过直接计算求得。以二级吸附为例，有

$$\frac{S_1}{L}=\frac{\rho_0-\rho_1}{k'\rho_1^{\frac{1}{n}}},\quad \frac{S_2}{L}=\frac{\rho_1-\rho_2}{k'\rho_2^{\frac{1}{n}}}$$

$$\frac{S_1+S_2}{L}=\frac{1}{k'}\left(\frac{\rho_0-\rho_1}{\rho_1^{\frac{1}{n}}}+\frac{\rho_1-\rho_2}{\rho_2^{\frac{1}{n}}}\right) \tag{9.5.8}$$

为吸附剂用量之和最小，则式(2.5.8)对 ρ_1 的微分应等于 0，即

$$\frac{d\left(\dfrac{S_1+S_2}{L}\right)}{d\rho_1}=0$$

由上式得

$$\left(\frac{\rho_1}{\rho_2}\right)^{\frac{1}{n}}-\frac{\rho_0}{\rho_1 n}=1-\frac{1}{n} \tag{9.5.9}$$

ρ_1 为所求的第一级平衡浓度，由此可以计算出各级所需添加的吸附剂的量。

3. 逆流多级吸附

逆流多级吸附的操作流程如图 9.5.8 所示。对第 m 级进行物料衡算，得

$$L(\rho_{m-1}-\rho_m)=S(x_m-x_{m+1}) \tag{9.5.10}$$

对整个系统进行物料衡算，得

$$L(\rho_0-\rho_m)=S(x_1-x_{m+1}) \tag{9.5.11}$$

图 9.5.8 中，A、B 两点分别表示多级逆流吸附过程的起止点(x_1, ρ_0)，(x_{m+1}, ρ_m)，AB 是操作线，斜率为(S/L)。当给出 L，ρ_0，ρ_m，x_{m+1}时，只要确定了 S 或 x_1 中的一个，就可以求得另一个。

利用操作线和平衡线，可以求出需要的级数。级数的作图计算方法如下：由点

(x_1, ρ_0)向下作垂线与平衡曲线交于$C(x_1, \rho_1)$，由C点作水平线与操作线交于D点，得到(x_2, ρ_1)的值，即为第一级各自浓度的变化情况。重复作图，直至得到$\rho<\rho_m$的级数。当给定级数时，由于B点确定，过B点引不同斜率的操作线，用试算法求出(S/L)，从而确定S。

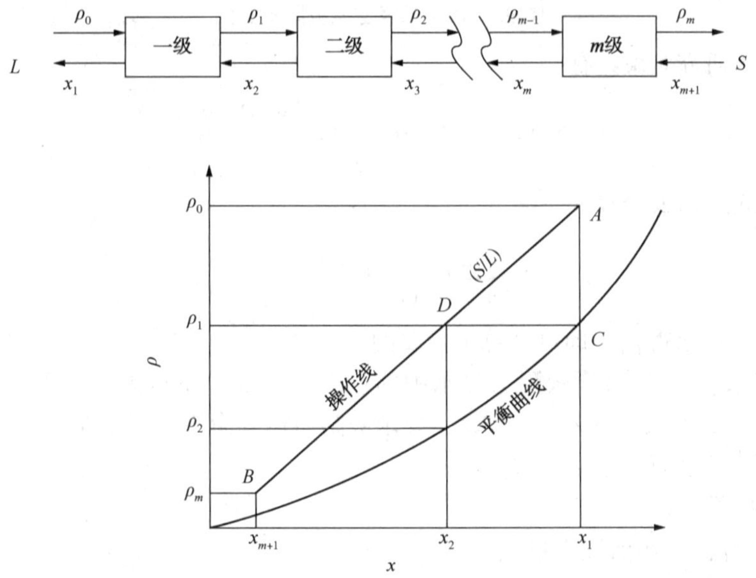

图 9.5.8　逆流多级吸附流程图和操作线

吸附剂用量的计算可以采用先计算最小吸附剂用量，然后根据实践经验取最小吸附剂用量的1.2~2.0倍。当减少吸附剂用量时，操作线逐渐向平衡线方向移动，当操作线与平衡线相交或相切时，(S/L)最小，即吸附剂用量之和最少，属于采用无限级数的吸附操作的情况。当平衡曲线为凹或直线时，操作线与平衡曲线的关系如图9.5.9(a)所示；当平衡曲线为凸，且ρ_0足够大时，如图9.5.9(b)所示，操作线为平衡曲线的切线。

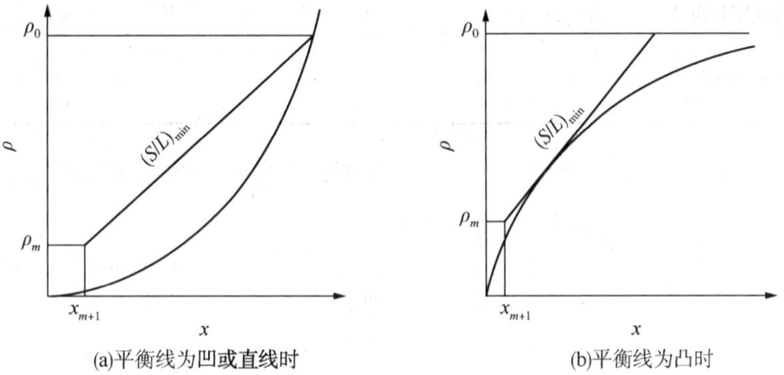

(a)平衡线为凹或直线时　　　　(b)平衡线为凸时

图 9.5.9　逆流多级吸附操作线与平衡曲线的关系

给定级数时，S可以通过试算法求出；但当平衡曲线符合Freundlich方程，并且$x_{m+1}=0$时，可以通过计算求得。

以二级逆流吸附为例进行计算，先画出二级逆流吸附示意图，如图9.5.10所示。

以整个体系为研究对象，若吸附剂为新鲜吸附剂，即$x_3=0$，有

$$S(x_1-x_3)=L(\rho_0-\rho_2)，\quad \frac{S}{L}=\frac{\rho_0-\rho_2}{k'\rho_1^{\frac{1}{n}}}$$

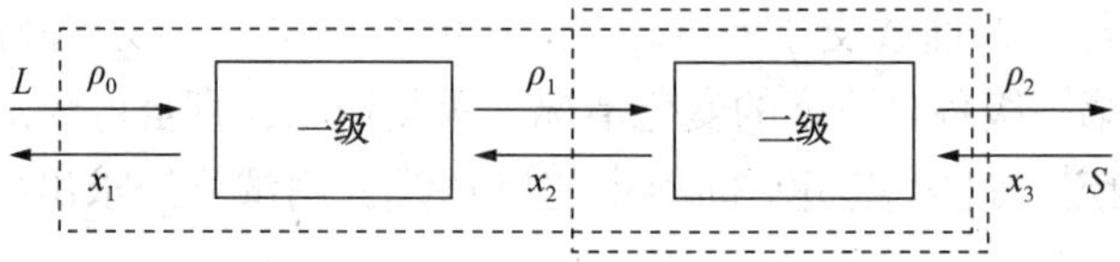

图 9.5.10　二级逆流吸附示意图

以第二级为研究对象，有

$$S(x_2-x_3)=L(\rho_1-\rho_2),\quad \frac{S}{L}=\frac{\rho_1-\rho_2}{k'\rho_2^{\frac{1}{n}}}$$

从以上两式中消去(S/L)，得

$$\frac{\rho_0}{\rho_2}-1=\left(\frac{\rho_1}{\rho_2}\right)^{\frac{1}{n}}\left(\frac{\rho_1}{\rho_2}-1\right) \tag{9.5.12}$$

由式(9.5.12)求得 ρ_1，即可计算出需要的 S。

【例题 9.5.2】 用活性炭吸附去除水中的色度，在 20℃下得到如下吸附实验数据。如果原水的色度为 20 色度单位/kg(原水)，要求吸附后色度为原来的 2.5%，试问下列操作中处理 1t 原水需要多少活性炭。

(1) 单级操作；

(2) 二级错流(最小活性炭量)；

(3) 二级逆流。

活性炭/[kg · kg(原水)$^{-1}$]	0	0.005	0.01	0.015	0.02	0.03
平衡时色度/[色度单位 · kg(原水)$^{-1}$]	20	10.6	6	3.4	2	1

解：首先建立吸附的等温线方程，将实验数据整理如下，用 Freundlich 吸附等线拟合。

平衡时色度 Y/[色度单位 · kg(原水)$^{-1}$]	20	10.6	6	3.4	2	1
单位质量活性炭吸附色度 X/[色度单位 · kg(C)$^{-1}$]	0	1880	1400	1107	900	633
$\ln Y$	—	2.36	1.79	1.22	0.69	0
$\ln X$	—	7.54	7.24	7.01	6.80	6.45

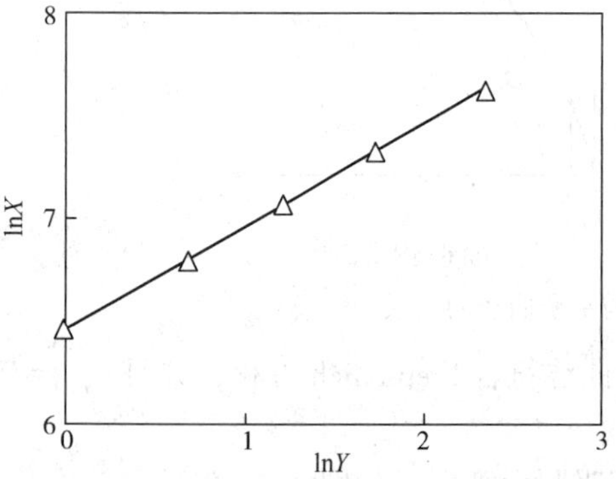

图 9.5.11　例题 9.5.2 附图

根据以上数据，作 $\ln X$-$\ln Y$ 直线，如图 9.5.11 所示。

由直线可知，用 Freundlich 吸附等温线可以很好地拟合。

直线的斜率 $1/n=0.4508$，所以 $n=2.22$；截距 $\ln k'=6.4617$，所以 $k'=640$，故吸附的等温线方程为 $X=640Y^{\frac{1}{2.22}}$。

(1) 单级操作：入口 $X_0=0$，$Y_0=20$，出口 $Y_1=20\times2.5\%=0.5$。由等温线方程 $X=640Y^{\frac{1}{2.22}}$，求得 $X_1=468$，由操作线方程 $L(Y_0-Y_1)=S(X_1-X_0)$，得

$$1000\times(20-0.5)=S(468-0)$$

求得 $S=41.7$kg，即单级操作所需活性炭的量为 41.7kg。

（2）二级错流：已知 $Y_2=0.5$，$Y_0=20$，$n=2.22$，$k'=640$

由 $\left(\frac{Y_1}{Y_2}\right)^{\frac{1}{n}}-\frac{Y_0}{nY_1}=1-\frac{1}{n}$

得 $\left(\frac{Y_1}{0.5}\right)^{\frac{1}{2.22}}-\frac{20}{2.22Y_1}=1-\frac{1}{2.22}$

通过试差法，求得 $Y_1=4.3$，所以

第一级：$\frac{S_1}{L}=\frac{Y_0-Y_1}{k'Y_1^{\frac{1}{n}}}=\frac{20-4.3}{640\times 4.3^{\frac{1}{2.22}}}=0.0127$

$$S_1=0.0127\times L=0.0127\times 1000=12.7\text{kg}$$

第二级：$\frac{S_2}{L}=\frac{Y_1-Y_2}{k'Y_2^{\frac{1}{n}}}=\frac{4.3-0.5}{640\times 0.5^{\frac{1}{2.22}}}=0.0081$

$$S_2=0.0081\times L=0.0081\times 1000=8.1\text{kg}$$

所以，$S=S_1+S_2=12.7+8.1=20.8\text{kg}$

即二级错流操作至少需要活性炭的量为 20.8kg。

（3）二级逆流：已知 $Y_2=0.5$，$Y_0=20$，$n=2.22$，$k'=640$

由 $\frac{Y_0}{Y_2}-1=\left(\frac{Y_1}{Y_2}\right)^{\frac{1}{n}}\left(\frac{Y_1}{Y_2}-1\right)$

得 $\frac{20}{0.5}-1=\left(\frac{Y_1}{0.5}\right)^{\frac{1}{2.22}}\left(\frac{Y_1}{0.5}-1\right)$

通过试差法，求得 $Y_1=6.6$，所以

$$\frac{S}{L}=\frac{Y_0-Y_2}{k'Y_0^{\frac{1}{n}}}=\frac{20-0.5}{640\times 6.6^{\frac{1}{2.22}}}=0.013$$

$$S=0.013\times L=0.013\times 1000=13\text{kg}$$

即二级逆流操作所需的活性炭的量为 13kg。

由以上计算可知，要到达同样的处理效果，需要的吸附剂量：二级逆流<二级错流<单级操作。

三、固定床吸附

固定床吸附是将吸附剂颗粒固定在吸附设备内，形成固定的床层。待处理的流体（气体或液体）以一定的流速通过床层，其中的吸附质分子在流动过程中与吸附剂表面接触，由于吸附剂与吸附质之间的分子间作用力，吸附质被吸附在吸附剂表面，从而实现流体中吸附质与其他组分的分离。

在固定床吸附器的吸附操作中，一般是混合气体从床层的一端进入，净化了的气体从床层的另一端排出。当床层内流体的流动状态为理想的活塞流、低溶质浓度或不考虑各组分间的干扰，并忽略吸附质在两相间的传质阻力时，流出吸附塔组分的浓度应答曲线和该组分的输入浓度曲线理论上应该是一致的。但在实际的固定床吸附体系中，由于流体的流动状态不是理想的活塞流，床层内两相间存在传质阻力和轴向弥散，加上各组分吸附等温线的影响，使得浓度应答曲线和输入浓度曲线并不完全一致。

1. 固定床吸附过程中的几个基本概念

(1) 吸附区和穿透点

假设有一种初始浓度为 ρ_0 的流体从床层上方连续通过吸附塔，最初的吸附发生在床层的最上层，吸附质被迅速有效地吸附，吸附剂很快趋于饱和。大部分吸附质的吸附发生在一个比较窄的区域内，即吸附区(Adsorption Zone)，该区域内的浓度急剧变化，残余的小部分吸附质向下层移动。当连续向床层通入流体时，吸附区逐渐下移，但其移动速度远小于流体的通过速度，当吸附区的下端达到床层底部时，出口流体的浓度急剧升高，这时对应的点称为穿透点(Break Point)。然后，出口流体的浓度不断增大，当吸附区的上端通过床层底部时，出口流体浓度等于初始浓度。此时，整个吸附塔都成为饱和区，失去了吸附能力，有待于解吸再生，固定床吸附器中的吸附传质过程如图 9. 5. 12(a)所示。

(2) 穿透曲线

以流出流体量或流出时间为横坐标、出口流体浓度为纵坐标得到的浓度变化曲线称为穿透曲线(Breakthrough Curve)，如图 9. 5. 12(b)所示。当吸附区为无限薄层时，穿透曲线为一条垂线，一般情况下为一条呈 S 形的曲线，不同情况下 S 形曲线的倾斜度各异。穿透点只有通过实验才能准确求得。图中取浓度急剧上升点为穿透点，穿透曲线的终点取接近初始浓度的 S 形曲线上端的拐点。

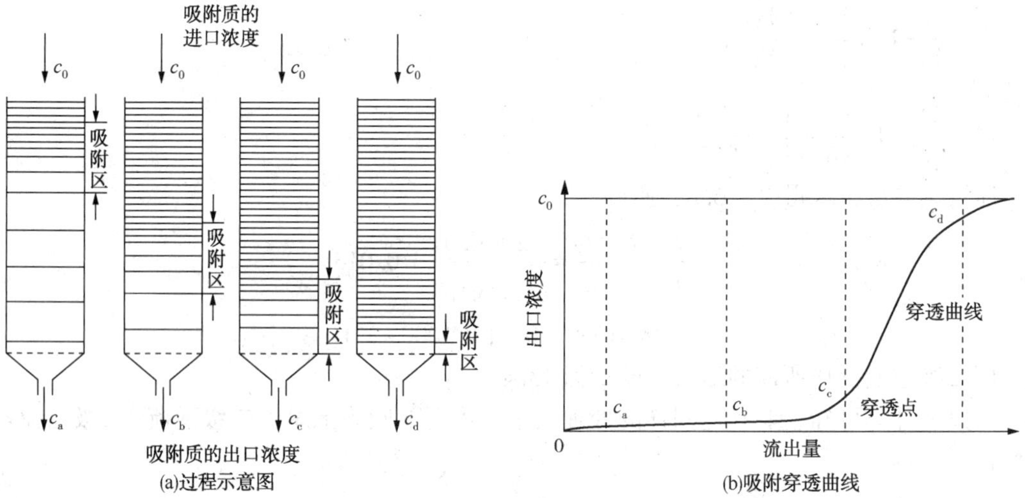

图 9. 5. 12　固定床吸附器吸附传质过程示意图及吸附穿透曲线

(3) 吸附负荷曲线

在实际操作中，对于一个固定床吸附器，气体以等速进入床层，气体中的吸附质就会被吸附剂所吸附，吸附一定时间后，吸附质在吸附剂上就会有一定的浓度，该浓度称为该时刻的吸附负荷。如果把这一瞬间床层内不同截面上的吸附负荷对床层的长度(或高度)作一条曲线，即得到吸附负荷曲线。也就是说，吸附负荷曲线是吸附床层内吸附质浓度随床层长度变化的曲线。

在理想状态下，若床层完全没有阻力，吸附会在瞬间达到平衡，即吸附速率无穷大，则在床层内所有断面上的吸附负荷均为一个相同的值，吸附负荷曲线将是一条直角型的折线。但在实际情况下这是不可能发生的，在实际操作中由于床层中存在阻力，在某一瞬间床层内各个截面上的吸附负荷会有差异，这时所绘制的曲线将是图 9. 5. 13 所示的吸附负荷曲线。图中把曲线分成了三个区域，饱和区、传质区和未用区。吸附负荷曲线是随着吸附时间的增长而变化的，如果经过一段时间的吸附，绘制另一时刻的吸附负荷曲线时，会发现曲线前进到了Ⅱ线的位置，所以吸附负荷曲线又可以被称为吸附波或吸附前沿。当吸附波的下端到达床层末端时，说明已有吸附质逸出，这时床层被穿透。

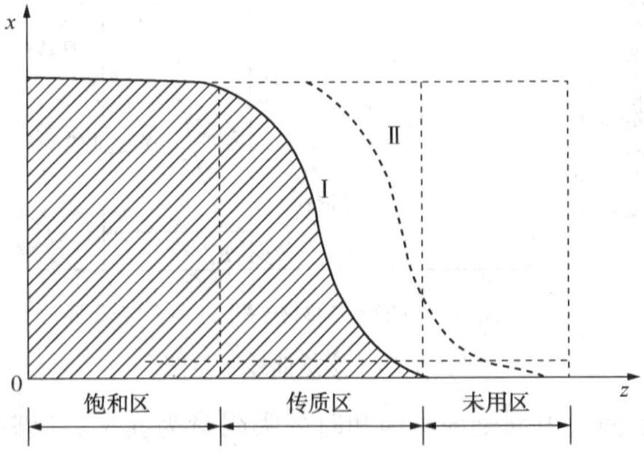

图 9.5.13　吸附负荷曲线

(4) 穿透时间

穿透时间是固定床吸附器的有效工作时间，它定义为从吸附操作开始到床层被穿透所经历的时间。达到穿透点时，床层内的吸附剂还没有完全饱和；当混合气体继续穿过床层时，出口流体浓度持续升高，当出口流体浓度与进口浓度相等时，达到穿透终点，此时床层内的吸附剂达到完全饱和，失去了吸附能力。在实际操作中，一旦达到穿透点，就应该停止操作，切换到另一吸附床，穿透了的吸附床进入脱附再生阶段。

2. 固定床吸附过程的计算

固定床吸附器结构简单，但由于气体吸附过程是气-固传质，对任一时间或任一颗粒来说都是不稳定过程，因此固定床吸附器的吸附操作是非稳态的，计算过程非常复杂，一般涉及物料衡算方程、吸附等温线方程和传热速率方程及热量衡算方程。而在气态污染物的吸附净化设计中，由于所涉及的物系是低浓度的气态混合物，且气量一般比较大，吸附热相对较小，因此可近似地按等温过程处理，可不考虑传热速率方程和热量衡算方程。这样在设计过程中可采用简化的方法进行近似计算，计算时往往提出如下假设：①气相中吸附质浓度低；②吸附操作在等温下进行；③传质区通过整个床层时长度保持不变；④床层长度比传质区长度大得多。这些简化条件对目前工业上应用的固定床吸附器来说，基本是符合的。设计中较常采用希洛夫近似计算法和透过曲线计算法。计算过程一般是在吸附剂选择、吸附设备选择和吸附效率确定之后进行的。设计计算的任务是求出固定床吸附器的床层直径和高度、吸附剂的用量、穿透时间、循环周期、床层压降等。

(1) 穿透曲线法

Michaels 提出了稀薄条件下，等温吸附曲线对于溶液浓度轴为凹形，床层填充高度相对于吸附区高度足够大的情况下，穿透时间的计算方法。

浓度为 ρ_0[kg(吸附质)/m^3]的溶液以 L[m^3/(s·m^2)]的速率流入填充高度为 z(m)的固定床吸附塔，任意时间不含溶质的溶剂流量为 α(m^3/m^2)，ρ_B 为穿透点浓度，ρ_E 为穿透曲线的终点浓度，α_B 出口处溶质浓度达到 ρ_B 时的流量，α_a 为吸附区移动了吸附区高度 z_a 区间的流量。图 9.5.14 中 B、E 间吸附剂的剩余吸附量 W(kg/m^2)可以表示为

$$W=\int_{\alpha_B}^{\alpha_E}(\rho_0-\rho)\mathrm{d}\alpha \tag{9.5.13}$$

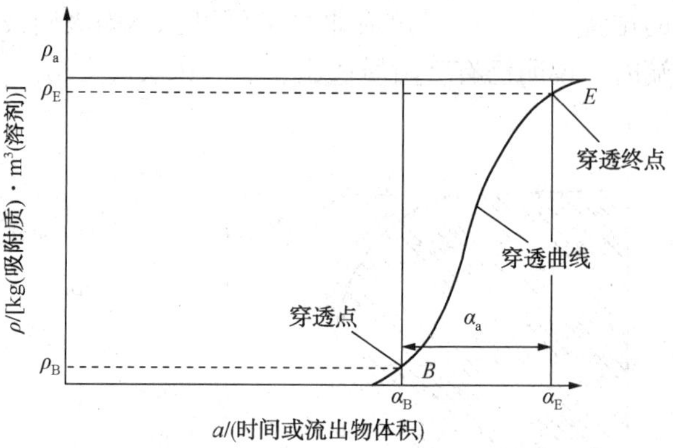

图 9.5.14　穿透曲线示意图

吸附区(传质区)中的吸附剂全部被饱和时的吸附量为 $\rho_0\alpha_a$，吸附区的吸附剂剩余吸附剂量与饱和吸附量之比 f 可以表示为

$$f=\frac{W}{\rho_0\alpha_a}=\frac{\int_{\alpha_B}^{\alpha_E}(\rho_0-\rho)\mathrm{d}\alpha}{\rho_0\alpha_a} \tag{9.5.14}$$

设床层的填充密度为 ρ_b(kg/m^3)，与 ρ_0 平衡的吸附浓度为 x_0[kg(溶质)/kg(吸附剂)]，则单位面积吸附塔全部被饱和时的吸附量可以表示为 $z\rho_b x_0$(kg/m^2)，而单位面积传质区吸附剂全部被饱和时的吸附量也可表示为 $z_a\rho_b x_0$(kg/m^2)。则穿透点时吸附塔内吸附剂的吸附量(kg/m^2)为

$$(z-z_a)\rho_b x_0+z_a\rho_b x_0(1-f)=(z-z_a f)\rho_b x_0$$

穿透点吸附剂的饱和度为

$$\text{饱和度}=\frac{(z-z_a f)\rho_b x_0}{z\rho_b x_0}=\frac{z-fz_a}{z} \tag{9.5.15}$$

(2) 韦伯(Weber)法

在实际吸附操作过程中，吸附区是沿吸附塔逐渐向下移动的。假设吸附区停留在吸附塔高度方向的某一位置，而吸附塔以一定速度沿着与溶液流向相反的方向移动(图 9.5.15)。当吸附塔高度与吸附区高度相比足够大时，从塔顶部移出的吸附剂中的吸附质与溶液中的吸附质达到平衡，从塔底部流出的溶液中吸附质浓度为 0。

对吸附塔进行物料衡算，得

$S(x_0-0)=L(\rho_0-0)$，即

$$\frac{S}{L}=\frac{\rho_0}{x_0} \tag{9.5.16}$$

式中　S——吸附剂的供给速率，kg(吸附剂)/(s·m^2)；

L——溶液的流动速率，m^3(溶剂)/(s·m^2)；

x_0——吸附剂中吸附质浓度，kg(吸附质)/kg(吸附剂)；

ρ_0——溶液中溶质浓度，kg(溶质)/m^3(溶剂)。

针对吸附区微小高度 dz，溶液中溶质的浓度变化为

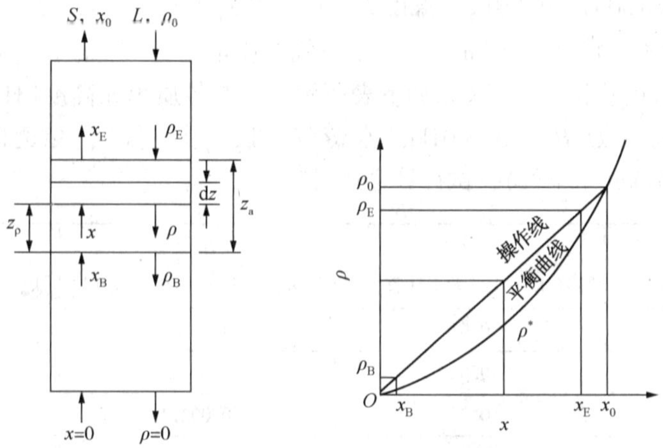

图 9.5.15　吸附区物料平衡示意图

$-Ld\rho=Sdx$，则有

$$-Ld\rho=SK_{Fa}(\rho-\rho^*)dz \tag{9.5.17}$$

式中　ρ^*——对应操作线的浓度 ρ 的平衡浓度，kg/m³；

K_{Fa}——吸附过程中的总括传质容量系数。

则吸附塔的填充高度

$$z=\frac{L}{SK_{Fa}}\int_{\rho_0}^{0}-\frac{d\rho}{\rho-\rho^*} \tag{9.5.18}$$

传质区的高度

$$z_a=\frac{L}{SK_{Fa}}\int_{\rho_E}^{\rho_B}-\frac{d\rho}{\rho-\rho^*} \tag{9.5.19}$$

假设传质区由若干个传质单元组成，各传质单元的传质单元高度为 HTU_0，传质单元数为 N_0，令

$$HTU_0=\frac{L}{SK_{Fa}} \tag{9.5.20}$$

$$N_0=\int_{\rho_E}^{\rho_B}-\frac{d\rho}{\rho-\rho^*} \tag{9.5.21}$$

则

$$z_a=HTU_0\cdot N_0 \tag{9.5.22}$$

当给定传质单元高度$[HTU]_0$时，即可以求出 z_a 的值。在 z_a 高度中浓度为 ρ 的层高用 z_ρ 表示，则

$$\frac{z_\rho}{z_a}=\frac{\alpha-\alpha_B}{\alpha_a}=\frac{\int_{\rho}^{\rho_B}-\frac{d\rho}{\rho-\rho^*}}{\int_{\rho_E}^{\rho_B}-\frac{d\rho}{\rho-\rho^*}} \tag{9.5.23}$$

用面积积分法求解式(9.5.23)，分别以 ρ/ρ_0 和$(\alpha-\alpha_B)/\alpha_a$ 为纵横坐标，可以作出穿透曲线。由穿透曲线和式(9.5.14)可以求出 f 的值，进而计算出穿透点吸附剂的饱和度。由于流入的溶剂量已知，可以计算达到该饱和度所需的穿透时间。

【例题 9.5.3】 30℃、0.1MPa、湿度 $H_0=0.003$kg(水蒸气)/kg(干空气)的空气通过硅胶填充塔脱湿。填充层厚度为 0.7m，通入干空气的质量流量 450kg/(h·m²)，硅胶填充密度为 600kg/m³。所用硅胶的平衡关系如下表所示。已知传质单元高度 $[HTU]_0=0.02$m。设该硅胶填充塔的穿透点 $H_B=0.0001$kg(水蒸气)/kg(干空气)，穿透曲线的终点 $H_E=0.0025$kg(水蒸气)/kg(干空气)，试计算穿透时间。

H^*/[kg(水蒸气)·(干空气)$^{-1}$]	x/[kg(水)·kg(无水硅胶)$^{-1}$]	H^*/[kg(水蒸气)·(干空气)$^{-1}$]	x/[kg(水)·kg(无水硅胶)$^{-1}$]
0.0001	0.01	0.0014	0.06
0.0002	0.02	0.00167	0.07
0.0004	0.03	0.00213	0.08
0.00065	0.04	0.0026	0.09
0.0010	0.05	0.0030	0.096

对应塔顶 $H_0=0.0030$ 的硅胶的平衡表查得 $x_0=0.096$，填充层及吸附区数据如图 9.5.16 所示，平衡曲线及操作线如图 9.5.17 所示。

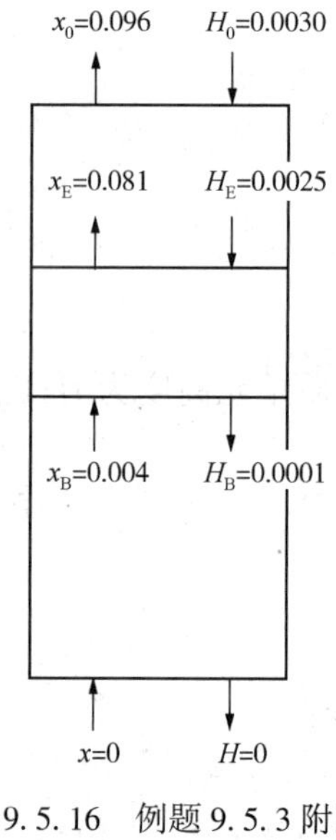

图 9.5.16 例题 9.5.3 附图 1

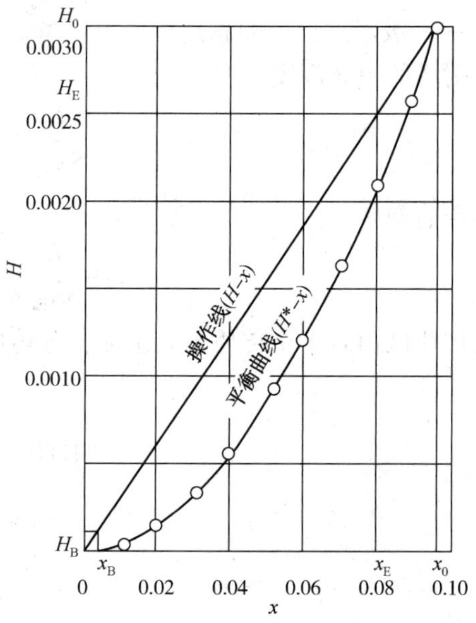

图 9.5.17 例题 9.5.3 附图 2

H	H^*	$1/(H-H^*)$	$\int_H^{H_B} \frac{dH}{H-H^*}$	$(\alpha-\alpha_B)/\alpha_a$	H/H_0
0.0001	0.00003	14300	0	0	0.0333
0.0002	0.00005	6670	0.985	0.171	0.0667
0.0004	0.00014	3850	1.99	0.346	0.133
0.0006	0.00023	2700	2.60	0.452	0.200
0.0009	0.00037	1890	3.24	0.562	0.300
0.0012	0.00063	1755	3.75	0.650	0.400

H	H^*	$1/(H-H^*)$	$\int_H^{H_B} \frac{dH}{H-H^*}$	$(\alpha-\alpha_B)/\alpha_a$	H/H_0
0.0015	0.00088	1615	3.94	0.684	0.500
0.0018	0.00125	1820	4.39	0.761	0.600
0.0021	0.00160	2000	4.91	0.852	0.700
0.0023	0.00188	2380	5.30	0.920	0.767
0.0025	0.00213	2700	5.76	1.000	0.833

解：各种计算数据见上表。

表中第1列和第2列由图9.5.17求得，第4列由 H 对 $1/(H-H^*)$ 的面积积分求得。第5列由式(9.5.23)求得，例如：第5列第2行 0.985/5.76=0.171。

分别以第5列和第6列数据为横纵坐标作图，得到如图9.5.18所示的穿透曲线。

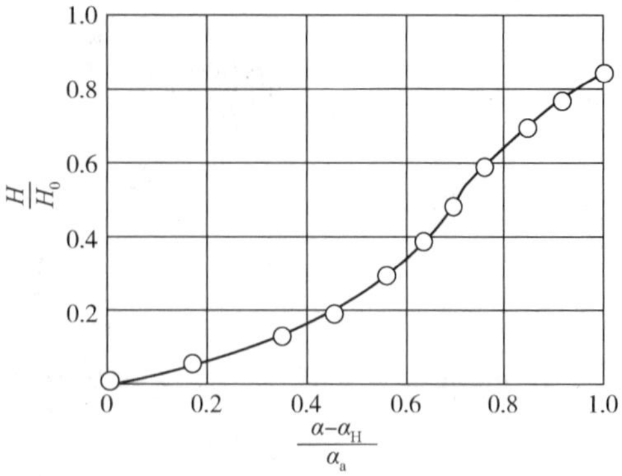

图9.5.18　例题9.5.3附图3

由式(9.5.14)，f 为穿透曲线左上部分的面积积分，即

$$f=\int_0^{1.0}\left(1-\frac{H}{H_0}\right)\mathrm{d}\left(\frac{\alpha-\alpha_B}{\alpha_a}\right)=0.665$$

由式(9.5.21)，$N_0=5.76$ 为第4列最下面一行的数据，则吸附区高度 z_a 由下式求得

$$z_a=\mathrm{HTU}_0\cdot N_0=0.02\times5.76=0.115\mathrm{m}$$

由式(9.5.15)可得

$$饱和度=\frac{z-fz_a}{z}=\frac{0.7-0.665\times0.115}{0.7}=0.891$$

填充的硅胶量为

$$600\times0.7=420\mathrm{kg/m^2}$$

吸附塔的饱和度为89.1%，硅胶可能吸附流入空气的水分为

$$420\times0.891\times0.096=35.9\mathrm{kg}(水)/\mathrm{m^2}(床层断面)$$

空气带入的水蒸气量为

$$450\times0.003=1.35\mathrm{kg/(h\cdot m^2)}$$

因此，穿透时间可以由下式求得

$$穿透时间=\frac{35.9}{1.35}=26.6\mathrm{h}$$

（3）Bohart-Adms 法

在一定的初始浓度、空床速度和达到一定的穿透浓度的条件下，固定床的床高和穿透时间呈直线关系，该关系式称为 Bohart-Adms 公式。利用该公式可以较方便地计算穿透时间。这种方法又称 BDST 法(Bed Depth Service Time)。

$$t_b=\frac{N_0z}{\rho_0v}-\frac{1}{\rho_0K}\ln\left(\frac{\rho_0}{\rho_B}-1\right) \tag{9.5.24}$$

式中　t——穿透时间，h；

N_0——吸附剂的动态吸附量，kg/m^3；

Z——床高，m；

ρ_0——入口料液中吸附质浓度，kg/m^3；

v——空床线速度，m/h；

K——比例系数，$m^3/(kg \cdot h)$

ρ_B——穿透浓度，kg/m^3。

Bohart-Adams 公式可简写为

$$t_b = Bz - A \tag{9.5.25}$$

式中　$B=\dfrac{N_0}{\rho_0 v}$，$A=\dfrac{1}{\rho_0 K}\ln\left(\dfrac{\rho_0}{\rho_b}-1\right)$。

思考题与习题

9.1　在一定温度下，对某吸附体系进行实验，得到吸附量与吸附质平衡浓度的数据如下：

$q/[mg \cdot g(吸附剂)^{-1}]$	10	18	24	28	30
$c/mg \cdot L^{-1}$	1	2	3	4	5

试用 Freundlich 吸附等温线模型进行拟合，求该模型里的常数 k 和 n 的值。

9.2　某固定床吸附器，床层体积为 $0.5m^3$，装填的吸附剂堆积密度为 $800kg/m^3$。已知吸附剂对某污染物的平衡吸附量为 50mg/g，当处理含该污染物浓度为 100mg/L 的废水时，求该吸附器理论上能处理的废水体积(假设吸附剂完全饱和，忽略其他因素影响)。

9.3　用某吸附剂处理含重金属离子的废水，初始废水体积为 100L，重金属离子浓度为 50mg/L。经过一段时间吸附后，取 10mL 处理后的水样，测得其中重金属离子浓度为 5mg/L。已知加入的吸附剂质量为 100g，求该吸附剂对重金属离子的吸附量。

9.4　某吸附过程，在 300K 时，吸附质在气相中的分压为 0.1MPa，吸附量为 20mmol/g，当分压增加到 0.2MPa 时，吸附量变为 30mmol/g。假设该吸附过程符合 Langmuir 吸附等温线，求饱和吸附量和吸附平衡常数。

9.5　常压和 30℃下，用活性炭吸附回收某厂废气中的丙酮蒸气，废气中丙酮含量为 11.6%(体积分率)，若其吸附等温线符合朗格缪尔方程(q_m=0.80g 丙酮/g 活性炭，$b=0.25\times 10^{-3}Pa^{-1}$)。试求：(1)若废气量为 $1000m^3/h$，要吸附其中丙酮的 99%需要多少 kg 活性炭？(2)用饱和蒸气脱附，直至离开的气流中丙酮含量降至 0.16%(体积)，丙酮的回收率是多少？

9.6　用活性氧化铝作为吸附剂的固定床吸附器，床层直径为 1.1m，处理气量为 $0.245m^3/s$，吸附剂为柱形，直径 3mm，柱高 4.2mm，填充空隙率为 0.55，气体吸附温度为 20℃，试计算气体通过吸附床压降为多少？

9.7　有一处理油漆溶剂的活性炭吸附罐，装填厚度为 0.8m，活性炭对溶剂的净活性为 13%，填充密度为 436kg/m^3，吸附罐的死层为 0.16m，气体流速为 0.2m/s，气体含溶剂浓度为 700mg/m^3，试问该吸附器的保护作用时间为多长？

9.8　常压和 25℃下某车间每小时排放 10^4m^3 的废气中含有 0.2632%(体积)的 H_2S，拟用分子筛脱除 99%的 H_2S 分子，分子筛的堆积密度为 730kg/m^3，吸附塔操作周期为：吸附 5h，脱附再生 2h，冷却 1h，试确定饱和吸附量为 30%(质量分率)时分子筛用量和吸附塔尺寸。

9.9　25℃，101.3kPa 下，甲醛气体被活性炭吸附的平衡数据如下：

q/[g(气体)·g(活性炭)$^{-1}$]	0.11	0.17	0.23	0.31	0.38
V/(dm^3·kg^{-1})	1.12	1.31	1.46	1.66	1.88

试判断吸附类型，并求吸附常数。

9.10　在 273.15K 时，用钨粉末吸附正丁烷分子的数据如下：

p/p_0	0.05	0.11	0.17	0.23	0.31	0.38
V/(dm^3·kg^{-1})	0.86	1.12	1.31	1.46	1.66	1.88

已知正丁烷分子的截面积为 47.8×10^{-20}m^2，试计算钨粉末的比表面积。

9.11　某多级错流吸附系统，有三级吸附。每级加入的新鲜吸附剂质量均为 m，处理含目标物质浓度为 c_0 的料液，各级吸附后料液中目标物质浓度分别为 c_1、c_2、c_3。已知该吸附剂对目标物质的吸附平衡关系为 $q=kc$(k 为常数)，求 c_3 与 c_0、m、k 之间的关系(假设各级吸附均达到平衡，且忽略料液体积变化)。

第十章 膜 分 离

第一节 概 述

一、膜分离过程的分类

膜分离是以具有选择透过功能的薄膜为分离介质，通过在膜两侧施加一种或多种推动力(压力差、浓度差、电位差等)，由于溶液中各组分透过膜的迁移速率不同，原料中的某组分选择性地优先透过膜，从而达到混合物分离并实现产物的提取、浓缩、纯化等目的。

膜分离过程有多种，不同的分离过程所采取的膜及施加的推动力不同。表 10.1.1 列出了几种工业应用膜过程的基本特征及适用范围。

表 10.1.1 几种工业应用膜过程的基本特征

膜过程	膜材料	推动力	传递机理	透过物	截留物
微滤	对称微孔膜，0.05~10μm	压力差 0.015~0.2MPa	筛分	水、溶剂溶解物	悬浮物微粒、细菌
超滤	不对称微孔膜，0.01~0.05μm	压力差 0.1~1MPa	微孔筛分	溶剂、离子及小分子	生物大分子
纳滤	复合膜，1~10nm	压力差 0.35~1.6MPa	微孔筛分	水，一价离子	有机物，多价离子
反渗透	致密膜、复合膜，0.1~1nm	压力差 2~10MPa	优先吸附、毛细孔流动	水	溶剂、溶质大分子、离子
渗析	对称膜或不对称膜	浓度差	扩散	低相对分子质量溶质、离子	溶质相对分子质量>1000
电渗析	离子交换膜	电位差	反离子迁移	离子	同名离子、水分子
气体分离	致密膜	压力差 1.0~10MPa	筛分、溶解-扩散	气体	难渗气体
渗透气化	致密膜	压力差	溶解-扩散	蒸气	难渗液体

微滤(Microfiltration)、超滤(Ultrafiltration)、纳滤(Nanofiltration)与反渗透(Reverse Osmosis)都是以压力差为推动力的膜分离过程。当在膜两侧施加一定的压差时，可使混合液中的一部分溶剂及小于膜孔径的组分透过膜，而微粒、大分子、盐等被截留下来，从而达到分离的目的。这四种膜分离过程的主要区别在于被分离物质的大小和所采用膜的结构和性能不同。微滤的孔径范围为 0.05~10μm，压力差为 0.015~0.2MPa，可用于截留细菌，悬浮物等；超滤的孔径范围为 0.01~0.05μm，压力差为 0.1~1MPa，可用于过滤乳化油，颜料，胶体等；反渗透的孔径范围为 0.1~1nm，常用于截留溶液中的盐、金属离子、矿物质等小分子物质，压力差与溶液中的溶质浓度有关，一般为 2~10MPa；纳滤的孔径范围为

1~10nm，介于反渗透和超滤之间，脱盐率及操作压力通常比反渗透低，一般用于分离溶液中相对分子质量为几百至几千的物质，如糖、染料、表面活性剂、矿物质等。

电渗析是在电场力作用下，溶液中的反离子发生定向迁移并通过膜，以去除溶液中离子的一种膜分离过程。所采用的膜为荷电的离子交换膜。目前电渗析已大规模用于苦咸水脱盐、纯净水制备等，也可以用于有机酸的分离与纯化。膜电解与电渗析在传递机理上相同，但存在电极反应，主要用于食盐电解生产氢氧化钠及氯气等。

气体分离是根据混合气体中各组分在压力差推动下透过膜的渗透速率不同，实现混合气体分离的一种膜分离过程。可用于空气中氧、氮的分离，合成氨中的氮、氧分离，以及天然气中二氧化碳、甲烷的分离。

渗透气化与蒸汽渗透的基本原理是利用被分离混合物中某组分有优先选择透过膜的特点，使进料侧的优先组分透过膜，并在膜下游侧气化去除。渗透气化和蒸汽渗透过程的差别仅在于进料的相态不同，前者为液态进料，后者为气相进料。这两种膜分离技术还处在开发之中。

二、膜分离特点

与传统膜分离技术相比，膜分离技术具有以下特点：

① 膜分离过程不发生相变，与其他方法相比能耗较低，能量的转化效率高；

② 膜分离过程可在常温下进行，特别适合对热敏感物质的分离；

③ 膜分离是物理过程，通常不需要投加其他物质，可节省化学药剂，且不改变分离物质原有的属性；

④ 膜分离的选择性较高，在膜分离过程中，分离和浓缩同时进行，有利于回收有价值的物质；

⑤ 膜分离装置简单，易于放大，可实现连续分离，适应性强，操作容易且易于实现自动控制。

因此，膜分离技术在化学工业、食品工业、医药工业、生物工程、石油、环境领域等得到广泛应用，而且随着膜技术的发展，其应用领域还在不断扩大。

三、膜种类

膜是膜分离过程的核心。根据膜的性质、来源、相态、材料、用途、形状、分离机理、结构、制备方法等的不同，膜有不同的分类方法。

1. 按分离机理分类

主要有反应膜、离子交换膜、渗透膜等。

反应膜是一种能在膜表面或膜内进行化学反应的功能性膜材料。其工作原理基于膜的高比表面积和选择性透过性，反应物通过膜的扩散传质作用到达反应位点，在膜上或膜内发生化学反应，生成的产物再通过膜扩散离开反应区域。这种反应与分离耦合的特性，使得反应过程更加高效、可控。

离子交换膜主要用于荷电物质(通常指电解质)的分离。基本原理是利用阴、阳离子交换膜的选择透过性来分离或浓缩溶液中的电解质。按离子选择性又可分为阳离子交换膜和阴离子交换膜。

扩散性膜也称为“渗透膜”，是一种具有微细多孔结构的金属膜片。微孔可限制普通气流，而容许扩散流通过，因此可以利用质量差异来进行同位素分离。它的研制是气体扩散的主要技术关键。

2. 按膜的性质分类

主要有天然膜和合成膜(有机膜和无机膜)。

天然高分子膜以天然高分子材料为基础，经加工制成，具有独特性能与广泛应用。醋酸纤维膜、硝酸纤维膜和再生纤维素膜是其中典型代表。

合成有机膜是由高分子材料做成的，如芳香族聚酰胺、聚醚砜、聚氟聚合物等。

无机膜是固态膜的一种，它是由无机材料，如金属、金属氧化物、陶瓷、沸石、无机高分子材料等制成的半透膜。无机膜可分为致密膜和多孔膜两种。

3. 按膜的形状分类

有平板膜、管式膜、螺旋卷式膜和中空纤维膜。

平板式膜组件的结构与常用的板框压滤机类似，由膜、支承板、隔板交替重叠组成。滤膜复合在刚性多孔支承板上，料液从膜面流过时，透过液从支承板的下部孔道中汇集排出。为减小浓差极化，滤板的表面为凸凹形，以形成湍动，浓缩液从另一孔道流出收集。平板膜的表面积大，料液流通截面较大，不易堵塞；组装方便，同一设备可视生产需要组装不同数量的膜；易于更换膜，清洗容易；但其需密封的边界线长，适于微滤、超滤。平板式膜组件的结构如图 10.1.1 所示。

管式膜组件由管式膜制成，管内与管外分别走料液与透过液，管式膜的排列形式有列管、排管或盘管等。管式膜结构简单，适应性强，压力损失小，透过量大，清洗安装方便，可耐高压，适宜处理高黏度及稠厚液体，但其单位体积膜组件的膜表面积小，一般比表面积仅为 33~300m^2/m^3，保留体积大，压力降大，除特殊场合外，一般不被使用。管式膜组件如图 10.1.2 所示。

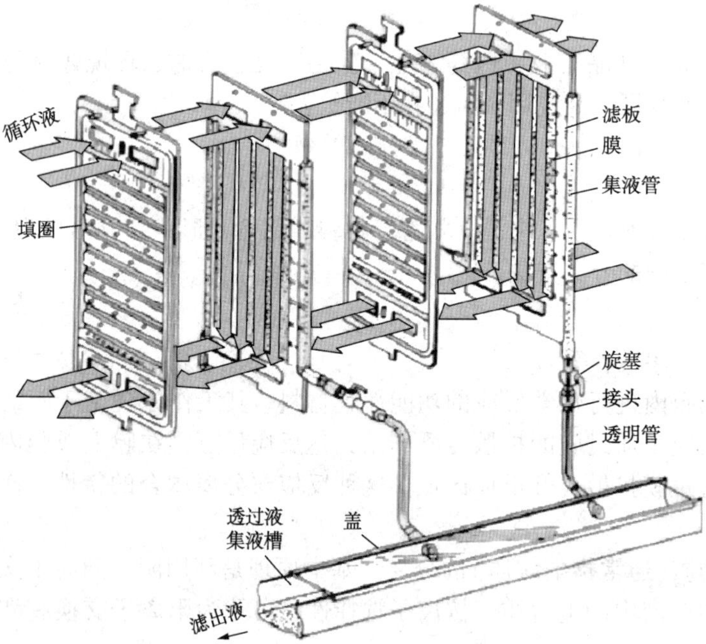

图 10.1.1　平板式膜组件

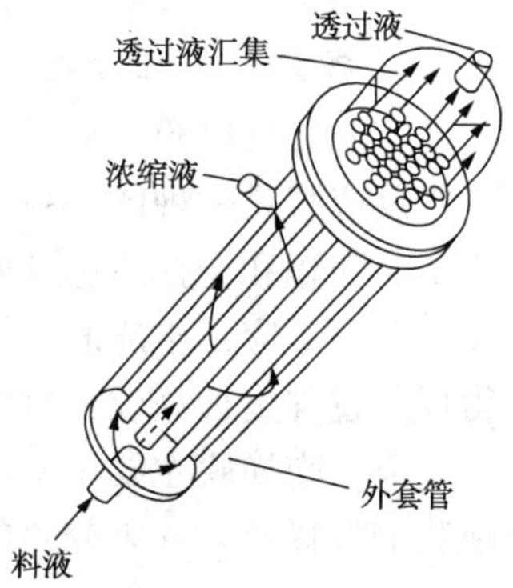

图 10.1.2　管式膜组件

螺旋卷式膜组件是将膜、支撑材料、膜间隔材料依次叠好，围绕一中心管卷紧即成一个膜组。料液在膜表面通过间隔材料沿轴向流动，透过液沿螺旋形流向中心管。目前螺旋卷式膜组件应用比较广泛，与平板式相比，螺旋卷式膜的设备比较紧凑，单位体积内的膜面积大，湍流情况好，但制造装配要求高，清洗检修不方便，不能处理悬浮液浓度较高的料液，可用于反渗透。螺旋卷式膜组件见图 10.1.3。

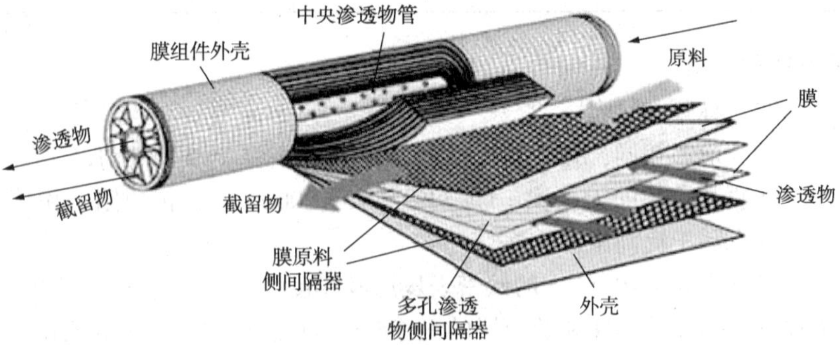

图 10.1.3　螺旋卷式膜组件

中空纤维膜组件由成千上万根中空纤维膜固定在圆形容器内构成，内径为 40～80μm。中空纤维膜的外形像纤维状，具有自主支撑作用的膜。它是非对称膜的一种，其致密层可位于纤维的外表面，如反渗透膜，也可位于纤维的内表面，如微滤和超滤膜。中空纤维膜组件的设备紧凑，单位设备体积内的膜面积大，高达 16000～30000m^2/m^3，但由于其内径小，阻力大，易堵塞，膜污染难除去，因此对料液处理要求高。中空纤维膜组件如图 10.1.4 所示。

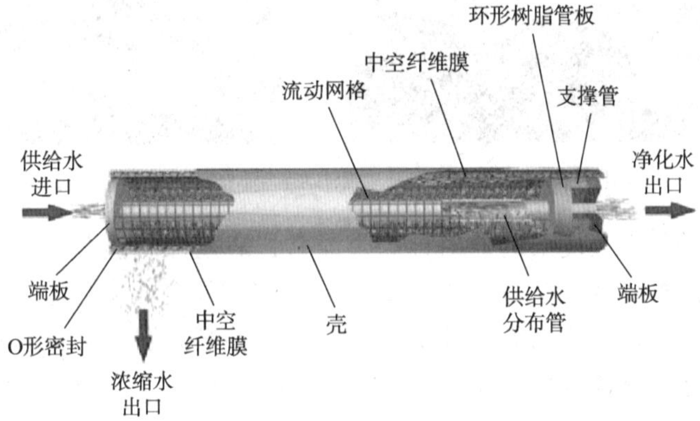

图 10.1.4　中空纤维膜组件

各种膜组件的综合性能比较见表 10.1.2。

表 10.1.2　各种膜组件的综合性能比较

组件形式	管式	板框式	螺旋卷式	中空纤维式
组件结构	简单	较复杂	复杂	简单
装填密度/($m^2 \cdot m^{-3}$)	33～300	30～500	200～800	500～30000
相对成本	高	高	低	低

续表

组件形式	管式	板框式	螺旋卷式	中空纤维式
水流紊动性	好	中	差	差
膜清洗难易	易	易	难	难
对预处理要求	低	较低	较高	较高
能耗	高	中	低	高

4. 按膜的结构分类

有对称膜、非对称膜和复合膜。

对称膜的结构及形态相同，孔径与孔径分布也基本一致。如图 10.1.5 所示，对称膜也可以是疏松的多孔膜和致密的无孔膜，膜厚度为 10~200μm，其传质阻力由膜的总厚度决定，降低膜的厚度有利于提高渗透速率。

非对称膜由厚度为 0.1~0.5μm 的致密表皮层及厚度为 50~150μm 的疏松多孔支撑层组成，它结合了致密膜的高选择性和疏松层的高渗透性的优点。图 10.1.6 给出了不对称超滤膜横断面，可见膜上下两侧截面的结构与形态是不同的。非对称膜支撑层结构具有一定的强度，在较高的压力下也不会引起很大的形变。非对称膜的传质阻力主要由致密表皮层决定。由于非对称膜的表皮层比均质膜的厚度薄得多，故其渗透速率比对称膜大得多。

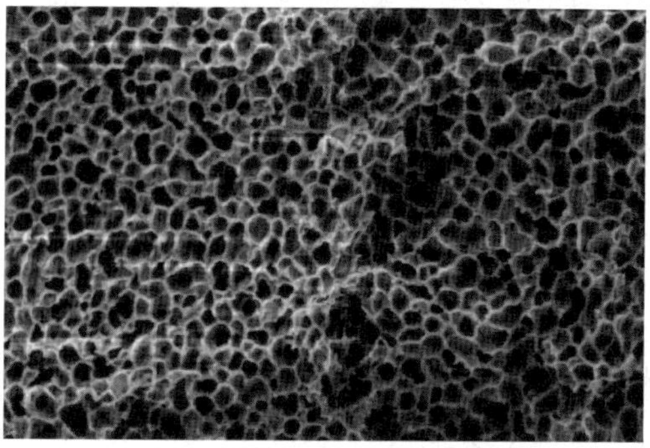

图 10.1.5　多孔对称膜横断面

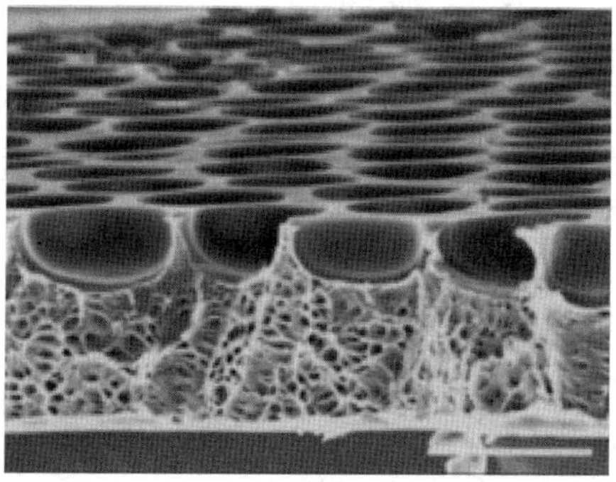

图 10.1.6　非对称超滤膜横断面

复合膜也是一种具有表皮层的非对称膜。通常，表皮层材料与支撑层材料不同，超薄的致密皮层可以通过物理或化学等方法在支撑层上直接复合或多层叠合制得。由于可以分别选用不同的材料制作超薄皮层和多孔支撑层，易于使复合膜的分离性能最优化。目前用于反渗透、渗透气化、气体分离等过程的膜大多为复合膜。

四、膜材料

各种膜过程常用的膜材料如表 10.1.3 所示，可分为天然高分子、有机合成高分子和无机材料三大类。

表 10.1.3　各种膜过程常用的膜材料

膜过程	膜材料
微滤	聚四氟乙烯、聚偏氟乙烯、聚丙烯、聚乙烯 聚碳酸酯、聚(醚)砜、聚(醚)酰亚胺、聚脂肪酰胺、聚醚醚酮等 氧化铝、氧化锆、氧化钛、碳化硅

膜过程	膜材料
超滤	聚(醚)砜、磺化聚砜、聚偏二氟乙烯、聚丙烯腈、聚(醚)酰亚胺、聚脂肪酰胺、聚醚醚酮、纤维素等 氧化铝、氧化锆
纳滤	聚酰(亚)胺
反渗透	二醋酸纤维素、三醋酸纤维素、聚芳香酰胺类、聚苯并米唑(酮)、聚酰(亚)胺、聚酰胺酰肼、聚醚脲等
电渗析	含有离子基团的聚电解质：磺酸型、聚胺型等
膜电解	四氟乙烯和含磺酸或羧酸的全氟单体共聚物
渗透气化	弹性态或玻璃态聚合物：聚丙烯腈、聚乙烯醇、聚丙烯酰胺
气体分离	弹性态聚合物：聚二甲基硅氧烷、聚甲基戊烯 玻璃态聚合物：聚酰亚胺、聚砜

1. 天然高分子材料

常用的天然高分子膜材料有：纤维素衍生物，如醋酸纤维、硝酸纤维和再生纤维。醋酸纤维素是将纤维素的葡萄糖分子中的羟基进行乙酰化而制得，乙酰化程度越高就越稳定，因而常以三醋酸纤维素制造膜。醋酸纤维素有一定的亲水性，透过速度大，制成的膜截留能力强。

醋酸纤维的阻盐能力最强，常用于反渗透膜，也可作超滤膜和微滤膜；再生纤维素可用于制造透析膜和微滤膜。但醋酸纤维膜的最高使用温度和 pH 值范围有限，最高使用温度为 30℃，最适操作 pH 值范围为 4~6，不能超过 3~8 的范围，因为在酸性条件下会使分子中糖苷键水解，而在碱性条件下，会脱去乙酰基。醋酸纤维素膜易与氯作用，造成膜的使用寿命降低，使用时游离氯含量应小于 0.1mg/L，短期接触可耐氯浓度为 10mg/L。由于纤维素骨架易受细菌侵袭，因而难以贮存。

2. 有机合成高分子材料

常用的合成高分子膜材料有：聚砜、聚酰胺、聚酰亚胺、聚丙烯腈、聚烯类和含氟聚合物，其中，聚砜由于稳定性好最为常用，用于制造超滤膜。

聚砜膜材料耐高温，一般为 70~80℃，最高可达 125℃；pH 值范围广，1~13 均可使用；耐氯能力强，一般在短期清洗时，对氯的耐受量可高达 200mg/L，长期贮存时，耐受量达 50mg/L；可调节的孔径宽(1~20nm)，截留分子量为 1000~500000，符合超滤膜的要求；但聚砜的耐压性差，压力极限在 0.5~1.0MPa。聚酰胺膜的耐压较高，对温度和 pH 值稳定性高，寿命长，常用于反渗透。

3. 无机材料

常用的无机膜材料有：陶瓷、微孔玻璃、不锈钢和碳素等。目前实用化的有孔径大于 0.1μm 微滤膜和截留大于 10000Dalton 的超滤膜，其中以陶瓷材料的微滤膜最常用。多孔陶瓷主要利用氧化铝、硅胶、氧化锆和钛等陶瓷微粒烧结而成，膜厚方向上不对称。无机膜材料机械强度高，耐高温，耐化学试剂和有机溶剂，但不易加工，造价高。

无机复合陶瓷膜，即在膜过滤层表面，通过溶胶-凝胶法制备 TiO_2 溶胶，采用浸渍提拉法在陶瓷膜上涂敷纳米 TiO_2 光催化材料，使陶瓷膜表面具有“自洁”功能，减缓有机物在膜表面的累积和堵塞，一方面减少膜污染，另一方面提高陶瓷膜强度和膜过滤通量，提高膜通量的稳定性，使膜机械性能更加优良。

由于材料本身的性能缺陷或制备过程中存在的一些实际问题，单一无机膜材料一般不能满足实际需要，因此无机复合分离膜的研制得到迅速发展，无机陶瓷膜采用整体复合技术，通过溶胶凝胶法制备 Al_2O_3-ZrO_2 复合膜，由于复合膜含 ZrO_2 材料，与 Al_2O_3、SiO_2 和 TiO_2 等单一材料的膜相比具有更好的机械强度、化学耐久性和抗碱侵蚀等特性。

第二节　膜分离过程中的传递过程

一、膜分离性能的表征参数

表征膜性能的参数有截断分子量，水通量，孔道特征，pH 值适用范围，抗压能力以及对热和溶剂的稳定性等。膜分离的特征或效率通常用两个参数表征：渗透性和选择性。渗透性也称为通量或渗透速率，表示单位时间通过单位面积膜的渗透物的量，可以是体积通量，也可以是质量通量或物质的量通量，渗透性反映了膜的效率。膜分离的选择性是指在混合物的分离过程中膜将各组分分离开来的能力，对于不同的膜分离过程和分离对象，其选择性可用不同的方法表示。

1. 截留率和截断分子量

（1）截留率

膜对溶质的截留能力以截留率 R(Rejection)来表示，其定义式为

$$R=1-c_p/c_b \qquad (10.2.1)$$

式中　c_p、c_b——分别表示在某一瞬间透过液(Permeation)和截留液(Retention)的浓度。如 $R=1$，则$c_p=0$，表示溶质全部被截留；如 $R=0$，则 $c_p=c_b$，表示溶质能自由透过膜。

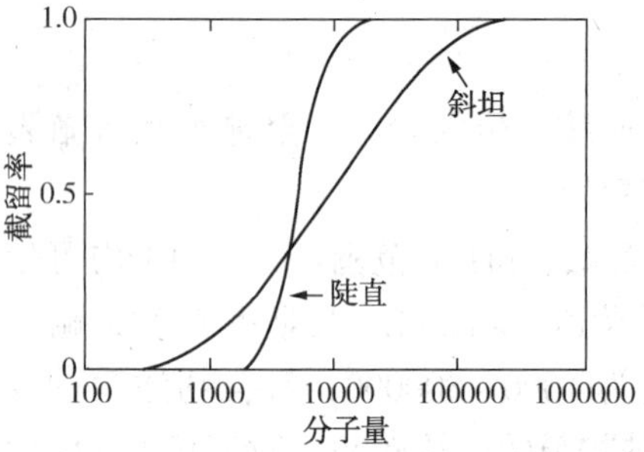

图 10.2.1　截断曲线

以分子量对截留率作图，得到的截留率与分子量之间的关系称为截断曲线(图 10.2.1)。质量好的膜应有陡直的截断曲线，可使不同分子量的溶质分离完全，反之，斜坦的截断曲线会导致分离不完全。

影响截留率的因素主要有：①分子形状，线形分子的截留率低于球形分子，线形分子更容易透过膜；②吸附作用，膜的吸附作用影响很大，溶质吸附于膜孔壁上，降低膜孔的有效直径；③其他高分子溶质的影响，如料液同时存在两种高分子溶质，其截留率不同于两种高分子溶质单独存在时的截留率；④温度、pH 值对截留率都会有影响。

（2）截断分子量(Molecular Weight Cut-off，MWCO)

截断分子量定义为相当于一定截留率(90%或 95%)的分子量，用以估计孔径的大小(见表 10.2.1)。

表 10.2.1　截断分子量与孔径的关系

MWCO(球形蛋白质)	近似孔径/nm	MWCO(球形蛋白质)	近似孔径/nm
1000	2	100000	12
10000	5	1000000	29

2. 水通量

水通量是指在一定压力、温度(0.35MPa，25℃)下，透过膜的纯水的速度，即单位时间单位面积通过的水的体积，单位为 L/(h·m²)。水通量 J_w 可用公式表示为

$$J_w = W/At \tag{10.2.2}$$

式中 W——透水量，L；

A——膜的有效面积，m^2；

t——分离时间，h。

压力推动型的几种膜过程的水通量和压力范围见表 10.2.2。水通量与过滤压力的大小有关，可在一定的压力下通过清水过滤实验测得。

表 10.2.2 压力推动型膜过程的水通量及压力范围

膜过程	压力范围/10^5Pa	通量范围/($L \cdot m^{-2} \cdot h^{-1}$)	膜过程	压力范围/10^5Pa	通量范围/($L \cdot m^{-2} \cdot h^{-1}$)
微滤	0.1~2.0	>50	纳滤	10~20	1.4~12
超滤	1.0~10.0	10~50	反渗透	20~100	0.05~1.4

如果是同类型的膜，若膜的孔径增大，则水通量也增大。水通量不能代表处理分子料液时的透过速度，因为大分子溶质会沉积在膜表面，使滤速下降，此时的滤速约为纯水通量的 10%。因此根据水通量 J_w 的数值就可以了解膜是否被污染或者清洗是否彻底。

3. 孔道特征

膜的孔道特征包括孔径、孔径分布和孔隙度。孔径即孔道直径，由于膜的孔径并不是均一的，一般用最大孔径和平均孔径表征此参数。孔径分布是指膜中一定大小的孔的体积占整个孔体积的百分数。孔隙度是指整个膜中的孔所占的体积百分数。

4. 膜的使用寿命

(1) 膜的压密作用

在压力作用下，膜的水通量随运行时间延长而逐渐降低。膜的外观厚度减少 1/3~1/2，膜由半透明变为透明，膜的内部结构发生了变化，这与高分子材料的可塑性有关。引起压密作用的主要原因是操作压力和温度。因此要控制压密现象，就要控制操作压力和温度，而且支撑层要选用耐压耐高温的材料。

(2) 膜的水解作用

醋酸纤维素是有机酯类化合物，乙酰基以酯的形式结合在纤维素分子中比较容易水解，特别是在酸碱较强的溶液中，水解速度较快。水解结果是醋酸纤维素膜的乙酰基脱掉，致使膜对盐的截留率降低。可以通过控制进料、pH 值和温度降低膜的水解作用。

(3) 膜的浓差极化

在膜分离过程中不可避免地会产生浓差极化现象，这使得膜的渗透压增加，水通量降低，且降低了膜的截留率；还会产生结垢现象，造成物理堵塞，使膜失去透水能力。

二、膜分离过程机理

1. 膜传递过程的推动力

在膜分离过程中，膜是过滤原料和渗透物两相之间的一个具有选择性的屏障。过滤混合物中的渗透组分在某种或某几种推动力的作用下，从高位相向低位相传递，如图 10.2.2

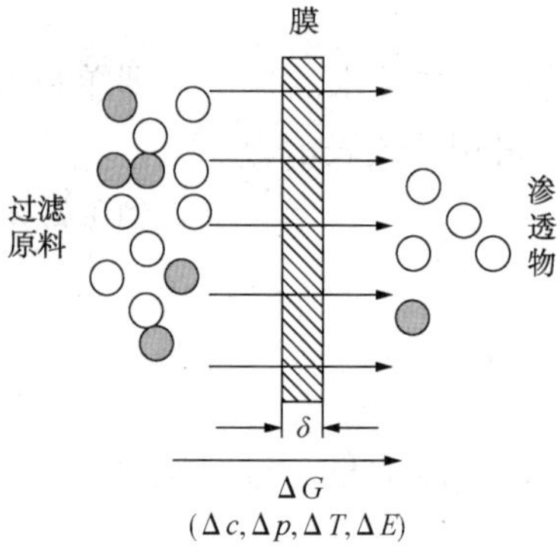

图 10.2.2　膜分离过程与推动力

所示。传递过程推动力的大小与两相之间的位差(即位梯度)有关。作用在膜两侧的平均推动力=位差(ΔG)/膜厚(δ)。

位差主要有压力差(Δp)、浓度差(Δc)、温度差(ΔT)、电位差(ΔE)等。各膜分离过程中存在的位差(推动力)见表 10.1.1。

大多数膜的传递过程都是由化学位差 $\Delta\mu$(压力、浓度、温度)引起的。电渗析及有关的膜分离过程存在电位差，这些过程的性质不同于以化学位差为推动力的过程，因为只有带电的分子或离子才会受到电场的影响。化学位差与电位差之和为电化学位差。

等温条件下(T 为常数)，某一组分 i 的化学位与压力和浓度的关系可表示为

$$\mu_i=\mu_i^0+RT\ln b_i+V_{mi}p \tag{10.2.3}$$

式中　μ_i——混合物中组分 i 的化学位；

μ_i^0——纯组分的化学位，常数；

b_i——组分 i 的活度($b_i=\gamma_i x_i$，γ_i 为活度系数，理想溶液为 1；x_i 为组分 i 的摩尔分数)；

V_{mi}——组分 i 的摩尔体积，m^3/mol；

p——压力，Pa。

化学位差可以进一步表示为

$$\Delta\mu_i=RT\Delta\ln b_i+V_{mi}\Delta p \tag{10.2.4}$$

2. 膜传递过程的表达式

根据前面有关膜传递过程的推动力的介绍，在许多情况下混合物中某一组分通过膜的传递或渗透速率可以表示为正比于推动力，即通量 N 与推动力之间的关系可以表示为

$$N=-K\frac{dG}{dz} \tag{10.2.5}$$

式中　K——传递系数；

$\frac{dG}{dz}$——推动力，即位梯度，以电化学位 G 沿垂直于膜的坐标 z 方向的梯度表示。

通量 N 既可以表示成渗透物的体积通量 N_V[$m^3/(m^2\cdot s)$]，也可以表示成质量通量 N_m[$kg/(m^2\cdot s)$]或物质的量通量 N_n[$mol/(m^2\cdot s)$]。

上述关系式是从宏观角度看待膜的传递过程，膜被看成一个黑箱，将“膜结构”视为界面，渗透分子或粒子在经过此界面进行传递时受到摩擦力或阻力。但它不反映膜的化学和物理性质或传递过程与膜结构之间的具体关系。

3. 膜分离过程的机理

(1) 筛分原理

膜具有一定大小的孔径，当混合物通过膜时，粒径小于膜孔的颗粒可以透过膜孔，而粒径大于膜孔孔径的颗粒则被膜面截留。带电颗粒在膜表面及膜孔中的吸附作用也会导致截留，即使颗粒粒径小于膜孔孔径，也可能由于吸附而被截留。小于孔径的颗粒在孔口处可能会发生架桥现象，从而被截留。微滤、超滤、纳滤等过程主要基于这种原理，主要用于污水的分离处理，也可以用于气体的分离。

(2) 溶解-扩散机理

上游气相中的气体分子首先溶解于膜材料中。不同气体在膜材料中的溶解度不同，这取决于气体分子与膜材料之间的相互作用力。由于气体分子在膜的上下游存在分压差或化学位差，从而在膜两侧表面溶解产生浓度梯度，形成传质推动力。在这种推动力的作用下，气体分子在膜内扩散。气体分子扩散到膜的下游表面后，从膜材料中解吸出来，进入下游气相。纳滤和反渗透等过程主要基于这种原理。聚合物溶解-扩散膜是商业应用膜的主要材料，多为玻璃态聚合物与橡胶态聚合物。玻璃态聚合物优先透过小的非可凝性气体，如H_2、N_2和CH_4等；橡胶态聚合物优先渗透大的可凝性气体，如丙烷和丁烷。

(3) 离子交换机理

膜表面或膜孔内含有离子交换基团，这些基团可以与溶液中的离子发生交换反应。例如，阳离子交换膜含有酸性基团，如磺酸基(—SO_3H)，可以与溶液中的阳离子进行交换；阴离子交换膜含有碱性基团，如季铵基[—$N(CH_3)_3OH$]，可以与溶液中的阴离子进行交换。通过选择合适的离子交换基团和膜结构，可以实现对特定离子的选择性透过。不同离子在膜中的交换能力和扩散速率不同，从而导致它们在膜两侧的浓度分布不同，实现分离。电渗析过程利用电位差作为驱动力，使离子通过离子交换膜迁移，从而实现溶液的脱盐、浓缩等。常用于海水淡化、苦咸水脱盐、工业废水处理等领域。

4. 膜传递过程的浓差极化和凝胶层形成

在膜分离过程中，当含有不同大小分子的混合料液流动通过膜面时，在压力差的作用下，混合液中小于膜孔的组分透过膜，而大于膜孔的组分被截留。这些被截留的组分在紧邻膜表面形成浓度边界层，使边界层中的溶质浓度大大高于主体溶液中的浓度，形成由膜表面到主体溶液之间的浓度差。浓度差的存在导致紧靠膜面的溶质反向扩散到主体溶液中，这就是膜分离过程中的浓差极化现象。一旦膜投入运行，浓差极化现象是不可避免的，但是可逆的。浓差极化现象及凝胶层模型如图 10.2.3 所示。

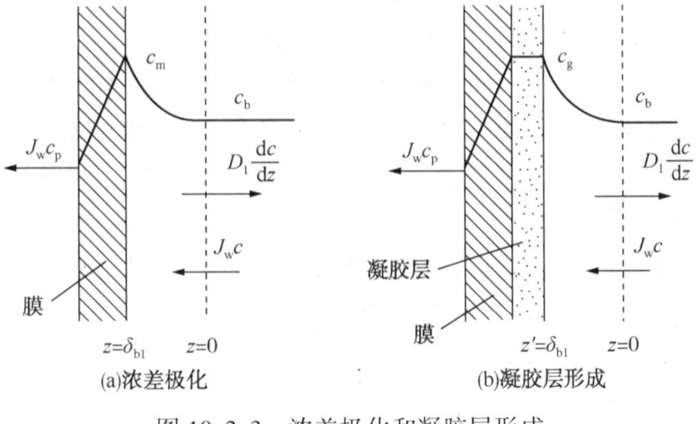

图 10.2.3　浓差极化和凝胶层形成

如图 10.2.3(a)所示，达到稳态时物料平衡式为

$$J_w c_p = J_w c - D_1 \frac{dc}{dz} \tag{10.2.6}$$

式中　J_wc_p——从边界层透过膜的溶质通量，mol/(cm^2·s)；

J_wc——对流传质进入边界层的溶质通量，mol/(cm^2·s)；

D_1——溶质在溶液中的扩散系数，m^2/s。

根据边界条件 $z=0$，$c=c_b$；$z=\delta_{b1}$，$c=c_m$，对上式积分，可得

$$J_w=\frac{D_1}{\delta_{b1}}\ln\frac{c_m-c_p}{c_b-c_p} \tag{10.2.7}$$

式中 c_b——主体溶液中的溶质浓度，$kmol/m^3$；

c_m——膜表面的溶质浓度，$kmol/m^3$；

c_p——膜透过液中的溶质浓度，$kmol/m^3$；

δ_{b1}——膜的边界层厚度，m。

当以摩尔分数表示时，浓差极化模型方程变为

$$\ln\frac{x_m-x_p}{x_b-x_p}=\frac{J_w\delta_{b1}}{D_1} \tag{10.2.8}$$

当 $x_p\ll x_m$ 时，上式可简化为

$$\frac{x_m}{x_b}=\exp\left(\frac{J_w\delta_{b1}}{D_1}\right) \tag{10.2.9}$$

式中 $\frac{x_m}{x_b}$——浓差极化比，其值越大，浓差极化现象越严重。

克服浓差极化的方法主要有三种：降低操作压力、降低膜表面的浓度和降低溶质在料液中的浓度。其中降低膜表面的浓度可采用垂直于膜的混合方法（使用桨式混合器或静态混合器）、提高膜面粒子反向传递（可通过增加流速、增加扩散、采用细的通道和短的液流周期实现）、排除膜表面的浓集物（可通过减薄边界层和机械清洗实现）。

在反渗透中，膜面上溶质浓度大，渗透压高，致使有效压力差降低，而使通量减小。在超滤和纳滤中，由于被截留的溶质大多为胶体和大分子物质，这些物质在溶液中的扩散系数很小，溶质向主体溶液中的反向扩散通量远比渗透速率低。因此，浓差极化比通常会很高。当胶体或大分子溶质在膜表面上的浓度超过其在溶液中的溶解度时，便会在膜表面形成凝胶层，增大了阻力而使通量降低，如图 10.2.3(b)所示，此时的浓度称为凝胶浓度 c_g。

膜面上凝胶层一旦形成，膜表面上的凝胶层溶质浓度和主体溶液溶质浓度梯度即达到最大值。若再增加超滤压差，则凝胶层厚度增加而使凝胶层阻力增加，所增加的压力被增厚的凝胶层阻力抵消，致使实际渗透速率没有明显增加。因此，凝胶层一旦形成，渗透速率就与膜分离过程的压差无关。

对于有凝胶层存在的膜分离过程，常用阻力模型表示。若忽略溶液的渗透压，膜材料阻力为 R_m，浓差极化层阻力为 R_p，凝胶层阻力为 R_g，则有

$$J_w=\frac{\Delta p}{\mu(R_m+R_p+R_g)} \tag{10.2.10}$$

由于 $R_g\gg R_p$，有

$$J_w=\frac{\Delta p}{\mu(R_m+R_g)} \tag{10.2.11}$$

对于微滤过程，可将沉积在膜表面上的颗粒层视为滤饼层，因此只需用滤饼层的阻力 R_c 取代式(10.2.11)中的凝胶层阻力 R_g，即可计算微滤过程中的水通量。

滤饼层的阻力 R_c 等于滤饼层比阻 r_c 与滤饼厚度 L_c 的乘积。当滤饼为不可压缩时，滤饼比阻可用 Kozeny-Carman 方程计算

$$r_c = 180 \frac{(1-\varepsilon)^2}{d_p^2 \varepsilon^3} \quad (10.2.12)$$

式中　d_p——溶质颗粒的直径，m；

ε——滤饼层的空隙率。

滤饼的厚度 L_c 可用下式计算

$$L_c = \frac{m_s}{\rho_s(1-\varepsilon)A} \quad (10.2.13)$$

式中　m_s——滤饼质量，kg；

ρ_s——溶质密度，kg/m^3；

A——膜面积，m^2。

4. *管状收缩效应*

在胶体溶液的超滤或微滤中，实际通量比用浓差极化-凝胶层模型估算的要大。原因就是管状收缩效应。胶体溶液在管中流动时，颗粒有离开管壁向中心运动的趋向，称为管状收缩效应。由于这个现象的存在，使膜面上沉积的颗粒具有向中心横向移动的速度，使膜面污染程度减轻，通量增大。根据研究，在膜分离过程中，溶液的横向移动速度 v_L 与轴向速度 u 的平方成正比，而与管径的立方成反比。因此处理浑浊液体时，窄通道超滤器是有吸引力的。

第三节　微滤和超滤

一、概述

在微滤和超滤过程中采用的膜一般为多孔膜。微滤的主要分离对象是颗粒物，而超滤的主要分离对象是胶体和大分子物质。

1. *微滤*

微滤是以多孔薄膜为过滤介质，压力差为推动力，利用筛分原理使不溶性粒子（0.1~10μm）得以分离的操作，操作压力为 0.015~0.2MPa。也就是说，微滤是一种从悬浮液中分离固形成分的方法，是根据料液中的固形成分与溶液溶质在尺寸上的差异进行分离的方法。

微滤通常采用孔径为 0.05~10μm 的微孔膜进行，可截留直径为 0.1~10μm 的固体粒子或相对分子质量大于 1000000 的高分子物质。料液在压差作用下流经微滤膜，料液中的溶剂和溶质分子透过微孔形成透过液；而尺寸大于膜孔的固形成分则被截留，从而实现料液中固形成分与溶液的分离。因此，微滤膜对微粒的截留是基于筛分作用，其膜的分离效果是由膜的物理结构、孔的形状和大小所决定的。

微滤的应用主要有：①除去水或溶液中的细菌和其他微粒；②除去组织液、抗菌素、血清、血浆蛋白质等多种溶液中的菌体；③除去饮料、酒类、酱油、醋等食品中的悬浊物、微生物和异味杂质。

2. *超滤*

超滤是以压力为推动力，利用超滤膜不同孔径对液体中溶质进行分离的物理筛分过程，其截断分子量一般为 6000~500000，孔径为几十纳米，操作压力为 0.1~1MPa。

超滤膜一般为非对称膜，具有较小的孔径(10~50nm)，能够截留分子量5000以上的溶质分子或生物大分子。料液在压力差作用下，其中的溶剂透过膜上的微孔形成透过液，而大分子溶质则被截留，从而实现料液中大分子溶质和溶剂间的分离。

超滤膜对溶质的截留机理也主要是筛分作用，超滤膜的膜孔大小和形状决定超滤膜的截留效果。除此之外，溶质大分子在膜表面和孔道内的吸附和滞留也具有截留溶质大分子的作用。

超滤从20世纪70年代起步，90年代获得广泛应用，已成为应用领域最广的技术。主要应用于蛋白质、酶、DNA的浓缩，脱盐和纯化，梯度分离，清洗细胞和纯化病毒，以及除病毒等。超滤操作简便，成本低廉，不加任何化学试剂，条件温和，与蒸发、冷冻干燥相比没有相的变化，不引起温度、pH值的变化，因而可以防止生物大分子的变性、失活和自溶。但其也有一定的局限性，超滤过程不能直接得到干粉制剂，对蛋白质溶液的分离一般只能得到10%~50%的浓度。

二、分离机理及传递理论

1. 分离机理

大分子物质或颗粒物被微滤或超滤膜分离过程类似于过滤过程，其机理包括：①在膜表面及微孔内被吸附(一次吸附)；②溶质在膜孔中停留而被去除(阻塞)；③在膜面被机械截留(筛分)。一般认为物理筛分起主导作用。

筛分作用将混合液中大于膜孔的大分子溶质或颗粒物截留，从而使这些物质与溶剂及小分子组分分离。因此，膜孔的大小和形状对分离过程起主要作用，而一般认为膜的物化性质对分离性能影响不大。

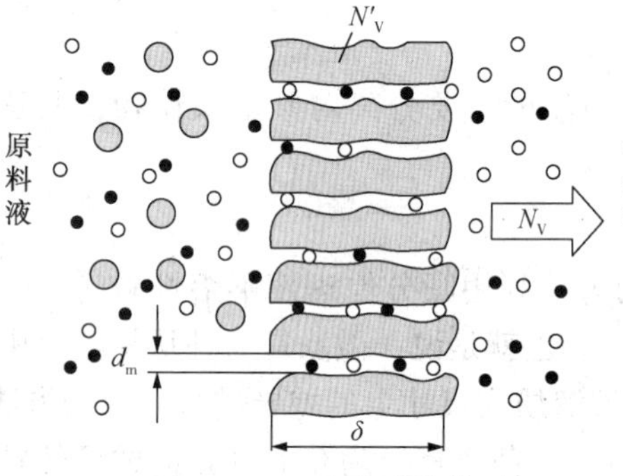

图 10.3.1　多孔膜的模型

2. 基本传递理论

由于微滤和超滤过程类似于过滤过程，对于在微滤和超滤膜这样的多孔体系中渗流的描述，可采用多孔模型。多孔模型是借助过滤理论的Kozeny-Carman方程来描述流体透过膜的过程。

在该模型中，将多孔膜简化成一个由一系列平行的毛细管体系组成的膜结构(如图10.3.1所示)，其结构参数有孔隙率ε和比表面积a(m^2/m^3)。

假定流体在毛细管中的流动可以用Hagen-Poiseuille定律描述

$$J'_w=\frac{d_m^2\Delta p}{32\mu\tau\delta} \tag{10.3.1}$$

式中　J'_w——毛细管中渗透液的体积通量(即水通量)，$m^3/(m^2 \cdot s)$；

d_m——毛细管径，m；

τ——弯曲因子(对于圆柱垂直孔，等于1)；

Δp——跨膜过滤压差，Pa；

δ——膜厚，m；

μ——液体黏度，Pa·s。

式(10.3.1)表明，通过毛细管的渗透液体积通量正比于推动力 Δp，反比于黏度 μ。该方程很好地描述了通过由平行孔组成的膜的传递过程，然而实际上很少有膜具有这样的结构。

根据 Kozeny-Carman 模型，假设膜孔是由紧密堆积球所构成的体系，则

$$d_m=\frac{4\varepsilon}{(1-\varepsilon)a} \tag{10.3.2}$$

式中 ε——膜表面孔隙率，即孔面积分数，等于孔面积与膜面积 A 之比再乘以孔数 n_m，$\varepsilon=\frac{n_m\pi d_m^2}{4A}$；

a——膜的比表面积，m^2/m^3。

膜单位面积渗透液的体积通量为$J_w=\varepsilon J_w'$，则

$$J_w=\frac{\varepsilon^3}{K_1\mu a^2\ (1-\varepsilon)^2}\frac{\Delta p}{\delta} \tag{10.3.3}$$

式中 K_1——Kozeny-Carman 常数，$K_1=2\tau$，其值取决于孔的形状和弯曲因子。

式(10.3.3)即为 Kozeny-Carman 关系式。

Kozeny-Carman 多孔模型可用于描述液体的渗透过程，也可以用于描述气体的渗透过程。

对于一定的膜材料和原料液，K_1、ε、a、μ、δ 均为定值，则式(10.3.3)也可以表述成

$$J_w=K_w\Delta p \tag{10.3.4}$$

其中渗透系数 K_w 受孔隙率、孔径(孔径分布)等结构因素及渗透液黏度的影响。

第四节 反渗透和纳滤

反渗透和纳滤是借助于半透膜对溶液中低相对分子质量溶质的截留作用，以高于溶液渗透压的压差为推动力，使溶剂渗透透过半透膜。反渗透和纳滤在本质上非常相似，分离所依据的原理也基本相同。两者的差别仅在于所分离的溶质的大小和所用压差的高低。事实上，反渗透和纳滤膜分离过程可视为介于多孔膜(微滤、超滤)与致密膜(渗透气化、气体分离)之间的过程。

一、反渗透

反渗透又称逆渗透，一种以压力差为推动力，从溶液中分离出溶剂的膜分离操作。利用反渗透膜只能通过溶剂(通常是水)而截留离子物质的性质，对膜一侧的料液施加压力，当压力超过它的渗透压时，溶剂会逆着自然渗透的方向作反向渗透。从而在膜的低压侧得到透过的溶剂，即渗透液；高压侧得到浓缩的溶液，即浓缩液，从而实现液体混合物的分离。反渗透的操作压差一般为 2~10MPa，截留组分为小分子物质。

1. 溶液渗透压

渗透和反渗透现象如图 10.4.1 所示，图中(a)为平衡状态，当膜两侧的静压差等于渗透压差时，膜两侧的化学位相等，则系统处于平衡状态。当半透膜两侧溶液的溶质浓度不同，即溶剂化学位不等时，稀溶液一侧的化学位高，此时膜两侧的静压差小于渗透压差，

则溶剂将从稀溶液侧透过膜进入浓溶液侧，即发生渗透。图 10.4.1(b)表示渗透过程。假定膜左侧为溶剂，右侧为溶液，由于溶液中溶质浓度有 $c_1>c_2=0$，则溶液侧的溶剂化学位 $\mu_1<\mu_2$，则溶剂分子自纯溶剂的一方透过膜进入溶液的一方。渗透过程持续进行，直到两侧溶液的静压差等于两侧溶液之间的渗透压差，$\Delta p=\Delta\pi$，此时膜两侧溶剂的化学位相等，$\mu_1=\mu_2$，系统处于动态渗透平衡，如图 10.4.1(c)所示。如果要阻止溶剂从纯溶剂侧向溶液侧渗透，就需要在溶液侧施加额外的压力。当膜两侧的静压差大于两侧溶液的渗透压差，即 $\Delta p>\Delta\pi$ 时，膜两侧溶剂的化学位 $\mu_1>\mu_2$，此时溶剂从溶质浓度高的溶液侧透过膜流入溶质浓度低的一侧，如图 10.4.1(d)所示，这种依靠外界压力使溶剂从高浓度侧向低浓度侧渗透的过程称为反渗透。

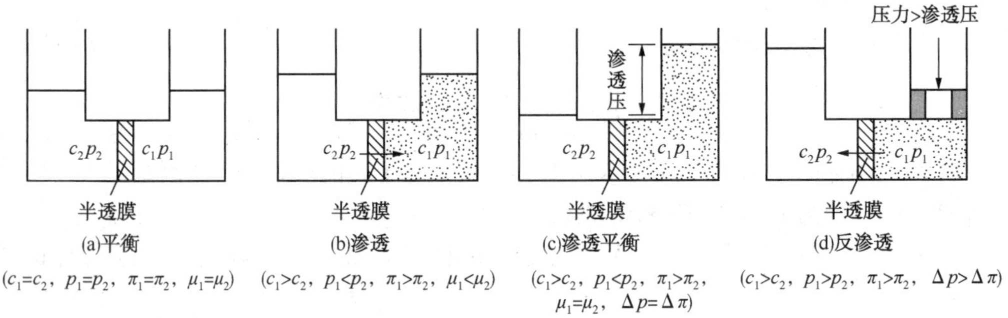

图 10.4.1　渗透与反渗透过程

溶液中溶剂的化学位可以用理想溶液的化学位公式表示

$$\mu_w=\mu_w^0+RT\ln x+V_w p \tag{10.4.1}$$

式中　μ_w——指定温度、压力下溶液中溶剂的化学位；

μ_w^0——指定温度、压力下纯溶剂的化学位；

x——溶液中溶剂的摩尔分数；

V_w——溶剂的摩尔体积，m^3/mol；

p——压力，Pa。

在反渗透过程中，溶液的渗透压是非常重要的数据。对于多组分体系的稀溶液，可用扩展的范特霍夫渗透压公式计算溶液的渗透压，即

$$\pi=RT\sum_{i=1}^{n}c_i \tag{10.4.2}$$

式中　c_i——溶质物质的量浓度，$kmol/m^3$；

n——溶质的组分数。

当溶液浓度增大时，溶液偏离理想程度加大，所以上式是不严格的。

对于电解质水溶液，常引入渗透压系数 ϕ_i 来校正这种偏离程度，对水溶液中溶质 i 组分，其渗透压可用式(10.4.3)计算

$$\pi=\phi_i c_i RT \tag{10.4.3}$$

有 140 余种电解质水溶液在 25℃时的渗透压系数可供使用。当溶液浓度较低时，绝大部分电解质溶液的渗透压系数接近 1。根据电解质类型的不同，ϕ_i 随溶液浓度的增大会出现增大、不变或减少三种可能。对 NH_4Cl、NaCl、KI 等一类溶液，其系数基本上不随浓度而变；$MgCl_2$、$MgBr_2$、CaI_2 等电解质随溶液浓度的增加而 ϕ_i 增大；而对 NH_4NO_3、KNO_3、

Na_2SO_4、$AgNO_3$ 等一类溶液，ϕ_i 则随溶液浓度的上升而降低。

在实际应用中，常用以下简化方程计算

$$\pi = \omega x_i \tag{10.4.4}$$

式中 x_i——溶质的摩尔分数；

ω——常数。

表 10.4.1 中列出了某些代表性溶质-水体系的 ω 值。

反渗透法对分子量大于 300 的电解质、非电解质都可以有效地除去，其中分子量在 100~300 的去除率为 90%以上。反渗透的工业应用很广泛，如海水和苦咸水脱盐制饮用水；制备医药、化学工业中所需的超纯水；用于处理重金属废水；用于浓缩过程，包括食品工业中果汁、糖、咖啡的浓缩，电镀和印染工业中废水的浓缩，奶制品工业中牛奶的浓缩。

表 10.4.1 一些溶质-水体系的 ω 值(25℃)

溶质	$\omega/10^3$ MPa	溶质	$\omega/10^3$ MPa	溶质	$\omega/10^3$ MPa
尿素	0.135	$LiNO_3$	0.258	$Ca(NO_3)_2$	0.340
甘糖	0.141	KNO_3	0.237	$CaCl_2$	0.368
砂糖	0.142	KCl	0.251	$BaCl_2$	0.353
$CuSO_4$	0.141	K_2SO_4	0.306	$Mg(NO_3)_2$	0.365
$MgSO_4$	0.156	$NaNO_3$	0.247	$MgCl_2$	0.370
NH_4Cl	0.248	NaCl	0.255		
LiCl	0.258	Na_2SO_4	0.307		

2. 反渗透过程机理

反渗透中的溶剂和溶质是如何透过膜的，在膜中的迁移方式又是如何？自 20 世纪 50 年代以来，许多学者先后提出了各种透过机理和模型，目前流行的几种机理主要包括：溶解-扩散模型(无孔学说)、氢键理论、筛分效应和优先吸附-毛细孔流模型(有孔学说)，以及孔隙开闭学说。溶解-扩散模型适用于均匀的膜，能适合无机盐的反渗透过程，对有机物而言，优先吸附-毛细孔流模型比较优越。

(1) 溶解-扩散模型

溶解-扩散模型理论首先是由 Lonsdale、Meaten 和 Riley 提出的，是目前被普遍接受的理论。该理论认为膜是一种完全致密的界面，没有孔隙，溶剂和溶质都能溶于非多孔膜表面层内，各自在浓度或压力造成的化学势推动下扩散通过膜。溶解度的差异及溶质和溶剂在膜相中扩散的差异影响着它们通过膜的量的大小。其过程分为三步，第一步是溶剂和溶质在膜的料液侧表面吸附和溶解；第二步，溶质和溶剂之间没有相互作用，它们在各自化学位差的推动下以分子扩散方式通过反渗透膜的活性层；第三步，溶质和溶剂在膜的透过液侧表面解吸。

在溶解-扩散过程中，一般第一步和第三步进行得很快，即吸附和解吸过程很快，而第二步扩散是控制步骤，此时透过速率取决于溶质和溶剂在膜中的扩散。由于膜的选择性，使气体混合物或液体混合物得以分离。而物质的渗透能力，不仅取决于扩散系数，并且决定于其在膜中的溶解度。假设该过程服从 Fick 定律，则可推导出溶剂水的透过速率即水通量 J_w 为

$$J_w=\frac{D_w c_w V_w(\Delta p-\Delta\pi)}{RT\delta}=K_w(\Delta p-\Delta\pi) \tag{10.4.5}$$

$$K_w=\frac{D_w c_w V_w}{RT\delta} \tag{10.4.6}$$

式中 J_w——水的体积通量，$m^3/(m^2 \cdot s)$；

Δp——膜两侧压力差，Pa；

$\Delta\pi$——溶液渗透压差，Pa；

D_w——溶剂在膜中的扩散系数，m^2/s；

c_w——溶剂在膜中的溶解度，m^3/m^3；

V_w——溶剂的摩尔体积，m^3/mol；

δ——膜厚，m；

K_w——水的渗透系数，是溶解度和扩散系数的函数，对反渗透过程，其值为 6×10^{-4} ~ $3\times10^{-2}m^3/(m^2 \cdot h \cdot MPa)$。

同理可以推导出溶质透过速率或称透盐率 N_s 为

$$N_s=\frac{D_s k_s(c_F-c_p)}{\delta}=K_s(c_F-c_p) \tag{10.4.7}$$

$$K_s=\frac{D_s k_s}{\delta} \tag{10.4.8}$$

式中 N_s——溶质 A 的质量通量，$kg/(m^2 \cdot s)$；

D_s——溶质 A 在膜中的扩散系数，m^2/s；

k_s——溶质 A 在膜和液相主体之间的分配系数；

c_F、c_p——分别为膜上游溶液中和透过液中溶质的浓度，kg/m^3；

K_s——溶质 A 的渗透系数，m/s。

从式(10.4.5)可以看出，水通量随着压力升高呈线性增加，而从式(10.4.7)可见，溶质通量几乎不受压差的影响，只取决于膜两侧的浓度差。溶解-扩散模型理论阐明了溶剂透过的推动力是压力差，溶质透过的推动力是浓度差，这已被许多实验数据所证实。但该理论同样有局限性，比如由式(10.4.5)和式(10.4.7)可知溶剂和溶质通过膜的过程是独立的，互不相干，这在一些情况下是不符合实际的。

通常情况下，只有当膜内浓度与膜厚度呈线性关系时，式(10.4.7)才成立。经验表明，溶解-扩散模型适用于溶质浓度低于15%的膜传递过程。在许多场合下膜内浓度场是非线性的，特别是在溶质浓度较高且膜具有较高溶胀度的情况下，模型的误差较大。

(2) 氢键理论

氢键理论亦称孔穴式与有序式扩散，是由 Reid 等人提出的，该理论主要用于描述醋酸纤维素膜的反渗透过程。这种理论是基于水分子能够通过与膜的氢键的结合而发生联系并进行传递。醋酸纤维素是一种具有高度有序矩阵结构的聚合物，它具有与水或醇等溶剂形成氢键的能力。图 10.4.2 是氢键理论扩散模型示意图。如图所示，在压力作用下，溶液中的水分子和醋酸纤维素的活化点——羰基上的氧原子形成氢键，而原来水分子形成的氢键被断开，水分子解离出来并随之转移到下一个活化点，并形成新的氢键。水分子通过这一连串氢键的形成与断开而不断位移，使水分子通过膜表面的致密活性层进入膜的多孔层，然后畅通地流出膜外。

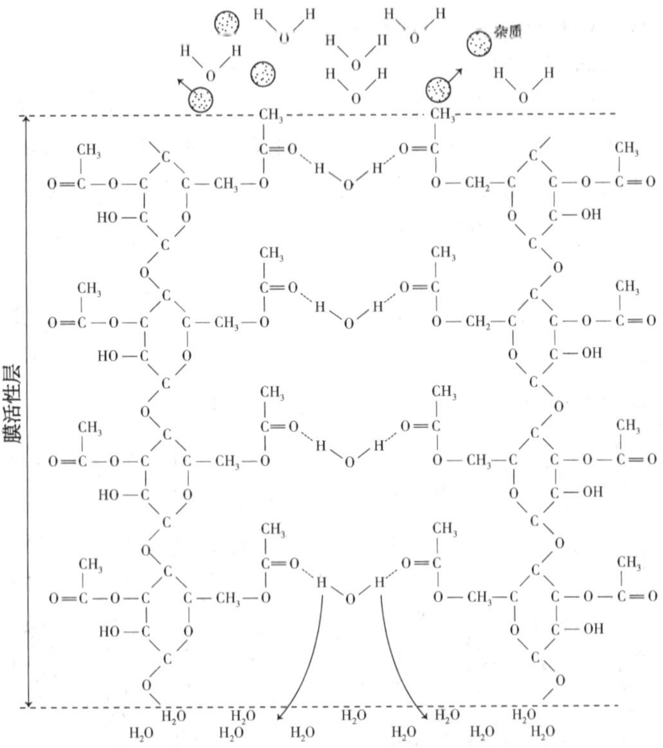

图 10.4.2　氢键理论扩散模型示意图

（3）优先吸附-毛细孔流模型

1960 年，Sourirajan 在 Gibbs 吸附方程基础上，提出了解释反渗透现象的优先吸附-毛细孔流机理，该理论模型如图 10.4.3 所示。

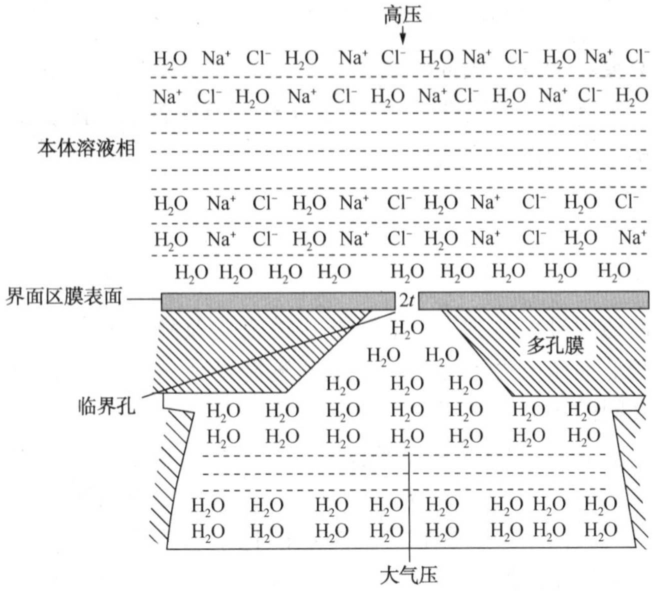

图 10.4.3　优先吸附-毛细孔流模型

如图所示，以氯化钠水溶液为例，溶质是氯化钠，溶剂是水。当水溶液与膜表面接触时，如果膜的物化性质使膜对水具有选择性吸水斥盐的作用，则在膜与溶液界面附近的溶质浓度就会急剧下降，而在膜界面上形成一层吸附的纯水层。在压力的作用下，优先吸附的水就会渗透通过膜表面的毛细孔，从而从水溶液中获得纯水。

纯水层的厚度与溶质和膜表面的化学性质有关。当膜表皮层的毛细孔孔径接近或等于纯水层厚度 t 的两倍时，该膜的分离效果最佳，能获得最高的渗透通量；当膜孔径大于 $2t$ 时，溶质就会从膜孔的中心泄漏出去，反之，如果膜孔径小于 $2t$，虽然选择性好，但膜的渗透性能下降。因此，$2t$ 称为膜的"临界孔径"。

(4) 孔隙开闭学说

该学说认为，膜内没有固定的连续孔道，而是由于高聚物链的热振动形成通道，使渗透物质得以透过。如图 10.4.4 所示，若分子(离子) a 在链的一个振动周期内能前进 Δy_s 以上，就可以前进，若不能超过 Δy_s 就退回原处。

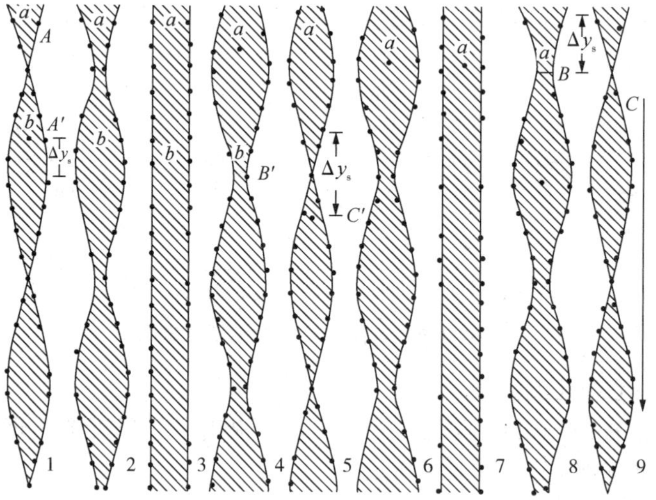

图 10.4.4　孔隙开闭模型(1~9 为一个周期)

在未受压时，高聚物的链是无秩序的布朗运动，当受压时，物质通过膜面要损失一部分机械能，将被聚合物吸收，形成图 10.4.4 中那样的有序振动，随着压力的增加，吸收的能量变大，聚合物链的振动次数将增加。

二、纳滤

1. 纳滤概述

纳滤技术是反渗透膜过程为适应工业软化水的需求及降低成本的经济性不断发展的新膜品种，以适应在较低操作压力下运行，进而实现降低成本演变发展而来的。纳滤是一种介于反渗透和超滤之间的压力驱动膜分离过程。纳滤分离范围介于反渗透和超滤之间，截断分子量范围为 300~1000，能截留透过超滤膜的那部分有机小分子，透过无机盐和水。

纳滤膜的截留率大于 95%的最小分子约为 1nm，故称之为纳滤膜。从结构上看纳滤膜大多是复合膜，即膜的表面分离层和它的支撑层的化学组成不同。其表面分离层由聚电解质构成。能透过一价无机盐，渗透压远比反渗透低，故操作压力很低。达到同样的渗透通量所必须施加的压差比用反渗透(RO)膜低 0.5~3MPa，因此纳滤又被称作"低压反渗透"或"疏松反渗透"(Loose RO)。

刚开始时有人曾想将纳滤(NF)归于超滤(UF)或反渗透(RO)范畴，但不够确切，直至近十年纳米过滤才逐渐从超滤与反渗透中独立出来，成为一种相对独立的单元操作过程。纳米过滤膜的截断分子量一般小于1000，大于300，近年来也有报道大于200或100的，这与制膜的水平有关。纳米过滤膜的截断分子量范围比反渗透膜大而比超滤膜小，因此可以截留能通过超滤膜的溶质而让不能通过反渗透膜的溶质通过，根据这一原理，可用纳米过滤来填补由超滤和反渗透所留下的空白。

纳米过滤的关键同样是膜材料及其制作，鲜为人知的是，一些科学家早在20世纪70年代就研究制造了一系列化学性能超乎寻常的稳定的纳米膜。只是这一系列膜问世于纳滤这一词形成之前，因此这些科学家当时称之为选择性反渗透膜（Selective Reverse Osmosis Membrane，SelRO）。尽管如此，由于技术垄断及保密等其他方面的原因，SelRO系列纳米膜的性质、特点以及它们在大规模工业化生产中的应用实践直到最近才公之于世。

与此同时，20世纪80年代初期，美国Film Tec的科学家研究了一种薄层复合膜，它能使90%的NaCl透析，而99%的蔗糖被截留。显然这种膜既不能称为反渗透膜（因为不能截留无机盐），也不属于超滤膜的范畴（因为不能透析低相对分子质量的有机物）。由于这种膜在渗透过程中截留率大于95%的最小分子约为1nm，因而它被命名为“纳米过滤”。这才是纳滤一词的由来。

2. 纳滤的机理

纳滤膜是荷电膜，能进行电性吸附，对相同电荷的分子（阳离子）具有较高的截留率，可分离分子量相差不大但带相反电荷的小分子，如短肽、氨基酸、抗生素等。在相同的水质及环境下操作，纳滤膜所需的压力小于反渗透膜所需的压力。所以从分离原理上讲，纳滤和反渗透有相似的一面，又有不同的一面。纳滤膜的孔径和表面特征决定了其独特的性能，对不同电荷和不同价数的离子又具有不同的Donnan电位；纳滤膜的分离机理为筛分和溶解扩散并存，同时又具有电荷排斥效应，可以有效地去除二价和多价离子如Ca^{2+}、Mg^{2+}、SO_4^{2-}等，去除分子量大于200的各类物质如色素、染料、抗生素、多肽和氨基酸等，可部分去除单价离子和分子量低于200的物质；实现高相对分子量和低相对分子量有机物的分离，纳滤膜的分离性能明显优于超滤和微滤，而与反渗透膜相比具有部分去除单价离子、过程渗透压低、操作压力低、省能等优点。

3. 纳滤的应用

纳滤膜由于截留分子量介于超滤与反渗透之间，同时还存在Donnan效应，广泛应用于制药、食品等行业中。同时水在纳滤膜中的渗透速率远大于反渗透膜，所以当需要对低浓度的二价离子和分子量在500到数千的溶质进行截留时，选择纳滤比使用反渗透经济。纳滤的主要应用领域包括：①小分子量的有机物质的分离；②有机物与小分子无机物的分离；③溶液中一价盐类与二价或多价盐类的分离；④盐与其对应酸的分离。具体应用可见表10.4.2。

表10.4.2 纳滤的应用范围

应用行业	处理对象
制药	母液中有效成分的回收；抗菌素的分离纯化；维生素的分离纯化；氨基酸的脱盐与纯化
食品	脱盐与浓缩；苛性碱回收
染料	活性染料的脱盐与回收
化工	酸碱纯化、回收；电镀液中铜的回收
纯水制备	水的脱盐；高纯水、地下水的净化
废水处理	印染厂废水脱色；造纸厂废水净化

三、反渗透和纳滤膜过程计算

1. 膜通量

根据上文介绍的溶解—扩散机理模型，溶剂通量和溶质通量可由式(10.4.5)和式(10.4.7)计算。

溶剂通量 $$J_w=\frac{D_w c_w V_w(\Delta p-\Delta\pi)}{RT\delta}=K_w(\Delta p-\Delta\pi)$$

溶质通量 $$N_s=\frac{D_s k_s(c_F-c_p)}{\delta}=K_s(c_F-c_p)$$

2. 截留率

反渗透或纳滤过程对溶质的截留率可由式(10.2.1)计算，即

$$R=\frac{c_F-c_p}{c_F}$$

截留率也称脱盐率。

根据式(10.4.5)，如果压力增加，水通量增加，将导致渗透物中的溶质浓度下降，即膜对溶质的截留率提高。当 $\Delta p\to\infty$ 时，截留率 R 达最大值。

又因为 $c_p=N_s/J_w$，根据式(10.4.5)和式(10.4.7)，则截留率 R 可表示为

$$R=\frac{K_w(\Delta p-\Delta\pi)}{K_w(\Delta p-\Delta\pi)+K_s} \tag{10.4.9}$$

由该式可知，膜材料的选择性渗透系数 K_w 和 K_s 直接影响分离效率。要实现高效分离，系数 K_w 应尽可能大，而 K_s 应尽可能小。即膜材料必须对溶剂的亲和力强，而对溶质的亲和力弱。因此，在反渗透过程中，膜材料的选择十分重要，这与微滤和超滤有明显区别。对于微滤和超滤，膜孔尺寸决定分离性能，而膜材料的选择主要考虑其化学稳定性。

对于大多数反渗透膜，其对氯化钠的截留率大于98%，某些甚至高达99.5%。

3. 过程回收率

在反渗透过程中，由于受溶液渗透压、黏度等的影响，原料液不可能全部成为透过液，因此透过液的体积总是小于原料液体积。通常把透过液与原料液体积之比称为回收率，可由下式计算

$$\eta=\frac{V_p}{V_F} \tag{10.4.10}$$

式中 V_p、V_F——透过液和原料液的体积，m^3。

一般情况下，海水淡化的回收率为30%~45%，纯水制备的回收率为70%~80%。

【例题 10.4.1】 利用反渗透膜脱盐，操作温度为25℃，进料侧的水中 NaCl 质量分数为1.8%，压力为6.896MPa，渗透侧的水中 NaCl 质量分数为0.05%，压力为0.345MPa。所采用的特定膜对水和盐的渗透系数分别为 1.086×10^{-7} L/(cm^2·s·MPa)和 16×10^{-6} cm/s。假设膜两侧的传质阻力可忽略，水的渗透压可用 $\pi=RT\sum c_i$ 计算，c_i 为水中溶解离子或非离子物质的量浓度。试分别计算出水和盐的通量。

解： 进料盐浓度为

$$\frac{1.8\times1000}{58.5\times98.2}=0.313\text{mol/L}$$

透过侧盐浓度为

$$\frac{0.05\times1000}{58.5\times99.95}=0.00855\text{mol/L}$$

$$\Delta p=(6.896-0.345)=6.551\text{MPa}$$

若不考虑过程的浓差极化，则

$$\pi_{进料侧}=\frac{8.314\times298\times2\times0.313}{1000}=1.55\text{MPa}$$

$$\pi_{出料侧}=\frac{8.314\times298\times2\times0.00855}{1000}=0.042\text{MPa}$$

$$\Delta p-\Delta\pi=[6.551-(1.55-0.042)]=5.043\text{MPa}$$

已知 $K_w=1.086\times10^{-7}\text{L/(cm}^2\cdot\text{s}\cdot\text{MPa)}$，则水通量为

$$J_w=K_w(\Delta p-\Delta\pi)=1.086\times10^{-7}\times5.043$$

$$=5.48\times10^{-7}\text{L/(cm}^2\cdot\text{s)}$$

又 $\Delta c=0.313-0.00855=0.304\text{mol/L}$

则盐的通量为

$$N_{NaCl}=16\times10^{-6}\times\frac{0.304}{1000}=4.86\times10^{-9}\text{mol/(cm}^2\cdot\text{s)}$$

第五节　电　渗　析

一、电渗析过程的基本原理

电渗析就是利用待分离分子的荷电性质和分子大小的差别，以外电场电位差为推动力，利用离子交换膜的选择透过性，实现溶液中离子分离和富集的膜分离技术。

电渗析中使用的是离子交换膜。离子交换膜主要有阳离子交换膜(阳膜，以符号 CM 表示)和阴离子交换膜(阴膜，以符号 AM 表示)。阳膜只允许阳离子通过，阻挡阴离子；阴膜则只允许阴离子通过，阻挡阳离子。这是基于离子交换膜上的固定基团所带电荷与离子的静电作用实现的。

如图 10.5.1 所示，在电渗析器中，将阳膜和阴膜交替排列，形成多个隔室，并在两端设置电极，当向电渗析器的各室引入含电解质的盐水并接通直流电源后，在电场作用下，溶液中带正电的阳离子向阴极方向迁移，带负电的阴离子向阳极方向迁移。由于离子交换膜的选择透过性，阳离子只能通过阳膜进入相邻的隔室，阴离子只能通过阴膜进入相邻隔室。这样，在一些隔室中，离子浓度逐渐降低，成为淡水室(D)；而在另一些隔室中，离子浓度逐渐升高，成为浓水室(C)，从而实现了溶液中离子的分离和富集。相应地，得到了淡水和浓水。

同时，在阳极和阴极还会产生下列电极反应。

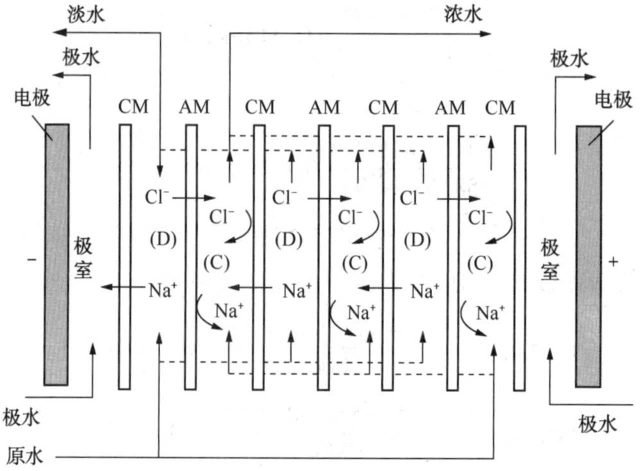

图 10.5.1　电渗析过程示意图

CM—阳膜；AM—阴膜

阳极

$$2Cl^- \longrightarrow Cl_2 + 2e^- \tag{10.5.1}$$

$$H_2O \longrightarrow \frac{1}{2}O_2 + 2H^+ + 2e^- \tag{10.5.2}$$

阳极室的水呈酸性。

阴极

$$2H_2O + 2e^- \longrightarrow H_2 + 2OH^- \tag{10.5.3}$$

阴极室的水呈碱性。

二、电渗析中的传递过程

如前所述，在电渗析过程中，反离子的迁移是主要的传递过程。在直流电场作用下，溶液中的反离子定向迁移透过膜，以达到溶液脱盐或浓缩的目的。但在电渗析的传递过程中，除反离子迁移外，还存在其他复杂的传递现象，如图 10.5.2 所示。

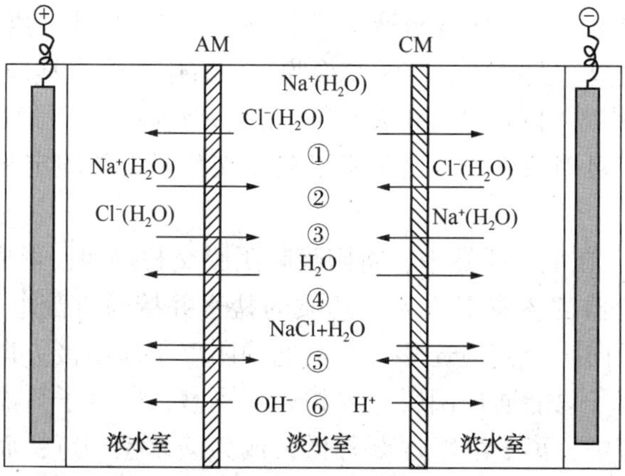

图 10.5.2　电渗析中的各种传递过程

①反离子迁移；②同性离子迁移；③电解质的浓差扩散；④水的(电)渗析；⑤压差渗漏；⑥水的电解；AM—阴膜；CM—阳膜

（1）同性离子迁移。指与离子交换膜上固定离子的电荷符号相同的离子通过膜的传递。发生这种离子的迁移是离子交换膜的选择性不可能达到100%，以及膜外溶液中同性离子浓度过高而引起的。但与反离子迁移相比，同性离子的迁移数一般很小。同性离子的迁移方向与浓度梯度方向相反，因而降低了电渗析过程的效率。

（2）电解质的浓差扩散。由于膜两侧浓水室与淡水室存在很大的浓度差，使得电解质由浓水室向淡水室扩散，其扩散速度随两室浓度差的提高而增大。

（3）水的(电)渗析。淡水室的水在渗透压的作用下向浓水室渗透；在反离子迁移和同性离子迁移的同时都会携带一定数量的水分子一起迁移。

（4）压差渗漏。当膜两侧存在压力差时，较高压力侧的溶液会向较低压力侧渗漏。

（5）水的电解。当发生浓差极化时，水电离产生的H^+和OH^-也可通过膜。

三、离子交换膜

1. 离子交换膜的种类

离子交换膜是一种具有离子交换基团的高分子功能膜，电渗析对离子的选择透过性主要取决于离子交换膜的性能。离子交换膜通常由基膜、活性基团和可交换离子三部分组成。基膜是具有立体网状结构的高分子化合物，它提供膜的机械强度和物理稳定性；活性基团是连接在高分子基体上的具有交换作用的阳(或阴)离子基团，它决定了膜的离子交换特性，可交换离子则能在膜中与外部溶液中的同电荷离子进行交换。

离子交换膜的种类很多，按活性基团的带电情况，可分为阳离子交换膜、阴离子交换膜和特种膜。

阳膜中含有带负电的酸性活性基团，它能选择性透过阳离子，而不让阴离子透过。这些活性基团主要有磺酸基($—SO_3H$)、磷酸基($—PO_3H_2$)、膦酸基($—OPO_3H$)、羧酸基($—COOH$)等。磺酸型阳膜的示意为

$$\underset{\text{基膜}}{R}—\underset{\text{活性基团}}{SO_3H}\xrightarrow{\text{解离}}\underset{\text{基膜}}{R}—\underset{\text{固定离子}}{SO_3^-}+\underset{\text{可交换离子}}{H^+}$$

阴膜中含有带正电的碱性活性基团，它能选择性透过阴离子而不让阳离子透过。这些活性基团主要有季胺基[$—N(CH_3)_3OH$]、伯胺基($—NH_2$)、仲胺基($—NHR$)、叔胺基($—NR_2$)等。季胺型阴膜的示意为

$$\underset{\text{基膜}}{R}\underset{\text{活性基团}}{—N(CH_3)_3OH}\xrightarrow{\text{解离}}\underset{\text{基膜}}{R}\underset{\text{固定离子}}{—N^+(CH_3)_3}+\underset{\text{可交换离子}}{OH^-}$$

特种膜是阳、阴离子活性基团在一张膜内均匀分布的两性离子交换膜，可以是带正电荷的膜与带负电荷的膜两张贴在一起的复合离子交换膜(亦称双极性膜)；或者是部分正电荷与部分负电荷并列存在于膜的厚度方向的镶嵌离子交换膜；也可以是在阳膜或阴膜表面上涂一层阴或阳离子交换树脂的表面涂层膜等。

2. 离子交换膜和离子交换树脂的区别

从作用机理上来说离子交换树脂是与溶液进行离子间的交换，是一种选择互换作用。而离子交换膜是一种选择透过作用，膜上的反离子是什么无关紧要，主要是骨架的电荷作用。从使用方法来说，离子交换树脂交换后需要再生，恢复成原来的离子形式才能继续使用，而离子交换膜可连续使用，因为离子交换膜是透过而不是交换。

3. 离子交换膜的性能

① 具有较高的选择透过性。选择透过性是离子交换膜最重要的性能之一，它表示膜对不同离子的选择性透过能力。理想情况下，阳离子交换膜应只允许阳离子通过，阴离子交换膜应只允许阴离子通过。选择透过性主要取决于膜的化学结构、固定离子基团的性质和分布，以及膜的微观结构等因素。高选择透过性可以保证在离子分离过程中，目标离子能够高效地通过膜，而其他不需要的离子则被有效截留，从而提高产品的纯度和分离效果。

② 具有较高的交换容量。交换容量指单位质量或单位体积的离子交换膜中所含可交换离子的数量，通常以 mmol/g 或 $mmol/cm^3$ 为单位。交换容量反映了膜与离子进行交换的能力，一般来说，交换容量越高，膜对离子的交换能力越强，在电渗析过程中能够处理更多的离子，提高分离和富集的效率。

③ 较好的化学稳定性。离子交换膜通常需要在各种化学介质和各种场合中使用，因此必须具备良好的耐化学腐蚀、抗氧化、热稳定等性能。膜材料应能够抵抗化学物质的侵蚀，不发生溶解、溶胀、降解等现象，以保证膜的性能和使用寿命。

④ 较高的机械强度。离子交换膜在实际应用过程中需要承受一定的压力、拉力和剪切力等机械作用，因此必须具备足够的机械强度。一般要求膜具有较高的拉伸强度和断裂伸长率，以防止在安装、运行和清洗过程中发生破裂或损坏。

⑤ 较低的离子反扩散和渗水性。在电渗析过程中，同性离子的迁移和浓差扩散以及水的各种渗透过程都不利于水的脱盐，因此应尽可能地减少这些过程的影响。控制膜的交联度，可以减少离子反扩散和渗水性。

⑥ 较低的膜电阻。膜电阻是指电流通过离子交换膜时所遇到的电阻，它反映了膜对离子传导的阻碍程度。膜电阻越小，离子在膜中的传导速度越快，电渗析过程的能耗就越低。膜电阻主要与膜的化学结构、离子交换容量、含水量以及溶液的离子强度等因素有关。降低膜电阻可以提高离子交换膜的电化学性能和能源利用效率。通常可通过减少膜的厚度、提高膜的交换容量和降低膜的交联度降低膜电阻。

4. 离子交换膜的选择性透过机理

如前所述，离子交换膜在化学性质上和离子交换树脂很相像，都是由某种聚合物构成的，含有由可交换离子组成的活性基团。这里，以阳离子交换膜为例，说明离子交换膜的选择性透过机理。

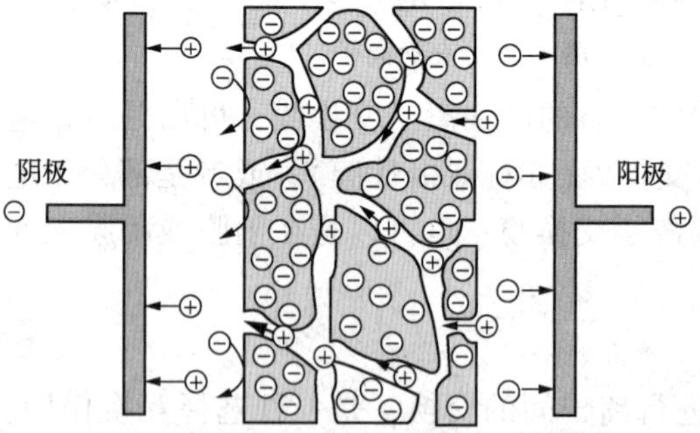

图 10.5.3　离子交换膜的选择透过性原理

如图 10.5.3 所示，阳离子交换膜中含有大量的带负电荷的固定基团，这种固定基团与聚合物膜基相固定结合，由于电中性原因，会被在周围流动的反离子所平衡。由于静电相斥的作用，膜中的固定基团将阻止其他相同电荷的离子进入膜内。因此，在电渗析过程中，只有反离子才可能在电场的作用下渗透通过膜，这些反离子在膜中可以自由移动，而在膜内可移动的同电荷离子的浓度很低。这种效应称为道南(Donnan)排斥效应。离子交换膜的离子选择性透过是以这种效应为基础的，而这种效应只有当膜中的固定基团含量高于周围溶液中的离子浓度时才有效。

四、电渗析过程中的浓差极化和极限电流密度

电渗析过程中也会产生浓差极化现象。在电渗析过程中，由于离子在膜两侧的迁移速率与溶液主体中离子的扩散速率不一致，导致膜表面与溶液主体之间形成离子浓度差的现象。在阳离子交换膜和阴离子交换膜两侧都会出现浓差极化现象，分别对阳离子和阴离子的迁移产生影响。其产生原因主要有两个：

① 离子迁移速率的差异。在电场作用下，离子会向相应的电极方向迁移。靠近膜表面的离子会优先通过膜，而溶液主体中的离子需要通过扩散作用向膜表面补充。如果离子通过膜的迁移速率大于溶液主体中离子向膜表面的扩散速率，就会导致膜表面的离子浓度与溶液主体中的离子浓度出现差异，从而引发浓差极化。

② 膜的选择透过性。离子交换膜的选择透过性使得只有特定电荷的离子能够通过膜，这进一步加剧了膜表面离子浓度的变化。例如，在阳离子交换膜表面，阳离子不断通过膜向阴极侧迁移，而阴离子被膜阻挡，导致膜表面阳离子浓度降低，形成浓度梯度。

下面以 NaCl 溶液在电渗析中的迁移过程为例进行说明(图 10.5.4)。在直流电场的作用下，Na^+和 Cl^-分别向阴极和阳极做定向运动，透过阳膜和阴膜，并各自传递一定的电荷。电渗析器中电流的传导是靠正负离子的运动来完成的。Na^+和 Cl^-在溶液中的迁移数可近似认为0.5。根据离子交换膜的选择性，阴膜只允许 Cl^-透过，因此 Cl^-在阴膜内的迁移数要大于其在溶液中的迁移数。为维持正常的电流传导，必然要动用膜边界层的 Cl^-以补充此差数。这样就造成边界层和主流层之间出现浓度差(c_b-c_m)。当电流密度增大到一定程度时，离子迁移被强化，使膜边界层内 Cl^-离子浓度 c_m 趋于零时，边界层内的水分子就会被电解成 H^+和 OH^-，OH^-将参与迁移，以补充 Cl^-的不足。这种现象即为浓差极化现象。使 c_m 趋于零时的电流密度称为极限电流密度。

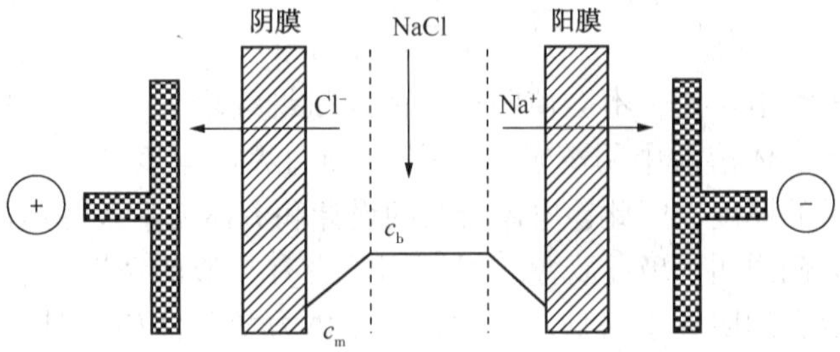

图 10.5.4　NaCl 溶液电渗析过程中的浓差极化

以阴离子的传递为例，在电位差作用下，阴离子透过膜的传递通量为

$$N_{Em}=\frac{t_m i}{Zf} \tag{10.5.4}$$

阴离子在膜边界层的传递通量为

$$N_{Eb1}=\frac{t_{b1} i}{Zf} \tag{10.5.5}$$

而边界层中的扩散通量为

$$N_{Db1}=-D_{b1}\frac{dc}{dz} \tag{10.5.6}$$

式中　N_{Em}、N_{Eb1}——分别为膜内和边界层内的电驱动通量；

N_{Db1}——边界层内扩散通量；

D_{b1}——边界层内的扩散系数；

t_m、t_{b1}——分别为膜中和边界层中阴离子的迁移数；

Z——阴离子的价态（对 Cl^-，$Z=1$）；

f——Faraday 常数，$f=26.8$Ah/mol；

i——电流密度。

达到稳态平衡时，有

$$N_{Em}=\frac{t_m i}{Zf}=\frac{t_{b1} i}{Zf}=-D_{b1}\frac{dc}{dz} \tag{10.5.7}$$

假设扩散系数为常数（浓度梯度为线性），并按以下边界条件对上式进行积分

$$z=0\text{ 时}，\ c=c_m$$

$$z=\delta_{b1}\text{ 时}，\ c=c_b$$

则可以得到关于膜表面阴离子浓度减少的方程

$$c_m=c_b-\frac{(t_m-t_{b1})i\delta_{b1}}{ZfD_{b1}} \tag{10.5.8}$$

式中　c_m、c_b——分别表示膜表面和溶液主体中的阴离子浓度；

δ_{b1}——边界层厚度。

由式（10.5.8）可进一步得到

$$i=\frac{ZD_{b1}f(c_b-c_m)}{\delta_{b1}(t_m-t_{b1})} \tag{10.5.9}$$

当膜表面阴离子浓度 c_m 趋近于零时，达到极限电流密度，有

$$i_{lim}=\frac{ZD_{b1}fc_b}{\delta_{b1}(t_m-t_{b1})} \tag{10.5.10}$$

此时，进一步增大电位差，不会使阴离子的通量继续增大。从式（10.5.10）可以看出，极限电流密度取决于主体溶液中阴离子的浓度 c_b 和边界层厚度 δ_{b1}。为了减少浓差极化效应，必须减小边界层的厚度。因此，电渗析器的设计和流体力学条件非常重要。

以上以阴离子为例说明了极化现象。对阳离子也有类似的情况。但阳离子在边界层中的迁移性要比同样价态的阴离子略低。因此，在流体力学条件相近时，阳离子交换膜比阴离子交换膜更容易达到极限电流密度。

第六节　其他膜分离

一、气体膜分离

1. 概述

气体膜分离是两种或两种以上的气体混合物通过高分子膜时，由于各种气体在膜中的溶解和扩散系数的不同，导致气体在膜中的相对渗透速率有差异。在膜两侧压力差的作用下，渗透速率相对较快的气体，如水蒸气（H_2O）、氢气（H_2）、二氧化碳（CO_2）和氧气（O_2）

等优先透过膜而被富集；而渗透速率相对较慢的气体，如甲烷(CH_4)、氮气(N_2)和一氧化碳(CO)等气体则是在膜的滞留侧被富集，从而达到混合气体分离的目的。如图 10.6.1 所示。

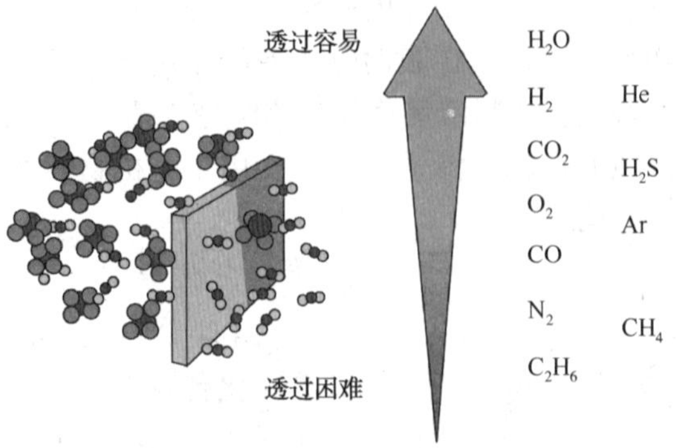

图 10.6.1　气体膜分离示意图

2. 气体在微孔膜中的传递机理

气体在微孔膜中的分离效应是由 Knudsen(Kn)系数决定的。

$$Kn=\frac{\lambda}{d_{\mathrm{m}}} \tag{10.6.1}$$

式中　λ——气体分子平均自由程，m；

d_{m}——膜的孔径，m。

根据 Kn 值，可以判别气体在膜孔内的流态。

当 $Kn \leqslant 0.01$ 时，膜孔径远小于气体分子平均自由程。气体在膜孔内呈黏性流动，扩散过程以气体分子间的碰撞为主，气体分子与膜壁面的碰撞可忽略，此时属分子扩散，可采用 Hagen-Poiseuille 定律描述。在这种黏性流动范围，气体混合物不能被膜分离。

当 $Kn \gg 1.0$，尤其是 $Kn \geqslant 10^{10}$ 时，气体分子平均自由程远大于膜孔径，气体在膜孔中靠气体分子与膜孔壁的碰撞进行传递，分子间的碰撞可忽略不计，此类扩散现象称为 Knudsen 扩散，气体以 Knudsen 扩散机理通过膜。

当 Kn 值介于以上值之间，尤其是当 Kn 值在 1 附近时，扩散为过渡区扩散。此时，膜孔内分子间的碰撞和分子与膜孔壁之间的碰撞都起作用，气体分子在膜孔内的扩散与分子扩散和 Knudsen 扩散均有关。若已知分子扩散和 Knudsen 扩散系数，则过渡区的扩散系数可近似用下式计算

$$D_{\mathrm{m}}=\frac{\varepsilon}{\tau}\left(\frac{1}{D_{\mathrm{AB}}}+\frac{1}{D_{\mathrm{KP}}}\right)^{-1} \tag{10.6.2}$$

式中　D_{AB}——双分子扩散系数，$\mathrm{m^2/s}$；

ε——孔隙率；

τ——膜孔曲折因子；

D_{KP}——Knudsen 扩散系数，$\mathrm{m^2/s}$，计算式为

$$D_{\mathrm{KP}}=48.5d_{\mathrm{m}}\left(\frac{T}{M_i}\right)^{\frac{1}{2}} \tag{10.6.3}$$

式中　T——热力学温度，K；

M_i——组分 i 的摩尔质量，kg/mol。

二、渗透气化

渗透气化又称为渗透蒸发，是有相变的膜渗透过程。膜上游物料为液体混合物，下游透过侧为蒸气。膜上游物料的混合物在膜两侧压差的作用下，利用膜对被分离混合物中某组分有优先选择性透过的特点，使料液侧优先渗透组分渗透通过膜，在膜下游侧气化去除，从而达到从混合物分离提纯的目的。渗透气化主要用于有机物脱水、水中微量有机物的脱除以及有机混合物分离等方面。

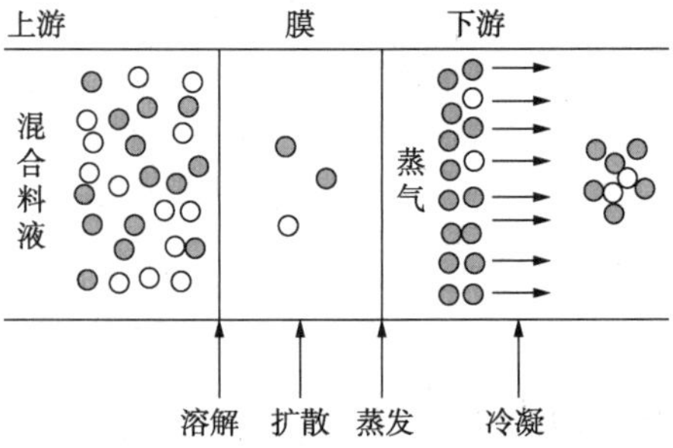

图 10.6.2 渗透气化膜分离过程的基本原理

1. 渗透气化原理

渗透气化膜分离过程的基本原理如图 10.6.2 所示。渗透气化传递过程可用溶解-扩散机理解释，传递过程可分为三步：①首先液体混合物中被分离的物质在膜上游表面有选择性地被吸附溶解；②被分离的物质在膜内扩散渗透通过膜；③在膜下游侧，膜中的渗透组分蒸发气化而脱离膜。

渗透气化的料液侧为疏水膜，另一侧抽成真空或通入惰性气体，使膜两侧产生溶质分压差。在分压差的作用下，料液中的溶质溶于膜内，扩散通过膜，并在透过侧发生气化，气化的溶质被膜装置外设置的冷凝器冷凝回收。膜与溶质的相互作用决定溶质的渗透速度，根据相似相溶原理，疏水性较大的溶质易溶于疏水膜，因此渗透速度高，可在透过一侧得到浓缩。

渗透气化过程中溶质发生了相变，透过侧溶质以气体状态存在，因此消除了渗透压的作用，从而使渗透气化在较低的压力下进行，适于高浓度混合物的分离。渗透气化法利用溶质之间膜透过性的差别，特别适用于共沸物和挥发度相差较小的双组分溶液的分离。

2. 膜材料的选择

对于渗透气化膜来说，是否具有良好的选择性是首先要考虑的问题。基于溶解扩散理论，只有对所需要分离的某组分有较好亲和性的高分子物质才可能作为膜材料。如以透水为目的的渗透蒸发膜，应该有良好的亲水性，因此聚乙烯醇(PVA)和醋酸纤维素(CA)都是较好的膜材料；而当以透过醇类物质为目的时，憎水性的聚二甲基硅氧烷(PDMS)则是较理想的膜材料。

3. 渗透气化的操作方式

渗透气化过程的传质推动力为膜两侧的浓度差或表现为膜两侧被渗透组分的分压差。任何能产生这种推动力的技术都可以实现渗透气化过程。

在渗透气化过程中，膜的上游侧一般维持常压，而膜的下游侧可用 3 种方式维持组分的分压差，如图 10.6.3 所示。

① 真空渗透蒸发：在膜透过侧用真空泵抽真空，以造成膜两侧组分的蒸气压差，如图 10.6.3(a)所示。

② 温度梯度渗透蒸发：通过混合料液加热或膜透过侧冷凝的方法，形成膜两侧组分的蒸气压差，如图 10.6.3(b)所示。

③ 载气吹扫渗透蒸发：用惰性气体吹扫膜透过侧，以带走透过组分，从而维持渗透组

分的分压差，如图 10.6.3(c)所示。

在渗透气化中，只要膜选择得当，可使含量极少的溶质通过膜，与大量的溶剂通过过程相比，少量溶剂透过的渗透气化过程更节能。

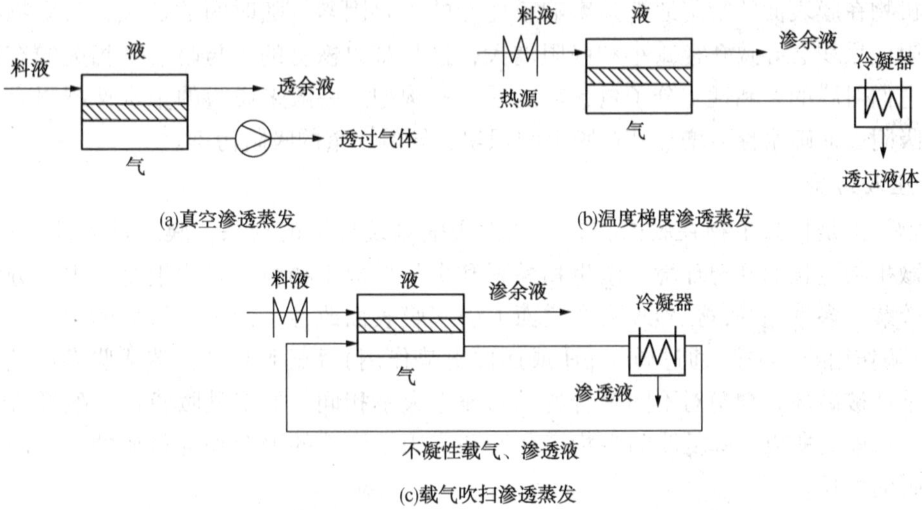

(a)真空渗透蒸发　　(b)温度梯度渗透蒸发

(c)载气吹扫渗透蒸发

图 10.6.3　渗透气化的操作过程

4. *渗透气化的应用*

渗透气化作为一种无污染、高能效的膜分离技术已经引起广泛的关注。该技术最显著的特点是很高的单级分离度，节能且适应性强，易于调节。目前渗透蒸发膜分离技术已在无水乙醇的生产中实现了工业化。除了以上用途，渗透蒸发膜在其他领域的应用尚都处在实验室阶段。

第七节　膜　污　染

一、概述

膜使用中最大的问题是膜污染。膜污染是指处理物料中的微粒、胶体或溶质大分子与膜存在物理化学作用或机械作用而引起的在膜表面或膜孔内吸附、沉积造成膜孔径变小或堵塞，使膜产生透过流量与分离特性的不可逆变化现象。

膜污染的表现一是膜通量下降，二是膜两侧的压差逐渐增大，三是膜对生物分子的截留性能改变。

膜污染与浓差极化在概念上是不同的，浓差极化加重了污染，但浓差极化是可逆的，即变更操作条件可使之消除，而膜污染是不可逆的，必须通过清洗的办法才能消除。

二、膜污染分类

膜的污染大体可分为：沉淀污染、吸附污染和生物污染。

1. *沉淀污染*

沉淀污染对反渗透(RO)膜和纳滤(NF)膜的影响尤为显著。当过滤液中盐的浓度超过了其溶解度，就会在膜上形成沉淀或结垢。普遍受人们关注的污染物是钙、镁、铁和其他金属的沉淀物，如氢氧化物、碳酸盐和硫酸盐等。

2. 吸附污染

有机物在膜表面的吸附通常是影响膜性能的主要因素。随时间的延长，污染物在膜孔内的吸附或累积会导致孔径减小和膜阻增大，这是难以恢复的。与膜污染相关的有机物特征包括它们对膜的亲和性、分子量、功能基团和构型。一般来说膜的亲水性越强有机物越不易被吸附。而疏水性可增加其在膜上的积累，导致严重的吸附污染。

3. 生物污染

生物污染是指微生物在膜内积累，从而影响系统性能的现象。膜组件内部潮湿阴暗，是一个微生物生长的理想环境，微生物黏附和生长形成生物膜。老化生物膜主要分解成蛋白质、核酸、多糖酯等，强烈吸附在膜面上引起膜表面改性。微生物形成的生物膜，可直接(通过酶作用)或间接(通过局部 pH 或还原电势作用)降解膜材料，造成膜寿命缩短，膜结构完整性被破坏。细菌对不同聚合物黏附速率大不相同。如聚酰胺膜比醋酸纤维素膜更易受细菌污染。所以，降低膜的生物亲和性和采用易清洗的聚合物为材质的分离膜，会阻碍生物膜的生长。

三、防止膜污染的方法

可以通过控制膜污染影响因素，减少膜污染的危害，延长膜的有效操作时间，减少清洗频率，提高生产能力和效率。因此在用膜分离技术分离或浓缩细胞、菌体或大分子产物时，必须注意以下几点：①进料液的预处理，如预过滤，pH 及金属离子控制；②选择合适的膜材料，可减轻膜的吸附；③改善操作条件，如加大流速。

四、膜污染的清洗方法

膜污染的清洗方法有物理法和化学法。物理清洗法主要有海绵球擦洗、热水法以及反冲洗和循环清洗。化学法可选择使用化学清洗剂对被污染的膜进行清洗，选择清洗剂要注意三点：一是要尽量判别是何种物质引起污染，二是清洗剂不能对膜或装置有损害，三是要符合产品要求。

化学法常用的清洗剂有：

① 氢氧化钠。氢氧化钠在发酵工业中使用较普遍，清洗液浓度一般为 0.1~1.0mol/L。它能水解蛋白质，皂化脂肪，并对某些生物高分子起溶解作用。

② 酸，如硝酸、磷酸和盐酸。用于去除无机污染物，如钙盐和镁盐。要注意的是对不锈钢装置不能用盐酸，可选用柠檬酸处理含铁装置上的污染物，效果较好。

③ 表面活性剂。主要对生物高分子、油脂等起乳化、分散作用，干扰细菌在膜上的黏附。常用的 SDS 和 TritonX-100，有较好的去蛋白质和油脂等作用。

④ 氧化剂，如氯。氯有较强的氧化能力，当氢氧化钠或表面活性剂不起作用时，可以用氯，其用量为 1~6mg/L 活性氯，其最适 pH 为 10~11。

⑤ 酶。酶本身是蛋白质，如要去除多糖时，淀粉酶有一定的作用。

⑥ 有机溶剂。由于有机溶剂对膜和装置有不良作用，因而很少采用。20%~50%乙醇可用于膜装置的灭菌和去除油脂或硅氧烷消泡剂，但使用时系统必须符合防爆要求。

思考题与习题

10.1　什么是膜分离？膜材料为什么会有选择渗透性？

10.2　微超滤过程中的浓差极化现象是怎样产生的？

10.3　在反渗透过程中，为什么需要施加一定压力？若半透膜两侧分别为淡水和海水，哪种情况需要更大的压力实现反渗透？请简要说明理由。

10.4　电渗析的工作原理是什么？

10.5　阐述离子交换膜的选择性透过机理。

10.6　在膜分离技术的长期运行中，膜污染是常见问题。请列举至少三种可能导致膜污染的物质，并简要说明如何通过预处理措施减轻膜污染。

10.7　用超滤膜分离两种蛋白质A和B，蛋白质A的分子量为30kDa，蛋白质B的分子量为60kDa，超滤膜的截留分子量为50kDa。进料液中蛋白质A的浓度为8g/L，蛋白质B的浓度为12g/L，进料流量为80L/h。超滤过程中，膜面存在浓差极化现象，浓差极化系数$k=0.8$，已知传质系数$k_m=1\times10^5$m/s。假设超滤过程为稳态过滤，求运行3小时后，透过液中蛋白质A和B的总质量。

10.8　某纳滤系统用于处理含有NaCl和$CaCl_2$的混合溶液，进料液中NaCl的浓度为0.2mol/L，$CaCl_2$的浓度为0.1mol/L。纳滤膜对NaCl的截留率为60%，对$CaCl_2$的截留率为90%。系统的操作压力为1.5MPa，温度为25℃，已知在该条件下，溶液的渗透压$\pi=cRT$，水的渗透系数$K_w=2\times10^{-6}$m/(s·Pa)，膜面积为1.5m²。求稳定运行时，每小时的水通量和透过液中Cl^-的浓度。

10.9　含盐量为9000mg(NaCl)/L的海水，在压力5.6MPa下反渗透脱盐。在25℃下，采用有效面积为12cm²的醋酸纤维素膜，测得水流量为0.012cm³/s，溶质浓度为450mg/L。求溶剂渗透系数、溶质渗透系数和脱盐率。已知该条件下，渗透压系数为1.8。

10.10　某反渗透系统用于海水淡化，海水的盐度为3.5%(质量分数，主要盐分视为NaCl)，密度为1025kg/m³。水的渗透系数$K_w=1.2\times10^{-6}$m/(s·Pa)，操作压力为5MPa，温度为20℃，NaCl的渗透压系数为0.438，膜面积为2m²，求该反渗透系统运行4小时的淡水产量以及脱盐率。已知透过液中NaCl的浓度为0.05mol/L。

10.11　已知某微滤膜在0.1MPa下纯水通量为100L/(m²·h)。0.15MPa下，用该微滤膜过滤某悬浊液。由于悬浊液在膜面上形成滤饼层，通量降至50L/(m²·h)。已知滤饼的比阻为1.5×10^{18}m^{-2}，计算滤饼层的厚度(假定悬浊液的黏度与水相同，取$\mu=1.0\times10^{-3}$Pa·s)。

第十一章　化学反应原理

第一节　概　　述

一、化学反应的概念

1. 化学反应

化学反应是指一种或多种物质（反应物）通过化学变化转化为与原物质不同的新物质（产物）的过程。化学反应的本质是旧化学键的断裂和新化学键的形成。在化学反应过程中，反应物的原子或离子之间的相互作用力发生改变，原先连接原子的化学键在能量变化等因素的作用下逐步断裂。这种旧化学键的断裂使得原子获得重新组合的自由度，处于一种能够进行重新排列组合的状态。而与此同时，这些重新获得“自由”的原子又会根据自身的电子结构和能量最低原理等因素，彼此之间相互靠近并相互作用，形成新的化学键，从而生成新的物质。需要注意的是，化学反应不会改变原子核的结构，仅涉及原子外层电子的重新分布。

化学键从断裂到重新形成的过程，伴随着能量的吸收或者释放，这些能量变化又会进一步影响反应的方向、速率以及反应的具体路径等多方面的化学特性。

2. 化学反应中的能量变化

化学反应通常伴随着能量的变化，表现为吸热或放热。放热反应会释放能量，而吸热反应则吸收能量。此类能量变化与反应的热力学性质紧密相关，例如焓变、熵变以及吉布斯自由能变。其中，焓变是描述化学反应中能量变化的一个重要概念，它反映了化学反应过程中体系能量的增减情况。熵变则体现了体系的混乱度的变化，也会对能量变化产生影响。吉布斯自由能的变化综合考虑了焓变和熵变等因素，对于判断化学反应在特定条件下的自发性具有重要意义，从而也和能量变化密切相关。

3. 化学反应的速率

化学反应的速率具体是指化学反应进行的快慢程度。在化学反应中，反应速率是一个重要的概念。化学反应的速率并不是固定不变的，而是受到多种因素的影响。其中，反应物的浓度是一个关键因素，当反应物浓度增大时，单位体积内的反应物粒子数增多，其碰撞的频率和有效性往往也会增加，从而导致反应速率加快。温度同样对反应速率有着显著影响，通常情况下，升高温度能使反应物分子的能量增加，活化分子百分数提高，使得有效碰撞更加频繁，反应速率也就随之增大。另外，在环境反应过程中，催化剂的存在也能够极大地改变反应速率，催化剂能够降低反应的活化能，从而加快反应速率。反应速率可以通过速率方程进行描述，从而定量地表达反应速率与各种影响因素之间的关系。

二、环境污染控制中的化学反应

环境污染控制中的化学反应是一个复杂而重要的领域，涉及多种化学反应和相应的技术，例如酸碱中和反应、沉淀反应、氧化还原反应、高级氧化反应等。化学反应作为自然界中物质转变和能量转化的基本过程，始终贯穿于人们的生活之中。它不仅仅是化学领域的研究核心，更在环境保护这一重大课题中扮演着不可或缺的角色。

在环境污染治理方面，通过特定的化学反应，可以将有毒物质转化为无毒或低毒性的物质，从而减轻对自然环境的污染。例如，通过化学沉淀法，可以将废水中的重金属离子转化为沉淀物，便于后续处理和处置。化学反应还在环境资源的循环利用中发挥着关键作用，通过化学转化，可以将废弃物转化为再生资源，实现资源的可持续利用。此外，化学反应在研究环境污染物的降解机制、评估环境风险以及开发新型环保材料等方面也具有重要意义。可以说，化学反应为环境保护提供了有力的技术支持和理论指导。在环境污染控制中，通过复杂的化学反应旨在减少环境中污染物的排放，改善环境质量，促进环境可持续发展。

1. 化学反应在环境污染控制中的重要作用

① 分解和转化有害物质。化学反应可以分解和转化空气、水和土壤中的有害物质，如重金属、有机物和放射性物质，从而减少其对环境和生态系统的危害。通过化学反应将有害物质转化为无害或低毒性物质，可以有效减少环境污染，保护生态系统的健康。

② 资源循环利用。化学反应可以将废物转化为资源，实现资源的循环利用。例如，废塑料可以通过化学反应转化为燃料，废电池中的有害物质可以被提取和回收。这种转化不仅减少了对新资源的需求，还减少了废物处理和处置的负荷，促进了可持续发展。

③ 改善环境质量。化学反应可以净化空气和水质，改善生态环境。例如，通过氧化还原反应和酸碱中和反应，可以有效去除空气和水中的污染物。化学反应有助于提供一个更清洁、更健康的生活环境，提升人们的生活质量。

2. 化学反应在环境污染控制中的典型应用

① 空气污染治理。化学反应在减少空气中的颗粒物和有害气体排放方面发挥着重要作用。例如，三元催化器和活性炭吸附技术可以显著减少汽车尾气和工业废气中的有害物质；利用碱性溶液能够吸收工业废气中的二氧化硫。

② 水污染治理。化学反应在处理废水方面有多种应用，包括去除重金属离子、有机污染物和悬浮物等。常用的方法有化学沉淀法、化学氧化法和化学还原法。例如向水体中添加铁盐、铝盐等化学试剂，通过化学絮凝，去除水中的悬浮物、胶体物质和溶解性物质。针对酸性或碱性污水，通过添加酸碱中和剂（如石灰）调整水体的 pH 值，以适应水生态系统的物种生长需求。

③ 土壤污染治理。化学反应可以用于土壤修复，通过氧化还原反应和酸碱中和反应，将土壤中的有害物质转化为无害或低毒性物质。例如通过添加化学试剂，如硫化物、氢氧化物等，使重金属离子形成难溶的沉淀物，从而固定在土壤中，减少其迁移和转化。

3. 化学反应在环境污染控制中的发展趋势

随着技术的发展，绿色化学和纳米技术在环境污染控制过程中展现出了广阔的应用前景。绿色化学通过减少或消除有毒有害物质的使用，从源头上减少环境污染。纳米技术则是利用纳米材料的特殊性质，提高污染物的吸附和降解效率。在环境污染控制中，需要综合考虑化学反应的复杂性和成本。化学反应的复杂性在于其种类繁多、反应条件复杂，需要深入研究才能找到合适的反应条件。此外，化学反应的成本也是需要考虑的重要因素，需要平衡成本和环保效益，寻找最佳解决方案。在未来的发展中，需要不断开发新型化学反应方法和技术，以实现更环保的污染治理。通过多学科交叉融合和技术创新，突破传统污染控制技术的局限，实现更高效的污染治理。例如结合环境科学与工程学，可以优化污染处理流程；融合环境工程、化学与材料科学，研发更高效的环境污染控制功能材料。

第二节　酸碱中和反应和沉淀反应

一、酸碱中和反应

酸和碱作为工业领域不可或缺的原料，广泛应用于各类生产过程中。工厂在使用这些化学物质时，往往会产生酸性废水和碱性废水。天然水体中的碱度主要由重碳酸盐(HCO_3^-)构成，具备一定的缓冲能力。因此，当少量的酸碱废水混入大量的城市污水中时，通常不会导致污水的 pH 值严重偏离中性(pH = 7)。然而，酸性废水对水泥管道具有腐蚀性，因此不允许其直接排入城市下水道。对于那些以酸或碱作为主要洗涤剂的生产环节，所产生的大量废水无疑需要进行妥善处理，不当排放可能对环境和生态系统造成严重影响。

在处理酸性和碱性废水时，除了探索其再利用的可能性外，中和法是一种广泛采用且有效的方法。该方法的核心在于调整废水的 pH 值至中性范围，以确保废水符合排放或进一步处理的标准。pH 值作为衡量溶液酸碱性的关键指标，在处理过程中起着至关重要的作用，通过精确控制 pH 值，我们可以实现废水的有效中和。具体而言，当处理酸性废水时，使用碱或碱性物质能够逐步中和废水中的酸性成分，直至将 pH 值调升至接近 7 的中性水平；同样地，在处理碱性废水时，采用酸或酸性物质逐步中和废水中的碱性成分，将 pH 值调低至接近 7。如果同一工厂或相邻工厂同时有酸性和碱性废水，可以先让两种废水相互中和，然后再用中和剂中和剩余的酸或碱。

常用的碱性中和剂有石灰、电石渣和石灰石、白云石。常用的酸性中和剂有废酸、粗制酸和烟道气。

1. 投加药剂法

中和剂能制成溶液或浆料时，可用投加法。中和药剂的投加量，可按化学反应式进行估算，也可以通过试验确定。例如中和酸性废水时投加碱性药剂的用量 G 可按下式计算

$$G=(K/P)(q\rho_1\alpha_1+q\rho_2\alpha_2) \tag{11.2.1}$$

式中　q——废水流量，m^3/d；

ρ_1——废水含酸量，kg/m^3；

α_1——中和 1kg 酸所需的碱性药剂，kg；

ρ_2——废水中需中和的酸性盐类量，kg/m^3；

α_2——中和 1kg 酸性盐类所需的碱性药剂，kg；

K——考虑部分药剂不能完全参加反应的加大系数。用石灰湿投时，K 取1.05~1.10；

P——药剂的有效成分含量。一般生石灰含 CaO 60%~80%，熟石灰含 $Ca(OH)_2$ 65%~75%，电石渣含 CaO 60%~70%。

石灰常使用熟石灰配制成石灰乳液，浓度在10%左右。石灰用量多时，可用生石灰，配制石灰乳，但是要防止产生沉淀。中和反应较快，废水与药剂边混合，边中和，可用隔板构成狭道或用搅拌机械混合药剂和废水。

中和反应过程中，中和池可间歇运行也可连续运行。当废水量少，废水间断产生时采用间歇运行比较合理，可设置2个池子，交替工作。当废水量大时，一般用连续处理。

2. 中和过滤法

中和剂为粒料或块料时，可使用过滤法，例如石灰石或白云石做中和剂时常呈粗粒状，中和反应后需要过滤处理。中和过滤法一般用于处理酸性废水，即令酸性废水流过碱性滤料，通过发生中和反应来降低废水的酸度，使废水的 pH 值达到中性或接近中性。当含硫酸的废水流过石灰石滤料时，硫酸与碳酸钙发生反应，生成硫酸钙、水和二氧化碳。

石灰石的主要成分是 $CaCO_3$，白云石的主要成分是 $CaCO_3 \cdot MgCO_3$。若废水含硫酸而浓度又较高时，粒料将因表面形成硫酸钙外壳而失去中和作用。因此以石灰石为中和剂时，废水的硫酸浓度一般不应超过1~2g/L。如硫酸浓度过高可以回流出水，予以稀释。

普通中和滤池为固定床式，滤料粒径一般为30~80mm，空塔滤速一般小于5m/h。进水酸浓度大时滤料表面易结垢，处理效率较低，现已不多用。升流式膨胀滤池(图11.2.1)可改善硫酸废水的中和过滤。当粒料的粒径较细(<3mm)，废水上升滤速较高(50~70m/h)时，废水自下而上流动使滤层膨胀，滤料呈悬浮状态，加之二氧化碳的搅拌作用或通入压缩空气搅拌，使滤料不断碰撞，硫酸钙不易形成垢层，中和效果好。

用烟道气中和碱性废水时，可在塔式反应器中接触中和(见图11.2.2)。烟道气含有 CO_2 和少量的 SO_2、H_2S 等酸性气体，可用以中和碱性废水。碱性废水从塔顶用布液器喷出流向填料床，烟道气则自塔底进入，升入填料床。水、气在填料床接触过程中，废水和烟道气都得到了净化，使废水中和，烟尘消除。

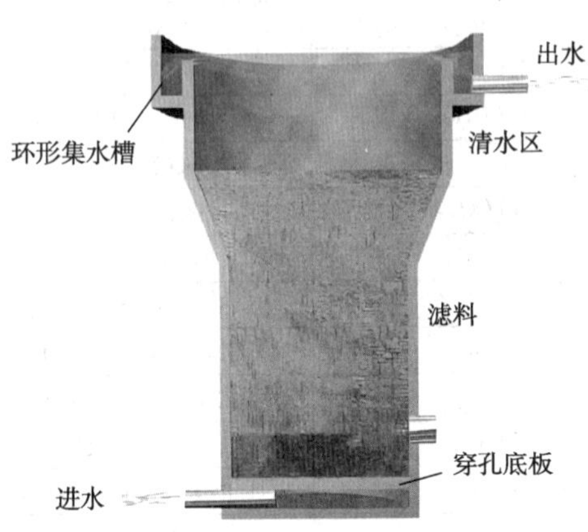

图11.2.1 升流式膨胀中和滤池

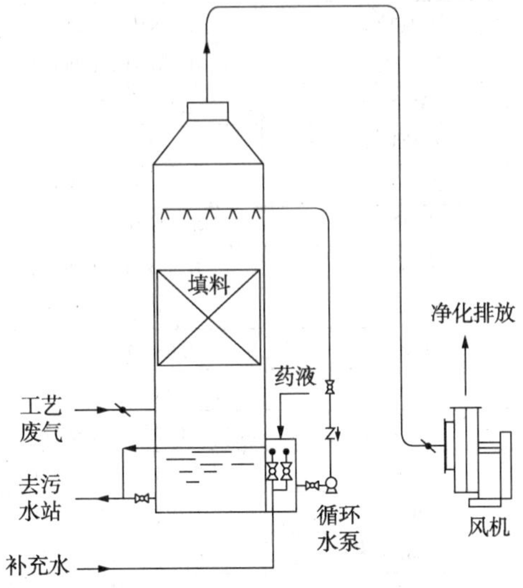

图11.2.2 烟气净化喷淋塔示意图

二、沉淀反应

沉淀反应是向废水中投加某种化学物质，使与其中的一些离子发生化学反应，生成难溶的沉淀物而从水中析出，以达到降低其中某些溶解污染物的目的。在废水处理中，常用化学沉淀法去除废水中的金属阳离子如 Hg^{2+}、Ca^{2+}、Pb^{2+}、Cu^{2+}、Zn^{2+}、Cr^{6+}等，阴离子如 SO_4^{2-}、PO_4^{3-}等。

1. *溶解度和溶度积*

各种固体盐类都是呈离子晶体结构的强电解质，而水是分子极性很强、溶解能力很高的天然溶剂。当固体盐类进入水中时，盐类离子就会生成水合离子，这个过程称为溶解。当某种盐在水中溶解达到平衡状态时，该盐的溶解达到最大限度，称为该种盐的溶解度。根据化学平衡的原理，溶解达到平衡时，存在所谓的溶解平衡常数。溶解平衡常数等于两种离子溶解度的乘积，称为溶度积常数或简称为溶度积(K_{sp})。溶解盐类发生沉淀的必要条件是其离子的浓度积大于溶度积。因此，化学沉淀法的实质主要是向水中加入某种适当的化学物质，以使加入的离子与水中的有害离子形成溶度积很小的难溶盐和难溶氢氧化物而沉淀析出。

表 11.2.1 列举了一些离子的难溶盐或难溶氢氧化物的溶度积常数。当能结合成难溶盐的两种离子的浓度之积超过此盐溶度积时，该盐将会析出，而这两种离子的浓度将下降，需要去除的离子就与水分离。例如水中的 Zn^{2+}浓度为 a，需要降低，可投加 Na_2S，S^{2-}的浓度为 b；若 $a \times b$ 超过 ZnS 的 K_{sp}(1.2×10^{-23})，则 ZnS 从水中析出，Zn^{2+}、S^{2-}的浓度降低。由此可见，能生成难溶盐或难溶氢氧化物的离子，都能用化学沉淀法将其从废水中去除。

表 11.2.1　溶度积简表

化合物	溶度积(K_{sp})	化合物	溶度积(K_{sp})
$Al(OH)_3$	11.1×10^{-15}(18℃)	$Fe(OH)_2$	1.64×10^{-14}(18℃)
$AlPO_4$	9.84×10^{-21}(25℃)	$Fe(OH)_3$	1.1×10^{-36}(18℃)
AgBr	4.1×10^{-13}(18℃)	FeS	3.7×10^{-19}(18℃)
AgCl	1.56×10^{-10}(25℃)	Hg_2Br_2	1.3×10^{-21}(25℃)
Ag_2CO_3	6.15×10^{-12}(25℃)	Hg_2Cl_2	2×10^{-18}(25℃)
Ag_2CrO_4	1.2×10^{-12}(25℃)	Hg_2I_2	1.2×10^{-28}(25℃)
Ag_3PO_4	1.5×10^{-16}(25℃)	HgS	$4 \times 10^{-53} \sim 2 \times 10^{-49}$(18℃)
Ag_2S	1.6×10^{-49}(28℃)	$MgCO_3$	2.6×10^{-5}(12℃)
$BaCO_3$	7×10^{-9}(16℃)	MgF_2	7.1×10^{-9}(18℃)
$BaCrO_4$	1.6×10^{-10}(18℃)	$Mg(OH)_2$	1.2×10^{-11}(18℃)
$BaSO_4$	0.87×10^{-10}(18℃)	$Mn(OH)_2$	4×10^{-14}(18℃)
$CaCO_3$	0.99×10^{-8}(15℃)	MnS	1.4×10^{-15}(18℃)
$CaSO_4$	2.45×10^{-5}(25℃)	$PbCO_3$	3.3×10^{-14}(18℃)
CdS	3.6×10^{-29}(18℃)	$PbCrO_4$	1.77×10^{-14}(18℃)
CoS	3×10^{-26}(18℃)	PbF_2	3.2×10^{-8}(18℃)
$Cr(OH)_3$	1×10^{-32}(25℃)	PbI_2	7.47×10^{-9}(15℃)
CuBr	4.15×10^{-8}(18~20℃)	PbS	3.4×10^{-28}(18℃)
CuCl	1.02×10^{-6}(18~20℃)	$PbSO_4$	1.06×10^{-5}(18℃)
CuI	5.06×10^{-12}(18~20℃)	$Zn(OH)_2$	1.8×10^{-14}(18~20℃)
CuS	8.5×10^{-45}(18℃)	ZnS	1.2×10^{-23}(18℃)
Cu_2S	2×10^{-47}(16~18℃)		

需明确的是，易溶与难溶是相对的，可用较难溶的物质作为沉淀剂去除能构成更难溶盐的某一离子。例如难溶盐 $CaSO_4$ 的 K_{sp} 为 2.45×10^{-5}，很低，但 $BaSO_4$ 的 $K_{sp}(0.87\times10^{-10})$ 更低，可以用 $CaSO_4$ 作为沉淀剂，沉淀 Ba^{2+}。

2. 沉淀剂用量计算

关于沉淀剂用量，下面以某粘胶纤维厂含锌废水的处理为例，进行阐述。

某粘胶纤维厂纺练车间的酸浴是硫酸和硫酸锌的溶液。从酸浴槽出来的丝束将附着的酸带入塑化槽，由不断注入的温水稀释成塑化浴，塑化槽的溢流成为废水。废水的成分与塑化浴相同，是稀释了的酸浴，应与回流酸浴一起进入循环流向酸站。若经计算比较，采用直接排放，则塑化槽废水应按工业废水排放标准进行处理。

需特殊处理的废水单独处理时常比与其他废水混合后再处理更经济有效。塑化浴溢流一般需要的处理是硫酸和锌离子，前者可以使用中和法，后者可采用化学沉淀法。从表 11.2.1 可看出，$Zn(OH)_2$ 和 ZnS 的 K_{sp} 都很小，氢氧化物和硫化物都可作为 Zn 的沉淀剂，若采用硫化物，中和与沉淀必须分步进行，否则将产生有毒的 H_2S，会增加处理的复杂性。采用碱性物质为中和剂，则中和与沉淀可同步进行。

粘胶厂在生产过程中会大量消耗 NaOH，因此，合理处理和利用排放的碱性废水显得尤为重要。按照环保与经济的双重原则，应优先利用这些碱性废水中和废酸。在处理过程中，当碱性废水的量不足以满足需求时，我们会选择补充 NaOH 或 $Ca(OH)_2$ 以调节废水的碱度。具体来说，若所需碱量不大，使用 NaOH 更为经济和便捷。这是因为使用 NaOH 能有效避免在处理过程中产生夹杂有 $CaSO_4$ 杂质的沉淀。$CaSO_4$ 杂质的存在不仅会增加废渣量，给后续处理带来不便，还会降低整体处理效率。更重要的是，使用 NaOH 可以确保沉淀物中 $Zn(OH)_2$ 的纯度，为将其回用于酸浴创造有利条件。

假设废水的 pH 值已调到 7 或更高些，$ZnSO_4$ 浓度为 9g/L，则用于沉淀 Zn^{2+} 的 NaOH 的量可计算如下

$$ZnSO_4+2NaOH \longrightarrow Zn(OH)_2\downarrow+Na_2SO_4$$

$$161 \quad 80$$

$$9 \quad \rho$$

$$161:80=9:\rho$$

$$\rho=80\times9/161\approx4.5\text{g/L}$$

但是残留的锌离子浓度取决于废水的 pH 值。若排放的锌离子浓度必须低于 5mg/L，则出水应达到的 pH 值可采用下面的计算方法。

从表 11.2.1 查得 $Zn(OH)_2$ 的 K_{sp} 为 1.8×10^{-14}，且 Zn^{2+} 质量浓度为 5mg/L，则：

$$[Zn^{2+}]=5\times10^{-3}/65.4=7.64\times10^{-5}\text{mol/L}$$

$$[OH^-]=\{1.8\times10^{-14}/[Zn^{2+}]\}^{1/2}=(2.35\times10^{-10})^{1/2}=10^{-4.814}\text{mol/L}$$

$$[H^+]=10^{-14}/[OH^-]=10^{-14}/10^{-4.814}=10^{-9.19}\text{mol/L}$$

即 pH=9.19。

在实际操作中，沉淀剂用量常以计算量为参考，以 pH 为控制参数。因考虑到反应速率，一般情况下过量操作。

第三节　氧化还原反应和高级氧化技术

在化学反应中，如果发生电子的转移，参与反应的物质所含元素将发生化合价的改变，称为氧化还原反应。失去电子的过程称氧化，失去电子的物质被氧化；得到电子的过程称还原，得到电子的物质被还原。在环境污染治理中，可采用氧化或还原的方法改变污染物中某些有毒有害化合物中元素的化合价以及改变化合物分子的结构，使剧毒的化合物变为微毒或无毒的化合物，使难以生物降解的有机物转化为可以生物降解的有机物。

一、氧化还原反应

1. 氧化反应

在环境污染控制中，氧化反应至关重要，通过氧化反应，可以去除或转化多种有害物质。例如可以通过氧化反应将空气中的有害气体，如挥发性有机物(VOCs)、氮氧化物(NO_x)和硫氧化物(SO_x)转化为无害物质；也可以通过氧化反应将水体和土壤中的持久性有机污染物，如多氯联苯(PCBs)和多环芳烃(PAHs)降解为低毒或无毒的物质。

(1) 加氯氧化

加氯氧化是一种利用氯的强氧化性来实现氧化反应的技术，在水处理、化工等领域应用广泛。

① 常用药剂

加氯氧化中的常用药剂有氯气、次氯酸钠和二氧化氯。

氯气是最常用的加氯氧化剂之一，具有强氧化性，能有效杀灭水中的细菌和病毒，还能氧化水中的有机物和还原性无机物。但氯气是一种有毒气体，在使用过程中需要严格注意安全，防止泄漏。

次氯酸钠溶液稳定性相对较好，易于储存和使用。在水中能水解产生次氯酸，从而发挥氧化作用，是一种常用的含氯消毒剂和氧化剂。

二氧化氯具有很强的氧化性，其氧化能力是氯气的 2.63 倍。它在水中的溶解度高，且在较宽的 pH 范围内都能保持良好的氧化性能，能快速杀灭细菌、病毒和藻类等，同时对水中的有机物有较好的氧化去除效果，且不会产生大量的有害副产物。

② 基本原理

氯气、次氯酸钠等氧化剂在水中会发生水解反应

$$Cl_2+H_2O \longrightarrow HCl+HClO \tag{11.3.1}$$

$$NaClO+H_2O \longrightarrow NaOH+HClO \tag{11.3.2}$$

生成的次氯酸(HClO)具有强氧化性。次氯酸可以进一步分解产生新生态氧[O]，其氧化性更强，能与许多物质发生氧化反应，可以将水中的有机物、还原性无机物等氧化，使其转化为更易处理或无害的物质。

二氧化氯分子的电子结构呈不饱和状态，外层共有 19 个电子，具有强烈的氧化作用力。它主要是对富有电子(或供电子)的原子基团(如含巯基的酶和硫化物、氯化物等)进行攻击，强行掠夺电子，使之成为失去活性和改变性质的物质，从而达到其氧化的目的。例如，二氧化氯与氰化钠(NaCN)反应，可将氰化物氧化为无毒的二氧化碳和氮气等，反应方程式为

$$2ClO_2+2NaCN \longrightarrow 2NaCl+2CO_2+N_2 \quad (11.3.3)$$

③ 在水处理中的应用

加氯氧化最主要的应用之一就是水的消毒。通过向水中加入适量的氯或含氯化合物，利用其氧化性破坏细菌和病毒的细胞结构，使蛋白质变性，从而达到杀灭微生物的目的，保障饮用水和游泳池水等的微生物安全性。

加氯可以氧化水中的有机物，将大分子有机物分解为小分子有机物，降低水中有机物的含量，改善水的色度、嗅和味等指标。例如，在污水处理中，加氯氧化可以用于去除一些难降解的有机污染物，提高废水的可生化性。

在一定条件下，氯可以与水中的氨氮发生反应，将氨氮转化为氮气等无害物质，从而降低水中氨氮的含量。例如，折点加氯法就是利用加氯氧化去除水中氨氮的一种常用方法，当向水中加入足够量的氯时，水中的氨氮会被完全氧化为氮气逸出，使水质得到净化。

(2) 臭氧深度氧化

臭氧(O_3)是氧的同素异形体，又称三原子氧。三个氧原子呈三角形分布，中心原子与其他两个氧原子距离相等，且存在一个离域 π 键。O_3 的氧化还原电位为 2.07V，氧化性很强。

臭氧深度氧化是一种利用臭氧的强氧化性，将水中的有机物等污染物氧化分解为二氧化碳、水等无害物质，或转化为更容易被后续处理工艺去除的形态的水处理技术。对某些工业废水，如炼油废水、重油裂解废水、高炉煤气洗涤水等，虽经过了某些生物方法处理，但废水中的污染物如酚、氰以及色度等仍较高，还不能达标排放或加以回用，此时可用臭氧氧化进行深度处理。

① 氧化机理

臭氧分子具有很高的氧化电位(2.07V)，可以直接与水中的污染物发生反应。它能与含有碳碳双键、芳香环等结构的有机物发生加成反应、亲电反应等，将有机物氧化。

例如，臭氧与烯烃的反应，会使碳碳双键断裂，生成醛、酮等产物

$$CH_2{=\!=}CH_2+O_3 \longrightarrow 2HCHO \quad (11.3.4)$$

在一定条件下，臭氧与苯反应会使苯环发生开环等复杂反应并生成酸

$$C_6H_6+4O_3 \longrightarrow 3C_2H_2O_4 \quad (11.3.5)$$

乙醇可被臭氧氧化为乙醛，进一步氧化为乙酸

$$C_2H_5OH+O_3 \longrightarrow CH_3CHO+H_2O \quad (11.3.6)$$

② 应用领域

臭氧氧化可以用于改善水的嗅、味、色度，氧化分解微量有机物污染物，提高饮用水的安全性和口感。

将臭氧氧化用于处理工业废水和生活污水中的难降解有机物，提高污水的可生化性，为后续的生物处理创造条件，或直接将有机物氧化去除，使出水达到更高的排放标准。

臭氧氧化可去除地下水中的石油类污染物、卤代烃等有机污染物，恢复地下水水质。

臭氧氧化也可用于海水淡化的预处理，氧化去除海水中的有机物，防止其在反渗透膜表面吸附和沉积，提高海水淡化的效率和膜的使用寿命。

表 11.3.1 是某些工业废水用臭氧处理的效果。

表 11.3.1　某些含酚、氰废水臭氧处理效果

废水种类	处理方式	O_3 投加量/（$mg \cdot L^{-1}$）	停留时间/mm	处理前后对比		
				水质指标	处理前/（$mg \cdot L^{-1}$）	处理后/（$mg \cdot L^{-1}$）
炼油废水生物处理+过滤出水	微气泡接触塔 直径 800mm 高 7500mm 20～30μm 微孔钛板	35	12	COD 酚 油	70～100 0.3 5～10	<50 <0.01 <0.3
重油裂解水	填料接触塔	96.8	13	酚 氰	0.9 0.74	0.001 0.021
		64.9	21.6	酚 氰	2.12 1.15	0.016 0.38
高炉煤气洗涤水	四级微孔鼓泡塔	30	40	酚 氰 COD	3.82 0.1 14.72	0 0.015 6.72

从表中可以看出，臭氧氧化能有效去除多种难降解有机物，如酚、油、氰、多环芳烃等；它可以在较短时间内实现对污染物的氧化降解，提高水处理效率。臭氧本身分解后生成氧气，不会产生二次污染，且只需将臭氧气体通入水中即可进行反应，设备相对简单，易于实现自动化控制。但臭氧除了与目标污染物反应，也可能与水中的其他物质发生反应，有时会导致臭氧的利用率不高。另外臭氧的制备需要消耗大量的电能，且臭氧在水中的溶解度较低，使得臭氧深度氧化技术的运行成本相对较高。

（3）电化学氧化技术

电化学氧化是通过外加直流电进行化学反应，将电能转化为化学能的过程。

① 电化学氧化的特点

电化学氧化被称为“环境友好”工艺，具有其他方法不可比拟的优点：在污水处理过程中，电化学氧化的主要氧化剂是电子，不需要添加化学氧化剂，没有或很少产生二次污染，可为污水回用创造条件；电化学氧化能量效率高，反应条件温和，一般在常温常压下即可进行；电化学氧化兼具气浮、絮凝、杀菌作用，可通过去除水中悬浮物和选用特殊电极达到去除细菌的效果，可以使处理水的保存时间持久；电化学氧化反应装置简单，工艺灵活，可控制性强，易于自动化，费用低。

② 电化学氧化的原理

电化学氧化技术是将含有机污染组分或电解质的污水放入电解槽，在直流电场的作用下，在阳极上夺取电子使有机物氧化，或者先使低价金属氧化为高价金属离子，然后高价金属离子再使有机物氧化的方法。其原理是：有机物的某些官能团具有电化学活性，通过电场的强制作用，使污染物分别生成不溶于水的沉淀物或气体，从而使污水得以净化。经电化学氧化处理后，污水的毒性会减弱甚至消失，增强了生物可降解性。由于电化学氧化过程大多是在电解槽中进行的，因此也称为电解氧化。

根据不同的作用机理，电化学氧化法可分为直接阳极氧化法和间接阳极氧化法。

a. 直接阳极氧化法

直接阳极氧化法主要依靠在阳极上发生的电化学反应选择性氧化降解有机物，使污水中的污染物氧化降解。直接氧化分为两步：一是有机污染物从溶液扩散到电极表面；二是有机污染物在电极表面被氧化。电极表面的电子转移是电化学过程的控速步骤，其速率取决于电极活性和电流密度。电化学直接氧化污染物的过程如图 11.3.1 所示。

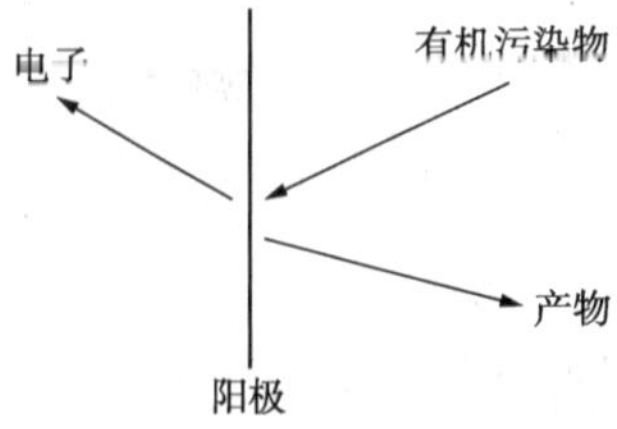

图 11.3.1 电化学直接氧化污染物的过程

直接阳极氧化法主要用来处理污水中的氰、酚等。例如电解处理含氰污水时，一般采用翻腾式电解槽或回流式电解槽，阳极可选用石墨，阴极可采用普通钢板。为防止有毒气体逸出，电解槽应采用全封闭式。当污水中含氰浓度较低时，电极反应的副产物比例增加，使电流效率下降，同时由于电解质减少，电阻增加，也使电流效率下降。所以操作时要向污水中投加一定量的食盐，一方面可使溶液的导电性增强，另一方面由于 Cl^- 可在阳极放电产生氯氧化剂，强化了阳极的氧化作用。有资料表明，处理含氰浓度为 25~100mg/L 的污水，食盐添加量为 2~3g/L，电流密度一般低于 $9A/dm^2$。pH 值一般控制在 10~12 时，能使剧毒的氯化氰迅速水解，减少其向空气中逸出的危险。

阳极材料的选择对电化学氧化过程至关重要，因为不同的阳极材料具有不同的催化活性和稳定性。常见的阳极材料包括铂、二氧化铅、钛基氧化物等。铂具有良好的催化活性和稳定性，但成本较高；二氧化铅具有较高的催化活性和较低的成本，但稳定性相对较差；钛基氧化物则具有较好的催化活性、稳定性和耐腐蚀性，是目前应用较为广泛的阳极材料之一。阴极材料的主要作用是提供电子，使污染物在阴极表面发生还原反应。常见的阴极材料包括铁、铜、不锈钢等。这些材料具有良好的导电性和稳定性，能够满足阴极反应的要求。

b. 间接阳极氧化法

间接阳极氧化法是通过阳极发生氧化反应产生的强氧化剂间接氧化水中的有机物，达到强化降解的目的。由于间接氧化既在一定程度上发挥了阳极的氧化作用，又利用了产生的氧化剂，因此处理效率比直接阳极氧化法大为提高。污染物的电化学间接氧化过程如图 11.3.2 所示。间接氧化可分为可逆过程与不可逆过程两种类型。

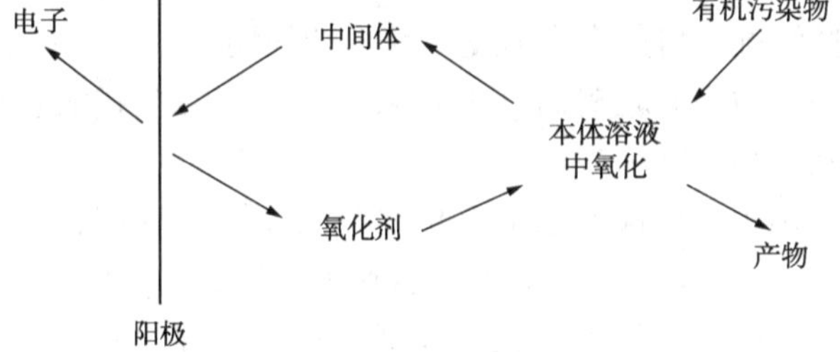

图 11.3.2 电化学间接氧化污染物的过程

在可逆电氧化的过程中，氧化还原基材(金属氧化物)悬浮于溶液中，电化学过程中被氧化至高价态，高价态氧化物同污染物发生氧化还原反应，自身还原为原始价态，进而达到氧化降解目标污染物的目的。这类间接电化学氧化过程对于可逆氧化还原电对(媒介，M)有 4 个基本要求：ⓐM 的生成电位必须远离析氢或析氧电位，以保证媒介在循环再生中有较高的电流效率；ⓑM 的产生速率要足够快，以保证该方法对处理负荷的要求；ⓒM 对

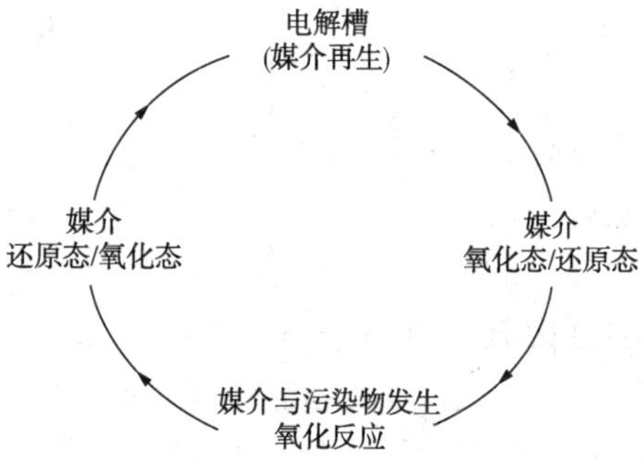

图 11.3.3　可逆电化学反应原理示意图

目标污染物有较好的选择性，反应速率大；ⓓ污染物或其他物质在电极上的吸附小，以利于媒介的再生并循环使用。可逆电氧化反应原理如图 11.3.3 所示。常用的氧化还原电对金属包括锰、钴以及银等。

在不可逆的电化学反应过程中，电极表面产生中间产物，例如羟基自由基、次氯酸根离子、过氧化氢、臭氧等，中间产物的氧化电位较高，可氧化降解污染物。

电化学氧化的氧化能力较强，适合多种污染物的处理，污水处理领域中应用最多的是有机污染组分的去除、重金属离子的去除、氨氮和氰的去除等。例如水体中存在的难降解有机物危害大、难处理，一般的水处理技术很难奏效。随着新型掺杂半导体复合电极的不断开发，电化学氧化技术借助具有电化学活性的阳极材料，能有效形成氧化能力极强的羟基自由基，既能使难降解有机污染物发生分解并转化为无毒性的可生化降解物质，又可将之完全矿化为二氧化碳或碳酸盐等物质。电化学氧化过程中，具有电活性的阳极表面能起到吸附、催化、氧化等多种转化功能。所选电极合适与否是保证持久性有机污染物在其表面附近顺利进行氧化的关键。在电化学氧化处理水体中微量的持久性有机污染物过程中，主要的竞争副反应是发生在阳极表面及其附近的水分解反应，即 O_2 逸出。因此，为促使反应进行并提高电氧化的效率，必须保证阳极具有较高的 O_2 逸出过电位，主要采用的阳极材料有石墨、Pt、TiO_2 和 Ti/SbO_2 复合电极等。

(4) 湿式氧化

湿式氧化是在高温(125~320℃)、高压(0.5~20MPa)条件下，以氧气或空气为氧化剂，在液相中将有机污染物氧化分解为二氧化碳和水等无机物或小分子有机物的化学过程。在湿式氧化过程中，氧气与有机物发生的是传统的氧化反应，反应依靠高温高压条件来激活分子氧，使有机物中的碳、氢等元素逐步被氧化，其氧化反应的活性物种主要是分子氧，氧化能力相对有限。

湿式氧化法能够处理高浓度、难降解的有机废水，对一些常规方法难以处理的有机污染物有较好的去除效果。但是，湿式氧化需要在高温高压下进行，对设备要求高，投资和运行成本大，且在某些情况下可能存在氧化不完全的问题，会有一些中间产物残留。

为降低反应温度和压力，同时提高处理效果，在传统的湿式氧化法的基础上发展了催化湿式氧化法，它是指高温(200~280°C)、高压(2~8MPa)下，以富氧气体或氧气为氧化剂，利用催化剂的催化作用，加快废水中有机物与氧化剂的反应，使废水中的有机物及含 N、S 等毒物氧化生成 CO_2、N_2、SO_2、H_2O，达到净化目的。在催化剂的催化作用下，反应可以在较温和的条件下进行，不仅可以大幅提高废水的处理效率，还可以大大降低系统设备的投资费用和日常的操作费用。

2. 还原反应

废水中的有些污染物，如六价铬[Cr(Ⅵ)]毒性很大，可用还原的方法将其还原成毒性较小的三价铬(Cr^{3+})，再使其生成 $Cr(OH)_3$ 沉淀而去除。又如一些难生物降解的有机化合物(如硝基苯)，有较大的毒性并对微生物有抑制作用，且难以被氧化，但在适当的条件下，可以被还原成另一种化合物(如硝基苯类、偶氮类生成苯胺类，高氯代烃类转化为低氯代烃，或彻底脱氯生成相应的烃、醇或烯），进而改善了可生物降解性和色度。

（1）药剂还原法

通过投加具有还原性的药剂使污染物还原、沉淀去除，或降低毒性，提高可生化性。水处理中常用的还原剂有：铁屑、锌粉、硼氢化钠、硫酸亚铁、二氧化硫等。例如含铬废水的处理可以用投加 $FeSO_4$ 和石灰的方法进行处理。反应式为

$$Cr_2O_7^{2-}+6Fe^{2+}+14H^+ \longrightarrow 2Cr^{3+}+6Fe^{3+}+7H_2O \tag{11.3.7}$$

$$CrO_4^{2-}+3Fe^{2+}+8H^+ \longrightarrow Cr^{3+}+3Fe^{3+}+4H_2O \tag{11.3.8}$$

$$Cr^{3+}+3OH^- \longrightarrow Cr(OH)_3\downarrow \tag{11.3.9}$$

$$Fe^{3+}+3OH^- \longrightarrow Fe(OH)_3\downarrow \tag{11.3.10}$$

（2）电解还原法

电解还原法，包括污染物在阴极上得到电子而发生的直接还原和利用电解过程中产生的强还原活性物质使污染物发生的间接还原。例如电解还原处理含铬废水，以铁板为阳极，在电解过程中铁溶解生成 Fe^{2+}，在酸性条件下，CrO_4^{2-} 被 Fe^{2+} 还原成 Cr^{3+}。同时由于阴极上析出氢气，使废水 pH 逐渐升高，Cr^{3+} 和 Fe^{3+} 便形成氢氧化铬及氢氧化铁沉淀。氢氧化铁有凝聚作用，能促进氢氧化铬迅速沉淀。

阳极

$$Fe-2e^- \longrightarrow Fe^{2+} \tag{11.3.11}$$

$$CrO_4^{2-}+3Fe^{2+}+8H^+ \longrightarrow Cr^{3+}+3Fe^{3+}+4H_2O \tag{11.3.12}$$

阴极

$$2H^++2e^- \longrightarrow H_2\uparrow \tag{11.3.13}$$

$$CrO_4^{2-}+3e^-+8H^+ \longrightarrow Cr^{3+}+4H_2O \tag{11.3.14}$$

直接电解处理的优点是占地面积少，易于实现自动化控制，药剂消耗量和废液排放量都较少，通过调节电解电压或电流，可以适应废水水量和水质大幅度变化带来的冲击。缺点是电耗和可溶性阳极材料消耗较大，副反应多，电极容易钝化。

（3）铁碳内电解还原处理

铁碳法主要是利用铁碳床中铁和碳（或加入的惰性电极）构成无数微小原电池，碳的电位高，形成许多微阴极，铁的电位低，形成微阳极，在电化学催化作用下，污染物在电极表面发生化学反应，降解有机污染物，因此又可称为内电解法。新生成的电极产物活性极高，能与废水中的有机污染物发生氧化还原反应，使其结构形态发生变化，完成由难处理到易处理、由有色到无色的转变。同时微原电池自身反应产生铁离子和氢氧化铁，其水解产物具有较强的吸附和絮凝作用，在微原电池周围电场的作用下，废水中以胶体存在的污染物可以在短时间内完成电泳沉积过程，从而去除污染物质。实际应用中的金属铁中都含有杂质碳，又由于材料表面的不均匀性，有利于形成腐蚀电池。其电极反应为

阳极（Fe）

$$Fe-2e^- \longrightarrow Fe^{2+} \tag{11.3.15}$$

$$Fe^{2+}+3OH^--e^- \longrightarrow Fe(OH)_3\downarrow \tag{11.3.16}$$

$$Fe^{2+}+2H_2O \longrightarrow Fe(OH)_2\downarrow+2H^+ \tag{11.3.17}$$

$$Fe^{2+}+2OH^- \longrightarrow Fe(OH)_2\downarrow \tag{11.3.18}$$

阴极（铁中的杂质碳或是外加的碳）

$$2H^{+}+2e^{-}\longrightarrow 2[H]\longrightarrow H_2 \quad (11.3.19)$$

$$O_2+4H^{+}+4e^{-}\longrightarrow 2H_2O(\text{酸性充氮时}) \quad (11.3.20)$$

在电极反应基础上，铁碳内电解还原法降解水中污染物的机理可能包括以下几种：

① 铁的还原作用。铁是活泼金属，在酸性条件下可使一些重金属离子和有机物还原为还原态。

② $Fe(OH)_2$ 的还原作用。电极反应过程中所产生的产物 $Fe(OH)_2$ 对硝基、亚硝基及偶氮化合物具有强烈的还原作用，可把硝基苯类污染物还原成可以生物降解的苯胺类化合物。

③ 氢的还原作用。电极反应中新生成的氢具有较大的活性，能与废水中许多组分发生还原反应，破坏发色、助色基团的结构，使偶氮键断裂、硝基化合物还原为氨基化合物。

目前，国内外已有不少关于用铁碳内电解还原法处理难生物降解工业废水和提高难降解有机废水的可生物降解性方面的研究和工程实践报道。但在工程实践中，也存在一些局限性，严重影响这一方法的推广应用。例如，铁碳法处理废水时，为了提高效率，反应应在酸性条件下进行，且要曝气充氧。消耗酸、碱和曝气过程提高了处理成本、增加了工艺流程的复杂性，而且增大了铁的消耗和沉淀污泥的产生，还有可能结块板结，产生腐蚀钝化，使处理效果大幅下降。

二、高级氧化技术

1. 高级氧化技术的概念

1987 年，Glaze 等在 Fenton、Wiess 等研究的基础上正式提出了以羟基自由基(·OH)作为主要氧化剂的高级氧化技术(Advanced Oxidation Processes，AOPs)的概念。20 世纪 90 年代，Hoigne 系统地解释了高级氧化技术，他认为高级氧化法是通过不同途径产生羟基自由基(·OH)的过程，·OH 会诱发一系列的自由基链式反应，降解水体中的污染物，直至降解为二氧化碳、水和其他矿物盐。经过几十年的发展，AOPs 法已成为一种“绿色技术”，并在污水处理领域得到进一步的推广与应用。

因此 AOPs 可以定义为在辐射、电、超声、催化剂等反应条件下生成具有强氧化活性的·OH，·OH 的氧化还原电位高达 2.80V，仅次于氟(3.06V)，可与有机污染物进行系列自由基链反应，并经过一系列的加成、电子转移、断键等反应，从而破坏其结构，使其逐步降解为无害的小分子产物(无机盐、CO_2、H_2O)的一种新技术。

随着水污染问题的日益突出以及人们对水质要求的提高，对于那些难以生物降解或对生物有毒害作用的有机污染物的处理问题引起人们极大的重视。这些污染物不仅难以生物降解，也很难用一般的氧化剂加以氧化去除。高级氧化技术则可以处理此类废水。为提高·OH 的生成量和生成速率，加速反应过程，提高处理效率和出水水质，高级氧化技术通常采用两种或多种氧化剂联用发生协同效应，或者与催化剂联用。

2. 高级氧化技术的特点

(1) 高氧化性

·OH 是一种极强的化学氧化剂。它的氧化电位要比普通氧化剂，如 Cl_2、H_2O_2 和 O_3 等高得多。因此，·OH 的氧化能力明显高于普通氧化剂。表 11.3.2 为几种氧化剂的氧化电位比较。

表 11.3.2 几种氧化剂的氧化电位比较

氧化剂	半反应	氧化电位/V
F_2	$F_2(g)+2H^+(aq)+2e^- \longrightarrow 2HF(aq)$	3.06
$\cdot OH$	$\cdot OH(aq)+H^+(aq)+e^- \longrightarrow H_2O(l)$	2.80
O_3	$O_3(g)+2H^+(aq)+2e^- \longrightarrow O_2(g)+H_2O(l)$	2.07
H_2O_2	$H_2O_2(aq)+2H^+(aq)+2e^- \longrightarrow 2H_2O(l)$	1.76
MnO_4^-	$MnO_4^-(aq)+4H^+(aq)+3e^- \longrightarrow MnO_2(s)+2H_2O(l)$	1.70
HClO	$2HClO(aq)+2H^+(aq)+2e^- \longrightarrow Cl_2(g)+2H_2O(l)$	1.63
Cl_2	$Cl_2(g)+2e^- \longrightarrow 2Cl^-(aq)$	1.36
O_2	$O_2(g)+2H_2O(l)+4e^- \longrightarrow 4OH^-(aq)$	0.40

(2) 反应速率快

与普通化学氧化法相比，$\cdot OH$ 的反应速率很快。据测定，一些主要有机污染物与 O_3 的反应速率常数为 0.01～1000L/(mol·s)，而 $\cdot OH$ 与这些污染物的反应速率常数达到 10^8～10^{10}L/(mol·s)。因此，氧化反应的速率主要是由 $\cdot OH$ 的产生速率决定。

(3) 提高可生物降解性，减少有害产物生成

在高级氧化工艺中，多种技术联用，如 H_2O_2/UV、O_3/UV 和 γ 辐射/O_3 技术等比单用一种方法能更有效地提高污染物的可生物降解性，而且，可以避免和减少用 Cl_2 氧化可能产生的三卤甲烷(Trihalomethanes，THMS)以及用 O_3 氧化可能产生的溴酸盐等有害化合物。与其他传统方法相比，高级氧化法氧化能力强、选择性小，易于操作控制，反应速度快且彻底，如作为生化处理的前处理或深度处理，可降低处理成本。

3. 典型的高级氧化工艺

(1) 臭氧高级氧化

O_3 的氧化方式除了前述的直接氧化有机物，还有分解产生 $\cdot OH$，$\cdot OH$ 氧化有机物的间接方式。O_3 的直接氧化反应属于常规氧化，具有较强的选择性，一般是破坏有机物的双键结构；间接氧化反应属于高级氧化过程，一般不具有选择性。O_3 在水中生成羟基自由基($\cdot OH$)主要有以下三种途径：①O_3 在碱性条件下分解生成 $\cdot OH$；②O_3 在紫外光的作用下生成 $\cdot OH$；③O_3 在金属催化剂的催化作用下生成 $\cdot OH$。

O_3 在碱性条件下分解生成 $\cdot OH$ 的反应如下

$$O_3+OH^- \longrightarrow \cdot O_2^- + \cdot HO_2^- \quad (11.3.21)$$

$$\cdot O_2^- + O_3 + H^+ \longrightarrow HO_3 \quad (11.3.22)$$

$$HO_3 \longrightarrow O_2 + \cdot OH \quad (11.3.23)$$

以 O_3 为主体的复合高级氧化过程有 O_3/UV 工艺、O_3/H_2O_2 工艺、O_3/H_2O_2/UV 工艺、O_3/金属催化剂工艺等。

(2) 电化学高级氧化

电化学高级氧化技术(Electrochemical Advanced Oxidation Process，EAOP)是一种通过电极反应去除废水中污染物的技术，其主要涉及阳极氧化水生成 $\cdot OH$ 过程以及直接电子转移(DET)过程，如下列反应式所示

$$H_2O \longrightarrow \cdot OH + H^+ + e^- \quad (11.3.24)$$

$$P \longrightarrow (\cdot P)^+ + e^- \quad (11.3.25)$$

反应式中P代表污染物。在不需要添加任何化学试剂的条件下，就可以通过这些电极氧化水直接产生·OH或通过DET反应或混合电子转移反应将废水中的污染物有效地去除。

EAOP不仅能彻底矿化药物、杀虫剂、偶氮染料及羧酸等难降解有机污染物，还具有反应器较小、可在环境温度和压力下运行、辅助化学品需求较低、无须二次处理、易与其他常规水处理技术组合以及运营成本不太高等优点，具有很大的实际应用前景。

电化学高级氧化法通过有催化活性的电极反应直接或间接产生羟基自由基，有效降解难生化处理的污染物。但长期以来，受电极材料的限制，该工艺降解有机物的电流效率低，能耗高，难以实现工业化。近年来在电催化电极材料和机理方面的研究取得了较大的发展，并开始应用于难降解废水的处理。

(3) 光催化氧化法

光催化氧化法是近几十年来发展起来的一种高级氧化技术，它是将特定光源(如紫外光UV)与半导体光催化剂(TiO_2)联合作用对有机废水进行降解处理的方法。

半导体光催化剂经太阳光或人工光照射而吸附光能后，发生电子跃迁并生成电子-空穴对，对吸附于表面的污染物，直接进行氧化降解，或在催化剂表面形成强氧化性的自由基，并通过自由基氧化有机污染物，达到对有机物的降解或矿化。光催化剂主要有TiO_2、ZnO、CdS、WO_3、SnO_2等半导体材料。由于TiO_2具有化学稳定性好、耐光腐蚀等优点，成为研究最广泛的催化剂。光催化氧化技术对难降解有机污染物有着较好的降解效果，并具有反应条件温和、能耗低、无二次污染、应用范围广、可使用太阳光为反应光源等优点。然而由于光催化氧化技术普遍存在催化剂不成熟，光生电子-空穴复合过快，光催化量子效率低、处理能力小、装置复杂等问题，影响其在实际水处理中的应用与推广。

以TiO_2为例，TiO_2在受到大于禁带宽度的能量(约为3.2eV)激发时，其充满的价带上的电子被激发越过禁带进入导带，同时价带上形成相应的空穴(h^+)，所产生的空穴具有很强的捕获电子的能力，而导带上的光生电子e^-又具有很高的活性，在半导体表面形成氧化还原体系。当半导体处于溶液中时，便可产生羟基自由基(·OH)。典型的光催化产生自由基的过程如下，并在图11.3.4中表示。

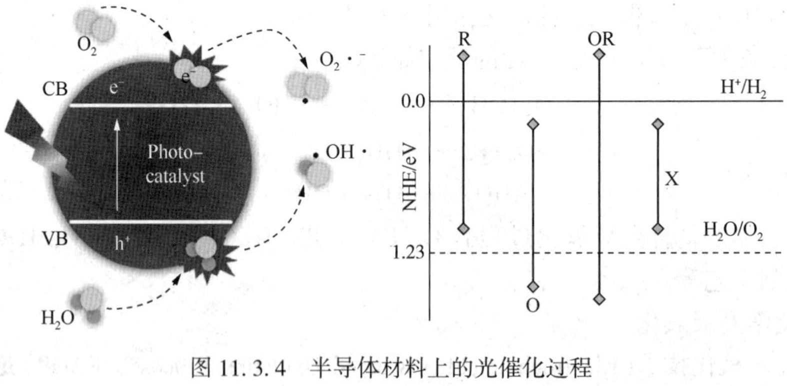

图11.3.4 半导体材料上的光催化过程

$$SC \xrightarrow{hv} e^- + h^+ \quad (11.3.26)$$

$$e^- + O_2 \longrightarrow \cdot O_2^- \quad (11.3.27)$$

$$h^+ + OH^- \longrightarrow \cdot OH \quad (11.3.28)$$

$$h^+ + H_2O \longrightarrow \cdot OH + H^+ \quad (11.3.29)$$

上式中 SC 代表半导体。

但空穴和电子容易复合，以能量的形式散失，且复合时间很短，一般小于 10ns。为了阻止电子和空穴的复合，研究人员研发了通过外加直流电压，通过外电压将光生电子驱赶至反向电极表面的 TiO_2 光电催化技术，大大提高了氧化处理效果，其原理如图 11.3.5 所示。

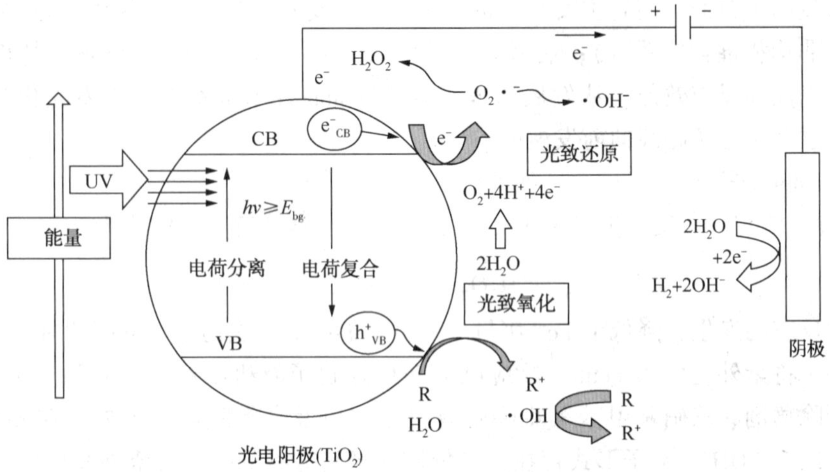

图 11.3.5　TiO_2 光电催化技术原理图

(4) Fenton 法和类 Fenton 法

① 传统 Fenton 法

Fenton 反应为均相催化过程，其反应机理是 Fe^{2+} 和 H_2O_2 之间的链反应生成具有较强氧化能力的羟基自由基($\cdot$ OH)，羟基自由基的氧化性强且具有很高的电负性或亲电性，其电子亲和能力达 569.3kJ，具有很强的加成反应特性。因 Fenton 法生成的羟基自由基($\cdot$ OH)可以无选择地氧化水中的大多数有机物，特别适用于处理生物难降解或一般化学氧化难以奏效的有机物。

Fenton 法中使用的试剂称为 Fenton 试剂，由亚铁盐和过氧化氢组成，当 pH 较低时(一般要求 pH = 3 左右)，在 Fe^{2+} 催化剂作用下，H_2O_2 能产生两种活泼的自由基，从而引发和传播自由基链反应，加快有机物和还原性物质的氧化，最终将有机物降解为 CO_2 和 H_2O。其一般历程为

$$Fe^{2+} + H_2O_2 \longrightarrow Fe^{3+} + OH^- + \cdot OH \quad (11.3.30)$$

$$Fe^{2+} + \cdot OH \longrightarrow Fe^{3+} + OH \quad (11.3.31)$$

$$Fe^{3+} + H_2O_2 \longrightarrow Fe^{2+} + H^+ + HO_2 \cdot \quad (11.3.32)$$

$$HO_2 \cdot + H_2O_2 \longrightarrow O_2 + H_2O + \cdot OH \quad (11.3.33)$$

$$RH^+ + \cdot OH \longrightarrow R \cdot + H_2O \quad (11.3.34)$$

$$R \cdot + Fe^{3+} \longrightarrow R^+ + Fe^{2+} \quad (11.3.35)$$

$$R^+ + O_2 \rightarrow ROO^+ \longrightarrow \cdots\cdots \longrightarrow CO_2 + H_2O \quad (11.3.36)$$

Fenton 法的优点是简单快速、试剂易得，缺点是有机物矿化不充分，形成的中间产物往往毒性更大。

② 类 Fenton 法

Fenton 试剂的氧化性虽然很强，可以氧化各种难降解有机物。在实际应用中，Fenton 反应仍存在不足：首先，H_2O_2 利用率不高；其次，反应的 pH 值范围较窄，简单的 Fenton 反应必须在 pH=3 左右的酸性介质中进行；再次，Fenton 反应不能充分矿化有机物，会产生较多的中间产物；最后，铁离子难以分离、回收，易产生二次污染。因此，研究者们把更多的精力投入 Fenton 反应的改进和强化。改进方法主要表现为对催化剂的改进和催化反应条件的改进两个方面，前者主要是改进催化剂 Fe^{2+} 或 Fe^{3+} 在水中的赋存状态(如仿生均相催化体系、非均相催化体系等)；后者主要是引入紫外/可见光辐照、电场、超声波等进行协同催化，以提高反应效能。从发展历程来看，Fenton 技术基本上是沿着光化学、电化学及与其他方法联用三条路线向前发展的。

a. 光 Fenton 法

H_2O_2 除了能与 Fe^{2+} 反应生成 ·OH，在紫外光下也会分解，反应式为

$$H_2O_2 \xrightarrow{hv} 2 \cdot OH \tag{11.3.37}$$

由于该反应的发生，降低了 Fe^{2+} 用量。减少了 Fe^{2+} 的二次污染，同时也保持了 H_2O_2 较高的利用率。将紫外光引入 Fenton 反应已成功地降解了有机染料、硝基酚、甲基对硫磷、氯代苯氧型除草剂、三硝基甲苯等难降解有机废水以及高氯酸等。另外，在 pH=3 左右，三价铁主要以 $Fe(OH)^{2+}$ 粒子形式存在，三价铁的羟基络离子可以与紫外光反应生成羟基自由基和亚铁离子，前者可直接氧化有机物，后者又可作为催化剂重新参与反应。其反应方程式如下

$$Fe(OH)^{2+} \longrightarrow Fe^{2+} + \cdot OH \tag{11.3.38}$$

该反应的发生提高了 Fe^{2+} 的利用率，对加速 H_2O_2 的分解是有利的。另外 Fe^{2+} 还可以与羧酸根离子形成络合物，与 $Fe(OH)^{2+}$ 一样是光化学活性物质，在光照下产生 Fe^{2+}，其反应方程式如下

$$Fe(ROO)^{2+} \longrightarrow Fe^{2+} + CO_2 + \cdot R \tag{11.3.39}$$

自由基 ·R 与 O_2 进一步反应降解，Fe^{2+} 则参加新一轮的 Fenton 反应，羧酸根离子是有机物降解过程中主要中间产物，可以认为光脱羧作用在有机物降解过程中起主要作用。

b. 电 Fenton 法

电 Fenton 法是以铁为阳极，石墨为阴极，在电解过程中，阳极铁失去电子生成 Fe^{2+}，同时，在阴极通入氧气，氧气在阴极表面得到电子生成 H_2O_2，从而组成 Fenton 试剂来降解难降解有机物。发生的电极反应如下

阳极 $$Fe - 2e^- \longrightarrow Fe^{2+} \tag{11.3.40}$$

阴极 $$O_2 + 2H^+ + 2e^- \longrightarrow 2H_2O_2 \tag{11.3.41}$$

总体上说，目前对电 Fenton 法的研究正处于试验开发阶段，与其他电解水处理技术一样，电 Fenton 法的电流效率较低，限制了它的应用。

c. 非均相 Fenton 法

非均相 Fenton 法与传统 Fenton 法一样，都是基于产生强氧化性的羟基自由基(·OH)

来氧化降解有机物。但传统 Fenton 法中，亚铁离子(Fe^{2+})和过氧化氢(H_2O_2)均处于均相体系中，而在非均相 Fenton 法中，是将铁元素负载在各种固体载体上，形成非均相的催化剂体系。反应时，H_2O_2 与固体催化剂表面的铁活性位点相互作用，产生 · OH，从而氧化降解水中的有机物。同时，铁离子在反应过程中会发生价态变化，在 Fe^{2+} 和 Fe^{3+} 之间循环，持续催化 H_2O_2 产生 · OH。可能发生如下反应

$$\equiv Fe^{3+} + H_2O_2 \longrightarrow \equiv Fe(HO_2)^{2+} + H^+ \tag{11.3.42}$$

$$\equiv Fe(HO_2)^{2+} \longrightarrow \equiv Fe^{2+} + \cdot HO_2 \tag{11.3.43}$$

$$\equiv Fe^{2+} + H_2O_2 \longrightarrow \equiv Fe^{3+} + OH^- + \cdot OH \tag{11.3.44}$$

$$\cdot OH + H_2O_2 \longrightarrow H_2O + \cdot HO_2 \tag{11.3.45}$$

$$\equiv Fe^{2+} + \cdot O_2^- \longrightarrow \equiv Fe^{3+} + O_2 \tag{11.3.46}$$

$$\equiv Fe^{3+} + \cdot HO_2 \longrightarrow \equiv Fe^{2+} + HO_2^- \tag{11.3.47}$$

$$\equiv Fe^{2+} + HO_2^- \longrightarrow \equiv Fe^{3+} + \cdot HO_2 \tag{11.3.48}$$

以上各式中≡代表固定态。

铁的氧化物(如 Fe_2O_3、Fe_3O_4)、铁的氢氧化物[如 $Fe(OH)_3$]以及一些含铁的复合金属氧化物(如 $CuFe_2O_4$、$ZnFe_2O_4$)都可以用作非均相催化剂。也可以将铁负载在多孔载体上，如活性炭、分子筛、氧化铝、二氧化钛等，这些载体具有较大的比表面积和良好的化学稳定性，能够有效地负载铁活性组分，提高催化剂的活性和稳定性。

(5) 过硫酸盐高级氧化

传统高级氧化技术是以活性物质 · OH 作为氧化剂去除难降解的污染物，但该方法存在很大的弊端，如 · OH 存在的时间短，来不及反应就消失，且易被 CO_3^{2-} 等无机离子淬灭而失活等。近几年，过硫酸盐高级氧化技术作为代替传统的高级氧化技术发展迅速，它是以产生 $\cdot SO_4^-$ 为主要活性氧化物的一种新型的高级氧化技术。过硫酸盐本身具有一定氧化性，但其氧化能力有限，它可在光、热、声、过渡金属和活性炭等条件下，自身分解产生 $\cdot SO_4^-$，具有很高的氧化性，理论上可以降解大多数的有机物。该技术具有反应设备简单，反应速度快，剩余污泥少，适用范围广，无二次污染等优点，在含有毒有害及难降解有机物的污水处理中具有广阔的应用前景。

过硫酸盐包括过二硫酸盐和过一硫酸盐，分子结构中含有过氧键(—O—O—)，具有强氧化性。在一定条件下，过硫酸盐能被激活产生具有更强氧化性的硫酸根自由基($\cdot SO_4^-$)。以过二硫酸盐($S_2O_8^{2-}$)为例，其激活方式及产生 $\cdot SO_4^-$ 的主要反应如下

热激活 $$S_2O_8^{2-} \xrightarrow{heat} 2 \cdot SO_4^- \tag{11.3.49}$$

光激活 $$S_2O_8^{2-} \xrightarrow{hv} 2 \cdot SO_4^- \tag{11.3.50}$$

金属离子激活 $$S_2O_8^{2-} + Fe^{2+} \longrightarrow \cdot SO_4^- + SO_4^{2-} + Fe^{3+} \tag{11.3.51}$$

碱激活 $$S_2O_8^{2-} + OH^- \longrightarrow \cdot SO_4^- + SO_4^{2-} + \cdot O_2^- + H^+ \tag{11.3.52}$$

生成的 $\cdot SO_4^-$ 具有较高的氧化还原电位($E^0 = 2.5 \sim 3.1V$)，能够快速氧化降解水中的有机物。$\cdot SO_4^-$ 具有更好的选择性，对有机物的降解更彻底。与 · OH(寿命<1μs)相比，$\cdot SO_4^-$ 寿命长，半衰期为 4s，更稳定，有机污染物与自由基接触的机会大大增加，更有利于反应的进行。

第四节　催化反应原理

一、催化反应的基本概念

1. 催化反应

很多化学反应从热力学分析是可能发生的，但其反应速率很慢，甚至察觉不到。在某些物质存在时，其反应速率可能会大大加快。例如，SO_2 和 O_2 中加入 NO，$KMnO_4$ 溶液在硫酸存在情况下氧化草酸($H_2C_2O_4$)，N_2 和 H_2 合成氨时引入活性 α-Fe 等。这些能加速反应而在反应过程中又不被消耗的物质称为催化剂(Catalyst)，有催化剂参加的化学反应称为催化反应。

催化反应可分为均相催化反应和非均相催化反应。前者是催化剂与反应物料在同一相的反应，后者则是催化剂与反应物料不在同一相的反应。如反应物料为气相，催化剂是固体时，该反应称为气固催化反应；同样，如反应物料为液相，催化剂是固体时，称为液固催化反应。本节主要讨论非均相催化反应。

催化反应过程是一个十分复杂的过程，反应物必须通过碰撞发生分子重组才能生成产物。只有那些具有足够高能量的分子碰撞时才能形成有效碰撞，使旧键断裂形成新键而发生反应。反应分子所必须具有的最低能量称为反应的活化能。显然，当活化能较高时，能达到此最小能量的分子很少，反应速率便很慢。如果在体系中引入一种催化剂，它可以不需要太高的活化能便能同某一些反应物分子反应生成一种或多种过渡络合物，而这些过渡络合物又能继续以较低的活化能与其余反应物(或络合物)反应生成产物并还原出催化剂。在这一过程中，催化剂起桥梁的作用，使反应速率大大加快。

催化反应有以下基本特征：①催化剂本身在反应前后不发生变化，能够反复利用，所以一般情况下催化剂的用量很少；②催化剂只能改变反应的历程和反应速率，不能改变反应的产物；③对于可逆反应，催化剂不改变反应的平衡状态，即不改变化学平衡关系。

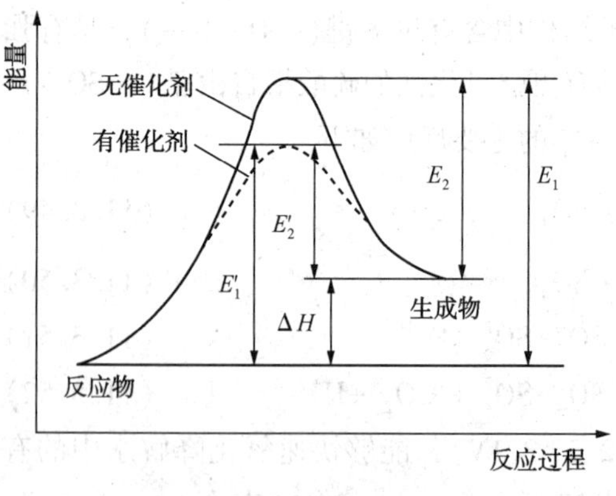

图 11.4.1　催化反应能量变化

图 11.4.1 是催化反应进行时体系的能量变化图，它充分反映了反应热效应同活化能之间的关系：

$$\Delta H = E_1 - E_2 = E_1' - E_2' \qquad (11.4.1)$$

当反应是可逆反应时，催化剂既改变正反应的活化能，也改变逆反应的活化能，因此，正反应使用的催化剂往往也可以作为逆反应的催化剂。

可逆反应的化学平衡常数(K)与反应的自由焓变化(ΔG^0)有如下关系

$$\Delta G^0 = -RT\ln K \qquad (11.4.2)$$

即 K 值取决于 ΔG^0，无论有没有催化剂的存在，ΔG^0 不变，因此 K 值也不变。

对于 A $\rightleftharpoons$ P 的可逆反应，K 与正、负反应的反应速率常数 k_1 和 k_2 有如下关系

$$K=\frac{k_1}{k_2} \tag{11.4.3}$$

由于催化剂不改变 K 的值，所以催化剂能加快正反应，同样也能加快逆反应。

此外，催化剂对反应有较好的选择性，一种催化剂一般只能催化特定的一个或一类反应。

2. 固体催化剂

（1）催化剂的概念

催化剂，又称触媒，是指在化学反应里，能改变其他物质的化学反应速度，而本身质量和化学性质在化学反应前后都没有改变的物质。根据国际纯粹与应用化学联合会(IUPAC)于1981年提出的定义，催化剂是一种物质，它能够改变反应的速率而不改变该反应的标准吉布斯自由焓变化，这种作用称为催化作用，涉及催化剂的反应为催化反应。例如若在双氧水(H_2O_2)中加入Fe、Mn等金属离子，分解反应会剧烈地发生；在高浓度有机废水的空气氧化(通常称为湿式氧化)中加入贵金属催化剂可大大提高反应速率。

固体催化剂进行催化反应时，反应物必须在催化剂的固体表面形成能量合适的表面络合物，固体表面的能量状态是至关重要的。不同的反应需要不同的表面能量状态，因此，催化剂结构上的微小变化都会急剧影响反应速率。通常用于非均相催化反应的催化剂有金属催化剂、氧化物催化剂、酸碱催化剂及过渡络合物催化剂，但同一种催化剂，制备方法甚至制备条件不同都可能使催化剂性能差别很大。

固相催化反应发生在固体表面，但并非固体表面每一点都能起催化作用，只有那些活泼的、有利于电子传输的活性中心(Active Site)才可能以较低的活化能同反应物分子形成表面过渡络合物，进而进行催化反应。每个活性中心在单位时间内反应发生的次数称为反应频数(Turnover Number)，催化剂表面所有活性中心的反应频数之和便是催化反应的速率。因此，制备催化剂时除了通过化学方式改善活性中心的反应条件，还必须提供足够大的反应表面积以提供尽可能多的活性中心。

催化剂的特征主要有：①可产生中间产物，改变反应途径，从而降低反应活化能和加速反应速率；②不能改变平衡状态和反应热，催化剂必然同时加速正反应和逆反应的速率；③具有选择性，可使化学反应朝着所期望的主反应方向进行，抑制不需要的副反应。

（2）固体催化剂的组成

固体催化剂一般由活性物质和载体组成，必要时加入助催化剂。

① 载体：载体是催化剂中用来增大表面积，提高耐热性和机械强度的物质，主催化剂和助催化剂均匀分布在载体上。常用固体催化剂载体如表11.4.1所示。载体常常是多孔性物质，活性组分能在载体上铺展、分散，大大增加了其暴露表面，使较少量的活性组分能有较高的活性。另一方面，载体如有合适的孔结构，能提高催化剂的择形选择性。某些情况下载体可与活性组分相互作用，从而改变活性组分的作用或改变其选择性。除此之外，载体还可以提高催化剂的机械强度、热稳定性和抗毒能力。

② 主催化活性物质：活性物质是催化剂中真正起催化作用的组分，它常被分散固定在多孔物质的表面。常见的催化活性物质有：金属催化剂(又称导体催化剂)，多为贵金属及铁、钴、镍等过渡金属元素，有单金属和多金属催化剂，大多数采用载体，也有不采用载体的；金属氧化物和硫化物催化剂(又称半导体催化剂)，在工业上用得最多的是过渡金属氧化物，如 ZnO、NiO、Fe_3O_4、V_2O_5、MnO_2、WO_3、MoO_3，既有采用载体，也有不采用载体的；绝缘体催化剂，主要是非金属氧化物和卤化物。

表 11.4.1　常用的固体催化剂载体

类型	载体	比表面积/($m^2 \cdot g^{-1}$)	特点
无孔低比表面积载体	石英粉 碳化硅	≈1	硬度高，导热性好，耐热
有孔低比表面积载体	浮石 碳化硅烧结物 耐火砖 硅藻土	<20	耐高温
有孔高比表面积载体	活性炭	500~1500	孔结构多种多样，表面积随制法而变化；载体自身亦能提供活性中心
	硅胶	200~600	
	活性氧化铝	160~350	
	活性白土 硅酸铝	150~300	

③ 助催化剂：在催化剂中的含量较少，具有提高主催化剂活性、选择性、改善催化剂的耐热性、抗毒性、机械强度和寿命等性能的组分。根据其功能，可将其分为结构性助催化剂和调变性助催化剂两种。结构性的助催化剂在温度升高时能防止或减慢催化剂微晶体长大而造成表面积减小，防止催化剂因烧结而降低活性，增加其结构稳定性、热稳定性、使用寿命和抗毒性。这种助催化剂只改变主催化剂的物理性质，增大活性表面。调变性的助催化剂可改变主催化剂的化学组成、电子结构、表面性质或晶形结构，从而提高催化剂的活性和选择性，能使反应活化能降低。比如在铁催化剂中加入 K_2O，提高铁的本征活性。

(3) 固体催化剂的性能参数

固体催化剂的性能参数主要包括活性、选择性、稳定性、比表面积、孔隙率、孔直径、机械强度等，这些参数相互关联、相互影响，共同决定了催化剂的性能优劣。

① 催化剂的孔结构参数

为了得到足够大的反应表面，很多情况下催化剂被制备成多孔的。因此催化剂的孔结构是非常重要的性能参数。衡量催化剂微孔结构的参数有孔容、孔径和比表面积，这些参数与催化剂的制备过程密切相关，通常只能由实验测定微孔参数，如 BET 法、压汞法等。

a. 比表面积(a_s)

单位质量催化剂具有的表面积(包括外表面积和内表面积)称为比表面积(Specific Surface Area)。

由于固相催化反应发生在催化剂的表面上，所以，固体催化剂的比表面积直接影响活性的高低。为了获得较高的活性，往往利用多孔载体。孔的来源包括微粒子固有的孔(主要是中孔和小孔)和微粒子间隙的孔(主要是大孔)，这些孔构成了催化剂的颗粒内表面。内表面积占催化剂总表面积的95%以上，其中中孔和小孔占绝大部分。大多数固体催化剂的比表面积为 $5 \sim 1000 m^2/g$。

b. 孔隙率

催化剂的孔隙率包括颗粒孔隙率(ε_p)和填充层空隙率(ε_b)。

颗粒孔体积(V_g)是单位质量催化剂内部微孔所占的体积，亦称孔容积(简称孔容)。颗粒孔隙率(ε_p)是固体催化剂颗粒孔体积与总体积的比值，即

$$\varepsilon_p = \frac{颗粒微孔体积}{颗粒总体积} = \frac{V_g}{V_p} \tag{11.4.4}$$

填充层空隙率(ε_b)是填充层颗粒间孔隙体积与填充层体积的比值，即

$$\varepsilon_b = \frac{填充层颗粒间孔隙体积}{填充层体积} = \frac{填充层体积-颗粒体积}{填充层体积} = 1-\frac{V_p}{V} \tag{11.4.5}$$

式中　V——填充层总体积，m^3。

c. 催化剂的密度

催化剂的密度又可分为固体密度、颗粒密度和堆积密度。

固体密度是指单位体积催化剂固体物质(不包括孔所占的体积)的质量，又称真密度，用ρ_s表示，单位为kg/m^3，可用公式表示为

$$\rho_s = m/(V_p-V_g) \tag{11.4.6}$$

催化剂颗粒密度是指单位体积固体催化剂颗粒(包括孔体积)的质量，用ρ_p表示，单位为kg/m^3，颗粒密度可以表示为

$$\rho_p = m/V_p \tag{11.4.7}$$

催化剂堆积密度是指单位填充层体积的催化剂质量，用ρ_b表示，单位为kg/m^3，堆积密度可以表示为

$$\rho_b = \frac{催化剂质量}{填充层体积} = \frac{m}{V} \tag{11.4.8}$$

以上各式中　m——催化剂质量，kg。

颗粒孔隙率与固体密度和颗粒密度之间存在以下关系：

$$\varepsilon_p = 1-\frac{\rho_p}{\rho_s} \tag{11.4.9}$$

d. 颗粒微孔的结构与孔体积分布

除孔容外，颗粒内微孔的性状和孔径对催化剂的性质也有很大的影响。用孔体积分布，即不同孔径的微孔所占总孔体积的比例，可以粗略地评价微孔的结构。

② 催化剂的活性和选择性

a. 活性

催化剂的活性是指催化剂使反应达到化学平衡的速率，是衡量催化剂催化效能大小的标准。在工业上，催化剂的活性通常用单位体积(或单位质量)催化剂在特定反应条件下，在单位时间内所得到的目的产物的质量表示，单位可以是kg(目的产物)/(kg催化剂·h)或g(目的产物)/(g催化剂·h)或kg(目的产物)/(L催化剂·h)，这种表示法称作催化剂的负荷。也可以用在特定的气体时空速度下反应物的转化率或目的产物的收率表示，气体时空速度是指在一定体积的催化剂上每小时所通过的反应气体的体积，单位是L/h。

在催化反应动力学的研究中，活性多用反应速率表达。对于固体催化剂，活性的高低往往与流体接触面相关，与催化剂单位表面积相对应的活性称为比活性。比活性α表示为

$$\alpha = k/S \tag{11.4.10}$$

式中　k——催化反应速率常数；

　　S——表面积或者活性表面积。

由此可见，催化剂的比活性只取决于它的化学组成和结构而与其表面积大小无关。比活性概念对选择催化剂具有重要意义。此时催化剂的活性A可表示为

$$A = \alpha S \tag{11.4.11}$$

催化剂的活性与各个组分的物相结构、助催化剂性质以及载体的性能都有关系。

b. 选择性

指催化剂对特定反应的选择能力，即催化剂能特别有效地加速平行或串联反应中的某一个反应，而对其他反应的催化作用较弱或不发生催化作用。选择性的量度有两种，一种是主产物产率(或称为选择率)，另一种是选择因子(或称选择度)。催化剂的选择性与催化剂的组成、制备方法及反应条件等因素有关。对于许多工业过程来讲，提高催化剂的选择性，常常比单纯加快反应速度的意义更大，因为选择性好可以减少副反应的发生，降低产物分离和提纯的难度，减少环境污染，提高生产效率和经济效益。

③ 催化剂的稳定性和机械强度

a. 稳定性

催化剂的稳定性通常以寿命表示，指催化剂在使用条件下，维持一定活性水平的时间(单程寿命)，或者每次下降后经再生而又恢复活性水平的累计时间(总寿命)。催化剂的稳定性包括对高温热效应的热稳定性，对摩擦、冲击、重力作用的机械稳定性和对毒物毒化作用的抗毒稳定性，此外，还有对结焦、积炭和抗衰变稳定性和对反应气氛的化学稳定性。衡量催化剂耐热稳定性，是从使用温度开始逐渐升温，看它能够忍受多高的温度和维持多长的时间而活性不变，耐热温度越高，时间越长，则催化剂的寿命越长。反应物或副产物中有害物质(毒物)对催化剂的毒化作用，使活性、选择性降低、寿命缩短的现象称为催化剂中毒，催化剂对有害杂质毒化的抵抗能力称为催化剂的抗毒稳定性。各种催化剂对各种杂质有着不同的抗毒性，同种催化剂对同一杂质在不同的反应条件下也有不同的抗毒能力。

b. 机械强度

催化剂的机械强度主要体现了催化剂抵抗气流产生的冲击力、摩擦力、耐受上层催化剂的负荷作用、温度变化作用及相变应力作用的能力。机械强度参数共有 3 个指标，即轴向机械强度、横向机械强度和磨耗率。前 2 个分别是指单位面积催化剂在轴向和横向可承受的重量。磨耗率则是用一定的试验仪器和方法测定得到的单位质量催化剂在特定条件下的损耗值，用于比较不同催化剂的抗磨损能力。

3. 催化反应在环境工程中的应用

催化技术在环境工程中的应用广泛，主要包括在大气污染治理、水污染治理和固体废弃物处理等方面。例如有机废气的催化氧化处理；低浓度有机废水、污染地下水的氧化处理；高浓度有机废水的催化湿式氧化；含硝酸根废水、硝酸盐污染地下水的催化还原处理等。

(1) 大气污染治理

在烟气脱硫过程中，常用的催化剂有氧化铁、氧化钛等。这些催化剂可催化氧化烟气中的二氧化硫，使其转化为硫酸盐，从而实现脱硫目的，减少二氧化硫对大气的污染，降低酸雨等环境问题的发生风险。

在烟气脱硝过程中，钒、钨等金属及其氧化物是常见的脱硝催化剂活性组分。催化剂促使氮氧化物与还原剂(如氨气)发生反应，将其转化为无害的氮气和水，有效降低了氮氧化物的排放。

在挥发性有机物(VOCs)治理中，贵金属(如铂、钯等)、过渡金属(如铜、锰等)及其氧化物等催化剂可用于催化氧化 VOCs。通过催化剂的作用，VOCs 在较低温度下被氧化分解为二氧化碳和水。

(2) 水污染治理

催化剂能够加速水中有机污染物的分解。例如，臭氧、过氧化氢等在催化剂作用下产生的强氧化性自由基，可以将水中的染料、农药、医药残留等有机污染物氧化分解为无害物质，提高水质。

铁、铝等金属及其化合物可作为催化剂，通过催化作用促使水中氮、磷等营养物质转化为氮气、磷酸盐等无害物质，降低水体富营养化风险，减少藻类暴发等问题，保护水生生态系统。

二、催化反应的速率常数与活化能

1. 催化反应的速率常数

催化剂与反应物生成不稳定的中间化合物，改变了反应途径，降低了表观活化能，或增大了表观指前因子，因此催化剂的引入会增大反应速率。因为活化能在阿伦尼乌斯方程的指数项上，所以活化能的降低对反应的加速尤为显著。

假设催化剂 K 能加速反应 $A+B \longrightarrow AB$，若其机理为

$$A+K \underset{k_{-1}}{\overset{k_1}{\rightleftharpoons}} AK(\text{快速反应})$$

式中　k_1、k_{-1}——分别为该反应的正、负反应速率常数。

$$AK+B \xrightarrow{k_2} AB+K(\text{慢速反应})$$

式中　k_2——该反应的反应速率常数。

对其应用平衡态近似法，则有

$$\frac{k_1}{k_{-1}}=\frac{c_{AK}}{c_A c_K} \tag{11.4.12}$$

故

$$c_{AK}=\frac{k_1}{k_{-1}}c_A c_K \tag{11.4.13}$$

总反应速率为

$$\frac{dc_{AB}}{dt}=k_2 c_{AK} c_B \tag{11.4.14}$$

将式(11.4.13)代入式(11.4.14)，得

$$\frac{dc_{AB}}{dt}=k_2\frac{k_1}{k_{-1}}c_K c_A c_B=kc_A c_B \tag{11.4.15}$$

所以

$$k=\frac{k_1 k_2 c_K}{k_{-1}} \tag{11.4.16}$$

k 即为催化反应的速率常数。

2. 催化反应的活化能

将上式中各基元反应的速率常数用阿伦尼乌斯方程表示$k_i=A_i e^{-E_i/RT}$，则

$$k_i=A_2\frac{A_1}{A_{-1}}c_K e^{-(E_1-E_{-1}+E_2)/RT}=Ac_K e^{-(E_1-E_{-1}+E_2)/RT} \tag{11.4.17}$$

式中 $A=A_1A_2/A_{-1}$——表观指前因子。由上式可以看出总反应的表观活化能 E 与各基元反应活化能 E_i 的关系为

$$E=E_1-E_{-1}+E_2 \tag{11.4.18}$$

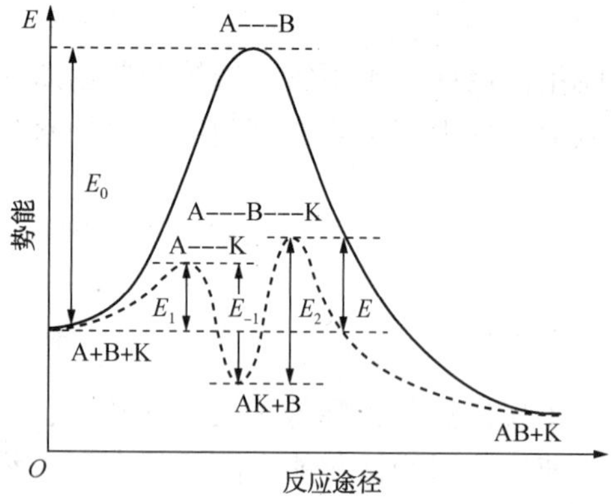

图 11.4.2 活化能与反应途径示意图

上述机理可用能峰示意图表示，如图 11.4.2 所示。

图 11.4.2 中，非催化反应要克服一个高的能峰，活化能为 E_0。在催化剂 K 参与下，反应途径改变，只需翻越两个小的能峰，这两个小能峰总的表观活化能 E 为 E_1、E_{-1}与 E_2 的代数和。因此，只要催化反应的表观活化能 E 小于非催化反应的活化能 E_0，则在指前因子变化不大的情况下，反应速率显然是要增加的。由这个机理并结合图 11.4.2 可以推想，催化剂应易与反应物作用，即 E_1 要小；但二者的中间化合物 AK 不应太稳定，即 AK 的能量不应太低，否则下一步反应的活化能 E_2 就要增大，而不利于反应到底。因此，那些不易与反应物作用，或虽能作用但将生成稳定中间化合物的物质，不能成为催化剂。

从上述例子可以看出，相对于非催化反应，催化剂提供了一种能量上有利的反应机理，从而使得反应能在工业上可行的压力和温度下进行。

催化反应的机理是复杂而多样的，上述机理只是示意地说明催化剂改变反应途径，降低活化能，从而加速反应的道理。在某些催化反应中，当活化能的差异较小时，催化反应的速率却有很大的差别。例如甲酸在不同催化剂表面上，其反应速率相差很大，如表 11.4.2所示。

表 11.4.2 甲酸在不同表面上的分解速率

表面	活化能/($kJ\cdot mol^{-1}$)	相对速率	表面	活化能/($kJ\cdot mol^{-1}$)	相对速率
玻璃	102	1	铂	92	2000
金	98	40	铑	104	10000
银	130	40			

甲酸在玻璃或铑上的活化能几乎相等，而反应速率相差 10000 倍。这可能是由于铑的单位表面上的活性中心大大超过玻璃，而使两者的表观指前因子相差悬殊。

三、固相催化反应

1. 固相催化反应过程

固相催化反应发生在催化剂的表面(主要是微孔表面，即内表面)。在反应过程中，流体(气相或液相)中的反应物须与表面接触才能进行反应。当流体与固体催化剂接触时，在颗粒的表面形成一层相对静止的层流边界层(气膜或液膜)，流体中的反应物须穿过该边界层才能与催化剂接触，反应产物也须穿过该边界层才能到达流体主体。固相催化反应可概括为 7 个步骤，如图 11.4.3 所示。

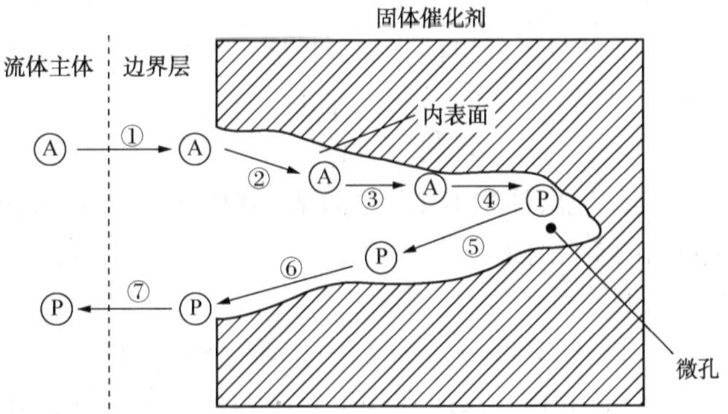

图 11.4.3　固相催化反应的过程(反应 A→P)

① 反应物的外扩散：反应物从流体主体穿过边界层向固体催化剂外表面传递。这种传递主要是分子扩散。这种扩散引起流体主体与催化剂表面的反应物的浓度不同。

② 反应物的内扩散：反应物从外表面向固体催化剂微孔内部传递。这种传递也主要靠分子扩散。这种扩散使颗粒内部不同深处反应物的浓度不同。另外，当微孔的直径小于气相分子平均自由程时，气体分子与孔壁之间碰撞以及分子与分子之间的碰撞影响较小，这样的扩散称努森扩散。

③ 反应物的吸附：反应物在催化剂微孔表面活性中心上吸附，成为活化分子。

④ 表面反应：活化分子在微孔表面上发生反应，生成吸附态产物。反应必须借助于催化剂表面的活性中心才能发生。

⑤ 产物的脱附：反应产物从固体表面脱附，进入固体催化剂微孔。

⑥ 产物的内扩散：反应物沿固体催化剂内部微孔从内部传递到固体催化剂外表面。

⑦ 产物的外扩散：反应产物从固体催化剂外表面穿过流体边界层传递到流体主体。

以上 7 个过程中，①、②、⑥、⑦称为扩散过程，③~⑤称为反应动力学过程，由于这 3 个过程是在表面上发生的，所以亦称表面过程。

总之，固相催化反应是一个多步骤串联的过程，有以下几个特点：①固相反应速率不仅与反应本身有关，而且与反应物及产物的扩散速率有关。②若其中某一个步骤的速率比其他步骤慢，则整个反应速率取决于这一步骤，该步骤称为控制步骤(Rate Controlling Step)；若控制步骤是一个扩散过程，则称扩散控制，又称传质控制；若控制步骤是一个动力学过程，则称动力学控制。③反应达到定常态时，各步骤的速率相等。

2. 固相催化反应的反应速率表示方法

对于固定床催化反应器，如气-固相催化反应器，气相中反应物的反应速率与固体催化剂的量和表面积等有密切的关系，为了研究方便，经常采用以下不同基准的反应速率。

① 以催化剂质量为基准的反应速率：定义为单位时间内单位催化剂质量(m)所能转化的某组分的量。反应物 A 的以催化剂质量为基准的反应速率$-r_{Am}$表示为

$$-r_{Am}=-\frac{1}{m}\frac{dn_A}{dt} \tag{11.4.19}$$

② 以催化剂表面积为基准的反应速率：定义为单位时间内单位催化剂表面积(S)所能转化的某组分的量。反应物 A 的以催化剂表面积为基准的反应速率$-r_{As}$表示为

$$-r_{As}=-\frac{1}{S}\frac{dn_A}{dt} \tag{11.4.20}$$

③ 以催化剂颗粒体积为基准的反应速率：定义为单位时间内单位催化剂颗粒体积(V_p)所能转化的某组分的量。反应物 A 的以催化剂颗粒体积为基准的反应速率$-r_{AV_p}$表示为

$$-r_{AV_p}=-\frac{1}{V_p}\frac{dn_A}{dt} \tag{11.4.21}$$

催化剂颗粒体积 V_p 与填充层体积 V 不同，前者不包括催化剂颗粒间的空隙体积，后者则包括颗粒体积和颗粒间的空隙体积。

各反应速率间存在以下关系

$$(-r_A)V=(-r_{Am})m=(-r_{As})S=(-r_{AV_p})V_p \tag{11.4.22}$$

【例题 11.4.1】 某气-固相催化反应在一定温度和浓度条件下反应物 A 的反应速率为 $-r_{Am}=3.0\times10^{-3}$mol/[s·g(催化剂)]。已知催化剂填充层填充密度为 $\rho_b=1.20$g/cm^3，填充层空隙率 $\varepsilon_b=0.40$。试分别计算以反应层体积和催化剂颗粒体积为基准的 A 的反应速率$-r_A$和$-r_{AV_p}$。

解： $(-r_A)=(-r_{Am})\dfrac{m}{V}=-r_{Am}\rho_b=3.0\times10^{-3}\times1.2=3.6\times10^{-3}$mol/(s·cm^3)

由式(11.4.21)可知，$(-r_{AV_p})V_p=(-r_A)V$

$$-r_{AV_p}=-r_A\frac{V}{V_p}$$

由式(11.4.5)可知，$\varepsilon_b=1-\dfrac{V_p}{V}$

故$\dfrac{V}{V_p}=\dfrac{1}{1-\varepsilon_b}$

$$-r_{AV_p}=-r_A\frac{1}{1-\varepsilon_b}=\frac{3.6\times10^{-3}}{1-0.4}=6.0\times10^{-3}\text{mol/(s·cm}^3)$$

3. 固相催化反应的本征动力学

固相催化反应的本质是反应物分子以吸附的方式与催化剂结合，形成吸附络合物，吸附络合物之间进一步反应，生成产物，即吸附→表面反应→脱附的过程，这 3 个过程是直接与化学反应相关的过程，称为本征动力学过程。下面以气-固相反应为例，分别介绍这些过程。

(1) 基本假定

① 速率控制步骤假设

在构成反应机理的各个基元反应中，若其中有一个基元反应的速率最慢，它的反应速率即可代表整个反应的速率，则这一最慢反应称为速率控制步骤。但要注意的是，当反应速率相差不大或接近平衡程度的差异不大时，可能不存在速率控制步骤；反应过程中可能同时存在两个速率控制步骤；速率控制步骤并不一定是一成不变的，可能会由于条件的改变而发生变化。

② 定态近似假定

由于自由基等中间产物极活泼，浓度低，寿命又短，所以可以近似认为在反应达到稳定状态后，它们的浓度基本上不随时间而变化。中间产物可能是活化分子、正碳离子、负碳离子、游离基或游离的原子等，其浓度在整个反应过程中维持恒定。

(2) 固相催化反应速率方程

① 吸附过程的反应速率方程

假设被吸附的组分 A 首先在催化剂表面发生吸附。化学吸附只能发生在活性中心(Active Site)，即固体表面上能与反应物反应的原子。活性中心用符号“σ”表示，则化学吸附的过程可表示为

$$A+\sigma \longrightarrow A\sigma \tag{11.4.23}$$

式中 Aσ——A 与活性中心生成的络合物。

对于气体组分 A 的固相催化反应，吸附速率 v_a 和脱附速率 v_d 可分别表示为

$$v_a = k_a p_A \theta_v \tag{11.4.24}$$

$$v_d = k_d \theta_A \tag{11.4.25}$$

式中 v_a、v_d——吸附速率和脱附速率；

p_A——组分 A 在气相中的分压；

θ_v——空位率，无量纲；

θ_A——吸附率，无量纲；

k_a、k_d——吸附速率常数和脱附速率常数。

同反应速率常数一样，k_a 和 k_d 与温度的关系可用阿伦尼乌斯(Arrhenius)方程表示，即

$$k_a = k_{a0}\exp\left(-\frac{E_a}{RT}\right) \tag{11.4.26}$$

$$k_d = k_{d0}\exp\left(-\frac{E_d}{RT}\right) \tag{11.4.27}$$

式中 k_{a0}、k_{d0}——分别为吸附和脱附的增强因子；

E_a、E_d——分别为吸附和脱附的活化能。

实际观察到的吸附速率，即净吸附速率是吸附速率 v_a 与脱附速率 v_d 之差，该速率称为表观吸附速率 v_A，故

$$v_A = k_a p_A \theta_v - k_d \theta_A \tag{11.4.28}$$

当吸附达到平衡时，$v_A = 0$，所以

$$k_a p_A \theta_v = k_d \theta_A \tag{11.4.29}$$

设

$$K_A = \frac{k_a}{k_d} \tag{11.4.30}$$

则

$$\theta_A = K_A p_A \theta_v \tag{11.4.31}$$

式中 K_A——吸附平衡常数。

式(11.4.31)称吸附平衡方程。根据朗格缪尔(Langmuir)、弗罗德里希(Freundlich)等吸附模型，利用吸附速率方程和平衡方程即可计算出所给条件下的吸附速率。

② 表面化学反应

对于固相催化反应 A $\rightleftharpoons$ P，在固体催化剂表面上发生的反应通常可以表示为

$$A\sigma \rightleftharpoons P\sigma \tag{11.4.32}$$

式中 Aσ、Pσ——分别为反应组分 A 和 P 与活性中心形成的络合物。

该反应为基元反应，故反应级数与化学计量系数相等，正反应速率 r_s 和逆反应速率 r'_s 分别可表示为

$$r_s = k_s \theta_A \tag{11.4.33}$$

$$r_s' = k_s'\theta_p \tag{11.4.34}$$

式中　r_s、r_s'——以催化剂体积为基准的正反应、逆反应的反应速率；

k_s、k_s'——分别为正反应和逆反应的反应速率常数；

θ_A、θ_p——分别为 A 和 P 的吸附率，无量纲。

实际观察到的反应速率即净反应速率，是正反应速率 r_s 和逆反应速率 r_s'之差。该反应速率称表观反应速率 R_s，故有

$$R_s = r_s - r_s' = k_s\theta_A - k_s'\theta_p \tag{11.4.35}$$

反应达到平衡时，有 $R_s=0$，则

$$K_s = \frac{k_s}{k_s'} = \frac{\theta_p}{\theta_A} \tag{11.4.36}$$

式中　K_s——表面反应平衡常数。

四、固相催化反应器

环境催化反应都必须在一定的反应器中实施，工业催化反应器在近几十年来有很大的发展。现在生产上采用的有各种各样的类型和结构，在均相催化过程里，通常采用槽型、塔型或管型的反应器，对于多相催化过程，由于固体催化剂的存在，传质和传热等因素使得反应器的结构大大复杂化了。在大多数的情况下，反应器的结构应当保证对工艺所要求的最基本参数维持稳定的数值，主要的参数有：①反应物与催化剂的接触时间；②在反应器的反应区内不同点的温度；③反应器中的压力；④反应物向催化剂表面的传递速度；⑤催化剂的活性。下面针对几种常用的反应器进行说明。

1. 固定床催化反应器

（1）固定床催化反应器的概念

流体通过静态固体颗粒床层进行催化反应的设备称为固定床催化反应器。固定床催化反应器分为气-固催化反应器和液-固催化反应器。其中以气态反应物料通过由固体催化剂所构成的床层进行化学反应的气-固催化反应器在化工生产中应用最为广泛。

固定床催化反应器床层内流体呈理想流动，流体停留时间可严格控制，温度分布可适当调节；催化反应所需催化剂用量少，反应器体积小，催化剂的颗粒不易磨损，可在高温高压下操作等。但在反应器内，流体流速不能太快，传热性能比较差，温度分布不易控制；特别是在换热式反应器的放热反应中，轴向位置存在“热点”，易造成“飞温”；不能使用细颗粒的催化剂，且催化剂的再生和更换不便。

固定床催化剂的形式多种多样，按床层与外界的热交换方式，可分为绝热式反应器(单段绝热式、多段绝热式)、对外换热式反应器、自热式反应器等。催化反应大多数伴随着热效应，反应器的温度控制非常重要，但当催化反应的热效应很小，且单位床层体积具有较大传热表面时，可以近似作为等温反应计算，这样可以大大简化设计计算。

（2）固定床催化反应器的设计

固定床反应器设计的主要任务是根据原料组成和要实现的转化率计算求出反应器的体积，催化剂的需要量，床层高度以及有关的工艺参数等。

由于固定床内的流动、传热、传质和反应非常复杂，在设计中通常采用模型法，即对床层内的流体与催化剂颗粒的行为进行一定的简化。其中，一维拟均相理想模型是最简单的模型。在该模型中，忽略床层中催化剂颗粒与流体之间温度与浓度差别，将气相反应物

与催化剂看成均匀连续的均相物系。一维拟均相理想模型的基本假设如下：流体在反应器中的温度、浓度在径向上均一，仅沿轴向变化，流体流动相当于推流式反应器；流体与催化剂在同一截面处的温度、反应物浓度相同。

① 等温固定床反应器的设计

对于如图 11.4.4 所示的等温固定床反应器，设床层温度为 T，且均匀一致，入口处 A 组分摩尔流量为 q_{nA0}，反应率为 $x_{A_0}=0$，反应速率用反应率的函数表示为

$$-r_{Am}=-\frac{1}{m}\frac{dn_A}{dt}=\frac{n_{A_0}}{m}\frac{dx_A}{dt} \qquad (11.4.37)$$

$$-r_{Am}=-\frac{R_A}{\rho_P} \qquad (11.4.38)$$

式中 $-r_{Am}$——以催化剂质量为基准的反应速率，kmol/(kg · s)；

ρ_P——催化剂颗粒的密度，kg/m^3。

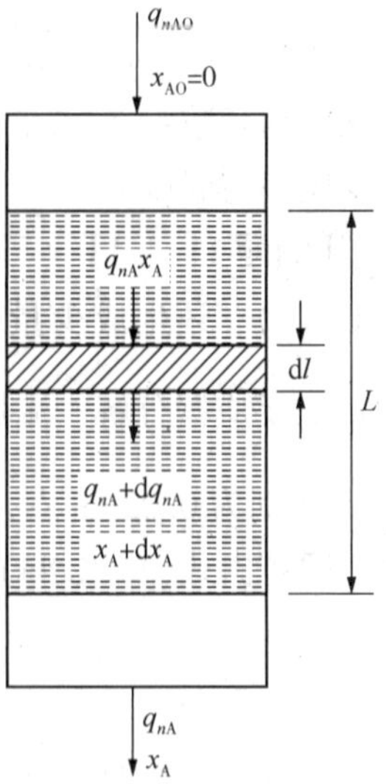

图 11.4.4 固定床催化反应器的物料衡算

对于厚度为 dl 的填充层微体积单元，单位时间内的反应物 A 的流入量、流出量以及反应量如下：

A 的流入量 $=q_{nA}$

A 的流出量 $=q_{nA}+dq_{nA}$

A 的反应量 $=(-r_{Am})dm=(-r_{Am})S\rho_b dl$

式中 ρ_b——催化剂层的颗粒堆积密度，kg/m^3；

S——床层截面积，m^2；

m——催化剂质量，kg。

反应达到定常态时，积累量=0，故微体积单元的物料衡算式可表示为

$$q_{nA}=(q_{nA}+dq_{nA})+(-r_{Am})dm \qquad (11.4.39)$$

$$(-r_{Am})dm=-dq_{nA} \qquad (11.4.40)$$

因为

$$q_{nA}=q_{nA0}(1-x_A) \qquad (11.4.41)$$

故

$$dq_{nA}=-q_{nA0}dx_A \qquad (11.4.42)$$

将式(11.4.42)代入式(11.4.40)，可得

$$(-r_{Am})dm=q_{nA0}dx_A \qquad (11.4.43)$$

对式(11.4.43)进行积分，可得

$$\frac{m}{q_{nA0}}=\int_0^m\frac{dm}{q_{nA0}}=\int_0^{x_A}\frac{dx}{-r_{Am}} \qquad (11.4.44)$$

利用反应速率$-r_{Am}$与 x_A 的函数关系$-r_{Am}=f(x_A)$或不同 x_A 时$-r_{Am}$的数值，由式(11.4.44)可求得催化剂的质量 m，再利用式(11.4.45)可求出床层高度 L

$$L=\frac{m}{S\rho_b} \qquad (11.4.45)$$

一般来说，固定床反应器换热比较困难，很难做到等温操作，因此此法仅用于对反应器进行估算。

② 非等温固定床催化反应器的设计

非等温固定床反应器设计的基本方法是根据物料衡算、热量衡算和反应速率随温度与转化率的函数$-r_{Am}=f(x_A, T)$解联立方程，或用图解法计算出所需催化剂的质量和体积以确定反应率与温度。

【例题 11.4.1】 三氯乙烯（C_2HCl_3，TCE）与 TiO_2 接触反应时，大部分转化成 CO_2 和 HCl（Cl^-），还生成少量的 $COCl_2$ 和 $CHCl_3$。TCE 浓度为 $c_0=0.02mol/m^3$ 的地下水用填充 TiO_2 的反应器分解，流量为 $q=0.05m^3/s$，分解反应的速率是$-r_C=\dfrac{ac}{1+bc}$（式中反应速率常数 a、b 分别为 $0.029m^3/s\cdot kg$ 和 $109m^3/mol$）。求 TCE 浓度减少 80%所需催化剂质量 m。

解：由式（11.4.44）

$$\frac{m}{q_{nC0}}=\int_0^{x_C}\frac{dx_C}{-r_C}$$

得$\dfrac{m}{q_V}=c_0\displaystyle\int_0^{x_C}\frac{dx_c}{-r_C}=\int_{c_0}^{c}\frac{dc}{r_C}=-\frac{1}{a}\ln\frac{c}{c_0}-\frac{b}{a}(c-c_0)$

代入数据求得

$$m=q_V\int_{c_0}^{c}\frac{dc}{r_C}=q_V\left[-\frac{1}{a}\ln\frac{c}{c_0}-\frac{b}{a}(c-c_0)\right]$$

$$=0.05\times\left[-\frac{1}{0.029}\ln\frac{0.02\times(1-80\%)}{0.02}+\frac{109}{0.029}\times0.02\times0.8\right]=5.78kg$$

（3）固定床的压力降

流体通过固定床时会产生压力损失，主要来自两个方面：一个方面是颗粒的黏滞曳力，即流体与颗粒表面间的摩擦；另一方面是由于流体流动过程中孔道截面积突然扩大和收缩以及流体对颗粒的撞击和流体的再分布而产生。在低流速时压力降主要是由于表面摩擦而产生。在高流速及薄床层中流动时，扩大、收缩起主导作用。如果容器直径与颗粒直径之比较小，还应当计入壁效应对压力降的影响。

固定床压力降的计算方法大多是仿照流体在空管中流动时的压强公式加以适当修改而成，如

$$\Delta p=f_M\frac{\rho_f u_0^2}{d_s}\times\frac{1-\varepsilon_b}{\varepsilon_b^3}\times L \qquad (11.4.46)$$

式中 f_M——修正摩擦系数；

u_0——以床层空截面积计算的流体的平均流速，m/s；

ρ_f——流体的密度，kg/m^3，

L——床层高度，m；

ε_b——床层空隙率；

Δp——压力降，kg/cm^2。

其中，修正摩擦系数 f_M 和修正的雷诺准数 Re_M 的关系由经验求得如下

$$f_M=\frac{150}{Re_M}+1.75 \qquad (11.4.47)$$

而

$$Re_M=\frac{d_s\rho_f u_0}{\mu}\times\frac{1}{1-\varepsilon_b}=\frac{d_s G}{\mu}\times\frac{1}{1-\varepsilon_b} \tag{11.4.48}$$

式中　μ——流体的黏度，kg/(m·s)；

G——流体的质量流速，kg/(m²·s)。

当 $Re_M<10$ 时，流体处于滞流状况，式(11.4.47)中的$\frac{150}{Re_M}\gg 1.75$，即式(11.4.46)可简化为

$$\Delta p=150\times\frac{(1-\varepsilon_b)^2}{\varepsilon_b^3}\times\frac{\mu u_0}{d_s^2}\times L \tag{11.4.49}$$

当 $Re_M>1000$ 时，流体处于完全湍流状况，式(11.4.47)中的$\frac{150}{Re_M}\ll 1.75$，式(11.4.46)可简化为

$$\Delta p=1.75\times\frac{\rho_f u_0^2}{d_s}\times\frac{1-\varepsilon_b}{\varepsilon_b^3}\times L \tag{11.4.50}$$

此式又称 Ergun 式，其结果一般是比较可靠的。

由于在生产流程中，流体的压头有限，床层压降往往有重要的影响，因此一般固定床中的压降不宜超过床内压力的15%。所以颗粒不能太细，而且最好都能做成圆球状，气流速度也应当适可而止，因为流速与压降是平方关系，压降对它比其他因素更为敏感。在常压工业催化反应器中，操作状况下的虚拟气流速度一般采用0.5~2m/s，加压下则采用更低的气速。尽管高流速可以使相间浓度梯度减至最小并保证管内良好的流体分布，对高压容器来说它还意味着反应器直径可以减小而便于制造，但是高的压降将使能耗升高。

(4) 固定床的混合特性

在一般的简化模型中，常常把固定床内的流体流动看作平推流，实际上，当流体流经填充层时，不断发生分散与混合，在径向比轴向更为显著。随着流速的提高和粒径的增大，径向和轴向的混合程度也随之增大。有时为了提高模型的精度，需要把这一影响包括在内。而表征这种现象的参数是径向和轴向混合扩散系数 E_r 和 E_z，通常表示成无因次数 $Pe_r=\frac{d_p u_m}{E_r}$和 $Pe_z=\frac{d_p u_m}{E_z}$的形式，这里 u_m 是平均流速。

根据实测的结果，Pe_r 之值在5~13，在不同的 R_e 下近于常数。在多数的反应装置中，取 $Pe_r=10$ 误差不会太大。而轴向扩散系数对气体可取 $Pe_r=2$，对液体可取 $Pe_r=0.5\sim1$。它们也近乎是常数。

当模型参数$\frac{E_z}{u\cdot l}<0.005$时，轴向返混的影响可以忽略不计，在固定床反应器的流动状况下，一般 $R_e>40$，此时 $Pe_r=\frac{d_p u_m}{E_z}=2$，由此可得

$$\frac{E_z}{u_m d_p\cdot\frac{L}{d_p}}<0.005$$

$$\frac{1}{2}\frac{d_p}{L}<0.005$$

即 $L>100d_p$。

所以，只有在固定床中床层高度 L 超过颗粒直径 d_p 的 100 倍时，才能忽略轴向返混的影响。

2. 流化床催化反应器

流化床催化反应器是一种利用气体或液体通过固体颗粒床层时，使固体颗粒处于悬浮运动状态(即流化状态)，并进行催化反应的设备。

(1) 固体粒子的流化态与流化床反应器

当流体自下而上通过固体颗粒层时，若流速达到一定程度，床层中的固体颗粒会悬浮在流体介质中，进行不规则的激烈运动，这种现象称固体的流态化。除重力作用外一般是依靠气体或液体的流动带动固体颗粒运动的。催化剂颗粒处于流态化状态的反应器称流化床反应器，根据流化态的不同可分为临界流化床、散式流化床、聚式流化床、气流输送床等几种形式。

流化床内固体颗粒的流化状态随流速的变化而变化，如图 11.4.5 所示。如流速较小，则固体颗粒不动，此时称为固定床[图 11.4.5(a)]；流速增大到一定程度时，颗粒间空隙开始增加，床层体积逐渐增大，床高增加，此时处于膨胀状态；流速继续增大，当流体颗粒间的摩擦力等于固体颗粒所受的重力时，固体颗粒开始悬浮在流体中，开始形成流态化[图 11.4.5(b)]，此时对应的空床线速率称为临界流化速率(u_{mf})。流体流速大于 u_{mf}时，床层继续升高，进入完全流态化状态。

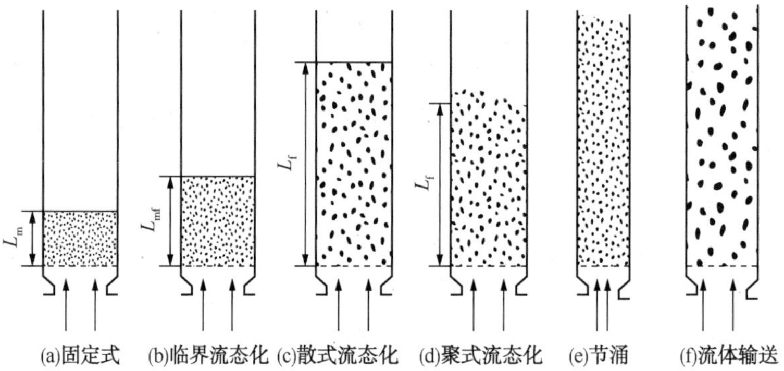

图 11.4.5 流化态的各种形式

对于液-固系统，流体与颗粒的密度相差不大，颗粒随着流体流速的增加床层均匀膨胀，床内空隙率均匀增加，床层上界面平稳，压降稳定，波动很小，颗粒在床内的分布比较均匀，故称为散式流态化[图 11.4.5(c)]，对应的反应器称散式流化床。对于气-固系统，颗粒在完全流化时会出现不均匀分散，床层呈现两相结构：一相是颗粒浓度与空隙率分布较为均匀且接近初始流态化状态的连续相，称为乳化相；另一相则是以气泡形式夹带少量颗粒穿过床层向上运动的不连续的气泡相，这种情况下称聚式流化床或鼓泡流化床[图 11.4.5(d)]。当气泡上升过程中聚集并增大至占据整个床层时，产生不正常的节涌现象[图 11.4.5(e)]。

流体流速继续升高至某一数值时，固体颗粒将被流体带出，这种现象称为流体输送[图 11.4.5(f)]，对应的流速称为颗粒带出速度(u_t)。

与固定床相比，流化床有许多优点，因此其应用范围从化学工业拓展到燃烧、环境工程等领域。流化床的主要优点包括：热能效率高，而且床内温度易于维持均匀；传质效率高；所用颗粒一般较小，可以减小内扩散的影响，能有效发挥催化剂的作用；反应器的结构简单。但流化床也存在以下不足：能量消耗大；颗粒间的磨损和带出造成催化剂的损耗；气-固相反应的流动状态不均匀，有时会降低气-固相接触面积；颗粒的流动基本上是全混流，同时造成流体的返混，影响反应速率。

由于流化床反应器具有传热性能好、温度均匀的特点，已成为强放热反应或对温度特别敏感的反应过程的重要设备。

(2) 流化床的设计

流化床反应器的设计模型由一系列物料平衡、热量平衡、流体力学方程、动力学方程组成。建立了流化床的数学模型，就可进行反应器参数和操作条件的设计。在气-固反应流化床中，由于颗粒分布不均匀以及气泡的存在，数学模型较为复杂。

在环境工程中，流化床反应器常用于水质净化系统，流体为水溶液，床层处于散式流态化状态。因此，大多数情况下可以利用简单均相模型即全混流模型或活塞流模型进行计算。

① 临界流化速度 u_{mf}

当流体流过颗粒床层的阻力等于床层颗粒重量时，床层中的颗粒开始流动起来，这时的流体速度为临界流化速度，仅与流体和颗粒的物性有关。

对于小颗粒，若 $Re_p=\dfrac{d_p u_{mf}\rho}{\mu}<20$，有

$$u_{mf}=\frac{d_p^2(\rho_p-\rho)g}{1650\mu} \tag{11.4.51}$$

对于大颗粒，若$Re_p=\dfrac{d_p u_{mf}\rho}{\mu}>1000$，有

$$u_{mf}=\left[\frac{d_p(\rho_p-\rho)g}{24.5\rho}\right]^{1/2} \tag{11.4.52}$$

式中 d_p——颗粒的平均粒径，m；

ρ_p、ρ——分别为颗粒和气体的密度，kg/m^3；

μ——气体的黏度，Pa·s。

② 带出速度 u_t

当气体流速增大到一定值时，流体对粒子的曳力与粒子的重力相等，即床层内流体的速度等于颗粒在流体中的自由沉降速度，则粒子会被气流带走，此时气体的空床速度即带出速度。对于球形固体颗粒，可用重力沉降速度公式进行计算

$$u_t=\frac{d_P^2(\rho_p-\rho)g}{18\mu} \qquad Re_p<0.4 \tag{11.4.53}$$

$$u_t=d_p\sqrt[3]{\frac{4g^2\ (\rho_p-\rho)^2}{225\mu\rho}} \qquad 0.4<Re_p<500 \tag{11.4.54}$$

$$u_t=1.74\sqrt{\frac{(\rho_p-\rho)d_p g}{\rho}} \qquad 500<Re_p<200000 \tag{11.4.55}$$

③ 气泡及其行为

流化床层由固体颗粒密集区域(乳化相)和固体颗粒很少的区域(气泡相)组成，气泡的

结构和行为是分析流化床特性和建立数学模型的基础。

气泡由气泡和气泡晕组成，气泡晕又包括气泡云和尾涡。当气体通过床层时一部分气体与颗粒之间组成乳化相，其余气体以气泡形式通过乳化相。由于气体上升速度与乳化相速度不同，存在明显的速度差异，气泡在上升过程中必然会夹带气泡周围一定量的乳化相物质。气泡在上升时其尾部形成负压，将吸入部分乳化相物质随其上升，这部分称尾涡。气泡上升时气泡外侧一定厚度的乳化相将随气泡一起上升，这部分被称为气泡云。气泡晕中粒子浓度与乳化相相同，包在气泡周围，伴随着气泡一起上升，形成循环气流。尾涡夹带颗粒上升，上升到一定高度气泡破裂，颗粒下降，形成颗粒的大循环。而在乳化相内，颗粒的无规则运动形成小循环。气泡及其流线情况如图 11.4.6 所示。

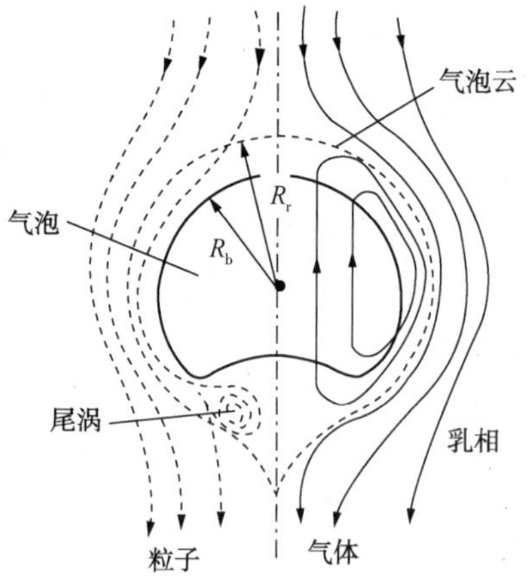

图 11.4.6　气泡及其流线情况

气泡的上升速度是影响气泡相与乳化相之间传质和传热的重要因素。根据不同的模型和实验数据，整理出一些经验公式。

单个气泡上升速度

$$u_{br}=0.711\ (gd_b)^{1/2} \tag{11.4.56}$$

式中　u_{br}——单个气泡上升速度，cm/s；

d_b——气泡直径，cm。

气泡群上升速度

$$u_b=u_0-u_{mf}+0.711(gd_b)^{1/2} \tag{11.4.57}$$

式中　u_b——气泡群上升速度，cm/s；

u_0——空床气速，cm/s。

事实上床层内气泡大小是不均匀的，且是不断长大的，有人提出一些不同的经验式。由于气泡行为的复杂性，现有的经验公式都存在一定的局限性。

气泡中气体的穿流量可用下式计算

$$q=3u_{mf}\pi R_b^2 \tag{11.4.58}$$

式中　R_b——气泡半径，cm。

④ 乳化相的动态

乳化相是指床层中气泡相之外的区域。该区域内颗粒密集，是发生化学反应的主要场所。

在上升气泡作用下，乳化相中的颗粒形成上下循环和杂乱无章的随机运动，这种运动促使颗粒快速混合均匀。在安装挡板或挡网等内部构件的床层中，颗粒的自由运动受到阻碍，其行程变得更加复杂。

乳化相中颗粒的形状、尺寸和密度对其流态化的性能影响极大。对于气固流态化，根据不同的颗粒密度和粒度，颗粒可分为 A、B、C、D 四类。A 类颗粒，称为细颗粒，粒度较小，在 30~100μm，密度 ρ_p<1400kg/m^3，适于流化，A 类颗粒形成鼓泡床后，乳化相中气、固返混较严重，床层中生成的气泡小，特别适合催化过程。B 类颗粒，称为粗颗粒，粒度较大，在 100~600μm，密度 ρ_p 在 1400~4000kg/m^3，适于流化，乳化相中气、固返混较小。砂粒是典型的 B 类颗粒。C 类为超细颗粒，粒度小于 30μm，颗粒间有黏附性，易团

聚，气体容易产生沟流，不适用于流化床。D 类为过粗颗粒，粒度大于 600μm，流化时，易产生大气泡和节涌，操作难以稳定。因此在确定颗粒粒度时要注意，颗粒粒径应在 A 类或 B 类范围内，且颗粒应具有适当的粒度分布。

思考题与习题

11.1　在环境污染控制过程中，化学沉淀反应在药剂使用方面有何特点？

11.2　环境污染治理中氧化反应和还原反应有何特点？是否废水中的杂质必须是氧化剂或还原剂才能用此方法？

11.3　结合典型的高级氧化技术分析高级氧化技术有何优点。

11.4　催化剂能加速所有的化学反应吗？它是如何使反应加速的？

11.5　固体催化剂通常由哪几部分组成？

11.6　某一级不可逆气固相催化反应，在 $c_A = 10^{-2}$mol/L、0.1013MPa 和 400℃条件下，其反应速率为 $-r_A = kc_A = 10^{-6}$mol/(s·cm^3)，如果要求催化剂内扩散对总速率基本上不发生影响，则如何确定催化剂粒径（已知 $D_e = 10^{-3}$cm^2/s）？

11.7　用氨催化还原法治理硝酸车间排放含有 NO_x 的尾气。尾气排放量为 13000Nm^3/h，尾气中含有 NO_x 为 0.28%，N_2 为 95%，H_2O 为 1.6%。使用的催化剂为直径 5mm 的球形粒子，反应器入口温度为 493K，空速为 18000h^{-1}，反应温度为 533K，空气速度为 1.52m/s。求：

（1）催化固定床中气固相的接触时间；

（2）催化剂床层体积；

（3）催化床床层高度；

（4）催化剂床层的阻力。

11.8　将处理量为 25mol/min 的某一种污染物送入催化反应器，要求达到 74%的转化率。假定采用长 6.1m，直径为 3.8cm 管式反应器，试求所需催化剂量及反应管数。设反应速度为 $-r_A$kmol/(kg·min) = 0.15$(1-x_A)$，催化剂的填充密度为 580kg/m^3。

11.9　为减少 SO_2 排放，拟用一催化剂将 SO_2 转化为 SO_3。已知：进入催化器的总气体量为 7320kg/d，SO_2 的质量流量为 230kg/d，进气温度为 250℃。假如反应时恒温，并要求不大于 SO_2 的允许排放量 56.75kg/d，试计算催化剂用量。

11.10　某气相反应 $2A \longrightarrow R+S$ 在固体催化剂存在下进行，该反应的速率方程为 $-r_A = kc_A{}^2$。已知纯 A 的体积流量为 2.5m^3/h 时，在 350℃、2MPa 下加入装有 3L 催化剂的中试管式反应器中，反应物 A 的转化率为 70.0%。现要求设计一反应器，在 350℃、4MPa 下处理体积流量为 150m^3/h 的原料气，原料气中 A 和稀释剂的体积分数分别为 0.70 和 0.30，求 A 的转化率为 90.0%时，所需催化剂的床层体积。

11.11　由直径为 3mm 的多孔球形催化剂组成的等温固定床，在其中进行一级不可逆反应，基于催化剂颗粒体积计算的反应速率常数为 0.8s^{-1}，有效扩散系数为 0.013cm^2/s。当床层高度为 2m 时，可达到所要求的转化率。为了减小床层的压力降，改用直径为 6mm 的球形催化剂，其余条件均保持不变，流体在床层中的流动均为层流。试计算：

（1）催化剂床层的高度；

（2）床层压力降减小的百分率。

参考文献

[1] 胡洪营，张旭，黄霞，等. 环境工程原理(第四版)[M]. 北京：高等教育出版社，2022.
[2] 威廉·W. 纳扎洛夫，莉萨·阿尔瓦雷斯-科恩. 环境工程原理[M]. 北京：化学工业出版社，2006.
[3] 何强，井文涌，王翊亭. 环境学导论[M]. 北京：清华大学出版社，2004.
[4] 近藤精一，石川达雄，安部郁夫. 吸附科学(第二版)[M]. 北京：化学工业出版社，2006.
[5] 陈敏恒，丛德滋，方图南，等. 化工原理(第四版)[M]. 北京：化学工业出版社，2015.
[6] 朱炳辰. 化学反应工程(第五版)[M]. 北京：化学工业出版社，2013.
[7] 朱炳辰，翁惠新，朱子彬. 催化反应工程[M]. 北京：中国石化出版社，2001.
[8] 贺泓，李俊华，何洪，等. 环境催化：原理与应用(第二版)[M]. 北京：科学出版社，2021.
[9] 吴忠标. 环境催化原理及应用[M]. 北京：化学工业出版社，2005.
[10] 何杰编. 高等催化原理[M]. 北京：化学工业出版社，2022.
[11] 宋秀兰. 过硫酸盐高级氧化技术及其在水处理中的应用[M]. 北京：化学工业出版社，2019.
[12] 全学军，徐云兰，程治良. 难降解废水高级氧化技术[M]. 北京：化学工业出版社，2018
[13] 廖传华，李聃，廖佳凯. 污水化学处理技术与设备[M]. 北京：化学工业出版社，2023.
[14] 胡筱敏，李亮，赵研，等. 污水电化学处理技术[M]. 北京：化学工业出版社，2020.
[15] 曾郴林，刘情生. 电化学法废水处理技术及其应用[M]. 北京：中国环境出版集团，2022.
[16] 张婷. 环境污染控制原理[M]. 北京：中国石化出版社，2020.
[17] BUSTILLO-LECOMPTE C，PUMA G L，ZHANG T，et al. Advanced Oxidation Processes-Applications，Trends，and Prospects[M]. London：IntechOpen，2020.

附　　录

附录一　国际单位制中的基本单位、辅助单位和导出单位

1. 国际单位制的基本单位

单位类型	量的名称	单位名称	单位符号
基本单位	长度	米	M
	质量	千克	kg
	时间	秒	s
	电流	安[培]	A
	热力学温度	开[尔文]	K
	物质的量	摩[尔]	mol
	发光强度	坎[德拉]	cd

2. 国际单位制中包括辅助单位在内的具有专门名称的导出单位

量的名称	单位名称	单位符号	其他表示示例
平面角	弧角	rad	
立体角	球面度	sr	
频率	赫[兹]	Hz	s^{-1}
力	牛[顿]	N	$kg \cdot m/s^2$
压力，压强，应力	帕[斯卡]	Pa	N/m^2
能量，功，热	焦[耳]	J	$N \cdot m$
功率，辐射通量	瓦[特]	W	J/s
电荷量	库[仑]	C	$A \cdot s$
电位，电压，电动势	伏[特]	V	W/A
电容	法[拉]	F	C/V
电阻	欧[姆]	Ω	V/A
电导	西[门子]	S	A/V
磁通量	韦[伯]	Wb	$V \cdot s$
磁通量密度，磁感应强度	特[斯拉]	T	Wb/m^2
电感	亨[利]	H	Wb/A
摄氏温度	摄氏度	℃	
光通量	流[明]	lm	$cd \cdot sr$
光照度	勒[克斯]	lx	lm/m^2
放射性活度	贝可[勒尔]	Bq	s^{-1}
吸收剂量	戈[瑞]	Gy	J/kg
剂量当量	希[沃特]	Sv	Jb/kg

注：方括号内的字在不引起混淆、误解的情况下，可以省略。

附录二　干空气的物理性质

温度/℃	密度/（kg·m^{-3}）	比热容 kJ·kg^{-1}·K^{-1}	kcal·kg^{-1}·℃$^{-1}$	导热系数 W·m^{-1}·K^{-1}	kcal·m^{-1}·h^{-1}·℃$^{-1}$	黏度/（10^{-5}Pa·s）	运动黏度/（10^{-6}m^2·s^{-1}）	普朗特数 Pr
-50	1.584	1.013	0.242	0.0204	0.0175	1.46	9.23	0.728
-40	1.515	1.013	0.242	0.0212	0.0182	1.52	10.04	0.728
-30	1.453	1.013	0.242	0.0220	0.0189	1.57	10.80	0.723
-20	1.395	1.009	0.241	0.0228	0.0196	1.62	11.60	0.716
-10	1.342	1.009	0.241	0.0236	0.0203	1.67	12.43	0.712
0	1.293	1.005	0.240	0.0244	0.0210	1.72	13.28	0.707
10	1.247	1.005	0.240	0.0251	0.0216	1.77	14.16	0.705
20	1.205	1.005	0.240	0.0259	0.0223	1.81	15.06	0.703
30	1.165	1.005	0.240	0.0267	0.0230	1.86	16.00	0.701
40	1.128	1.005	0.240	0.0276	0.0237	1.91	16.96	0.699
50	1.093	1.005	0.240	0.0283	0.0243	1.96	17.95	0.698
60	1.060	1.005	0.240	0.0290	0.0249	2.01	18.97	0.696
70	1.029	1.009	0.241	0.0297	0.0255	2.06	20.02	0.694
80	1.000	1.009	0.241	0.0305	0.0262	2.11	21.09	0.692
90	0.972	1.009	0.241	0.0313	0.0269	2.15	22.10	0.690
100	0.946	1.009	0.241	0.0321	0.0276	2.19	23.13	0.688
120	0.898	1.009	0.241	0.0334	0.0287	2.29	25.45	0.686
140	0.854	1.013	0.242	0.0349	0.0300	2.37	27.80	0.684
160	0.815	1.017	0.243	0.0364	0.0313	2.45	30.09	0.682
180	0.779	1.022	0.244	0.0378	0.0325	2.53	32.49	0.681
200	0.746	1.026	0.245	0.0393	0.0338	2.6	34.85	0.680
250	0.674	1.038	0.248	0.0429	0.0367	2.74	40.61	0.677
300	0.615	1.048	0.250	0.0461	0.0396	2.97	48.33	0.674
350	0.566	1.059	0.253	0.0491	0.0422	3.14	55.46	0.676
400	0.524	1.068	0.255	0.0521	0.0448	3.31	63.09	0.678
500	0.456	1.093	0.261	0.0575	0.0494	3.62	79.38	0.687
600	0.404	1.114	0.266	0.0622	0.0535	3.91	96.89	0.699
700	0.362	1.135	0.271	0.0671	0.0577	4.18	115.4	0.706
800	0.329	1.156	0.276	0.0718	0.0617	4.43	134.8	0.713
900	0.301	1.172	0.280	0.0763	0.0656	4.67	155.1	0.717
1000	0.277	1.185	0.283	0.0804	0.0694	4.9	177.1	0.719
1100	0.257	1.197	0.286	0.085	0.0731	5.12	199.3	0.722
1200	0.239	1.206	0.288	0.0915	0.0787	5.35	233.7	0.724

附录三　水的物理性质

温度/℃	饱和蒸气压 p/kPa	密度 ρ/($kg \cdot m^{-3}$)	焓 H/($kJ \cdot kg^{-1}$)	比定压热容 c_p/($kJ \cdot kg^{-1} \cdot K^{-1}$)	导热系数 λ/($10^{-2} W \cdot m^{-1} \cdot K^{-1}$)	黏度 μ/($10^{-5} Pa \cdot s$)	体积膨胀系数 β/($10^{-4}℃^{-1}$)	表面张力 σ/($10^{-3} N \cdot m^{-1}$)	普朗特数 Pr
0	0. 6082	999. 9	0	4. 212	55. 13	179. 21	0. 63	75. 60	13. 66
10	1. 2262	999. 7	42. 04	4. 191	57. 45	130. 77	0. 70	74. 10	9. 52
20	2. 3346	998. 2	83. 90	4. 183	59. 89	100. 50	1. 82	72. 60	7. 01
30	4. 2474	995. 7	125. 69	4. 174	61. 76	80. 07	3. 21	71. 20	5. 42
40	7. 3766	992. 2	167. 51	4. 174	63. 38	65. 60	3. 87	69. 60	4. 32
50	12. 310	988. 1	209. 3	4. 174	64. 78	54. 94	4. 49	67. 70	3. 54
60	19. 923	983. 2	251. 12	4. 178	65. 94	46. 88	5. 11	66. 20	2. 98
70	31. 164	977. 8	292. 99	4. 178	66. 76	40. 61	5. 70	64. 30	2. 54
80	47. 379	971. 8	334. 94	4. 195	67. 45	35. 65	6. 32	62. 60	2. 22
90	70. 136	965. 3	376. 98	4. 208	67. 98	31. 65	0. 95	60. 70	1. 96
100	101. 33	958. 4	419. 10	4. 22	68. 04	28. 38	7. 52	58. 80	1. 76
110	143. 31	951. 0	461. 34	4. 238	68. 27	25. 89	8. 08	56. 90	1. 61
120	198. 64	943. 1	503. 67	4. 25	68. 50	23. 73	8. 64	54. 80	1. 47
130	270. 25	934. 8	546. 38	4. 266	68. 50	21. 77	9. 17	52. 80	1. 36
140	361. 47	926. 1	589. 08	4. 287	68. 27	20. 10	9. 72	50. 70	1. 26
150	476. 24	917. 0	632. 20	4. 312	68. 38	18. 63	10. 30	48. 60	1. 18
160	618. 28	907. 4	675. 33	4. 346	68. 27	17. 36	10. 70	46. 60	1. 11
170	792. 59	897. 3	719. 29	4. 379	67. 92	16. 28	11. 30	45. 30	1. 05
180	1003. 5	886. 9	763. 25	4. 417	67. 45	15. 30	11. 90	42. 30	1. 00
190	1255. 6	876. 0	807. 63	4. 46	66. 99	14. 42	12. 60	40. 80	0. 96
200	1554. 77	863. 0	852. 43	4. 505	66. 29	13. 63	13. 30	38. 40	0. 93
210	1917. 72	852. 8	897. 65	4. 555	65. 48	13. 04	14. 10	36. 10	0. 91
220	2320. 88	840. 3	943. 70	4. 614	64. 55	12. 46	14. 80	33. 80	0. 89
230	2798. 59	827. 3	990. 18	4. 681	63. 73	11. 97	15. 90	31. 60	0. 88
240	3347. 91	813. 6	1037. 49	4. 756	62. 80	11. 47	16. 80	29. 10	0. 87
250	3977. 67	799. 0	1085. 64	4. 844	61. 76	10. 98	18. 10	26. 70	0. 86
260	4693. 75	784. 0	1135. 04	4. 949	60. 84	10. 59	19. 70	24. 20	0. 87
270	5503. 99	767. 9	1185. 28	5. 07	59. 96	10. 20	21. 60	21. 90	0. 88
280	6417. 24	750. 7	1236. 28	5. 229	57. 45	9. 81	23. 70	19. 20	0. 89
290	7443. 29	732. 3	1289. 95	5. 485	55. 82	9. 42	26. 20	17. 20	0. 93
300	8592. 94	712. 5	1344. 80	5. 736	53. 96	9. 12	29. 20	14. 70	0. 97

续表

温度/℃	饱和蒸气压 p/kPa	密度 ρ/(kg·m^{-3})	焓 H/(kJ·kg^{-1})	比定压热容 c_p/(kJ·kg^{-1}·K^{-1})	导热系数 λ/(10^{-2}W·m^{-1}·K^{-1})	黏度 μ/(10^{-5}Pa·s)	体积膨胀系数 β/(10^{-4}℃$^{-1}$)	表面张力 σ/(10^{-3}N·m^{-1})	普朗特数 Pr
310	9877.96	691.1	1402.16	6.071	52.34	8.83	32.90	12.30	1.02
320	11300.3	667.1	1462.03	6.573	50.59	8.53	38.20	10.00	1.11
330	12879.6	640.2	1526.19	7.243	48.73	8.14	43.30	7.82	1.22
340	14615.8	610.1	1594.75	8.164	45.71	7.75	53.40	5.78	1.38
350	16538.5	574.4	1671.37	9.504	43.03	7.26	66.80	3.89	1.60
360	18667.1	528.0	1761.39	13.984	39.54	6.67	109.00	2.06	2.36
370	21040.9	450.5	1892.43	40.319	33.73	5.69	264.00	0.48	6.80

附录四　饱和水蒸气的物理性质

1. 以温度为准

温度/℃	绝对压力/kPa	蒸汽密度/(kg·m^3)	焓				汽化热	
			液体		蒸汽			
			(kcal·kg^{-1})	(kJ·kg^{-1})	(kcal·kg^{-1})	(kJ·kg^{-1})	(kcal·kg^{-1})	(kJ·kg^{-1})
0	0.6082	0.00484	0	0	595	2491.1	595	2491.1
5	0.8730	0.00680	5.0	20.94	597.3	2500.8	592.3	2479.80
10	1.2262	0.00940	10.0	41.87	599.6	2510.4	589.6	2468.53
15	1.7068	0.01283	15.0	62.80	602.0	2520.5	587.0	2457.7
20	2.3346	0.01719	20.0	83.74	604.3	2530.1	584.3	2446.3
25	3.1684	0.02304	25.0	104.67	606.0	2539.7	581.6	2435.0
30	4.2474	0.03036	30.0	125.60	608.9	2549.3	578.9	2423.7
35	5.6207	0.03960	35.0	146.54	611.2	2559.0	576.2	2412.4
40	7.3766	0.05114	40.0	167.47	613.5	2568.6	573.5	2401.1
45	9.5837	0.06543	45.0	188.41	615.7	2577.8	570.7	2389.4
50	12.340	0.0830	50.0	209.34	618.0	2587.4	568.0	2378.1
55	15.743	0.1043	55.0	230.27	620.2	2596.7	565.2	2366.4
60	19.923	0.1301	60.0	251.21	622.5	2606.3	562.0	2355.1
65	25.014	0.1611	65.0	272.14	624.7	2615.5	559.7	2343.4
70	31.164	0.1979	70.0	293.08	626.8	2624.3	556.8	2331.2
75	38.551	0.2416	75.0	314.01	629.0	2633.5	554.0	2319.5
80	47.379	0.2929	80.0	334.94	631.1	2642.3	551.2	2307.8
85	57.875	0.3531	85.0	355.88	633.2	2651.1	548.2	2295.2
90	70.136	0.4229	90.0	376.81	635.3	2659.9	545.3	2283.1

温度/℃	绝对压力/kPa	蒸汽密度/(kg·m³)	焓				汽化热	
			液体		蒸汽			
			(kcal·kg⁻¹)	(kJ·kg⁻¹)	(kcal·kg⁻¹)	(kJ·kg⁻¹)	(kcal·kg⁻¹)	(kJ·kg⁻¹)
95	84. 556	0. 5039	95. 0	397. 75	637. 4	2668. 7	524. 4	2270. 9
100	101. 33	0. 5970	100. 0	418. 68	639. 4	2677. 0	539. 4	2258. 4
105	120. 85	0. 7036	105. 1	440. 03	641. 3	2685. 0	536. 3	2245. 4
110	143. 31	0. 8254	110. 1	460. 97	643. 3	2693. 4	533. 1	2232. 0
115	169. 11	0. 9635	115. 2	482. 32	645. 2	2701. 3	530. 0	2219. 0
120	198. 64	1. 1199	120. 3	503. 67	647. 0	2708. 9	526. 7	2205. 2
125	232. 19	1. 296	125. 4	525. 02	648. 8	2716. 4	523. 5	2192. 8
130	270. 25	1. 494	130. 5	546. 38	650. 6	2723. 9	520. 1	2177. 6
135	313. 11	1. 715	135. 6	567. 73	652. 3	2731. 0	516. 7	2163. 3
140	361. 47	1. 962	140. 7	589. 08	653. 9	2737. 7	513. 2	2148. 7
145	415. 72	2. 238	145. 9	610. 85	655. 5	2744. 4	509. 7	2134. 0
150	476. 24	2. 543	151. 0	632. 21	657. 0	2750. 7	506. 0	2118. 5
160	618. 28	3. 252	161. 4	675. 75	659. 9	2762. 9	498. 5	2087. 1
170	792. 59	4. 113	171. 8	719. 29	662. 4	2773. 3	490. 6	2054. 0
180	1003. 5	5. 145	182. 3	763. 25	664. 6	2782. 5	482. 3	2019. 3
190	1255. 6	6. 378	192. 9	807. 64	666. 4	2790. 1	473. 5	1982. 4
200	1554. 77	7. 840	203. 5	852. 01	667. 7	2795. 5	464. 2	1943. 5
210	1917. 72	9. 567	214. 3	897. 23	668. 6	2799. 3	454. 4	1902. 5
220	2320. 88	11. 60	225. 1	942. 45	669. 0	2801. 0	443. 9	1858. 5
230	2798. 59	13. 98	236. 1	988. 50	668. 8	2800. 1	432. 7	1811. 6
240	3347. 91	16. 76	247. 1	1034. 56	668. 0	2796. 8	420. 8	1761. 8
250	3977. 67	20. 01	258. 3	1081. 45	664. 0	2790. 1	408. 1	1708. 6
260	4693. 75	23. 82	269. 6	1128. 76	664. 2	2780. 9	394. 5	1651. 7
270	5503. 99	28. 27	281. 1	1176. 91	661. 2	2768. 3	380. 1	1591. 4
280	6417. 24	33. 47	292. 7	1225. 48	657. 3	2752. 0	364. 6	1526. 5
290	7443. 29	39. 60	304. 4	1274. 46	652. 6	2732. 3	348. 1	1457. 4
300	8592. 94	46. 93	316. 6	1325. 54	646. 8	2708. 0	330. 2	1382. 5
310	9877. 96	55. 59	329. 3	1378. 71	640. 1	2680. 0	310. 8	1301. 3
320	11300. 3	65. 95	343. 0	1436. 07	632. 5	2648. 2	289. 5	1212. 1
330	12879. 6	78. 53	357. 5	1446. 78	623. 5	2610. 5	266. 6	1116. 2
340	14615. 8	93. 98	373. 3	1562. 93	613. 5	2568. 6	240. 2	1005. 7
350	16538. 5	113. 2	390. 8	1636. 20	601. 1	2516. 7	210. 3	880. 5
360	18667. 1	139. 6	413. 0	1729. 15	583. 4	2442. 6	170. 3	713. 0
370	21040. 9	171. 0	451. 0	1888. 25	549. 8	2301. 9	98. 2	411. 1
374	22070. 9	322. 6	501. 1	2098. 0	501. 1	2098. 0	0	0

2. 以压力为准

绝对压力/kPa	温度/℃	蒸汽密度/(kg·m^-3)	焓/(kJ·kg^-1)		汽化热/(kJ·kg^-1)
			液体	蒸汽	
1.0	6.3	0.00773	26.48	2503.1	2476.8
1.5	12.5	0.01133	52.26	2515.3	2463.0
2.0	17.0	0.01486	71.21	2524.2	2452.9
2.5	20.9	0.01836	87.45	2531.8	2444.3
3.0	23.5	0.02179	98.38	2536.8	2438.4
3.5	26.1	0.02523	109.30	2541.8	2432.5
4.0	28.7	0.02867	120.23	2546.8	2426.6
4.5	30.8	0.03205	129.00	2550.9	2421.9
5.0	32.4	0.03537	135.69	2554.0	2418.3
6.0	35.6	0.04200	149.06	2560.1	2411.0
7.0	38.8	0.04864	162.44	2566.3	2403.8
8.0	41.3	0.05514	172.73	2571.0	2398.2
9.0	43.3	0.06156	181.16	2574.8	2393.6
10.0	45.3	0.06798	189.59	2578.5	2388.9
15.0	53.5	0.09956	224.03	2594.0	2370.0
20.0	60.1	0.13068	251.51	2606.4	2354.9
30.0	66.5	0.19093	288.77	2622.4	2333.7
40.0	75.0	0.24975	315.93	2634.1	2312.2
50.0	81.2	0.30799	339.80	2644.3	2304.5
60.0	85.6	0.36514	358.21	2652.1	2393.9
70.0	89.9	0.42229	376.61	2659.8	2283.2
80.0	93.2	0.47807	390.08	2665.3	2275.3
90.0	96.4	0.53384	403.49	2670.8	2267.4
100.0	99.6	0.58961	416.90	2676.3	2259.5
120.0	104.5	0.69868	437.51	2684.3	2246.8
140.0	109.2	0.80758	457.67	2692.1	2234.4
160.0	113.0	0.82981	473.88	2698.1	2224.2
180.0	116.6	1.0209	489.32	2703.7	2214.3
200.0	120.2	1.1273	493.71	2709.2	2204.6
250.0	127.2	1.3904	534.39	2719.7	2185.4
300.0	133.3	1.6501	560.38	2728.5	2168.1
350.0	138.8	1.9074	583.76	2736.1	2152.3
400.0	143.4	2.1618	603.61	2742.1	2138.5
450.0	147.7	2.4152	622.42	2747.8	2125.4
500.0	151.7	2.6673	639.59	2752.8	2113.2
600.0	158.7	3.1686	670.22	2761.4	2091.1

绝对压力/kPa	温度/℃	蒸汽密度/(kg·m^{-3})	焓/(kJ·kg^{-1})		汽化热/(kJ·kg^{-1})
			液体	蒸汽	
700.0	164.7	3.6657	696.27	2767.8	2071.5
800.0	170.4	4.1614	720.96	2773.7	2052.7
900.0	175.1	4.6525	741.82	2778.1	2036.2
1×10^3	179.9	5.1432	762.68	2782.5	2019.7
1.1×10^3	180.2	5.6339	780.34	2785.5	2005.1
1.2×10^3	187.8	6.1241	797.92	2788.5	1990.6
1.3×10^3	191.5	6.6141	814.25	2790.9	1976.7
1.4×10^3	194.8	7.1038	829.06	2792.4	1963.7
1.5×10^3	198.2	7.5935	843.86	2794.5	1950.7
1.6×10^3	201.3	8.0814	857.77	2796.0	1938.2
1.7×10^3	204.1	8.5674	870.58	2792.1	1926.5
1.8×10^3	206.9	9.0533	883.39	2798.1	1914.8
1.9×10^3	209.8	9.5392	896.21	2799.2	1903.0
2×10^3	212.2	10.0338	907.32	2799.7	1892.4
3×10^3	233.7	15.0075	1005.4	2798.9	1.793.5
4×10^3	250.3	20.0969	1082.9	2789.8	1706.8
5×10^3	263.8	25.3663	1146.9	2776.2	1629.2
6×10^3	275.4	30.8494	1203.2	2759.5	1556.3
7×10^3	285.7	36.5744	1253.2	2740.8	1487.6
8×10^3	294.8	42.5768	1299.2	2720.5	1403.7
9×10^3	303.2	48.8945	1343.5	2699.1	1356.6
10×10^3	310.9	55.5407	1384.0	2677.1	1293.1
12×10^3	324.5	70.3075	1463.4	2631.2	1167.7
14×10^3	336.5	87.3020	1567.9	2583.2	1043.4
16×10^3	347.2	107.8010	1615.8	2531.1	915.4
18×10^3	356.9	134.4813	1699.8	2466.0	766.1
20×10^3	365.6	176.5961	1817.8	2364.2	544.9